绿色农业发展理论与实用技术

◎ 高丁石　董县中　杨爱霞　李爱霞　等　主编

U0306108

中国农业科学技术出版社

图书在版编目（CIP）数据

绿色农业发展理论与实用技术 / 高丁石等主编. --北京：
中国农业科学技术出版社，2023.7
ISBN 978-7-5116-6332-0

Ⅰ.①绿… Ⅱ.①高… Ⅲ.①绿色农业－农业发展－
研究 Ⅳ.①F303.4

中国国家版本馆CIP数据核字（2023）第 115190 号

责任编辑	姚 欢
责任校对	王 彦
责任印制	姜义伟 王思文

出 版 者	中国农业科学技术出版社
	北京市中关村南大街 12 号　　邮编：100081
电 话	（010）82106631（编辑室）　　（010）82109702（发行部）
	（010）82109709（读者服务部）
网 址	https://castp.caas.cn
经 销 者	各地新华书店
印 刷 者	北京建宏印刷有限公司
开 本	185 mm×260 mm　1/16
印 张	36.75
字 数	800 千字
版 次	2023 年 7 月第 1 版　　2023 年 7 月第 1 次印刷
定 价	160.00 元

《绿色农业发展理论与实用技术》

编委会

主　　编：高丁石　董县中　杨爱霞　李爱霞　皇　飞　郭风勋
　　　　　余复海　张欢腾　李秀花　程志杰　李云鑫　许燕芳

副 主 编：（按姓氏笔画为序）
　　　　　代大伟　刘　锋　刘作涛　闫红娜　孙新飞　李　方
　　　　　李春姣　李新会　宋少博　罗俊丽　岳丹丹　孟凡玉
　　　　　赵景云　徐永印　高瑞平　黄新华　程凡珂　谢苏辉
　　　　　詹世盈

编写人员：（按姓氏笔画为序）
　　　　　王力晶　代大伟　刘　锋　刘作涛　闫红娜　许燕芳
　　　　　孙新飞　李　方　李云鑫　李秀花　李春姣　李爱霞
　　　　　李新会　杨爱霞　佘建超　余复海　宋少博　张欢腾
　　　　　罗俊丽　岳丹丹　孟凡玉　赵景云　皇　飞　徐永印
　　　　　高　爽　高丁石　高瑞平　郭风勋　黄新华　董县中
　　　　　董建忠　程凡珂　程志杰　谢苏辉　詹世盈

《绿色农业发展理论与实用技术》
编写说明

  本书以绿色生态农业发展和农业良性循环为主线，对绿色农业发展中有关问题与实用技术进行了全面阐述，全书共80.28万字，由高丁石进行全面策划主持编写。全书内容共分5篇14章。第一篇"绿色农业发展理论与标准化生产体系建设"，共2章约12.77万字。由高丁石、赵景云、程凡珂、刘作涛、宋少博、王力晶、佘建超、高爽具体组织编写，其中高丁石主持编写约0.40万字、赵景云主持编写约2.01万字、程凡珂主持编写约2.02万字、刘作涛主持编写约2.30万字、宋少博主持编写约2.04万字、王力晶主持编写约1.35万字、佘建超主持编写约1.32万字、高爽主持编写约1.33万字。第二篇"绿色农业生态环境保护实用技术"，共3章约8.84万字，由高丁石、董县中、高瑞平、代大伟、董建忠具体组织编写，其中高丁石主持编写约0.74万字、董县中主持编写约3.02万字、高瑞平主持编写约 2.03万字、代大伟主持编写约2.02万字、董建忠主持编写约1.03万字。第三篇"绿色种植业生产措施与实用技术"，共4章约35.94万字，由高丁石、李爱霞、皇飞、余复海、程志杰、李秀花、张欢腾、李方、郭风勋、黄新华、岳丹丹、闫红娜、孙新飞、徐永印、李新会具体组织编写，其中高丁石主持编写约0.63万字、李爱霞主持编写约3.03万字、皇飞主持编写约3.02万字、余复海主持编写约3.04万字、程志杰主持编写约3.02万字、李秀花主持编写约3.03万字、张欢腾主持编写约3.02万字、李方主持编写约2.01万字、郭风勋主持编写约3.02万字、黄新华主持编写约2.03万字、岳丹丹主持编写约2.02万字、闫红娜主持编写约2.01万字、孙新飞主持编写约2.03万字、徐永印主持编写约2.02万字、李新会主持编写约2.01万字。第四篇"绿色养殖业生产措施与实用技术"，共2章约9.82万字，由高丁石、杨爱霞、刘锋、谢苏辉、詹世盈具体组织编写，其中高丁石主持编写约0.28万字、杨爱霞主持编写约3.50万字、刘锋主持编写约2.02万字、谢苏辉主持编写约2.01万字、詹世盈主持编写约2.01万字。第五篇"绿色循环农业接口工程与技术"，共3章约12.91万字，由高丁石、李云鑫、许燕芳、罗俊丽、李春姣、孟凡玉具体组织编写，其中高丁石主持编写约0.83万字、李云鑫主持编写约3.02万字、许燕芳主持编写约3.01万字、罗俊丽主持编写约2.02万字、李春姣主持编写约2.01万字、孟凡玉主持编写约2.02万字。

　　绿色农业以全面、协调、可持续发展为基本原则，以促进农产品安全（数量安全和质量安全）、生态安全、资源安全和提高农业综合效益为目标，是实现生态、生产、经济三者协调统一的新型农业发展模式。其特征是充分运用科学先进技术、先进工业装备和先进管理理念，汲取人类农业历史文明成果，遵循循环经济的基本原理，把标准化贯穿到农业的整个产业链条中。

　　我国是一个传统的农业大国，虽有5 000多年的农业发展史，且有传统精耕细作经验，但同时也存在多变的地理、气候环境条件，加上农业生产本来有众多特性。因此，发展绿色农业既有较好的基础条件，也必须按照因地制宜的原则选择发展模式；既要继承和发扬传统农业技术的精华，还要在此基础上博采众长、大胆引进先进农业生产技术。作者基于往年致力绿色农业的生产实践经验，加之观察与思考，对绿色农业的理念和标准生产体系建设以及关键措施与实用技术作了简要总结，并提出一些看法，旨在为我国的绿色农业发展略尽微薄之力。

　　全书共分5篇。第一篇"绿色农业发展理论与标准化生产体系建设"，概述了绿色农业理念、发展绿色农业的目标与基本原则，并对农业绿色标准化生产体系建设做了介绍，指出当前绿色农业发展中存在的问题，有针对性地提出对策与解决思路。第二篇"绿色农业生态环境保护实用技术"，在分析农业生产面源污染问题的基础上，系统阐述了农业生态环境保护的理念与具体措施，并重点介绍了土壤培肥与科学施肥实用技术。第三篇"绿色种植业生产措施与实用技术"，对种植业特点进行分析，并提出绿色种植业生产重点与转型升级以及增效方式，对主要大田粮食作物、经济作物、食用菌的栽培技术要点进行了总结，并对几种主要果树栽培技术要点进行了阐述。还对近些年来通过实践证明了的露地高效间套种植模式与温棚设施高效间套栽培模式进行了介绍；同时，还对农药基础知识、当前作物病虫草害防治中存在的问题与对策等进行了阐述。第四篇"绿色养殖业生产措施与实用技术"，在对养殖业特点分析的基础上，提出了畜禽与水产养殖业增效潜力及措施，对几种主要畜禽以及水产养鱼技术要点进行了系统阐述。第五篇"绿色循环农业接口工程与技术"，对绿色农业良性循环过程中各个环节的作用与核心实用技术进行了介绍，对生态处理畜禽粪便与农作物秸秆的沼气生产以及综合利用技术进行了解答；并提出了轮作休耕制度与技术；同时，对农业产业化经营助推绿色农业发展进行了讨论。

　　本书以绿色生态农业良性循环为主线，以问题分析和实践经验以及实用技术阐述为重点，突出实践经验，并对具体问题有针对性地提出了对策与发展思路。同时语言精练朴实，深入浅出，通俗易懂，针对性和可操作性较强，适宜于广大基层农技人员和农业生产者阅读。

　　由于编著者水平所限，加之有些问题尚在探索之中，谬误之处在所难免，恳请广大读者批评指正。

编　者
2022.12

目 录

第一篇 绿色农业发展理论与标准化生产体系建设 ……………… 1

  第一章 绿色农业理论 ……………………………………………… 2

    第一节 农业生产的概念本质与绿色发展的指导思想 ……… 2

    第二节 农业生产的特点与发展阶段 ……………………… 4

    第三节 绿色农业发展的背景与必然性 ……………………… 9

    第四节 对绿色农业理念的认识 ……………………………… 12

    第五节 建设绿色农业的意义 ………………………………… 14

    第六节 绿色农业建设的指导思想、总体目标与基本原则 … 16

    第七节 绿色农业建设制度支持体系 ………………………… 19

  第二章 农业绿色标准化生产体系建设 …………………………… 29

    第一节 绿色食品与有机食品种植基地建设 ………………… 29

    第二节 绿色食品与有机食品加工要求 ……………………… 43

    第三节 绿色食品与有机食品标准化生产与认证 …………… 46

    第四节 建立HACCP安全保证体系 ………………………… 74

    第五节 HACCP体系实施步骤和前提基础条件 …………… 78

    第六节 制订实施HACCP计划的预备阶段和七项原则 …… 83

    第七节 建立绿色农产品市场销售体系 ……………………… 84

第二篇 绿色农业生态环境保护实用技术 ……………………… 91

  第三章 农业面源污染与防治对策及措施 ……………………… 92

    第一节 农业面源污染的概念 ………………………………… 92

    第二节 农业面源污染的主要因素与现状 …………………… 92

    第三节 我国农业面源污染的治理目标与对策 ……………… 94

第四章　生态农业环境保护的理念与措施 ……………… 101

　第一节　农业生态环境的理念 …………………………… 101

　第二节　农业生态环境保护的任务 ……………………… 105

　第三节　农业生态环境因素分析与保护问题 …………… 106

　第四节　保护好农业生态环境需采取的措施 …………… 108

第五章　土壤培肥实用技术 …………………………… 111

　第一节　作物营养元素概述 ……………………………… 111

　第二节　有机肥料的作用与合理施用 …………………… 134

　第三节　合理施用化学肥料 ……………………………… 137

　第四节　应用叶面喷肥技术 ……………………………… 139

　第五节　推广应用测土配方施肥技术 …………………… 142

　第六节　用养结合培育高产稳产土壤 …………………… 149

　第七节　土壤的障碍因素与改良技术 …………………… 152

第三篇　绿色种植业生产措施与实用技术 ……………… 155

第六章　绿色种植业概述 ……………………………… 156

　第一节　种植业发展的基本思路与方针 ………………… 156

　第二节　种植业生产重点转型升级与增效方式 ………… 157

第七章　农作物绿色栽培实用技术要点 ……………… 170

　第一节　大田粮食作物栽培技术要点 …………………… 170

　第二节　大田经济作物栽培技术要点 …………………… 198

　第三节　大田瓜菜作物栽培技术要点 …………………… 227

　第四节　常见食用菌生产实用技术 ……………………… 258

　第五节　果树绿色栽培实用技术 ………………………… 339

第八章　农作物高效间套种植与设施栽培实用技术 …… 352

　第一节　农作物立体间套种植的概念 …………………… 352

　第二节　搞好立体间套种植应具备的基本条件 ………… 352

　第三节　农作物立体间套种植的技术原则 ……………… 354

　第四节　立体间套种植模式介绍 ………………………… 358

第五节 设施瓜菜集约化栽培模式与实用技术 …………………… 369

第六节 设施瓜菜生产中容易出现的问题与对策 ………………… 373

第七节 棚室瓜菜生产连作障碍与解决办法 …………………… 387

第九章 农作物病虫害绿色防治技术 …………………………… 392

第一节 农药基础知识 ………………………………………… 392

第二节 当前农作物病虫害防治中存在的主要问题与对策 ……… 406

第四篇 绿色养殖业生产措施与实用技术 …………………… 411

第十章 畜禽与水产养殖业增效措施与实用技术 ………………… 412

第一节 畜禽与水产养殖业增效潜力与措施 …………………… 412

第二节 养猪实用技术要点 …………………………………… 418

第三节 养羊实用技术要点 …………………………………… 427

第四节 养牛实用技术要点 …………………………………… 429

第五节 养鸡实用技术要点 …………………………………… 438

第十一章 池塘水产养鱼实用技术 ……………………………… 453

第一节 池塘人工养鱼的常规技术 …………………………… 453

第二节 池塘综合养鱼实用技术 ……………………………… 471

第五篇 绿色循环农业接口工程与技术 …………………… 483

第十二章 畜禽粪便与农作物秸秆沼气处理实用技术 …………… 484

第一节 沼气的概述 …………………………………………… 484

第二节 沼气的生产原理与生产方法 ………………………… 487

第三节 沼气的综合利用技术 ………………………………… 511

第四节 沼气在生态农业中的作用 …………………………… 527

第十三章 耕地轮作休耕制度与实用技术 ……………………… 531

第一节 实行轮作休耕制度的意义 …………………………… 531

第二节 实行轮作休耕应注意的问题 ………………………… 532

第三节 轮作休耕实用技术 …………………………………… 534

第十四章 农业产业化经营助推农业绿色发展 ················· 561

第一节 农业产业化的概念与内涵 ················· 561

第二节 农业产业化经营的基本特征与组织形式 ················· 562

第三节 提升农业产业化水平的途径 ················· 566

第四节 当前产业化经营中存在的问题与对策 ················· 569

第五节 不断创新土地与农业产业化经营体系 ················· 574

主要参考文献 ················· 577

第一章　绿色农业理论

第一节　农业生产的概念本质与绿色发展的指导思想

一、农业的概念与意义

广义的农业是指人们利用生物生命过程取得产品的生产以及附属于这种生产的各部门的总称。一般包括农、林、牧、副、渔五业。农业是人类的衣食之源，生存之本。"国以民为本，民以食为天"。农业是国民经济的基础，"以农业为基础"是我国社会主义建设的一个长期基本方针。农业在我国社会主义建设中有着极其重要的地位，它关系到我国人民生活水平的不断提高，也关系到我国工业以至整个国民经济发展的速度。因此，把农业发展放在首位加速农业的发展，实现农业绿色发展，使农业生产走良性循环的生态化道路，既是当务之急，也是长期的根本大计。

把农业放在经济工作的首位，是我国的特殊国情所决定的，也是党中央一贯的指导思想。我国是一个人口大国，人多地少，解决十多亿人的吃饭问题，任何时候都只能立足于自力更生。我国又是个农业大国，80%的人口是农民。没有农民的小康，就没有全国的小康；没有农村的稳定，就没有全国的稳定；没有农业的现代化，就谈不上国家的全面现代化。农业和农村工作关系到整个国民经济的发展，关系到全社会的进步和稳定，关系到我国在国际经济竞争和政治较量中能否保持独立自主地位。它不仅是个经济问题，也是一个关系重大的政治问题，任何时候都不可掉以轻心。所以，必须进一步解放思想，稳中求进，改革创新，坚决破除体制机制弊端，坚持农业基础地位不动摇，加快推进农业绿色发展。

二、农业生产的本质

农业生产是人类利用绿色植物、动物和微生物的生命活动，进行能量转化和物质循环，来取得社会需要产品的一种活动。地球上生物的全部生命活动所需要的能量来源可以说都是太阳能，但是人类和其他动物以及微生物还不能直接将太阳能转化为自身可以利用的能量，更无法将其能量贮存起来，能够直接利用太阳能并把太阳能转化为有机物化学潜能贮存起来的只有绿色植物。恩格斯早在1882年就指出："植物是太阳光能的伟大吸收者，也是已经改变了形态的太阳能的伟大贮存者。"绿色植物细胞内的叶绿体，能够利用光能，将简单的无机物合成为有机化合物。一部分被人类直接食用、消化，一部分被动物食用、消化后再被人类利用，一些不能被人和动物利用的有机残体和排泄物，被微生物分解为无机物又重新被绿色植物利用，形成物质循环。

由此可见，农业生产的实质是人们利用生物的生命活动所进行的能量转化和物质循环过程。如何采取措施使植物充分合理地利用环境因素（如光、热、水、二氧化碳、土地、化肥等），按照人类需求，尽可能促进这一过程高效率地实现就是农业生产的基本任务。

农业生产一般划分为3个基本环节，即植物生产环节（种植业）、动物生产环节（养殖业）和土壤培肥管理环节（动、植物生产过程中的废物处理可不断培肥地力和改善生产条件），3个基本环节密切联系不可分割，同时，要想提高生产效益，实现绿色发展，还应搞好农业产业化经营和无公害生产，避免土地环境与农产品污染，实现生态化生产。

植物生产是农业生产的第一个基本环节，也称"第一车间"。绿色植物既是进行生产的机器又是产品，它的任务是直接利用环境资源将太阳能转化为植物有机体内的化学潜能，把简单的无机物质合成为有机物质。植物生产包括农田、草原、果园和森林。所以在安排农作物生产时，应综合考虑当地的农业自然资源，因地制宜，根据最新农业科学技术优化资源配置，对农田、果树、林木、饲草等方面合理区划、综合开发、绿色发展。植物生产中粮食生产是主体部分，是第一位的，是人类生存的基础，应优先发展，在保证粮食安全的前提下，才能合理安排其他种植业生产。

动物生产是农业生产的第二个基本环节，也称"第二车间"。主要包括家畜、家禽和渔业生产，它的任务是进行农业生产的第二次生产，把植物生产的有机物质重新改造成为对人类具有更大营养和经济价值的肉类、乳类、蛋类和皮毛等产品，同时还可排泄粪便，为沼气生产提供原料和为植物生产提供优质的肥料。所以畜牧业与渔业的发展，不但能为人类提供优质畜产品，还能为农业再生产提供大量的肥料和能源动力。发展畜牧业与渔业有利于合理利用自然资源，除一些不宜用于农耕的土地可作为牧场、渔场进行畜牧业、渔业生产外，平原适宜的农田耕作区也应尽一切努力充分利用人类不能直接利用的农副产品（如作物秸秆、树叶、果皮等）发展畜牧业，使农作物增值，并把营养物质尽量转移到农田中去，从而扩大农田物质循环，不断发展种植业。植物生产和动物生产有着相互依存、相互促进的密切关系，通过合理利用，两者均能不断促进发展，形成良性循环绿色发展。

土壤培肥管理及生产条件的改善是农业生产的第三个基本环节，也称"第三车间"。"万物土中生""良田出高产"，土壤肥力为农作物增产提供物质保证，作物要高产，必须有高肥力土壤作为基础。土壤的培肥管理及生产条件的改善是植物生产的潜力积累，该环节的主要任务一方面是利用微生物将一些有机物质分解为作物可吸收利用的形态，或形成土壤腐殖质，改良土壤结构；另一方面是利用物理、化学、微生物等方法制造植物生产所需的营养物质,投入生产中促进植物生产,并采取措施改善植物生长其他环境因素,有利于植物生产。

上述三个环节是农业生产的基本生产结构,这3个环节是相互联系、相互制约、相互促进的,农业生产中只有在土壤、植物、动物之间保持高效能的能量转移和物质循环,搞好农业产业化经营,尽可能地综合利用自然资源,才能形成一个高效率的农业生产体系。各地只有根据当地的农业自然资源和劳动资源综合安排粮食、饲料、肥料、燃料等人们生活所需物资,建立农、林、牧、渔、土之间正常的能量和物质循环方式,不断培肥地力和改善农业生产环境条件,才能保持农业生产良性循环,促进农业生产绿色持续稳定发展。

三、农业绿色发展的指导思想

要全面深化农村改革,坚持社会主义市场经济改革方向,处理好政府和市场的关系,发挥农村经济社会活力;要鼓励探索创新,在明确底线的前提下,支持地方先行先试,尊重农民群众实践创造;要因地制宜、循序渐进,不搞"一刀切"、不追求一步到位,允许采取差异性、过渡性的制度和政策安排;要城乡统筹联动,赋予农民更多财产权利,推进城乡要素平等交换和公共资源均衡配置,让农民平等参与现代化进程、共同分享现代化成果。

推进中国特色农业现代化,要始终把改革作为根本动力,立足国情农情,顺应时代要求,坚持家庭经营为基础与多种经营形式共同发展,传统精耕细作与现代物质技术装备相辅相成,实现高产高效与资源生态永续利用协调兼顾,加强政府支持保护与发挥市场配置资源决定性作用功能互补。要以解决好地怎么种为导向加快构建新型农业经营体系,以解决好地少水缺的资源环境约束为导向深入推进农业发展方式转变,以满足吃得好、吃得安全为导向大力发展优质安全农产品,在守住全国耕地面积不少于18亿亩,农业用水总量控制在3 720亿m^3的底线基础上,努力走出一条生产技术先进、经营规模适度、市场竞争力强、生态环境可持续的中国特色新型农业绿色发展道路。

第二节　农业生产的特点与发展阶段

一、农业生产的特点

农业生产有许多特性,充分认识特性,根据不同的特性办事,是搞好农业生产、实现农业绿色发展的前提。

第一,农业生产具有生物性。农业生产的对象是农作物、树木、微生物、牧草、家畜、家禽、鱼类等生物。不同生物各自有着自身的生长发育规律,对环境条件有各自的选择性和适应性。在进行农业生产时,一般要按照各种生物的生态习性和自然环境的特点来栽培植物和饲养动物,建立合理的生态平衡系统,发挥优势,不断地提高农业生产水平。

第二,农业生产具有区域性。农业生产一般在野外进行。由于地球与太阳的位置及运动规律、地球表面海陆分布等种种原因,造成地球各处的农业自然资源如光、热、水、土等分布的强弱和多少是不均衡的,形成农业自然资源分布具有区域性差别。我国从大范围看,南方热量高、水多;北方热量低、水少。东部雨量多、土地肥沃;西北部雨量少、土地干旱且盐碱、风沙严重。西北光照多,东南光照少。不同的生态环境,也各有其适宜的作物种类和耕作方式。所以进行农业生产要从各地的生态环境条件出发,在充分摸清认识当地生态环境条件的基础上,综合考虑农业生产条件,搞好农业资源的优化配置,从实际出发,正确利用全部土地和光、热、水资源,使地尽其利、物尽其用,扬长避短、趋利避害,尽可能地发挥各地的资源优势。

第三,农业生产的季节性和较长的周期性。各种农作物在长期的进化过程中,其生长发育的各个阶段都形成了对外界环境条件的特殊要求,加上不同地理位置气候条件不同,在不同地区对不同农作物就自然地形成了耕种管收的时间性,使农业生产表现出较强的季节性。由于地球围绕太阳运行一周需一年时间,地球上气候变化具有年周期性,农业生产季节性也随着年周期变化,从而使生产季节有较长的周期性。也就出现了"人误地一时,地误人一年"的农谚。农业生产错过时机,便失去了与作物生长发育相协调的一年一度出现的生态条件,就会扩大作物与环境的矛盾,轻则影响作物产量或品质,重则造成减产,甚至绝收。因此"不违农时"自古就是我国农业生产的一条宝贵经验,应当严格坚持。随着生产水平的提高,人们采用地膜、温棚等措施,人为地延长或变更了生产季节性来从事生产效益高的农业生产,也取得了较好的效果。但应当在逐步试验示范的基础上,掌握必要的技术和必要的投入,不断壮大完善提高,避免出现盲目扩大范围与规模,造成投资大、用工多,而效益低的不良后果。

第四,农业生产的连续性和循环性。人类对农产品的需求是长期的,而农产品却不能长久保存。农业生产不能一劳永逸需要连续进行,才能不断地满足人们生活的需求。农业是子孙万代的事业,农业资源是子孙万代的产业,是要子子孙孙永续利用的。农业生产所需的自然资源如阳光、热量、空气等可以年复一年不断供应,土地资源通过合理利用与管理,在潜力范围内还可不断更新。但是在农业生产中不遵循自然规律,破坏性滥用或过度利用土地资源,如不合理使用农药、化肥、激素造成环境污染和重用轻养掠夺式经营等行为,使农业资源的可更新性受到破坏,就会严重影响农业生产。因此,考虑农业生产连续性特点,保证农业资源不断更新是农业生产的一项基本原则,也是保证农业生产不断发展的基本前提。在农业生产周期性变化中,要考虑上茬作物同下茬作物紧密相连和互相影响、互相制约因素，瞻前顾后，做到从当季着手，从全年着眼，前季为后季，季季为全年，今年为明年，达到农作物全面持续增产增效，生态化生产经营，绿色发展永续利用。

第五，农业生产的综合性。农业生产是天、地、人、物综合作用的社会性生产，它是用社会资源进行再加工的生产，经济再生产过程与自然生产过程互相交织在一起。因此，它既受自然规律的支配，又受经济规律的制约。在生产过程中，不仅要考虑对自然资源的适应、利用、改造和保护，也要考虑社会资源如资金、人力、石油、化肥、机器、农药的投放效果，使其尽可能以小的投入获得大的生产效益。从种植业内部看，粮、棉、油、麻、糖、菜、烟、果、茶等各类农作物种植的面积和取得的效益，受环境条件和社会经济条件的影响，受社会需要的制约，需要统筹兼顾、合理安排。从农、林、牧、副、渔大农业来看，也需要综合经营全面发展，才能满足人们生活的需求和轻工等各方面的需要。农业生产涉及面广，只有根据市场需求合理安排，才能提高生产效益，达到不断提高产量和增加收入的目的。因此，发展农业生产需要多学科联合，加强对现代生态农业的宏观研究和综合研究，搞好整体的协调和布局，促进良性循环和绿色持续发展。

第六，农业生产的规模性。随着农业产业化进程的加快和农业机械化水平的提高，农业将朝着适度规模生产和产业化经营发展。农业生产必须具备一定规模，才能充分发挥农业机械等农业生产因素的作用，降低生产成本，提高生产效益。较小的生产规模，不利于农业生产的专业化、社会化和商品化，不利于农业投入，会出现重复投入现象，造成投入浪费，也不利于先进农业技术的推广应用，影响了农业机械化的作用和效率。

二、农业发展的历史阶段

农业发展的历史是极其漫长的，一般认为农业的发展经历了原始农业、传统农业、现代农业3个发展阶段。我国农业历史悠久，是世界农业起源的中心，这3个发展阶段非常典型且完整。近年来一些专家学者进一步提出了信息农业发展阶段。

（一）原始农业

人类最早的社会形态是原始社会，在原始社会末期，一方面，随着人口的增加，对食物的需求不断扩大，自然界提供的食物已经不能满足人口增长的需要，人类急需寻求稳定的食品来源；另一方面，随着劳动经验的积累和劳动工具的改进，人类学会了一系列增加劳动产品的方法。因此，一场经济革命——人类社会由采集狩猎社会向农业社会的转变就由此而产生了。

原始农业大约起源于公元前9000—前8000年，原始农业最初仅是对自然的模仿，种植方式简单粗放。将种子撒到地里，任其自然生长，到了收获季节再采集谷粒。后来发展到"刀耕火种"，又进一步发展到"粗耕"和"中耕"的耕作方式时期。

原始农业的出现，使人类实现了由摄取经济向生产经济的转变，正像恩格斯所指出的："动物仅仅利用外部自然界单纯地以自己的存在来使自然界改变；而人则通过他所作出的改变来使自然界为自己的目的服务，来支配自然界。"直到这时，人类才真正脱离了动物界，成为真正完整意义上的人。

原始农业尽管非常落后，但在促进人类进步方面具有非同寻常的意义。由于农业的产生，生产力发生了巨大的变化，加速了人类历史的进程，带来了较长时期的定居，带来了农村和逐渐发展的未来城市，奠定了人类空前未有的物质基础。因此，原始农业的产生被称为"农业革命"。

从进入农业社会到工业社会出现前这漫长的历史中，农业一直是社会的主导产业，它为人类提供了衣食等最基本的生存条件。这一时期的人类使用简陋粗糙的工具，耕作方式主要采用刀耕火种和轮垦种植，既没有品种的选育，也没有灌溉措施；对病虫害及自然灾害没有任何抵御能力，完全靠天吃饭；依靠长期休耕的方法去自然恢复地力；靠单纯经验积累起来的生产技能，进行自给自足的小农经营的生产，经营规模狭小，几乎没有分工。总之，原始农业生产力水平低下，产量很不稳定，虽然"刀耕火种"的耕作方式对自然资源和环境破坏作用很大，但由于人口稀少，而且采用撂荒、抛荒、休田的方法，自然资源和环境恢复较快，所以对自然环境和资源影响较小。可以说原始农业的产品没有任何污染，应属有机农业。

（二）传统农业

传统农业是农业发展历史上的第二个阶段，是资本主义生产方式开始出现至19世纪末20世纪中叶前这段时期的农业。表现为农业生产逐步向半机械化转变，农业生产资料在农业生产中的应用日益增多，农业生产技术开始不断运用近代自然科学成果，农业生产由自给自足为主逐渐转变为商品化、社会化生产。农业发展速度大大加快，而农业产值与农民数量在国民经济和总就业人数中的比重开始下降。

我国的传统农业在夏、商、周经历了初步发展，春秋战国时期精耕细作农业技术的产生，北方旱作技术体系和南方水田技术体系的形成，一直到明清时期的进一步发展、完善和提高，形成了以精耕细作为特点的传统农业技术体系。我国的传统农业在品种选育、病虫害防治、农具制作、农田灌溉、土壤肥料、田间管理、农时节气等方面取得了举世瞩目的成就。德国化学家李比希说："中国农业是以经验和观察为指导，长期保持着土壤肥力，借以适应人口的增长而不断提高其产量，创造了无与伦比的农业耕种方法。"美国当代育种家布劳格说："中国人民创造了世界上已知的最惊人的变革之一，几乎遍及全国的两熟和三熟栽培，在发展中国家居于领先地位。"

中国传统农业注意节约资源，并最大限度地保护环境，通过精耕细作提高单位面积产量；通过种植绿肥植物、施用粪便、废弃物还田保护土壤肥力；利用选择法培育和保存优良品种；利用河流、池塘和水井进行灌溉；利用人力和畜力耕作；利用栽培、生物、物理的方法和天然物质防治病虫害。因此说，中国传统农业既是生态农业，又是有机农业，为我们发展现代绿色农产品标准化生产打下了较好的基础。

传统农业生产虽然保证了人口增长的生活供给，种养结合生产方式有了一定的发展，农业生产条件得到了一定程度的改善，农业增产增效和农民增收有了长足的进步，但农业生态资源的开发利用力度逐步加大，给环境造成了较大威胁。并且其生产经营方式也有许多不足：一是以小农户分散经营为主体，难以应对大市场带来的变化；二是基本上依靠世代相传的农业生产经验，生产要素比较分散，生产投入不科学，农业劳动生产水平不高；三是农业生产率水平低下，农业产出量和农民增收缓慢，农业生产的综合效益较低；四是农业科技成果和农业机械化水平虽然有了一定程度的提高，但是从总体上讲，仍属于小而全、自给自足的生产方式；五是农民改造自然的能力虽然有了新的进步与发展，但是农业组织化程度与水平仍然较低，受传统农业的影响和家庭条件限制难以扩大再生产，农畜产品转化增值的程度依然不高，农业生产的高产优质高效无法很好实现。

（三）现代农业

19世纪工业与科学技术的发展为农业现代化准备了条件。其主要表现为以现代工业装备农业，以现代科学技术武装农业，以现代经济理论和方法经营农业，用开放式的商品经济替代封闭式的自给性传统经济。现代农业首先在发达国家实现，主要是农业机械、化肥、农药和良种的应用促进了生产力的提高。它是以大量石化能源的投入为特点的农业，因此又称为"石油农业"或"无机农业"。

19世纪中期美国基于蒸汽机逐步发明了蒸汽犁和蒸汽拖拉机，到目前农业机械已高度智能化、节能化、环保化。从1838年英国发明过磷酸钙肥料，到目前发展为含有微量元素的多元复合肥普遍应用。从1882年法国发明了波尔多液杀菌剂，到目前出现种类众多的杀菌、杀虫剂以及除草剂。肥料、农药施用已出现残留污染问题和抗性问题。并且育种工作也经历了人工选择、杂交育种、诱变育种、多倍体育种、细胞工程育种和基因工程育种发展过程，培育出大量优良品种，到目前人们已经能够利用基因工程手段，按照自己的意愿培育品种，取得了巨大的经济效益，但也引起了人们对转基因食品安全性的忧虑。

现代农业降低了劳动强度，最大限度地发掘了植物的增产潜力，提高了农产品的质量。但进入20世纪60年代以后，发达国家对发展现代农业带来的负面影响逐渐显现。他们开始对"石油农业"进行反思批判，提出发展"有机农业"和"生态农业"来替代"石油农业"。我国的现代农业起步较晚，但发展较快，应充分吸取发达国家发展现代农业的经验与教训，坚持立足实际，实事求是，搞好农业良性循环，绿色发展，走具有中国特色的现代农业绿色发展道路。

（四）信息农业

近年来，随着科学技术发展与进步，将计算机通信、网络、人工智能、多媒体、遥感、地理信息系统、全球定位系统等先进技术用于农业生产，出现了"智能农业""精确农业""虚拟农业"等高新农业技术，一些专家学者认为已进入了信息农业发展阶段。简单说来，信息农业就是集信息、智能、技术、加工和销售等生产经营诸要素为一体的开放式、高效化的农业。

农业信息化是指人们运用现代信息技术，搜集、开发、利用农业信息资源，以实现农业信息资源的高度共享，从而推动农业经济发展。农业信息化的进程，是不断扩大信息技术在农业领域的应用和服务的过程。农业信息化包括：农业资源环境信息化、农业科学技术信息化、农业生产经营信息化、农业市场信息化、农业管理服务信息化、农业教育信息化等。

我国信息农业才刚刚起步，要走的路还很长，需要解决的问题也很多，不能一蹴而就，应因地制宜试验示范先行，稳步推进发展。

第三节　绿色农业发展的背景与必然性

在我国农业生产取得举世瞩目成就之后，农业资源如何有效配置？农业生产如何优质、高效和可持续发展？农民怎样才能较快地步入小康？社会主义新农村如何建设？一系列问题相继摆在我们面前。

绿色农业作为一个新生事物，它是在一定历史背景下产生并得到发展的。对绿色农业基本理论的推动，基于以下背景。

一、世界农业发展新形势的迫切要求

农业是一个永恒的产业，它既是人类生存和发展的基础，又随着人类文明的进步而不断得到发展。进入21世纪，科技转化、资源匮乏、环境恶化、食物安全和经济发展等，都面临着新的矛盾和挑战，世界农业的发展呈现出新的形势。

第一，农业发展的首要任务是保障人类食物安全。人类生存所需要的数量问题虽然有所好转，但至今仍然没有得到充分满足，世界上仍有8亿人没有解决基本的温饱问题，而食物质量安全与营养健康问题更加凸显。

第二，农业发展需要科学技术作支撑。一方面，科学技术的日新月异，特别是生物技术、信息技术以及纳米技术等的快速进步和广泛应用，使农业发展对科学技术的依赖越来越强；另一方面，农业科学技术对农业的贡献率仍较低，农业的科技成果转化率亟待提高。

第三，农业的发展需要良好的资源环境条件，现代工业文明正在加快对传统农业的改造，加快了农业现代化和农村发展的步伐，但随之而来的环境与资源的保护与开发问题日益受到社会的普遍关注。农业作为基础的、弱质的生命类产业，资源短缺、环境恶化对农业的发展制约明显。

第四，农业的发展需要农产品标准化。全球经济一体化和市场资源配置的基础性作用，正在使重农抑商的产品型自然经济转向农工商互利的商品型市场经济，农业作为主要的基础产业，其经济效益成为推动社会和经济发展的重要力量。农业的经济效益需要通过农产品经市场流通来实现，国际性农产品贸易乃至国内农产品贸易的顺利进行，需要确定国内外相互认可的农产品标准。

二、全面提升绿色食品工作的迫切要求

中国近些年来的绿色食品工作得到国内社会的广泛认可和国际社会的逐步接受，实践充分证明，绿色食品的思想理念、管理方式和标准体系符合我国和亚太地区农业发展新形势的需要。但是，由于绿色食品只是农业产业的一类终端产品，开展理论研究具有很大的局限性，无法按照产业链条形成较为完整、系统的理论体系，制约了绿色食品事业在广度和深度上的进一步发展；国内相关部门提出的有机食品以及其他类绿色食品的概念，一定程度上淡化了绿色食品在生产者、消费者以及政府中的优势地位；我国绿色食品的标准体系与有机农业联盟产品标准没有接轨，在国际上还没有实现"互认"，在很大程度上削弱了我国绿色食品的国际市场竞争力。这就需要在绿色食品的基础上进行总结、扩展和提升，通过"绿色农业国际联盟"的建立，推广绿色农业，开展国际性绿色农业在世界范围内的影响力，增强世界各地特别是我国和亚太地区绿色农业的国际地位和绿色农产品的国际竞争力。

三、国际组织的认可、推动和促进

2003年10月，在亚太地区绿色食品与有机农业市场通道建设国际研讨会上，一致通过了由绿色食品协会代表中方提出的"成立亚太地区绿色农业联盟"的建议，并将该建议写进了大会文件的"结论与建议"中，大会文件已由联合国亚太经社理事会农村发展确认，向与会国的相关单位散发。大会结束后，经有关组织、部门的进一步协商沟通，拟由中国绿色食品协会为主，发起、组织、筹备"绿色农业国际联盟"，这从客观上需要对"绿色农业"的基本理论进行较为全面系统的研讨和探究。

2004年6月11日新华社发布消息，欧盟委员会通过了一项包括21项具体措施的"有机农业与有机食品行动计划"，以大力扶持欧盟有机农业的发展，满足消费者对有机食品的需求，这对世界有机食品的发展也将起到积极的推动作用。中国绿色食品协会聚集了一大批专家学者和行业管理人才，拥有丰富的绿色食品工作经验，获得一大批绿色食品的理论

研究成果，以及中国近些年来绿色食品的成功实践等等，这些都确保中国绿色食品协会有基础、有能力、有资质联合相关部门、机构、组织的专家学者，在绿色农业理论研究方面做更多工作，抢占绿色农业理论研究的世界领先地位，为世界绿色农业的发展光大作出更大的新的贡献。

四、绿色农业发展的背景与必然趋势

党的十六大提出了全面建成小康社会的宏伟目标，十六届五中全会又明确提出了"要按照生产发展，生活富裕，乡风文明，村容整洁，管理民主的要求，扎实稳步地推进建设社会主义新农村"的具体目标。并且从2004年以来，中央一号文件连续多年锁定"三农"工作，集中出台了一系列促进农业和农村经济发展的激励政策、调控政策、支持政策和财政保障政策；在准确分析和把握我国农业和农村经济新形势的基础上，又及时正确地提出了"用现代物质条件装备农业，用现代科学技术改造农业，用现代产业体系提升农业，用现代经营形式推进农业，用现代发展理念引领农业，用培养新型农民发展农业"的现代农业新思路。特别是党的二十大擘画了以中国式现代化全面推进中华民族伟大复兴的宏伟蓝图，指出全面建设社会主义现代化国家，最艰巨最繁重的任务仍然在农村。世界百年未有之大变局加速演进，我国发展进入战略机遇和风险挑战并存、不确定难预料因素增多的时期，守好"三农"基本盘至关重要、不容有失。党中央认为，必须坚持不懈把解决好"三农"问题作为全党工作重中之重，举全党全社会之力全面推进乡村振兴，加快农业农村现代化。强国必先强农，农强方能国强。要立足国情农情，体现中国特色，建设供给保障强、科技装备强、经营体系强、产业韧性强、竞争能力强的农业强国。做好今后一个时期"三农"工作，要坚持以习近平新时代中国特色社会主义思想为指导，全面贯彻落实党的二十大精神，深入贯彻落实习近平总书记关于"三农"工作的重要论述，坚持和加强党对"三农"工作的全面领导，坚持农业农村优先发展，坚持城乡融合发展，强化科技创新和制度创新，坚决守牢确保粮食安全、防止规模性返贫等底线，扎实推进乡村发展、乡村建设、乡村治理等重点工作，加快建设农业强国，建设宜居宜业和美乡村，为全面建设社会主义现代化国家开好局起好步打下坚实基础，也为绿色农业的健康稳步发展指明了方向。

我国是一个传统农业大国，具有传统的精耕细作经验，但也有多变的地理、气候环境条件，加上众多人口在农村，经济还不十分发达，发展现代农业必须走中国特色社会主义道路，必须深入贯彻落实科学发展观，加快现代农业发展的进程，着力提高农业水利化、机械化和信息化水平，提高土地产出率、资源利用率和农业劳动生产率，提高农业效益和竞争力。

绿色农业的发展对全球社会的持续繁荣和发展起到了至关重要的作用，经济学家普遍认为，现代农业为经济和社会的发展作出了四大贡献：一是产品贡献，即为人类提供了充足食物；二是要素贡献，即为工业化积累资本和提供剩余劳动力；三是市场贡献，即为工业品提供消费市场；四是外汇贡献，即为工业化和技术引进提供外汇资本。

在现代农业的发展取得成就的同时，也产生了以下一系列问题。

一是对石油等石化能源的过度依赖与能源供给短缺形成了尖锐矛盾，从而导致世界粮食市场供求关系随石油价格的波动而波动。二是农业生产中大量使用化肥、农药等农业化学物质投入品，最终损害人体健康。三是片面依靠农业机械、化学肥料和除草剂的投入，加上不合理的耕作，引起水土流失、土壤和生态环境恶化，使土地资源不断受到破坏。四是生物多样性遭到破坏。特别是现代育种手段和种植方式，破坏了生物多样性，使不可再生的种质资源大大减少，特别是基因工程手段的应用，引起了人们对转基因食品安全性的忧虑和恐慌。

随着环境污染问题和生态平衡被破坏问题的日趋严重，世界各国对全球性环境问题越来越重视，"世界只有一个地球""还我碧水蓝天"的呼声在全世界各地此起彼伏。同时，环境污染对食品安全性的威胁及对人类身体健康的危害也日渐被人们所重视，大多数国家的环境意识迅速增强，保护环境，提高食品的安全性，保障人类自身的健康已成为大事。回归大自然，消费绿色健康食品，已成为人们的必需。因此，生产无农药、化肥和工业"三废"污染的农产品，发展可持续农业就应运而生。1972年，在瑞典首都斯德哥尔摩"联合国人类环境会议"上，成立了有机农业运动国际联盟（IFOAM）。随后，在许多国家兴起了生态农业，提倡在原料生产、加工等各个环节中，树立"食品安全"的思想，生产没有公害污染的食品，即无公害食品。由此，在全世界又一次引起了一次新的农业革命。随后，一些国家相继研究、示范和推广了无公害农业技术，同时开发生产了无公害、生态和有机食品，绿色农产品生产开始兴起。

回顾21世纪以来社会和经济发展的历程，工业化的推进为人类创造了大量的物质财富，加快了人类文明的进步，但也给人类带来了诸如资源枯竭、环境污染、生态破坏等不良后果，再加上人类的刚性增长，人类已经清醒地认识到，人类必然要坚持走可持续发展的道路。在这样的宏观背景下，必然要催生一种新的农业增长方式或新的农业发展模式，"绿色农业"应运而生。

第四节　对绿色农业理念的认识

"绿色农业"作为一种新的农业模式早已在多种传媒中出现，但对于"绿色农业"理念统领的表述也在随着研究和认识的不断深入而不断完善，目前有以下几种典型的表述。

一、对绿色农业概念的理解

所谓绿色农业，是指以生产并加工销售绿色食品为核心的农业生产经营方式。绿色食品是遵循可持续发展的原则，按照特定方式进行生产，经专门机构认定的，允许使用绿色标志的无污染的安全、优质、营养类食品。目前，积极发展绿色农业，已成为迎接国际挑战的战略举措。同时，发展绿色农业也是坚持可持续发展，保护环境的需要。"黑色农业"这种经营方式往往高度依赖大型农机具、化肥、农药，不但消耗大量不可再生的能源，也造成土壤流失、空气与水污染等恶果。而发展绿色农业则可以从根本上解决这些问题。绿色农业以"绿色环境""绿色技术""绿色产品"为主体，促使过分依赖化肥、农药的化学农业向主要依赖生物内在机制的生态农业转变。

对绿色农业的理解，必须把握以下几个基本点。

（1）农产品的生产过程是安全的，资源和最终产品是安全的。

（2）遵循可持续发展原则，协调统一全面发展农业，农业综合效益高。

（3）充分利用现代先进科学技术、先进装备、先进设施和先进理念，统一协调发展观，促进社会经济的全面发展。

（4）农产品数量足，充分满足人们日益增长的各种需求。

（5）农业生产的各个环节均有符合人们要求的标准，改善生态环境，提高环境质量，促进社会、资源、环境的协调发展，促进人类文明健康发展。

（6）大农业、泛农业概念，一种新的农业发展模式。

（7）"绿色农业"，随着时间的推移，空间的扩展，科学技术的发展，将赋予新的更加丰富的内涵。

二、绿色农业和农业可持续发展

绿色农业是以生态农业为基础，以高新技术为先导，以生产绿色产业为特征，且树立全民族绿色意识，进行农业生产，产出绿色产品，开辟国内外绿色市场。绿色农业是广义的"大农业"，是经济概念，其包括绿色动植物农业、白色农业、蓝色农业、黑色农业、菌类农业、设施农业、园艺农业、观光农业、环保农业、信息农业等。绿色农业的绿色产品优势必将转化为绿色产业优势和绿色经济优势。

绿色农业采取某种使用和维护自然资源基础的方式，并实行技术变革和体制性变革，以确保当代人类及后代对农产品的需求不断得到满足。这种可持续的发展（包括农业、林业和渔业）能维护土地、水和动植物的遗传资源，是一种环境不退化、技术上应用适当、经济上能够维持下去及社会可接受的农业生产方式，是一种生态健全、技术先进、经济合理、社会公正的理想农业发展模式。根据20世纪以来农业现代化建设的经验与教训，探索21世纪农业现代化发展的新特点与新趋势，农业现代化含义应当包括农业现代化的技术、经济、制度、生态、社会等方面的含义。绿色农业（可持续农业）的理论与实践告诉我们，可持续农业囊括了各种替代型农业模式的长处，不是对石油农业模式的否定性替代，而是扬弃式发展。在发展中国家的传统农业向现代农业转变过程中，绿色农业（可持续农业）还吸取了传统农业的合理成分，还农业生产力以本来面目，进而刷新了现代农业发展模式的含义，是生态化与集约化内在统一的农业增长与经济方式的最佳模式，标志着世界现代农业发展进入了一个新阶段。

可持续农业有多种发展模式，绿色农业是当今世界各国实施持续农业目标被广泛接受的模式。绿色农业，就是利用绿色技术进行农业持续生产的一种体系。其基本内容：一是指生物的多样性；二是指在农业的发展过程中，保持人与环境、自然与经济的和谐统一，即注意对环境保护、资源的节约利用，把农业发展建立在自然环境良性循环的基础之上；三是指生产无污染、无公害的各类农产品，包括各类农业观赏品等等。绿色技术，简单地说，就是指人们能充分节约地利用自然资源，并且生产和使用时对环境无害的一种技术。

从上述典型的表述中可以看出，尽管具体表达形式多种，但是，基本贯穿了生态平衡、环境保护和可持续发展的思想，并重视先进科学技术的应用。

综上所述，所谓绿色农业是指以全面、协调、可持续发展为基本原则，以促进农产品安全（数量安全和质量安全）、生态安全、资源安全和提高农业综合效益为目标，充分运用科学先进技术、先进工业装备和先进管理理念，汲取人类农业历史文明成果，遵循循环经济的基本原理，把标准化贯穿到农业的整个产业链条中，实现生态、生产、经济三者协调统一的新型农业发展模式。

绿色农业是一个相对的、动态的概念，随着时代的发展，其内涵还将不断地丰富和发展。就我国而言，发展绿色农业要从依靠科技进步入手，通过提高农业生产经营者的素质去搞好生产经营活动。要认真落实科学发展观，应在摸清当地农业生产状况的基础上，找准限制因素和存在的关键问题，有针对性地采取科学对策与措施，避免出现"一哄而上"和"一哄而散"的被动生产局面。

第五节　建设绿色农业的意义

绿色农业是根据包括中国在内的和第三世界发展中国家的情况提出来的，是在总结传统农业、现代农业以及诸如有机农业、自然农业、生态农业、可持续农业等系列替代农业的成功经验和弊端的基础上，以产出安全优质产品和保障人体健康为核心，以维护和建设优良生态环境为基本要求，以稳产、高产、高效，改善整体农业生态环境为目标，达到人与自然协调，实现生态环境效益、经济效益和社会效益相互促进的农、林、牧、渔、工（加工）综合发展的标准化生产的新型农业生产模式。发展绿色农业可立足国情农情，体现中国特色；有利于推进乡村振兴，加快农业农村现代化；确保粮食安全，扎实推进乡村发展和治理工作，一举多得。所以，加快绿色农业建设具有重大的现实意义和历史意义。

一、建设绿色农业是贯彻生态文明的具体体现

我国农业发展已进入了用科学发展统领的新阶段，科学发展的第一要义是发展，核心是以人为本，基本要求是全面协调可持续发展。即坚持从人民群众的根本利益出发，全面发展、协调发展、和谐发展、可持续发展。

和谐发展是要促进人与自然的和谐，实现经济发展和人口、资源、环境相协调，坚持走生产发展、生活富裕、生态良好的文明发展道路，保证一代接一代地永续发展。

解决好"三农"问题，关键是把科学发展生态文明理念贯穿于农业和农村发展的全过程，把经济社会发展切实转入全面协调可持续发展的轨道。

研究和实践绿色农业，是贯彻落实科学发展观、生态文明转变发展观念、创新发展模式、提高发展质量、调整发展思路的探索和实践。

绿色农业建设是农业生产方式带有历史性的重大转变，是农业、农村贯彻乡村振兴、生态文明、走可持续发展道路的实际体现，也是解决"三农"问题的重要战略措施。

二、建设绿色农业有利于资源、环境、生态和食品安全

绿色农业作为一种先进的、代表生产力要求的、符合农业发展方向的生产模式，其基本要求是"优质、高产、高效、生态、安全"。如果从农产品生产和生态经济学的角度对农业生产模式进行考察，可以把农业生产模式归纳为5种基本类型：生产主导型、生态主导型、生产经济协调型、生态生产协调型、生态生产经济协调型。而生态生产经济协调型农业生产模式的代表就是绿色农业。我国已经无法通过增加更多的自然资源来增加农产品的生产，而只能通过提高资源利用率的途径来增加农产品生产，而这正是发展绿色农业的希望所在。所以只有发展绿色农业才是提高粮食综合生产能力、保障粮食安全的根本措施。

造成我国食品质量安全问题的原因较多，其中主要是技术性、经济与政策原因。就技术原因看，我国目前针对食品与农产品质量安全制定和颁布了一系列的产品标准、投入品使用准则、区域性的产品生产技术操作规程等，但是，目前在保障产品质量安全方面，还存在着落实标准和相关规定力度不够，且在实施过程中没有找到很好的技术依托措施来执行这些标准与规定。就经济原因看，我国农户数量巨大而经营规模极为狭小，是基础性原因，由于经营规模很小，加之农民的组织化程度低，农产品的流通体系发育程度也低，使得农产品质量安全的可追溯体系难以普遍建立。在政策方面，主要是国家的服务体系不健全、不完善，以及农业宏观管理体系不协调。发展绿色农业就是要加强和改善所有这些环节，不断提高食品质量与安全水平，不断加大对公众健康的保护。

三、建设绿色农业有利于提高农业国际竞争力

WTO框架下的农产品贸易，绿色壁垒层出不穷。发展绿色农业，建立与国际质量标

准接轨的绿色农产品质量管理体系是进行国际合作的必经之路。发展绿色农业，建立与国际质量标准接轨的绿色农业质量标准体系、绿色农产品质量监督检验测试体系、绿色农产品质量认证评价体系、绿色农产品质量监管体系等，按照国际规则，进一步完善贸易主动权，将促使我国的绿色农业迅速走向国际化，提高我国农业的国际竞争力。

四、建设绿色农业有利于促进农民增收

统筹城乡经济社会发展，建设绿色农业，发展农村经济，是全面建成小康社会的重大任务。现代农业必须是以绿色农业为前提，而不是以牺牲资源与环境为代价的"现代农业"。发展农村经济，增加农民收入主要是通过延长农业的生产链，由生产初级产品经过加工变成最终产品，形成生产、加工、销售三者一体化的产业化经营，绿色农业的发展促进了农业生产、加工、销售一体化，提高了农产品加工率和加工业产值与农业生产值的比率，加速了农村工业化进程。建设绿色农业生产基地、兴办绿色农业加工企业、建立绿色农业物流体系，可以大大提高农产品商品化率和农产品深加工附加值，加速农村工业化进程，促进农业增效、农民增收、农村富裕与农村经济可持续发展。

五、建设绿色农业有利于推进社会主义新农村建设

社会主义新农村建设的目标：生产发展、生活宽裕、乡风文明、村容整洁、管理民主。绿色农业的发展，倡导绿色生产模式与健康安全的消费观念，使现代工业和城市的文明直接影响农村文明。大力发展绿色农业，加强农村绿色文明建设，整治农村环境，改善环境质量，提高农村人居与生产环境水平，建设村容整洁、环境优美的绿色生态新农村，才能不断提高广大农民群众的生活水平和生活质量。因此发展绿色农业是建设绿色生态农村的基础，是社会主义新农村建设中关键的战略选择，它不仅提供了新农村建设的具体方案，而且提供了新农村可持续的和谐绿色发展思路。

第六节　绿色农业建设的指导思想、总体目标与基本原则

一、绿色农业建设的指导思想

建设和发展绿色农业应从当地生产条件和经济社会发展实际出发，坚持全面、协调、可持续的科学发展观，以构建和谐社会、建设社会主义新农村为宗旨，以发展农村经济、增加农民收入、提高农民素质、改善生态环境为目标，按照经济、社会、生态协调统一发展的总体要求，用绿色农业理念进一步完善和调整农业发展思路；依托资源优势和产业优势，培植壮大龙头主导产业，突出品牌，拉长产业链条，优化农业和农村产业结构，转变

农业增长方式；加强农村基础设施建设，提高农业综合生产能力。通过一定时间的建设，使该地区农业生产环境实现碧水蓝天，农业生产达到农、林、牧、渔、沼协调发展并基本实现产业化、标准化和高效化，农产品质量达到无害化，应对市场需求和挑战。

二、绿色农业建设的总体目标

绿色农业是对以前所有农业模式的总结和提高，体现了人类当前利益和长远利益的统一，体现了消费者和生产者利益的统一。绿色农业具有"开放性、持续性、高效性、标准化"四大特征。开放性，即充分利用人类文明进步特别是科技发展的一切成果，依靠科技进步、物质投入等提高农产品的生产能力，并重视农产品的品质和卫生安全，以满足人类对农产品的数量和质量的需求。持续性，即在合理使用工业投入品的前提下，注意利用植物、动物和微生物之间的生物系统中能量的自然转移，把能量转化过程中的损失降低到最低程度，重视资源的合理利用和保护，并维护良好的生态环境。高效性，指社会效益、经济效益和生态效益的高度统一。绿色农业注重合理开发资源、保护生态环境，注重保障人类食物安全，更注重发展农业经济，特别关注推动发展中国家全面发展。标准化，即绿色农业鲜明地提出农业要实行标准化全程控制，而且特别强调农业生产的终端产品—农产品的标准化，通过农产品的标准化来提高产品的形象和价格，规范市场秩序，实现"优质优价"，提高农产品的国际竞争力。

不同地区通过创立不同的绿色农业模式来使现代农业发展达到极限，这些众多的模式可以总结为四大共同条件：设施装备发达、生产技术先进、组织经营高效、服务体系完善。设施装备发达表现为农田基础设施好，排灌条件优越，机械化程度高，设施农业先进，农业投入品质优价低等。生产技术先进表现为有高产优质良种、先进科学的生产方法等。组织经营高效是指产前、产中、产后的经营管理水平高，供、产、销、加等各个环节连接密切，组织方式科学合理，使得整个农产品生产销售系统成本低、效率高。服务体系完善主要是指政府的支持与服务体系完备，能够帮助农业生产者和经营者克服市场机制下的不足，解决那些仅仅依靠市场机制解决不了和解决不好的事项，例如农业科研与推广、动植物重大疫病防治、市场信息提供、食品质量监控等。

通过实践，把绿色农业的发展目标进行概括和归纳，简单地讲，就是"三个确保，一个提高"。一是确保农产品质量安全。农产品质量安全包括数量安全和质量安全。绿色农业的发展以科技为支撑，利用有限的资源保障农产品的大量产出，满足人类对农产品数量和质量的需求。二是确保生态安全。生态平衡的最明显表现就是系统中的物种数量和种群规模相对平稳。绿色农业通过优化农业环境、强调植物、动物和微生物间的能量自然转移，确保生态安全。三是确保资源安全。农业的资源安全主要是水资源与耕地资源的安全问题。绿色农业发展要满足人类需要的一定数量和质量的农产品，就必然需要确保相应数量和质量的耕地、水资源等生产要素，因此，资源安全是绿色农业发展重要目标。

三、绿色农业建设的基本原则

一是突出农村主导产业，实现经济社会全面发展。坚持以发展农村经济为中心，进一步解放和发展生产力，因地制宜，做强做大当地农业主导产业，一般要以粮食为基础，大力发展粮食生产，在此基础上大力发展畜牧业和农产品加工业，为绿色农业发展提供产业支撑。同时，大力加强农村基础设施建设，发展农村公共事业，提高物质文化水平，实现全面发展。

二是坚持经济和生态环境建设同步发展。发展绿色农业，实现农业可持续发展，必须把生态环境建设放在十分重要的位置，坚决改变以牺牲环境来换取经济发展的传统发展模式。同时，结合社会主义新农村建设，大力加强植树造林、村容村貌的整顿，在农村开展农村清洁工程，改善生态环境和生产生活条件。

三是实行分类指导、突出特色。绿色农业建设要根据当地的经济实力和资源特色，分类指导，梯次推进，不搞一刀切，要倡导和支持专业村、特色村建设，鼓励"一村一品、一乡一产、数村一业"的专业化、标准化、规模化发展模式。

四是整合社会资源，实行重点突破。各地对每年确定的主要农业建设项目，要坚持资金、技术、人才重点倾斜，各种资源要素集中整合，捆绑使用，使项目建一个成一个，确保项目综合效益的全面实现。

五是坚持城乡统筹，全社会共同参与。改变传统的就农业抓农业、城乡两元分割的不利做法和管理体制，制定相应政策和激励机制，引导社会力量参与绿色农业建设，发挥中心城镇作用，制定城乡统筹、城乡互动、城市带动农村发展的有效机制。积极引进一切资金，增加农业投入；鼓励企事业单位、社会名流向农业、农村投资创办企业和承担建设项目，鼓励广大农民群众出资投劳，搞好基础建设和环境整治，改善家乡面貌。

六是树立典型，以点带面。绿色农业建设是一项长期的系统工程，涉及多学科、多行业、多部门，要求全社会广泛参与。必须统筹安排，循序渐进。要充分发挥绿色农业示范区的示范作用，支持发展一批典型，及时展示绿色农业成果，总结绿色农业经验，组织参观、培训、调研活动，推广成功经验，普及关键技术，传播适用信息，达到以点带面。

七是坚持"以人为本"。农村广大农民群众、专业协会、新型农民合作组织、涉农企业是绿色农业建设的主体。要坚持"以人为本"的原则，就是要以农民的全面发展为根本，发挥市场配置资源的主导作用，兼顾各方面的利益，实现农业发展与农民富裕目标同步实现，农民收入增长与农民素质同步提高，农业基础设施建设与农村公益事业同步发展，农村经济社会进步与生态环境、生存条件改善同步进行。

八是发展建设和理论研究兼顾。绿色农业建设，关系到农业可持续发展。绿色农业理论和发展模式的创立，为当代农业发展提供了全新的视角和发展思路。发展绿色农业要在农、林、牧、畜、渔结合、产业化、科技服务体系建设等方面搞好实践，要以示范区建设为载体，以大专院校、科研单位为依托，发挥本地干部、科技人员、群众的聪明才智，针对当地粮食、畜牧、林果生产和生态建设关键技术、服务体系和绿色农业发展模式进行必要的研究，打牢绿色农业建设的理论基础，提高科技服务和农业管理水平。

九是加强农业生产自身环境污染治理，保护好生态环境。发展绿色农业，更不能以牺牲环境为代价，在发展绿色农业的同时，要解决自身环境污染问题。多年的实践证明，在绿色农业的发展过程中大力发展以沼气为核心的生态富民家园工程，是促进农业和农村经济发展的重要举措，它不但能生产洁净的能源和生态肥料，同时还是处理有机废物的有效途径，用沼气连接养殖业和种植业，能解决众多发展过程中存在矛盾和问题，并能保护环境，实现农业可持续发展，是一条正确的发展途径。

十是增加投入，改善生产条件，增强动力和后劲。发展绿色农业，离不开土地、水利设施、农业机械等生产条件的改善，要千方百计地增加对农业的投入，减少重复投入的同时，提高投资效果，在提高和保持农业综合生产能力上下功夫，克服掠夺性生产方式，用养结合，不断培肥地力，为绿色农业发展奠定基础。

第七节　绿色农业建设制度支持体系

一、绿色农业生产制度支持

在市场经济条件下，农业生产者和其他市场参与者是农业绿色发展的主体，政府职能的发挥对于加快农业绿色发展进程也起着至关重要的作用。近年来的实践证明，农业绿色发展需建立必要的制度体系与支持体系。可从以下6个方面落实制度与建立支持保障体系。

（一）优化农业主体功能与空间布局

1.落实农业功能区制度

大力实施国家主体功能区战略，依托全国农业可持续发展规划和优势农产品区域布局规划，立足水土资源匹配性，将农业发展区域细划为优化发展区、适度发展区、保护发展区，明确区域发展重点。加快划定粮食生产功能区、重要农产品生产保护区，认定特色农产品优势区，明确区域生产功能。

2.建立农业生产力布局制度

围绕解决空间布局上资源错配和供给错位的结构性矛盾，努力建立反映市场供求与资源稀缺程度的农业生产力布局，鼓励因地制宜、就地生产、就近供应，建立主要农产品生产布局定期监测和动态调整机制。在优化发展区更好发挥资源优势，提升重要农产品生产能力；在适度发展区加快调整农业结构，限制资源消耗大的产业规模；在保护发展区坚持保护优先、限制开发，加大生态建设力度，实现保供给与保生态有机统一。完善粮食主产区利益补偿机制，健全粮食产销协作机制，推动粮食产销横向利益补偿。推进国家农业可持续发展试验示范区创建，同时成为农业绿色发展的试点先行区。

3. 完善农业资源环境管控制度

强化耕地、草原、渔业水域、湿地等用途管控，严控围湖造田、滥垦滥占草原等不合理开发建设活动对资源环境的破坏。坚持最严格的耕地保护制度，全面落实永久基本农田特殊保护政策措施。以县为单位，针对农业资源与生态环境突出问题，建立农业产业准入负面清单制度，因地制宜制定禁止和限制发展产业目录，明确种植业、养殖业发展方向和开发强度，强化准入管理和底线约束，分类推进重点地区资源保护和严重污染地区治理。

4. 建立农业绿色循环低碳生产制度

在华北、西北等地下水过度利用区适度压减高耗水作物，在东北地区严格控制旱改水，选育推广节肥、节水、抗病新品种。以土地消纳粪污能力确定养殖规模，引导畜牧业生产向环境容量大的地区转移，科学合理划定禁养区，适度调减南方水网地区养殖总量。禁养区划定减少的畜禽规模养殖用地，可在适宜养殖区域按有关规定及时予以安排，并强化服务。实施动物疫病净化计划，推动动物疫病防控从有效控制到逐步净化消灭转变。推行水产健康养殖制度，合理确定湖泊、水库、滩涂、近岸海域等养殖规模和养殖密度，逐步减少河流湖库、近岸海域投饵网箱养殖，防控水产养殖污染。建立低碳、低耗、循环、高效的加工流通体系。探索区域农业循环利用机制，实施粮经饲统筹、种养加结合、农林牧渔融合循环发展。

5. 建立贫困地区农业绿色开发机制

立足贫困地区资源禀赋，坚持保护环境优先，因地制宜选择有资源优势的特色产业，推进产业精准扶贫。把贫困地区生态环境优势转化为经济优势，推行绿色生产方式，大力发展绿色、有机和地理标志优质特色农产品，支持创建区域品牌；推进一二三产业融合发展，发挥生态资源优势，发展休闲农业和乡村旅游，带动贫困农户脱贫致富。

（二）强化资源保护与节约利用

1. 建立耕地轮作休耕制度

推动用地与养地相结合，集成推广绿色生产、综合治理的技术模式，在确保国家粮食安全和农民收入稳定增长的前提下，对土壤污染严重、区域生态功能退化、可利用水资源匮乏等不宜连续耕作的农田实行轮作休耕。降低耕地利用强度，落实东北黑土地保护制度，管控西北内陆、沿海滩涂等区域开垦耕地行为。全面建立耕地质量监测和等级评价制度，明确经营者耕地保护主体责任。实施土地整治，推进高标准农田建设。

2. 建立节约高效的农业用水制度

推行农业灌溉用水总量控制和定额管理。强化农业取水许可管理，严格控制地下水利用，加大地下水超采治理力度。全面推进农业水价综合改革，按照总体不增加农民负担的原则，加快建立合理农业水价形成机制和节水激励机制，切实保护农民合理用水权益，提高农民有偿用水意识和节水积极性。突出农艺节水和工程节水措施，推广水肥一体化及喷灌、微灌、管道输水灌溉等农业节水技术，健全基层节水农业技术推广服务体系。充分利用天然降水，积极有序发展雨养农业。

3. 健全农业生物资源保护与利用体系

加强动植物种质资源保护利用，加快国家种质资源库、畜禽水产基因库和资源保护场（区、圃）规划建设，推进种质资源收集保存、鉴定和育种，全面普查农作物种质资源。加强野生动植物自然保护区建设，推进濒危野生植物资源原生境保护、移植保存和人工繁育。实施生物多样性保护重大工程，开展濒危野生动植物物种调查和专项救护，实施珍稀濒危水生生物保护行动计划和长江珍稀特有水生生物拯救工程。加强海洋渔业资源调查研究能力建设。完善外来物种风险监测评估与防控机制，建设生物天敌繁育基地和关键区域生物入侵阻隔带，扩大生物替代防治示范技术试点规模。

（三）加强产地环境保护与治理

1. 建立工业和城镇污染向农业转移防控机制

制定农田污染控制标准，建立监测体系，严格工业和城镇污染物处理和达标排放，依法禁止未经处理达标的工业和城镇污染物进入农田、养殖水域等农业区域。强化经常性执法监管制度建设。出台耕地土壤污染治理及效果评价标准，开展污染耕地分类治理。

2. 健全农业投入品减量使用制度

继续实施化肥农药使用量零增长行动，推广有机肥替代化肥、测土配方施肥，强化病虫害统防统治和全程绿色防控。完善农药风险评估技术标准体系，加快实施高剧毒农药替代计划。规范限量使用饲料添加剂，减量使用兽用抗菌药物。建立农业投入品电子追溯制度，严格农业投入品生产和使用管理，支持低消耗、低残留、低污染农业投入品生产。

3. 完善秸秆和畜禽粪污等资源化利用制度

严格依法落实秸秆禁烧制度，整县推进秸秆全量化综合利用，优先开展就地还田。推进秸秆发电并网运行和全额保障性收购，开展秸秆高值化、产业化利用，落实好沼气、秸秆等可再生能源电价政策。开展尾菜、农产品加工副产物资源化利用。以沼气和生物天然气为主要处理方向，以农用有机肥和农村能源为主要利用方向，强化畜禽粪污资源化利用，依法落实规模养殖环境评价准入制度，明确地方政府属地责任和规模养殖场主体责任。依据土地利用规划，积极保障秸秆和畜禽粪污资源化利用用地。健全病死畜禽无害化处理体系，引导病死畜禽集中处理。

4.完善废旧地膜和包装废弃物等回收处理制度

加快出台新的地膜标准，依法强制生产、销售和使用符合标准的加厚地膜，以县为单位开展地膜使用全回收、消除土壤残留等试验试点。建立农药包装废弃物等回收和集中处理体系，落实使用者妥善收集、生产者和经营者回收处理的责任。

（四）养护修复农业生态系统

1.构建田园生态系统

遵循生态系统整体性、生物多样性规律，合理确定种养规模，建设完善生物缓冲带、防护林网、灌溉渠系等田间基础设施，恢复田间生物群落和生态链，实现农田生态循环和稳定。优化乡村种植、养殖、居住等功能布局，拓展农业多种功能，打造种养结合、生态循环、环境优美的田园生态系统。

2.创新草原保护制度

健全草原产权制度，规范草原经营权流转，探索建立全民所有草原资源有偿使用和分级行使所有权制度。落实草原生态保护补助奖励政策，严格实施草原禁牧休牧轮牧和草畜平衡制度，防止超载过牧。加强严重退化、沙化草原治理。完善草原监管制度，加强草原监理体系建设，强化草原征占用审核审批管理，落实土地用途管制制度。

3.健全水生生态保护修复制度

科学划定江河湖海限捕、禁捕区域，健全海洋伏季休渔和长江、黄河、珠江等重点河流禁渔期制度，率先在长江流域水生生物保护区实现全面禁捕，严厉打击"绝户网"等非法捕捞行为。实施海洋渔业资源总量管理制度，完善渔船管理制度，建立幼鱼资源保护机制，开展捕捞限额试点，推进海洋牧场建设。完善水生生物增殖放流，加强水生生物资源养护。因地制宜实施河湖水系自然连通，确定河道砂石禁采区、禁采期。

4.实行林业和湿地养护制度

建设覆盖全面、布局合理、结构优化的农田防护林和村镇绿化林带。严格实施湿地分级管理制度，严格保护国际重要湿地、国家重要湿地、国家级湿地自然保护区和国家湿地公园等重要湿地。开展退化湿地恢复和修复，严格控制开发利用和围垦强度。加快构建退耕还林还草、退耕还湿、防沙治沙，以及石漠化、水土流失综合生态治理长效机制。

（五）健全创新驱动与约束激励机制

1.构建支撑农业绿色标准生产发展的科技创新体系

完善科研单位、高校、企业等各类创新主体协同攻关机制，开展以农业绿色标准生产为重点的科技联合攻关。在农业投入品减量高效利用、种业主要作物联合攻关、有害生物绿色防控、废弃物资源化利用、产地环境修复和农产品绿色加工贮藏等领域尽快取得一批突破性科研成果。完善农业绿色科技创新成果评价和转化机制，探索建立农业技术环境风险评估体系，加快成熟适用绿色技术、绿色品种的示范、推广和应用。借鉴国际农业绿色发展经验，加强国内外科技和成果交流合作。

2. 完善农业生态补贴制度

建立与耕地地力提升和责任落实相挂钩的补贴机制。改革完善农产品价格形成机制，深化棉花目标价格补贴，统筹玉米和大豆生产者补贴，坚持补贴向优势区倾斜，减少或退出非优势区补贴。改革渔业补贴政策，支持捕捞渔民减船转产、海洋牧场建设、增殖放流等资源养护措施。完善耕地、草原、森林、湿地、水生生物等生态补偿政策，继续支持退耕还林还草。有效利用绿色金融激励机制，探索绿色金融服务农业绿色发展的有效方式，加大绿色信贷及专业化担保支持力度，创新绿色生态农业保险产品。加大政府和社会资本合作（PPP）在农业绿色发展领域的推广应用，引导社会资本投向农业资源节约、废弃物资源化利用、动物疫病净化和生态保护修复等领域。

3. 建立绿色农业标准生产体系

清理、废止与农业绿色发展不适应的标准和行业规范。制定（修订）农兽药残留、畜禽屠宰、饲料卫生安全、冷链物流、畜禽粪污资源化利用、水产养殖尾水排放等国家标准和行业标准。强化农产品质量安全认证机构监管和认证过程管控。改革无公害农产品认证制度，加快建立统一的绿色农产品市场准入标准，提升绿色食品、有机农产品和地理标志农产品等认证的公信力和权威性。实施农业绿色品牌战略，培育具有区域优势特色和国际竞争力的农产品区域公用品牌、企业品牌和产品品牌。加强农产品质量安全全程监管，健全与市场准入相衔接的食用农产品合格证制度，依托现有资源建立国家农产品质量安全追溯管理平台，加快农产品质量安全追溯体系建设。积极参与国际标准的制定和修订，推进农产品认证结果互认。

4. 完善绿色农业标准生产法律法规体系

研究制定（修订）体现农业绿色标准生产发展需求的法律法规，完善耕地保护、农业污染防治、农业生态保护、农业投入品管理等方面的法律制度。开展农业节约用水立法研究工作。加大执法和监督力度，依法打击破坏农业资源环境的违法行为。健全重大环境事件和污染事故责任追究制度及损害赔偿制度，提高违法成本和惩罚标准。

5. 建立农业资源环境生态监测预警体系

建立耕地、草原、渔业水域、生物资源、产地环境以及农产品生产、市场、消费信息监测体系，加强基础设施建设，统一标准方法，实时监测报告，科学分析评价，及时发布预警。定期监测农业资源环境承载能力，建立重要农业资源台账制度，构建充分体现资源稀缺和损耗程度的生产成本核算机制，研究农业生态价值统计方法。充分利用农业信息技术，构建天空地数字农业管理系统。

6. 健全农业人才培养机制

把节约利用农业资源、保护产地环境、提升生态服务功能等内容纳入农业人才培养范畴，培养一批具有绿色发展理念、掌握绿色生产技术技能的农业人才和新型职业农民。积极培育新型农业经营主体，鼓励其率先开展绿色生产。健全生态管护员制度，在生态环境脆弱地区因地制宜增加护林员、草管员等公益岗位。

（六）落实保障措施

1. 落实领导责任

地方各级党委和政府要加强组织领导，把农业绿色发展纳入领导干部任期生态文明建设责任制内容。农业农村部要发挥好牵头协调作用，会同有关部门按照本意见的要求，抓紧研究制定具体实施方案，明确目标任务、职责分工和具体要求，建立农业绿色发展推进机制，确保各项政策措施落到实处。

2. 实施农业绿色标准生产发展全民行动

在生产领域，推行畜禽粪污资源化利用、有机肥替代化肥、秸秆综合利用、农膜回收、水生生物保护，以及投入品绿色生产、加工流通绿色循环、营销包装低耗低碳等绿色生产方式。在消费领域，从国民教育、新闻宣传、科学普及、思想文化等方面入手，持续开展"光盘行动"，推动形成厉行节约、反对浪费、抵制奢侈、低碳循环等绿色生活方式。

3. 建立考核奖惩制度

依据绿色发展指标体系，完善农业绿色发展评价指标，适时开展部门联合督查。结合生态文明建设目标评价考核工作，对农业绿色发展情况进行评价和考核。建立奖惩机制，对农业绿色发展中取得显著成绩的单位和个人，按照有关规定给予表彰，对落实不力的进行问责。

二、农业绿色标准生产发展的创新点

从当地农业的发展水平和资源条件出发，在充分分析国内外市场的前提下，运用现代高新技术改造传统农业，实现农业绿色发展可从以下5个方面进行创新：技术创新、结构创新、融资创新、组织创新和生态循环创新。

1. 技术创新：把高新技术融入农业

把高新技术融入农业，就是要使高新技术向农业的产前、产中和产后领域渗透和扩散，使之形成新型农业产业。

（1）向产前领域融入。以品种改良为重点，结合良种繁育与成果转化应用产业化工程的实施，充分利用农业科技人才和技术，把转基因技术、细胞工程技术、胚胎移植技术等高新技术向农业的产前领域扩散，形成优质种子、种苗、种畜、种禽产业。

（2）向产中领域渗透。把高新技术向产中领域渗透，主要是推动种植、养殖业的结构调整和高新技术转化应用，完善农产品生产标准化体系，发展高效集约型种植与养殖业生产。如名优特农作物生产或畜禽养殖、特色林果生产、无公害反季节蔬菜生产、特色花卉栽培、优质农畜产品加工生产等。

（3）向产后领域扩散。把高新技术向农业的产后领域扩散，形成农畜产品精深加工产业，延长农业产业链条，增加农产品附加值，促使农产品满足市场消费不断变化的需求。如名优特绿色食品加工等。

2. 结构创新：实用高新技术促进农业结构调整

运用高新技术促进农业结构调整重点是将资源依托型的农业发展成科技依托型农业，优化资源配置，实现农业高产、优质和高效。

（1）运用高新技术调整与创新农业结构的原则。农业结构调整与创新是一项较复杂的系统工程，把高新技术运用到农业结构调整与创新中，一般应把握以下几个原则。

整体最大效益原则。即经济效益、社会效益、生态效益宏观上均要争取最大化，同时，还要兼顾产业结构调整过程中的短期利益与中长期利益，因地制宜，科学地确立农业经济结构调整中的目标。

市场导向原则。在农业结构创新与调整中，应坚持以市场为导向，依据市场需求结构的变化确定产业结构调整方向，逐步实现为卖而产，为用而产，为富而产。同时，由于产业结构调整通常滞后于市场需求结构调整，因此，还要注重培育并挖掘市场潜在需求，以抢占先机。

资源优化配置原则。农业经济结构调整优化的过程实际上是农业生产资源要素合理组合的过程，资源是否能优化配置是衡量产业结构构建合理与否的基本指标。

科技先行原则。科技进步是社会与经济发展的重要源泉，也是农业结构创新与调整的重要支撑条件。因此，结构调整必须建立在科技支撑的基础上。

农民自主自愿原则。在结构创新与调整中，还要坚持以农民为主体，把主动权交给农民，充分尊重农民的意愿，尊重农民的选择，把调整结构变成农民的自觉行动，但政府要做好指导、示范、协调和服务作用。

（2）运用高新技术创新农业结构的重点内容。主要包括创新与调整农业的功能结构、产业结构、产品结构、技术结构、区域结构和市场结构等内容。

（3）运用高新技术创新农业结构应当注意的问题。主要包括粮食安全问题、水资源科学合理开发利用问题、生态环境建设与经济效益问题、技术储备问题等。

3.融资创新：建立多元化的融资渠道和风险投资体系

农业绿色发展需要大量的资金，没有充裕的资金支持将会影响农业绿色发展速度和发展效果。根据国内外建立现代绿色农业科技示范园区的经验，一般有以下几个投融资渠道。

（1）政府投资。主渠道是中央财政的扶持性投资，积极争取中央各部委和当地各级政府财政农业项目资金，搞好现代农业项目建设。如绿色农业示范区项目、无公害农产品生产项目等。

（2）借贷资金。主要是从农业银行等国内商业银行以及农村信用社等金融机构获得的贷款资金。可以以土地、房屋、园区设施等固定资产，作为向银行申请贷款的抵押担保，获取借贷资金。

（3）吸引国内外相关企业和个人投资。通过政府为绿色现代农业项目实施制定相关的优惠政策，形成较为宽松的投资环境，吸引国内外农业相关企业、民营企业、科研单位和个人进行投资开发，实践、转化和创新农业高新技术成果，解决现代农业建设和运营所需资金。

（4）风险投资。所谓风险投资，是一种机会投资行为。它专指把资金投向既有巨大盈利可能，又有失败危险的研究开发领域的一种投资行为。农业绿色发展建设的风险投资，旨在加快农业绿色发展进程，促使农业高新技术成果尽快商品化，获得高资本收益。其组成部分一般包括风险资本、风险投资公司和风险投资企业。

总之，从当地实际出发，运用高新技术改造传统农业，实现农业绿色发展，必须采取有效措施，多种方式多种渠道获得资金投入；同时还要注重区域综合开发，多种渠道资金有机融合投入，建立符合当地自身实际的投融资创新体系，以确保各地农业绿色发展建设项目的实施和效益发挥。

4.组织创新：发展农业产业化经营和农民专业合作经济组织

农业产业化经营是改造传统农业、实现农业绿色发展的一种有效途径，也是新形势下农业发展要求的高效农业经营方式。农业产业化经营不仅有利于当前的农业结构调整和增加农民收入，而且是现代化农业的基础和前提。没有农业企业化就不可能实现农业现代化和农业绿色发展，依靠现代农业高新技术改造传统农业必须充分发挥农业产业化经营对农业发展的促进作用。

农业产业化经营要发挥生产社会化、专业化、贸工农和农科教一体化的协同优势，全面提高人力资源素质和生产经营的整体素质，将实用有效的科学技术普遍应用于农业生产经营的各个环节，从而提高农产品的科技含量，加快农业产业的升级和转型，促进其向现代农业转变。目前，解决小规模与大市场的一个有效办法是大力发展新型农民经济组织，尽快形成经营规模，小规模的农户借助于专业合作组织的配套服务，尽可能地扩大生产能力，形成区域规模和产业规模，获得规模效益；同时，专业经济合作组织也能获得均衡稳定的货源和优质原料，这种聚合规模和利益机制，正是为专业化生产采用现代科学技术、现代生产工艺、现代化机器设备开辟了广阔可行的渠道。所以说发展专业经济合作组织有助于形成一种高起点、高速度和高效益的新型现代化科技成果转化应用及示范推广体系。

5. 生态循环创新：发展生态科技农业

目前，各地农业生态环境基础都比较脆弱，在改造传统农业的过程中，必须注重生态循环创新，大力发展生态循环型科技农业，要优先发展绿色农业、环境农业、有机农业和无公害、无污染安全农产品生产。要重点建设生态农业工程，同时加快生态观光农业、特色农业的发展，有条件的地方还要加快绿色农业和绿色食品发展战略，不断完善绿色农业示范区建设，着力发展种植、养殖、沼气等良性循环农业生产模式，建立健全绿色农业生产标准体系和监督检验体系，把农业生产融入自然生态环境中。

三、绿色农业生产发展的支持体系建设

政府职能的发挥对于加快农业绿色发展起着至关重要的作用，但在市场经济条件下，农业生产者、消费者和其他市场参与者都是农业绿色发展的主体，实践证明，建立政策、科技、资金等各方面必要的支持体系才能有利于农业绿色发展。

1. 建立农业绿色标准生产发展政策支持体系

可持续发展的要旨是正确处理世代之间平等分配，这也是农业绿色发展的立足点。对此，要加强资源保护及农业资源综合立法。对自然资源实行资产化管理。制定完善的支持政策，建立农业绿色发展政策体系。强化生态意识，依法保护和改善生态环境，坚决制止破坏生态环境的行为。大搞植树造林，扩大绿色植被面积，提高森林覆盖率，不断改善大气环境，牢固树立"绿水青山就是金山银山"的理念。加大土壤环保力度，减少化肥、农药等污染。把农业绿色发展与生态环境、资源的永续利用有机地结合起来。

2. 建立农业绿色标准生产发展科技支持体系

要鼓励和支持有关单位的科技人员研究农业绿色发展技术，开发新技术、新产品、转化科技成果。一是开展品种资源的改良，开发高产、优质、抗病虫的新品种，加快绿色食品生产技术的配套与推广。二是开展绿色食品生产施肥技术的推广与应用。三是加强病虫害的预测预报工作，开展以农业防治、物理防治、生物防治为重点的病虫害综合防治技术的推广与应用。四是开展绿色农业产品加工工艺的引进和应用。五是制定绿色农业相关标准，重点是要在生产、加工、贮藏与运输等方面制定技术规程，推进绿色农业标准化。通过研究配套和完善生产技术，为农业绿色发展提供技术支撑。

3. 建立农业绿色标准生产发展的资金支持体系

农业绿色标准生产发展，提供绿色食品，是一项任务艰巨、投资巨大的系统工程，增加投入是农业绿色发展得以顺利实施的重要支撑。为此，必须按照市场经济发展的要求，建立多渠道、多层次、多方位、多形式的投入机制，尽快建立和完善农业、林业、水保基金制度；水土保持设施、森林生态效益、农业生态环境保护补偿制度；海域使用有偿制度等。财政支持是使绿色农业健康发展的基础，各级财政都要安排专项资金进行支持。同时，积极拓宽投融资渠道，鼓励工商企业投资发展绿色农业，逐步形成政府、企业、农民共同投入的机制。并鼓励和扶持市场前景好、科技含量高、已形成规模效益的绿色农产品企业上市，从而加速和推进农业绿色发展。

4. 建立农业绿色标准生产发展的产业化经营支持体系

绿色食品加工企业是农民进入市场的主体，也是新型农业市场竞争的主体。绿色食品品种繁多，要从各地实际出发，注意优先选择资源优势明显，市场竞争力强的产品集中进行开发，培植名牌，扩大规模，形成优势。尤其要把增强绿色食品骨干加工企业的带动能力和市场竞争力作为发展绿色食品产业的重中之重。

5. 建立绿色农产品市场消费支持体系

培育绿色食品消费体系也是促进农业绿色发展的重要方面。一是要建设绿色食品市场，开展绿色食品批发配送，并开辟绿色食品网上市场，建立绿色食品超市，开展绿色食品的出口贸易和绿色食品生产资料的营销等。二是要围绕绿色农产品原料生产基地和加工基地，建设一批辐射能力强的批发市场。三是要强化对绿色农产品的宣传力度，普及绿色农业知识，提高全社会对绿色农产品的认知水平，畅通绿色农产品的消费渠道。四是要组织实施绿色农产品名牌战略，鼓励各类企业创立名牌，增大绿色农产品在国内外的知名度，进一步提高其市场占有率。五是要密切跟踪农产品国际标准的变化，加强国际市场信息的收集与分析工作，针对国际贸易中的技术壁垒，建立预警机制，以便及时应对。

第二章　农业绿色标准化生产体系建设

生产绿色、有机农产品，必须建设绿色、有机农作物种植基地和农产品加工基地，生产加工基地是绿色、有机食品发展的基础，是中国农产品提高档次与国际接轨的必备条件。

第一节　绿色食品与有机食品种植基地建设

一、基本术语概念

（一）安全食品

安全食品又称放心菜，是老百姓针对有毒蔬菜而产生的"口头语"，亦成为多年来蔬菜生产的一个新概念，是剧毒农药在蔬菜上的残留量没有超过规定的标准，食用后不会引起中毒事件发生的蔬菜，是适合现阶段农业生产，尤其是小规模农户蔬菜生产现状的生产要求，是对蔬菜生产的最低要求。目前主要是使用上海生产的"CL-1残留农药测定仪"，快速检测蔬菜上剧毒农药的残留量来确定蔬菜是否可以进入市场，供应居民食用。但严格说来这还称不上是真正的安全食品。

（二）绿色食品

绿色食品是真正的安全食品，是指无农药残留、无污染、无公害、无激素的安全、优质、营养类食品。绿色食品是遵循可持续发展原则，从保护和改善农业生态环境入手，在种植、养殖、加工过程中执行规定的技术标准和操作规程，限制或禁止使用化学合成物（如化肥、农药等）及其他有毒有害的生产资料，实施从"农田到餐桌"全过程质量控制的食品。比无公害农副产品要求更严、食品安全程度更高，并且是按照特定的生产方式生产，经过专门的认证机构认定，许可使用绿色食品商标标志的安全食品。是不是绿色食品要看是否可以通过测评获得农业农村部认定证书、产地认定证书、产品认定证书、监测报告等。绿色食品分为A级和AA级两个级别。

A级绿色食品是生产基地的环境质量符合NY/T 391—2021《绿色食品　产地环境质量》的要求，生产过程严格按照绿色食品的生产准则、限量使用限定的化学肥料和化学农药，产品质量符合A级绿色食品的标准，经专门机构认定，许可使用A级绿色食品标志的产品。

AA级绿色食品产地环境标准与A级相同，生产过程中不使用化学合成的肥料、农药、兽药，以及政府禁止使用的激素、食品添加剂、饲料添加剂和其他有害环境和人体健康的物质。其产品符合AA级绿色食品标准，经专门机构认定，许可使用AA级绿色食品标志的食品。

（三）有机食品

有机食品是根据有机农业原则和有机食品的生产、加工标准生产出来，经过有机农产品颁证机构颁发证书的农产品。其具有完全不用人工合成的肥料、农药、生长调节剂和饲料添加剂的食品生产体系。也就是说有机农业原则是在农业能量的封闭循环状态下生产，全部过程都利用农业资源，而不是利用农业以外的能源影响和改变农业的能量循环。具体要符合以下条件：原料必须来自已建立的有机农业生产体系，或采用有机方式采集的野生天然产品；产品在整个生产过程中严格遵循有机食品的加工、包装、储藏、运输标准；生产者在有机食品生产和流通过程中，有完善的质量控制和跟踪审查体系，有完整的生产和销售纪录档案；必须通过独立的有机食品认证机构认证，包括一切农副产品，如粮食、蔬菜、水果、奶制品、畜产品、水产品、蜂产品及调料等。未经认证的产品，不能称为有机食品，也不得使用有机食品标志。因此，有机食品是一类真正源于自然、有营养、高品质的环保型安全食品。有机食品禁止使用基因工程产品，在土地转型方面有严格规定，有机食品一般需要2~3年的转换期。有机食品在数量上亦进行严格控制，要求定地块、定产量进行生产。目前国内生产有机食品的企业非常少，产品主要销往国外。在我国现有条件下，主张先发展A级绿色食品，以后逐步向AA级过渡，再与国际上推行的有机食品接轨。

有机食品来自有机生产体系，是根据有机认证标准生产、加工，并经具有资质的独立的认证机构认证的一切农副产品，如粮食、蔬菜、水果、奶制品、畜产品、水产品、蜂产品及调料等。未经过认证的产品，不能称为有机食品，也不得使用有机食品标志。

（四）有机农业生产体系

有机农业生产体系是指遵照严格的有机农业生产标准，在生产中选用抗性作物品种，利用秸秆还田、使用绿肥和动物粪便等措施培肥土壤保持养分循环，采取物理的和生物的措施防治病虫草害，采用合理的耕种措施，保护环境防治水土流失，保持生产体系及周围环境的生态多样性。协调种植业和养殖业的平衡，采用一系列可持续发展的农业技术以持续稳定的农业生产体系的一种农业生产方式。有机农业生产体系的建立需要有一定的有机转换过程。

（五）绿色食品与有机食品产地环境质量

绿色、有机食品产地环境质量是指绿色、有机农业种植物生长地、动物养殖地及其生产地、加工地的空气环境、水环境和土壤环境质量。

（六）常规生产和平行生产

常规生产及产品是指未获得有关认证或认证转换期的生产体系及其产品。平行生产是有机农业中的一个专用术语，指在同一农业生产单元中，同时生产相同或难以区分的有机、有机转换或常规产品的情况。

（七）转换期

准备用于有机农业种植的土地不可能完全符合有机种植的需求，需要通过种植一段时间的有机作物后，将土壤转变为完全符合有机农作物种植的条件，这段缓冲的时间称为种植转换期。也就是从开始有机管理至获得有机认证之间的时间，转换期产品不是有机产品。转换期的开始时间从提交认证申请之日算起。一年生作物的转换期一般不少于24个月，多年生作物的转换期一般不少于36个月。新开荒的、长期撂荒的、长期按传统农业方式耕种的或有充分证据证明多年未使用禁用物质的农田，也应经过至少12个月的转换期。转换期内必须完全按照有机农业的要求进行管理。

（八）缓冲（隔离）带

缓冲（隔离）带是指绿色、有机生产体系所在区域与相邻非绿色、非有机生产体系所在区域之间界限明确的过渡区域，该区域的大小和形状必须足以防止邻近区域禁用物质对绿色、有机生产体系的污染。如果绿色、有机地块的邻近地块，可能受到禁用物质喷洒和可能有其他污染存在，则在绿色、有机种植地块与污染地块间，必须设置足够的物理障碍物，或在绿色、有机和常规作物之间设置足够的缓冲过渡带，以保证绿色、有机生产田地不受污染。

（九）认证

认证是由认证机构证明产品、服务、管理体系符合相关技术规范的强制性要求或者标准的合格评定活动。简单点说，就是符合一定要求获得某种身份的评定活动。认证的目的是保证产品、服务、管理体系符合特定的要求。认证的主体是认证机构，也就是经国家认证认可监督管理部门批准，并依法取得法人资格，从事批准范围内的合格评定活动的单位（如农业农村部农产品质量安全中心、中国绿色食品发展中心、中国农机产品质量认证中心）。认证机构与供需双方都不存在行政上的隶属关系和经济上的利害关系，属于第三方性质，合格的认证表示方式是颁发认证证书和认证标志。

二、绿色食品与有机食品种植基地的选择和应具备的条件

生态环境条件是影响绿色食品原料的主要因素之一。因此，绿色食品选定原料生产基地时，必须深入了解基地及周围环境的质量状况，为绿色食品产品质量提供最基础的保障条件。

（1）远离工厂和矿山等企业，直线距离必须达到15 km以上，同时选址在工厂和矿山等企业的上风口，地处工矿企业的上游。

（2）避开居民集中居住区。

（3）交通方便，但要避开交通繁华要道。

（4）水源充足，能满足生产的需要，水质清洁并符合绿色食品生产加工要求。

（5）生态环境良好。

（6）土壤要肥沃，有机质含量丰富。

（7）必须经过中国绿色食品发展中心委托的环境监测机构的采样监测，并符合NY/T 391—2021《绿色食品　产地环境质量》的要求。

三、绿色食品与有机食品种植基地对环境的基本要求

绿色、有机农业的生产发展，以围绕促进农产品安全、生态安全、资源安全和提高农产品质量与农业综合经济效益，保护与改善区域生态环境为宗旨。在发展绿色、有机农业生产的过程中，对土壤环境质量要进行定期监测，以确保生产出来的产品安全可靠。绿色农作物种植基地土壤中各项污染物含量，不应超过NY/T 391—2021中土壤各项污染物的含量限值中的规定值。另外生产AA级绿色农产品的土壤肥力也应达到土壤肥力分级中1～2级指标。

水质对于确保绿色、有机农业产品安全、生态安全、资源安全和提高农业综合经济效益至关重要。要保护水源，合理开发利用水资源，防止水污染。要节约用水，提高水资源利用效率。绿色农业生产灌溉用水水质应达到NY/T 391—2021农田灌溉水中各项污染物的指标要求；有机农业生产用水水质必须达到GB 5084—2021《农田灌溉水质标准》的要求。对初步选择为绿色、有机农业生产基地区域内的水质（地表水和地下水）要进行水环境质量监测，符合要求后才能确定为绿色或有机农业生产区。

绿色农业生产区大气环境质量，应符合中华人民共和国农业行业标准NY/T 391—2021关于空气中各项污染物的指标要求，有机农业生产区大气质量应符合GB 3095—2012《环境空气质量标准》二级标准。在绿色、有机农业生产区域内及周边3 km、上风向5 km内不得有空气重点污染源，不得有有害气体排放，不得有污染的烟尘和粉尘排放。空气质量要求清新、洁净、稳定。大气质量达不到标准的区域，应先行达标治理，否则不适宜进行绿色、有机农业生产。

四、绿色食品与有机食品种植使用生产资料的基本要求

生产资料使用准则是对生产绿色食品过程中物质投入的一个原则性的规定，它包括农药、肥料、兽药、渔药、食品添加剂和饲料添加剂等的使用。基地生产资料的选择和使用应符合有机产品国家标准的要求。基地要推广使用经国家权威部门认定并推荐使用的有机

农业生产资料（包括种子、植保产品、肥料、饲料、饲料添加剂、兽药、渔药、生长调节剂等），严禁购入和使用有机农业禁止使用的生产资料。

（一）绿色食品与有机食品种植农药使用原则

绿色、有机农业生产应从作物-病虫草等整个生态系统出发，综合运用各种防治措施，创造不利于病虫草害滋生和有利于各类天敌繁衍的环境条件，保持农业生态系统的平衡和生物多样化，减少各类病虫草害所造成的损失。

1. 准则中的农药被禁止使用的原因

（1）高毒、剧毒，使用不安全。

（2）高残留，高生物富集性。

（3）各种慢性毒性作用，如迟发性神经毒性。

（4）二次中毒或二次药害，如氟乙酰胺的二次中毒现象。

（5）"三致"作用，致癌、致畸、致突变。

（6）含特殊杂质，如三氯杀螨醇中含有DDT。

（7）代谢产物有特殊作用，如代森类代谢产物为致癌物ETU（乙撑硫脲）。

（8）对植物不安全、药害。

（9）对环境、非靶标生物有害。

对允许限量使用的农药除严格规定品种外，对使用量和使用时间作了详细的规定。对安全间隔期（种植业中最后一次用药距收获的时间，在养殖业中最后一次用药距屠宰、捕捞的时间称休药期）也作了明确的规定。为避免同种农药在作物体内产生累积和害虫的抗药性。准则中还规定在A级绿色食品生产过程中，每种允许使用的有机合成农药在一种作物的生产期内只允许使用一次，确保环境和食品不受污染。

2. 农药种类

生物源农药。指直接利用生物活体或生物代谢过程中产生的具有生物活性的物质或从生物体提取的物质作为病虫草鼠害的农药，包括微生物源农药、动物源农药、植物源农药。

矿物源农药。指有效成分源于矿物的无机化合物和石油类农药，包括无机杀螨、杀菌剂和矿物油乳剂。

有机合成农药。由人工研制合成，并由有机化学工业生产的商品化的一类农药，包括杀虫剂、杀螨剂、杀菌剂、除草剂等，在A级绿色农业生产中限量使用，在AA级绿色农业和有机农业生产中严禁使用。

3. 农药使用原则

绿色、有机农业生产应从"作物-病虫草鼠防治-环境"的整个生态系统出发，遵循

"预防为主，综合防治"的植保方针，综合运用各种防治措施，创造不利于病虫草鼠滋生，但有利于各种天敌繁衍的环境条件、保持农业生态系统的平衡和生物多样性，减少各类病虫草鼠害所造成的损失。

优先采用良好农业规范所要求的措施，通过选用抗病、抗虫品种，非化学药剂种子处理、培育壮苗、加强栽培管理、中耕除草、秋季深翻晒土、清洁田园、轮作倒茬、间作套种等一系列措施起到防治病虫草鼠害的作用，还应尽量使用灯光、色彩诱杀、机械捕捉害虫，人工或机械除草等措施，防治病虫草鼠的危害。特殊情况下必须使用农药时，应遵守以下原则。

（1）优先使用植物源农药、动物源农药和微生物源农药。

（2）在矿物源农药中允许使用硫制剂、铜制剂。

（3）允许使用对作物、天敌、环境安全的农药。

（4）严格禁止使用剧毒、高毒、高残留或者具有三致（致癌、致畸、致突变）的农药。

（5）如生产上，A级绿色农产品生产基地允许有限度地使用部分有机合成化学农药，并严格按照有关规定使用。

（6）如需使用农药新品种，必须经有关部门审批和应由认证机构对该农药进行评估。

（7）从严掌握各种农药在农产品和土壤中的最终残留，避免对人和后茬作物产生不良影响。

（8）严格控制各种遗传工程微生物制剂的使用。

绿色农业生产使用农药按NY/T 393—2021《绿色食品　农药使用准则》标准执行；有机农业生产按GB/T 19630—2019《有机产品　生产、加工、标识与管理体系要求》标准执行。

（二）绿色食品与有机食品种植的肥料使用准则

绿色食品与有机食品种植生产使用的肥料必须满足以下条件：一是保护和促进使用对象的生长及其品质的提高；二是不造成使用对象产生和积累有害物质，不影响人体健康；三是对生态环境无不良影响。

绿色食品与有机食品种植允许使用的肥料有七大类（26种），AA级绿色食品生产中除可使用Cu、Fe、Mn、Zn、B、Mo等微量元素及硫酸钾、煅烧酸盐外，不使用其他化学合成肥料，完全和国际接轨。A级绿色食品生产中则允许限量使用部分化学合成肥料（但仍禁止使用硝态氮肥），但是应该采取对环境和作物（营养、味道、品质和植物抗性）不产生不良后果的施用方法。

肥料施用必须满足作物对营养元素的需要，使足够数量的有机物质返回土壤，以保持和增加土壤肥力及土壤生物活性，最终使作物能达到高产、优质的要求。所有有机或无机肥料在认定其对环境和作物不产生不良后果方可施用。

绿色、有机农业生产施肥的基本原则如下。

（1）以有机肥料为主。绿色、有机农业生产应以有机肥料（包括农家肥料、商品有机肥料、腐殖酸类肥料、微生物肥料、有机复合肥和氨基酸类叶面肥）为主，适当配施无机肥料的原则进行施肥。A级绿色农产品生产允许化肥与有机肥配合施用，有机氮和无机氮之比不超过1：1。每年每公顷耕地施用无机氮的总量不能超过300 kg，每次每公顷耕地施用无机氮的量不能超过90 kg，最后一次追肥必须在作物收获前不少于20天进行。

（2）允许施用农家肥料。农家肥料是指就地取材，就地施用的各种有机肥料。由含有大量生物物质、动植物残体、排泄物、生物废物等积沤而成。包括堆肥、沤肥、沼气肥、绿肥、作物秸秆肥、泥肥等。农家肥须经无害化处理并充分腐熟后施用。

（3）允许施用有机商品肥料和新型肥料。绿色、有机农业生产允许施用任何有机商品肥料和新型肥料，但该肥料必须通过国家有关部门登记及生产许可，质量指标应达到国家有关标准的要求，并通过认证或经认证机构许可方可施用。

（4）绿色AA级和有机农产品生产基地禁止施用化学合成肥料和城市污水、污泥。

（5）绿色农业生产按NY/T 394—2021《绿色食品 肥料使用准则》标准施肥；有机农业生产按GB/T 19630—2019《有机产品 生产、加工、标识与管理体系要求》标准规定施肥。

（三）农业植物生长调节剂

植物激素、植物生长调节剂都是调节植物生长发育的微量化学物质。农业生产上这两个词往往被混用或互相包含。植物激素的使用应严格遵守绿色农产品生产技术规程及农药使用规则的规定，限量使用低残毒、低残留的植物生长调节剂。使用植物激素应不影响绿色农业产品品质的优良性状。

1. 植物生长调节剂的选择

（1）选用合法生产的植物生长调节剂品种。中国把植物生长调节剂的生产和使用管理归入农药类，用于调节植物生长的产品须按农药进行登记。植物生长调节剂的合法生产，必须具有农业农村部核发的农药登记证、国务院工业许可部门颁发的生产许可证或生产批准文件，以及省级有关部门审查备案的产品企业标准，有产品质量标准并有经质检部门签发的质量控制合格证。

植物生长调节剂产品必须附有标签或说明书，上面应注明植物生长调节剂名称、企业名称、产品批号、调节剂登记证号、生产许可证号或生产批准文件号、调节剂有效成分、含量、重量、产品性能、毒性、用途、使用技术与方法、生产日期、有效期和使用中注意事项。分装品还应注明分装单位，绿色AA级和有机农产品生产不允许使用化学合成植物生长调节剂。

（2）针对明确的生产和控制目标。使用植物生长调节剂要有明确的调控目标，如对症解决徒长、脱落、调节花期花时、减轻劳动强度、改变品质等生产问题。不同的植物生长调节剂对植物起不同的调节作用，要根据生产上需要解决的问题、调节剂的性质、功能及经济条件等，选择合适的调节剂种类。

2. 植物生长调节剂的使用

（1）控制使用浓度和剂量。剂量的问题涉及植物生长调节剂使用的效果、成本和农产品及环境的安全。使用植物生长调节剂时，要严格控制浓度和药剂的量，在能够达到调控目的的前提下，尽可能减少用量，做到降低成本、减少残留。

（2）掌握使用时期和时间。植物生长调节剂的生理效应往往是与一定的生长发育时期相联系，过早或过晚都达不到理想的效果，一定要选择适宜时期施用，同时注意使用时机，一般在晴朗无风天的10:00时前较好，雨天不能施用，施药后4 h内遇雨要补施。

（3）针对不同作物、不同品种及不同器官对植物生长调节剂的反应不同，选择不同调节剂种类及使用浓度。

（4）采用合适的剂型与施用方法。植物调节剂有原药、水剂、粉剂、油剂、蒸剂等剂型。使用方法通常有喷雾、浸泡、涂抹、灌注、点滴、熏蒸等。原药通常难溶于水，要选择相应的溶剂溶解后稀释使用。

（5）配制药剂的容器要洗净。不同的调节剂有不同的酸碱度等理化性质，配制药剂的容器一定要清洁。盛过碱性药剂的容器，未经清洗盛放酸性药剂时会失效；盛过抑制生长的调节剂后，又盛促进剂也会影响效果。

（四）农用塑料

农用塑料是现代农业重要的生产资料，主要包括塑料地膜、塑料棚膜、农用灌溉管材和农产品保鲜贮存及包装用膜等。不合理地使用塑料农膜，会给环境造成污染——白色污染。发展绿色、有机农业，要做到科学合理使用农用塑料薄膜。

一是使用符合国家规定标准的合格农用塑料薄膜产品，其产品要求包括有害物质的含量限制和易回收性。

目前国际上对塑料中主要有害物质的限制种类及含量：一是铅≤5 mg/kg，镉≤5 mg/kg，汞≤5 mg/kg，六价铬≤5 mg/kg；二是多溴联苯（PBB）≤5 mg/kg，多溴联苯醚（PBDE）≤5 mg/kg。塑料地膜厚度不小于0.008 mm，塑料棚膜厚度为0.012 mm以上的耐老化膜，达到一定的回收标准，便于使用后干净利落地清除回收。

二是优先选用有利于环境保护的可降解农用塑料薄膜。一个生产季节之后，降解膜自行降解成碎片，生物降解膜降解成气体和水，不对土壤和农业环境造成污染。可降解膜应为绿色农业生产使用的首选薄膜品种。

三是根据作物需要，选用合适的功能膜，延长使用寿命，提高使用效果。

四是生产上应根据设施及使用季节和地区的不同，选用不同种类和不同厚度的棚膜。绿色、有机农业生产使用保护性的建筑覆盖物、塑料薄膜、防虫网时，只允许选择聚乙烯、聚丙烯或聚碳酸酯类产品，并且使用后应从土壤中清除，禁止焚烧。禁止使用聚氯类产品。

（五）绿色食品与有机食品种植的其他生产资料及使用原则

绿色食品与有机食品生产的其他主要生产资料还有兽药、渔药、食品添加剂、饲料添加剂，它们是否合理使用，直接影响绿色食品畜禽产品、水产品、加工品的质量。如兽药残留影响人们身体健康，甚至危及生命安全。为此中国绿色食品发展中心制定了《绿色食品　兽药使用准则》《绿色食品　食品添加剂使用准则》《绿色食品　饲料及饲料添加剂使用准则》等，对这些生产资料的允许使用品种、使用剂量、最高残留量和最后一次施药后休药期作出了详细的规定，确保绿色食品的质量。

（六）绿色食品与有机食品生产操作规程

绿色食品与有机食品生产操作规程是绿色食品与有机食品生产资料使用准则在一个物种上的细化和落实。

1. 种植业生产操作规程

种植业的生产操作规程系指农作物的整地播种、施肥、浇水、喷药、收获等环节中，必须遵守的规定。

（1）植保方面，农药的使用在种类、剂量、时间和残留量方面都必须符合生产绿色食品与有机食品的农药使用准则。

（2）作物栽培方面，肥料的使用必须符合生产绿色食品与有机食品的肥料使用准则，有机肥的施用量必须达到保持或增加土壤有机质含量的程度。

（3）品种选用方面，选育尽可能适应当地土壤和气候条件，并对病虫草害有较强的抵抗力的高品质优良品种。

（4）耕作制度方面，尽可能采用生态学原理，保持物种的多样性，减少化学物质的投入。

2. 食品加工业绿色食品、有机食品生产操作规程

（1）加工区环境卫生必须达到绿色食品与有机食品生产要求。

（2）加工用水必须符合绿色食品与有机食品加工用水标准。

（3）加工原料主要来源于绿色食品与有机食品产地。

（4）加工所用设备及产品包装材料的选用必须符合安全无污染标准。

（5）在食品加工过程中，食品添加剂的使用必须符合生产绿色食品、有机食品的食

品添加剂使用标准。

五、改善环境的措施及改善标准

（一）改善绿色食品与有机食品生产基地环境的措施

不断地改善农业生态环境，是建设绿色食品与有机食品生产基地的重中之重，是建设绿色、有机农业生产基地的目的和前提。要采取有效措施改善与提高生产基地的水、土壤、大气环境质量，使之达到绿色、有机农业生产环境质量标准要求。

（1）建立水、土壤、大气环境质量检测体系，全方位进行农业生态环境监控。

（2）成立农业生态环境保护组织并聘请专业人员进行指导。

（3）治理原有污染并防止新污染产生。

（二）绿色食品与有机食品生产基地环境质量应达到的标准

绿色、有机农业种植基地环境质量已有国家标准可遵循，关键是执行标准的问题。NY/T 391—2021《绿色食品　产地环境质量》和GB/T 19630—2019《有机产品　生产、加工、标识与管理体系要求》分别规定了绿色、有机食品产地的环境空气、农田灌溉用水、土壤环境质量的各项指标及浓度限值，分别适用于绿色（A级和AA级）、有机农产品种植的农田、菜地、果园、茶园、牧场等。

六、生产基地组织模式与科学管理

（一）生产基地组织模式

绿色食品与有机食品生产应先通过农民专业合作社将农民组织起来，采取"公司+合作社+农户"的生产模式，建立绿色食品与有机食品种植基地，最终实现农业生产的标准化、规范化，从而为绿色食品与有机食品加工奠定基础。

（二）科学管理

绿色食品与有机食品种植基地，要以科学管理为手段，实现管理标准化和规范化，从繁种到回收综合利用全过程均按绿色或有机产品生产技术标准和规范进行操作，并实行全程监控。具体操作应按不同的农产品适用的标准和规范进行。

为了保持和改善土壤肥力，减少病虫草害，绿色、有机食品生产者应根据当地生产情况，制订并实施非多年生植物的轮作计划，轮作计划中应将豆科作物包括在内。绿色食品与有机食品生产者应制订和实施切实可行的土地培肥计划和有效的基地生态保护计划，包括植树、种草来控制水土流失，建立害虫天敌的栖息地和保护带，保护生物多样性。

1. 土壤培肥

绿色食品与有机食品都建立在土地、植物、动物、人类、生态系统和环境之间健康发展的动态农业生产体系之上。土壤管理是绿色、有机农业的核心。在有机农业生产中，土壤肥力的维持是通过有机物质的循环实现的，通过土壤微生物和细菌的活动，使有机物质的营养更利于作物的吸收。所以应有足够数量来源于植物或者动物经微生物生物降解的物质返回土壤，以增加或至少保持土壤的肥力和其中的生物活性。培肥计划应尽量减少营养物质损失，防止重金属和其他污染物积累。只有在其他培肥措施已达最优化时才允许使用矿物质肥料，并且以其天然成分的形态使用，不允许通过化学处理来提高其可溶性。

2. 种子选用

所有的种子和植物原料都应获得有机认证。所选择的植物种类和品种应该适应当地的土壤和气候特点，对病虫害有抗性。不允许使用任何基因工程的种子、花粉、转基因植物和种苗等。无法获得有机种子和种苗时，可以选用未经禁用物质处理过的常规种子或者种苗，但应制订获得有机种子和种苗的计划。

3. 病虫草害防治与管理

绿色、有机农业生产体系应按照能确保病虫草害所带来的损失最小的方式管理，重点应放在选用对环境有很好适应性的作物品种、平衡的培肥土壤计划、高生物活性的肥沃土壤、适宜的轮作/间作方式、机械控制、扰乱虫害繁殖周期和绿肥种植上。病虫草害应通过大量的预防性耕作技术来控制。直接控制病虫草害的措施：通过适当管理天敌栖息地等保护病虫害的天敌；通过了解和干扰害虫的生态需要，制订虫害管理计划；使用基地内的动植物和微生物制成的用于防治病虫草害的产品，使用物理方法控制病虫草害。

4. 水土保持

应以可持续利用的方式对待土壤和水资源，采取有效措施，防止水土流失、盐碱化、沙化、过量或不合理使用水资源以及地表水和地下水污染。禁止开垦原始森林、湿地；禁止过度开发利用水资源。提倡运用秸秆覆盖或者间作的方法避免土壤裸露，禁止焚烧作物秸秆。

5. 野生产品采摘

收获或者采集野生产品不应超过该生态系统可持续的生产量，也不应危害到动植物物种的生存，应有利于维持和保护自然区域功能，应考虑维持生态系统的平衡和可持续性。只有当收获的野生产品，来自一个稳定的和可持续的生长环境并未受到任何禁用物质影响时，该野生产品才能得到有机认证（收集区域应与常规地块以及污染区域保持一定的距离）。

6. 内部质量保证和控制方案

绿色、有机生产者应做好详细的生产和销售记录，记录包括绿色、有机基地田块与从业人员购买和使用基地内外的所有物质的来源、数量以及作物管理、收获、加工和销售的全过程。基地应制定质量保证和控制方案，建立质量保证体系。

七、认证食品分类与检测

国内认证食品大致可分为无公害食品、绿色A级食品、绿色AA级食品和有机食品。因检测项目及要求不同，应分别按其规定进行检测，建立检测体系，达到全程监控目标。有机产品的农药残留量不能超过国家食品卫生标准的5%，重金属含量也不能超过国家食品卫生标准相应产品的限量。

八、种植基地在确认转换期中的工作内容及应达到的要求

（一）种植基地的选择与确认

绿色食品与有机食品种植基地的选择，除了必须按国家要求的标准进行外，更重要的是要与当地政府和龙头企业进行合作，否则很难成功。具体要求如下。

（1）各级领导重视、政府支持、发展目标明确、方向正确、组织严密、管理严格。

（2）自然条件良好，绿色食品与有机食品资源丰富。

（3）环境基础良好，环保工作有成效。

（4）绿色食品与有机食品种植基地有自我发展基础，重视科技投入和自主创新等。

凡基本符合条件的地区可分别选择为绿色食品与有机食品种植基地进入转换，待转换期过后，并通过认证方可正式确认为绿色食品与有机食品种植基地。

（二）绿色食品与有机食品种植基地转换期工作内容

绿色食品与有机食品种植基地在转换期中的工作分为3个阶段：初期阶段、中期阶段和后期阶段。

1. 初期阶段工作主要内容

（1）掌握绿色食品与有机食品种植基地建设标准。

（2）停止使用不允许施用的肥料、农药等生产资料，促进农业生态环境的改善。

（3）培训专业技术人才。

2. 中期阶段工作主要内容

（1）进行与种植基地建设有关的水、土壤、大气环境质量检测、评价，取得第一手环境质量资料。

（2）根据环境检测、评价资料，凡不达标的应采取有效措施改善农业生态环境，使

之初步达到绿色、有机农作物种植基地标准。

（3）做好绿色食品与有机食品种植基地认证前的准备工作。

3. 后期阶段工作主要内容

（1）绿色食品与有机食品种植基地达到绿色有机种植基地的标准。

（2）进行绿色食品与有机食品种植基地认证咨询（认证咨询工作也可以在初期或中期启动）。

（3）进行绿色食品与有机食品种植基地认证。

（三）绿色食品与有机食品种植基地应达到的要求

基地建设不仅应将绿色与有机农作物种植基地分开，还要将绿色基地中的A级基地和AA级基地分开，因为绿色A级食品允许在规定范围内施用一定量的化肥和农药，而AA级绿色食品和有机农产品种植基地应完全禁用一切化肥和农药。因此在种植基地运作初期就应将A级绿色食品与AA级绿色食品种植基地及有机食品种植基地明确划分，以便种植基地中期和后期的工作分别符合绿色种植标准或有机种植标准。

绿色、有机农作物种植基地建设从始至终都应严格执行绿色、有机食品种植基地标准，全面达到认证要求并顺利通过认证，则建设成功。

九、绿色食品与有机食品生产资料生产企业条件

绿色、有机农作物种植基地，必须使用绿色食品与有机食品专用的生产资料（农药、肥料等），其生产企业应符合以下条件。

（1）所生产产品必须符合国家（国际）绿色食品与有机食品使用的标准。

（2）必须具有先进制造技术与完整而坚强的研发团队。

（3）能稳定提供足够数量且质量优良的产品。

（4）对绿色、有机农作物种植基地具有较丰富的合作经验。

十、绿色食品与有机食品生产肥料、农药施用技术

1. 肥料

肥料使用必须满足作物对营养元素的需要，使足够数量的有机物质返回土壤，以保持或增加土壤肥力及土壤生物活性。所有有机或无机矿质肥料，尤其是富含氮的肥料应对环境和作物（营养、味道、品质和植物抗性）不产生不良后果方可使用。

（1）必须选用农家肥、商品有机肥、腐植酸类肥、微生物肥、有机复合肥、无机（矿质）肥、叶面肥等肥料种类，禁止使用任何化学合成肥料。

（2）禁止使用城市垃圾和污泥、医院的粪便垃圾和含有害物质（如毒气、病原微生

物、重金属等）的工业垃圾。

（3）各地可因地制宜采用秸秆还田、过腹还田、直接翻压还田、覆盖还田等形式。

（4）利用覆盖、翻压、堆沤等方式合理利用绿肥。绿肥应在盛花期翻压，翻埋深度为15 cm左右，盖土要严，翻后耙匀。压青后15～20天才能进行播种或移苗。

（5）腐熟的沼气液、残渣及人畜粪尿可用作追肥。严禁施用未腐熟的人粪尿。

（6）饼肥优先用于水果、蔬菜等，禁止施用未腐熟的饼肥。

（7）叶面肥料质量应符合GB/T 17419—2018或GB/T 17420—2020技术要求，按使用说明稀释，在作物生长期内，施2～3次。

（8）微生物肥料可用于拌种，也可作基肥和追肥使用。使用时应严格按照使用说明书的要求操作。微生物肥料中有效活菌的数量应符合国家规定的技术指标。

（9）选用无机（矿质肥料中的煅烧磷酸盐、硫酸钾）肥料，质量应分别符合国家有关规定的技术要求。每次施肥用量以作物种类及土壤肥力环境状况而定，应严格按照肥料施用要求进行施肥，切勿一次性过量施肥，以免浪费并污染环境，最好采用适量并且多次施肥。

2. 农药

绿色食品与有机食品生产应从作物-病虫草等整个生态系统出发，综合运用各种防治措施，创造不利于病虫草害滋生和有利于各类天敌繁衍的环境条件，保持农业生态系统的平衡和生物多样化，减少各类病虫草害所造成的损失。视作物生长状况及季节决定农药使用时机，尽量少用或不用，优先采用农业措施，通过选用抗病虫品种、非化学药剂种子处理、培育壮苗、加强栽培管理、中耕除草、秋季深翻晒土、清洁田园、轮作倒茬、间作套种等一系列措施起到防治病虫草害的作用。

还应尽量利用灯光、色彩诱杀害虫，机械捕捉害虫，机械和人工除草等措施防治病虫草害。特殊情况下，必须使用农药时则选择符合国家（国际）标准的低毒、微毒或无毒（无残留）农药。作物收割（采收）前20天内，禁止使用任何农药。

十一、绿色食品与有机食品认证申请人条件

（1）申请人必须要能控制产品生产过程，落实绿色食品生产操作规程，确保产品质量符合绿色食品标准要求。

（2）申报企业要具有一定规模，能承担绿色食品标志使用费。

（3）乡、镇以下从事生产管理、服务的企业作为申请人，必须要有生产基地，并直接组织生产；乡、镇以上的经营、服务企业必须要有隶属于本企业稳定的生产基地。

（4）申报加工产品企业的生产经营须一年以上。

第二节 绿色食品与有机食品加工要求

一、术语概念

（一）配料

配料是指在制造或加工食品时使用的，并存在（包括改变性的形式存在）于产品中的任何物质，包括食物添加剂。

（二）食品添加剂

食品添加剂是指用于改善食品品质（色、香、味）、延长食品保存期、便于食品加工和增加食品营养成分的一类化学合成或天然物质。目前我国食品添加剂有23个类别，2 000多个品种，包括酸度调节剂、抗结剂、消泡剂、抗氧化剂、漂白剂、膨松剂、着色剂、护色剂、酶制剂、增味剂、营养强化剂、防腐剂、甜味剂、增稠剂、香料等。

（三）加工助剂

加工助剂本身不作为产品配料用，仅在加工、配料或处理过程中，为实现某一工艺目的而使用的物质或物料（不包括设备和器皿），以及有助于食品加工顺利进行的各种物质。这些物质与食品本身无关，如助滤、澄清、吸附、润滑、脱模、脱色、脱皮、提取溶剂、发酵等。它们一般应在食品中除去而不应成为最终食品的成分，或仅有残留，在最终产品中没有任何工艺功能，不需在产品成分中标明。

（四）离子辐照

放射性核素（如钴和铯）的辐照，用于控制食品中的微生物、寄生虫和害虫，从而达到长期保存。离子辐照是利用辐照加工帮助保存食物，杀死食品中的昆虫以及它们的卵及幼虫，消除危害全球人类健康的食源性疾病，使食物更安全，延长食品的货架期。辐照能杀死细菌、酵菌、酵母菌，这些微生物能导致新鲜食物类似水果和蔬菜等的腐烂变质。照射也可抑制马铃薯、洋葱和大蒜等食物的发芽。辐照食品能长期保持原味，更能保持其原有口感。但绿色食品与有机食品的加工和贮藏过程中不可以进行离子辐照。

二、加工要求

绿色食品与有机食品加工总的通用要求是应对所涉及的绿色食品与有机食品加工及其后续全过程进行有效控制，以保持加工的有机完整性。绿色、有机食品加工的工厂应符合国家及行业部门的有关规定。

（一）加工厂环境

绿色食品与有机食品加工厂周围不得有粉尘、有害气体、放射性物质和其他扩散性污染源；不得有垃圾堆、场、露天厕所和传染病医院；不应选择对食品有显著污染的区域。如某地对食品安全和食品直接食用性存在明显的不利影响，且无法通过采取措施加以改善，应避免在该地址建厂。厂区不应选择有害废弃物以及粉尘、有害气体、放射性物质和其他扩散性污染源不能有效清除的地址；厂区不宜选择易发生洪涝灾害的地区，难以避开时应设计必要的防范措施；厂区周围不宜有虫害大量滋生的潜在场所，难以避开时应设计必要的防范措施，应考虑环境给食品生产带来的潜在污染风险，并采取适当的措施将其降至最低水平；厂区应合理布局，各功能区域划分明显，并有适当的分离或分隔措施，防止交叉污染；厂区内的道路应铺设混凝土、沥青或者其他硬质材料；空地应采取必要措施，如铺设水泥、地砖或铺设草坪等方式，保持环境清洁，防止正常天气下扬尘和积水等现象的发生；厂区绿化应与生产车间保持适当距离，植被应定期维护，以防止虫害的滋生；厂区应有适当的排水系统。宿舍、食堂、职工娱乐设施等生活区应与生产区保持适当距离或分隔。生产区建筑物与外接公路、铁路或道路应有防护地带。厂内应制订文件化的卫生管理计划，并提供外部设施、内部设施、加工和外包装设备及职工的卫生保障。

（二）配料、添加剂和加工助剂

加工所用的配料必须是经过认证有机的、天然的或认证机构许可使用的。这些有机配料在终产品中所占的重量或体积不得少于配料总量的95%。当有机配料无法满足需求时，允许使用非人工合成的常规配料，但不得超过所有配料总量的5%。一旦有条件获得有机配料时，应立即用有机配料替换。使用了非有机配料的加工厂都应提交将其配料转换为100%有机配料的计划。绿色、有机产品中同一种配料禁止同时含有有机、常规或转换成分。作为配料的水和食用盐，必须符合国家食品卫生标准，并且不计入有机配料中。符合GB/T 19630—2019《有机产品 生产、加工、标识与管理体系要求》规定。需使用其他物质时，应事先对该物质进行评估。

禁止使用矿物质（包括微量元素）、维生素、氨基酸和其他从动植物中分离的纯物质，法律规定必须使用或可证明食物或营养成分中严重缺乏的例外。禁止使用来自转基因的配料、添加剂和加工助剂。应建立食品原料、食品添加剂和食品相关产品的采购、验收、运输和保存管理制度，确保所使用的食品原料、食品添加剂和食品相关产品符合国家有关要求。不得将任何危害人体健康和生命安全的物质添加到食品中。

（三）加工

绿色食品与有机食品加工应配备专用设备，如用常规加工设备，则在常规加工结束后必须进行彻底清洗，并不得有清洗剂残留。也可以在正式开始绿色、有机产品加工前，用少量的绿色、有机原料进行加工（即冲顶加工），冲顶加工的产品不能作为有机产品销售，并应保留记录。食用绿色、有机食品加工工艺应不破坏食品的主要营养成分，可以使用机械、冷冻、加热、微波、烟熏等处理方法及微生物发酵工艺；可以采取提取、浓缩、沉淀和过滤工艺，但提取溶剂仅限于符合国家食品卫生标准的水、乙醇、动植物油、二氧化碳、氮或酸。在提取和浓缩工艺中不得添加其他化学试剂，加工用水水质应符合GB 5749—2022《生活饮用水卫生标准》的规定。

绿色食品与有机食品加工、储藏过程中禁止使用石棉过滤材料或可能被有害物质渗透的过滤材料。对于有害生物应优先采用消除有害生物的滋生条件，防止有害生物接触加工和处理设备，通过对温度、湿度、光照、空气等环境因素的控制，防止有害生物的繁殖等科学有效的管理措施加以预防，允许使用机械类的、信息类的、气味类的、黏着性的捕害工具、物理障碍、硅藻土、声光电器具作为防治有害生物的设施或材料。在加工和储藏场所遭受有害生物严重侵袭的情况下，提倡使用中草药进行喷雾和熏蒸处理，但不得使用硫黄，更要禁止使用持久性和致癌性的消毒剂和熏蒸剂。

（四）包装、储藏和运输

绿色食品与有机食品提倡使用木、竹、植物茎叶和纸制的包装材料，允许使用符合卫生要求的其他包装材料进行包装。包装应简单、实用，避免过度豪华，并应考虑包装材料的回收利用。禁止使用含有合成杀菌剂、防腐剂和熏蒸剂的包装材料，并禁止使用接触过禁用物质的包装袋或容器盛装绿色食品与有机食品。

经过认证的绿色食品与有机食品在贮存、运输过程中不得受到其他物质的污染。储藏产品的仓库必须干净、无虫害、无有害物质残留，在最近5天内未经任何禁用物质处理过。除常温储藏外，还可以采取储藏室空气调控、温度控制、干燥、湿度调节的储藏方法。绿色、有机产品应单独存放，并采用必要措施确保不与非认证产品混放。产品出入库和库存量须有完整的档案记录，并保留相应的单据。绿色食品与有机食品的运输工具在装载前应清洗干净，运输过程中应避免与常规产品混杂或受到污染，运输和装卸时，外包装上的认证标志及有关说明不得被玷污和损毁，其过程应有完整的档案记录和相应的单据。

（五）环境保护

企业应有废弃物的净化、排放或贮存设施，并远离生产区，且不得位于生产区的上风向。贮存设施应密闭或封盖，并便于清洗、消毒。排放的废弃物应达到相应标准，并应尽量做到循环利用，变废为宝。

第三节　绿色食品与有机食品标准化生产与认证

一、绿色食品与有机食品种植基地建设标准化

随着中国人民生活水平的提高和食品安全意识的增强，以及加入世界贸易组织（WTO）后农产品面临的激烈的国际市场竞争和出口贸易中绿色壁垒的限制，开发绿色食品和有机食品越来越受到我国政府、消费者和贸易公司的广泛重视。要进行绿色食品与有机食品开发、建设有机生产基地，首先要了解绿色食品与有机食品的真实内涵。国际有机农业运动联合会（简称FOAM）对有机农业的定义充分概括了有机农业的内涵与指导思想，其具体内容是：有机农业包括所有能够促进环境、社会和经济良性发展的农业生产系统。这些系统将当地土壤肥力作为成功生产的关键。通过尊重植物、动物和景观的自然能力，达到使农业和环境各方面质量都最完善的目标。有机农业通过禁止使用化学合成的肥料、农药和药品而极大地减少外部物质投入，相反它利用强有力的自然规律来增加农业产量和抗病能力。FOAM强调和支持发展地方和地区水平的自我支持系统，强调要根据当地的社会经济、地理气候和文化背景具体实施。从此定义可知，进行有机生产要有强烈的自然观，即尊重自然规律，要和自然秩序相和谐。另外还要有很强的环境保护、可持续发展的观念，时刻注意在农业生产的同时保护环境的质量。最后的目标是要达到环境、经济和社会的良性发展。只有理解了有机农业的真实意义和目标，具备了有机的意识，基地才能建设好。中国AA级绿色食品的内涵与有机食品的内涵近似。

（一）绿色食品与有机食品种植基地建设应遵循的原则

1.原则性与科学性相结合

原则性是指在绿色食品与有机食品基地建设中，要严格遵守绿色食品与有机食品认证标准和认证要求。绿色食品与有机食品生产标准严格，规定允许使用的、限制的、禁止的行为与方式或物资，并且有专门的认证机构按照绿色食品与有机食品生产标准对基地进行检查认证。违背标准，基地就不能通过认证，生产出的产品也不能按绿色食品与有机食品出售。

科学性是指在遵守绿色食品与有机食品生产标准的基础上，应更深层次地应用现代科学技术和管理方法，如农业生态工程技术、产业化经营方式，对基地进行规划与设计，提高基地的综合生产力，实现良好的生态效益、社会效益和经济效益等。

绿色食品与有机食品认证标准是其原则性与科学性的具体体现，其制定遵循以下几个基本原则。

（1）绿色食品与有机食品生产主要通过系统自身力量（如种植绿肥，充分利用土壤本身蕴藏的养分等）获得土壤肥力。

（2）建立尽可能完整的营养物质循环体系（充分利用有机废弃物，合理施用有机肥等）。

（3）不使用基因工程品种及其产物。

（4）充分利用生态系统的自我调节机制防治病虫草害发生（如多样化种植，轮作，保护天敌等）。

（5）不使用化学合成农药、肥料和有害性矿物质肥料。

（6）根据动物天然习性进行养殖，以农场自产饲料为主（要求善待牲畜，保证牲畜健康生活）。

（7）不使用生长调节剂和含有化学合成药物（如抗生素）的饲料。

（8）保护不可再生性自然资源。

（9）生产充足的高品质食品。

2. 生产与市场需求相结合

绿色食品与有机食品作为安全、优质、健康的环保产品，越来越受到人们的青睐，产品价格也普遍高于常规食品的30% ~ 50%，甚至翻倍，但高价格的实现要以市场接受为前提。因此，好的市场前景是基地选择生产什么产品必须慎重考虑的因素。目前，绿色食品与有机食品生产有两种情况，一是先有订单，再组织生产；二是先生产，再寻找市场。前者不存在眼前的市场问题，后者则经常具有盲目性，因此，基地建设过程中，要对当前有机产品的市场行情展开调查，咨询什么产品受消费者欢迎，使生产的产品能和市场需求有效地结合起来，优先开发有市场前景的产品。

3. 生态、社会、经济三大效益相结合

实现生态、社会、经济协调发展是各种可持续农业生产方式的共同目标。在绿色食品与有机食品基地建设过程中，生产、管理人员必须具备强烈的环保意识，包括对基地的绿化、美化，对生物多样性的保护，对土地、水资源的保护，尽量减少裸地，避免水土流失现象的发生等。经济效益的提高也是绿色、有机生产极为重要的目标，一方面通过综合生产提高基地的整体生产力，另一方面通过较高的价格回报来实现高的经济效益。社会效益包括为广大消费者提供无污染、优质、安全、健康、营养的产品，为劳动者提供更多的就业机会，提高整个社会的环保意识，协调社会公正性，使越来越多的人从事绿色食品与有机食品生产。在绿色食品与有机食品生产基地建设过程中，要加强对基地的宣传，争取获得较高的三大效益，并使它们能够有机地结合起来。

（二）绿色食品与有机食品种植基地建设的内容与步骤

绿色食品与有机食品种植基地建设的内容包括：基地选择和现状评估、总体规划、种植模式的选择、生产技术和质量管理体系的建立等。

建设绿色食品与有机食品种植基地的一般步骤：基地选择→基地规划→人员培训→制定生产技术与质量管理方案→方案的实施→申请和接受绿色食品与有机食品生产基地的检查认证→获得绿色食品与有机食品生产基地证书→生产绿色食品与有机食品（获得绿色食品与有机食品标志）。

1. 基地选择

绿色食品与有机食品是一种农业生产模式，故原则上所有能进行常规农业生产的地方都能进行绿色、有机农业生产基地建设，且绿色、有机农业强调设置缓冲带（隔离带）和转换期，通过隔离、转换来恢复农业生态系统的活力，降低土壤的毒害物残留量，而非强求首先要有一个非常清洁的生产环境。为了确保所选基地符合农业生产基本条件，在选择基地时，必须首先按照GB 5084—2021《农田灌溉水质标准》和GB 15618—2018《土壤环境质量　农用地土壤污染风险管控标准（试行）》检测灌溉用水和田块土壤质量，水质要达标，土壤至少达到二级标准。

选择的基地要充分考虑相邻田块和周边环境对基地产生的潜在的影响，要远离明显的污染源如化工厂、水泥厂、石灰厂、矿厂等，也要避免常规地块的水流入有机地块。另外，对于基地的劳动力资源、农民的生产技术、交通运输情况等都要加以考虑。对于野生植物的绿色、有机产品开发，基地必须选择在3年内没有受到任何禁用物质污染的区域和非生态敏感的区域。

2. 基地规划

对选择好的基地或决定转换的基地，实行科学和因地制宜的规划是非常重要的工作。制定规划可分两个步骤进行。第一，要对基地的情况进行调查分析，了解当地的农业生产、气候条件、资源状况以及社会经济条件，明确当地适合开发的优势产品和转换可能遇到的问题。第二，在掌握基地基本状况的基础上，为基地制定具体的发展规划。在规划整体设计上，要以生态工程的原理为指导，参照我国生态农业中成功的农业生态工程的模式，规划设计符合当地自然、社会、环境条件的绿色与有机农业生态工程系统。在具体细节上，要依据绿色与有机农业的原理和绿色食品与有机食品生产标准的要求，制订一个详细的有关生产技术和生产管理的计划，有针对性地提出解决绿色食品与有机食品生产、土壤培肥和病虫草害的防治方案、措施，建立起从"田间到餐桌"的全过程质量控制体系，从而为绿色食品与有机食品的开发在技术和管理上打下基础。另外，规划中对基地采取的运作形式（如公司+农户、公司+新型经营主体+农户或公司租赁经营、农民协会或农民专业合作社的形式组织生产）、基地建设的保障措施（如组织领导、资金投入等）等都要有所考虑。

刚从事绿色与有机农业开发的生产者或贸易商，从基地选择到基地规划应当邀请绿色食品与有机食品生产的农业专家一起参加，以提高针对性，少走弯路，提高效率，使绿色食品与有机食品生产从开始就标准规范地进行。对于以县、乡为单位的绿色食品与有机食品生产规划，必须划定各乡或村适合发展的绿色食品与有机食品生产主导行业和产品，并使不同基地之间能够有机地联系在一起（如种植、养殖之间的联系），促使有用物质在区域内循环利用，有效地提高系统的综合生产力与经济效益。绿色食品与有机食品种植基地规划还要将绿色食品与有机食品的检查认证与营销体系包括在内。绿色与有机农业的效益重要方面来自绿色食品与有机食品的成功销售，一个良好的营销策略规划，将有效促进基地发展绿色食品与有机食品的积极性。

3. 人员培训

绿色与有机农业是知识与技术密集型的产业，其生态工程牵涉的技术面很广。因此，使基地技术人员和生产人员了解并掌握绿色食品与有机食品的生产原理与生产技术，掌握绿色食品与有机食品生态工程建设的原理与方法，是绿色与有机农业成功开发的关键。只有当生产者真正具备了绿色食品与有机食品生产和生态工程的意识，并掌握了相应技术、标准后，基地建设才能顺利进行。经验表明，绿色农业与有机农业生产的成功转换，首先在于生产者的意识与思想观念的转换，当他们能够用绿色与有机农业生产的原理与技术方法来指导生产行为时，绿色农业与有机农业生产转换就离成功不远了。因此基地建设一定要十分重视人员的培训和人才的培养。培训的内容主要有：绿色农业与有机农业的基础知识；绿色食品与有机食品生产、加工标准；绿色农业与有机农业生产的关键技术；生态工程的原理与实践；选定作物的栽培技术；畜禽的养殖技术；绿色食品与有机食品国内外发展状况；绿色食品与有机食品检查认证的要求；绿色食品与有机食品的营销策略等。

4. 制定生产技术与质量管理方案

绿色农业与有机农业强调利用生态、自然的方法进行生产，限用或禁用人工合成的化学品。因此绿色农业与有机农业生产不是在问题出现之后再试图去解决，而是要预防问题的出现。对于作物的病虫草害，要用健康的栽培方法进行预防，再辅之以适当的物理、生物的方法进行综合防治。这就要求在农作物种植之前就应该制定出绿色、有机生产的技术方案，预测作物生长过程中可能出现的病虫草害，并提出相应的防治对策和具体措施。另外，绿色农业与有机农业生产还强调实行科学的轮作和土壤培肥，这些内容在规划中都应有具体的计划方案。

5. 方案的实施

绿色食品与有机食品种植基地，必须建立一个专门负责实施基地规划与生产技术方案的队伍，保证各项措施能够及时落实到位。根据基地情况，可以以"公司+农民专业合作社+农户或农场"的形式组织生产；也可以通过地方政府建立专门机构组织农户或农场进行生产；或通过农民专业协会的形式，形成以公司至农场或农户，再至农民或与当地技术人员代表的组织结构，确保绿色食品与有机食品生产的顺利进行。对于由许多农户组成的绿色食品与有机食品生产单元，要建立完善的内部质量控制体系，设定内部检查员，认证机构将以小农户认证的方式进行检查认证。

6. 基地申请绿色食品与有机食品认证

基地开始绿色食品与有机食品生产转换后，应及时向绿色或有机产品认证机构申请绿色食品与有机食品生产的检查认证。做好接受检查的各项准备工作，以便基地能够顺利地通过检查认证。

7. 销售绿色食品与有机食品

绿色食品与有机食品获得认证后，其证书和标志就是进入国内外绿色食品与有机食品市场的通行证。但有了证书并不意味着产品销售就没问题，就能以高于常规产品的价格出售，相反，有些基地拿到有机证书后，不知如何发挥证书的价值，以致不能实现预期的目的。为了顺利出售绿色食品与有机食品，需要在生产的同时做好宣传，充分发挥证书的作用，并制定一个切实可行的销售方案，不要等产品生产出来后再找市场。

绿色食品与有机食品销售是长期的过程，生产基地不要急于求成，要在真正按照绿色食品与有机食品生产标准进行运作的基础上，不断提高基地的知名度，树立基地的自身信誉后，销售自然就不成问题。

（三）绿色食品与有机食品种植基地的质量控制

绿色食品与有机食品从外表上很难与常规产品相区分。因此，如何来保证和验证某个产品是真正的绿色食品与有机食品，就要求建立起对绿色食品生产、有机食品生产全过程进行质量控制和跟踪审查的有效体系。绿色食品与有机食品生产的质量控制包括外部质量控制、内部质量控制和质量教育三方面。

1. 外部质量控制

即通过独立的第三方绿色食品与有机食品认证机构来执行。该机构通过派遣检查员对生产基地进行告知和不告知的实地检查，审核整个生产过程是否符合绿色食品与有机食品生产要求。检查员判断的依据：一方面通过田间实地考察和同生产者的交流，了解生产者是否懂得绿色食品与有机食品生产的基本知识，以及是否有使用禁用物质的迹象；另一方面看基地是否有健全的内部质量控制方案，随着国家对有机食品的重视，对有机食品质量的监控将逐渐加强，除认证机构外，生态环境部有机食品发展中心会抽查有机生产基地的生产过程与产品。

2.内部质量控制

内部质量控制指生产基地内部本身采取保证质量的措施，是一种诚信的保证。只依赖于每年一两次来自外部质控的例行检查是远远不够的，如果缺乏诚信，绿色食品与有机食品的质量就难以得到保证。内部质量控制方案要建立从领导到管理人员，再到生产人员代表组成的质量管理机构，制定基地的生产管理制度、管理方法与措施，监督基地的生产过程严格遵守绿色食品与有机食品生产标准，与农民专业合作社或农户签订相应的质量保证合同与产品收购合同。基地还必须建立完整的质量跟踪审查体系，即文档记录体系。基地地块图、田块种植历史、农事日记、详细的投入、产出、贮藏、包装、运输、销售各个环节，都应有相应的文档记录，并且彼此间要相互衔接，保证能从终产品追踪到作物的生产地块，从而保证绿色食品与有机食品质量的完整性。文档记录体系同时还有助于生产者制订良好的生产管理计划。对于小农户认证，除做好文档记录外，要求建立良好的内部控制体系，还要求生产者彼此相邻，种植作物与农事操作必须统一，使用同样的投入物质，产品统一加工和销售，有内部检查员，并制定违反标准的惩罚制度等。通过ISO9000、ISO14000、HACCP认证的企业，内部质量管理体系比较容易建立，因它们的要求有很大的相似之处。文档记录体系主要组成要素如下。

（1）田块（基地）地图。地图应清楚地标明田块的位置、大小、田块号、边界、缓冲区域和相邻地块使用情况等。地图还要标明种植的作物、建筑物、树木、河流、排灌设施和其他相应性地块标志物。

（2）田块历史。田块历史要以表格形式，详细说明最近3年作物生产实践和投入。一般标明田块号、面积、生产布局、每年的作物生长和投入情况。

（3）农事日记。日记应详细地记述实际的生产实践过程，如耕地的日期和方式、投入记录、播种日期和品种、气候条件、收获的日期、产量、储存地点、设施、器具的清洗和其他观察的情况。农事记录中要注意平行生产问题，在不可避免平行生产的情况下，从文档记录到实际操作的各个环节都必须做到绿色、有机生产与平行生产严格区分开。

（4）投入记录。投入记录要以表格形式记录生产资料的投入，包括使用物资的类型、来源、使用量、使用日期和田块号等。

（5）收获记录。收获记录表格应显示作物或产品的类型、收获设备、设备清洁的程序、田块号、收获日期、产量。此时开始设计并使用批号。

（6）贮藏记录。贮藏记录要显示仓库号、贮藏能力、贮藏日期、贮藏种类、田块号、批号、进库量、贮存量、出库量、出库日期、结余量、终止日期。对于清洁、虫害问题和控制措施也要详细记录。

（7）标贴（标志）。产品标贴应包括产品的类型、名称、数量、生产地址、生产认证号、批号、日期代码等标志应清楚并准确标出绿色、有机产品的状况，说明产品中添加剂即加工配料的所有成分；标明野生产品或者野生产品提取的成分。对于多成分的产品，如果其成分（包括添加剂）不全来自绿色、有机原料，其所有原料应按重量百分比的顺序在产品标签中列出，并明确哪种原料是经过认证的绿色食品与有机食品生产的原料，哪种不是。

（8）销售记录。销售记录是指发票、收据本、销售日记、购买单等，能证明销售日期、产品、批号、销售量和购买者的证据。

（9）批号。批号是从生产基地开始对绿色食品与有机食品在绿色食品与有机食品生产体系中流动起重要鉴别作用的代码系统。批号代码使生产者把产品与生产地块相连接，要包含生产基地名称、作物类型、田块号和生产年份等信息内容。

3.质量教育

除内部质量控制外，质量教育也是保证绿色食品与有机食品质量的重要手段，只有当绿色食品与有机食品生产各个环节的工作人员具备了强烈的质量意识，质量控制措施才能有效地实施。质量意识的培育要通过对绿色食品与有机食品的原理、意义、理念的宣传、培训来达到，如日本有机产品认证标准就规定有机生产、加工过程的管理者必须参加认证机构指定的培训班的学习。

通过外部检查控制和内部的自我控制，就能向消费者保证其购买的有机食品是真正来自有机生产体系的产品。有些基地为了向消费者证实其有机生产方式，专门组织消费者代表到基地参观考察，让他们亲身体验有机生产过程，增加消费者的信赖度。

绿色食品与有机食品种植基地的建设是一个渐进的过程，要求生产和管理人员不断积累技术与管理方面的经验，不断完善基地的生产结构，挖掘基地的生产潜力，从而不断地改善基地的生态环境，提高知名度、信誉度，最终实现应有的生态、社会、经济效益。

二、有机认证

有机认证是有机农产品认证的简称。有机认证是国家和有关国际组织认可并大力推广的一种农产品认证形式，也是国家认证认可监督管理委员会统一管理的认证形式之一。推行有机产品认证的目的，是推动和加快有机产业的发展，保证有机产品生产和加工的质量，满足消费者对有机产品日益增长的需求，减少和防止农药、化肥等农用化学物质和农业废物对环境的污染，促进社会、经济和环境的持续发展。

有机农业生产标准涉及领域广泛，包括农作物、蔬菜、水果、野生产品、畜禽产品、水产品、纺织品、化妆品等各个种类。有机农产品认证是有机认证的重要内容，其重点在农田周围环境、农田历史、田间管理和生产管理4个方面。其中田间管理又包括土壤培肥、种子选育、病虫草害防治、水土保持、生态保护、多样化种植和轮作等内容。

（一）认证工作中的基本概念

1. 认证范围

有机食品申请认证的单元应该是完整的基地（如农场）。如果基地既有有机食品生产又有其他生产（平行生产），基地经营者必须指定专人管理和经营用于有机食品生产的土地。这里所指基地包括国营或集体基地、个人承租的基地、公司承租的基地以及小农户合力组织成的基地。基地的边界应清晰，所有权和经营权应明确。

2. 认证对象

有机食品认证的对象是地块及其生产管理。如果地块环境条件符合绿色有机生产要求，作物生长以及田间管理又满足有机食品生产要求，则该地块上生产的所有农作物都可以作为有机食品得到认证。

3. 认证依据

有机产品认证依据是GB/T 19630—2019《有机产品　生产、加工、标识与管理体系要求》和CNCA-N-009：2014《有机产品认证实施规则》。

（二）认证申请人应具备的条件

（1）认证委托人及其相关方应取得相关法律法规规定的行政许可（适用时），其生产、加工或经营的产品应符合相关法律法规、标准及规范的要求，并应拥有产品的所有权。

（2）认证委托人建立并实施了有机产品生产、加工和经营管理体系，并有效运行3个月以上。

（3）申请认证的产品应在认监委公布的《有机产品认证目录》内。

（4）认证委托人及其相关方在五年内未因以下情形被撤销有机产品认证证书：提供虚假信息；使用禁用物质超范围使用有机认证标志；出现产品质量安全重大事故。

（5）认证委托人及其相关方一年内未因除（4）所列情形之外其他情形被认证机构撤销有机产品认证证书。

（6）认证委托人未列入国家信用信息严重失信主体相关名录。

（三）有机产品认证的基本要求

1. 有机产品生产的基本要求

（1）有机产品基地必须远离居民生活区（矿区、交通主干线、工业污染源、垃圾场）之类的区域。

（2）有机产品基地的环境符合GB 15618—2018《土壤环境质量　农用地土壤污染风险管控标准（试行）》、GB 5084—2021《农田灌溉水质标准》、GB 3095—2012《环境空气质量标准》。

（3）有机生产基地要和普通生产基地之间有缓冲区域（树林、道路、沟等）。

（4）生产基地在最近3年内未使用过农药、化肥等违禁物质。

（5）种子或种苗来自自然界，未经基因工程技术改造；种子和种苗不能使用农药等禁用物质处理，适合当地的生长环境，非转基因品种，对病害有比较好的抗性。

（6）使用腐熟的有机肥，禁止使用化肥和城市污水。禁止使用农药和除草剂。严格控制矿物质肥料的使用，防止重金属积累。使用合理的种植结构和种植制度，根据作物种植年限和土壤肥力进行轮作、间作、休耕。

（7）生产基地应建立长期的土地培肥、植物保护、作物轮作和畜禽养殖计划。

（8）生产基地无水土流失、风蚀及其他环境问题。

（9）作物在收获、清洁、干燥、贮存和运输过程中应避免污染；贮存仓库禁止放置农药、化肥，卫生达标，有防虫鼠措施。运输工具也必须清理干净。

（10）有机农产品在土地生产转型方面有严格规定。考虑到某些物质在环境中会残留相当一段时间，土地从生产其他农产品到生产有机农产品需要2~3年的转换期，而生产绿色农产品和无公害农产品则没有土地转换期的要求。

（11）在生产和流通过程中，必须有完善的质量控制和跟踪审查体系，并有完整的生产和销售记录档案。

2.有机产品加工贸易的基本要求

（1）原料必须是来自已获得有机认证的产品和野生（天然）产品。

（2）已获得有机认证的原料在最终产品中所占的比例不得少于95%。

（3）只允许使用天然的调料、色素和香料等辅助原料和有机食品发展中心有机认证标准中允许使用的物质不允许使用人工合成的添加剂。

（4）有机产品在生产、加工、贮存和运输的过程中应避免污染。

（5）加工/贸易全过程必须有完整的档案记录，包括相应的票据。

基本满足上述要求者，即可进行有机产品（转换）认证。

（四）有机产品认证程序

有机认证程序一般都包括认证申请和受理（包括合同评审）、文件审核、现场检查（包括必要的采样分析）、编写检查报告、认证决定、证书发放和证后监督等主要流程。

申请人直接向有机中心提出申请，在认证委托人申报材料齐全的前提下，一般为4个月左右完成认证程序。有机产品认证证书有效期为1年，根据《有机产品认证实施规则》的要求，获证组织应至少在认证证书有效期结束前3个月向有机中心提出再认证申请。再认证过程除申请评审和文件评审可适当简化外，仍需执行上述程序。

（五）需要提交的文件及资料

申请者书面提出申请认证时，根据《有机产品认证实施规则》的规定，至少应向有机认证机构提交下列材料。

（1）认证委托人的合法经营资质文件的复印件。

（2）认证委托人及其有机生产、加工、经营的基本情况。

● 认证委托人名称、地址、联系方式；不是直接从事有机产品生产、加工的认证委托人，应同时提交与直接从事有机产品的生产、加工者签订的书面合同的复印件及具体从事有机产品生产、加工者的名称、地址、联系方式。

● 生产单元/加工/经营场所概况。

● 申请认证的产品名称、品种、生产规模包括面积、产量、数量、加工量等；同一生产单元内非申请认证产品和非有机方式生产的产品的基本信息。

● 过去3年间的生产历史情况说明材料，如植物生产的病虫草害防治、投入品使用及收获等农事活动描述；野生采集情况的描述；畜禽养殖、水产养殖的饲养方法、疾病防治、投入品使用、动物运输和屠宰等情况的描述。

● 申请和获得其他认证的情况。

（3）产地（基地）区域范围描述，包括地理位置坐标、地块分布、缓冲带及产地周围邻近地块的使用情况；加工场所周边环境描述、厂区平面图、工艺流程图等。

（4）管理手册和操作规程。

（5）本年度有机产品生产、加工、经营计划，上一年度有机产品销售量与销售额（适用时）等。

（6）承诺守法诚信，接受认证机构、认证监管等行政执法部门的监督和检查，保证提供材料真实、执行有机产品标准和有机产品认证实施规则相关要求的声明。

（7）有机转换计划（适用时）。

（8）其他。

（六）有机食品标志的使用

根据证书和《有机食品标志使用管理规则》的要求，签订《有机食品标志使用许可合同》，并办理有机或有机转换标志的使用手续、证书与标志使用。

认证证书和认证标志的管理、使用应当符合《认证证书和认证标志管理办法》《有机产品认证管理办法》《有机产品　生产、加工、标识与管理体系要求》等规定。

中国有机产品认证标志分为中国有机产品认证标志和中国有机转换产品认证标志。获证产品或者产品的最小销售包装上应当加施中国有机产品认证标志及其唯一编号（编号前应注明"有机码"以便识别）、认证机构名称或者其标识。

初次获得有机转换产品认证证书一年内生产的有机转换产品，只能以常规产品销售，不得使用有机转换产品认证标志及相关文字说明。

认证证书暂停期间，认证机构应当通知并监督获证组织停止使用有机产品认证证书和标志，暂时封存仓库中带有有机产品认证标志的相应批次产品；获证组织应将注销、撤销的有机产品认证证书和未使用的标志交回认证机构或获证组织应在认证机构的监督下销毁剩余标志和带有有机产品认证标志的产品包装。必要时，召回相应批次带有有机产品认证标志的产品。

（七）保持认证

（1）有机食品认证证书有效期为1年，在新的年度里，中绿华夏有机食品认证中心（COFCC）会向获证企业发出保持认证通知。

（2）获证企业在收到保持认证通知后，应按照要求提交认证材料、与联系人沟通确定实地检查时间并及时缴纳相关费用。

（3）保持认证的文件审核、实地检查、综合评审，以及颁证决定的程序同初次认证。

三、绿色食品认证

绿色食品认证是依据《绿色食品标志管理法》认证的绿色无污染食品制定。凡具有绿色食品生产条件的国内企业均可按程序申请绿色食品认证，境外企业另行规定。

（一）绿色食品认证程序

绿色食品产品认证程序包括认证申请、受理及文审、现场检查及产品抽样、环境监测、产品检验、认证审核、颁证等环节。其中最主要的是文审及现场检查，文审决定是否受理其申请，现场检查的结果决定其是否能够通过认证。绿色食品标志由申请人向省级农业行政主管所属绿色食品工作机构提出申请，经审查合格后报中国绿色食品发展中心审定发证。

1. 认证申请

申请人向省级绿色食品发展中心提交正式的书面申请，领取《绿色食品标志使用申请书》《企业生产情况调查表》《绿色食品认证附报材料清单》，也可以登录中国绿色食品网下载上述材料，按要求填写《绿色食品标志使用申请书》《企业生产情况调查表》。准备《绿色食品认证附报材料清单》中要求提供的其他材料并订成册后提交到省级绿色食品发展中心（缺一不可）。

2. 认证审核（文审）

省级绿色食品发展中心收到申请企业上述材料后，进行编号并下发《受理通知书》。在5个工作日内对申报材料进行审核，并下发《文审意见通知单》，将审核结果通知申报企业。《文审意见通知单》内容包括补充材料和进行现场检查以及环境监测时间。

3. 现场检查

省级绿色食品发展中心将根据企业申报材料与企业协商确定地点和时间，派出绿色食品检查员对申请企业产品（原料）生产、加工情况进行实地检查并对申报产品进行抽样。实地检查内容包括：召开首次会议、检查产品（原料）生产情况、访问农户和有关技术人员、检查产品加工情况、查阅文件［基地管理制度、合同（协议）、生产管理制度等］记录（管理记录、出入库记录、生产资料购买及使用记录、交售记录、卫生管理记录、培训记录等）、召开总结会议，现场检查后认为需要进行环境监测，委托定点的环境监测机构对申报产品或产品原料产地的大气、土壤和水进行环境监测与评价，将抽样的产品交到定点产品检测单位安排产品检验（对绿色食品检查员现场检查的过程进行拍照）。

4. 上报国家中心

省级绿色食品发展中心将申报企业初审合格的材料以及绿色食品检查员现场检查意见，以及《环境监测与评价报告》《产品检验报告》等材料上报到中国绿色食品发展中心，中国绿色食品发展中心对上述申报材料进行审核，并下发《审核意见通知单》将审核结果通知申报企业和省级绿色食品发展中心，合格者进入办证环节，不合格者当年不再受理其申请。

5. 颁发证书

终审合格的申请企业与中国绿色食品发展中心签定绿色食品标志使用合同，中国绿色食品发展中心对上述合格的产品进行编号，并颁发绿色食品标志使用证书。

6. 收费

按照绿色食品认证有关规定，绿色食品标志使用企业向中国绿色食品发展中心缴纳绿色食品标志认证费和绿色食品标志使用费。认证费具体收费标准为：每一个产品8 000元，同类的系列产品超过两个的，每个产品收取1 000～3 000元不等（一次性收取）。标志使用费对每一类产品有所不同，一般初级农林产品1 000元、初级畜禽类产品、水产品以及初加工农林产品为1 800元，初加工畜禽类产品和水产品为2 500元、深加工产品为3 000元左右。标志使用费一般一年一交。

7. 时限

具体时限规定为：省级工作机构在申请人提出申请之日起10个工作日完成材料审核；符合要求的，在距产品及产品原料生产期45个工作日内完成现场检查；现场检查合格的，在10个工作日内提交现场检查报告；申请人委托符合规定的检测机构进行产品和环境检测，检测机构自收到产品样品之日起20个工作日内，环境样品抽样之日起30个工作日内完成检测工作，出具产品质量检验报告和产地环境监测报告；省级机构自收到产品检验报告和产地环境监测报告之日起20个工作日内完成初审；初审合格的，在中国绿色食品发展中心收到材料后30个工作日内完成书面审查。

按照上述规定，申请人从提出许可审查申请到完成标志许可审查最多需要165个工作日。中国绿色食品发展中心于2013年起修订了《绿色食品标志许可审查程序》，进一步强调了各环节工作时限的要求，严格按照工作时限执行。另外，自2012年起，对全国27个省级机构下放续展审批权，明确由省级绿色食品工作机构开具证书到期续展企业的审查把关和审批工作。同时，《绿色食品标志管理办法》明确了县级以上地方人民政府农业行政主管部门对绿色食品产地环境、产品质量、包装标识、标志使用等情况进行监管检查的属地管理责任。

（二）绿色食品标准

绿色食品标准是推广先进生产技术、提高绿色食品生产水平的指导性技术文件。绿色食品标准不仅要求产品质量达到绿色食品产品标准，而且为产品达标提供了先进的生产方式和生产技术指标，同时是维护绿色食品生产者和消费者利益的技术和法律依据。绿色食品标准是以我国国家标准为基础，参照国际标准和国外先进标准制定的，既符合我国国情，又具有国际先进水平。绿色食品标准由基础性标准和产品标准两部分组成。目前，经农业农村部发布的有关产地环境、生产过程、产品质量、贮藏运输等涉及绿色食品全程质量控制各个环节的农业行业标准共90项，形成了一套较为完整的标准体系，为绿色食品开发、认证和管理工作提供了有力的技术保障。

1. 绿色食品产地环境质量标准

NY/T 391—2021《绿色食品　产地环境质量》规定了产地的空气质量标准、农田灌溉水质标准、渔业水水质标准、畜牧养殖用水标准、食用盐原料水水质标准、土壤环境质量标准等各项指标以及浓度限值、监测和评价方法。提出了绿色食品产地土壤肥力分级和土壤质量综合评价方法。

2. 绿色食品生产技术标准

绿色食品生产过程是绿色食品质量控制的关键环节，绿色食品生产技术标准是绿色食品标准体系的核心，它包括绿色食品生产资料使用准则和绿色食品生产技术操作规程两部分。这类标准有以下几种。

NY/T 392—2023绿色食品　食品添加剂使用准则

NY/T 393—2020绿色食品　农药使用准则

NY/T 394—2021绿色食品　肥料使用准则

NY/T 471—2023绿色食品　饲料及饲料添加剂使用准则

NY/T 472—2022绿色食品　兽药使用准则

3. 绿色食品产品质量标准

绿色食品产品质量标准是绿色食品标准体系的重要组成部分，是衡量绿色食品最终产品质量的尺度，是绿色食品内在质量的主要标志。它虽然跟普通食品的国家标准一样规定了食品的外观品质、营养品质和卫生品质等内容，但其卫生品质要求高于国家现行标准，主要表现在对农药残留和重金属的检测项目种类多、指标严。而且，使用的主要原料必须是来自绿色食品产地的、按绿色食品生产技术操作规程生产出来的，这类标准多达60多个。

4. 绿色食品包装标签标准

该标准规定了进行绿色食品产品包装时应遵循的原则，包装材料选用的范围、种类，包装上的标识内容等（NY/T658—2015《绿色食品　包装通用准则》），绿色食品产品标签要求符合《中国绿色食品商标标志设计使用规范手册》规定，该手册对绿色食品的标准图形、标准字形、图形和字体的规范组合、标准色、广告用语以及在产品包装标签上的规范应用均作了具体规定。

5. 绿色食品贮藏、运输标准

该标准对绿色食品贮运的条件、方法、时间作出规定。以保证绿色食品在贮运过程中不遭受污染、不改变品质，并有利于环保和节能。

6. 绿色食品其他相关标准

包括绿色食品生产资料认定标准、绿色食品生产基地认定标准等，这些标准都是促进绿色食品质量控制管理的辅助标准。

以上标准对绿色食品产前、产中和产后全过程质量控制技术和指标作了全面的规定，构成了一个科学完整的标准体系。

（三）申请人条件

申请使用绿色食品标志的生产单位（以下简称申请人），应当具备下列条件。

（1）能够独立承担民事责任。

（2）具有绿色食品生产的环境条件和生产技术。

（3）具有完善的质量管理和质量保证体系。

（4）具有与生产规模相适应的生产技术人员和质量控制人员。

（5）具有稳定的生产基地。

（6）申请前三年内无质量安全事故和不良诚信记录。

另外，申请人应当向省级工作机构提出申请，并提交下列材料。

（1）标志使用申请书。

（2）产品生产技术规程和质量控制规范。

（3）预包装产品包装标签或其设计样张。

（4）中国绿色食品发展中心规定提交的其他证明材料。

（四）产品必备条件

申请使用绿色食品标志的产品，应当符合《中华人民共和国食品安全法》和《中华人民共和国农产品质量安全法》等法律法规规定，在国家知识产权局商标局核定的范围内，并具备下列条件。

（1）产品或产品原料产地环境符合绿色食品产地环境质量标准。

（2）农药、肥料、饲料、兽药等投入品使用符合绿色食品投入品使用准则。

（3）产品质量符合绿色食品产品质量标准。

（4）包装贮运符合绿色食品包装贮运标准。

（五）申报材料清单

种植业认证申请时，应提交以下文件。一式两份，一份由省级绿办留存，一份报中国绿色食品发展中心。

（1）《绿色食品标志使用申请书》和《种植产品调查表》。

（2）质量控制规范。

（3）生产操作规程。

（4）基地来源证明材料或原料来源证明材料。

（5）基地图（基地位置图和种植地块分布图）。

（6）带有绿色食品标志的预包装标签设计样张（仅预包装食品提供）。

（7）生产记录及绿色食品证书复印件（仅续展申请人提供）。

（8）《产地环境质量检测报告》。

（9）《产品检验报告》。

（10）绿色食品抽样单。

（11）中国绿色食品发展中心要求提供的其他材料（绿色食品企业内部检查员证书、国家农产品质量安全追溯管理信息平台注册证明等）。

对于不同类型的申请企业，依据产品质量控制关键点和生产中投入品的使用情况，还应分别提交以下材料。

（1）对于野生采集的申请企业，提供当地政府为防止过度采摘、水土流失而制定的许可采集管理制度。

（2）从国外引进农作物及蔬菜种子的，提供由国外生产商出具的非转基因种子证明文件原件及所用种衣剂种类和有效成分的证明材料。

（3）提供生产中所用农药、商品肥、兽药、消毒剂、渔用药、食品添加剂等投入品的产品标签原件。

（4）外购绿色食品原料的，提供有效期为一年的购销合同和有效期为三年的供货协议，并提供绿色食品证书复印件及批次购买原料发票复印件。

（5）企业存在同时生产加工主原料相同和加工工艺相同（相近）的同类多系列产品或平行生产（同一产品同时存在绿色食品生产与非绿色食品生产）的，提供从原料基地、收购、加工、包装、贮运、仓储、产品标识等环节的区别管理体系。

（6）原料（饲料）及辅料（包括添加剂）是绿色食品或达到绿色食品产品标准的相关证明材料。

（7）预包装产品，提供产品包装标签设计样。

（六）申报材料的准备（种植产品申请材料清单说明）

1. 质量控制规范要求

结构合理，制度健全，并满足绿色食品全程质量控制要求。内容应至少包括基地组织机构设置、人员管理、种植基地管理、档案记录管理、产品收后管理，仓储运输管理、绿色食品标志使用管理等制度。需要批准人签字、申请人盖章。如基地存在未申报绿色食品产品，应提供区别生产管理制度。

2. 生产操作规程

应符合生产实际和绿色食品标准要求，内容至少包括立地条件、品种、茬口（包括耕作方式，如轮作、间作等）、育苗栽培、种植管理、投入品使用（种类、成分、来源、用途、使用方法等）、有害生物防治、产品收获及处理、包装标识、仓储运输、废弃物处理等内容。如涉及非绿色食品生产，还需包含防止绿色食品与非绿色食品交叉污染措施。

3. 基地来源及相关权属证明，基地清单要求

（1）自有基地。应提供在有效期内的基地权属证书，如产权证、林权证、国有农场所有权证书等。

（2）基地入股型合作社。应提供合作社章程及农户（社员）清单，清单中应至少包括农户（社员）姓名、生产规模等栏目，基地使用面积应满足生产规模需要。

（3）流转土地统一经营。应提供基地流转（承包）合同（协议）及流转（承包）清单，清单中应至少包括农户（社员）姓名、生产规模等栏目；基地使用面积应满足生产规模需要；合同（协议）应在有效期内。

4. 原料来源证明材料

（1）"公司+合作社（农户）"。应提供至少两份与合作社（农户）签订的委托生产合同（协议）样本及基地清单；合同（协议）有效期应在三年（含）以上，并确保至少一个绿色食品用标周期内原料供应的稳定性，内容应包括绿色食品质量管理、技术要求和法

律责任等；基地清单中应包括序号、负责人、基地名称、合作社（农户）数、生产品种、面积（规模）、预计产量等栏目，并应有汇总数据。

农户数50户（含）以下的应提供农户清单，清单中应包括序号、基地名称、农户姓名、生产品种、面积（规模）、预计产量等栏目，并应有汇总数据；农户数50户以上1 000户（含）以下的，应提供内控组织（不超过20个）清单，清单中应包括序号、负责人、基地村名、合作社名称/农户姓名、种植品种、种植面积（规模）、预计产量等栏目，并应有汇总数据。

（2）外购全国绿色食品原料标准化生产基地原料。应提供有效期内的基地证书，与全国绿色食品原料标准化生产基地范围内生产经营主体签订的原料供应合同（协议）及一年内的购销凭证，基地建设单位出具的确认原料来自全国绿色食品原料标准化生产基地和合同（协议）真实有效的证明；无须提供《种植产品调查表》、种植规程、基地图等材料。

5. 基地图

（1）基地位置图范围应为基地及其周边5 km区域，应标示出基地位置、基地区域界限（包括行政区域界限、村组界限等）及周边信息（包括村庄、河流、山川、树林、道路、设施、污染源等）。

（2）种植地块分布图应标示出基地面积、方位、边界、周边区域利用情况及各类不同生产功能区域等。

6. 预包装标签设计

绿色食品标志设计应符合《中国绿色食品商标标志设计使用规范手册》要求，应标示生产商名称、产品名称、商标样式等内容。

申请人准备的所有绿色食品申报材料要装订成册，并编制页码，附目录。

申请人用A4纸打印，或用钢笔、签字笔如实填写《绿色食品标志使用申请书》《企业及生产情况调查表》中内容，要求字迹整洁、术语规范、印章清晰、不得涂改；一份《绿色食品标志使用申请书》和《企业及生产情况调查表》只能填报一个产品；所有表格栏目不得空缺，如不涉及本项目，应在表格栏目内注明"无"；如表格栏目不够，可加附页，但附页必须加盖公章；所有表格及材料签字处要签字，加盖公章处要盖章。

CGFDC-SQ-01/2019

绿色食品标志使用申请书

初次申请□ 续展申请□ 增报申请□

申请人（盖章）_____

申请日期_____年___月___日

中国绿色食品发展中心

填表说明

一、本表一式三份，中国绿色食品发展中心、省级工作机构和申请人各一份。

二、本表应如实填写，所有栏目不得空缺，未填部分应说明理由。

三、本表无签字、盖章无效。

四、本表的内容可打印或用蓝、黑钢笔或签字笔填写，语言规范准确、印章（签名）端正清晰。

五、本表可从中国绿色食品发展中心网站下载，用A4纸打印。

六、本表由中国绿色食品发展中心负责解释。

保证声明

我单位已仔细阅读《绿色食品标志管理办法》有关内容，充分了解绿色食品相关标准和技术规范等有关规定，自愿向中国绿色食品发展中心申请使用绿色食品标志。现郑重声明如下：

1. 保证《绿色食品标志使用申请书》中填写的内容和提供的有关材料全部真实、准确，如有虚假成分，我单位愿承担法律责任。

2. 保证申请前三年内无质量安全事故和不良诚信记录。

3. 保证严格按《绿色食品标志管理办法》、绿色食品相关标准和技术规范等有关规定组织生产、加工和销售。

4. 保证开放所有生产环节，接受中国绿色食品发展中心组织实施的现场检查和年度检查。

5. 凡因产品质量问题给绿色食品事业造成的不良影响，愿接受中国绿色食品发展中心所作的决定，并承担经济和法律责任。

法定代表人（签字）： 申请人（盖章）

年 月 日

一、申请人基本情况

申请人（中文）					
申请人（英文）					
联系地址				邮编	
网　址					
统一社会信用代码					
食品生产许可证号					
商标注册证号					
企业法定代表人		座机		手机	
联系人		座机		手机	
内检员		座机		手机	
传　真		E-mail			
龙头企业		国家级□　省（市）级□　地市级□			
年生产总值（万元）		年利润（万元）			
申请人简介					

注：申请人为非商标持有人，需附相关授权使用的证明材料。

二、申请产品基本情况

产品名称	商标	产量（吨）	是否有包装	包装规格	绿色食品包装印刷数量	备注

注：续展产品名称、商标变化等情况需在备注栏中说明。

三、申请产品销售情况

产品名称	年产值（万元）	年销售额（万元）	年出口量（吨）	年出口额（万美元）

填表人（签字）： 内检员（签字）：

CGFDC-SQ-02/2022

种植产品调查表

申请人（盖章）_____

申请日期_____年___月___日

中国绿色食品发展中心

填表说明

一、本表适用于收获后，不添加任何配料和添加剂，只进行清洁、脱粒、干燥、分选等简单物理处理过程的产品（或原料），如原粮、新鲜果蔬、饲料原料等。

二、本表一式三份，中国绿色食品发展中心、省级工作机构和申请人各一份。

三、本表应如实填写，所有栏目不得空缺，未填部分应说明理由。

四、本表无签字、盖章无效。

五、本表的内容可打印或用蓝、黑钢笔或签字笔填写，语言规范准确、印章（签名）端正清晰。

六、本表可从中国绿色食品发展中心网站下载，用A4纸打印。

七、本表由中国绿色食品发展中心负责解释。

一、种植产品基本情况

作物名称	种植面积（万亩）	年产量（吨）	基地类型	基地位置（具体到村）

注：基地类型填写自有基地（A）、基地入股型合作社（B）、流转土地统一经营（C）、公司+合作社（农户）（D）、全国绿色食品原料标准化生产基地（E）。

二、产地环境基本情况

产地是否位于生态环境良好、无污染地区，是否避开污染源？	
产地是否距离公路、铁路、生活区50 m以上，距离工矿企业1 km以上？	
绿色食品生产区和常规生产区域之间是否有缓冲带或物理屏障？请具体描述	

注：相关标准见《绿色食品 产地环境质量》和《绿色食品 产地环境调查、监测与评价规范》。

三、种子（种苗）处理

种子（种苗）来源	
种子（种苗）是否经过包衣等处理？请具体描述处理方法	
播种（育苗）时间	

注：已进入收获期的多年生作物（如果树、茶树等）应说明。

四、栽培措施和土壤培肥

采用何种耕作模式（轮作、间作或套作）？请具体描述	
采用何种栽培类型（露地、保护地或其他）？	
是否休耕？	

秸秆、农家肥等使用情况

名称	来源	年用量（吨/亩）	无害化处理方法
秸秆			
绿肥			
堆肥			
沼肥			

注："秸秆、农家肥等使用情况"不限于表中所列品种，视具体使用情况填写。

五、有机肥使用情况

作物名称	肥料名称	年用量（吨/亩）	商品有机肥有效成分氮磷钾总量（%）	有机质含量（%）	来源	无害化处理

注：该表应根据不同作物名称依次填写，包括商品有机肥和饼肥。

六、化学肥料使用情况

作物名称	肥料名称	有效成分（%）			施用方法	施用量（kg/亩）
		氮	磷	钾		

注：1.相关标准见《绿色食品　肥料使用准则》；

　　2.该表应根据不同作物名称依次填写；

　　3.该表包括有机-无机复混肥使用情况。

七、病虫草害农业、物理和生物防治措施

当地常见病虫草害	
简述减少病虫草害发生的生态及农业措施	
采用何种物理防治措施？请具体描述防治方法和防治对象	
采用何种生物防治措施？请具体描述防治方法和防治对象	

注：若有间作或套作作物，请同时填写其病虫草害防治措施。

八、病虫草害防治农药使用情况

作物名称	农药名称	防治对象

注：1.相关标准见《农药合理使用准则》和《绿色食品　农药使用准则》；

　　2.若有间作或套作作物，请同时填写其病虫草害农药使用情况；

　　3.该表应根据不同作物名称依次填写。

九、灌溉情况

作物名称	是否灌溉	灌溉水来源	灌溉方式	全年灌溉用水量（吨/亩）

十、收获后处理及初加工

收获时间	
收获后是否有清洁过程？请描述方法	
收获后是否对产品进行挑选、分级？请描述方法	
收获后是否有干燥过程？请描述方法	
收获后是否采取保鲜措施？请描述方法	
收获后是否需要进行其他预处理？请描述过程	
使用何种包装材料？包装方式？	
仓储时采取何种措施防虫、防鼠、防潮？	
请说明如何防止绿色食品与非绿色食品混淆？	

十一、废弃物处理及环境保护措施

填表人（签字）：   内检员（签字）：

第四节 建立HACCP安全保证体系

一、HACCP定义

HACCP是英文Hazard Analysis and Critical Control Point的缩写，中文译为危害分析与关键控制点。HACCP体系是国际上共同认可和接受的食品安全保证体系，主要是对食品中微生物、化学和物理危害进行安全控制。它是基于科学的原理，通过鉴别食品危害、采用重点预防措施来确保食品安全的一种食品质量控制体系。我国食品和水产界较早引进HACCP体系。2002年我国正式启动对HACCP体系认证机构的认可试点工作。目前，在HACCP体系推广应用较好的国家，大部分是强制性推行采用HACCP体系。我国国家标准GB/T 15091—1994《食品工业基本术语》对HACCP的定义为：生产（加工）安全食品的一种控制手段，对原料、关键生产工序及影响产品安全的人为因素进行分析，确定加工过程中的关键环节，建立、完善监控程序和监控标准，采取规范的纠正措施。国际标准1997年修订3版的CAC/RCP-1《食品卫生通则》对HACCP的定义为：鉴别、评价和控制对食品安全至关重要的危害的一种体系。国际食品法典委员会CAC对HACCP的定义是：鉴别和评价食品生产中的危险与危害，并采取控制的一种方法。

较为常见的定义解释为HACCP是对可能发生在食品加工环节中的危害进行评估，进而采取控制的一种预防性的食品安全控制体系。有别于传统的质量控制方法；HACCP是对原料、各生产工序中影响产品安全的各种因素进行分析，确定加工过程中的关键环节，建立并完善监控程序和监控标准，采取有效的纠正措施，将危害预防、消除或降低到消费者可接受水平，以确保食品加工者能为消费者提供更安全的食品。HACCP表示危害分析的临界控制点，确保食品在消费的生产、加工、制造、准备和食用等过程中的安全，在危害识别、评价和控制方面是一种科学、合理和系统的方法。识别食品生产过程中可能发生的环节并采取适当的控制措施防止危害的发生。通过对加工过程的每一步进行监视和控制，从而降低危害发生的概率。食品的危害分析是HACCP七大原理之一，也是企业实施HACCP体系的一项基础工作。所谓食品危害分析是指识别出食品中可能存在的给人们身体带来伤害或疫病的生物、化学和物理因素，并评估危害的严重程度和发生的可能性，以便采取措施加以控制。食品危害分析一般分为危害识别和危害评估。食品的危害识别在HACCP体系中是十分关键的环节，它要求在食品原料使用、生产加工和销售、包装、运输等各个环节对可能发生的食品危害进行充分的识别，列出所有潜在的危害，以便采取进一步的行动。食品中的危害一般可分为生物危害、化学危害和物理危害。生物危害包括病原性微生物、病毒和寄生虫。化学危害一般可分为天然的化学危害、添加的化学危害和外来的化学危害。天然的化学危害来自化学物质，这些化学物质在动物、植物自然生产过程中产生；添加的化学危害是人们在食品加工、包装运输过程中加入的食品色素、防腐剂、发色剂、漂白剂等，如果超过安全水平使用就成为危害。物理危害是指在食品中发现的有害异物，当人们误食后可能造成身体外伤、窒息或其他健康问题。所谓危害评估就是对识别出来的食品危害是否构成显著危害进行评价。事实上，HACCP体系并不是要控制所有的食品危害，只是控制显著危害。显著危害控制住了，也就降低了食品危害风险系数。

二、HACCP的产生及发展历史

HACCP始于20世纪60年代，当时美国在实行阿波罗登月计划，HACCP是由美国国家航空航天局NASA、陆军Natick实验室和美国Pillsbury公司共同发展而成，最初是为了制造百分之百安全的太空食品。60年代初期，Pillsbury公司在为美国太空项目提供食品期间，率先应用HACCP概念。Pillsbury公司认为他们现用的质量控制技术，并不能提供充分的安全措施来防止食品生产中的污染。确保安全的唯一方法是研发一个预防性体系，防止生产过程中危害的发生。从此，Pillsbury公司的体系作为食品安全控制最新的方法被全世界认可，但它不是零风险体系，其设计目的是尽量减小食品安全危害。

HACCP概念的雏形是1971年由美国国家食品保护会议上首次被提出，1973年美国药物管理局（FDA）首次将HACCP食品加工控制概念应用于罐头食品加工中，以防止细菌感染。在1985年，美国国家科学院（NAS）建议与食品相关的各政府机构应使用较具科学根据的HACCP方法于稽查工作上，并鉴于HACCP实施于罐头食品成功例子之经验，建议所有执法机构均应采用HACCP方法，对食品加工业应于强制执行。1986年，美国国会要求美国海洋渔业服务处（NMFS）研订一套以HACCP为基础的水产品强制稽查制度。由于在水产品上执行HACCP成效显著，且在各方面逐渐成熟下，美国药物管理局决定对国内及进口的水产品从业者强制实施HACCP，于是在1994年公布了强制水产品HACCP实施草案，正式公布一年后正式实施。1995年12月，FDA根据HACCP的基本原则提出了水产品法规，该法规确保了鱼和鱼制品的安全加工和进口。这些法规强调水产品加工过程中的某些关键性工作，要由受过HACCP培训的人来完成，包括负责制订和修改HACCP计划，并审查各项纪录。美国药物管理局、美国农业部、美国商务部、世界卫生组织、联合国微生物规格委员会和美国国家科学院均推荐HACCP为最有效的食品危害控制方法。目前，美国水产品的HACCP原则已被不少国家采纳，其中包括加拿大、冰岛、日本、泰国等。

三、HACCP的推广应用情况

1. 国外HACCP应用情况

近年来HACCP体系已在世界各国得到了广泛的应用和发展。联合国粮食及农业组织（FAO）和世界卫生组织（WHO）在20世纪80年代后期就大力推荐。1993年6月食品法典委员会（FAO/WHO CAC）修改《食品卫生的一般性原则》，把HACCP纳入该原则内。1994年北美和西南太平洋食品法典协调委员会强调了加快HACCP发展的必要性，将其作为食品法典在关税与贸易总协定/世界贸易组织（GATT/WTO）贸易技术壁垒应用协议框架下取得成功的关键。FAO/WHO CAC积极倡导各国食品工业界实施食品安全的HACCP体系。根据世界贸易组织协议，FAO/WHO食品法典委员会制定的法典规范或准则被视为衡量各国食品是否符合卫生、安全要求的尺度。另外有关食品卫生的欧共体理事会指令93/43/EEC要求食品工厂建立HACCP体系以确保食品安全的要求。在美国，FDA在1995年12月颁布了强制性水产品HACCP法规，又宣布自1997年12月18日起所有对美出口的水产品企业都必须建立HACCP体系，否则其产品不得进入美国市场。FDA鼓励并最终要求所有食品工厂都实行HACCP体系。另外，加拿大、澳大利亚、英国、日本等国也都在推广和采纳HACCP体系，并分别颁发了相应的法规，针对不同种类的食品分别提出了HACCP模式。

目前HACCP推广应用较好的国家有加拿大、泰国、越南、印度、澳大利亚、新西兰、冰岛、丹麦、巴西等，这些国家大部分是强制性推行采用HACCP。开展HACCP体系的领域包括：饮用牛乳、奶油、发酵乳、乳酸菌饮料、奶酪、冰激凌、生面条类、豆腐、鱼肉、火腿、炸肉、蛋制品、沙拉类、脱水菜、调味品、蛋黄酱、盒饭、冻虾、罐头、牛肉食品、糕点类、清凉饮料、腊肠、机械分割肉、盐干肉、冻蔬菜、蜂蜜、高酸食品、肉禽类、水果汁、蔬菜汁、动物饲料等。

2. 我国HACCP应用情况

中国食品和水产界较早关注和引进HACCP质量保证方法。1991年农业部渔业管理部门派遣专家参加了美国FDA等组织的HACCP研讨会，1993年国家水产品质检中心在国内成功举办了首次水产品HACCP培训班，介绍了HACCP原则、水产品质量保证技术、水产品危害及监控措施等。1996年农业部结合水产品出口贸易形势颁布了《冻虾》等5项水产品行业标准，并进行了宣讲贯彻，开始了较大规模的HACCP培训活动。从1997年12月18日起，国家商标局要求在输美水产品、果蔬产品等企业中强制实施HACCF认证。目前，在罐头类、禽肉类、茶叶、冷冻类等食品加工领域中，正在由试点性应用到普遍推广应用HACCP体系。

目前国内约有500多家水产品出口企业获得商检HACCP认证。国家认证认可监督管理委员会正式启动对HACCP体系认证机构的认可试点工作，开始受理HACCP认可试点申请。

中华人民共和国国家出入境检验检疫局拟定进出口食品危险性等级分类管理方案和危害分析和关键控制点（HACCP）实施方案，并组织实施；食品检验监管处负责对食品生产企业的卫生和质量监督检查工作，组织实施危害分析和关键控制点（HACCP）管理方案。在公共卫生领域，HACCP体系正在得以实施。在《全国疾病预防控制机构工作规范》（2001版）中要求各级疾控机构，指导企业自觉贯彻实施HACCP，提高食品企业管理水平，减少食品加工过程中的危害因素，保证食品安全卫生。依《食品企业通用卫生规范》以及已颁布的各类食品生产企业生产规范，参照《HACCP系统及其应用准则》的要求，指导食品生产企业逐步实施HACCP管理体系。但与先进国家相比，HACCP体系在其他食品加工企业中的应用仍未引起生产商甚至管理部门的高度重视。因此，在农产品加工领域中加强宣传、培训和应用HACCP体系已成为一个紧迫的现实问题。

四、HACCP体系的优势和特点

（一）HACCP体系与常规质量控制模式的区别

1. 常规质量控制模式运行特点

对于食品安全控制原有常规做法是监测生产设施运行与人员操作的情况，对成品进行抽样检验，包括理化、微生物、感官等指标。常规方式有以下不足。

（1）常用抽样规则本身存在误判风险，而且食品涉及单个易变质生物体，样本个体不均匀性十分突出，误判风险高。

（2）按数理统计为基础的抽样检验控制模式，必须做大量成品检验，费用高、周期长。

（3）检验技术发展虽然很快，但可靠性仍是相对的。

（4）消费者希望获得无污染的自然状态的食品，危害物质检测结果符合标准规定的限量不能消除对食品安全的疑虑。

2. HACCP控制体系的特点

（1）HACCP是预防性的食品安全保证体系，但它不是一个孤立的体系，必须建立在良好操作规范（GMP）和卫生标准操作程序（SSOP）的基础上。

（2）每个HACCP计划都反映了某种食品加工方法的专一特性，其重点在于预防，设计上防止危害进入食品。

（3）HACCP不是零风险体系，但使食品生产最大限度趋近于"零缺陷"，可用于尽量减少食品安全危害的风险。

（4）将食品安全的责任首先归于食品生产商及食品销售商。

（5）HACCP强调加工过程，需要工厂与政府的交流沟通。政府检验员通过危害是否得到有效控制来验证工厂HACCP实施情况。

（6）克服传统食品安全控制方法（现场检查和成品测试）的缺陷，当政府将力量集中于HACCP计划制定和执行时，对食品安全的控制更加有效。

（7）HACCP可使政府检验员将精力集中到食品生产加工过程最易发生安全危害的环节上。

（8）HACCP概念可推广延伸应用到食品质量的其他方面，控制各种食品缺陷。

（9）HACCP有助于改善企业与政府、消费者的关系，树立食品安全的信心。

（10）上述诸多特点根本在于HACCP是使食品生产厂或供应商从以最终产品检验为主要基础的控制观念转变为建立全面控制系统，从收获到消费，鉴别并控制潜在危害，保证食品安全。

（二）HACCP体系的优点

HACCP体系的最大优点就在于它是一种系统性强、结构严谨、适用性强而效益显著的以预防为主的质量保证方法。建立和有效运行HACCP体系能向全社会表明组织重视食品的安全、卫生，并采取了积极有效的控制手段。运用恰当，则可以提供更多的安全性和可靠性，并且比大量抽样检查的运行成本低很多。

HACCP具有如下优点。

（1）在出现问题前就可以采取纠正措施，因而是积极主动地控制。

（2）通过易于监控的特性来实施控制，可操作性强。

（3）只要需要就能采取及时的纠正措施，迅速进行控制。

（4）与依靠化学分析微生物检验进行控制相比，费用低廉。

（5）由参与食品加工和管理的人员控制生产操作。

（6）关注关键点，使每批产品采取更多的保证措施，使工厂重视工艺改进，降低产品损耗。

（7）HACCP能用于潜在危害的预告，通过监测结果的趋向来预告。

（8）HACCP涉及与产品安全性有关的各个层次的职工，做到全员参与。

第五节　　HACCP体系实施步骤和前提基础条件

一、HACCP体系的实施步骤

1.成立HACCP小组

HACCP计划在拟定时，需要事先搜集资料，了解分析国内外先进的控制办法。HACCP小组应由具有不同专业知识的人员组成，必须熟悉企业产品的实际情况，拥有对不安全因素及其危害分析的知识和能力，能够提出防止危害的方法技术，并采取可行的监控措施。

2.描述产品

对产品及其特性，规格与安全性进行全面描述，内容应包括产品具体成分、物理或化学特性、包装、安全信息、加工方法、贮存方法和食用方法等。

3.确定产品用途及消费对象

实施HACCP计划的食品应确定其最终消费者，特别要关注特殊消费人群，如老人、儿童、妇女、体弱者或免疫系统有缺陷的人。食品的使用说明书要明确由哪类人群消费、食用目的和如何食用等内容。

4.编制工艺流程图

工艺流程图要包括从始至终整个HACCP计划的范围。流程图应包括环节操作步骤，不可含糊不清，在制作流程图和进行系统规划的时候，应有现场工作人员参加，为潜在污染的确定，以及提出控制措施提供便利条件。

5.现场验证工艺流程图

HACCP小组成员在整个生产过程中以"边走边谈"的方式，对生产工艺流程图进行确认。如果有误，应加以修改调整。如改变操作控制条件、调整配方、改进设备等，应对偏离的地方加以纠正，以确保流程图的准确性、适用性和完整性。工艺流程图是危害分析的基础，一定要经过现场验证，确定其准确性和科学性。

6.危害分析及确定控制措施

在HACCP方案中，HACCP小组应识别生产安全卫生食品必须排除或要减少到可以接受危害的水平。危害分析是HACCP最重要的一环。按食品生产的流程图，HACCP小组要列出各工艺步骤可能会发生的所有危害及其控制措施，包括有些可能发生的事，如突然停电而延迟加工、半成品临时储存等。危害包括生物性（微生物、昆虫及人为的）、化学性（农药、毒素、化学污染物、药物残留、合成添加剂等）和物理性（杂质、软硬度）危害。在生产过程中，危害可能是来自于原辅料的、加工工艺的、设备的、包装贮运的、人为等方面。在危害中尤其是不能允许致病菌的存在与增殖及不可接受的毒素和化学物质的产生。因而危害分析强调要对危害的出现可能、分类、程度进行定性与定量评估。

对食品生产过程中每一个危害都要有对应的、有效的预防措施。这些措施和办法可以排除或减少危害出现，使其达到可接受水平。对于微生物引起的危害，一般是采用：原辅料、半成品的无害化生产，并加以清洗、消毒、冷藏、快速干制、气调等；加工过程采用调pH值与控制水分活度；实行热力、冻结、发酵；添加抑菌剂、防腐剂、抗氧化剂处理；防止人流物流交叉污染等；重视设备清洗及安全使用；强调操作人员的身体健康、个人卫生和安全生产意识；包装物要达到食品安全要求；贮运过程防止损坏和二次污染。对昆虫、寄生虫等可采用加热、冷冻、辐射、人工剔除、气体调节等方法解决。如是化学污染引起，应严格控制产品原辅料的卫生，防止重金属污染和农药残留，不添加人工合成色素与有害添加剂，防止贮藏过程有毒化学成分的产生。如是物理因素引起的伤害，可采用提供质量保证证书、原料严格检测、遮光、去杂抗氧化剂等办法解决。

7. 确定关键控制点

尽量减少危害是实施HACCP的最终目标。可用一个关键控制点去控制多个危害，同样，一种危害也可能需几个关键点去控制。决定关键点的控制主要看是否防止、排除或减少到消费者能接受的水平。HACCP的数量取决于产品工艺的复杂性和性质范围。HACCP执行人员常采用判断树来认定HACCP，即对工艺流程图中确定的各控制点使用判断树按先后顺序依次回答问题，按顺序进行审定。

8. 确定关键控制限值

关键控制限值是一个区别能否接受的标准，即保证食品安全的允许限值。关键控制限值决定了产品的安全与不安全、质量好与坏的分界线。关键限值的确定，一般可参考有关法规、标准、文献、实验结果，如果一时找不到适合的限值，实际中应选用一个保守的参数值。在生产实践中，一般不用微生物指标作为关键限值，可考虑用温度、时间、流速、pH值、水分含量、盐度、密度等参数。所有用于限值的数据、资料应存档，以作为HACCP计划的支持性文件。

9. 关键控制点的监控制度

建立临近程序，目的是跟踪加工操作，识别可能出现的偏差，提出加工控制的书面文件，以便应用监控结果进行加工调整和保持控制，从而确保所有HACCP都在规定的条件下运行。监控有两种形式：现场监控和非现场监控。可以是连续的，也可以是非连续的，即在线监控和离线监控。最佳的方法是连续在线监控。非连续监控是点控制，选定的样品及测定点应有代表性。监控内容应明确，监控制度应可行，监控人员应掌握监控所具有的知识和技能，正确使用好温、湿度计、自动温度控制仪、pH值、水分活度及其他生化测定设备。监控过程所获数据、资料应由专门人员进行评价。

10. 建立纠偏措施

纠偏措施是针对关键控制点控制限值所出现的偏差而采取的行动。纠偏行动要解决两类问题：一类是制定使工艺重新处于控制之中的措施；一类是拟定好HACCP失控时期生产出的食品的处理办法。对每次所施行的这两类纠偏行为都要记入HACCP记录档案，并应明确产生的原因及责任所在。

11. 建立审核程序

审核的目的是确认制定的HACCP方案的准确性，通过审核得到的信息可以用来改进HACCP体系。通过审核可以了解所规定并实施的HACGP系统是否处于准确的工作状态中，能否做到确保食品安全。内容包括两个方面：验证所应用的HACCP操作程序，是否适合产品，对工艺危害的控制是否正常、充分和有效；验证所拟定的监控措施和纠偏措施是否仍然适用。审核时要复查整个HACCP计划及其记录档案。验证方法与具体内容包括：要求原辅料、半成品供货方提供产品合格证证明；检测仪器标准，并对仪器表校正的记录进行审查；复查HACCP计划制定及其记录和有关文件；审查HACCP内容体系及工作日记与记录；复查偏差情况和产品处理情况；HACCP记录及其控制是否正常检查；对中间产品和最终产品的微生物检验；评价所制定的目标限值和容差，不合格产品淘汰记录；调查市场供应中与产品有关的意想不到的卫生和腐败问题；复查已知的、假想的消费者对产品的使用情况及反映记录。

12. 建立记录和文件管理系统

记录是采取措施的书面证据，认真、及时和精确的记录及资料保存是不可缺少的。HACCP程序应文件化，文件和记录的保存应合乎操作种类和规范。保存的文件有：说明HACCP系统的各种措施（手段）；用于危害分析采用的数据；与产品安全有关的决定；监控方法及记录；有操作者和审核者签名的监控记录；偏差与纠偏记录；审定报告；HACCP计划表；危害分析工作表；HACCP执行小组会上报告及总结等。

各项记录在归档前要经严格审核，HACCP监控记录、限值偏差与纠正记录、验证记录、卫生管理记录等所有记录内容，要在规定的时间（一般在交班前）内及时由工厂管理代表审核，如通过审核，审核员要在记录上签字并写上时间。所有的HACCP记录归档后妥善保管，美国对海产品的规定是生产之日起至少要保存1年，冷冻与耐保藏产品要保存2年。

在完成整个HACCP计划后，要尽快以草案形式成文，并在HACCP小组成员中传阅修改，或寄给有关专家征求意见，吸纳对草案有益的修改意见并编入草案中，经HACCP小组成员依次审核修改后成为最终版本，供上报有关部门审批或在企业质量管理中应用。

二、HACCP体系实施

1. 良好操作规范（GMP）

主要讨论生产安全、洁净、健康的食品十分重要的不同方面，提供强制性要求指南和所有加工人员都要遵从的卫生标准原则，主要涉及加工工厂的员工及其行为；厂房与地面、设备及工作器具、卫生操作（如工序、有害物质控制、实验室检测等）、卫生设施及控制（包括使用水、污水处理、设备清洗、设备和仪器、设计和工艺、加工和控制）；原料验收、检查、生产、包装、储藏、运输等。

2. 卫生标准操作程序（SSOP）

主要涉及8个方面，即加工用水和冰的安全，食品接触面的状况与清洁，预防交叉污染，手清洗、消毒及卫生间设施的维护，防止外来污染物的污染，有毒化合物的标记、贮藏和使用，员工健康状况的控制，虫害防治。

3. 产品的标识代码和召回计划

包括建立产品编码体系、对投诉的反馈、召回小组、进行模拟召回等。应建立从原料到成品的标识系统，使产品具有可追溯性。从而对产品质量进行追踪，分析不合格的原因，制定和采取必要的措施。回收计划是企业以书面的信息收集程序来描述企业在有回收要求时应执行的程序，其目的是保证产品在从市场上回收时尽可能有效、快速。企业应定期进行模拟回收演练，验证回收计划的有效性。

4. 设备设施的维护保养计划

包括设备的设计和安装、维护（设备、空气过滤器、阀/垫衬/O型管）、校准（巴氏杀菌锅的检查、温度计、计量器具）、清洗消毒（蓄水池）等。

5. 培训计划

是最重要的前提计划之一。包括对良好卫生规范、良好操作规范、技能（如杀菌工艺、巴氏杀菌）、HACCP、致敏剂的管理等的培训。通过培训可以提高实施HACCP计划的技术技能和改变人员的观念。培训应具有针对性，对于管理层、关键工序的人员、一般操作人员应具有不同的培训计划。

6. 原料、辅料的接收计划

包括对原料和辅料的包装检查、可追溯性检测、供应商的控制、运输和储存条件和场所的规定等。

7. 应急计划

对于企业发生的紧急情况计划采取的应对措施，包括对水质不良、停水、停电时的应急计划等。企业应定期进行模拟应对措施的演练，验证应急计划的有效性。

8. 雇员的健康计划

传染性疾病的规定、近期外伤的规定、短期疾病的规定等。

9. 企业的内审计划

应定期审核以验证前提计划的执行。验证包括审核监控记录、定期检测、观察。

10. 良好养殖/农业操作规范（GAP）

良好养殖操作规范，是水产养殖场为了使水产养殖品污染病原体、违禁药物、化学品和污物的可能性减少或降到最低的操作规范。良好农业操作规范，主要针对未加工或最简单加工（生的）出售给消费者或加工企业的大多数果蔬的种植、采收、清洗、摆放、包装和运输过程中常见的微生物危害控制，其关注的是新鲜果蔬的生产和包装，但不限于农场，包含从农场到餐桌食品链的所有步骤。

第六节　制订实施HACCP计划的预备阶段和七项原则

一、预备阶段

HACCP的原理逻辑性强，简明易懂。但由于食品企业生产的产品特性不同，加工条件、生产工艺、人员素质各异，因此在HACCP体系的具体建立过程中，可先采用食品法典委员会中食品卫生专业委员会HACCP工作组专家推荐的预备步骤，再应用HACCP七大原则，以一种循序渐进的方式来制定HACCP体系。

（一）组建HACCP工作组

国内外HACCP的应用实践表明，HACCP是由企业自主实施，政府积极推行的行之有效的食品卫生管理技术。HACCP计划的制订和实施，必须得到企业最高领导的支持、重视和批准。HACCP的成功应用，需要管理层和员工的全面责任承诺和介入。HACCP小组成员应该由多种学科及部门人员组成，包括生产管理、质量控制、卫生控制、设备维修和化验人员等。HACCP工作组负责书写SSOP文本，制订HACCP计划，修改验证HACCP计划，监督实施HACCP计划和对全体人员的培训等。

（二）产品描述和确定产品预期用途与消费者

HACCP小组建立后，首先要描述产品，包括产品名称、成分、加工方式、包装、保质期、储存方法、销售方法、预期消费者（如普通公众、婴儿、老年人）和如何消费（是否可直接食用，还是加热蒸煮后食用）。如冷冻即食虾（熟）通过冷冻分发并在普通公众中销售，因消费者可能不加热就直接食用，某些病原体的存在就构成了显著危害。然而，对于原料虾，消费者食用前常常采取煮熟措施，此时同一病原体可能就不构成显著危害。

（三）建立和验证工艺流程图

HACCP小组成员深入企业各工段，认真观察从原材料进厂直至成品出厂的整个生产加工过程，并与企业生产管理人员和技术人员交谈，详细了解生产工艺以及基础设施、设备工具和人员的管理情况。在此基础上，绘制生产工艺流程简图，并现场进行验证。

二、HACCP体系的七项原则

HACCP作为当今世界上最具权威的食品安全保证体系，其原理经过实践的应用和修改，已被食品法规委员会（CAC）确认，由七项原则组成，以确认管制过程中的危害及监控主要管制点，以防止危害的发生。

（一）危害分析及危害程度评估

包括原料选择、制造过程、运输至消费的食品生产过程的所有阶段，分析其潜在的危害，评估加工中可能发生的危害以及控制此危害的管制项目。

（二）主要管制点（CCP）

决定加工中能去除此危害或是降低危害发生率的一个点、操作或程序的步骤，此步骤能是生产或是制造中的任何一个阶段，包括原料包括配方及（或）生产、收成、运输、调配、加工和贮藏等。

（三）管制界限

为确保HACCP在控制之下所建立的HACCP管制界限。

（四）监测方法

建立监测HACCP程序，可以通过测试或是观察进行监测。

（五）矫正措施

当监测系统显示HACCP未能在控制之下时，需建立的矫正措施。

（六）资料记录和文件保存

所有程序都应资料记录，并保存文件，以利记录、追踪。

（七）建立确认程序

建立确认程序，以确定HACCP系统是在有效的执行。可以稽核方式，收集辅助性资料或是印证HACCP计划是否实施得当。确认其主要范围为以下内容。

（1）用科学方法确认HACCP的控制界限。

（2）确认工厂的HACCP计划功能，包括终产品检验、HACCP计划审阅、HACCP纪录的审阅及确认各个步骤是否执行。

（3）内部稽核。包括有工作日志的审阅及流程图和HACCP的确认。

（4）外部稽核及符合政府相关法令的确认。

第七节　建立绿色农产品市场销售体系

我国是人口众多的农业大国，农业肩负着确保人民群众"米袋子"和"菜篮子"的双重重任。近年来，为应对日趋激烈的市场竞争，我国农产品营销取得了显著的发展。目前，农产品市场逐步形成了覆盖所有大、中、小城市和农产品集中产区，以城乡集贸市场为基础、农产品批发市场为中心、期货市场为引导，以农民经纪人、运销商贩、营销中介组织、加工企业为主体的农产品营销渠道体系，构筑了贯通全国城乡的农产品流通大动脉。农产品流通逐步实现从数量扩张向质量提升的转变，流通规模上台阶，市场硬件设施明显改善，商品质量日益提高。农产品批发市场承担着农产品集散、价格形成、信息服务等多种功能，是农产品市场体系的枢纽和核心，是农产品流通的主渠道。要从供给、需求、营销多角度充分认识农产品市场固有的特殊性，采取切实可行的不同对策与措施，做好绿色农产品生产与销售衔接工作，促进绿色农业发展。

随着消费者对农产品品质追求的不断提升，我国各地区开始掀起了提升农产品竞争力和维护农产品声誉的高潮，纷纷为本地的优势农产品申请注册地理标志保护，地理标志不仅提高了产品附加值，更为地区经济发展作出了重大贡献。农产品区域品牌的发展不断兴起，农产品区域品牌时代的来临是我国农产品发展的必然趋势，但与工业品牌和服务业品牌相比，农产品区域品牌的创建和保护相对滞后，品牌价值相对较低。从中国农产品区域品牌价值评估课题组对农产品区域品牌的价值评估结果中可以发现，大多数农产品区域品牌的品牌价值低于平均值，由此可以看出农产品品牌发展初期仍然面临着很多的问题。同企业品牌一样，农产品区域品牌也需要经过逐步培养，才能发展壮大，最终真正实现品牌效应。目前，我国的农产品区域品牌呈现多而散的特点，很多品牌在本地区或本省内小有名气，耳熟能详，但是本地区或本省以外却不被人所熟知，甚至没有人听说过，这大大阻碍了农产品区域品牌的长远发展。如果区域品牌只在特定的地区内部发挥作用，那么对于该地区的经济发展而言无疑只是一种内部竞争的活跃，而要全面推进整个地区的经济发展，应该将着眼点放到全国市场或者世界市场上，让本地区的农产品区域品牌与国内其他地区的品牌相竞争，与国际上的其他品牌相竞争，这样才能最大化区域品牌的价值，实现以区域品牌推动区域经济发展的目标。从目前市场上知名的、具有持续竞争力的农产品区域品牌的建设经验来看，要使农产品区域品牌成为国内甚至国际知名的农产品品牌，并保持持续竞争力，必须要将确立发展目标、挖掘区域文化、整合资源、推动标准化、组织化和产业化的农产品生产作为农产品区域品牌发展战略的重点内容。

绿色农业发展的空间和前景，已不仅限于产品产量的增加，更依赖于产品质量的提高。而标准化生产是提高农产品质量的关键措施，只有坚持走标准化生产之路，才能使农产品质量安全得到有效保障。我国农业特点主要为小农生产、分散性强、产品标准化程度低，产品进入超市或出口等都容易受到限制，这也是制约我国农业发展的因素之一。农产品区域品牌形成的过程，使小农生产聚集成统一生产线，在给定的统一标准下，生产出标准化的农产品。同原来凭经验种植的小农生产相比，标准化生产保证了农产品品质，提高了生产效率，也是绿色农业发展的必由之路。

在绿色农产品生产的同时，随着我国电子商务产业向纵深发展、网络购物市场迅速扩大，移动互联网终端和业务日益丰富，云计算、物联网等正在形成新的经济增长点，互联网服务经济已初具规模。电子商务核心内容之一的网络营销活动正异常活跃地介入传统产品的产业链中，它所呈现出的方便、快捷和成本低的优点为社会和企业带来了丰厚的利益，并为传统企业产品的销售打开了新的渠道，创造了更多推广价值。对于农产品市场而言，电子商务运作与网络营销模式同样适用。我国是一个农业大国，由于农产品市场信息不通，农村市场流通体系不健全导致农产品的结构性、季节性、区域性过剩，出现农产品"卖难"现象，农产品"卖难"问题已成为阻碍我国农业和农村经济健康发展、影响农民增收乃至农村稳定的重要因素，其实质问题是小农户与大市场不相适应的矛盾。而农产品网络营销的实现，是解决"小农户与大市场不相适应"的一个关键，网络营销的发展必将给中国农产品走向国际市场和塑造国际品牌带来更大的机遇，对于促进中国农产品营销有着非凡的意义。同时，对缓解我国农民因"卖难"问题而面临的增产不增收困境具有重要战略意义，也为农业绿色标准化生产提供有力支撑。

一、农产品网络营销的概念

随着互联网和电子商务的崛起，网络营销理论与应用方法越来越受到重视。不少经济学家、营销学家都对网络营销作出了不同的界定，界定虽不同，但反映出来的网络营销的内涵是相同的，即网络营销是营销战略的一个重要组成部分，是指为达到满足客户需求的目的，利用互联网技术进行营销活动的总称。网络营销是基于网络技术发展的营销手段和方法的创新，能够适应消费者需求特点的变化。

农产品网络营销被称为"鼠标+大白菜"式营销，是指利用互联网开展农产品营销活动，包括网上农产品市场分析、农产品价格与供求信息收集与发布、网上宣传与促销、交易洽谈、付款结算等活动。最终依托农产品生产基地和物流配送系统，促进农产品个人与组织交易活动的实现。

农产品网络营销能够快速提高农产品流通的效率。在传统的农业生产和销售过程中，销售渠道单一、信息不畅通和不对等，致使农户对市场信息把握不准，导致生产决策的失误。农业生产中出现"少了喊，多了砍"的现象。而今与传统营销相比，网络营销更能满足消费者个性化的需求，能够以更快的速度、更低的价格向消费者提供产品和服务，可以更好地开拓国内外市场。因此，农产品网络营销模式为农业生产者架设了与需求方直接连接的通道，农户足不出户就可越过中间商与终端需求方进行网络双向沟通，可以为农户和农业企业提供全方位的市场信息，增加农产品交易的机会，降低农产品的销售成本，节约农户以及企业用于渠道管理方面的费用支出，为虚拟农产品市场的低成本运营准备了充分基础。利用互联网资源，农户还可通过一些专业性的交易网站，方便地购买农业运营所需的生产资料，降低了采购成本。农户和企业通过分析市场情况，形成正确的生产决策，同时可建立互联网直销模式，提供集信息搜集、在线交易产品至收款、售后服务于一体的营销渠道，对于某些特色农产品完全可以实现订单营销，通过网络获取客户订单，按照客户需求进行农产品的生产，减少农产品腐烂变质损失，拓宽农产品销售渠道，提高农产品的市场销售量。网络营销的整合性大大降低了营销的成本，促使农户遵循市场规律，按照农产品市场的需求生产，提高农户的市场意识，实现订单农业。

目前，我国农业正处在由传统农业向现代农业与生态农业转型时期，发展农业信息化、农产品电子商务与网络营销，将给农业的发展带来更好的机遇，并通过提高农产品品牌形象最终增加销售收入，对提高农业生产力，提高农业在国际市场的竞争力，推进农业现代化，促进传统农业向现代农业的跨越式发展具有重要意义。

二、农产品网络营销面临的问题与对策

20世纪80年代初，美国在实现农业机械化的基础上，政府每年拨款15亿美元用于建立农业信息和市场服务网络。有着粮仓称号的俄亥俄州的农场主，一个人经营几千公顷的土地，全靠电脑管理控制生产和销售的每一个环节。据不完全统计，美国约2/3的农民人均拥有一台计算机，因农业需要而上网的时间每周平均2小时。农民上网主要目的是获得农产品价格、气象、农业结构和化肥市场等方面的信息，并建立良好的农户沟通渠道实现农产品的网上销售。

我国农产品网络营销起步较晚，直到1996年，山东青州农民李鸿儒首次在国际互联网上开设"网上花店"，没有一名推销员，年销售收入达到950万元，客户遍及全国各地，花卉的营销成本大大降低。随着互联网科技的发展，现在各地政府、涉农企业、经营大户和农民越来越重视农产品网络营销。

（一）我国农产品网络营销面临的问题

1. 农村、农业网络基础设施薄弱

由于我国城乡之间存在信息不对等和数字鸿沟现象，大部分农户，甚至农业龙头企业在计算机应用和网络配备水平上还很落后，致使农村信息网络基础建设水平不高，与农产品网络营销的顺畅实施还有一定的差距。

2. 农产品物流配送体系不健全

由于农产品生产分散在农村千家万户，农产品生产规模较小，不利于农产品的迅速集中，再加上鲜活农产品含水量高，保鲜期短，极易腐烂变质，因此对农产品物流配送提出了更高的要求。目前，我国农产品物流以常温物流或自然物流形式为主，农产品物流配送相对落后，物流配送体系还不健全，我国农产品市场普遍缺乏配套的农产品预冷库、冷藏

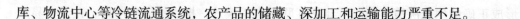

库、物流中心等冷链流通系统，农产品的储藏、深加工和运输能力严重不足。

3. 农产品网络营销人才缺乏

由于农户的生活习惯、价值观念和工作方式还跟不上全球信息化发展的趋势，农村农户信息意识和利用信息的能力水平还不高，真正高水平应用信息能力和具有开发能力的农产品网络营销人才十分匮乏。

上述原因也使得农产品网络营销发展的速度缓慢，成了发展农产品网络营销的主要障碍。网络营销为农产品的销售提供了更为广阔的平台，虽然这一新兴营销方式在农产品的营销实践中还面临着诸多制约和障碍，但随着政府支持力度的不断加大和消费观念的不断转变，今后我国农产品网络营销将会加快发展的步伐。

（二）我国农产品网络营销发展对策

1. 加强农产品网络营销基础设施建设

农产品网络营销的发展，要求有极快的网络传输速度和畅通的网络传输渠道，因此，农村网络基础设施与信息网络建设尤为重要，更要建设有特色的农产品网络营销站点，接入各地农业信息网发布农产品信息，为农产品买卖双方寻找合作伙伴提供方便、快捷的平台服务。这有助于解决农村基层网络信息传递问题，也能加快信息服务"最后一公里"问题的解决，不断消除城乡之间的"数字鸿沟"。因此，一方面政府应该有效落实"电脑下乡"政策，改善农村网民的上网设备不足状况，特别是针对农村偏远地区消费水平和消费习惯，以更实用的网络配置、更实惠的价格，将优惠的政策落到实处，满足农村地区对电脑等上网设备的基本需求。另一方面应加强农村公共上网场所建设。现今农村乡镇单位、学校、网吧等公共场所的上网条件远低于城镇的发展水平，政府应加大对农村公共上网场所建设的投入力度，改善农村公共场所上网条件。

2. 加快农产品网络营销站点建设

农产品网络营销不管是线上做推广宣传，还是线上直接销售，最重要的是要让你的目标客户在浩如烟海的网络信息中找到你。如何才能让客户找到你？首先你就要在网络上有自己的阵地，也就是有自己的网络营销阵地。农产品在网上安营扎寨有多种形式：一是自己开发建设农产品网络营销网站；二是借助电子商务B2C或B2B商城式网站，比如淘宝、阿里巴巴等；三是利用短视频平台直播带货，如抖音、快手等。

农业企业自己开发建设农产品网络营销网站，应在规划农产品网站栏目、内容形式后，请相关网络编程人员开发程序，并留有二次开发增补站点的端口。因此，营销导向的农业企业会通过网站建设和升级来强化网络营销功能，利用搜索引擎营销、论坛营销、电子邮件营销、博客营销、网络广告等来吸引客户前来企业网站访问，促进农产品"订单农业"的实现。但目前靠网红博主直播带货越来越受到消费者的欢迎。

三、农产品网络营销发展趋势

随着现代农业的发展，我国农产品流通与营销进入了一个新的发展时期，农产品电子商务与农产品网络营销已成为必然选择，这也是农业产业化和农业信息化的需要，更是绿色农业生产的需要。广大的农产品经纪人和企业是农产品流通的主力军，应了解掌握农产品网络营销发展的趋势。

（一）农产品网络营销业务特点

从我国农产品网络营销的实践看，农产品网络营销业务呈现初级、中级和高级多层次的特点；从网络营销业务初级层次看，只是为农产品交易提供网络信息服务；从中级层次看，除提供农产品的供求价格信息外，还提供网上竞拍、在线洽谈与交易等功能，但尚未实现交易资金的网上支付；从高级层次看，农产品网络营销不仅实现农产品在线交易，还要完成交易货款的网上支付，是完全意义的网络营销。

（二）农产品网络营销的发展趋势

农产品网络营销呈现出4个发展趋势：个性化趋势、专业化趋势、区域化趋势、融合化趋势。

1. 个性化趋势

随着人民生活水平的提高，蔬菜、水果、生鲜农产品的消费需求已由数量的增长转变为对质量、口味、营养、安全的追求。消费者个性化定制信息需求和个性化农产品需求将成为农产品网络营销的发展方向。因此，对所有面向终端消费者的网络销售业务来说，需提供多样化个性化的服务，满足社会需求。

2. 专业化趋势

农产品网络营销平台要满足消费者个性化的需求，提供专业化的农产品和专业化水平的农产品网络营销服务。今后，针对一些消费群体、行业或产品类别的专业化网络营销平台数量会不断增加，规模也会不断扩大，群体也更加丰富。

3. 区域化趋势

我国总体上人均收入比较低，但由于地区经济发展的不平衡导致了收入结构的不平衡，电子商务普及应用仍将以大城市、中等城市和沿海经济发达地区为主，电子商务模式区域性特征更加明显，所以农产品网络营销发展的规模和效益将呈现区域化发展趋势。

4. 融合化趋势

农产品网络营销平台在最初的全面开发后必然走向新的融合。即同类平台之间的合并、互补性的兼并和不同平台的战略联盟。因农产品消费需求是全方位的，农产品营销策略、方法与手段必然是线上线下的融合。今后，随着农产品网络营销的不断发展，传统商务与电子商务的融合、传统营销与网络营销的融合、传统物流与现代物流的融合、传统支付与网上支付的融合会越来越明显。

绿色农业环境保护实用技术

第二篇

绿色农业生态环境保护实用技术

第三章　农业面源污染与防治对策及措施

第一节　农业面源污染的概念

农业面源污染，一般指在农业生产和农民生活等活动中，由溶解的或固体的污染物，如化肥、农药、农膜、畜禽粪便、重金属以及其他有机物或无机物等，通过农田地表径流、农田渗漏、农田排水、蒸发等进入水体、土壤和大气中，引起地表水体氮、磷等营养盐质量浓度上升、溶解氧减少，导致地表水水质恶化，从而最终形成水、土、空气等农业生产环境的污染。简单地说，农业自身污染指用于发展农业生产的化肥、农药、农膜、畜禽粪便等造成的污染。

目前我国农业生产活动的非科学经营理念和较落后的生产方式是造成农业环境面源污染严重的重要因素，剧毒农药使用、过量化肥施撒、不可降解农膜年年弃于田间、露天焚烧秸秆、大型养殖场畜禽粪便不做无害化处理随意堆放等。这些面源污染有日益加重的趋势，已超过了工业和生活污染，成为当前我国最大的污染源。农业面源污染对农业生产环境影响很大，随着我国农业生产水平的不断提高，农业面源污染问题日益突出，农业生产能力和可持续发展能力受到严重挑战，必须下决心解决好农业面源污染问题，保护好农业生态环境。

第二节　农业面源污染的主要因素与现状

随着人口增长、膳食结构升级和城镇化不断推进，我国农产品需求持续刚性增长，对保护农业资源环境提出了更高要求。目前，我国农业资源环境遭受着外源性污染和内源性污染的双重压力，已成为制约现代农业健康发展的瓶颈。一方面，工业和城市污染向农业农村转移排放，农产品产地环境质量令人担忧；另一方面，化肥、农药等农业投入品过量使用，畜禽粪便、农作物秸秆和农田残膜等农业废弃物不合理处置，导致农业面源污染日益严重，加剧了土壤和水体污染风险。

一、农用化学品投入量大，利用率低，大量流失

随着我国农业生产水平特别是谷物粮食生产水平的不断提高，农用化学品投入量大并

且不断增加，如化肥的施用，虽然我国普遍使用化肥只有40多年的历史，但施用量大，利用率低，化肥大量流失，造成污染。资料显示，1979—2013年35年间，我国化肥的施用量由1 086万t增加到5 912万t，年均增长率5.2%。近年来，因大力推广了测土配方施肥技术，化肥用量的增长率有所降低，但仍呈逐年增长的趋势。我国化肥用量约占到世界总用量的1/3左右，目前果树化肥使用量已达到每公顷550 kg；蔬菜化肥使用量已达到每公顷365 kg；一些农田单位面积的施用量也远远超过国际上公认的安全施用上限（每公顷225 kg）。过量施用的同时，导致肥料利用率较低，一般氮肥的利用率为30%~35%，磷肥的利用率为10%~20%，钾肥的利用率为35%~50%。化肥用量过多不仅造成生产成本的增加，也给农业的生态环境带来很大的影响。

在大量施用化肥的同时，随着近些年气候的变化和耕作制度的改变，农作物病虫草害也呈多发、频发、重发的态势，用于防治病虫草害的化学农药的用量也在不断增加。我国目前各种农药制剂已达600多种，每年施用总量已超过130万t，单位面积化学农药的平均用量比一些世界发达国家高15%，但实际利用率只有1/3左右，每年遭受残留农药污染的作物面积超过10亿亩。

另外，农业农村部发布的《中国农业统计资料》显示，地膜覆盖技术在1979年从日本引进我国，极大地提高了我国部分农作物的产量和效益。在我国北方广大的旱作区，地膜覆盖技术是粮食增产的关键技术，能大面积增产30%左右。地膜覆盖技术逐渐从北方开始向南发展，如今几乎中国全境都能看到地膜的使用。截至2021年，我国地膜用量达到145万t，占全球用量的75%，覆盖面积近3亿亩。正当人们兴奋于地膜覆盖技术带来的增产时，大量使用地膜带来的危害也凸显出来。地膜是由高分子化合物聚乙烯树脂制成的，具有不易腐烂、难以降解的性能。已有研究结果表明，自然状态下残留地膜能够在土壤中存留百年以上。这种特性，导致残膜对农业生产及环境具有极大的副作用，不仅影响到土壤特性，降低土壤肥力，严重的还可造成土壤中水分、养分的运移不畅，在局部地区引起次生盐碱化等。同时，对农作物生长的危害也不轻，主要表现在农作物根系生长可能受阻，降低作物获得水分养分的能力，导致产量降低。

二、畜禽养殖量大，粪便处理率低，有的直接排放

随着人民生活水平的不断提高，对肉、蛋、奶的需求量大幅增加，农村的畜禽养殖业得到了迅猛发展，养殖业已成为一些地方农村的支柱产业和主要经济增长点。随着畜禽养殖业的迅速发展，畜禽粪便所带来的环境污染问题也越来越突出。统计资料表明，我国每年畜禽养殖业产生的粪便量约为17.3亿t，是我国每年排放的6.34亿t工业固体废弃物的2.7倍，目前畜禽养殖粪便处理率低，有的直接排放。畜禽粪便的污染问题，既是关系到畜禽养殖业能否实现可持续发展的重要问题，也是农业面源污染的突出问题。

三、作物秸秆产量大，资源化利用率低，部分露天焚烧

种植业投入要素约50%以上最终转化为农作物秸秆。秸秆资源的浪费，实质上是耕地、水资源和农业投入的浪费。我国是粮食生产大国，也是秸秆生产大国，全国农作物秸秆数量大、种类多、分布广，目前每年整个农作物秸秆的生物量大概超过9亿t，约占全世界秸秆总量的1/4，其中，水稻、小麦、大豆、玉米、薯类等粮食作物秸秆约5.8亿t，占秸秆总量的89%；花生、油菜籽、芝麻、向日葵等油料作物秸秆占总量的8%，棉花、甘蔗秸秆占总量的3%。目前我国农作物秸秆利用率很低，情况不容乐观，据粗略估计，直接用作生活燃料的部分秸秆约占总量的20%，用作肥料直接还田的部分秸秆约占总量的15%，用作于饲料的秸秆量约占总量的15%，用作工业原料的秸秆量约占总量的2%，废弃或露天焚烧的部分秸秆约占总量的33%。露天焚烧仍是目前解决秸秆去向的主要途径，既浪费了资源又污染了大气环境，还带来严重的社会问题，特别是在秋收冬播季节，焚烧秸秆引起附近居民呼吸道疾病、高速公路被迫关闭、飞机停飞等问题。所以，加大秸秆等农业废弃物的综合利用新技术的研究开发，科学高效地利用秸秆资源，一方面，可以变废为宝，提高资源利用率，提高农民收入，解决秸秆利用先期投入和长期收益的矛盾，将秸秆资源优势转化为可见的经济优势；另一方面，可以保护环境，保护人民身体健康，保持交通畅通运行，是建设资源节约型、环境友好型社会的重要举措。

四、生活垃圾与生活污水处理率低，无序排放

据估算，我国农村每年生活垃圾量接近3亿t，无害化处理仅为10%；每年产生200亿m³的生活污水，无害化处理率不足1%，有94%的乡镇村污水采取自出随排方式，直接排放。随着乡镇建设的发展，估计今后我国80%的污水将来自乡镇，也是造成农村面源污染的因素之一。

第三节　我国农业面源污染的治理目标与对策

我国的农业生产面源污染问题，已引起国家的高度重视，目前国务院审议通过了《全国农业可持续发展规划》，明确提出要着力转变农业发展方式，促进农业可持续发展，走新型农业现代化道路。要把农业生产自身污染防治作为一项重要工作来抓，作为转变农业发展方式的重大举措，作为实现农业可持续发展的重要任务。经过一段时间的努力，使农业生产自身污染加剧的趋势得到有效遏制，确保实现"一控两减三基本"（即严格控制农业用水总量，减少化肥、农药施用量，地膜、秸秆、畜禽粪便基本资源化利用）目标。

一、农业面源污染治理目标

（一）节约用水

我国水资源短缺，旱涝灾害频繁发生，水土资源分布和组合很不平衡，并且各地作物和生产条件差异大，特别是华北平原农区农作物产量高，但自然降水少，地表可重复利用水源缺乏，缺水严重。农业生产用水主要依靠抽取深层地下水来补充。近些年地下水位下降较快。一些农业大县地表水和地下水的可重复量仅是目前农业生产用水量的1/2，缺水50%左右。下一步需要通过南水北调补源和节约用水提高水利用率的办法来解决水资源问题。目前，一些发达国家农业灌溉用水的有效利用率可达到70%以上，我国农业灌溉用水的有效利用率仅为45%左右，节约用水的潜力还很大。

确立水资源开发利用控制红线、用水效率控制红线和水功能区限制纳污红线。要严格控制入河湖排污总量，加强灌溉水质监测与管理，确保农业灌溉用水达到农田灌溉水质标准，严禁未经处理的工业和城市污水直接灌溉农田。实施"华北节水压采、西北节水增效、东北节水增粮、南方节水减排"战略，加快农业高效节水体系建设。加强节水灌溉工程建设和节水改造，推广保护性耕作、农艺节水保墒、水肥一体化、喷灌、滴灌等技术，改进耕作方式，在水资源问题严重地区，适当调整种植结构，选育耐旱新品种。推进农业水价改革、精准补贴和节水奖励试点工作，增强农民节水意识。

（二）化肥减量

分析造成我国化肥用量较大的主要因素有以下几个：一是有机肥用量偏少，化肥施用方便，用大量施用化肥来补充；二是化肥品种和区域性结构不尽合理，加上施用方式方法欠佳，导致利用率偏低；三是经济效益相对较高的蔬菜和水果作物上施用量偏大，尤其是设施蔬菜施用量更大，有的地方已经达到严重污染的程度；四是绿肥种植几乎被忽视，不能适应生态农业的发展。

同时，过量施肥带来的危害也显而易见：一是经济效益受影响，在获得相同产量的情况下，多施化肥就是多投入，经济效益必然下降；二是产品品质不高，特别是氮肥过量后，会增加产品中硝态氮的含量，影响产品品质；三是土壤理化性状变差，由于化肥对土壤团粒结构有破坏作用，过量施肥导致土壤物理性状不良，通透性变差，耕作几年后往往不得不换土；四是造成环境污染，包括地下水的硝态氮含量超标及土壤中的重金属元素积累；五是过量施肥，会对大棚菜产生肥害。化肥是作物的"粮食"，既要保证作物生产水平的提高，又要控制化肥的使用量，就必须通过增施有机肥料，在此基础上调整化肥品种结构，并大力推广应用测土配方施肥技术，提高化肥利用率等途径来实现。确保测土配方施肥技术覆盖率达90%以上，到2025年主要农作物化肥利用率平均达到43%。

（三）农药减量

分析造成我国农药用量较多的主要因素有以下几个：一是由于近些年来气候的变化和耕作栽培制度的改变，农作物病虫草害呈多发、频发、重发的态势；二是没有实行科学防控，重治轻防和过度依赖化学农药防治，加上用药不科学、喷药机械落后等造成用药数量大，流失污染浪费严重，利用率不高；三是农药品种结构不科学，高效低毒低残留（或无毒无残留）的农药开发应用比重偏低。

农药是控制农作物病虫草害发生的一项主要措施，是农作物丰产丰收的保证，在今后的农作物病虫草害防治工作中，要努力实现"三减一提"，减少农药用量的目标。一是减少施药次数。应用农业防治、生物防治、物理防治等绿色防控技术，创建有利于农作物生长、天敌保护而不利于病虫草害发生的环境条件，预防控制病虫草害发生，从而达到少用药的目的。二是减少施药剂量。在关键时期用药、对症用药、用好药、适量用药，避免盲目加大施用剂量。三是减少农药流失。开发应用现代植保机械，替代跑冒滴漏落后机械，减少农药流失和浪费。四是提高防治效果。扶持病虫草害防治专业服务组织，大规模开展专业化统防统治，提高防治效果，减少用药。

（四）地膜回收资源化利用

我国地膜进入大面积推广已30多年，成效显著，但是，地膜残留污染渐趋严重，中国农业科学院监测数据显示，目前中国长期覆膜的农田每亩地膜残留量在5~15 kg。目前对地膜污染采取的防治途径主要是通过增加膜厚提高回收率和开发可控全生物降解材料的地膜；农膜回收率要达到80%以上。

农膜之所以造成生态污染，主要是回收不力。现在农民普遍使用的农膜非常薄，仅5~6 μm，使用后的残膜难回收；其次自愿回收缺乏动力，强制回收缺乏法律依据；加之机械化回收应用率极低，残膜收购网点少，残膜回收加工企业耗电量大、工艺落后等因素，造成残膜回收十分困难。增加地膜厚度是提高回收率的有效方法之一，但成本也随之增加，目前农民愿意购买的是6 μm的地膜，政府制定的标准厚度要求是（10±0.01）μm。这就需要政府实施相关补贴政策。

在提高回收率的基础上，开发可控全生物降解材料的地膜，推广应用于生产还需先解决三大问题。目前还存在降解进程不够稳定可控、成本过高、强度低难减薄三大问题，如能有效解决这些问题，市场前景不可估量。目前，河南省已开始对地膜回收企业制定了奖励政策。

（五）秸秆资源化利用

农作物秸秆也是重要的农业资源，用则为宝，弃则为害。农作物秸秆综合利用有利于推动循环农业发展、绿色发展，有利于培肥地力、提升耕地质量，事关转变农业发展方式、建设现代农业、保护生态环境和防治大气污染，做好秸秆综合利用工作意义重大。当前秸秆资源化利用的途径是秸秆综合利用，禁止露天焚烧。随着我国农民生活水平提高、农村能源结构改善，以及秸秆收集、整理和运输成本高等因素，秸秆综合利用的经济性差、商品化和产业化程度低。还有相当多秸秆未被利用，已经利用的也是粗放的低水平利用。从生态良性循环农业的角度出发，秸秆资源化利用应首先满足过腹还田（饲料加工）、食用菌生产、有机肥积造、机械直接还田的需要，然后再考虑秸秆能源和工业原料利用。

（1）秸秆饲料技术。其特点是依靠有益微生物来转化秸秆有机质中的营养成分，增加经济价值，达到过腹还田的效果。秸秆可通过氨化、青贮、微贮和压块等多种方式制成饲料用于养殖。氨化指秸秆中加入氨源物质密封堆制。青贮指青玉米秆切碎、装窖、压实、封埋，进行乳酸发酵。微贮指在秸秆中加入微生物制剂，密封发酵。压块指在秸秆晒干后，应用秸秆粉碎机粉碎秸秆，加入其他添加剂后拌匀，倒入颗粒饲料机料斗后，由磨板与压轮挤压加工成颗粒饲料。传统的用途是饲喂草食动物，主要是反刍动物。如何提高秸秆的消化率，补充蛋白质来源是该技术的关键。近几年来，用秸秆发酵饲料饲喂猪、禽等单胃动物，通过软化和改善适口性增加采食量有一定效果，但关键是看所采用的菌种是否真正具有分解转化粗纤维的能力和能否提高蛋白质的含量。这需要通过饲喂试验和一定的检验方法来取得可靠的证据才可进行推广。

（2）秸秆基料技术。把秸秆晾干后利用机械粉碎成小段并碾碎，再和其他原料混合，以此作为基料栽培食用菌，生产食用菌，大大降低了生产成本。利用秸秆栽培食用菌也是传统技术，只要能选育和开发出新菌种，或在栽培技术上取得突破，仍将有很大的增值潜力。

（3）秸秆肥料技术。包括就地还田和快速沤肥、堆肥等技术。其核心是加速有机质的分解，提高土壤肥力，以利于农业生态系统的良性循环和种植业的持续发展。把秸秆利用菌种制剂将作物秸秆快速堆沤成高效、优质有机肥；或者经过粉碎、传输、配料、挤压造粒、烘干等工序，工厂化生产出优质的商品有机肥料。我国人多地少，复种指数高，要求秸秆和留茬必须快速分解，才有利于接茬作物的生长，这是近期秸秆利用的主要方式。

（4）秸秆作能源和工业原料技术。包括秸秆燃气化能源工业和建筑、包装材料工业等生产技术。秸秆热解气化工程技术，是利用秸秆气化装置，将干秸秆粉碎后再经过气化设备热解、氧化和还原反应转换成一氧化碳、氢气、甲烷等可燃气体，经净化、除尘、冷却、储存加压，再通过输配系统，输送到各家各户或企业，用于炊事用能或生产用能。燃烧后无尘无烟无污染，在广大农村这种燃气更具有优势。秸秆燃烧后的草木灰还可以无偿地返还给农民作为肥料。该工程特点是生产规模大，技术与管理要求高，经济效益明显。秸秆气化供气技术比沼气的成本高，投资大，但可集中供应乡镇、农村作为生活用能源。秸秆作建材是利用秸秆中的纤维和木质作填充材料，以水泥、树脂等为基料压制成各种类型的纤维板，其外形美观，质轻并具有较好的耐压强度。把秸秆粉碎、烘干、加入黏合剂、增强剂等利用高压模压机械设备，经碾磨处理后的秸秆纤维与树脂混合物在金属模具中加压成型，可制造纤维板、包装箱、快餐盒、工艺品、装饰板材和一次成型家具等产品，既减轻了环境污染，又缓解了木材供应的压力。秸秆板材制品具有强度高、耐腐蚀、不变形、不开裂、强度高、美观大方及价格低廉等特点。

（六）畜禽粪便资源化利用

随着养殖业的迅猛发展，在解决了人类肉、蛋、奶需求的同时，也带来了严重的环境污染问题。大量畜禽粪便污染物被随意排放到自然环境中，严重污染了水体、土壤以及大气等环境，给我国生态环境带来了巨大的压力。因此，对畜禽粪便进行减量化、无害化和资源化处理，防止和消除畜禽粪便污染，对于保护城乡生态环境、推动现代农业产业和发展循环经济具有十分积极的意义。当前要确保规模畜禽养殖场（小区）配套建设废弃物处理设施比例达75%以上。

畜禽粪便污染治理是一项综合技术，是关系着我国畜禽业发展的重要因素。要想从根本上解决畜禽粪便污染问题，需要在各有关部门转变观念、相互协调、相互配合、各司其职、认真执法的基础上，同时加强对畜禽粪便处理技术和综合利用技术的不断摸索，特别是对畜禽粪便生态还田技术、生态养殖模式等新思维进行反复探索试验，力争摸索出一条真正适合我国国情、具有中国特色的畜禽粪便污染防治的道路，当前规模养殖场配套建设粪污处理设施比例达到75%以上，实现畜禽粪便生态还田和"零排放"的目标。

1. 沼气法

通过畜禽粪便为主要原料的厌氧消化制取沼气、治理污染的全套工艺在我国已有近40年历史，近年来技术上已有较大的发展。目前总体来说，我国的畜禽养殖场沼气无论是装置的种类、数量，还是技术水平，在世界上都名列前茅。用沼气法处理畜禽粪便和高浓度有机废水，是目前较好的利用办法。

2. 堆制生产有机肥

由于高温堆肥具有耗时短、异味少、有机物分解充分、较干燥、易包装、可制成有机肥等优点，目前正成为研究开发处理粪便的热点。但堆肥法也存在一些问题，如处理过程中NH_3损失较大，不能完全控制臭气。采用发酵仓加上微生物制剂的方法，可减少NH_3的损失并能缩短堆肥时间。随着人们对无公害农产品需求的不断增加和可持续发展的要求，对优质商品有机肥料的需求量也在不断扩大，用畜禽粪便生产无害化生物有机肥也具有很大市场潜力。

3. 探索生态种植养殖模式

生态种植养殖模式主要分为：①自然放牧与种养结合模式，如林（果）园养鸡、稻田养鸭、养猪等；②立体养殖模式，如鸡—猪—鱼、鸭（鹅）—鱼—果—草、鱼—蛙—畜—禽等；③以沼气为纽带的种养模式，如北方的"四位一体"模式。

4. 其他处理技术

（1）用畜禽粪便培养蛆和蚯蚓。如用牛粪养殖蚯蚓，用生石灰作缓冲剂并加水保持温度，蚯蚓生长较好，此项技术已不断成熟，在养殖业将有很好的经济效益。

（2）用畜禽粪便养殖藻类。藻类能将畜禽粪便中的氨转化为蛋白质，而藻类可用作饲料。螺旋藻的生产培养正日益引起人们的关注。

（3）发酵床养猪技术。发酵床由锯末、稻糠、秸秆、猪粪等按一定比例混合并加入专用发酵微生物制剂后制作而成。猪在经微生物、酶、矿物元素处理的垫料上生长，粪尿不必清理，粪尿被垫料中的微生物分解、转化为有益物质，可作为猪饲料，这样既对环境无污染，猪舍无臭味，还可减少猪饲料用量。

二、农业面源污染的防治对策与措施

解决农业生产自身污染问题，要坚定不移发展生态农业，使农业生产中的能量和物质流动实现良性循环，实现经济和生态环境协调发展。并对农业废弃物实行综合利用，实现资源化处理，可以使其对环境的不良影响减少到最小。主要对策与措施如下。

（一）推广科学施肥

施用化肥并非施得越多越好，农田投入养分过大，盈余部分最终将进入土壤和水环境，造成土壤和水环境的污染。据有关调查研究，一般当农田氮素平衡盈余超过20%、钾素超过50%即会分别引起对环境的潜在威胁，因而防治重点应在化肥的减量提效上。从技术上指导农民，严格控制氮肥的使用量，平衡氮、磷、钾的比例，减少流失量。科学施肥要重点抓住以下几个环节：化肥的施肥方法、数量，要根据天气情况、土地干湿情况、农作物生长期及农作物的特异性等决定，实现高效低耗，物尽其用。另外把农家肥和化肥混合使用，也可提高肥效，增加农作物产量，同时又能改良土壤。

（二）在农业病虫害防治方面，提倡综合防治

主要包括：利用耕作、栽培、育种等农事措施来防治农作物病虫害；利用生物技术和基因技术防治农业有害生物；应用光、电、微波、超声波、辐射等物理措施来控制病虫害。但鉴于目前农药的不可替代性，在使用农药前要仔细阅读使用说明书，严格按照说明书要求使用，并注意自身安全，并防止二次污染。

（三）实现有机肥资源化利用、减量化处置

最大限度地将畜禽粪便与作物秸秆等有机肥料用于农业生产，并实现以沼气为纽带的

畜禽粪便的多样化综合利用。另外，对规模化养殖业制定相应的法律法规，提倡"清污分流，粪尿分离"的处理方法。在粪便利用和污染治理以前，采取各种措施，削减污染物的排放总量。

（四）用生态农业理念统筹规划轮作休闲耕作制度，积极发展绿肥种植

绿肥是重要的有机肥源，长期以来中国农民把绿肥作为重要的养地措施，同时绿肥也是牲畜的良好饲草，特别是绿肥作为一种减碳、固氮的环境友好型作物，能在生态农业发展中起到不可估量的作用。在当今世界提倡节能减排、低碳经济的情况下，科学统筹规划轮作休闲耕作制度，积极发展绿肥种植，将成为发展生态农业的重要途径。

（五）加大宣传，制定法规

贯彻落实有关农业面源污染防治的法律法规要求，并积极推动出台有关农业面源污染防治的法律法规的修订。制定完善农业投入品生产、经营、使用，农业生产技术如节水、节肥、节药等及农业面源污染监测、治理等标准和技术规范体系。依法明确农业部门的职能定位，围绕执法队伍、执法能力、执法手段等方面加强执法体系建设。切实加强管理，控制农药、化肥中对环境有长期影响的有害物质含量，控制规模化养殖畜禽粪便的排放。加大科学知识宣传力度，提高群众对农业面源污染的认识，引导农民科学种田、科学施肥和喷洒农药等，尽量减少由于农事活动不科学而造成的资源浪费和环境残余污染物的增加。建立健全农业面源污染的检测、研究机制，为更有效地防治提供科学的理论依据。

总之，农业面源污染的防治是一个社会系统工程，既有艰巨复杂性，也有长期性，更有科学性；既需要法律政策规范管理，也需要科学防治机制的研究，更需要相关的技术支撑。

第四章　生态农业环境保护的理念与措施

第一节　农业生态环境的理念

一、农业生态环境的基本含义

农业生态环境是指农业生物赖以生存和繁衍的各种天然的和经过人工改造的环境因素的总称，包括土壤、水、大气和生物等，也可以说是指直接或间接影响农业生存和发展的土地资源、水资源、气候资源和生物资源等各种要素的总称，是农业生存和发展的前提，也是人类社会生产发展最重要的物质基础。

二、农业生态环境污染的类别

当前由人类活动所引起的农业环境质量恶化，已成为妨害农业生物正常生长发育、破坏农业生态平衡的突出问题之一。其中既有由农业外的人类活动引起的，也有由农业生产本身引起的。

（一）来自农业外的污染

主要包括对农区大气、农业用水和农田土壤的污染等。

1. 农区大气污染

全世界每年排入大气的废气中约含400多种有毒物质，通常造成危害的有30余种。主要的有害气体如下。

（1）二氧化硫。排放量最大，危害最严重。主要来源于火力发电厂和石油加工、石油化工厂的煤炭燃烧。对植物的危害，多发生在生理功能旺盛的叶片上，导致叶片枯萎、早期落叶，并影响结实。受污染的桑叶，会损害蚕的消化器官。二氧化硫以气溶胶形式进入动物呼吸系统后，会引起支气管炎、肺气肿和心力衰竭。飘在空气中的二氧化硫可成为硫酸雾，随雨（雪）的降落而形成酸雨（酸雪），使土壤变酸，或使原来的酸土变得酸度更大，直接毒害农作物、林木和牧草，也不利于土壤中硝化细菌、共生和非共生固氮细菌的活动和繁殖，导致土壤肥力降低。酸雨污染水域，还会毒死鱼类。

（2）氟化物。氟化氢的排放量大，毒性最强。主要来源于制造磷肥、釉瓦、搪瓷、玻璃等用萤石或氟硅化钠作原料的工厂；煤炭燃烧时也有排放。受害植物的基本症状与二氧化硫相似。家畜的氟中毒，主要由摄食氟含量高的饲料或饮水后引起。

（3）氯。来源于食盐电解工业，以及制造农药、漂白粉、消毒剂、合成纤维等工厂的排气及溢漏事故。作物受害时，叶片由出现白色或浅黄褐色伤斑，发展到全部变白，干枯死亡。空气中氯气超过一定限度时，动物可发生肺水肿、黏膜充血、咳嗽、呼吸急促等症状。

（4）光化学烟雾。由汽车尾气在紫外线作用下，通过光化学反应产生。主要为含有臭氧、氮氧化物、醛类和过氧乙酰硝酸酯等氧化物气体的氧化烟雾；此外还有硫酸雾。其中，臭氧的危害限于成熟叶片，常使叶面布满褐色斑点，导致早期落叶和落花、落果。对动物的主要危害是刺激呼吸道，引起肺水肿和出血。过氧乙酰硝酸酯常使双子叶植物如豆类、番茄等的幼叶受害，气孔附近细胞原生质解体，导致小叶或畸形叶；单子叶作物受害时，叶色褪绿，叶肉受损；也有些受害作物不表现外表症状，但酶活性受抑制，光合作用因而减弱。氮氧化物中以二氧化氮的毒性较大，可溶于水而被叶片吸收；还能使动物发生急性肺水肿，并致死。

（5）粉尘。即空气中的固体或液体微粒。粒径大于10 μm可很快沉降到地面的，称落尘；小于10 μm的，称飘尘。其中煤烟粉尘覆盖在植物的嫩叶、新梢或果实时会影响叶片的光合作用和呼吸作用；果实受害后果皮变粗，品质下降，并使成熟果糜烂。金属粉尘中含有铅、镉、铬、锌、镍、锰、砷等微粒，降落后常对土壤和水源造成严重污染。水泥粉尘与水结合后能在植物体上形成薄膜，妨碍植物的正常生理活动；水泥的碱性则可使植物体表面的角质皂化，丧失保护作用。飘尘造成空中多云、多雾霾，减弱太阳光照射，降低地面温度，也影响农业生产。

2. 农业用水污染

由工矿企业排放的未经净化的废水、废渣、废气和城镇居民排放的生活污水是主要的污染源。农业用水中危害较大的污染物质主要如下。

（1）氰化物和酚类。电镀废水和焦炉、高炉的洗涤、冷却水是氰化物的主要来源；酚则主要来源于焦化厂、煤气厂、炼油厂的废水。低浓度时都有刺激作物生长的作用；但含量较高（如氰化物超过50 mg/L）时，则作物生长明显受抑制直至死亡。它们在谷物、蔬菜内的蓄积，还会使产品的食用价值降低以至丧失，影响人、畜健康。但自然界中许多植物和微生物能将氰、酚等转化为无毒物质；只有当有毒物质的含量超过了它们的自净能力时，才造成危害。

（2）三氯乙醛。即水合氯醛，主要来源于化工、医药和农药等工厂的废水，对单子叶植物特别是小麦危害严重。灌溉水中含量达5 mg/L时，就能使麦苗生长畸形。

（3）次氯酸。主要来源于电解食盐水制碱工艺过程中排放的含氯废水。白菜、黄瓜、棉花和大豆等最易受害，大麦、小麦、玉米和豌豆次之，水稻和高粱的抗性较强。

（4）油类。油污染主要由油田和石油工业、汽车工业以及由洗涤金属、鞣革等产生的废水造成。对水稻除因直接附着或侵入植株体内而影响其生长发育外，还常因覆盖稻田水面而妨碍土壤中氧的补给，或促使水温和地温上升，土壤异常还原，引起根腐等问题。

（5）洗涤剂。主要来自家庭生活污水。在水中的硬型ABS（烷基苯磺酸盐）浓度在10 mg/L以上时，水稻生长即受抑制，100 mg/L时产量急剧下降，对米质则5 mg/L的含量就能造成影响。土壤中硬型ABS的残留量较大；软型易被微生物分解，残留较少，危害较轻。

（6）氮素过剩。城市污水和畜舍污水中均富含氮素。用于灌溉时如水中氮素浓度适当，对水稻等作物有利；氮素供给过剩时，水稻会呈现贪青倒伏、结实不良、病虫害多发等现象。

（7）病原微生物。农田用水被未经净化的城市生活污水污染时，其中所含的大量沙门氏杆菌、痢疾杆菌、肝炎病毒、蛔虫卵等病原微生物和寄生虫卵可黏附在植株上，成为多种疾病的传染源。

3. 农田土壤污染

与农业用水污染密切有关。当土壤中增添了某些通常不存在的有害物质，或某些固有物质含量增高时，土壤的物理性质就发生改变，从而影响土壤微生物活动，降低土壤肥力，妨碍作物生长发育。某些有毒物质被作物吸收后残留于籽实和茎秆中，还会影响人畜健康。土壤本身对这些有害物质具有一定的自净作用：生存于土壤中的大量微生物和原生动物能分解各种有毒物质；土壤本身有很大的表面积，能使很多毒物被吸附和固定；同时，土壤中的某些物理、化学作用还可使有毒物质分解。但当进入土壤中的有毒物质超过一定限度时，就会危害农业生产。造成农田土壤污染的有毒物质主要如下。

（1）镉。主要来自金属矿山、冶炼和电镀工厂等排放的废水，会在土壤中累积，通过作物根系富集于植物体或籽实中。每1 kg稻米中镉的累积量超过1 mg的称为"镉米"，人长期食用后会产生疼痛病，使骨质松脆易折，全身疼痛；在尿中出现糖和蛋白，并常并发其他病而死亡。

（2）汞。主要来源于农药、医药、仪表、塑料、印染、电器等工厂排放的含汞废水，汞矿矿山的废渣和选矿厂的废水、尾砂等。汞被作物的根系和叶片吸收后，大部分残留在根部。灌溉水中含汞2.5 mg/L时即对水稻和油菜的生长有抑制作用。

（3）砷。主要来源于制造硬质合金的冶金工业、制药工业等排放的废水。农作物和果树都能受害。土壤和灌溉水中含砷时，植物茎、叶或籽实内出现砷的残留，影响产品质量，危害人、畜健康。

（4）铅。来源于有色金属冶炼，铅字和铅板的浇铸，陶瓷、电池制造等工业排出的废水、废气以及汽车排出的尾气等。作物的根或叶能吸收土壤或大气中的铅，蓄积在根部，部分转移并残留在籽实内。铅污染还使植物的光合作用和蒸腾作用减弱，影响生长发育。

（5）硒。硒主要来源于燃煤动力工业、玻璃、电子工业以及铜、铅、锌矿石的焙烧工业等。土壤中含硒过量时，会使作物受害，并在植物体内造成残留。含硒过多的饲料会引起家畜慢性硒中毒和患碱质病，但适当的硒含量对家畜生长发育有利。硒常与硫共存，土壤中施加适量的硫酸盐可减轻硒的危害。土壤中的其他微量元素如钼、铜、锌、铬等虽有刺激植物生长的作用，过量时也会对作物造成危害。

此外，农业用水和农田土壤中的有害物质还常污染水体，对水产业造成危害。如水中氰化物0.3～0.5 mg/L的含量就可使许多鱼类致死；酚可影响鱼、贝类的发育繁殖；虾对石油污染特别敏感，鱼卵和幼鱼被油膜污染后会变畸形或失去生活能力，成鱼会因鳃上沾油而窒息死亡；镉、汞和铅对鱼类生存的威胁也大，水中镉含量为0.01～0.02 mg/L时即致鱼类死亡，汞易在鱼体内富集。

（二）农业本身的污染

1. 农药污染

一些长效性农药如滴滴涕、六六六等，由于化学结构较稳定，不易被酸、磷、氧和紫外线等分解，且脂溶性强而水溶性小，喷洒时除一部分可被作物吸收、造成作物体内的残留外，降落到地面的农药，有的残留于土壤中，被土壤动物如蚯蚓等所摄取而在其体内积累与浓缩，并通过家禽的捕食等辗转危害；有的则随灌溉水或雨水流入江河湖海，通过水生动物食物链的传递而在鱼体内浓缩数千、数万倍，甚至数百万倍，造成危害。另外，农药的长期使用，还会因害虫的天敌被消灭或者因害虫的致病微生物产生抗药性而加剧病虫危害。

2. 化肥污染

长期过量施用化肥以及施用不当可造成明显的环境污染或潜在性污染。除由于长期单一施用化肥，有机质得不到及时补充而造成的土质恶化和土壤生产力减退外，化肥中的氮、磷元素还会造成水体富营养化，使藻类等水生生物大量滋生，导致水体缺氧和嫌气分解，使鱼类失去生存条件。由此造成食物、饲料及饮水中的硝酸盐积累，也危害人畜健康。同时，氮肥的分解不仅污染大气，所产生的氮氧化物上升至平流层时，还会对臭氧层起破坏作用。此外，含氮量高的农业废物如畜禽粪尿、农田果园残留物和农产品加工废弃物等，也会造成水体富营养化，危害鱼类和多种水生生物。另外，盲目性的农事活动，如对森林、草原以及水、土等农业自然资源不合理开发利用等，也是恶化农业环境、破坏农业生态平衡的重要原因。

第二节　农业生态环境保护的任务

农业生态环境保护的基本任务是保护农业资源，改善农业生态环境，防治环境污染。20世纪60年代以来，农业环境保护工作有了较大规模的推广并取得了显著成就。中国的农业环境保护工作始于20世纪70年代初。随后相继成立了农业环境保护研究机构和农业环境保护监测所（站）。1981年成立农业环境保护协会和科技情报网，并在部分高等农业院校开设了农业环境保护系或专业，初步形成了农业环境的管理、监测、科研和教育系统。具体可分为以下几方面。

一、开发利用和保护农业资源

农业生态环境保护要按照农业环境的特点和自然规律办事，宜农则农，宜林则林，宜牧则牧，宜渔则渔，因地制宜，多种经营，并搞好废物资源合理利用，进行良性循环。我国土地资源相对紧缺，要切实保护好我国的土地资源，建立基本农田保护区，严禁乱占耕地。同时，还要加强渔业水域环境的管理，保护我国的渔业资源。建立不同类型的农业保护区，保护名、特、优、新农产品和珍稀濒危农业生物物种资源。

二、防治农业环境污染

防治农业环境污染是指预防和治理工业污染（含工业废水、废气、废渣、粉尘、城镇垃圾）和农业生产自身污染（含农药、化肥、农膜、牲畜粪便、秸秆、植物生长激素）等；保障农业环境质量，保护和改善农业环境，促进农业和农村经济发展的重要措施，也是农业现代化建设中重要的一项任务。

（一）防治工业污染

防治工业污染主要是严格防止新污染的产生。对属于布局不合理，资源、能源浪费大的，对环境污染严重又无有效的治理措施的项目，应坚决停止建设；新建、扩建、改建项目和技术开发项目（包括小型建设项目），必须严格执行"三同时"的规定；新安排的大、中型建设项目，必须严格执行环境影响评价制度；所有新建、改建、扩建或转产的乡镇、街道企业，都必须填写建设项目环境影响报告表（登记表、备案表），严格执行"三同时"的规定；凡列入国家计划的建设项目，环境保护设施的投资、设备、材料和施工力量必须给予保证，不准留缺口，不得挤掉；坚决杜绝污染转嫁。

抓紧解决突出的污染问题。当前要重点解决一些位于生活居住区、水源保护区、基本农田保护区的工厂企业污染问题。一些生产上工艺落后、污染危害大、不好治理的工厂企业，要根据实际情况有计划地关停并转。要采取既节约能源，又保护环境的技术政策，减轻城市、乡村大气污染。按照"谁污染、谁治理"的原则，切实负起治理污染的责任；要利用经济杠杆，促进企业治理污染。

（二）积极防治农业面源污染

随着农业生产的发展，我国化肥、农药、农用地膜的使用量将会不断增加，同时生产副产物秸秆量也不断增加。必须积极防治农用化学物质对农业环境的污染。鼓励将秸秆过腹还田，多施有机肥、合理施用化肥，在施用化肥时要求农民严格按照标准科学合理地施用。提倡生物防治和综合防治，严格按照安全使用农药的规程科学合理施用农药。鼓励回收农用地膜，组织力量研制新型农用地膜，防治农用地膜的污染。

（三）大力开展农业生态工程建设

保护农业生态环境，积极示范和推广生态农业，加强植树育林，封山育林育草生态工程，防治水土流失工程和农村能源工程的建设，通过综合治理，保护和改善农业生态环境。积极开展沼气生态农业工程，合理处理牲畜粪便与秸秆，促进农业良性循环，走可持续发展的道路。

（四）生物多样性保护

加强保护区的建设，防止物种退化，有步骤、有目标地建设和完善物种保护区工作，加速进行生物物种资源的调查和摸清濒危实情，在此基础上，通过运用先进技术，建立系统档案等，划分濒危的等级和程度，依此采取不同的保护措施，科学地利用物种，禁止猎杀买卖珍稀物种，有计划、有审批地进行采用，不断繁殖，扩大种群数量和基因库，发掘野生种，培育抗逆性强的动植物新品种。

第三节　农业生态环境因素分析与保护问题

一、农业生态环境影响因素分析

（一）生态资源总量

生态资源总量是一个国家或地区农业生态环境承载能力的决定性因素。生态资源总量包括耕地、森林、草地、光照以及水资源等。农业经济活动的进行也是以这些资源为基础的。生态资源总量越丰富，农业生态环境越优越，可承载的污染破坏强度越大。一般生态资源丰富的地区，农业生态环境质量越高，但不排除经济发展方面诸多因素带来的不利影响。

（二）污染破坏

随着农业现代化进程的加快，高科技的手段和方法在农业耕作和养殖中的不当使用，导致农业生态环境遭到了一定程度的污染和破坏。例如，化肥如果施用过量会引起大气环境质量的变化，直接威胁人类生存。目前已经明确的许多世界性的环境问题，如臭氧层破坏、温室效应等都直接或间接地与施用化肥有关联。以臭气层破坏为例，因为氮肥施入土壤后，通过NH_3挥发和反硝化过程形成NO_2或NO，NO_2会在平流层中参与重要的大气反应而消耗臭氧，使臭氧层遭到破坏。

（三）经济发展

在社会经济发展初期，农业生态环境多处于原生态阶段，几乎没有遭到污染和破坏。然而，随着社会经济的深入发展，人类的经济活动不断向生态环境靠近。种植、养殖规模的不断扩大，机械农具的普及推广，化肥农药的不断使用，给农业生态环境带来了巨大压力。通常来讲，在其他条件一致的情况下，一个地区农业经济越发达，农业生态环境质量越低；农业经济越落后，农业生态环境的质量越高。

（四）环境保护

为应对农业生态环境破坏的问题，相关部门作出了不懈的努力，在一定程度上缓解了农业生态环境面临的压力。一方面体现在环境污染治理资金的投入上，另一方面水土流失治理、自然保护区建设、森林病虫鼠害防治、林业建设等方面也是保护的重点内容。国家《水污染防治行动计划》（简称"水十条"）、《大气污染防治行动计划》（简称"气十条"）、《土壤污染防治行动计划》（简称"土十条"）相继出台。随着人们对农业生态环境保护力度的加大，农业生态环境质量会不断得到改善。

二、农业生态环境保护问题

农业环境问题在国家农业经济发展进程的某些时段呈恶化趋势，似乎具有某种必然性。在此阶段，不要说使环境污染得到治理，即使阻止恶化的趋势都是困难的。只有当工业化和农业科技水平达到一定程度之后，环境问题才可得到根本改观。这并不是说在经济飞速发展时期，如我国现阶段，环境污染无法从根本上解决，但其中是客观存在着经济发展引起环境变坏的规律性和由于经济发展水平限制所导致的环境治理的困难性。

（一）外因素影响

市场经济有利于资源的优化配置与高效率利用，但资源利用的外部负效应可以妨碍效率的实现，如产权问题、价格问题等，往往不得不靠政府的干预，如干预不及时或不妥当，则很可能造成严重的环境污染和资源的破坏。从原则上讲，市场规律本身可使供需各方均获得最大收益，但效率实现的同时，有些机制存在不利于环境、影响环境可持续等问题。

1. 市场非对称性

对于基础资源的开发、加工与分配，市场运作有效率，而对于生产过程造成的污染，市场运作则往往失灵，不受市场力量的约束。以海洋捕捞为例，由于经济利益驱动，大家尽量加大捕鱼量，而且不断开发捕鱼新技术，使海洋中可捕之鱼越来越少，很少有人去做保护渔场的投入和研究，最后可能使大家都捕不到鱼。获益是自己的，不利影响转嫁给大家，这种转嫁超出市场作用范围。

2. 非市场交易资源

在环境资源中，有一些是被认为（或暂时被认为）没有市场价值的资源，它伴随其他经济活动而被随意处置，如生物多样性、生态系统功能、一些未被人类开发利用的生物品种等。实际上，它们并非没有价值，只是没有直接使用价值，而有间接使用价值和存在价值。这两种价值虽然不容忽视，但不在市场上交换，也不受市场力量保护。

（二）资源利用的不可逆性和唯一性

资源开发具有不可逆性，对于耗竭性资源是这样，可再生资源也有相似属性。比如一般认为生物资源是可再生的，但有史以来许多物种的灭绝便是不可逆性的表现。土地利用中，荒原变城镇，湿地变粮田，林地变荒山，草原变沙漠，均存在相当程度的不可逆性。环境资源由于其自身特点，有其唯一性，任何一种资源都难于被其他资源所完全替代，资源开发的不确定性和不可逆性，对环境的持续便形成了一种内在的威胁。

（三）权衡取舍关系

环境保护与经济发展存在着权衡取舍关系，一种是此消彼长关系，即资源存量与经济增长的转换关系；另一种是互为促进关系，经济水平提高了，资源利用效率也会提高，环境改善的投入也可能增长。如果从环境中获取的资源量转化为经济增长后，部分经济增长又可转换为环境资源，补偿资源消耗量，则呈良性发展状况。否则，必将不可持续。历史和现实都告诫我们，靠牺牲农业生态环境赢得的农业发展终究是暂时的，最终必将导致不可持续，为了不重蹈古文明的覆辙，农业必须走生态经济型的发展道路。

第四节 保护好农业生态环境需采取的措施

一、不断完善法律法规制度，依法控制和消除污染源

世界各国已颁布几十项有关农业环境保护的法律法规，规定了50多种污染物的环境标准。中国已颁布的有关条例有《农田灌溉水质标准》《农药安全使用规范总则》《全国农业环境监测工作条例》等。此外，在《中华人民共和国环境保护法》《中华人民共和国土

地管理法》《中华人民共和国草原法》《中华人民共和国渔业法》等法规中也有有关规定。内容主要包括对污染物的净化处理、排放标准以及排放量和浓度的限制等。除立法手段外，还常辅以行政措施和经济制裁，如排污收费、超标罚款等。

在不断完善法律法规的基础上，各级政府在决策发展经济时，应充分考虑环境、资源和生态的承受力，保持人和自然的和谐共处，实现自然资源的持久利用和社会的持久发展。环境是人类赖以生存和发展的基础。环境与发展相互依靠、相互促进，这是千百年来人类从与自然界的不断冲突中得来的教训。经济发展和环境保护是一种相辅相成的关系，保护环境就是保护生产力。如果在经济发展中不考虑环境保护和资源消耗，一味地拼资源、拼环境、拼物（能）耗，表面上看GDP在增长，但除去资源成本和生态成本，实际上可能是低增长或者负增长。

另外在创造和享受现代物质文明的同时，不能剥夺后代的发展和消费权力，因此必须改变传统的发展思维模式，努力实现经济持续发展、社会全面进步、资源永续利用和环境不断改善，避免人口增长失控、资源过度消耗、环境严重污染和生态失去平衡。加强对自然资源的合理开发利用。促进人与自然的和谐共处，以最小的资源环境代价，谋求经济和社会的最大限度发展。

二、努力提高全社会的生态环保意识

全社会民众的环保意识和环保观念是塑造良好生态环境的基础和条件，任何一个国家的生态环境保护工作如果没有民众支持，是不可想象的。农业生产方式的转变离不开农村人口观念的转变。提高农民的生态环保意识，要加强生态教育，提高他们的生态文明意识和生态道德修养，强化农业污染带来的生存危机意识，引导农民树立人与自然平等的发展观，与自然和谐共处，确保生态环境安全。

2015年7月25日，农业部在四川成都召开全国农业生态环境保护与治理工作会议，会议强调，各级农业部门要认真学习、深刻领会中央指示精神，切实增强做好农业生态环境保护与治理工作的责任感紧迫感使命感，坚定不移、坚持不懈推进农业生态环境保护与治理，给子孙后代留下良田沃土、绿水青山，夯实我国农业可持续发展的资源环境基础。

当前，我国已到了必须更加合理地利用农业资源、更加注重保护农业生态环境、加快推进农业可持续发展的历史新阶段。实现农业可持续发展、加强生态文明建设，都迫切需要加强农业生态环境保护与治理。农业连年增产增收，使我们有条件、有能力加强农业生态环境保护与治理。全面推进农业生态环境保护与治理，总的要求是，坚持以农业生产力稳定提高、资源永续利用、生态环境不断改善、实现农业可持续发展为总目标，立足于保障国家粮食安全、促进农民持续增收、提升农业质量效益和竞争力，依靠科技支撑、创新体制机制、完善政策措施、加强法治建设，加快转变农业发展方式，建立农业生态环境保护与治理的长效机制，促进农业发展由主要依靠资源消耗型向资源节约型、环境友好型转变，努力实现"一控两减三基本"，就是严格控制农业用水总量，把化肥、农药施用总量逐步减下来，实现畜禽粪便、农作物秸秆、农膜基本资源化利用。

三、积极培育农民科学种田观念，合理施肥用药

要积极引导广大农民科学、合理施肥用药，大力推进生态农业和农业循环经济发展，围绕实现"一控两减三基本"的目标，要重点做好7个方面工作：坚持控量提效，大力发展节水农业；坚持减量替代，实施化肥零增长行动；坚持减量控害，实施农药零增长行动；坚持种养结合，推进畜禽粪污治理；坚持五化并进，全面开展秸秆资源化利用；坚持综合施策，着力解决农田残膜污染；坚持点面结合，稳步推进耕地重金属污染治理工作。创新体制机制和方式方法，确保农业生态环境保护与治理工作取得实效。

良好的农业生态环境是实现农业可持续发展的前提和基础。农业生态环境是经济发展的生命线，是农业发展和人类生存的基本条件，为农业生产提供了物质保证。农业环境质量恶化和农产品污染严重，不仅制约农业的可持续发展，影响我国农产品的国际竞争力而且危害人民的身体健康和生命安全，加强农业生态环境建设和保护，尽快制定和完善这方面的政策和法律、法规，加强对主要农畜产品污染的监测和管理，对重点污染区进行综合治理，实属重大而紧迫的工作。因此，只有农业生态环境得到良好的保护，农业生产才能得到保障，我国的农业才能实现可持续发展。

农业可持续发展是农业生态环境的保障。可持续发展是指既要满足当代人的需求同时也不损害后代人满足需求的能力。也就是指经济、社会、资源和环境保护协调发展，它们是一个密不可分的系统，既要达到发展经济的目的，又要保护好人类赖以生存的大气、淡水、海洋、土地和森林等自然资源和环境，使子孙后代能够永续发展和安居乐业。农业可持续发展不仅要保持农业生产率稳定增长，而且还要提高粮食生产的产量，这就强调了农业生产与资源利用和农业生态环境保护的协调发展。只有农业生态环境得以保护，才可以实现农业的可持续发展。同时实现了农业可持续发展，便会更进一步促使农业生态环境不断提高，两者是辩证统一的关系。

四、建立健全土壤环境保护体系

要建立土壤环境质量调查、监测制度，构建土壤环境质量监测网，严格追究破坏生态环境的法律责任。政府、企业和农民各司其职、多方联动、多管齐下，切实抓好土壤污染的源头防治，减少土壤污染，守护好土地这条人民赖以生存的生命线。

第五章 土壤培肥实用技术

在我国农业取得举世瞩目的巨大成就的同时，农业生态环境压力也在持续增大。目前我国农业生产资源约束日益严峻，除突出表现的水资源缺乏外，化肥与农药用量过大，加上土地流转、人工费用增加等因素，种粮食的成本在不断提高。据统计，目前我国化肥使用量比发达国家高出20%左右。不但浪费了资源，还污染了生产环境，必须应用先进的科学技术加以解决。

当前，在施肥实践中还存在以下主要问题。一是有机肥用量偏少。20世纪70年代以来，随着化肥工业的高速发展，化肥高浓缩的养分、低廉的价格、快速的效果得到广大农民的青睐，用量逐年增加，有机肥的施用则逐渐减少。进入20世纪80年代，实行土地承包责任制后，随着农村劳动力的大量外出转移，农户在施肥方面重化肥施用，忽视有机肥的投入，人畜粪尿及秸秆沤制大量减少，有机肥和无机肥施用比例严重失调。二是氮磷钾三要素施用比例失调。一些农民对作物需肥规律和施肥技术认识和理解不足，存在氮磷钾施用比例不当的问题，如部分中低产田玉米单一施用氮肥（尿素）、不施磷钾肥的现象仍占一定比例；还有部分高产地块农户使用氮磷钾比例为15-15-15的复合肥，不再补充氮肥，造成氮肥不足，磷钾肥浪费的现象，影响作物产量的提高。三是化肥施用方法不当。如氮肥表施问题，磷肥撒施问题等。四是秸秆还田技术体系有待进一步完善。秸秆还田作为技术体系包括施用量、墒情、耕作深度、破碎程度和配施氮肥等关键技术环节，当前农业生产应用过程中存在施用量大、耕地浅和配施氮肥不足等问题，影响其施用效果，需要在农业生产施肥实践中完善和克服。五是施用肥料没有从耕作制度的有机整体系统考虑。现有的施肥模式建立在满足单季作物对养分的需求上，没有充分考虑耕作制度整体养分循环对施肥的要求，上下季作物肥料分配不够合理，肥料资源没有得到充分利用。

第一节 作物营养元素概述

植物生长需要内因和外因两方面条件，内因指基因潜力，就是植物内在动力，植物通过选择优良品种和采用优良种子，产量才有保证；外因是植物与外界交换物质和能量，植物生长发育还要有适当的生存空间。很多因素影响植物的生长发育，它们可大致分为两类：产量形成因素和产量保护因素。产量形成因素分为六大类：养分、水分、大气、温度、光照和空间。在一定范围内，每个因素都会单独对产量的提高作出贡献，但严格地说，它们往往是在相互配合的基础上提高生物学产量的。产量保护因素主要指对病虫草害的防除和控制，保护已经形成的产量不会遭受损失而降低。

六大产量形成因素主要在相互配合的基础上提高生物产量时需要保持相互之间的平衡，某一因素的过量或不足都会影响作物的产量和品质。

在生产中要想获得高产和优质的农产品，首先要选择优良品种，提高基因内在潜力；其次要考虑如何使上述各种产量因素协调平衡，使这些优良品种的基因潜力得到最大限度的发挥；最后还要考虑产量保护因素进行有效的保护。一般情况下高产优质的作物品种往往要求更多的养分、水分、光照，更适宜的通气条件，更好的温度控制等外部条件。注意，有时更换了作物品种但忽视了满足这些相应的外部条件反而使产量大大受到影响。

一、植物生长的必需养分

植物是一座天然化工厂，植物从生命之初到结束，它的体内每时每刻都在进行着复杂微妙的化学反应。地球上多种多样的植物用最简单的无机物质作原料合成各种复杂的有机物质，从而有了植物的这些化学反应是在有光照的条件下进行的，植物叶片的气孔从大气中吸进二氧化碳，其根系从土壤中吸收水分，在光的作用下生成碳水化合物并释放出氧气和热量，这一过程就叫作光合作用。光合作用实际上是相当复杂的化学过程，在光反应（希尔反应）中，水反应生成氧，并经历光合磷酸化过程获得能量，这些能量在同时进行的暗反应（卡尔文循环）中使二氧化碳反应生成糖（碳水化合物）。

植物体内的碳水化合物与13种矿质元素氮、磷、钾、硫、钙、镁、硼、铁、铜、锌、锰、钼、氯进一步合成淀粉、脂肪、纤维素、氨基酸、蛋白质、原生质、核酸、叶绿素、维生素以及其他各种生命必需物质，由这些物质构造出植物体来。总之，植物在生长过程中所必需的元素有16种，另外4种元素钠、钴、钒、硅只是对某些植物来说是必需的。

（一）大量营养元素

又称常量营养元素。除来自大气和水的碳、氢、氧元素之外，还有氮、磷、钾3种营养元素，它们的含量占作物干重的百分之几至百分之几十。由于作物需要的量比较多，而土壤中可提供的有效性含量又比较少，常常要通过施肥才能满足作物生长的要求，因此称为作物营养三要素。

（二）中量营养元素

有钙、硫、镁3种元素，这些营养元素占作物干重的千分之几至千分之几十。

（三）微量营养元素

有铁、硼、锰、铜、锌、钼、氯7种营养元素。这些营养元素在植物体内含量极少，只占作物干重的万分之几至百万分之几。

二、作物营养元素的同等重要性和不可替代性

16种作物营养元素都是作物必需的，尽管不同作物体中各种营养元素的含量差别很大，即使同种作物，亦因不同器官、不同年龄、不同环境条件，甚至在一天内的不同时间存在差异，但必需的营养元素在作物体内不论所需数量多少都是同等重要的，任何一种营养元素的特殊功能都不能被其他元素所代替。另外，无论哪种元素缺乏都对植物生长造成危害并引起特有的缺素症；同样，某种元素过量也对植物生长造成危害，因为一种元素过量就意味着其他元素短缺。植物营养元素分类见表5-1。

表5-1 植物必需营养元素分类

元素名称	元素符号	养分矿质性	植物需要量	植物燃烧灰分	植物结构组成	植物体内活动性	土壤中流动性
碳	C	非矿质	大量	非灰分	结构		
氢	H	非矿质	大量	非灰分	结构		
氧	O	非矿质	大量	非灰分	结构		
氮	N	矿质	大量	非灰分	结构	强	强
磷	P	矿质	大量	灰分	结构	强	弱
钾	K	矿质	大量	灰分	非结构	强	弱
硫	S	矿质	中量	灰分	结构	弱	强
钙	Ca	矿质	中量	灰分	结构	弱	强
镁	Mg	矿质	中量	灰分	结构	强	强
铁	Fe	矿质	微量	灰分	结构	弱	弱
锌	Zn	矿质	微量	灰分	结构	弱	弱
锰	Mn	矿质	微量	灰分	结构	弱	弱
硼	B	矿质	微量	灰分	非结构	弱	强
铜	Cu	矿质	微量	灰分	结构	弱	弱
钼	Mo	矿质	微量	灰分	结构	强	强
氯	Cl	矿质	微量	灰分	非结构	强	强

三、矿质营养元素的功能和缺乏与过量症状

（一）氮

氮是植物必需的大量元素，它是蛋白质、叶绿素、核酸、酶、生物激素等重要生命物质的组成部分，是植物结构组分元素。

1. 氮缺乏的症状

植物缺氮就会失去绿色。植株生长矮小细弱，分枝分蘖少，叶色变淡，呈色泽均一的浅绿色或黄绿色，尤其是基部叶片。

蛋白质在植株体内不断合成和分解，因氮易从较老组织运输到幼嫩组织中被再利用，缺氮首先从下部老叶片开始均匀黄化，逐渐扩展到上部叶片，黄叶脱落提早。同时株型也发生改变，瘦小、直立、茎秆细瘦。根量少、细长而色白。侧芽呈休眠状态或枯萎。花和果实少。成熟提早。产量品质下降。

禾本科作物无分蘖或少分蘖，穗小粒少。玉米缺氮下位叶黄化，叶尖枯萎，常呈"V"形向下延展。双子叶植物分枝或侧枝均少。草本的茎基部呈黄色。豆科作物根瘤少，无效根瘤多。

叶菜类蔬菜叶片小而薄，淡绿色或黄色，含水量减少，纤维素增加，丧失柔嫩多汁的特色。结球菜类叶球不充实，商品价值下降。块茎、块根作物的茎、蔓细瘦，薯块小，纤维素含量高，淀粉含量低。

果树幼叶小而薄，色淡，果小皮硬，含糖量相对提高，但产量低，商品品质下降。

除豆科作物外，一般作物都有明显反应，谷类作物中的玉米，蔬菜作物中的叶菜类，果树中的桃、苹果和柑橘等尤为敏感。

根据作物的外部症状可以初步判断作物缺氮程度，单凭叶色及形态症状容易误诊，可以结合植株和土壤的化学测试来作出诊断。

2. 氮过量的症状

氮过量时往往伴随缺钾或缺磷现象发生，造成营养生长旺盛，植株高大细长，节间长，叶片柔软，腋芽生长旺盛，开花少，坐果率低，果实膨大慢，易落花、落果。禾本科作物秕粒多，易倒伏，贪青晚熟；块根和块茎作物地上部旺长，地下部小而少。过量的氮与碳水化合物形成蛋白质，剩下少量碳水化合物用作构成细胞壁的原料，细胞壁变薄，所以植株对寒冷、干旱和病虫的抗逆性差，果实保鲜期短，果肉组织疏松，易遭受碰压损伤。可用补施钾肥以及磷肥来纠正氮过量症状。有时氮过量也会出现其他营养元素的缺乏症。

3. 市场上主要的含氮化肥

含氮化肥分两大类：铵态氮肥和硝态氮肥。铵态氮肥主要包括碳酸氢铵、硫酸铵、氯化铵等，尿素施入土壤后会分解为氨和二氧化碳，可视为铵态氮肥。铵态氮肥是含氮化肥的主要成员。施用铵态氮肥时应注意两个问题；第一是铵能产酸，施用后注意土壤酸化问题；第二是在碱性土壤或石灰性土壤上施用时，特别是高温和一定湿度条件下，会产生氨挥发，注意施用过量会造成氨中毒。其他含铵化肥还有磷酸一铵、磷酸二铵、钼酸铵等。在作为其他营养元素来源时也应同时考虑其中铵的效益和危害两方面的作用。硝态氮肥主要包括硝酸钠、硝酸钾、硝酸钙等，使用时往往重视其中的钾、钙等营养元素补充问题，但也不应忽视伴随离子硝酸盐的正反两方面作用。施用硝态氮肥则应注意淋失问题。尽量避免施入水田，对水稻等作物仅可叶面喷施。硝态氮肥肥效迅速，作追肥较好。另外在土壤温度、通气状况、pH值、微生物种群数量等条件处于不利情况下，肥效远远大于铵态氮肥。硝酸铵既含铵又含硝酸盐，施用时要同时考虑这两种形态氮的影响。

（二）磷

磷是三要素之一，但植物对磷的吸收量远远小于钾和氮，甚至有时还不及钙、镁、硫等中量元素。核酸、磷酸腺苷等重要生命物质中都含磷，因此磷是植物结构组分元素。它在生命体中还构成磷脂、磷酸酯、肌醇六磷酸等物质。

1. 磷缺的症状

植物缺磷时植株生长缓慢、矮小、苍老、茎细直立，分枝或分蘖较少，叶小。呈暗绿色或灰绿色而无光泽，茎叶常因积累花青苷而带紫红色。根系发育差，易老化。由于磷易从较老组织运输到幼嫩组织中再利用，故症状从较老叶片开始向上扩展。缺磷植物的果实和种子少而小。成熟延迟。产量和品质降低。轻度缺磷症状不明显。不同作物症状表现有所差异。十字花科作物、豆科作物、茄科作物及甜菜等是对磷极为敏感的作物。其中油菜、番茄常作为缺磷指示作物。玉米、芝麻属中等需磷作物，在严重缺磷时，也表现出明显症状。小麦、棉花、果树对缺磷的反应不甚敏感。

十字花科芸薹属的油菜在子叶期即可出现缺磷症状。叶小，色深，背面紫红色，真叶迟出，直挺竖立，随后上部叶片呈暗绿色，基部叶片暗紫色，以叶柄及叶脉尤为明显，有时叶缘或叶脉间出现斑点或斑块。分枝节位高，分枝少而细瘦，荚少粒小。生育期延迟。白菜、甘蓝缺磷时老叶发红发紫。

缺磷大豆开花后叶片出现棕色斑点，种子小；严重时茎和叶均呈暗红色，根瘤发育差。茄科植物中，番茄幼苗缺磷生长停滞，叶背紫红色，成叶呈灰绿色，花蕾易脱落，后期出现卷叶。根菜类叶部症状少，但根肥大不良。洋葱移栽后幼苗发根不良，容易发僵。马铃薯缺磷植株矮小、僵直、暗绿，叶片上卷。

甜菜缺磷植株矮小，暗绿。老叶边缘黄色或红褐色焦枯。藜科植物菠菜缺磷植株矮小，老叶呈红褐色。

禾本科作物缺磷植株明显瘦小，叶片紫红色，不分蘖或少分蘖，叶片直挺。不仅每穗粒数减少且籽粒不饱满，穗上部常形成空瘪粒。

缺磷棉花叶色暗绿，蕾、铃易脱落，严重时下部叶片出现紫红色斑块，棉铃开裂，吐絮不良，籽指低。

果树缺磷整株发育不良，老叶黄化，落果严重，含酸量高，品质降低。

2. 磷过量的症状

磷过量植株叶片肥厚密集，叶色浓绿，植株矮小，节间过短，营养生长受抑制，繁殖器官加速成熟，导致营养体小，地上部生长受抑制而根系非常发达，根量多而短粗。谷类作物无效分蘖和瘪粒增加；叶菜纤维素含量增加；烟草的燃烧性等品质下降。磷过量常导致缺锌、锰等元素。

3. 市场主要的含磷化肥

（1）过磷酸钙。施用磷肥的历史比使用氮肥早半个世纪。1843年英国生产和销售过磷酸钙，1852年美国开始销售。过磷酸钙中既含磷，也含硫酸钙。

（2）重过磷酸钙。重过磷酸钙中含磷量高于过磷酸钙，不含硫，含钙量低。

（3）硝酸磷肥。含氮和磷，因为其中含有硝酸钙，容易吸湿，所以不太受欢迎，但它所含硝态氮可直接被作物吸收利用。

（4）磷酸二铵。是一种很好的水溶性肥料。含磷和铵态氮。

（5）钙镁磷肥。是一种酸溶性肥料，在酸性土壤上使用较为理想。

因历史原因，肥料含磷量习惯以五氧化二磷当量表示，纯磷=五氧化二磷×0.43；五氧化二磷=纯磷×2.29。

（三）钾

虽然钾不是植物结构组分元素，但却是植物生理活动中最重要的元素之一。植物根系以钾离子（K^+）的形式吸收钾。

1. 钾缺乏的症状

农作物缺钾时纤维素等细胞壁组成物质减少，厚壁细胞木质化程度也较低，因而影响茎的强度，易倒伏。蛋白质合成受阻。氮代谢的正常途径被破坏，常引起腐胺积累，使叶片出现坏死斑点。因为钾在植株体中容易被再利用，所以新叶片上症状后出现，症状首先在较老叶片上出现，一般表现为最初老叶叶尖及叶缘发黄，以后黄化部分逐步向内伸展同时叶缘变褐、焦枯、似灼烧，叶片出现褐斑，病变部与正常部界限比较清楚，尤其是供氮丰富时，健康部分绿色深浓，病部赤褐焦枯，反差明显。严重时叶肉坏死、脱落。根系少而短，活力弱、早衰。

双子叶植物叶片脉间缺绿，且沿叶缘逐渐出现坏死组织，渐呈烧焦状。单子叶植物叶片叶尖先萎蔫，渐呈坏死烧焦状。叶片因各部位生长不均匀而出现皱缩。植物生长受到抑制。

玉米发芽后几个星期即可出现症状，下位叶尖和叶缘黄化，不久变褐，老叶逐渐枯萎，再累及中上部叶，节间缩短，常出现因叶片长宽度变化不大而节间缩短所致比例失调的异常植株。生育延迟，果穗变小，穗顶变细不着粒或籽粒不饱满、淀粉含量降低，穗端易感染病菌。

大豆容易缺钾，5~6片真叶时即可出现症状。中下位叶缘失绿变黄，呈镶金边状。老叶脉间组织突出、皱缩不平，边缘反卷，有时叶柄变棕褐色。荚稀不饱满，瘪荚瘪粒多。蚕豆叶色蓝绿，叶尖及叶缘棕色，叶片卷曲下垂，与茎成钝角，最后焦枯、坏死，根系早衰。

油菜缺钾苗期叶缘出现灰白色或白色小斑。开春后生长加速，叶缘及叶脉间开始失绿并有褐色斑块或白色干枯组织，严重时叶缘焦枯、凋萎，叶肉呈烧灼状，有的茎秆出现褐色条纹，秆壁变薄且脆，遇风雨植株常折断，着生荚果稀少，角果发育不良。

烟草缺钾症状大约在生长中后期发生，老叶叶尖变黄及向叶缘发展，叶片向下弯曲，严重时变成褐色，干枯期坏死脱落。抗病力降低。成熟时落黄不一致。

马铃薯缺钾生长缓慢，节间短，叶面粗糙、皱缩，向下卷曲，小叶排列紧密，与叶柄形成夹角小，叶尖及叶缘开始呈暗绿色，随后变为黄棕色，并渐向全叶扩展。老叶青铜色，干枯脱落，切开块茎时内部常有灰蓝色晕圈。

蔬菜作物一般在生育后期表现为老叶边缘失绿，出现黄白色斑，变褐、焦枯，并逐渐向上位叶扩展，老叶依次脱落。

甘蓝、白菜、花椰菜易出现症状，老叶边缘焦枯卷曲，严重时叶片出现白斑，萎蔫枯死。缺钾症状尤以结球期明显。甘蓝叶球不充实，球小而松。花椰菜花球发育不良，品质差。

黄瓜、番茄缺钾症状表现为下位叶叶尖及叶缘发黄，渐向脉间叶肉扩展，易萎蔫，提早脱落，黄瓜果实发育不良，常呈头大蒂细的棒槌形。番茄果实成熟不良、落果、果皮破裂，着色不匀，杂色斑驳、肩部常绿色不褪。果肉萎缩，汁少，又称"绿背病"。

果树中，柑橘轻度缺钾仅表现果形稍小，其他症状不明显，对品质影响不大。严重时叶片皱缩，蓝绿色，边缘发黄，新生枝伸长不良，全株生长衰弱。

总之，马铃薯、甜菜、玉米、大豆、烟草、桃、甘蓝和花椰菜对缺钾反应敏感。

2. 市场上主要含钾化肥

钾矿以地下的固体盐矿床和死湖、死海中的卤水形式存在，有氯化物、硫酸盐和硝酸盐等形态。

氯化钾肥直接从盐矿和卤水中提炼，成本低。氯化钾肥会在土壤中残留氯离子，忌氯作物不宜使用。长期使用氯化钾肥容易造成土壤盐指数升高，引起土壤缺钙、板结，变酸，应配合施用石灰和钙肥。大多数其他钾肥的生产都与氯化钾有关。

硫酸钾会在土壤中残留硫酸根离子，长期使用容易造成土壤盐指数升高，板结、变酸，应配合施用石灰和钙镁磷肥。水田不宜施用硫酸钾，因为淹水状态下氧化还原电位低，硫酸根离子易还原为硫化物，致使植物根系中毒发黑。

硝酸钾肥是所有钾肥中最适合植物吸收利用的钾肥。其盐指数很低，不产酸，无残留离子。它的氮钾元素重量比为1：3，恰好是各种作物氮钾养分的配比。硝酸钾溶解性好，

不但可以灌溉追施，也可以叶面喷施，配制营养液一般离不开硝酸钾。

（四）硫

按照当前的分类方法，它属于中量元素。硫存在于蛋白质、维生素和激素中，它是植物结构组分元素。植物根系主要以硫酸根阴离子形态从土壤中吸收硫，它主要通过质流，极少数通过扩散（有时可忽略不计）到达植物根部。植物叶片也可以直接从大气中吸收少量二氧化硫气体。不同作物需硫量不同，许多十字花科作物，如芸薹属的甘蓝、油菜、芥菜等，萝卜属的萝卜，百合科葱属的葱、蒜、洋葱、韭菜等需硫量最大。一般认为硫酸根通过原生质膜和液泡膜都是主动运转过程。吸收的硫酸根大部分于液泡中。钼酸根、硒酸根等阴离子与硫酸根阴离子竞争吸收位点，可抑制硫酸根的吸收。通过气孔进入植物叶片的二氧化硫气体分子遇水转变为亚硫酸根阴离子，继而氧化成硫酸根阴离子，被输送到植物体各个部位，但当空气中二氧化硫气体浓度过高时植物可能受到伤害，大气中二氧化硫临界浓度为$0.5 \sim 0.7 \ mg/m^3$。

1. 硫缺乏的症状

缺硫植物生长受阻，尤其是营养生长，症状类似缺氮。植株矮小，分枝、分蘖减少，全株体色褪淡，呈浅绿色或黄绿色。叶片失绿或黄化，褪绿均匀，幼叶较老叶明显，叶小而薄，向上卷曲，变硬，易碎，脱落提早。茎生长受阻，株矮、僵直。梢木栓化，生长期延迟。缺硫症状常表现在幼嫩部位，这是因为植物体内硫的移动性较小，不易被再利用。不同作物缺硫症状有所差异。

禾谷类作物植株直立，分蘖少，茎瘦，幼叶淡绿色或黄绿色。水稻插秧后返青延迟，全株显著黄化，新老叶无显著区别（与缺氮相似），不分蘖，叶尖有水渍状圆形褐斑，随后焦枯。大麦幼叶失绿较老叶明显，严重时叶片出现褐色斑点。

甘蓝、油菜等十字花科作物缺硫时最初会在叶片背面出现淡红色。甘蓝随着缺硫加剧，叶片正反面都发红发紫，杯状叶反折过来，叶片正面凹凸不平。油菜幼叶淡绿色，逐渐出现紫红色斑块，叶缘向上卷曲成杯状，茎秆细矮并趋向木质化，花、荚色淡，角果尖端干瘪。

大豆生育前期新叶失绿，后期老叶黄化，出现棕色斑点。根细长，植株瘦弱，根瘤发育不良。烟草整个植株呈淡绿色，老叶焦枯，叶尖向下卷曲，叶面出现突起泡点。

马铃薯植株黄化，生长缓慢，但叶片并不提早干枯脱落，严重时叶片出现褐色斑块。

茶树幼苗发黄，叶片质地变硬。果树新生叶失绿黄化，严重时枯梢，果实小而畸形，色淡、皮厚、汁少。柑橘类还出现汁囊胶质化，橘瓣硬化。

敏感作物为十字花科作物，如油菜等，其次为豆科作物、烟草和棉花，禾本科作物需硫较少。作物缺硫的一般症状为整个植株褪淡、黄化、色泽均匀，极易与缺氮症状混淆。但大多数作物缺硫，新叶比老叶重，不易干枯，发育延迟。而缺氮则老叶比新叶重，容易干枯、早熟。

2. 硫在大气、土壤、植物间的循环

硫在自然界中以单质硫、硫化物、硫酸盐以及与碳和氢结合的有机态存在。其丰度列第13位。少量硫以气态氧化物或硫化氢（H_2S）气体形式在火山、热液和有机质分解的生物活动以及沼泽化过程中和从其他来源释放出来，H_2S也是天然气田的污染物质。在人类工业活动以后，燃烧煤炭、原油和其他含硫物质使二氧化硫（SO_2）排入大气，其中许多又被雨水带回大地。浓度高时形成酸雨。这是人为活动造成的来源。土壤中硫以有机和无机多种形态存在，呈多种氧化态，从硫酸的+6价到硫化物的-2价，并可有固、液、气3种形态。硫在大气圈、生物圈和土壤圈的循环比较复杂，与氮循环有共同点。大多数土壤中的硫存在于有机物、土壤溶液中和吸附于土壤复合体上。硫是蛋白质成分，蛋白质返回土壤转化为腐殖质后，大部分硫仍保持为有机结合态。土壤无机硫包括易溶硫酸盐、吸附态硫酸盐、与碳酸钙共沉淀的难溶硫酸盐和还原态无机硫化合物。土壤黏粒和有机质不吸引易溶硫酸盐，所以它留存于土壤溶液中，并随水运动，很易淋失，这就是表土通常含硫低的原因。大多数农业土壤表层中，大部分硫以有机态存在，占土壤全硫的90%以上。

3. 市场上主要含硫化肥

长期以来很少有人提到硫肥。这可能有两个原因。一是工业活动以前，植物养分都是自然循环的，在那种条件下土壤中硫是充足的。植物养分不足是工业活动造成的，而施用化肥又是工业活动的产物。工业活动的能源一大部分来自煤炭和原油，它们燃烧后会放出含硫的气体，随降雨落回地面，这样就给土壤施进了硫肥。二是硫是其他化肥的伴随物。最早使用的氮肥之一是硫酸铵，我国新中国成立前和新中国成立初期称为"肥田粉"，人们将其作为氮肥使用，其实也同时施用了硫肥。再如作为磷肥的过磷酸钙，作为钾肥的硫酸钾，作为碱性土壤改良剂的石膏，用量都较大。随着工业污染的治理和化肥品种的改变，硫肥将会逐渐提到日程上来。单质硫是一种产酸的肥料，在我国使用不多，当施入土壤后就被土壤微生物氧化为硫酸，因此它常用作碱性土壤改良剂。

（五）钙

按目前的分类方法，钙是中量元素。钙是植物结构组分元素。植物以钙离子的形式吸收钙。虽然钙在土壤中含量可能很大，有时比钾大10倍，但钙的吸收量却远远小于钾，因为只有幼嫩根尖能吸收钙。大多数植物所需的大量钙通过质流运到根表面。在富含钙的土壤中，根系附近可能积累大量钙，出现比植物生长所需更高浓度的钙时一般不影响植物吸收钙。

1. 钙缺乏的症状

因为钙在植物体内易形成不溶性钙盐沉淀而固定，所以它是不能移动和再度被利用

的。缺钙造成顶芽和根系顶端不发育，呈"断脖"状，幼叶失绿、变形、出现弯钩状。严重时生长点坏死，叶尖和生长点呈果胶状。缺钙时根常常变黑腐烂。一般果实和贮藏器官供钙极差。水果和蔬菜常由贮藏组织变形判断缺钙。

禾谷类作物幼叶卷曲、干枯，功能叶的叶间及叶缘黄萎。植株未老先衰。结实少，秕粒多。小麦根尖分泌球状的透明黏液。玉米叶缘出现白色斑纹，常出现锯齿状不规则横向开裂，顶部叶片卷筒下弯呈"弓"状，相邻叶片常粘连，不能正常伸展。

豆科作物新叶不伸展，老叶出现灰白色斑点。叶脉棕色，叶柄柔软下垂。大豆根暗褐色、脆弱，呈黏稠状，叶柄与叶片交接处呈暗褐色，严重时茎顶卷曲呈钩状枯死。花生在老叶反面出现斑痕，随后叶片正反面均发生棕色枯死斑块，空荚多。蚕豆荚畸形、萎缩并变黑。豌豆幼叶及花梗枯萎，卷须萎缩。

烟草植株矮化，深绿色，严重时顶芽死亡，下部叶片增厚，出现红棕色枯死斑点，甚至顶部枯死，雌蕊显著突出。

棉花生长点受抑，呈弯钩状。严重时上部叶片及部分老叶叶柄下垂并溃烂。

马铃薯根部易坏死，块茎小，有的畸形成串，块茎表面及内部维管束细胞常坏死。多种蔬菜因缺钙发生腐烂病，如番茄脐腐病，最初果顶脐部附近果肉出现水渍状坏死，但果皮完好，病部组织崩溃，继而黑化、干缩、下陷，一般不落果，无病部分仍继续发育，并可着色，此病常在幼果膨大期发生，越过此期一般不再发生。甜椒也有类似症状。

大白菜和甘蓝叶球内叶片边缘由水渍状变为果浆色，继而褐化坏死、腐烂，干燥时似豆腐皮状，极脆，又名"干烧心""干边""内部顶烧症"等，病株外观无特殊症状，纵剖叶球时在剖面的中上部出现棕褐色弧形层状带，叶球最外第1～3叶和中心稚叶一般不发病。

胡萝卜缺钙根部出现裂隙。

莴苣缺钙顶端出现灼伤。

西瓜、黄瓜和芹菜缺钙顶端生长点坏死、腐烂。

香瓜缺钙容易产生"发酵果"，整个瓜软腐，按压时出现泡沫。

苹果缺钙病果发育不良，表面出现下陷斑点，先见于果顶，果肉组织变软、干枯，有苦味，此病在采收前即可出现，但以贮藏期发生为多。缺钙还引起苹果水心病，果肉组织呈半透明水渍状，先出现在果肉维管束周围，向外呈放射状扩展，病变组织质地松软，有异味，病果采收后在贮藏期间病变继续发展，最终果肉细胞间隙充满汁液而导致内部腐烂。

梨缺钙极易早衰，果皮出现枯斑，果心发黄，甚至果肉坏死，果实品质低劣。

苜蓿对钙最敏感，常作为缺钙指示作物，需钙量多的作物有紫花苜蓿、芦笋（石刁柏）、菜豆、豌豆、大豆、向日葵、草木樨、花生、番茄、芹菜、大白菜、花椰菜等。其次为烟草、番茄、大白菜、结球甘蓝、玉米、大麦、小麦、甜菜、马铃薯、苹果等。而谷类作物、桃树、菠萝等需钙较少。

2. 市场上主要的含钙化肥

目前专门施钙的不多，主要还是施石灰改良酸性土壤时带入的钙。大多数农作物主要还是利用土壤中储备的钙。土壤含钙量差异极大，湿润地区土壤钙含量低，砂质土壤含钙量低，石灰性土壤含钙量高。含钙量大于3%时一般表示土壤中存在碳酸钙。

钙常在施用过磷酸钙、重过磷酸钙等磷肥时施入土壤，是碱性土壤改良剂。钙可使土壤絮凝、透水性更好。也有使用硝酸钙肥的，这是一种既含氮又含钙的肥料，溶解性好，可配制叶面喷施溶液，但吸湿性较大。

（六）镁

按当前的分类属于中量元素。镁是植物结构组分元素。土壤中的二价镁离子随质流向植物根系移动。以二价镁离子的形式被根尖吸收，细胞膜对镁离子的透过性较小。植物根吸收镁的速率很低。镁主要是被动吸收，顺电化学势梯度而移动。

1. 镁缺乏的症状

镁是活动性元素，在植株中移动性很好，植物组织中全镁量的70%是可移动的，并与无机阴离子和苹果酸盐、柠檬酸盐等有机阴离子相结合。所以一般缺镁症状首先出现在低位衰老叶片上，共同症状是下位叶叶肉为黄色、青铜色或红色，但叶脉仍呈绿色。进一步发展，整个叶片组织全部淡黄色，然后变褐直至最终坏死。大多发生在生育中后期，尤其以种子形成后多见。

马铃薯、番茄和糖用甜菜是对缺镁较为敏感的作物。菠萝、香蕉、柑橘、葡萄、柿子、苹果、牧草、玉米、油棕榈、棉花、烟草、可可、油橄榄、橡胶等也容易缺镁。

禾谷类作物早期叶片脉间褪绿出现黄绿相间的条纹花叶，严重时呈淡黄色或黄白色。麦类为中下位叶脉间失绿，残留绿斑相连成串呈念珠状（对光观察时明显），尤以小麦典型，为缺镁的特异症状。水稻亦为黄绿相间条纹叶，叶狭而薄，黄化从前端逐步向后半扩展。边缘呈黄红色，稍内卷，叶身从叶枕处下垂，严重时褪绿部分坏死干枯，拔节期后症状减轻。玉米先是条纹花叶，后叶缘出现显著紫红色。

大豆缺镁症状第一对真叶即可出现，成株后，中下部叶整个叶片先褪淡，以后呈橘黄色或橙红色，但叶脉保持绿色，花纹清晰，脉间叶肉常微凸而使叶片起皱。

花生缺镁老叶边缘失绿，向中脉逐渐扩展，随后叶缘部分呈橘红色。

苜蓿缺镁叶缘出现失绿斑点，而后叶缘及叶尖失绿，最后变为褐红色。

三叶草缺镁首先是老叶脉间失绿，叶缘为绿色，以后叶缘变褐色或红褐色。

棉花缺镁老叶脉间失绿，网状脉纹清晰，以后出现紫色斑块甚至全叶变红，叶脉保持绿色，呈红叶绿脉状，下部叶片提早脱落。

油菜从子叶起出现紫红色斑块，中后期老叶脉间失绿，显示出橙、红、紫等各种色彩的大理石花纹，落叶提早。

马铃薯缺镁老叶的叶尖、叶缘及脉间褪绿，并向中心扩展，后期下部叶片变脆、增厚。严重时植株矮小，失绿叶片变棕色而坏死、脱落，块根生长受抑制。

烟草缺镁下部叶的叶尖、叶缘及脉间失绿，茎细弱，叶柄下垂，严重时下部叶趋于白色，少数叶片干枯或产生坏死斑块。

甘蔗缺镁在老叶上首先出现脉间失绿斑点，再变为棕褐色，随后这些斑点再结合为大块锈斑，茎秆细长。

蔬菜作物缺镁一般为下部叶片出现黄化。莴苣、甜菜、萝卜等通常都在脉间出现显著黄斑，并呈不均匀分布，但叶脉组织仍保持绿色。芹菜首先在叶缘或叶尖出现黄斑，进一步坏死。番茄下位叶脉间出现失绿黄斑，叶缘变为橙、赤、紫等各种色彩，色素和缺绿在叶中呈不均匀分布，果实亦由红色褪成淡橙色，果肉黏性减少。

苹果缺镁叶片脉间呈现淡绿斑或灰绿斑，常扩散到叶缘，并迅速变为黄褐色转暗褐色，随后叶脉间和叶缘坏死，叶片脱落，顶部呈莲座状叶丛，叶片薄而色淡，严重时果实不能正常成熟，果小着色不良，风味差。柑橘中下部叶片脉间失绿，呈斑块状黄化，随之转为黄红色，提早脱落，结实多的树常重发，即使在同一树上，也因枝梢而异，结实多发病重，结实少发病轻或无症，通常无核少核品种比多核品种症状轻。梨树老叶脉间显出紫褐色至黑褐色的长方形斑块，新梢叶片出现坏死斑点，叶缘仍为绿色，严重时从新梢基部开始，叶片逐步向上脱落。葡萄的较老叶片脉间先呈黄色，后变红褐色，叶脉绿色，色界极为清晰，最后斑块坏死，叶片脱落。

2. 市场上主要含镁化肥

目前专门施镁肥的不多，含大量镁的营养载体也不多。石灰材料中的白云质石灰石中含有碳酸镁，钙镁磷肥和钢渣磷肥中也含有效镁，硫酸钾镁和硝酸钾镁中也含镁，硅酸镁、氧化镁和氯化镁也用作镁肥。常用的水溶性镁肥是硫酸镁，其次为硝酸镁，它们都可以作为速效镁肥施用，也可以用来配制叶面喷施溶液。

（七）硼

硼是非植物结构组分元素。1923年发现它是植物必需元素。植物以硼酸分子被动吸收硼。硼随质流进入根部，在根表自由空间与糖络合，吸收作用很快，是一个扩散过程。硼的运输主要受蒸腾作用的控制，因此很容易在叶尖和叶缘处积累，导致植物毒害。硼在植物体内相对不易移动，再利用率很低。

1. 硼缺乏的症状

硼不易从衰老组织向活跃生长组织移动，最先出现缺硼的是顶芽停止生长。缺硼植物受影响最大的是代谢旺盛的细胞和组织。硼不足时根端、茎端生长停止，严重时生长点坏死，侧芽、侧根萌发生长，枝叶丛生。叶片增厚变脆、皱缩歪扭、褪绿萎蔫，叶柄及枝条增粗变短、开裂、木栓化，或出现水渍状斑点或环节状突起。茎基膨大。肉质根内部出现褐色坏死、开裂。花粉畸形，花、蕾易脱落，受精不正常，果实种子不充实。

甘蓝型油菜缺硼时花而不实。植株颜色淡绿，叶柄下垂不挺，下部叶片边缘首先出现紫红色斑块，叶面粗糙、皱缩、倒卷，枝条生长缓慢，节间缩短，甚至主茎萎缩。茎、根肿大，纵裂，褐色。花簇生，花柄下垂不挺，大多数因不能授粉而脱落，花期延长。已授粉的荚果短小，果皮厚，种子小。

棉花缺硼蕾而不花。叶柄呈浸润状暗绿色环纹或带状条纹，顶芽生长缓慢或枯死，腋芽大量发生，在棉株顶端形成莲座效应（大田少见），植株矮化，蕾而不花，蕾铃裂碎，花蕾易脱落。老叶叶片厚，叶脉突起，新叶小，叶色淡绿，皱缩，向下卷曲，直至霜冻都呈绿色，难落叶。

大豆缺硼幼苗期症状表现为顶芽下卷，甚至枯萎死亡，腋芽抽发。成株矮缩，叶片脉间失绿，叶尖下弯，老叶粗糙增厚，主根尖端死亡，侧根多而短、僵直，根瘤发育不良。开花不正常，脱落多，荚少，多畸形。

三叶草缺硼植株矮小，茎生长点受抑，叶片丛生，呈簇形，多数叶片小而厚、畸形、皱缩，表面有突起，叶色浓绿，叶尖下卷，叶柄短粗，有的叶片发黄，叶柄和叶脉变红，继而全叶为紫色，叶缘为黄色，形成明显的金边叶。病株现蕾开花少，严重的种子无收。

块根作物与块茎作物缺硼，甜菜幼叶叶柄短粗弯曲，内部暗黑色，中下部叶出现白色网状皱纹，褶皱逐渐加深而破裂，老叶叶脉变黄、变脆，最后全叶黄化死亡，有时叶柄上出现横向裂纹，叶片上出现黏状物，根颈部干燥萎蔫，继而变褐腐烂，向内扩展形成中空，称"腐心病"。甘薯藤蔓顶端生长受阻，节间短，常扭曲，幼叶中脉两侧不对称，叶柄短粗扭曲，老叶黄化，提早脱落，薯块畸形不整齐，表面粗糙，质地坚硬，严重时表面出现瘤状物及黑色凝固的渗出液，薯块内部形成层坏死。马铃薯生长点或顶端枯死，节间短，侧芽丛生，老叶粗糙增厚，叶缘卷曲，叶片提早脱落，块茎小而畸形，有的表皮溃烂，内部出现褐色或组织坏死。

果树中多数对缺硼敏感。柑橘表现叶片黄化、枯梢，称"黄叶枯梢病"，开始时顶端叶片黄化，从叶尖向叶基延展以后变褐枯萎，逐渐脱落，形成秃枝并枯梢，老叶变厚、变脆，叶脉变粗，木栓化，表皮爆裂，树势衰弱，坐果稀少，果实内汁囊萎缩发育不良，渣多汁少，果实中心常出现棕褐色胶斑，严重的果肉几乎消失，果皮增厚、显著皱缩，果小坚硬如石，称"石果病"。苹果表现为新梢顶端受损，甚至枯死，导致细弱侧枝大量发生，叶变厚，叶柄短粗变脆，叶脉扭曲，落叶严重，并出现枯梢，幼果表面出现水渍状褐斑，随后木栓化，干缩硬化，表皮凹陷不平、龟裂，称"缩果病"，病果常于成熟前脱落，或以干缩果挂于树上，果实内部出现褐色木栓化，或呈海绵状空洞化，病变部分果肉带苦味。葡萄初期表现为花序附近叶片出现不规则淡黄色斑点，逐渐扩展，直至脱落，新梢细弱，伸长不良，节间短，随后先端枯死，开花结果时症状最明显，特点是红褐色的花冠常不脱落，坐果少或不坐果，果串中有大量未受精的无核小粒果。

需硼量高的作物有苹果、葡萄、柑橘、芦笋、甘蓝、芹菜、花椰菜、三叶草、大白菜、萝卜、马铃薯、油菜、芝麻、甜菜、菠菜、向日葵、豆类及豆科绿肥作物等。

2. 硼过量的症状

施用过量硼肥会造成毒害，因为溶液中硼浓度从短缺到致毒之间跨度很窄。高浓度硼积累的部位出现失绿、焦枯坏死症状。叶缘最易积累，所以硼中毒最常见的症状之一是作物叶缘出现规则黄边，称"金边菜"。老叶中硼积累比新叶多，症状更重。

3. 市场上主要含硼化肥

应用最广泛的硼肥是硼砂和硼酸。缺硼土壤上一般采用基施，也有浸种或拌种作种肥使用的，必要时还可以喷施。这两种肥料水溶性都很好。

（八）铁

铁是微量元素中被植物吸收最多的一种。铁是植物结构组分元素。植物根系主要吸收二价铁离子（亚铁离子），也吸收螯合态铁。植物为了提高对铁的吸收和利用，当螯合态铁补充到根系时，在根表面螯合物中的三价铁先被还原使之与有机配位体分离，分离出来的二价铁被植物吸收。

1. 铁缺乏的症状

铁离子在植物体中是最为固定的元素之一，通常呈高分子化合物存在，流动性很小，老叶片中的铁不能向新生组织转移，因此缺铁首先出现在植物幼叶上。缺铁植物叶片失绿黄白化，心叶常白化，称"失绿症"。初期脉间褪色而叶脉仍绿，叶脉颜色深于叶肉，色界清晰，严重时叶片变黄，甚至变白。双子叶植物形成网纹花叶，单子叶植物形成黄绿相间条纹花叶。不同作物表现的症状不同。

果树等木本树种容易缺铁。新梢叶片失绿黄白化，称"黄叶病"，失绿程度依次由下向上加重，夏、秋梢发病多于春梢，病叶多为清晰的网目状花叶，又称"黄化花叶病"。通常不发生褐斑、穿孔、皱缩等。严重黄白化的，叶缘亦可烧灼、干枯、提早脱落，形成枯梢或秃枝。如果这种情况几经反复，可以导致整株衰亡。

花卉观赏作物也容易缺铁。网状花纹清晰，色泽清丽，可增添几分观赏价值。一品红缺铁，植株矮小，枝条丛生，顶部叶片黄化或变白。月季花缺铁，顶部幼叶黄白化，严重时生长点及幼叶枯焦。菊花严重缺铁失绿时上部叶片多呈棕色，植株可能部分死亡。

豆科作物如大豆最易缺铁，因为铁是豆血红素和固氮酶的成分。缺铁使根瘤菌的固氮作用减弱，植株生长矮小。缺铁时上部叶片脉间黄化，叶脉仍保持绿色，并有轻度卷曲，严重时全部新叶失绿呈黄白色，极端缺乏时，叶缘附近出现许多褐色斑点，进而坏死。

禾谷类作物水稻、麦类及玉米等缺铁，叶片脉间失绿，呈条纹花叶，症状越近心叶越重。严重时心叶不出，植株生长不良，矮缩，生育延迟，有的甚至不能抽穗。

果菜类及叶菜类蔬菜缺铁，顶芽及新叶黄白化，仅沿叶脉残留绿色，叶片变薄，一般无褐变、坏死现象。番茄叶片基部还出现灰黄色斑点。

木本植物比草本植物对缺铁敏感。果树经济林木中的柑橘、苹果、桃、李、乌桕、桑；行道树种中的樟、枫杨、悬铃木、湿地松；大田作物中的玉米、花生、甜菜；蔬菜作物中的花椰菜、甘蓝、空心菜（蕹菜）；观赏植物中的绣球花、栀子花、蔷薇花等都是对缺铁敏感或比较敏感的。其他敏感型作物有浆果类、蚕豆、亚麻、饲用高粱、梨、杏、樱桃、山核桃、粒用高粱、葡萄、薄荷、大豆、苏丹草、马铃薯、菠菜、番茄、黄瓜、胡桃等。耐受型作物有水稻、小麦、大麦、谷子、苜蓿、棉花、紫花豌豆、饲用豆科牧草、燕麦、鸭茅、糖用甜菜等。

在实际诊断中，根据外部症状判别作物缺铁时，由于铁、锰、锌三者容易混淆，需注意鉴别。缺铁和缺锰：缺铁褪绿程度通常较深，黄绿间色界常明显，一般不出现褐斑，而缺锰褪绿程度较浅，且常发生褐斑或褐色条纹。缺锌和缺铁：缺锌一般出现黄斑叶，而缺铁通常全叶黄白化而呈清晰网状花纹。

2. 铁过量的症状

实际生产中铁中毒不多见。在pH值低的酸性土壤和强还原性的嫌气条件土壤即水稻土中，三价铁离子被还原为二价铁离子，土壤中亚铁过多会使作物发生铁中毒。我国南方酸性渍水稻田常出现亚铁中毒。如果此时土壤供钾不足，植株含钾量低，根系氧化力下降，则对二价铁离子的氧化能力削弱，二价铁离子容易进入根系积累而致害。因此铁中毒常与缺钾及其他还原性物质的危害有关。单纯的铁中毒很少。水稻铁中毒，地上部生长受阻，下部老叶叶尖、叶缘脉间出现褐斑，叶色深暗，根部呈灰黑色，易腐烂等。宜对铁中毒的田块施石灰或磷肥、钾肥。旱作土壤一般不发生铁中毒。

3. 市场上主要的含铁化肥

最常用的铁肥是硫酸亚铁，俗称绿矾。尽管它的溶解性很好，但施入土壤后立即被固定，所以一般不在土壤施用，而采用叶面喷施，从叶片气孔进入植株以避免被土壤固定，对果树也采用根部注射法。螯合铁肥既可土壤施用，又可叶面喷施。

（九）铜

铜是植物必需元素，也是植物结构组分元素。植物根系主要吸收二价铜离子，土壤溶液中二价铜离子浓度很低，二价铜离子与各种配位体（氨基酸、酚类及其他有机阴离子）有很强的亲和力，形成的螯合态铜也被植物吸收，在木质部和韧皮部也以螯合态转运。作物吸收的铜量很少，这容易导致草食动物的铜营养不良。铜能强烈抑制植物对锌的吸收，反之亦然。

1. 铜缺乏的症状

植物缺铜一般表现为顶端枯萎，节间缩短，叶尖发白，叶片变窄变薄，扭曲，繁殖器官发育受阻、裂果。不同作物往往出现不同症状。麦类作物病株上位叶黄化，剑叶尤为明显，前端黄白化，质薄，扭曲披垂，坏死，不能展开，称"顶端黄化病"。老叶在叶舌处弯折，叶尖枯萎，呈螺旋或纸捻状卷曲枯死。叶鞘下部出现灰白色斑点，易感染霉菌性病害，称为"白瘟病"。轻度缺铜时抽穗前症状不明显，抽穗后因花器官发育不全，花粉败育，导致穗而不实，又称"直穗病"。至黄熟期病株保持绿色不褪，田间景观常黄绿斑驳。严重时穗发育不全、畸形，芒退化，并出现发育程度不同的大小不一的麦穗，有的甚至不能伸出叶鞘而枯萎死亡。草本植物缺铜，称"开垦病"，最早在新开垦地上发现，病株先端发黄或变褐，逐渐凋萎，穗部变形，结实率低。

柑橘、苹果和桃等果树缺铜，称"枝枯病"或"夏季顶枯病"。叶片失绿畸形，嫩枝弯曲，树皮上出现胶状水疱状褐色或赤褐色皮疹，逐渐向上蔓延，并在树皮上形成一道道纵沟，且相互交错重叠。雨季时流出黄色或红色的胶状物质。幼叶变成褐色或白色，严重时叶片脱落、枝条枯死。有时果实的皮部也流出胶样物质，形成不规则的褐色斑疹，果实小，易开裂，易脱落。

豆科作物缺铜，新生叶失绿、卷曲、老叶枯萎，易出现坏死斑点，但不失绿。蚕豆缺铜的形态特征是花由正常的鲜艳红褐色变为暗淡的漂白色。

甜菜、蔬菜中的叶菜类也易发生顶端黄化病。

物种之间对缺铜的敏感性差异很大，敏感作物主要是小麦、燕麦、玉米、菠菜、洋葱、莴苣、番茄、苜蓿和烟草，其次为白菜、甜菜，以及柑橘、苹果和桃等。其中小麦、燕麦是良好的缺铜指示作物。其他对铜反应强烈的作物有大麻、亚麻、水稻、胡萝卜、菠菜、苏丹草、李、杏、梨。耐受缺铜的作物有菜豆、豌豆、马铃薯、芦笋、黑麦、禾本科牧草、百脉根、大豆、羽扇豆、油菜和松树。黑麦对缺铜土壤有独特的耐受性，在不施铜的情况下，小麦完全绝产，而黑麦却生长健壮。小粒谷物对缺铜的敏感性顺序通常为：小麦>大麦>燕麦>黑麦。在新开垦的酸性有机土上种植的植物最先出现的营养性疾病常是缺铜症。许多地区有机土的底土层存在对铜的有效性产生不利影响的泥灰岩、磷酸石灰石或其他石灰性物质等沉积物，致使缺铜现象十分复杂。其余情况下土壤缺铜不普遍。根据作物外部症状进行判断，对新垦泥炭土地区的禾谷类作物"开垦病"和麦类作物的"顶端黄化病"以及果树的"枝枯病"均容易识别。

2. 铜过量的中毒症状

铜中毒症状是新叶失绿，老叶坏死，叶柄和叶的背面出现紫红色。新根生长受抑制，伸长受阻而畸形，支根量减少，严重时根尖枯死。铜中毒很像缺铁，由于铜能氧化二价铁离子变成三价铁离子，会阻碍植物对二价铁离子的吸收和铁在植物体内的转运，导致缺铁而出现叶片黄化。不同作物铜中毒表现不同。水稻插秧后不易成活，即使成活根也不易下扎，白根露出地表，叶片变黄，生长停滞。麦类作物根系变褐，盘曲不展，生长停滞，常发生萎缩症状，叶片前端扭曲、黄化。豌豆幼苗长至10~20 cm即停止生长，根粗短、无根瘤，根尖呈褐色枯死。萝卜主根生长不良，侧根增多，肉质根呈粗短的榔头形。柑橘叶片失绿，生长受阻，根系短粗，色深。铜毒害现象一般不常见。反复使用含铜杀虫剂（如波尔多液）后可能出现铜过量。

3. 市场上主要含铜化肥

最常用的铜肥是蓝矾，即五水硫酸铜，其水溶性很好，一般用来叶面喷施。螯合铜肥可以土壤施用和叶面喷施。

（十）锌

锌是必需元素，也是植物结构组分元素。植物主动吸收锌离子，因此早春低温对锌的吸收会有一定的影响。锌主要以锌离子形态从根部向地上部运输。锌容易积累在根系中，虽然从老叶向新叶转移锌的速度比铁、锰、铜等元素稍快一些，但还是很慢。

1. 锌缺乏的症状

锌在植物中不能迁移，因此缺锌症状首先出现在幼嫩叶片上和其他幼嫩植物器官上。许多作物公有的缺锌症状主要是植物叶片褪绿黄白化，叶片失绿，脉间变黄，出现黄斑花叶，叶片显著变小，常发生小叶丛生。生长缓慢、叶小、茎节间缩短，甚至节间生长完全停止。缺锌症状因物种和缺锌程度不同而有所差异。

果树缺锌的特异症状是"小叶病"，以苹果为典型。其特点是新梢生长失常。极度短缩，形态畸变，腋芽萌生，形成大量细瘦小枝，梢端附近轮生小而硬的花斑叶，密生成簇，故又名"簇叶病"。簇生程度与树体缺锌程度呈正相关。轻度缺锌，新梢仍能伸长，入夏后可能部分恢复正常。严重时，后期落叶，新梢由上而下枯死。如锌营养未能改善，则次年再度发生。柑橘类缺锌症状出现在新梢上、中部叶片，叶缘和叶脉保持绿色，脉间出现黄斑，黄色深，健部绿色浓，反差强，形成鲜明的黄斑叶，又称"绿肋黄化病"。严重时新叶小，前端尖，有时也出现丛生状的小叶，果小皮厚，果肉木质化，汁少，淡而乏味。桃树缺锌新叶变窄褪绿，逐渐形成斑叶，并发生不同度皱叶，枝梢短，近顶部节间呈莲座状簇生叶，提前脱落。果实多畸形，很少有实用价值。

玉米缺锌苗期出现白芽症状，又称"白苗""花白苗"，成长后称"花叶条纹病""白条干叶病"。3~5叶期开始出现症状，幼叶呈淡黄色至白色，特别从基部到2/3段更明显。轻度缺锌，气温升高时症状可以逐渐消退。植株拔节后如继续缺锌，在叶片中肋和叶缘之间出现黄白失绿条斑，形成宽而白化的斑块或条带，叶肉消失，呈半透明状，似白绸或塑膜状，风吹易撕裂。老叶后期病部及叶鞘常出现紫红色或紫褐色，病株节间缩短，植株稍矮化，根系变黑，抽雄吐丝延迟，甚至不能吐丝抽穗，或者抽穗后，果穗发育不良，形成缺粒不满尖的秃尖玉米棒。燕麦也发生"白苗病"，一般是幼叶失绿发白，下部叶片脉间黄化。

水稻缺锌引起的形态症状名称很多，大多称"红苗病"，又称"火烧苗"。出现时间一般在插秧后2~4周内。直播稻在立针后10天内。一般症状表现是新叶中脉及其两侧特别是叶片基部首先褪绿、黄化，有的连叶鞘脊部也黄化，以后逐渐转化为棕红色条斑，有的出现大量紫色小斑，遍布全叶，植株通常有不同程度的矮缩，严重时叶枕距平位或错位，老叶叶鞘甚至高于新叶叶鞘，称为"倒缩苗"或"缩苗"。如发生时期较早，幼叶发病时由于基部褪绿，不充实，使叶片展开不完全，出现前端展开而中后部折合，出叶角度增大的特殊形态。如症状持续到成熟期，植株极度矮化、色深、叶小而短似竹叶，叶鞘比叶片长，拔节困难，分蘖松散呈草丛状，成熟延迟，虽能抽出纤细稻穗，大多不实。

小麦缺锌节间短、抽穗扬花迟而不齐、叶片沿主脉两侧出现白绿条斑或条带。

棉花缺锌从第一片真叶开始出现症状，叶片脉间失绿，边缘向上卷曲，茎伸长受抑，节间缩短，植株呈丛生状，生育期推迟。

烟草缺锌下部叶片的叶尖及叶缘出现水渍状失绿坏死斑点，有时叶缘周围形成一圈淡色的"晕轮"，叶小而厚，节间短。

马铃薯缺锌生长受抑，节间短，植株矮缩，顶端叶片直立，叶小，叶面上出现灰色至古铜色的不规则斑点，叶缘上卷。严重时叶柄及茎上均出现褐点或斑块。

豆科作物缺锌生长缓慢，下部叶脉间变黄，并出现褐色斑点，逐渐扩大并连成坏死斑块，继而坏死组织脱落。大豆的特征是叶片呈柠檬黄色，蚕豆出现白苗，成长后上部叶片变黄、叶形变小。

叶菜类蔬菜缺锌新叶出现异常，有不规则的失绿，呈黄色斑点。番茄、青椒等果菜类缺锌呈小叶丛生状，新叶发生黄斑，黄斑渐向全叶扩展，还易感染病毒病。

对锌敏感的作物，果树中的苹果、柑橘、桃和柠檬，大田作物中的玉米、水稻以及菜豆、亚麻和啤酒花；其次是马铃薯、番茄、洋葱、甜菜、苜蓿和三叶草。不敏感的作物是燕麦、大麦、小麦和禾本科牧草等。

2. 锌过量中毒的症状

一般锌中毒症状是植株幼嫩部分或顶端失绿，呈淡绿色或灰白色，进而在茎、叶柄、叶的下表面出现红紫色或红褐色斑点，根伸长受阻。水稻锌中毒幼苗长势不良，叶片黄绿并逐渐萎蔫，分蘖少，植株低矮，根系短而稀疏。小麦叶尖出现褐色条斑，生长迟缓。豆类中的大豆、蚕豆、菜豆对过量锌敏感，大豆首先在叶片中肋出现赤褐色色素，随后叶片向外侧卷缩，严重时枯死。

3. 市场上主要含锌化肥

最常用的锌肥是七水硫酸锌，易溶于水，但吸湿性很强，氯化锌也溶于水，有吸湿性。氧化锌不溶于水。它们可作基肥、种肥，可溶性锌肥也可作叶面喷肥。

（十一）锰

锰是必需元素，也是植物结构组分元素。植物根系主要吸收二价锰离子，锰的吸收受代谢作用控制。与其他二价阳离子一样，锰也参加阳离子竞争。土壤pH值和氧化还原电位影响锰的吸收。植物体内锰的移动性很低，因为韧皮部汁液中锰的浓度很低。大多数重金属元素都是如此。锰的转运主要是以二价锰离子形态而不是有机络合态。锰优先转运到分生组织，因此植物幼嫩器官通常富含锰。植物吸收的锰大部分积累在叶片中。

1. 锰缺乏的症状

锰为较不活动元素。缺锰植物首先在新生叶片叶脉间绿色褪淡发黄，叶脉仍保持绿色，脉纹较清晰，严重缺锰时有灰白色或褐色斑点出现，但程度通常较浅，黄、绿色界不够清晰，常有对光观察才比较明显的现象。严重时病斑枯死，称为"黄斑病"或"灰斑病"，并可能穿孔。有时叶片发皱、卷曲甚至凋萎。不同作物表现症状有差异。

禾本科作物中燕麦缺锰症的特点是新叶叶脉间呈条纹状黄化，并出现淡灰绿色或灰黄色斑点，称"灰斑病"，严重时叶身全部黄化，病斑呈灰白色坏死，叶片螺旋状扭曲，破裂或折断下垂。

大麦、小麦缺锰早期叶片出现灰白色浸润状斑点，新叶脉间褪绿黄化，叶脉绿色，随后黄化部分逐渐变褐坏死，形成与叶脉平行的长短不一的短线状褐色斑点，叶片变薄变阔，柔软萎垂，特称"褐线萎黄症"。其中大麦症状更为典型，有的品种有节部变粗现象。

棉花、油菜幼叶首先失绿，叶脉间呈灰黄色或灰红色，显示网状脉纹，有时叶片还出现淡紫色及淡棕色斑点。

豆类作物如菜豆、蚕豆及豌豆缺锰称"湿斑病"，其特点是未发芽种子上出现褐色病斑，出苗后子叶中心组织变褐，有的在幼茎和幼根上也有出现。甜菜生育初期表现叶片直立，呈三角形，脉间呈斑块黄化，称"黄斑病"，继而黄褐色斑点坏死，逐渐合并延及全叶，叶缘上卷，严重坏死部分脱落穿孔。

番茄叶片脉间失绿，距主脉较远部分先发黄，随后叶片出现花斑，进一步全叶黄化，有时在黄斑出现前，先出现褐色小斑点。严重时生长受阻，不开花结实。

马铃薯叶脉间失绿后呈浅绿色或黄色，严重时脉间几乎全为白色，并沿叶脉出现许多棕色小斑。最后小斑枯死、脱落，使叶面残缺不全。

柑橘类幼叶淡绿色并呈现细小网纹，随叶片老化而网纹变为深绿色，脉间浅绿色，在主脉和侧脉附近出现不规则的深色条带，严重时叶脉间呈现许多不透明的白色斑点，使叶片呈灰白色或灰色，继而部分病斑枯死，细小枝条可能死亡。

苹果叶脉间失绿呈浅绿色，杂有斑点，从叶缘向中脉发展。严重时脉间变褐并坏死，叶片全部为黄色。其他果树也出现类似症状，但由于果树种类或品种不同，有些果树的症状并不限于新梢、幼叶，也可出现在中上部老叶上。

燕麦、小麦、豌豆、大豆被认为是锰的指示作物。根据作物外部缺锰症状进行诊断时需注意与其他容易混淆症状的区别。缺锰与缺镁：缺锰失绿首先出现在新叶上，缺镁首先出现在老叶上。缺锰与缺锌：缺锰叶脉黄化部分与绿色部分的色差没有缺锌明显。缺锰与缺铁：缺铁褪绿程度通常较深，黄绿间色界常明显，一般不出现褐斑，而缺锰褪绿程度较浅，且常发生褐斑或褐色条纹。

2. 锰过量的症状

锰会阻碍作物对钼和铁的吸收，往往使植物出现缺钼症状。锰中毒会诱发双子叶植物如棉花、菜豆等缺钙（皱叶病）。根一般表现颜色变褐、根尖损伤、新根少。叶片出现褐色斑点，叶缘白化或变成紫色，幼叶卷曲等。不同作物表现不同。水稻锰中毒植株叶色褪淡黄化，下部叶片、叶鞘出现褐色斑点。棉花锰中毒出现萎缩叶。马铃薯锰中毒在茎部产生线条状坏死。茶树受锰毒害叶脉呈绿色，叶肉出现网斑。柑橘锰过量出现异常落叶症，大量落叶，落下的叶片上通常有小型褐色斑和浓赤褐色较大斑，称"巧克力斑"。最初呈油渍状，以后鼓出于叶面，以叶尖、叶边缘分布多，落叶在果实收获前就开始，老叶不落，病树从春到秋发叶数减少，叶形变小。此外树势变弱，树龄短的幼树生长停滞。

3. 市场上主要含锰化肥

目前常用的锰肥主要是硫酸锰，易溶于水，速效，使用最广泛，适于喷施、浸种和拌种。其次为氯化锰、氧化锰和碳酸锰等。它们溶解性较差，可以作基肥施用。

（十二）钼

钼是必需元素，也是植物结构组分元素。钼主要以钼酸根阴离子形态被植物吸收。一般植株干物质中的钼含量是1×10^{-6}。由于钼的螯合形态，植物相对过量吸收后无明显毒害。土壤溶液中钼浓度较高时（大于4×10^{-9}以上），钼通过质流转运到植物根系，钼浓度低时则以扩散为主。在根系吸收过程中，硫酸根和钼酸根是竞争性阴离子。而磷酸根却能促进钼的吸收，这种促进作用可能产生于土壤中，因为土壤中水合氧化铁对阴离子的固定，磷和钼也处于竞争地位。根系对钼酸盐的吸收速率与代谢活动密切相关。钼以无机阴离子和有机钼-硫氨基酸络合物形态在植物体内移动。韧皮部中大部分钼存在于薄壁细胞中，因此钼在体内的移动性并不大。大量钼积累在根部和豆科作物根瘤中。

1. 钼缺乏的症状

植物缺钼症有两种类型：一种是叶片脉间失绿，甚至变黄，易出现斑点，新叶出现症状较迟；另一种是叶片瘦长畸形、叶片变厚，甚至焦枯。一般表现叶片出现黄色或橙黄色大小不一的斑点，叶缘向上卷曲呈杯状。叶肉脱落残缺或发育不全。不同作物的症状有差别。缺钼与缺氮相似，但缺钼叶片易出现斑点，边缘发生焦枯，并向内卷曲，组织失水而萎蔫。一般症状先在老叶上出现。

十字花科作物如花椰菜缺钼出现特异症状，如"鞭尾症"，先是叶脉间出现水渍状斑点，继之黄化坏死，破裂穿孔，孔洞继续扩大连片，叶子几乎丧失叶肉而仅在中肋两侧留有叶肉残片，使叶片呈鞭状或犬尾状。萝卜缺钼时也表现叶肉退化，叶裂变小，叶缘上翘，呈鞭尾趋势。

柑橘呈典型的"黄斑病"，叶片脉间失绿变黄，或出现橘黄色斑点。严重时叶缘卷曲，萎蔫而枯死。首先从老叶或茎的中部叶片开始，渐及幼叶及生长点，最后可导致整株死亡。

豆科作物叶片褪绿，出现许多灰褐色小斑并散布全叶，叶片变厚、发皱，有的叶片边缘向上卷曲呈杯状，大豆常见。

禾本科作物仅在严重时才表现叶片失绿，叶尖和叶缘呈灰色，开花成熟延迟，籽粒皱缩，颖壳生长不正常。

番茄在第一、第二真叶展开时叶片发黄，卷曲，随后新出叶片出现花斑，缺绿部分向上拱起，小叶上卷，最后小叶叶尖及叶缘均皱缩死亡。叶菜类蔬菜叶片脉间出现黄色斑点，逐渐向全叶扩展，叶缘呈水渍状，老叶深绿色至蓝绿色，严重时也显示"鞭尾病"症状。

敏感作物主要是豆科作物、十字花科作物如花椰菜、萝卜等，其次是柑橘以及蔬菜作物中的叶菜类和黄瓜、番茄等。需钼较多的作物有甜菜、棉花、胡萝卜、油菜、大豆、花椰菜、甘蓝、花生、紫云英、绿豆、菠菜、莴苣、番茄、马铃薯、甘薯、柠檬等。根据作物症状表现进行判断，典型的症状如花椰菜的"鞭尾病"，柑橘的"黄斑病"容易确诊。

2. 钼中毒的症状

钼中毒不易显现症状。茄科植物较敏感，症状表现为叶片失绿。番茄和马铃薯小枝呈红黄色或金黄色。豆科作物对钼的吸收积累量比非豆科作物大得多。采用施硫和锰及改善排水状况能减轻钼毒害。

3. 土壤中的钼

钼是化学元素周期表第五周期中唯一植物所需的元素。钼在地壳和土壤中含量极少，在岩石圈中，钼的平均含量约为2×10^{-6}。一般植株干物质中的钼含量是1×10^{-6}。钼在土壤中的主要形态包括：①处于原生和次生矿物的非交换位置；②作为交换态阳离子处于铁铝氧化物上；③存在于土壤溶液中的水溶态钼和有机束缚态钼。土壤pH值影响钼的有效性和移动性。与其他微量元素不同，钼对植物的有效性随土壤酸度的降低（土壤pH值升高）而增加。土壤pH值的升高使有效性钼大大增多。由此不难理解，施用石灰纠正土壤酸度可改善植物的钼营养。这正是大多数情况下纠正和防止缺钼的措施。而施用含铵盐的生理酸性肥料，如硫酸铵、硝酸铵等，则会降低植物吸钼量。土壤含水量低会削弱钼经质流和扩散由土壤向根表面运移，增加缺钼的可能性。土壤温度高有利于增大钼的可溶性。钼可被强烈地吸附在铁、铝氧化物上，其中一部分吸附态钼变得对植物无效，其余部分与土壤溶液中的钼保持平衡。当钼被根系吸收后，一些钼解吸进入土壤溶液中。正因这种吸附反应，在含铁量高，尤其是黏粒表面上的非晶形铁高时，土壤有效钼往往很低。磷能促进植物吸收和转移钼。而硫酸盐降低植物吸钼。铜和锰都对钼的吸收有拮抗作用。而镁的作用相反，它能促进钼的吸收。硝态氮明显促进植物吸收钼，而铵态氮对钼的吸收起相反作用。

4. 市场上主要含钼化肥

最常用的钼肥是钼酸铵，易溶于水，可用作基肥、种肥和追肥，喷施效果也很好。有时也使用钼酸钠，也是可溶性肥料。三氧化钼为难溶性肥料，一般不太使用。

（十三）氯

氯是必需元素。到目前为止人们对氯营养的研究还很不够，因为氯在自然界中广泛存在并且容易被植物吸收，所以大田中很少出现缺氯现象，有人认为，植物需氯几乎与需硫一样多。其实一般植物含氯100 ~ 1 000 mg/kg即可满足正常生长需要，在微量元素范围，但大多数植物中含氯高达2 000 ~ 20 000 mg/kg，已达中、大量元素水平，可能是因为氯的吸收跨度较宽。人们普遍担心的是氯过量影响农产品的产量和品质。土壤中的氯主要以质流形式向根系供应。氯以氯离子形态通过根系被植物吸收，地上部叶片也可以从空气中吸收氯。植物中积累的正常氯浓度一般为0.2% ~ 2.0%。

1. 氯缺乏的症状

植物缺氯时根细短，侧根少，尖端凋萎，叶片失绿，叶面积减少，严重时组织坏死，由局部遍及全叶，不能正常结实。幼叶失绿和全株萎蔫是缺氯的两个最常见症状。

番茄表现为下部叶的小叶尖端首先萎蔫，明显变窄，生长受阻。继续缺氯，萎蔫部分坏死，小叶不能恢复正常，有时叶片出现青铜色，细胞质凝结，并充满细胞间隙。根短缩变粗，侧根生长受抑。及时加氯可使受损的基部叶片恢复正常。莴苣、甘蓝和苜蓿缺氯，叶片萎蔫，侧根粗短呈棒状，幼叶叶缘上卷呈杯状，失绿，尖端进一步坏死。

棉花缺氯叶片凋萎，叶色暗绿，严重时叶缘干枯，卷曲，幼叶发病比老叶重。

甜菜缺氯叶片生长缓慢，叶面积变小，脉间失绿，开始时与缺锰症状相似。甘蔗缺氯根长较短，侧根较多。

大麦缺氯叶片呈卷筒形，与缺铜症状相似。玉米缺氯易感染茎腐病，病株易倒伏，影响产量和品质。

大豆缺氯易患猝死病。三叶草缺氯首先表现为最幼龄小叶卷曲，继而刚展开的小叶皱缩，老龄小叶出现局部棕色坏死，叶柄脱落，生长停止。由于氯的来源广，大气、雨水中的氯远超过作物每年的需要量，即使在实验室的水培条件下因空气污染也很难诱发缺氯症状。因此大田生产条件下不易发生缺氯症。椰子、油棕、洋葱、甜菜、菠菜、甘蓝、芹菜等是喜氯作物。氯化钠或海水可使椰子产量提高。

2. 氯中毒的症状

从农业生产实际看，氯过量比缺氯更被人担心。氯过量主要表现是生长缓慢，植株矮小，叶片少，叶面积小，叶色发黄，严重时叶尖呈烧灼状，叶缘焦枯并向上卷筒，老叶死亡，根尖死亡。另外氯过量时种子吸水困难，发芽率降低。氯过量主要的影响是增加土壤水的渗透压，从而降低水对植物的有效性。另外一些木本植物，包括大多数果树及浆果类、蔓生植物和观赏植物对氯特别敏感，当氯离子含量达到干重的0.5%时，植物会出现叶烧病症状，烟草、马铃薯和番茄叶片变厚且开始卷曲，对马铃薯块茎的储藏品质和烟草熏制品质都有不良影响。氯过量对桃、鳄梨和一些豆科植物作物也有害。作物氯害的一般表现是生长停滞、叶片黄化，叶缘似烧伤，早熟性发黄及叶片脱落。作物种类不同，症状有差异。小麦、大麦、玉米等叶片无异常特征，但分蘖受抑。水稻叶片黄化并枯萎，但与缺氮叶片均匀发黄不同，开始时叶尖黄化而叶片其余部分仍保持深绿。柑橘典型氯毒害叶片呈青铜色，易发生异常落叶，叶片无外表症状，叶柄不脱落。葡萄氯毒害叶片严重烧边。油菜、小白菜于三叶期后出现症状，叶片变小，变形，脉间失绿，叶尖叶缘先后枯焦，并向内弯曲。甘蔗氯毒害时根较短，无侧根。马铃薯氯毒害主茎萎缩、变粗，叶片褪淡黄化，叶缘卷曲有焦枯。影响马铃薯产量及淀粉含量。甘薯氯毒害叶片黄化，叶面上有褐斑。茶树氯毒害叶片黄化，脱落。烟草氯毒害主要不在产量而在品质方面，氯过量使烟叶糖/氮比升高，影响烟丝的吸味和燃烧性。

氯对所有作物都是必需的，但不同作物耐受氯的能力差别很大。耐氯强的有甜菜、水稻、谷子、高粱、小麦、大麦、玉米、黑麦草、茄子、豌豆、菊花等。耐氯中等的有棉花、大豆、蚕豆、油菜、番茄、柑橘、葡萄、茶、苎麻、葱、萝卜等。不耐氯的有莴苣、紫云英、四季豆（菜豆）、马铃薯、甘薯、烟草等。

3. 土壤中的氯

氯是植物必需养分中唯一的第七主族元素又叫卤族元素，也是唯一的气体非金属微量元素。一般认为，土壤中大部分氯来自包裹在土壤母质中的盐类、海洋气溶胶或火山喷发物。几乎土壤中所有的氯都曾一度存在于海洋中。土壤中大多数氯通常以氯化钠、氯化钙、氯化镁等可溶性盐类形式存在。人为活动带入土壤的氯也是一个不小的来源。氯经施肥、植物保护药剂和灌溉水进入土壤。大多数情况下，氯是伴随其他养分元素进入土壤的，包括氯化铵、氯化钾、氯化镁、氯化钙等。此外，人类活动使局部地区环境恶化，氯离子含量过高，如用食盐水去除路面结冰、用氯化物软化用水、提取石油和天然气时盐水的外溢、处理牧场废物和工业盐水等各种污染。除极酸性土壤外，氯离子在大多数土壤中移动性很大，所以能在土壤系统中迅速循环。氯离子在土壤中迁移和积累的数量和规模极易受水循环的影响。在土壤内排水受限制的地方将积累氯。氯化物又能从土壤表面以下几米深处的地下水中通过毛细管作用运移到根区，在地表或近地表处积累起来。如果灌溉水中含大量氯离子，或没有足够的水淋洗积累在根区的氯离子，或地下水位高，排水条件不理想，致使氯离子通过毛细管移入根区时，土壤中可能出现氯过量。

4. 市场上主要含氯化肥

海潮、海风、降水可以带来足够的氯，只有远离海边的地方和淋溶严重的地区才可能缺氯。人类活动产生的含氯三废可能给局部地区带来过量的氯，造成污染。专门施用氯肥的情况很少见。大多数情况下，氯是伴随其他养分元素进入土壤的，包括氯化铵、氯化钾、氯化镁、氯化钙等。我国广东、广西、福建、浙江、湖南等地曾有施用农盐的习惯，主要用于水稻，有时也用于小麦、大豆和蔬菜。农盐中除含大量氯化钠外，还有相当数量镁、钾、硫和少量硼。氯化钠可使水稻、甜菜增产，亚麻品质改善。这时除了氯的作用外，还有钠的营养作用。

第二节 有机肥料的作用与合理施用

我国有机肥资源很丰富，但利用率却很低，目前有机肥资源实际利用率不足40%。其中，畜禽粪便养分还田率为50%左右，秸秆养分直接还田率为35%左右。增施有机肥料是替代化肥的一个重要途径，也是解决农业生产自身污染的"双面"有效办法。

一、有机肥概述

（一）有机肥的概念

有机肥肥料是指有大量有机物质的肥料。这类肥料在农村可就地取材，就地积制，对生态农业的发展起着很大的作用。

（二）有机肥的特点

有机肥料种类多，来源广、数量大、成本低、肥效长，有以下几个特点。

（1）养分全面。它不但含有作物生育所必需的大量、中量和微量营养元素，而且还含有丰富的有机质，其中包括胡敏酸、维生素、生长素和抗生素等物质。

（2）肥效缓。有机肥料中的植物营养元素多呈有机态必须经过微生物的转化才能被作物吸收利用，因此，肥效缓慢。

（3）对培肥地力有重要作用。有机肥不仅能够供应作物生长发育需要的各种养分，而且还含有有机质和腐殖质，能改善土壤耕性。协调水、气、热、肥力因素，提高土壤的保水保肥能力。有机肥对增加作物营养，促进作物健壮生长，增强抗逆能力，降低农产品成本，提高经济效益，培肥地力，促进农业良性循环有着极其重要的作用。

（4）有机肥料中含有大量的微生物，以及各种微生物的分泌物，如酶、刺激素、维生素等生物活性物质。

（5）现在的有机肥料一般养分含量较低，施用量大，费工费力。因此，需要提高质量。

（三）有机肥料的作用

增施有机肥料是提高土壤养分供应能力的重要措施。有机肥中含氮、磷、钾大量营养元素以及植物所需的各种营养元素，施入土壤后，一方面，经过分解逐步释放出来，成为无机状态，可使植物直接摄取，提供给作物全面的营养，减少微量元素缺乏症。另一方面，经过合成，部分形成腐殖质，促使土壤中生成各级粒径的团聚体，可贮藏大量有效水分和养分，使土壤内部通气良好，增强土壤的保水、保肥和缓冲性能，供肥时间稳定且长效，能使作物前期发棵稳长，使营养生长与生殖生长协调进行，生长后期仍能供应营养物质，延长植株根系和叶片的功能时间，使生产期长的间套作物丰产丰收。

二、有机肥料的施用

有机肥料种类较多、性质各异，在使用时应注意各种有机肥的成分、性质，做到合理施用。

（一）动物质有机肥的施用

动物肥料有人粪尿、家畜粪尿、家禽粪、厩肥等。人粪尿含氮较多，而磷、钾较少，所以常做氮肥施用。家畜粪尿中磷、钾的含较高，而且一半以上为速效性，可用作速效磷、钾肥料。马粪和牛粪由于分解慢，一般用作厩肥或堆肥基料较好，腐熟后作基肥使用。人粪和猪粪腐熟较快，可做基肥，也可作追肥加水浇施。厩肥是家畜粪尿和各种垫圈材料混合积制的肥料，新鲜厩肥中的养料主要为有机态，作物大多不能直接利用，待腐熟后才能施用。

有机肥料腐熟的目的是释放养分，提高肥效，避免肥料在土壤中腐熟时产生某些对作物不利的影响。如与幼苗争夺水分、养分或因局部地方产生高温、氮浓度过高而引起的烧苗现象等，有机肥料的腐熟过程是通过微生物的活动，使有机肥料发生两方面的变化，从而符合农业生产的需要。在这个过程中，一方面是有机质的分解，增加肥料中的有效养分；另一方面是有机肥料中的有机物由硬变软，质地由不均匀变得比较均匀，并在腐熟过程中，使杂草种子和病菌虫卵大部分被消灭。

（二）植物质有机肥的施用

植物质肥料中有饼肥、秸秆等。饼肥为肥分较高的优质肥料，富含有机质、氮素，并含有相当数量的磷、钾及各种微量元素，饼肥中氮磷多呈有机态，为迟效性有机肥。作物秸秆也富含有机质和各种作物营养元素，是目前生产上有机肥的主要原料来源，多采用厩肥或高温堆肥的方式进行发酵腐熟后作为基肥施用。

随着生产力的提高，特别是灌溉条件的改善，在一些地方也应用了作物秸秆直接还田技术。在应用秸秆还田时需注意保持土壤墒足和增施氮素化肥，由于秸秆还田的碳氮比较大，一般为（60～100）∶1，作物秸秆分解的初期，首先需要吸收大量的水分软化和吸收氮素来调整碳氮比，一般分解适宜的碳氮比为25∶1，所以应保持足墒和增施氮素化肥，否则会引起干旱和缺氮。试验证明，小麦、玉米、油菜等秸秆直接还田，在不配施氮、磷肥的条件下，不但不增产，相反还有较大程度的减产。另外，在一些高产地区和高产地块目前秋季玉米秸秆产量较大，全部还田后加上耕层浅，掩埋不好，上层变暄，容易造成小麦苗根系悬空和缺乏氮肥而发育不良甚至死亡。

在一些秋作物上，如玉米、棉花、大豆等适当采用麦糠、麦秸覆盖农田新技术，利用夏季高温多雨等有利气象因素，能蓄水保墒抑制杂草生长，增加土壤有机质含量，提高土壤肥力和肥料利用力，能改变土壤、水、肥、气、热条件，能促进作物生长发育增产增收。该技术节水、节能、省劳力，经济效益显著，是发展高效农业，促进农业生产持续稳定发展的有效措施。采用麦糠、麦秸覆盖，有以下优点。其一，可以减少土壤水分蒸发、保蓄土壤水分。试验证明，玉米生长期覆盖可多保水154 mm，较不覆盖节水29%。其二，可提高土壤肥力，覆盖一年后氮、磷、钾等营养元素含量均有不同程度的提高。其三，能改变土壤不良理化性状。覆盖保墒改变了土壤的环境条件，使土壤湿度增加，耕层土壤通透性变好，田块不裂缝，不板结，增加了土壤团粒结构，土壤容量下降0.03%～0.06%。其四，能抑制田间杂草生长。据调查，玉米覆盖的地块比不覆盖地块杂草减少13.6%～71.4%。由于杂草减少，土壤养分消耗也相对减少，同时提高了肥料的利用率。其五，夏季覆盖能降低土壤温度，有利于农作物的生长发育。覆盖较不覆盖的农作物株高、籽粒、千粒重、秸草量均有不同程度的增加，一般玉米可增产10%～20%。麦糠、麦秸覆盖是一项简单易行的土壤保墒增肥措施，覆盖技术应掌握适时适量，麦秸应破碎不宜过长。一般夏玉米覆盖应在玉米长出6～7片叶时进行，每亩撒秸料300～400 kg，夏棉花覆盖于7月初，棉花株高30 cm左右时进行，在株间均匀撒麦秸每亩300 kg左右。

施用有机肥不但能提高农产品的产量，而且还能提高农产品的品质，净化环境，促进农业生产的生态良性循环。另外还能降低农业生产成本，提高经济效益。所以搞好有机肥的积制和施用工作，对增强农业生产后劲，保证生态农业健康稳定发展，具有十分重要的意义。

三、当前推进有机肥利用的几项措施

第一，推广机械施肥技术，为秸秆还田、有机肥积造等提供有利条件，解决农村劳动力短缺的问题。

第二，推进农牧结合，通过在肥源集中区、规模化畜禽养殖场周边、畜禽养殖集中区建设有机肥生产车间或生产厂等，实现有机肥资源化利用。

第三，争取扶持政策，以补助的形式鼓励新型经营主体和规模经营主体增加有机肥施用量，引导农民积造农家肥、应用有机肥。

第四，创新服务机制，发展各种社会化服务组织，推进农企对接，提高有机肥资源的服务化水平。

第五，加强宣传引导，加大对新型经营主体和规模经营主体科学施肥的培训力度，营造有机肥应用的良好氛围。

第三节　合理施用化学肥料

在增施有机肥的基础上，合理施用化学肥料，是调节作物营养，提高土壤肥力，获得农业持续高产的一项重要措施。但是盲目地施用化肥，不仅会造成浪费，还会降低作物的产量和品质。特别是在目前情况下，应大力提倡经济有效地施用化肥，使其充分有效发挥化肥效应，提高化肥的利用率，降低生产成本，获得最佳产量，并防止造成污染。

一、化学肥料的概念和特点

一般认为凡是用化学方法制造的或者采矿石经过加工制成的肥料统称为化学肥料。

从化肥的施用方面来看，化学肥料具有以下几个方面的特点。

（1）养分含量高，成分单一。与有机肥相比它养分含量高，成分单一，并且便于运输、贮存和施用。

（2）肥效快，肥效短。化学肥料一般易溶于水，施入土壤后能很快被作物吸收利用，肥效快；但也能挥发和随水流失，肥效不持久。

（3）有酸碱反应。化学肥料有两种不同的酸碱反应，即化学酸碱反应和生理酸碱反应。化学酸碱反应指肥料溶于水中以后的酸碱反应。如过磷酸钙是酸性，碳酸氢铵为碱性，尿素为中性。

生理酸碱反应指经作物吸收后产生的酸碱反应。生理碱性肥料是作物吸收肥料中的阴离子多于阳离子，剩余的阳离子与胶体代换下来的碳酸氢根离子形成重碳酸盐，水解后产生氢氧根离子，增加了土壤溶液的碱性。如硝酸钠肥料。生理酸性肥料是作物吸收肥料中的阳离子多于阴离子，使从胶体代换下来的氢离子增多，增加了土壤溶液的酸性。如硫酸铵肥料。

（4）不含有机物质，单纯大量使用会破坏土壤结构。化学肥料一般不含有机物质，它不能改良土壤，在施用量大的情况下，长期单纯施用某一种化肥会破坏土壤结构，造成

土壤板结。

基于化学肥料的以上特点，在施用时要求技术要严，要十分注意平衡、经济施用，使化肥在农业生产中发挥更大的作用。并且要防止土壤板结和土壤肥力下降。

二、化肥的合理施用原则

合理施用化肥，一般应遵循以下几个原则。

（一）根据化肥性质，结合土壤、作物条件合理选用肥料品种

在目前化肥不充足的情况下，应优先在增产效益高的作物上施用，使之充分发挥肥效。一般在雨水较多的夏季不要施用硝态氮肥，因为硝态氮易随水流失。在盐碱地不要大量施用氯化铵，因为氯离子会加重盐碱危害。薯类含碳水化合物较多，最好施用铵态氮肥，如碳酸氢铵、硫酸铵等。小麦分蘖期喜欢硝态氮肥，后期则喜欢铵态氮肥，应根据不同时期施用相应的化肥品种。

（二）根据作物需肥规律和目标产量，结合土壤肥力和肥料中养分含量以及化肥利用率确定适宜的施肥时期和施肥量

不同作物对各种养分的需求量不同。试验表明，一般亩产100 kg的小麦需从土壤中吸收3 kg纯氮，1.3 kg五氧化二磷，2.5 kg氧化钾；亩产100 kg的玉米需从土壤中吸收2.5 kg纯氮，0.9 kg五氧化二磷，2.2 kg氧化钾；亩产100 kg的花生（果仁）需从土壤中吸收7 kg纯氮，1.3 kg五氧化二磷，3.9 kg氧化钾；亩产100 kg的棉花（棉籽）需从土壤中吸收纯氮5 kg，五氧化二磷1.8 kg，氧化钾4.8 kg。根据作物目标产量，用化学分析的方法或田间试验的方法，首先诊断出土壤中各种养分的供应能力，再根据肥料中有效成分的含量和化肥利用率，用平衡施肥的方法计算出肥料的施用量。

作物不同的生育阶段，对养分的需求量也不同，还应根据作物的需肥规律和土壤的保肥性来确定适宜的施肥时期和每次数量。在通常情况下，有机肥、磷肥、钾肥和部分氮肥作为基肥一次施用。一般作物苗期需肥量少，在底肥充足的情况下可不追施肥料；如果底肥不足或间套种植的后茬作物未施底肥时，苗期可酌情追施肥料，应早施少施，追施量不应超过总施肥量的10%，作物生长中期，即营养生长和生殖生长并进期，如小麦起身期、玉米拔节期、棉花花铃期、大豆和花生初花期、白菜包心期，生长旺盛，需肥量增加，应重施追肥；作物生长后期，根系衰老，需肥能力降低，一般追施肥料效果较差，可适当进行叶面喷肥，加以补充，特别是双子叶作物叶面吸肥能力较强，后期喷施肥料效果更好，作物的一次追肥数量，要根据土壤的保肥能力确定。一般砂土地保肥能力差，应采用少施勤施的原则，一次亩追施标准氮肥（硫酸铵）不宜超过15 kg；两合土保肥能力中等，每次亩追施标准氮肥不宜超过30 kg；黏土地保肥能力强，每次亩追施标准氮肥不宜超过40 kg。

（三）根据土壤、气候和生产条件，采用合理的施肥方法

肥料施入土壤后，大部分会被植物吸收利用或被胶体吸附保存起来，但是还有一部分会随水渗透流失或形成气体挥发，所以要采用合理的施肥方法。因此，一般要求基肥应深施，结合耕地边耕边施肥，把肥料翻入土中；种肥应底施，把肥料条施于种子下面或种子一旁下侧，与种子隔离；追肥应条施或穴施，不要撒施，应施在作物一侧或两侧的土层中，然后覆土。

硝态氮肥一般不被胶体吸附，容易流失，提倡灌水或大雨后穴施在土壤中。

铵态和酰铵态氮肥，在砂土地的雨季也提倡大雨后穴施，施后随即盖土，一般不应在雨前或灌水前撒施。

第四节　应用叶面喷肥技术

叶面喷肥是实现作物高效种植的重要措施之一，一方面，作物高效种植，生产水平较高，作物对养分需要量较多；另一方面，作物生长初期与后期根部吸收能力较弱，单一由根系吸收养分已不能完全满足生产的需要。叶面喷肥作为强化作物营养和防治某些缺素症的一种施肥措施，能及时补充营养，可较大幅度地提高作物产量，改善农产品品质，是一项肥料利用率高、用量少而经济有效的施肥技术措施。实践证明，叶面喷肥技术在农业生产中有较大增产潜力。现把叶面喷肥在主要农作物上的应用技术和增产作用介绍如下。

一、叶面喷肥的特点及增产效应

（一）养分吸收快

叶面肥由于喷施于作物叶表，各种营养物质可直接从叶片进入体内，直接参与作物的新陈代谢过程和有机物的合成过程，吸收养分快。据测定，玉米4叶期叶面喷用硫酸锌，3.5 h后上部叶片吸收已达11.9%，48 h后已达53.1%。如果通过土壤施肥，施入土壤中首先被土壤吸附，然后再被根系吸收，通过根、茎输送才能到达叶片，这种养分转化输送过程最快也必须经过80 h以上。因此，无论从速度、效果哪一方面讲，叶面喷肥都比土壤施肥的作用来得及时、显著。在土壤中，一些营养元素供应不足，成为作物产量的限制因素时，或需要量较小，土壤施用难以做到均匀有效时，利用叶面喷施反应迅速的特点，在作物各个生长时期及不同阶段喷施叶面肥，以协调作物对各种营养元素的需要与土壤供肥之间的矛盾，促进作物营养均衡、充足，保持健壮生长发育，才能使作物高产优质。

（二）光合作用增强，酶的活性提高

在形成作物产量的若干物质中，90%～95%来自光合作用的产物。但光合作用的强

弱，在同样条件下和植株内的营养水平有关。作物叶面喷肥后，体内营养均衡、充足，促进了作物体内各种生理进程的进展，显著提高了光合作用的强度。据测定，大豆叶面喷施后平均光合强度达到22.69 mg/（dm^2·h），比对照提高了19.5%。

作物进行正常代谢必不可少的条件是酶的参与，这是作物生命活动最重要的因素，其中，也有营养条件的影响，因为许多作物所需的常量元素和微量元素是酶的组成部分或活性部分。如铜是抗坏血酸氧化镁的活性部分，精氨酸酶中含有锰，过氧化氢酶和细胞色素中含有铁、氨、磷和硫等营养元素。叶面喷施能极明显地促进酶的活性，有利于作物体内各种有机物的合成、分解和转变。试验表明，花生在荚果期喷施叶面肥，固氮酶活性可提高5.4% ~ 24.7%叶面喷肥后能促进根、茎、叶各部位酶的活性提高15% ~ 31%。

（三）肥料用料省，经济效益高

叶面喷肥用量少，既可高效能利用肥料，也可解决土壤施肥常造成一部分肥料被固定而降低使用效率的问题。叶面喷肥效果大于土壤施肥。如叶面喷硼肥的利用率是施基肥的8.18倍；洋葱生长期间，每亩用0.25 kg硫酸锰加水喷施与土壤撒施7 kg的硫酸锰效果相同。

二、主要作物叶面喷肥技术

叶面喷肥一般是以肥料水溶液形式均匀地喷洒在作物叶面上。实践证明，肥料水溶液在叶片上停留的时间越长，越有利于提高利用率。因此，在中午烈日下和刮风天喷洒效果较差，以无风阴天和晴天9:00前或16:00后进行为宜。由于不同作物对某种营养元素的需要量不同，不同土壤中多种营养元素含量也有差异，所以不同作物在不同地区叶面施用肥料效果也差别很大。现把一些肥料在主要农作物上叶面喷施的试验结果分述如下。

（一）小麦

尿素：亩用量0.5 ~ 1 kg，兑水40 ~ 50 kg，在拔节至孕穗期喷洒，可增产8% ~ 15%。磷酸二氢钾：亩用量150 ~ 200 g，兑水40 ~ 50 kg，在抽穗期喷洒，可增产7% ~ 13%。以硫酸锌和硫酸锰为主的多元复合微肥亩用量200 g，兑水40 ~ 50 kg，在拔节至孕穗期喷洒，可增产10%以上。

综合应用技术，在拔节期喷微肥，灌浆期喷硫酸二氢钾，缺氧发黄田块增加尿素，对预防常见的干热风危害作物较好。蚜虫发生较重的田块，结合防蚜虫进行喷施。可起到一喷三防的作用，一般增加穗粒数1.2 ~ 2个，提高千粒重1 ~ 2 g，亩增产30 kg左右，增产20%以上。

（二）玉米

近年来玉米植株缺锌症状明显，应注意增施硫酸锌，亩用量100 g，加水40 ~ 50 kg，在出苗后15～20天喷施，隔7～10天再喷1次，可增长穗长0.2～0.8 cm；秃尖长度减少0.2～0.4 cm，千粒重增加12～13 g，增产15%以上。

（三）棉花

棉花生育期长，对养分的需要量较大，而且后期根系功能明显减退，但叶面较大且吸肥功能较强，叶面喷肥有显著的增产作用。

喷氮肥防早衰：在8月下旬至9月上旬，用1%尿素溶液喷洒，每亩40～50 kg，隔7天左右喷1次，连喷2～3次，可促进光合作用，防早衰。

喷磷促早熟：从8月下旬开始，用过磷酸钙1 kg加水50 kg，溶解后取其过滤液，每亩用50 kg，隔7天喷1次，连喷2～3次，可促进种子饱满，增加铃重，提早吐絮。

喷硼攻大桃：一般从铃期开始用千分之一硼酸水溶液喷施，每亩用50 kg，隔7天喷1次，连喷2～3次，有利于多坐桃、结大桃。

综合性叶面棉肥：每亩每次用量250 g，加水40 kg，在盛花期后喷施2～3次，一般增产15.2%～31.5%。

（四）大豆

大豆对钼反应敏感，在苗期和盛花期喷施浓度为0.05%～0.1%的钼酸铵溶液每亩每次50 kg，可增产13%左右。

（五）花生

花生对锰、铁等微量元素敏感，"花生王"是以该两种元素为主的综合性施肥，从初花期到盛花期，每亩每次用量200 g，加水40 kg喷洒2次，可使根系发达，有效侧枝增多，结果多，饱果率高。一般增产20%～35%。

（六）叶菜类蔬菜（如大白菜、芹菜、菠菜等）

叶菜类蔬菜产量较高，在各个生长阶段需氮较多，叶面肥以尿素为主，一般喷施浓度为2%，每亩每次用量50 kg，在中后期喷施2～4次，另外中期喷施0.1%浓度的硼砂溶液1次，可防止发生芹菜"茎裂病"、菠菜"矮小病"、大白菜"烂叶病"。一般增产15%～30%。

（七）瓜果类蔬菜（如黄瓜、番茄、茄子、辣椒等）

此类蔬菜一生对氮磷钾肥的需要比较均衡，叶面喷肥以磷酸二氢钾为主，喷施浓度以0.5%为宜，每亩每次用量50 kg。在中后期喷施3～5次，可增产8.6%。

（八）根茎类蔬菜（如大蒜、洋葱、萝卜、马铃薯等）

此类蔬菜一生中需磷钾较多，叶面喷肥应以磷钾为主，喷施硫酸钾浓度为0.2%或3%

过磷酸钙加草木灰浸出液，每亩每次用量50 kg液，在中后期喷施3～4次。另外萝卜在苗期和根膨大期各喷1次0.1%的硼酸溶液。每亩每次用量40 kg，可防治"褐心病"。一般可增产17%～26%。

随着高效种植和产量效益的提高，一种作物同时缺少几种养分的现象将普遍发生，今后的发展方向将是多种肥料混合喷施，可先预备一种肥料溶液，然后按用量加入其他肥料，而不能先配制好几种肥液再混合喷施。在加入多种肥料时应考虑各种肥料的化学性质，在一般情况下起反应或拮抗作用的肥料应注意分别喷施。如磷、锌有拮抗作用，不宜混施。

叶面喷施在农业生产中虽有独到之功，增产潜力很大，应该不断总结经验加以完善，但叶面喷肥不能完全替代作物根部土壤施肥。因为根部比叶面有更大更完善的吸收系统。我们必须在土壤施肥的基础上。配合叶面喷肥，才能充分发挥叶面喷肥的增效、增产、增质作用。

第五节　推广应用测土配方施肥技术

测土配方施肥技术是对传统施肥技术的深刻变革，是建立在科学理论基础之上的一项农业实用技术，对搞好农业生产具有十分重要的意义。开展测土配方施肥工作既是提高作物单产、保障农产品安全的客观要求，也是降低生产成本、促进节本增效的重要途径；既是节约能源消耗、建设节约型社会的重大行动，也是不断培肥地力、提高耕地产出能力的重要措施；既是提高农产品质量、增强农业竞争力的重要环节，也还是减少肥料流失、保护农业生态环境的需要。

一、测土配方施肥的内涵

1983年，为了避免施肥学术领域中概念混乱，农业部在广东湛江地区召开的配方施肥会议上，将全国各地所说的"平衡施肥"统一定名为测土配方施肥。其内涵是指：综合运用现代农业科技成果，根据作物需肥规律、土壤供肥性能与肥料效应，在以有机肥为基础的条件下，产前提出氮、磷、钾和微肥的适宜用量和比例以及相应的施肥技术。通过测土配方施肥满足作物均衡吸收各种营养，维持土壤肥力水平，减少养分流失和对环境的污染，达到高产、优质和高效的目的。

测土配方施肥的关键是确定不同养分的配比和施肥量。一是根据土壤供肥能力、植物营养需求、肥料效应函数等，确定需要通过施肥补充的元素种类及数量；二是根据作物营养特点、不同肥料的供肥特性，确定施肥时期及各时期的肥料用量；三是制定与施肥相配套的农艺措施，选择切实可行的施肥方法，实施施肥。

二、测土配方施肥的三大程序

（一）测土

摸清土壤的家底，掌握土壤的供肥性能。就像医生看病，首先是进行把脉问诊。

（二）配方

根据土壤缺什么，确定补什么，就像医生针对病人的病症开处方抓"药"。其核心是根据土壤、作物状况和产量要求，产前确定施用肥料的配方、品种和数量。

（三）施肥

执行上述配方，合理安排基肥和追肥比例，规定施用时间和方法，以发挥肥料的最大增产作用。

三、测土配方施肥的理论依据

（一）养分归还学说

1840年，德国著名农业化学家、现代农业化学的倡导者李比希在英国有机化学学会上做了"化学在农业和生理学上的应用"的报告，在该报告中，他系统地阐述了矿质营养理论，并以此理论为基础，提出了养分归还学说。矿质营养理论和养分归还学说，归纳起来有以下4个方面。其一，一切植物的原始营养只能是矿物质，而不是其他任何别的东西。其二，由于植物不断地从土壤中吸收养分并把它们带走，所以土壤中这些养分将越来越少，从而缺乏这些养分。其三，采用轮作和倒茬不能彻底避免土壤养分的匮乏和枯竭，只能起到减轻或延缓的作用，或是使现存养分利用得更协调些。其四，完全避免土壤中养分的损失是不可能的，要想恢复土壤中原有物质成分，就必须施用矿质肥料使土壤中营养物质的损耗与归还之间保持着一定的平衡，否则，土壤将会枯竭，逐渐成为不毛之地。

种植农作物每年带走大量的土壤养分，土壤虽是个巨大的养分库，但并不是取之不尽的，必须通过施肥的方式，把某些作物带走的养分"归还"于土壤，才能保持土壤有足够的养分供应容量和强度。我国每年以大量化肥投入农田，主要是以氮、磷两大营养元素为主，而钾素和微量养分元素归还不足。

（二）最小养分律

1843年，德国著名农业化学家李比希在矿质理论和养分归还学说的基础上，提出了"农作物产量受土壤中那个相对含量最小养分的制约"。随着科技的发展和生产实践，目前对最小养分应从以下5个方面进行理解。第一，最小养分是指按照作物对养分的需要来讲，土壤中相对含量最少的那种养分，而不是土壤中绝对含量最少的养分。第二，最小养分是限制作物产量的关键养分，为了提高作物产量必须首先补充这种养分，否则，提高作物产量将是一句空话。第三，最小养分因作物种类、产量水平和肥料施用状况而有所变化，当某种最小养分增加到能够满足作物需要时，这种养分就不再是最小养分了，而是另一种养分又会成为新的最小养分。第四，最小养分可能是大量元素，也可能是微量元素，一般而言，大量元素因作物吸收量大，归还少，土壤中含量不足或有效性低，而转移成为最小养分。第五，某种养分如果不是最小养分，即使把它增加再多也不能提高产量，而只能造成肥料的浪费。

测土配方施肥首先要发现农田土壤中的最小养分，测定土壤中的有效养分含量，判定各种养分的肥力等级，择其缺乏者施以某种养分肥料。

（三）各种营养元素同等重要与不可替代律

植物所需的各种营养元素，不论他们在植物体内的含量多少，均具有各自的生理功能，它们各自的营养作用都是同等重要的。每一种营养元素具有其特殊的生理功能，是其他元素不能代替的。

（四）肥料效应报酬递减律

肥料效应报酬递减律其内涵指施肥与产量之间的关系是在其他技术条件相对稳定的前提下，随着施肥量的逐渐增加，作物产量也随之增加，但作物的增产量却随着施肥量的增加而逐渐递减。当施肥量超过一定限度后，如再增加施肥量，不仅不能增加产量，反而会造成减产，肥料不是越多越好。

（五）生产因子的综合作用律

作物生长发育的状况和产量的高低与多种因素有关，如气候因素、土壤因素、农业技术因素等都会对作物生长发育和产量的高低产生影响。施肥不是一个孤立的行为，而是农业生产中的一个环节。

要使肥料发挥其增产潜力，必须考虑到其他4个主要因子，如肥料与水分的关系，在无灌溉条件的旱作农业区，肥效往往取决于土壤水分，在一定的范围内，肥料利用率随着水分的增加而提高。各类因子应保持一定的均衡性，方能使肥料发挥应有的增产效果。

四、测土配方施肥应遵循的基本原则

（一）有机无机相结合的原则

土壤肥力是决定作物产量高低的基础。土壤有机质含量是土壤肥力的最重要的指标之一。增施有机肥料可有效增加土壤有机质。研究表明，有机肥和化肥的氮素比例以3∶7至7∶3较好，具体视不同土壤及作物而定。同时，增施有机肥料能有效促进化肥利用率提高。

（二）氮磷钾相配合的原则

原来我国绝大部分土壤的主要限制因子是氮，现在很多地方土壤的主要限制因子是钾。在目前高强度利用土壤的条件下，必须实行氮磷钾肥的配合施用。

（三）辅以适量的中微量元素的原则

在氮磷钾三要素满足的同时，还要根据土壤条件适量补充一定的中微量元素，不仅能提高肥料利用率，而且能改善产品品质，增强作物抗逆能力，减少农业面源污染，达到作物高产、稳产、优质的目的。如施硼能防止花而不实。

（四）用地养地相结合，投入产出相平衡的原则

要使作物—土壤—肥料形成能量良性循环，必须坚持用地养地相结合、投入和产出相平衡。也就是说，没有高能量的物质投入就没有高能量物质的产出，只有坚持增施有机肥、氮磷钾和微肥合理配施的原则，才能达到高产优质低耗。

五、测土配方施肥技术路线

主要围绕"测土、配方、配肥、供肥、施肥指导"5个环节开展11项工作。11项工作的主要内容有：野外调查、采样测试、田间试验、配方设计、校正试验、配肥加工、示范推广、宣传培训、信息系统建立、效果评价、技术研发。

测土配方施肥的目的是以耕层土壤测试为核心，以作物产量反应为依据，达到节本、增产、增效。

六、配方施肥的基本方法

经过试验研究和生产实践，广大肥料科技工作者已经总结出了适合我国不同类型区的作物测土配方施肥的基本方法。要搞好本地区的作物测土配方施肥工作，必须首先学习和掌握这些基本方法。

（一）地力分区法

方法：利用土壤普查、耕地地力调查和当地田间试验资料，把土壤按肥力高低分成若干等级，或划出一个肥力均等的田片，作为一个配方区。再应用资料和田间试验成果，结合当地的实践经验，估算出这一配方区内，比较适宜的肥料种类及其施用量。该方法优缺点如下。

优点：较为简便，提出的用量和措施接近当地的经验，方法简单，群众易接受。

缺点：局限性较大，每种配方只能适应于生产水平差异较小的地区，而且依赖一般经验较多，对具体田块来说针对性不强。在推广过程中必须结合试验示范，逐步扩大科学测试手段和理论指导的比重。

（二）目标产量法

方法：养分平衡法和地力差减法；根据作物产量的构成，由土壤本身和施肥两个方面供给养分的原理来计算肥料的用量。

先确定目标产量，以及为达到这个产量所需要的养分数量。再计算作物除土壤所供给的养分外，需要补充的养分数量。最后确定施用多少肥料。

目标产量就是计划产量，是肥料定量的最原始依据。目标产量并不是按照经验估计，或者把其他地区已达到的绝对高产作为本地区的目标产量，而是由土壤肥力水平来确定。

作物产量对土壤肥力依赖率的试验中，把土壤肥力的综合指标X（空白田产量）和施肥可以获得的最高产量Y这两个数据成对地汇总起来，经过统计分析，两者之间，同样也存在着一定的函数关系，即$Y=X/(a+bX)$或$Y=a+bX$，这就是作物定产的经验公式。

一般推荐把当地这一作物前三年的平均产量，或前三年中产量最高而气候等自然条件比较正常的那一年的产量，作为土壤肥力指标，然后提高10%，最多不超过15%，拟定为当年的目标产量。

1. 养分平衡法

"平衡"是相对的、动态的，是方法论。不同时空不同作物的平衡施肥是变化的。利用土壤养分测定值来计算土壤供肥量，然后再以斯坦福公式计算肥料需要量。

肥料需要量=［（作物单位产量养分吸收量×目标产量）-（土壤养分测定值×0.15×校正系数）］/（肥料中养分含量×肥料当季利用率）

作物单位产量养分吸收量，可由田间试验和植株地上部分分析化验或查阅有关资料得到。由于不同作物的生物特性有差异，使得不同作物每形成一定数量的经济产量所需养分总量是不同的。主要作物形成100 kg经济产量所需养分量见表5-2。

由于不同地区，不同产量水平下作物从土壤中吸收养分的量也有差异，故在实际生产中应用表5-2的数据时，应根据情况，酌情增减。

作物总吸收量=作物单位产量养分吸收量×目标产量

土壤养分供给量=土壤养分测定值×0.15×校正系数

校正系数=（空白田产量×作物单位养分吸收量）/（养分测定值×0.15）

土壤养分测定值以mg/kg表示，0.15为该养分在每亩15万kg表土中换算成kg/亩的系数。

优点：概念清楚，理论上容易掌握。

缺点：由于土壤的缓冲性和气候条件的变化，校正系数的变异较大，准确度差。因为土壤是一个具有缓冲性的物质体系，土壤中各养分处于一种动态平衡之中，土壤能供给的养分，随作物生长和环境条件的变化而变化，而测定值是一个相对值，不能直接计算出土壤的"绝对"供肥量，需要通过试验获得一个校正系数加以调整，才能估计土壤供肥量。

表5-2 主要作物形成100 kg经济产量所需养分量

作物	纯氮（kg）	五氧化二磷（kg）	氧化钾（kg）
玉米	2.62	0.90	2.34
小麦	3.00	1.20	2.50
水稻	1.85	0.85	2.10
大豆	7.20	1.80	4.09
甘薯	0.35	0.18	0.55
马铃薯	0.55	0.22	1.02
棉花	5.00	1.80	4.00
油菜	5.80	2.50	4.30
花生	6.80	1.30	3.80
烟叶	4.10	0.70	1.10
芝麻	8.23	2.07	4.41
大白菜	0.19	0.09	0.34
番茄	0.45	0.50	0.50
黄瓜	0.40	0.35	0.55
大蒜	0.30	0.12	0.40

2. 地力差减法

从目标产量中减去不施肥的空白田的产量，其差值就是增施肥料所能得到的产量，然后用这一产量来算出作物的施肥量。

计算公式：肥料需要量=［作物单位产量养分吸收量×（目标产量-空白田产量）］/（肥料中养分含量×肥料当季利用率）

优点：不需要进行土壤养分的化验，避免了养分平衡法的缺陷，在理论上养分的投入与利用也较为清楚，人们容易接受。

缺点：空白田的产量不能预先获得，给推广带来困难。由于空白田产量是构成作物产量各种环境条件（包括气候、土壤养分、作物品种、水分管理等）的综合表现，无法找出产量的限制因素对症下药。当土壤肥力越高，作物从土壤吸收的养分越多，作物对土壤的依赖性也越大，这样一来由公式所得到的肥料施用量就越少，有可能引起地力损耗而不能觉察，所以在使用这个公式时，应注意这方面的问题。

（三）田间试验法

方法：包括肥料效应函数法、养分丰缺指标法、氮磷钾比例法。该类的原理是通过简单的单一对比，或应用较复杂的正交、回归等试验设计，进行多点田间试验，从而选出最优处理，确定肥料施用量。

1. 肥料效应函数法

采用单因素、二因素或多因素的多水平回归设计进行布点试验，将不同处理得到的产量进行数理统计，求得产量与施肥量之间的肥料效应方程式。根据其函数关系式，可直观地看出不同元素肥料的不同增产效果，以及各种肥料配合施用的联用效果，确定施肥上限和下限，计算出经济施肥量，作为实际施肥量的依据。如单因子、多水平田间试验法，一般应用模型为：

$$Y=a+bx+cx^2$$

$$最高施肥量 =-b/2c$$

优点：能客观地反映肥料等因素的单一和综合效果，施肥精确度高，符合实际情况。

缺点：地区局限性强，不同土壤、气候、耕作、品种等需布置多点不同试验。对于同一地区，当年的试验资料不可能应用，而应用往年的函数关系式，有可能因土壤、气候等因素的变化而影响施肥的准确度，需要积累不同年度的资料，费工费时。这种方法需要进行复杂的数学统计运算，一般群众不易掌握，推广应用起来有一定难度。

2. 养分丰缺指标法

利用土壤养分测定值与作物吸收养分之间存在的相关性，对不同作物通过田间试验，根据在不同土壤养分测定值下所得的产量分类，把土壤的测定值按一定的级差分等（如极缺、缺、中、丰、极丰），一般为3～5级，制成养分丰缺及应该施肥量对照检索表。在实际应用中，只要测得土壤养分值，就可以从对照检索表中，按级确定肥料施用量。

3. 氮、磷、钾比例法

其原理是通过田间试验，在一定地区的土壤上，取得某一作物不同产量情况下各种养分之间的最好比例，然后通过对一种养分的定量，按各种养分之间的比例关系，来决定其他养分的肥料用量。如以氮定磷、定钾，以磷定氮、以钾定氮等。

优点：减少了工作量，比较直观，一看就懂，容易为群众所接受。

缺点：作物对养分的吸收比例，与应施肥料养分之间的比例是两个不同的概念。土壤中各养分含量不同，土壤对各种养分的供应强度不同，按上述比例在实际应用时难以定得准确。

七、有机肥和无机肥比例的确定

以上配方施肥各法计算出来的肥料施用量，主要是指纯养分。而配方施肥必须以有机肥为基础，得出肥料总用量后，再按一定方法来分配化肥和有机肥料的用量。主要方法有同效当量法、产量差减法和养分差减法。

（一）同效当量法

原理：由于有机肥和无机肥的当季利用率不同，通过试验先计算出某种有机肥料所含的养分，相当于几个单位的化肥所含的养分的肥效，这个系数，就称为"同效当量"。例如，测定氮的有机无机同效当量在施用等量磷、钾（满足需要，一般可以氮肥用量的一半来确定）的基础上，用等量的有机氮和无机氮两个处理，并以不施氮肥为对照，得出产量后，用下列公式计算同效当量：

同效当量 =（有机氮处理 - 无机氮处理）/（化学氮处理 - 无氮处理）

例如：小麦施有机氮（N）7.5 kg的产量为265 kg，施无机氮（N）的产量为325 kg，不施氮肥处理产量为104 kg，通过计算同效当量为0.73，即1 kg有机氮相当于0.73 kg无机氮。

（二）产量差减法

原理：先通过试验，取得某一种有机肥料单位施用量能增产多少产品，然后从目标产量中减去有机肥能增产部分，减去后的产量，就是应施化肥才能得到的产量。

例如：有一亩水稻，目标产量为325 kg，计划施用厩肥900 kg，每百千克厩肥可增产6.93 kg稻谷，则900 kg厩肥可增产稻谷62.37 kg，用化肥的产量为262.63 kg。

（三）养分差减法

在掌握各种有机肥料利用率的情况下，可先计算出有机肥料中的养分含量，同时，计算出当季能利用多少，然后从需肥总量中减去有机肥能利用部分，留下的就是无机肥应施的量。

化肥施用量 =（总需肥量 - 有机肥用量 × 养分含量 ×
该有机肥当季利用率）/（化肥养分 × 化肥当季利用率）

第六节　用养结合培育高产稳产土壤

土壤培肥工作是绿色农业发展过程中一个十分重要的环节，关系到是否能搞好植物生产环节和可持续生产能力。要从了解高产土壤的特点入手，努力培肥土壤，建设和管理好高产农田。

一、高产土壤的特点

俗话说："万物土中生"，要使作物获得高产，必须有高产土壤作为基础。因为只有在高产土壤中水、肥、气、热、松紧状况等各个肥力因素才有可能调节到适合作物生长发育所要求的最佳状态，使作物生长发育有良好的环境条件，通过栽培管理，才有可能获得高产。高产土壤要具备以下几个特点。

（一）土地平坦，质地良好

高产土壤要求地形平坦，排灌方便，无积水和漏灌的现象，能经得起雨水的侵蚀和冲刷，蓄水性能好，一般中、小雨不会被流失，能做到水分调节自由。

（二）良好的土壤结构

高产土壤要求土壤质地以壤质土为好，从结构层次来看，通体壤质或上层壤质下层稍黏为好。

（三）熟土层深厚

高产土壤要求耕作层要深厚，以30 cm以上为宜。土壤中固、液、气三相物质之比以1∶1∶0.4为宜。土壤总空隙度应在55%左右，其中大空隙应占15%，小空隙应占40%。土壤容重值在1.1～1.2之间为宜。

（四）养分含量丰富且均衡

高产土壤要求有丰富的养分含量，并且作物生长发育所需要的大、中量和微量元素含量还要均衡，不能有个别极端缺乏和过分含量现象。在黄淮海平原潮土区一般要求土壤中有机质含量要达到1%以上，全氮含量要大于0.1%，其中水解氮含量要大于80 mg/kg，全磷含量要大于0.15%，其中速效磷含量要大于30 mg/kg，全钾含量要大于1.5%，其中速效钾含量要大于150 mg/kg，另外，其他作物需要的钙、镁、硫中量元素和铁、硼、锰、铜、钼、锌、氯等微量元素也不能缺乏。

（五）适中的土壤酸碱度

高产土壤还要求酸碱度适中，一般pH值在7.5左右为宜。石灰性土壤还要求石灰反应正常，钙离子丰富，从而有利于土壤团粒结构的形成。

（六）无农药和重金属污染

按照国家对无公害农产品土壤环境条件的要求，农药残留和重金属离子含量要低于国家规定标准。

需要指出的是：以上对高产土壤提出的养分含量指标，只是一个应该努力奋斗的目标，它不是对任何作物都十分适宜的，具体各种作物对各种养分的需求量在不同地区和不同土壤中以及不同产量水平条件下是不尽相同的，故各种作物对高产土壤中各种养分含量的要求也不一致。一般小麦吸收氮、磷、钾养分的比例为3∶1.3∶2.5，玉米是2.6∶0.9∶2.2，棉花是5∶1.8∶4.8，花生是7∶1.3∶3.9，甘薯是0.5∶0.3∶0.8，芝麻是10∶2.5∶11。在生产中，应综合应用最新科研成果，根据作物需肥、土壤供肥能力和近年的化肥肥效，在施用有机肥料的基础上，产前提出各种营养元素肥料适宜用量和比例以及相应的施肥技术，积极开展测土配方施肥工作，合理而有目的地去指导调节土壤中养分含量，将对各种作物产量的提高和优质起到重要的作用。

二、用养结合，努力培育高产稳产土壤

我国有数千年的耕作栽培历史，有丰富的用土改土和培肥土壤的宝贵经验。各地因地制宜在生产中根据高产土壤特点，不断改造土壤和培肥土壤，才能使农业生产水平得到不断提高。

（一）搞好农田水利建设是培育高产稳产土壤的基础

土壤水分是土壤中极其活跃的因素，除它本身有不可缺少的作用外，还在很大程度上影响着其他肥力因素，因此搞好农田水利建设，使之排灌方便，能根据作物需要人为调节土壤水分因素是夺取高产的基础。同时，还要努力搞好节约用水工作，在高产农田要提倡推广滴灌和渗灌技术，以提高灌溉效益。

（二）实行深耕细作，广开肥源，努力增施有机肥料，培肥土壤

深耕细作可以疏松土壤，加厚耕层，熟化土壤，改善土壤的水、气、热状况和营养条件，提高土壤肥力。瘠薄土壤大部分土壤容重值大于1.3，比高产土壤要求的容重值大，所以需要逐步加深耕层，疏松土壤。要迅速克服目前存在的小型耕作机械作业带来的耕层变浅局面，按照高产土壤要求改善耕作条件，不断加深耕层。

增施有机肥料，提高土壤中有机质的含量，不仅可以增加作物养分，而且还能改善土壤耕性，提高土壤的保水保肥能力，对土壤团粒结构的形成，协调水、气、热因素，促进作物健壮生长有着极其重要的作用。目前大多数土壤有机肥的施用量不足，质量也不高，在一些坡地或距村庄远的地块还有不施有机肥的现象。因此需要广开肥源，在搞好常规有机肥积造的同时，还要大力发展养殖业和沼气生产，以生产更多的优质有机肥，在增加施用量的同时还要提高有机肥质量。

（三）合理轮作，用养结合，调节土壤养分

由于各种作物吸收不同养分的比例不同，根据各作物的特点合理轮作，能相应地调节土壤中的养分含量，培肥土壤。生产中应综合考虑当地农业资源，研究多套高效种植制度，根据市场行情，及时进行调整种植模式。同时在比较效益不低的情况下应适当增加豆科作物的种植面积，充分发挥作物本身的养地作用。

第七节　土壤的障碍因素与改良技术

当前，在农业生产中，由于化肥的过量施用与单一化的种植结构等，使得我国土壤酸化、盐渍化与生物学障碍问题日渐凸显，并开始被人们所关注。这些障碍土壤的一个共同特点，就是由于土壤理化特性与生物学特性的改变，从而抑制了作物根系的生长，影响根系对土壤养分的吸收，降低其养分利用效率。必须采取合理、高效技术对这些障碍土壤进行改良，才能使农业生态化可持续发展。

一、土壤酸化

土壤酸化是指土壤中氢离子增加或土壤酸度由低变高的过程。土壤酸化既是一种自然现象，也受人为因素影响。土壤酸化与酸性土壤是两个完全不同的概念，酸性土壤反映的一种土壤酸碱状态，是指pH值小于7的土壤。而土壤酸化的原因一般有两类：一类是成土母质风化产生的盐基成分淋失和土壤微生物代谢产生有机酸导致天然酸化；另一类是当前生产过程中氮肥过量施用与大水漫灌等生产活动因素加剧了土壤酸化。由于过量施用铵态氮肥到土壤中，转化作物能吸收的硝态氮肥过程中产生氢离子，而伴随着硝态氮淋洗，氢离子与土壤胶体的吸附能力高于钙镁离子，故钙镁等盐基离子将会伴随着硝酸根离子淋洗，使氢离子在土壤表层积累加剧酸化。另外，作物残茬还田少或缺乏有机肥施用等都会加剧酸化过程。

改良措施如下。

（1）利用化学改良剂。如石灰、酸性土壤调理剂、碱性肥料、有机肥等。一般在施用有机肥的基础上，选择硅钙钾镁肥或以石灰、磷酸铵镁、磷尾矿等碱性原料为主的酸性土壤调理剂，每亩施用量为50～100 kg，具体用量需据区域酸化程度而定。

（2）采用生物改良法。如种植鼠茅草等绿肥，实现果园覆草等。

（3）适宜的农业管理措施。如合理选择氮肥、作物秸秆还田、合理水肥以及作物间套作等。

二、土壤盐渍化

土壤盐渍化是指土壤底层或地下水的盐分随毛管水上升到地表，水分蒸发后，使盐分积累在表层土壤中的现象或过程。我国干旱、半干旱和半湿润地区的土壤易出现盐渍化。土壤盐渍化除受气候干旱、地下水埋深浅、地形低洼以及海水倒灌等自然因素影响外，还与灌溉水质、灌溉制度以及重施化肥轻施有机肥等人为因素密切相关。

改良措施如下。

（1）采用适时合理灌溉、洗盐或以水压盐。

（2）多施有机肥，种植绿肥作物。

（3）化学改良，施用土壤改良剂，提高土壤的团粒结构和保水性能。

（4）中耕（切断地表的毛细管），地表覆盖，减少地面过度蒸发，防止盐碱上升。

根据腐殖酸与钙离子结合后，形成钙胶体和有机-无机复合体，改变土壤团粒结构，提高土壤通透性，我们可以选择腐殖酸类肥料进行盐碱土改良。具体施用量应结合盐碱化程度与作物而定，一般可亩用50~100 kg腐植酸类肥料。

三、土壤生物学障碍

土壤生物学障碍是指在同一地块上连续种植同一种作物，导致土壤养分供应失衡、植物源有害物质的积累和土壤有害生物累积、土壤酸化和盐渍化伴生的现象，土壤生物学障碍使作物植株出现生长和发育受阻，病、虫、草害严重发生，从而导致作物减产和品质降低等问题出现。此外，作物自身产生的化感物质，也会影响作物生长，增加土传病害的危害，并对维持生态平衡和系统的稳定性具有重要影响。由于我国土地资源相对短缺、种植习惯与经验、保护地倒茬困难、过量水肥投入、环境条件和经济利益驱动等原因，近年来在同一地块上连续种植同一种作物的现象比较普遍，所以目前存在生物学障碍的土壤也比较普遍，尤其在集约化生产的设施蔬菜中较为严重，几乎所有的设施菜田都存在生物学障碍问题。

改良措施如下。

（1）合理轮作，种植填闲作物。

（2）合理施肥，采用肥水一体化技术。

（3）应用石灰氮-秸秆消毒技术。

（4）选用抗性品种或采用嫁接技术。

（5）使用生物有机型土壤调理剂产品。

（6）选用生物型有机水溶肥或防线虫液体肥进行灌根。

针对华北地区设施老菜田的根结线虫等土传病虫害，选用生物有机肥、烟渣进行改土。如在番茄定植时，每亩沟施50 kg生物有机肥，或60~80 kg烟渣，也可在生长中后期灌溉时将烟渣撒施到灌溉沟内，随水冲施，每沟用量约0.25 kg。

第三篇

绿色种植业生产措施与实用技术

第六章　绿色种植业概述

第一节　种植业发展的基本思路与方针

一、坚持以家庭承包经营为基础、统分结合的经营方针

以家庭承包经营为基础、统分结合的双层经营体制，是我国40多年来农村改革的重要成果，实践证明，它既符合农业生产自身的特点，也符合生产关系要适应生产力发展的规律，它能够极大地调动农民的生产积极性，具有广泛的适应性和旺盛的生命力。发达国家在家庭经营基础上实现现代化的实践也表明，家庭经营不仅适应于以人力畜力耕作为主的农业，也适应于机械耕作为主的现代农业。因此，如何既不改变以家庭承包经营为基础、统分结合的双层经营体制，又要实现农业商品化、专业化、社会化，在家庭承包经营的基础上实现农业现代化，走农业产业化经营的道路，是我们面临的重大课题，也是我们发展现代农业需要认真实践并不断加以完善的课题。

二、以科技进步为基本动力的方针

市场经济说到底就是竞争，竞争力的根本来源是科技进步；实现绿色农业说到底是农业科技化。没有现代农业科技成果的不断引进创新和集成创新以及综合开发应用，就不可能加快农业绿色发展，只有靠科技进步才能实现农业的高产、优质、高效；只有靠科技进步才能提高农产品的质量和市场竞争力；只有靠科技进步才能提高农业劳动生产率和资源利用率。所以，必须不断增加对农业科研以及推广的投入，使科技创新和推广应用工作引领农业绿色发展。

三、转变农业增长方式，努力提高资源利用率和劳动生产率的方针

农业绿色发展必须下大力气加快改变现有的粗放型经营方式，注重资源节约和环境保护。特别是要实行严格的耕地保护制度，保护好耕地和基本农田，并不断提高土地产出率、资源利用率和劳动生产率。

四、确保粮食安全和发挥农业的多功能作用方针

增加农产品的有效供给，确保国家粮食安全和主要农产品自给自足，是一项长期而艰

巨的任务，农业绿色发展，必须坚定不移地把发展粮食生产放在首位，确保粮食安全。同时，应顺应形势发展要求，满足人民群众的多样化要求，不断拓展农业的多功能作用，拓宽农业发展领域和农民收入来源。

五、突破就农业论农业的局限性方针

拓宽农业发展领域，向产前产后延伸，促进农产品加工增值转化，是加快农业绿色发展的有效途径。要通过发展农业产业化经营，把现代工业、商业以及运输、金融、保险等产业同种植业与养殖业紧密结合起来，构建利益共享、风险共担的有机整体，并形成一套从生产初级产品到最终高级绿色食品的销售管理体制和公平合理的利润分配制度，促进农业资源和市场资源合理配置。

六、走可持续发展道路的方针

当前，我国农业和农村经济发展既受资源环境的制约，又受市场经济的制约，在双重制约下，决不能再走严重影响生态环境、掠夺自然资源、追求短期效益和当前利益以及所谓的高速度等路子，必须坚持可持续发展战略，把经济、社会、农业技术同农业自然资源与环境保护以及市场有机结合起来，认真落实科学发展观，采取得力措施，优化资源配置，选择培育和保护农业资源、优化生态环境，着力提高农业综合生产能力，走可持续发展的路子。

第二节　种植业生产重点转型升级与增效方式

种植业生产是农业生产的第一个基本环节。绿色植物既是进行生产的机器又是产品，它的任务是直接利用环境资源转化固定太阳能为植物有机体内的化学潜能，把简单的无机物质合成为有机物质。在安排农作物生产时，应综合考虑当地的农业自然资源，因地制宜，根据最新农业科学技术优化资源配置，对农田、果树、林木、饲草等方面合理区划，综合开发发展。种植业生产中粮食生产是主体部分，应优先发展，在保证粮食安全的前提下，才能合理安排其他种植业生产。

一、坚定不移地搞好粮食生产，保证粮食安全，以粮食安全发挥多功能增效作用

粮食生产是农业生产最基本的功能，"国以民为本，民以食为天"，漫长的农业发展历史中粮食生产永远是第一位的，必须优先安排，确保安全。只有在粮食生产安全的前提下，才能发展其他生产，发挥农业多功能作用，人民才能有幸福感。

粮食生产关系到国计民生，在我国农业取得举世瞩目成就的同时，我国也迎来了前所未有的农产品丰足时代，结束了曾经的"饥饿时代"，进入了"饱食时代"。这是现代农业科技进步的必然结果，也是我国历史上农业发展的重大转折。然而，常规粮食生产效益较低，致使粮食产区农民收入增加困难，种粮积极性受到了不同程度的影响，粮食生产依然基础脆弱，新形势下新问题的出现促使我们必须对粮食安全生产有新的思考。

（一）对粮食生产的回顾以及近年来生产情况的分析

回顾新中国成立以来粮食生产主要经历了3个历史性发展阶段。

第一阶段是从新中国成立初期至20世纪80年代初期，属数量增长性阶段。这一阶段粮食生产的主要特点是以促进国民经济的恢复性增长和解决长期困扰人民的温饱问题为主要目标。由于生产力水平和科技水平相对比较落后，粮食产品长期短缺，除一部分粮食上交国家支援国家建设或作为战略储备外，剩余部分尚不能很好地满足人们的基本生活需要，人均占有粮食在需要线［350 kg/（人·年）］以下。

第二个阶段是20世纪80年代初至90年代末，属品种结构调整阶段。这一阶段，随着政策的调整、落实和经济体制的改革，农业科学技术水平的提高和投入的不断增加，农业生产力得到较快发展，粮食生产也得到快速增长，首先克服了粮食长期短缺的问题，使人均占有粮食在需要线以上，再由以粗粮为主过渡到以细粮为主。同时，这一阶段粮食库存也得到逐步积累。

第三个阶段是进入21世纪以来，属粮食供需相对过剩阶段。近年来，随着粮食生产能力的提高，过剩性积累逐步增加以及"买方"市场的逐步形成，使粮食生产效益下跌。一方面，一些粮食主产区每年人均粮食产量维持在800 kg以上，人均消费按需求线350 kg计算［其中直接需要按230 kg/（人·年），肉、奶、蛋转化需要按120 kg/（人·年）计算］，占生产量的43.8%；剩余56.2%需要找销路销售。另一方面，全国粮食生产增长缓慢，加上人均粮食消费不断增长，粮食供需平衡形势不容乐观，需要抓紧构建新形势下的国家粮食安全战略。

（二）目前种植业生产经营中特别是粮食生产经营中存在的问题

我国农业已经发生了历史性的转折，一方面社会进入"饱食时代"后与"饥饿时代"对食品要求不同；另一方面经济体制改革也进入了一个与原来模式具有质的变化阶段，目前我国经济体制已经步入了市场经济的快车道。以上两个方面的变化就决定了农业生产经营（包括粮食生产经营）必须从追求数量型迅速转变为追求质量效益型，必须从农业经营效益的角度出发去计划生产和管理生产，单一追求数量型的过剩生产将成为农业和农业生产者的一个负担。在新的形势下农业如何进一步向生态化方向发展？粮食生产能力如何保持？农民如何切实走上富裕之路？已成为大家特别关心的问题，也是迫切需要解决的问题。初步分析在种植业生产经营中主要存在如下问题。

1. 生产者缺乏企业化经营意识和营销知识

农业之所以在解决了增产问题后却迟迟不能增收，一个很大的原因就是生产者普遍缺乏经营意识和市场营销素质，在新阶段、新形势下，农民首先是经营者，其次才是生产者，这一点在农业生产能力进入供过于求的时代尤为重要。可惜的是大多数农业生产者缺乏经营和营销素质，以致在生产上出现了很多盲目生产的现象，盲目地追求什么产品价格高就种啥，"一哄而上"，该产品稍微满足一定市场容量后，就进行无组织低价倾销（不考虑成本的低价倾销），形成自残式竞争，最终结果是"一哄而下"，出现了什么作物产品价格高就盲目发展什么作物，发展什么作物什么作物的产品价格就低，大多数农户得不到较高的生产效益，形成了恶性循环局面。

2. 存在着小规模生产难以应对大市场变化的问题，没有规模效益

任何现代产业都必须在竞争中生存和发展，农业生产也不例外，我国目前农业不仅存在国内市场的压力，也面临着前所未有的世界范围内的竞争，不容乐观的是我国粮食产品价格已经没有竞争的优势。一方面，由于经营规模小在产品销售中很难获得规模效益，甚至还很容易出现自残式的倾销竞争，损失正常效益，使产品的效益下降。另一方面，由于经营规模小，投入重复浪费现象严重，使生产成本相对增加，投入不能很好地发挥效益。

3. 科技水平落后，产品质量差，缺乏标准化管理

我国农业虽然拥有传统的精耕细作经验，但目前大多数农业生产者现代化农业科技水平偏低，加上农业科研、推广应用脱节，致使农业科技成果转化慢，转化率低，如在施肥、灌水、病虫害防治等领域还存在着较大的利用率和效率低等问题，也是造成成本高的一个重要因素。另外现有的栽培技术大多都是围绕作物高产而研究制定的，缺乏对优质和标准化配套技术的研究，以致我国的产品质量较差，达不到市场标准要求，不能适应农业发展的需要。

4. 产业化水平低，获得的附加值少

长期以来，在粮食主产区主要销售方式是买原粮，缺乏产业化深加工能力，获得粮食生产的附加值很少，使粮食生产缺乏后劲，生产能力不能很好地提高。

5. 农产品特别是粮食市场调控制度和价格形成机制需要进一步完善

主要粮食产品最低保护价政策已很难调动农民的种粮积极性，一般农产品市场不稳，价格起伏较大，"卖难"与"买贵"现象同时存在，生产的盲目性较大，订单生产较少。

（三）对提高粮食综合生产能力的建议

（1）加大政府扶持力度，提升粮食生产能力。

（2）采取最严厉的措施保护耕地，并不断提高耕地质量。粮食安全的根本在耕地，

关键在耕地质量。耕地是粮食生产的最基本生产资料，必须保持一定数量粮食种植面积，才能保证粮食安全。同时，还要采取综合技术措施不断培肥地力，提高耕地质量，进一步提高粮食生产能力。

（3）加速实施粮食产业化工程，克服目前多数农户"盲目与无奈"的生产局面。面对国内、国际两个市场压力，必须加速实施粮食产业化工程，尽快扭转"盲目与无奈"的被动生产局面，提高粮食生产效益，从而提升和保持粮食生产能力。

（4）依靠科技进步，提高粮食生产效益。根据目前市场行情与生产水平，要提高粮食生产效益，必须依靠科技进步，走节约成本和提高产品质量带动价格提升的途径，在节约成本的基础上，向质量要效益，向深加工要附加值，以满足人们丰富生活的需要。要深化"小麦—玉米、小麦—花生、小麦—棉花、小麦—瓜菜"种植模式和综合成套栽培技术的研究等。

（5）社会有关部门互动，夯实粮食生产基础。有关单位和部门都要把思想统一到现代农业发展上来，紧紧围绕粮食增产、农业增效、农民增收这一总体目标要求，相互配合，齐心协力夯实我县粮食生产基础。土地部门要严格落实耕地保护政策、严格控制耕地占用，确保基本农田面积稳定。水利部门要加强农田水利基础设施建设，建成更多的旱涝保收田。农业农村部门要以建设高标准粮田、打造粮食核心产区为目标改造中低产田。农机部门要推进农机化进程，提升农业装备现代化程度。

（四）完善国家粮食安全保障体系

1. 抓紧构建新形势下的国家粮食安全战略

把饭碗牢牢端在自己手上，是治国理政必须长期坚持的基本方针。综合考虑国内资源环境条件、粮食供求格局和国际贸易环境变化，实施以我为主、立足国内、确保产能、适度进口、科技支撑的国家粮食安全战略，不断提升农业综合生产能力，确保谷物基本自给、口粮绝对安全。更加积极地利用国际农产品市场和农业资源，有效调剂和补充国内粮食供给。在重视粮食数量的同时，更加注重品质和质量安全；在保障当期供给的同时，更加注重农业可持续发展。同时，增强全社会节粮意识，在生产流通消费全程推广节粮减损设施和技术。

2. 完善粮食等重要农产品价格形成机制

继续坚持市场定价原则，探索推进农产品价格形成机制与政府补贴脱钩的改革，逐步建立农产品目标价格制度，在市场价格过高时补贴低收入消费者，在市场价格低于目标价格时按差价补贴生产者，切实保证农民收益。

3. 健全农产品市场调控制度

综合运用储备吞吐、进出口调节等手段，合理确定不同农产品价格波动调控区间，保障重要农产品市场基本稳定。科学确定重要农产品储备功能和规模，强化地方尤其是主销区的储备责任，优化区域布局和品种结构。完善中央储备粮管理体制，鼓励符合条件的多元市场主体参与大宗农产品政策性收储。进一步开展国家对农业大县的直接统计调查。编制发布权威性的农产品价格指数。

4. 合理利用国际农产品市场

抓紧制定重要农产品国际贸易战略，加强进口农产品规划指导，优化进口来源地布局，建立稳定可靠的贸易关系。

5. 强化农产品质量和食品安全监管

建立最严格的覆盖全过程的食品安全监管制度，完善法律法规和标准体系，落实地方政府属地管理和生产经营主体责任。支持标准化生产、重点产品风险监测预警、食品追溯体系建设，加大批发市场质量安全检验检测费用补助力度。

总之，粮食作为人们生存的基础物资有其十分重要的特殊作用，历来受到政府的高度重视和保护。在近阶段农业生产特别是粮食生产是一个弱质产业，自身效益很低，但社会效益很大，在WTO规则允许的范围内，政府要重点扶持粮食主产区粮食生产，加强粮食生产基地建设，以保护粮食的综合生产能力。同时，粮食生产应尽快转变经营管理机制，适应市场经济发展要求。市场经济是一个有高度组织的经济体制，不是谁想干啥就干啥，谁想怎么干就怎么干。根据市场经济的观点和发达国家的经验，实现农业生产产业化经营才是现代化农业的发展方向，要实现产业化经营，经营企业化是基本条件，生产集约化是发展动力，产品标准化是基础。必须按市场经济要求尽快试验探讨规模化企业化生产经营的新方法、新路子，不论采取什么样的形式或方式，在坚持以家庭承包经营的基础上，要使农民之间形成一个利益共同体去进行企业化规模经营，只有这样才能不断增加市场竞争力，保持可持续发展的趋势。另外，还要尽快实现产品标准化生产，因为产品标准化才是农业产业化经营和农产品进入现代市场营销的基础。农业科研和技术推广部门要尽快同生产者一道研究和推广应用与产品标准化相关的技术措施，为产业化生产经营服好务。

二、多措并举提高种植效益

（一）根据需要培育和繁育优良专用品种，充分发挥种子内因作用

"一粒种子改变一个世界"，优良的农作物品种在农业生产中起着重要作用，是农业增产增收中最重要的基本因素，也是农业生产的内因，各种增产措施的增产作用，只能通过良种才能发挥，其增产效果也只能由良种来体现。提高农作物单位面积产量，需要选用高产品种；改善农产品品质，也需要选用优质品种；种植业结构和农业供给侧结构调整，实现集约化种植，提高复种指数，增加经济效益，更需要与之相配套的优良品种。总之，农业生产呼唤优良品种，农业生产者期望得到名优品种。推广应用优良品种是提高产量、

改善品质的一条最经济、最有效的途径。

1. 农作物品种的概念

作物品种是指人类在一定的生态和经济条件下，根据自己的需要所创造的某种作物群体，它具有相对稳定的遗传性状，在生物学、形态学和经济性状上具有相对的一致性，在一定的地区和一定栽培条件下，在产量、品质、生育期和适应性等方面符合人类生活和生产发展的需要，并通过简单的繁殖手段保持其群体的恒定性。

其一，品种是人类劳动的产物，是由野生植物经过人工选择进化来的。

其二，品种是经济上的类别，不是植物分类学上的名称。植物分类学上一般分为界、门、纲、目、科、属、种，而在经济类别上，将种又细分为不同品种。

其三，品种的种植具有一定的地区适应性和时间性。一般一个品种的选育要通过国家有关部门审定之后，才能认定为品种，而该品种的只能在规定的适宜地区种植，而且随着新品种的不断审定，许多过时品种都会面临被淘汰的命运。

一个优良品种通常应有以下3个基本条件。

（1）丰产性。丰产性在一定地区和一定的栽培条件下，能获得高额而稳定的产量。

（2）品质优良。农作物产品主要是作为食品来利用的，在品质方面要求较高，一个优良的作物品种，其产品应具有品质优良、水分适中、味道好等特性。

（3）抗逆性。一个优良品种应该具有较强的抵抗不良环境能力。如早熟蔬菜的抗寒性要强，夏播蔬菜的抗湿热性对病虫害有较强的抗性。

一个优良的品种，往往有一定的地域性。就是说，一个与当地的土壤水分、气候条件、栽培技术都有密切的关系。如果条件不适宜，虽然是良种，但也达不到丰产的效果，甚至还会造成严重的减产。

2. 品种在农业生产中的作用

在农业生产中，优良农作物品种是很受群众欢迎的。因为它具有丰产、优质等特点，不仅能比较充分地利用有利的自然条件和栽培条件，而且可以抵抗和克服其中不利因素的影响，对提高产量、保证稳产高产、改进品质、扩大栽培区、改革耕作制度及合理安排复种、适应现代化农业的发展和提高经济效益等，有着十分重要的作用。具体作用如下。

（1）提高产量。新中国成立以来，我国的主要粮食作物小麦、玉米等平均单产分别增长6～10倍。这种增长当然与施肥水平的提高、栽培管理的改进都是有关的，但是优良品种的推广应用也起了不可低估的作用，有时甚至起了决定性作用。

（2）保证稳产。农作物产量不稳定的主要因素是自然灾害和病虫害。育成多抗、广适的优良品种在增强抗逆力、抵抗病虫害方面有特殊的意义，也是其他措施无法代替的。

（3）改进品质。随着城乡商品生产的发展和人民生活水平的提高，品质育种在我国已开始提到日程上来。如小麦、玉米的蛋白质和赖氨酸含量等；花生、大豆的含油量等；

这些品质指标在品种间的差别都很大，通过选育新品种，可以改进作物的品质。

（4）扩大栽培区。随着人口的增多及工农业的发展，一些作物的种植面积不断扩大，而向新地区引种新作物是否成功，关键是看选用的品种是否适宜。

（5）改革耕作制度及合理安排复种。精耕细作是我国农业的传统，耕作制度多样化也是我国农业特点之一。这对品种的株型、生育期、抗逆性等都有相应的要求。

（6）适应现代高效农业的发展。现代农业的发展不断向品种提出新要求。如现代农业机械化作业已发展到各种作物的耕作、施肥、灌溉、喷药、采收、分级、加工等各方面，随着作业的要求，已逐步育成与之相适应的作物品种。

（7）提高经济效益。使用良种是投资少、见效快、收益大的最经济有效的农业措施。一些良种的培育和推广，得到的经济效益往往是全部研究经费的几十倍、几百倍，甚至更多。

3. 育种途径方法和技术

目前，已掌握的育种新途径主要有以下几种。

（1）杂种优势利用。玉米、水稻杂种优势利用效果最好，影响最显著。

（2）远缘杂交。如8倍体小黑麦。

（3）理化诱变。包括辐射育种、PEG诱变等。

（4）组织培养繁育优良新品种。如马铃薯、香蕉、甘薯等作物的脱毒苗，已达到工厂化生产水平，马铃薯脱毒复壮种薯，可提高产量30%～50%；脱毒香蕉一穗可达上百斤。

（5）细胞融合。通过原生质体培养，目前已有近百种植物培养出了再生植株。

（6）基因工程。一是抗病虫等农作物育种，如转Bt毒蛋白基因水稻、棉花等。二是提高作物产量，改进作物品质方面，目前也都有相关研究报道。

4. 未来作物育种工作展望

虽然作物育种工作在近一个世纪之内取得了巨大的成就，但随着现代科学技术的发展，作物育种工作还将有很大的发展空间。

其一，种质资源工作有待进一步加强。种质资源是育种工作得以有效开展的前提，没有资源，就无法很好地开展育种工作，没有好的种质资源，更不能获得好的品种。

其二，要深入开展育种理论和方法的研究。常规的育种方法烦琐而辛苦，而且耗时耗力；而随着新技术的不断运用，在简化育种过程，缩短育种时间上，有着较大的优势。

其三，要加强多学科综合研究和育种单位间协作。作物育种学是一门多学科相互关联的综合性科学，必须对每个学科都有一定的熟悉和掌握；另外，国内外各育种单位由于具有较大的竞争关系，对各自研究材料和技术的保密，大大限制了材料的流通和育种技术的交流，阻碍了育种工作整体提升，今后在这方面，希望国家有关部门能给予足够重视，开展交流，使育种单位间相互协作，为育种学的进步添砖加瓦。

（二）稳定和调整粮食作物种植面积和结构

根据粮食生产功能区划定目标和目前实际情况，对粮食作物生产要种植面积和产量稳定，进一步提升综合生产能力；优质品种应用率保持在较高水平，努力节本增效；培育知名品牌和优势特色品牌，同时，其精深加工产品的水平和档次明显提高，促使经济、社会和生态效益全面提升，促进粮食产业的转型升级。

1. 主要粮食作物小麦和水稻应稳定面积，调优品种，确保粮食安全

小麦和水稻是人们生活的主粮，也是旱地和水田的主要粮食作物，要优先保证生产，满足人们生活的需要，才能考虑发展其他作物。随着人们生活水平的提高，种植优质专用品种将是今后一个时期发展方向。

小麦。小麦品质特性的优劣是由品种特性、生态因素和种植技术等因素共同决定的，如果栽培技术应用不当，同一地块生产出来的优质小麦差异也较大。研究表明，影响小麦品质指标的因素较多，包括地理变化、年份、水分、温度、土壤类型、有机质、肥料使用、灌水、化学调控、播期播量、病虫害、前茬、收获期等。

水稻。加大优质品种的选育力度，全面推进良种科技联合攻关，加快培育一批丰产稳产、品质优良、抗逆性好、附加值高、适宜机械作业及肥水高效利用的新品种。积极引导育种主体加强对优质专用、再生稻等品种的选育。加大优质品种的推广力度，实行每个县（市、区）优选2~3个主导品种，推进一乡（镇）一品、一区（高产创建示范区、现代农业示范区）一品，提高良种覆盖率。同时，重点推广水稻集中育秧、机械插秧等高效种植技术，大力推广病虫害统防统治、测土配方施肥等绿色生产技术，加快推广秸秆粉碎还田、机械深松耕整等标准化作业技术，配套推广防高温热害、洪涝灾害、寒露风等避灾减灾技术。抓好周年作物配套和粮饲统筹，形成具有区域特色的早—晚双季稻、稻—麦、油—稻—再生稻等种植模式，水稻集中育秧全程机械化生产技术模式，稻鱼共生、稻牧共作等稻田高效种养模式。针对不同区域生产条件和不同品种特性，实行一个品种对应一套生产技术，一个模式对应一套技术规程，提高标准化生产水平。通过优化技术模式，推进种地养地结合、种植养殖结合、农机农艺融合，全面提升水稻生产的科技支撑能力，实现"藏粮于技"。

2. 玉米应优化布局，向鲜食玉米和饲料玉米等专用化方向发展

玉米产量高，且营养丰富，用途广泛。它不仅是食品和化工工业的原料，还是"饲料之王"，对畜牧业的发展有很大的促进作用。但玉米耗水费肥，消耗资源较大，目前应调减干旱及不适宜种植玉米地区的种植面积，同时还要在适宜种植玉米的地区压缩普通玉米种植面积，逐步扩大鲜食的糯玉米与水果玉米以及高油与饲料专用玉米的种植面积。

3. 小杂粮作物向主粮化、加工多样化和特色养生提高品质等方向发展

小杂粮作物包括两薯（甘薯和马铃薯）、四麦（荞麦、大麦、燕麦和青稞麦）、五米（高粱、谷子、糜子、薏苡和黑玉米）、九豆（豌豆、菜豆、扁豆、赤豆、黑豆、蔓豆、蚕豆、绿豆和豇豆）。小杂粮作物内在品质优，富含多种营养成分，具有较好的药用保健价值和养生作用。如两薯具有和胃调中，健脾益气的功效；荞麦是糖尿病患者的保健品；绿豆是清凉解毒的食品；红小豆有补血作用等。小杂粮作物食用风味独特，粮菜兼用，老少皆宜健身长寿，能满足不同人群的需求。同时，还有抗逆性强、适应性广、自身生产成本低等优点，有着不可替代的作用。

甘薯和马铃薯向主粮化和加工多样化方向发展，改善人们膳食结构，提升人民生活水平。甘薯和马铃薯同是高蛋白、低脂肪、副淀粉的粮食作物；也是重要的蔬菜和原料作物；更是高产稳产粮食作物。甘薯和马铃薯具有适应性广，抗逆性强，耐旱，耐瘠，病虫害较少的特点。并且甘薯和马铃薯营养价值较高，具有特殊的保健作用，对改善人们膳食结构，调剂人民生活有重要作用。同时，甘薯和马铃薯作为工业原料、饲料原料和食品加工原料，加工用途广泛，对发展工业和促进农业良性循环具有重要作用，应主粮化发展。其他小杂粮作物可向特色养生提高品质等方向发展。

甘薯和马铃薯由于是无性繁殖，病毒病易积累影响产量，种薯脱毒、贮藏、脱毒种苗繁育等环节技术水平要求较高；种植环节机械化水平较低；产品加工环节技术落后原始，规模较小；加上各环节整体社会化服务滞后等原因，目前影响了该两种作物作为优势产业发展。

（1）甘薯。据联合国粮食及农业组织统计，世界上共有50多个国家栽培甘薯，主要分布在亚洲、非洲、拉丁美洲和欧洲的发展中国家。目前日本、美国、韩国等发达国家甘薯面积一直呈下降趋势，我国每年种植面积在600万hm²左右，年生产量约1.2亿t，占世界总产量的85.9%，并且近年来随着甘薯产业基地的建设，其栽培面积呈加倍上升趋势。但我国任何种植区把甘薯作为优势特色产业来发展都不具有地域优势，也没有技术垄断优势，加上直接食用和饲料需求增产幅度不大，各类优质淀粉、粉丝、粉皮的原料发展空间也不大，用来加工其他食品的前景也不太乐观。所以，都存在种植业结构的雷同性和发展的盲目性。

甘薯产业大规模发展的主要动力在工业深度加工方面：一方面，可用甘薯加工生产某些氨基酸和有机酸，如谷氨酸钠和食品酸味剂、柠檬酸等，还可生产可降解生物塑料等；另一方面，随着石油供给形势的日益严峻，生物质能源的开发利用受到世界各国的高度重视，而甘薯是生产乙醇汽油的理想原料。所以，发展甘薯产业要做到以下几点。一是要统筹兼顾，协调发展。即根据甘薯的各种用途、生产现状、产品特点和国内外需求，立足全国市场，着眼世界市场统筹兼顾，协调、协商发展，正确处理好规模和效益间的关系，保

障甘薯产业持续、稳定、健康、协调发展。二是要加强生产基地建设，进行标准化生产。即要精选品种，推行标准化、模式化、机械化栽培技术。三是要搞好鲜食贮藏和食品多样化加工。四是要做好工业化深加工。

（2）马铃薯。我国是马铃薯生产大国，但还远远算不上马铃薯生产强国。我国现有马铃薯主产区多为耕地较为贫瘠、农业生产条件较差的山区或干旱、半干旱，生产规模小而分散单一，生产方式粗放，基本采用手工操作方式，机械化水平低，种植和收获劳动强度大，效率低，落后的生产方式导致马铃薯生产成本偏高，比较优势发挥不充分。同时，优质高效的栽培技术和病虫害防治技术推广不便或成本较高，造成单产水平较低，远低于发达国家水平：在马铃薯储藏方面，主要以农户分散储藏为主，设施简陋、储藏量小、损耗大，不利于马铃薯长期、大量的有效市场供应，也增加了马铃薯的生产成本。同时，脱毒种薯生产滞后，供应不足。并且各种专用型品种，尤其加工品种奇缺，用于加工薯片、薯条和全粉品种较少，专用薯供应比例低，不能满足产业发展需要。另外，我国马铃薯种薯生产基本处于一种自发无序状态，种薯培育、生产、销售和技术管理缺乏组织性和规范性，需要建立安全有序的质量管理监测制度和统一的种薯质量分级标准。根据全国市场供应情况，目前中原地区早春设施栽培生产效益较好。

（3）谷子。谷子抗旱性强，耐瘠，适应性广，生育期短，是很好的防灾备荒作物。在其米粒中脂肪含量较高，并含有多种维生素，所含营养易于被消化吸收。谷子浑身是宝，谷草是大牲畜的良好饲草，谷糠是畜禽的良好饲料。随着亚临界萃取技术的普及，谷糠油也是一种良好的食用油。谷子栽培当前需要解决精量播种与化学除草和机械化收获以及鸟害等技术问题，才能有较好的发展。

（三）适当安排经济作物与瓜菜作物生产

在保证粮食生产安全的前提下，才能合理规划经济作物生产。经济作物亦称"工业原料作物""技术作物"，一般指为工业，特别是指为轻工业提供原料的作物。我国纳入人工栽培的经济作物种类繁多，包括纤维作物（如棉、麻等）、油料作物（如芝麻、花生等）、糖料作物（如甘蔗、甜菜等）、三料（饮料、香料、调料）作物、药用作物、染料作物、观赏作物、水果和其他经济作物等。经济作物通常具有地域性强、经济价值高、技术要求高、商品率高等特点，对自然条件要求较严格，宜于集中进行专门化生产。经济作物生产的集约化和商品化程度较高，综合利用的潜力很大，要求投入较高的人力、物力和财力。因此，必须注意解决好经济作物和粮食作物争地、争劳力、争资金的矛盾，以及收购政策、价格政策、奖售政策、生产机械化程度提高等问题，促进经济作物的发展。经济作物很多，这里只讨论大宗经济作物棉花、油菜与花生以及瓜菜作物生产转型升级问题。

1. 棉花

棉花是关系国计民生的战略物资，国防建设，人民生活都需要棉花。棉花也是一种可大规模种植的经济作物，对棉农家庭致富起着重要作用。2022年我国年产原棉约600万t，产量占全球的29%，是第一大原棉生产国。但我国也是第一大原棉消费国、第一大棉纺织进出口国，每年棉花产需缺口达300万t，每年需要大量进口美棉、澳棉。棉花生产转型升级的重点需要围绕生产高端品质棉做文章，从优良品种选育入手，到模式化栽培、生产全程机械化特别是采摘机械化技术配套，再到纺织及精深加工研发形成品牌，都要有自主核心技术。

2. 油菜与花生

油菜与花生均是主要的油料作物，也是食用油的主要原料。我国油菜种植面积和总产量超过世界总产量的1/4，面积稳定在10 500万～12 000万亩。该作物适应性强，用途广，经济价值高，发展潜力大。菜籽油是良好的食用油，饼粕可作肥料、精饲料和食用蛋白质的来源。油菜还是一种开荒作物，它对提高土壤肥力、增加下茬作物的产量有很大作用。所以说油菜作物在生态农业发展中具有重要作用。全世界约有100个国家种植花生，目前我国种植面积仅次于印度居第二位，2021年种植面积7 000万亩左右，但总产量最高，年产量在1 600万t左右，占世界花生总产的40%以上。花生是我国主要油料作物、经济作物和特色出口作物，在国家油脂安全和农产品国际贸易中占有举足轻重的地位。另外，花生仁加工用途广泛，花生蔓是良好的牲畜饲料。该作物自身有一定的固氮能力，又决定它投资少，效益高，是目前能大面积种植的单位面积农业生产效益较好的作物之一。目前我国油料品种结构调整的重点是"两油为主，多油并举，重点发展油菜与花生"。在长江流域稳定油菜与花生面积；在黄淮海地区统筹粮棉油菜饲生产，适当扩大花生、大豆、饲草面积，在东北农牧交错区因地制宜扩大玉米花生（或大豆）轮作面积。同时选择一批生产基础好、产业优势突出、辐射带动能力强的县（市、区），积极示范推广花生高油酸品种和小果花生优势品种，加快新技术推广，开展规模化种植，提高生产全程机械化水平。在黄淮海地区北部推广油菜-地膜花生//玉米（或芝麻）种植模式有利于油菜与花生发展。

3. 瓜菜作物

瓜菜产业是我国仅次于粮食业的大产业，瓜菜生产在我国农业生产中占有重要的地位，它是现代农业的重要组成部分，也是劳动密集型产业。瓜菜产业的不断发展，对保障市场供给、增加农民收入、扩大劳动就业、拓展出口贸易等方面具有显著的积极作用；是实现农民增收、农业增效、农村富裕的重要途径。

传统的瓜菜生产同其他农作物生产一样，受外界气候和季节的严格限制。由于多种瓜菜质地柔嫩、含水量大，不耐贮藏，加上人们鲜食的习惯，所以，食用时间受到生产供应的强烈制约，这种制约在冬天寒冷季节的表现更为突出。随着我国经济的迅速发展，人民生活水平的不断提高，城市规模的不断扩大，特别是城市人口的迅速增加，对日常生活必需品——蔬菜的质和量也提出了更高的要求，品种趋于多样化，要求能做到四季供应，淡季不淡。瓜菜是人民生活中不可缺少的副食品，人们要求周年不断供应新鲜、多样的瓜菜产品，仅靠露地栽培是很难达到目的的，虽然冬季露地能生产一些耐寒蔬菜，但种类单调，且若遇冬季寒潮或夏秋暴雨、连绵阴雨等灾害性天气，则早春育苗和秋冬蔬菜生产都可能会受到较大的损失，影响蔬菜的供应。所以借助一定的设施进行瓜菜生产，可促进早熟、丰产和延长供应期，满足消费者一年四季吃上新鲜蔬菜的要求。

三、种植业增效方式

在稳定粮食生产的基础上，种植业要根据市场的需要，及时调整和优化产业结构，通过以下几个增效方式来促进种植业生产水平和生产效益的提高。

（一）间作套种增效方式

间套种植是我国农民在长期生活实践中，逐步认识和掌握的一项增产措施，也是我国农业精耕细作传统的一个重要组成部分。在农业资源许可的情况下，运用间套种植方式，充分利用空间和时间，实行集约种植，就成为提高作物单位面积产量和经济效益的根本途径。正确运用间套种植技术，即可充分利用土地、生长季节和光、热、水等资源，巧夺天时地利，又可充分发挥劳力、畜力、水、肥等社会资源作用，从而达到高效的目的。

间套种植与一般的农业技术相比，涉及的因素很多，技术上比较复杂，有其特殊之处。随着我国农业生产的发展，尤其是在建设现代化农业的过程中，应当正确地认识和运用这项技术。在实际运用过程中，要因地制宜，充分利用当地自然资源，并结合各个地区不同特点不断地进行完善，真正实现高产高效。

（二）保护地设施栽培增效方式

采用地膜覆盖、日光温室、塑料大棚、拱棚等多种形式的保护地设施栽培措施，创造适宜的作物生长环境，实行提前与延后播种或延长作物生长期，进行反季节、超时令的生产，达到高产优质高效的目的。

（三）食用菌增效方式

食用菌被誉为"健康食品"，食用菌生产的实质就是把人类不能直接利用的资源，通过栽培各种菇菌转化成为人类能直接利用的优质健康食品。这是一个能有效转化农副产品的高效产业，近年来发展迅速，在一些农副产品资源丰富的地区，发展食用菌生产是实现农副产品加工增值的重要途径之一。当前，我国正在全面建成小康社会和节约型社会，做大做强食用菌产业必将起到积极的促进作用。

（四）科技挖潜增效方式

发展农业，一靠政策，二靠科技，三靠投入，但最终还是要靠科技解决问题。科学技术是农业发展最现实、最有效、最具潜力的生产力。世界农业发展的历史表明，农业科技的每一次重大突破，都带动了农业的发展。20世纪70年代的"绿色革命"，大幅度地提高了世界粮食生产水平，80年代取得重大进展的生物技术和90年代快速发展的信息技术被应用到农业上，使世界农业科技的一些重要领域取得了突破性进展。进入21世纪，知识经济与经济全球化进程明显加快、科技实力的竞争已成为世界各国综合国力竞争的核心。新形势下要加快农业的发展，实现农业大国向农业强国的历史性跨越，我们必须不失时机地大力推进农业科技进步。

（五）资源进一步开发增效方式

各地对尚未开发利用或利用不够充分的农业后备资源，如荒地、窑厂或工业用废弃地以及庭院资源等，进行以增加土地利用率为目标的广度开发，如在窑场废弃地上或大庭院内建塘进行水产高效养殖等，让方寸土地生财，也是一种较好的增效方式。

第七章　农作物绿色栽培实用技术要点

第一节　大田粮食作物栽培技术要点

一、优质水稻高产栽培技术

水稻是我国第一大粮食作物，该作物抗逆性强，可以通过以水调肥、调气、调温保证作物生长，具有高产稳产的特点，在水利条件较好的地区可以广泛种植。且主要产品稻米的营养价值也很好，所含的各种成分可消化率和吸收率均较高，特别是北方的粳稻，米质更优良，是人民喜爱的细粮之一。

（一）品种选用

我国水稻种植生态区域较多，首先应选择适应该生态区域内经国家或地方审定的优质高产品种，种子质量符合GB 4404.1要求。如沿黄稻区应选用多抗粳稻新品种，生育期150~155天。如新丰2号、津稻263、获稻008等。

（二）培育壮秧

壮秧是高产的基础，壮秧的标准：秧龄30~40天，叶龄5~6片，苗高25~30 cm，秧苗带蘗率90%以上，单株分蘗数2个以上，单株白根10条以上，单株鲜重1 g以上，单株干重0.25 g以上，秧苗淡绿色，无病虫危害。

1. 秧田选择

秧田选择土壤肥沃，靠近水源与大田，排灌方便的地块，秧田与本田面积之比1：（10~12）。

2. 秧田培肥

秧田于冬前、初春多次耕翻，冻垡、晒垡和使用有机肥，深耕达到20~30 cm，于最后一次耕翻前，每亩底施优质农家肥5 000~6 000 kg，达到"肥、松、细、软"的秧田质量标准。播前3~4天完成作床。秧畦宽1.2~1.5 m，长度不超过15 m，床土深翻20 cm，床间留沟。每平方米秧床施纯N 10 g、P_2O_5 28 g、K_2O 24 g，硫酸锌、硫酸亚铁各10 g，将肥料均匀耙于10 cm深床土内，然后每平方米秧床施水稻壮秧剂70~90 g，与500 g过筛旱田土充分混拌后均匀撒于秧床上，混拌于2 cm深表土中，起到集床土消毒、调酸、化控、增肥于一体的作用。然后浇透底墒水，达到泥烂、面平，床面高低差不超过1 cm，抹平床面待播种。

3. 种子处理

播前晒种2~3天，以提高种子发芽率和发芽势。然后用25%咪鲜胺乳油3 000倍液浸种72 h，杀菌消毒，预防恶苗病等种传病害。

4. 播种时期

沿黄麦茬稻于5月1—10日播种，最迟不超过5月12日。

5. 播量与播种

每亩本田用种子2.5~3 kg，每平方米苗床播干种100 g左右。在秧床面没有明水撒播种子能半籽入泥时，将种子均匀撒于秧床上，稀播均匀，使种子三面着泥，然后再均匀覆盖1 cm厚的盖种营养细粪土（粪土比例1∶2）。

6. 秧田管理

（1）浇水。出苗前一般不灌水（如遇特殊干旱影响出苗的情况下，出苗前浇一次透水），播后8~10天灌第一次水，之后每隔4~5天灌一次透水，不建立水层，保持湿润生长。移栽前2~3天秧田灌水润秧。对返碱返盐的秧田，可灌水冲洗或浸泡排水。

（2）防除杂草。秧苗三叶一心期，每亩秧田用36%苄·二氯可湿性粉剂75 g，兑水30 kg喷雾。喷药前田面湿润，喷药后隔1天建薄水层3天以上。不可淹没水稻心叶。

（3）化控。播种前未施壮秧剂的秧田，于秧苗一叶一心期，100 m²秧田用15%多效唑可湿性粉剂10~12 g，兑水6 kg喷洒秧苗，控苗高促分蘖壮株。

（4）防治虫害。秧苗期以防治稻蓟马为主，3叶期稻蓟马虫口密度上升，当百株虫量300~500头以上，或出现叶尖卷曲率在10%以上时，用10%吡虫啉可湿性粉剂每亩30 g，兑水30 kg喷雾防治。

（5）防治病害。秧苗期以预防苗瘟为主。每亩用75%三环唑可湿性粉剂25~30 g，或40%多菌灵胶悬剂100 mL兑水30 kg喷雾，防治苗期苗瘟等病害。

（6）追肥。秧苗一叶一心期结合浇水施断乳肥，每亩追施尿素5~7.5 kg；三叶一心期施促蘖壮秧肥，每亩追施尿素10 kg；移栽前10天施送嫁肥，每亩追尿素5~6 kg。

近年来，结合机械插秧可采用相应的插秧穴盘基质育秧。

（三）本田整地、施肥及插秧

1. 本田耕翻整地

整地前要维修好灌、排水渠系，特别要解决好洼地排水，保证灌、排畅通。麦茬稻田随收麦随平整田块随耕翻，田块高低相差不超过2 cm，耕翻20 cm深。

2. 放水泡田洗碱

土壤盐碱的稻田耕翻后灌水泡田排水洗碱2~3次；土壤较肥沃、不盐碱的稻田可不进行泡田排水。

3. 平衡施肥

有机、无机肥相结合，增施有机肥，控制氮肥，实施氮、磷、钾、硅及微肥平衡施肥。

（1）增施有机肥、配方施用化肥。每亩本田施充分腐熟无污染的优质有机肥2 000 ~ 3 000 kg、总施纯N 13 ~ 15 kg、P_2O_5 5 ~ 6 kg、SiO_2 9 ~ 10 kg、K_2O 7 ~ 8 kg。所施的全部有机肥、磷肥、硅肥、微肥及50%的钾肥和50%的氮肥作底肥。不用进行泡田洗碱的稻田，耕地前施底肥，施肥后随耕翻，达到全层有肥；或先耕地，再施肥耙田，作秒口肥。需要泡田排水洗碱的稻田，泡田洗碱排水后施底肥，作耙面肥。

（2）移栽。适时早插秧，麦茬稻于6月中旬抢时插秧，做到随收麦随整地插秧，迟插秧不过夏至。

（3）行穴距配置。采取扩行距、缩穴距、减少穴苗数，行穴距配置方式29.7 cm×（9.9 ~ 13.2）cm或33.3 cm × 9.9 cm，中晚粳大穗型品种每穴3苗，中粳多穗型品种每穴4苗，每亩1.8万 ~ 2.2万穴，基本苗中晚粳大穗型品种每亩5.2万 ~ 6.8万株，中粳多穗型品种每亩7.8万 ~ 9.8万株。

（4）铲秧移栽。移栽时铲秧1.5 ~ 2 cm深，带土移栽，随铲随栽。

（5）浅水插秧。栽秧时灌3.3 cm浅水层，做到花搭水插秧。

（6）浅插秧。插秧深2 ~ 3 cm，不超过3 cm，以不飘秧为度。

（四）本田期管理

1. 灌溉技术

以满足生理用水为前提，应用浅水+湿润灌溉法，每亩稻田用水760 m³左右，全生育期有足够的水分供应。

（1）寸水活棵。插秧后灌3 ~ 4 cm深水层，护苗返青。

（2）分蘖期浅水勤灌。分蘖期浅水（2 ~ 3 cm水层）和湿润（露泥）灌溉相结合，做到浅水勤灌。

（3）分蘖末期排水晒田。排水晒田时间在分蘖末期（栽秧后26 ~ 30天）。排水晒田标准有两个：一是苗到不等时，每亩总茎数达到预期数的1.3 ~ 1.5倍，即中晚粳大穗型品种总茎数达到每亩33.9万 ~ 40.0万茎，中粳多穗型品种总茎数达到每亩38.9万 ~ 40.0万茎时，开始晒田；二是时到不等苗，时间到了分蘖末期就排水晒田。晒田晒到"田边鸡爪裂、田内丝毛裂、人进不陷脚"，长势旺、土质烂、泥脚深的早晒、重晒，晒7 ~ 10天，长势差的迟晒、轻晒，晒5 ~ 7天，盐碱地、新开稻田只晾不晒。

（4）拔节后间歇灌水。拔节后灌3～4 cm浅水，间歇勤灌水。

（5）足浇孕穗、抽穗、开花水。拔节后进入孕穗期保持3～5 cm浅水层，勤灌水；抽穗、开花期，稻田必须建立3～5 cm水层不断水。

（6）湿润灌浆。齐穗后干湿交替，以湿为主、湿润灌浆。

（7）蜡熟末期落干。成熟收获前5～7天断水落干。做到晚断水养老稻，提高稻米品质。

2. 追肥

轻施返青肥，重施分蘖肥。禁止使用硝态氮肥。

（1）早施返青、分蘖肥。栽秧后5～7天追施所施氮肥的15%，12～15天追施所施氮肥的35%。

（2）追施钾肥。水稻拔节后基部第一、第二节间基本固定，第三节间开始伸长时（7月25日左右），追施所施钾肥的50%。

（3）喷施叶面肥。抽穗初期、灌浆期叶面喷施多元微肥稀释液。

（五）本田主要病虫害草害防治技术

在选用优质高产抗性强的优良品种、抓好培育壮秧、建立合理群体结构的基础上，增施磷、钾肥，坚持浅水、湿润灌溉，实现健身栽培，减轻有害生物发生；通过选择高效、低毒、低残留对路农药和适宜的防治时机进行药剂防治，控制病虫草危害，并减少环境污染，保护天敌、提高天敌的控制作用，还可用杀虫灯、色光板等诱杀装置，减少鳞翅目、同翅目害虫的基数，综合运用各种防治措施，积极有效地控制病虫草危害。

1. 化学除草

水稻移栽后5～7天稻苗返青期施药进行化学除草，每亩用50%苯噻酰·苄可湿性粉剂80 g（北方）40～60 g（南方），拌细土10～15 kg制成药土撒施，施药后保持3～4 cm浅水层5～7天，闷杀草芽。切勿深水（水没过心叶）施药，谨防药害。

2. 主要病虫害药剂防治技术

（1）分蘖期。以防治稻螟虫、稻纹枯病为重点，兼治稻飞虱、稻蓟马等。

防治稻螟虫。7月上中旬注意控制二化螟危害造成枯心苗，防治适期是始见枯鞘期，或螟卵孵化初盛期每亩卵块发生量在50块以上时，每亩用90%杀虫单晶体80～100 g，或25%溴氰菊酯乳油20 mL，兑水30 kg，喷雾于稻株中上部，对稻螟虫、稻飞虱等害虫均有很好防效。

防治稻纹枯病。分蘖期当稻纹枯病病丛率为5%～7%时，每亩用20%井冈霉素可湿性粉剂20 g，兑水50 kg，喷雾于稻株中下部，防止水稻纹枯病水平扩展。

（2）拔节孕穗期。以防治稻纵卷叶螟、稻飞虱、稻纹枯病为重点，兼治稻苞虫、稻菌核病等。

防治稻飞虱。水稻拔节期（7月20—25日）稻飞虱幼虫高峰时，当每百丛有虫1 000头左右，每亩用10%吡虫啉可湿性粉剂20 g+48%毒死蜱乳油40 mL混用，兑水30 kg，喷雾于稻株中下部，兼治稻螟虫。

防治稻纵卷叶螟。8月中下旬稻纵卷叶螟1～2龄幼虫盛发期（稻叶初卷期），即每百丛有幼虫40～60头，每亩用90%杀虫单晶体80～100 g，兑水30 kg，喷雾于稻株中上部，兼治二化螟和稻苞虫。

防治稻纹枯病。水稻孕穗期（7月下旬至8月中旬），当稻纹枯病病丛率为15%～20%时，每亩用20%井冈霉素可湿性粉剂50 g，兑水50 kg，喷雾于稻株中下部防止水稻纹枯病垂直扩展。

（3）破口抽穗及灌浆初期。以防治稻飞虱、穗颈稻瘟为重点，兼治稻螟虫、稻菌核病、稻谷枯病等病虫害。

防治稻飞虱。水稻破口期、灌浆初期，每百丛有虫1 000头左右时，用药防治，施用药剂、浓度计防治方法同前，兼治稻螟虫。

预防稻颈稻瘟。穗颈稻瘟病对稻米产量及品质有极大的影响，需在水稻破口期喷药预防，特别是水稻破口期预报有低温阴雨天气，必须立即施药防治，每亩用75%三环唑可湿性粉剂25～30 g，兑水30 kg喷雾。

（六）适时收获与储存

1. 收获时期

当全田90%以上稻谷和枝梗呈金黄色，稻穗上部三分之一枝梗干枯时收获。

2. 收割、脱粒、晾晒

采用人工收割或机械收割稻谷，收割后随晾晒，建立晾晒场地，避免原田晾晒和公路晒谷，确保加工质量。有烘干条件烘干更好。做到分品种单收、单打单贮，确保品质的一致性。

3. 运输

运输工具应清洁、干燥、有防雨设施。严禁与有毒、有害、有腐蚀性、有异味的物品混运。

4. 安全储存

稻谷储存库房应清洁、干燥、通风良好，无虫害及鼠害。稻谷包装袋下面垫有木架，防止底层稻谷受潮霉变。严禁与有毒、有害、有腐蚀性、易霉变、发潮、有异味的物品混存。若进行仓库消毒、熏蒸处理，所用药剂应符合国家有关卫生安全的规定。

二、小麦栽培技术要点

小麦也是人们生活的主要粮食作物，要优先保证小麦生产，满足人们生活的需要，才能考虑发展其他作物。随着人们生活水平的提高，种植优质专用小麦品种将是今后一个时期发展方向。

小麦品质特性的优劣是由品种特性、生态因素和种植技术等因素共同决定的，如果栽培技术应用不当，同一地块生产出来的优质小麦差异也较大。研究表明，影响小麦品质指标的因素较多，包括地理变化、年份、水分、温度、土壤类型、有机质、肥料使用、灌水、化学调控、播期播量、病虫害、前茬、收获期等。

（一）优质中筋小麦高产栽培技术

1. 播种技术

（1）施足底肥。小麦是需肥量较多的作物，施足底肥对小麦丰产十分重要。一般高产田块土壤耕层肥力应达到下列指标：有机质1.2%、全氮0.09%、水解氮70 mg/kg、速效磷25 mg/kg、速效钾90 mg/kg、速效硫16 mg/kg以上。在上述地力条件下，考虑土壤养分余缺平衡施肥，可亩施优质有机肥2 000～3 000 kg、纯氮化肥7～9 kg、五氧化二磷6～8 kg，有条件的还可亩施氧化钾3～4 kg、硫酸锌1～2 kg。水利条件好的中等肥力田块也应参考高产田块要求施足底肥。

（2）精细整地、足墒下种。播前要施足底肥，深耕细耙，达到上虚下实，墒足无坷垃。足墒下种是确保苗全苗壮的重要增产措施，是达到丰产的基础。北方地区大多年份麦播时墒情不足，应浇足底墒水，不应抢墒播种。还应逐年加深耕层，要深耕25～30 cm。

（3）选用优质良种、适期精量播种。根据市场要求优先选用适宜当地的中筋优质专用品种，一个好的优良品种应具有单株生产力高、抗倒伏、抗病、抗逆性、株型紧凑、光合作用强、经济系数高、不早衰的特性，是优质高产的基础。一般半冬性品种10月上中旬播种，春性品种10月中下旬播种，亩播量6～10 kg，根据品种和播期适当选择。适期精量播种使分蘖成穗率高的中穗型品种，每亩基本苗达到10万～12万株；分蘖成穗率低的大穗型品种，每亩基本苗达到13万～18万株。间套种植留空行的适量减少。

（4）种子处理。根据小麦吸浆虫、地下害虫发生程度进行药剂拌种或土壤处理。随着生产水平的不断提高，一方面作物对一些微量元素需求量增加；另一方面一些化肥的大量施用与某些微量元素拮抗作用增强，土壤中某些微量元素有效态降低，呈缺乏状态，据试验，增施微量元素肥料增产效果显著。小麦对锌、锰微量元素比较敏感，采用以锌、锰为主的多元复合微肥拌种增产效果较好，一般亩用量50 g左右。

2. 冬管技术

浇好冬水。播种后至封冻前，若无充足降水，要坚持浇好冬水，既能保温又能压实土壤，特别是对一些砂性土壤或秸秆直接还田的地块，常因土壤疏松悬空死苗或因秸秆腐化和苗争水引起干旱，所以，浇好冬水十分重要。不仅有利于保苗越冬，还有利于冬春保持较好墒情，以推迟春季第一次肥水，增加小麦籽粒的氮素积累，为春季管理争取主动。一般在立冬至小雪期间浇好冬水，待墒情适宜时及时划锄，以破锄板结，疏松土壤，除草保墒。浇水量不宜过大。

3. 春管技术

（1）及时中耕除草。早春以中耕为主，消灭杂草，破除板结，增温保墒，促苗早发。

（2）及时追肥浇水。中强筋小麦品种拔节后两极分化明显时，采取肥水齐攻，一般亩追施20～25 kg硝铵，或15～20 kg尿素。弱筋小麦品种应适当减少氮肥施用量。

（3）化学除草。亩用20%双氟·氟氯酯水分散剂5～6 g，或5%双氟·唑草酮悬浮剂35 mL，或10%苯磺隆可湿性粉剂15 g+20%氯氟吡氧乙酸乳油50～60 mL，或二甲四氯水剂200～250 mL，加水30 kg喷雾，防治麦田杂草。

（4）预防倒伏。于3月中旬小麦拔节前亩用15%多效唑30 g，加水30 kg喷雾，促进小麦健壮生长，降低株高，预防倒伏。特别是对一些高秆品种效果更好。

4. 中后期管理技术

（1）适时浇水与控水。根据土壤墒情适时浇好孕穗水或扬花水。拔节孕穗期是小麦需水临界期，此时土壤含水量在18%以下时应及时浇水，有利于减少小花退化，增加穗粒数，并保证土壤深层蓄水，供后期吸收利用。种植中强筋小麦专用品种的田块，在开花后应注意适当控制土壤含水量不要过高，在浇好孕穗水或扬花水的基础上一般不再灌水，尤其要避免麦黄水。弱筋型小麦品种还可在灌浆高峰期浇好灌浆水，对提高粒重有明显的效果。

（2）因地制宜，搞好"一喷三防"和叶面喷肥。小麦生长后期，由于根系老化，吸收功能减弱，且土壤中营养元素减少，往往有些地块表现某种缺肥症状，根据情况叶面喷洒一些营养元素能增强植株的抗逆能力和抵御灾害能力，能明显地提高粒重。对于强筋型品种麦田应喷洒1%～2%的尿素溶液；对贪青晚熟或缺磷钾田块喷洒磷酸二氢钾溶液，每次每亩用量150 g左右，加水50 kg；一般田块，可喷洒小麦多元复合肥，每亩用量100 g左右，加水50 kg。

小麦生长后期青枯病、干热风、病虫害发生频繁，应及时喷洒激素、营养物质和农药进行防治，为小麦丰收提供保证。据研究，在小麦中后期喷洒激素类物质有助于提高植株的整体活性，增加新陈代谢，提高植株的抗逆能力，可有效抵御干热风的侵袭和青枯病的危害。目前适用的激素类物质有黄腐酸、亚硫酸氢钠等。黄腐酸可使小麦叶片气孔开张度下降，降低小麦植株的水分蒸腾量。在孕穗期和灌浆初期各喷施一次效果最好。每亩用量一般50～150 g，加水40 kg喷洒。亚硫酸氢钠对小麦的光呼吸有很强的抑制作用，使光呼吸强度减弱，净光合强度提高，改善了小麦灌浆期营养物质的供应状况，促进了籽粒发育，增加了成粒数和粒重。一般在小麦齐穗期和扬花期喷施一次，每次每亩10~15g，加水50kg。亚硫酸氢钠极易被空气氧化失效，应随配随用，用后剩余的密封好。

（3）防治病害。小麦中后期常有白粉病、锈病危害。当白粉病田间病株发病率达15%、病叶率达5%时，条锈病田间病叶率达5%时，一般在4月中旬进行防治。可亩用12.5%的烯唑醇可湿性粉剂15g有效成分，或28%多·井悬浮剂100~125g，兑水40kg喷雾；中期5月上中旬防病可亩用25%酸式络氨铜水剂，或25%吡唑醚菌酯悬浮剂30~40mL，弥雾机加水15~20g，背负式喷雾器加水40~50g，可兼治小麦纹枯病、叶枯病。

（4）防治虫害。小麦后期常有穗蚜危害。一般在5月上旬百穗有虫500头时进行防治。可亩用5%蚜虱净水剂7~10mL，或70%吡·杀单乳油100mL，兑水50kg喷雾。也可亩用50%抗蚜威可湿性粉剂7g，加水30kg喷雾。春季一些地块常有红蜘蛛的危害，一般在1m行长600头时进行防治。用15%哒螨灵乳油，或20%爱杀螨乳油1000倍液，每亩兑水50kg喷雾。

5. 适时收获

小麦适宜收获期是在蜡熟中期，此期籽粒饱满，营养品质和加工品质最优，用手指掐麦粒，可以出现痕迹，叶片全部变黄，籽粒含水量在20%左右。

（二）优质强筋小麦栽培技术

1. 选好茬口

优质强筋小麦要求有良好的茬口。一般以黄豆茬口为好。

2. 确定土质

优质强筋小麦喜欢壤质偏黏的土壤。在褐土、砂姜黑土地块适宜种植。在风沙土和砂质土区域内，最好不要盲目发展优质强筋小麦。

3. 选用地块

选用土壤有机质含量在1.0%以上，土壤速效氮含量在80mg/kg，速效磷含量在20mg/kg，氧化钾含量在100mg/kg以上的田块进行种植。

4. 施足底肥

发展优质强筋小麦，应该遵循的施肥原则是，稳氮固磷配钾增粗补微。一般，中高肥地块，基肥与追肥比例为7:3，高肥地块，基肥与追肥比例为5:5。每亩施纯氮12~16kg，五氧化二磷5kg。具体说来，在推广秸秆还田，增加土壤有机质的基础上，应每亩底施有机肥3000~5000kg；碳酸氢铵80kg或尿素30kg，过磷酸钙50~60kg或磷酸二铵20kg，硫酸钾12~18kg，硫酸锌1~1.5kg。并实行分层施肥：氮肥钾肥锌肥掩底，

磷肥撒垡头（磷肥与钾肥不能混施）。

5. 选用优质强筋品种

河南省中早茬高肥水地块宜选用郑366、西农979、新麦19、济麦20，中肥水地块宜选用藁8901、藁9415、藁9405，旱薄丘陵地块可选用小偃54；在晚茬地可选用丰德存麦21、郑9023。有条件的情况下，尽量对种子进行包衣处理。

6. 精细播种

因播期偏晚、播量偏大时利于蛋白质积累，不利于产量形成。因此，为兼顾优质、高产，一般播期以适播期下限，播量以适播量上限为宜。具体说来，半冬性品种在10月10日左右播种，播量控制在10 kg左右；半春性品种在10月下旬播种，播量控制在15 kg左右。在此基础上，足墒下种，力争做到一播全苗。

7. 控制关键时期灌水

研究表明，冬前降水量多或土壤含水量较高会抑制小麦蛋白质的形成。因此，如果冬前土壤不是太旱，一般不浇越冬水。但也要视具体情况而定。如果土壤含水量太低，也应适当浇越冬水，以保证麦苗安全越冬；浇过越冬水后，在返青期和起身期一般不再浇水；拔节期至孕穗期是小麦需肥水高峰期，对提高小麦蛋白质含量具有重要作用，所以此期应配合施肥浇水一次；生育后期小麦根系处于衰亡期，生命活动减弱，浇水容易导致根系窒息而早衰，既降低产量又影响品质，降低籽粒光泽度和角质率，增多"黑胚"现象。所以，在后期最好不浇麦黄水。研究表明，一般在土壤持水量50%以上时，后期控水基本上不影响产量，而对强筋小麦的品质却十分重要。

8. 前氮后移

根据研究结果基追同施比只施基肥品质好，氮肥后移比前期施肥品质好。因此，要改过去在返青期或起身期追肥的非优举措；在拔节至孕穗期重施追肥。一般视肥力状况每亩施10～15 kg尿素，并立即浇水。此期是小麦一生需肥水最多的时期，也是对肥水最敏感时期。此期施肥浇水，不仅可以提高产量，而且可以增加蛋白质含量。同时还可促使第一节间增粗从而提高植株的抗倒伏能力。此后，在扬花期叶面喷施氮素，以满足后期蛋白质合成的需要。

9. 搞好化学调控

对于植株较高的优质强筋小麦品种，应注意在拔节期（3月上中旬）喷施壮丰安，以便缩短节间，降低重心，壮秆促穗防倒伏。扬花后5～10天，叶面喷施BN丰优素和磷酸二氢钾，或者在开花期和灌浆期两次叶面喷洒尿素溶液，每次每亩1 kg尿素加水50 kg，以改善籽粒商品外观，增加产量，提高品质。

10. 坚持去杂保纯

杂麦的混入会明显降低强筋小麦的加工品质，所以不论作种子还是作商品粮都一定要把好田间去杂关，确保种子的纯度达到一级种子水平（99%）以上，商品粮的纯度达到95%以上，要做到这一点，以乡镇或以县为单位进行规模化种植，建立种子和优质强筋小麦生产基地是十分必要的。

11. 及时防治病虫害

病虫害防治历参考优质中筋小麦。重点在拔节前（2月下旬至3月初）据田间发病状况，及时喷洒三唑酮或甲基硫菌灵防治纹枯病；4月中下旬用三唑酮防治白粉病、锈病、叶枯病，用吡虫啉防治蚜虫；扬花期（4月下旬）用多菌灵防治赤霉病；灌浆期用烯唑醇或多菌灵防治黑胚病。

12. 适期收获

强筋小麦在穗子或穗下节黄熟期即可收割。收割过晚，会因断头落粒造成产量损失，对粒重粒色及内在品质也有不良影响。以带秆成捆收割、晾晒1～2天后脱粒最好。但这样费时费工费力，因此这种方法已不大采用，多在蜡熟末期用联合收割机进行及时收获。收获后注意分品种单收、单打、单入仓。

三、玉米栽培技术要点

玉米是主要秋粮作物，产量高，且营养丰富，用途广泛。它不仅是食品和化工工业的原料，还是"饲料之王"，对畜牧业的发展有很大的促进作用。

（一）普通玉米栽培技术要点

1. 选用紧凑型优良品种

紧凑型品种具有光能利用率高、同化率高、吸肥能力强、生活力强、灌浆速度快、经济系数高等优点，在生理上具备了增产优势。根据品种对比试验，紧凑型品种比平展叶型品种亩增产15%左右。因此应根据当地情况选用比较适宜的紧凑型品种。另外，在播种以前，要做好晒种和微肥拌种工作。

2. 适时播种，合理密植

夏玉米适时套种能增加生育期积温，使玉米灌浆在较适宜的温度下进行，有利于增粒增重，增产增收。一般麦垄套种时间适时掌握在麦收6～8天，和其他作物套种时期根据情况适时掌握。黄淮海农区夏玉米最迟要在6月上旬播种完毕。种植密度根据地力、品种、产量水平、套种方式而定。该常规播种的窄行距大株距为宽行距小株距，尽可能体现边行优势。一般单一种植玉米密度可掌握在4 000～4 500株，种植方式为等行距83 cm，株距18～20 cm；或宽窄行种植，宽行95 cm，窄行65 cm，株距20 cm左右，单株留苗。如果与其他作物间作带状种植充分发挥边行优势相对密度更大，也可实行双株留苗。

3. 科学管理，巧用肥水

玉米具有生育期短、生长快、需肥迅速、耐肥水等特点，所以必须根据其需要及时追肥，才能达到提高肥效，增加产量的目的。

（1）苗期管理。为使玉米苗期达到"苗齐、苗匀、苗壮"的目的，苗期管理要突出一个"早"字。麦套玉米在麦收后，要早灭茬、早治虫、早定苗，争主动，促壮苗早发。

（2）中期管理。玉米苗期生长较缓慢，吸收养分数量较少，拔节后生长迅速，养分吸收量猛增，抽雄到灌浆期达到高峰。中期是玉米营养生长与生殖生长并进阶段，是决定玉米穗大粒多的关键时期。根据玉米生长发育特点，生产上应按叶龄指数追肥法进行追肥，即在播种后25~30天，可见9~10片叶，一般亩追施碳铵50 kg、过磷酸钙35~40 kg，高产田块还可追施10 kg硫酸钾。播种后45天，展开叶12~13片，可见17~18片叶，亩追施碳铵30 kg。在中期根据土壤墒情重点浇好抽雄水。抽雄时进行人工授粉，授粉后去雄，节省养分。

（3）后期管理。玉米生长后期，以生殖生长为主，是决定籽粒饱满程度的重要时期，要以防止早衰为目的。对出现脱肥的地块，用2%的尿素+磷酸二氢钾150 g，加水50 kg进行叶面喷施。此期应浇好灌浆水，并酌情浇好送老水。

4. 适时晚收获

玉米果穗苞叶变黄，籽粒变硬，果穗中部籽粒乳腺消失，籽粒尖端出现黑色层，含水量降到33%以下时，为收获标准。目前生产中实际收获期偏早，应按成熟标准适时晚收。

（二）优质专用玉米高产栽培技术要点

1. 甜玉米高产栽培

甜玉米是甜质型玉米的简称，因其籽粒在乳熟期含糖量高而得名。它与普通玉米的本质区别在于胚乳携带有与含糖量有关的隐性突变基因。根据所携带的控制基因，可分为不同的遗传类型，目前生产上应用的有普通甜玉米、超甜玉米、脆甜玉米和加强甜玉米4种遗传类型。普通甜玉米受单隐性甜-1基因（$Su1$）控制，在籽粒乳熟期其含糖量可达8%~16%，是普通玉米的2~2.5倍，其中蔗糖含量约占2/3，还原糖约占1/3；超甜玉米受单隐性凹陷-2基因（$Sh2$）控制，在授粉后20~25天，籽粒含糖量可达到20%~24%，比普通甜玉米含糖量高1倍，其中糖分以蔗糖为主，水溶性多糖仅占5%；脆甜玉米受脆弱-2基因（$Bt2$）控制，其甜度与超甜玉米相当；加强甜玉米是在某个特定甜质基因型的基础上又引入一些胚乳突变基因培育而成的新型甜玉米，受双隐性基因（$Su1Se$）控制，兼具普通甜玉米和超甜玉米的优点。甜玉米的用途和食用方法类似于蔬菜和水果的性质，蒸煮后可直接食用，所以又被称为"蔬菜玉米"和"水果玉米"。种植甜玉米应抓好以下几项关键措施。

（1）隔离种植避免异种类型玉米串粉。甜玉米必须与其他甜玉米隔离种植，一般可采取以下3种隔离措施。①自然异障隔离。靠山头、树木、园林、村庄等自然环境屏障起到隔离作用，阻挡外来花粉传入。②空间隔离。一般在400～500 m空间之内应无其他玉米品种种植。③时间隔离。利用调节播种期错开花期进行隔离，开花期至少错开20天。

（2）应用育苗移栽技术。由于甜玉米糖分转化成淀粉的速度比普通玉米慢，种子成熟后一般淀粉含量只有18%～20%，表现为凹陷干瘪状态，种子顶土能力弱，出苗率低，生产上常应用育苗移栽技术。采用育苗移栽不仅能提高发芽率和成苗率，从而节约种子和保证种植密度，而且还是早熟高产批品种栽培的关键技术环节。育苗时间以当地终霜期前25～30天为宜。一般采用较松软的基质育苗（多采用由草炭、蛭石、有机肥按6：3：1的比例配制的基质）。播种深度一般不超过0.5 cm，每穴点播1粒种子，将播种完的苗盘移到温度25～28℃、相对湿度80%的条件下催芽，催芽前要浇透水，当出苗率达到60%～70%后，将苗盘移到日光温室内进行培养，苗期日光温室培养对温度要求较为严格，一般白天应控制在21～26℃，夜间不低于10～12℃。如果白天室内温度超过33℃应注意及时放风降温防止徒长；夜间注意保温防冷害。在春季终霜期过后5～10 cm地稳达18～20℃时，进行移栽。

（3）合理密植。甜玉米适宜于规模种植，一般方形种植有利于传粉和保证品质。种植密度可根据土壤肥力程度和品种本身的特性来确定，应掌握"株型紧凑早熟矮小的品种宜密，株型高大晚熟的品种宜稀，水肥条件好的地块宜密，瘠薄地块宜稀"的原则，一般亩种植密度在3 300～3 500株。

（4）加强田间管理。甜玉米生育期短且分蘖性强结穗率高，所以对肥水供应强度要求较高，种植时要重视施足底肥，适当追肥，这样才能保证穗大，并增加双穗率和保证品质。对于分蘖性强的品种，为保证主茎果穗有充足的养分、促进早熟，一般要将分蘖去除，不留痕迹，而且要进行多次。甜玉米品种多数还具有多穗性的特点，植株第一果穗作鲜食或加工，第二、第三果穗不易成穗，可在吐丝前采摘，用来制作玉米笋罐头或速冻玉米笋。为提高果穗的结实率，必要时可以进行人工辅助授粉。

拔节期管理。缓苗后，植株将拔节，此时可进行追肥，一般亩施尿素7.5 kg，以利于根深秆壮。

穗期管理。在抽雄前7天左右应加强肥水管理，重施攻苞肥，亩施尿素12.5 kg，以促进雌花生长和雌穗小花分化，增加穗粒数，此时还要注意采取措施控制营养生长，促进生殖生长。

结实期管理。此期由营养生长与生殖生长并重转入生殖生长，管理的关键是及时进行人工辅助授粉和防止干旱及时灌水。

（5）适时采收。甜玉米优质高产适时采收是关键。采收过早，籽粒水分含量太高，水溶性和其他营养物质积累尚少，风味不佳，适口性差，产量也低；采收过晚，种皮硬化，糖分下降，籽粒脱水严重，品质下降。一般早熟品种采收期在授粉后18～24天，中晚熟品种采收期可适当推迟2～3天。

2. 糯玉米高产栽培

糯玉米是玉米属的一个亚种，起源于中国西南地区，是玉米第九条染色体上基因（*wx*）发生突变而形成的。籽粒为硬粒型或半马齿型，成熟籽粒干燥后胚乳呈角质不透明、无光泽的蜡质状，因此又称蜡质玉米。根据籽粒颜色糯玉米又可分为黄粒种和白粒种两种类型。糯玉米籽粒中的淀粉完全是支链淀粉，而普通玉米的支链淀粉含量为72%，其余28%为直链淀粉。糯玉米的消化率可达85%，从营养学的角度讲，糯玉米是一种营养价值较高的玉米。其高产栽培应抓好以下几项关键措施。

（1）避免异种类型玉米串粉。要求方法同甜玉米。

（2）适期播种，合理密植。糯玉米春播时间应以地表温度稳定通过12℃为宜，育苗移栽或地膜覆盖可适当提早15天左右；播种可推迟到初霜前85～90天。若以出售鲜穗为目的可分期播种。重视早播和晚播拉长销售期，以提高种植效益。一般糯玉米种植密度为每亩3 300～3 500株。

（3）加强田间管理。和甜玉米一样，糯玉米生长期短，特别是授粉至收获只有20多天时间，要想高产优质对肥水条件要求较高，种植时要施足底肥，适时追肥，才能保证穗大粒多。对分蘖性强的品种，为保证主茎果穗有充足的养分并促进早熟，可将分蘖去除。为提高果穗的结实率，必要时可进行人工辅助授粉。

（4）适时采收。糯玉米必须适时收获，才能保证其固有品质。食用青嫩果穗，一般以授粉后25天左右采收为宜，采收过早不黏不甜，采收过迟风味差。用于制罐头不宜过分成熟，否则籽粒变得僵硬，但也不宜过嫩，太嫩则产量降低。做整粒糯玉米罐头，应在蜡熟期采收。

3. 优质蛋白玉米高产栽培

优质蛋白玉米又称赖氨酸玉米或高营养玉米，指籽粒中蛋白质（主要是赖氨酸）含量较高的特殊玉米类型。因其营养成分高，且吸收率高被誉为是饲料之王的王中之王，种好优质蛋白玉米应抓好以下几项关键措施。

（1）搞好隔离。由于目前生产上推广的优质蛋白玉米品种均是奥帕克-2（Opaque-2）隐性突变基因控制的，与普通玉米串粉后，当代所结籽粒中赖氨酸、色氨酸就有所下降，因此，种植优质蛋白玉米的地块，特别是制种田应与普通玉米搞好隔离。

（2）抓好一播全苗。一般优质蛋白玉米胚较大，含油量较多，因而呼吸作用强，对氧的需要量大，优质蛋白玉米播种时若土壤水分过多、土壤板结或播种过深，都会影响氧气的供应而不利于发芽出苗，加之优质蛋白玉米大多数籽粒松软，播种后若遇低温多湿，易导致种子霉烂而不出苗。因此，为了保证一播全苗，播种时应掌握好以下3点。一是温度。春播以地温稳定在12℃以上时，即黄淮海地区以清明节前后为宜，夏播越早越好，可采取套种。二是墒情。以土壤含水量为标准，一般以黏土21%～24%、壤土16%～21%、砂土13%～16%为宜。三是播种深度。以3cm左右为宜，播后盖严。

（3）加强田间管理。优质蛋白玉米出苗后要注意早管。具体措施应抓好以下4个方面。一是早追肥。拔节期可亩追尿素15 kg、硫酸钾10 kg、硫酸锌1.5 kg，到大喇叭口期再亩追尿素30 kg，追肥宜结合降雨或灌溉进行。二是早中耕。春播的苗期中耕二次以上，夏播的苗后要及时中耕灭茬、疏松土壤、促根下扎。三是早间苗。做到3叶间苗、5叶定苗。四是及早防治病虫害，确保幼苗健壮生长。

（4）增施粒肥。由于优质蛋白玉米在灌浆时有提前终止醇溶性蛋白质积累的特点，随着醇溶性蛋白质的提前终止，茎秆运往籽粒的蔗糖也将大大减少，千粒重降低。因此，在开花初期可增施粒肥，以最大限度地满足籽粒灌浆对养分的需要，一般以亩追尿素5～7 kg为宜。

（5）降秆防倒。由于优质蛋白玉米植株高大，遇大风天气易倒伏，采用化控措施是保证高产的重要措施之一。

（6）及时收获。优质蛋白玉米成熟时含水量高于普通玉米，成熟时要注意及时收获、晾晒，以防霉变。

四、大豆栽培技术要点

大豆营养丰富，其籽粒中含蛋白质40%以上，脂肪20%左右，还富含钙、镁、磷、铁等微量元素，可加工食品种类很多，用途广泛，加工经济效益很高。对提高人民生活水平有着十分重要的意义。

（一）选用良种，合理调茬

大豆是一个光周期性较强的作物，属短日照植物，在形成花芽时，较长的黑夜和较短的白天，能促进生殖生长，抑制营养生长，所以大豆品种受区域影响很大，应根据当地自然条件和栽培条件选择良种。一般来说，无霜期较长的中上等肥力地块和麦垄套种区，应选用中晚熟品种，中下等肥力地块，应选用中早熟有限结荚习性的品种。另外与其他高秆作物间作还应考虑选用耐阴性强、节间短、结荚密的品种。大豆忌重茬，应合理调节茬口。大豆重茬，生长迟缓，植株矮小，叶色黄绿，易感染病虫害。特别是大豆孢囊线虫发生较重，使荚少，粒小，显著减产。

（二）适期播种，合理密植

适期播种，一播全苗，是大豆生产过程中的关键一环，抓住了这一环，才能发挥田间管理的更大作用，夺取大豆丰收。黄淮海农区大豆多夏播，一般生育期110天以上的品种应在5月下旬麦垄套播，生育期100～110天的品种以6月上旬播种为宜，生育期100天以内的品种以6月15日以前播种为宜。早播是早发的前提，能使大豆充分利用光能，是丰收的基础。在早播和提高播种质量的同时，还应搞好合理密植工作。单一种植大豆，一般高水肥地块控制在每亩1万株，中等地块，密度在1万～1.2万株，行距配置一般为宽行46 cm，窄行34 cm。播种时要掌握足墒下种，墒情不足时要浇水造墒后再播，播种要深浅一致，一般掌握在3～5 cm。

（三）搞好田间管理

俗话说：大豆三分种，七分管，十分收成才保险。种好是基础，管好是关键。搞好田间管理工作，是大豆丰收的关键。

1. 苗期管理

大豆从出苗到开花为苗期，需30～40天。苗期的长短，主要与播期及品种有关，一般播种早，苗期长，播种晚，苗期短；中晚熟品种苗期长，早熟品种苗期短。大豆苗期主要是长根、茎、叶，伴有花芽分化，以营养生长为主，且地下部分生长快，地上部分生长慢，一般地下比地上快3～6倍。因此，苗期的主攻目标是培育根系，使茎秆粗壮，节间短，叶片肥厚，叶色浓绿，长成壮苗。主要管理措施如下。

（1）查苗补种。大豆出苗后，应立即逐行查苗，凡断垄30 cm以上的地方，应立即补种或补栽，30 cm以下的地方，可在断垄两端留双株，不再补种或补栽。

（2）间苗定苗。在全苗的基础上，实行人工间苗，单株均匀留苗，能充分利用光能，合理利用地力，协调地下部和地上部，个体与群体的关系，促进根系生长，增加根瘤数，是一项简便易行的增产措施，一般可增产15%～20%。

大豆间苗一般是一次性的，时间宜早不宜迟，在齐苗后随即进行。"苗荒胜于草荒"，间苗过晚，幼苗拥挤，互相争光争水争肥，根系生长不良，植株生长瘦弱，失去了间苗的意义。间苗的方法是按计划种植密度和行距，计算出株距，顺垄拔去疙瘩苗、弱苗、病苗、小苗、异品种苗，留壮苗、好苗，达到苗壮、苗匀、整齐一致的要求。

（3）中耕除草、冲沟培土。大豆在初花期以前，多中耕、勤中耕，不仅可以清除田间杂草，减少土壤养分的无谓消耗，也可以切断土壤毛细管，保墒防旱，还可疏松土壤，促进根系发育和植株生长，结合中耕促进大豆不定根的形成，扩大根群，增强根的吸肥、吸水能力，防止早衰。培土方法：一是结合中耕，人工用锄培土壅根；二是可以用小畜犁在大豆封垄前于宽行内来回冲一犁。

（4）追肥。大豆分枝期以后，植株生长量加快，体内矿质营养的积累速度约为幼苗期的5倍，因此需要养分较多。追肥时期以开花前5～7天为宜；追肥量应根据土壤肥力状况和大豆的长势确定，土壤瘠薄，大豆长势差，应多追些氮肥，一般亩追尿素7.5 kg左右；若大豆生长健壮，叶面积系数较大，土壤碱解氮在80 mg/kg以上，不必追施氮肥。施肥方法以顺大豆行间沟施为好，施肥后及时浇水，既可防旱又可尽快发挥肥效和提高肥力。

2. 花荚期管理

大豆从初花到鼓粒为花荚期，需20～30天。此期的营养特点是糖、氮代谢并重。生长特点是营养生长与生殖生长并进，既长根、茎、叶，又开花、结荚，是大豆生长发育最旺盛的时期，干物质积累最多，营养器官与生殖器官之间对光合产物需求竞争激烈，茎叶生长和花荚的形成，都需要大量的养分和水分，是大豆一生中需肥需水量最多的时期，也是田间管理的关键时期。此期管理任务：为大豆开花创造良好的环境条件，协调营养生长与生殖生长的矛盾，使营养生长壮而不旺，不早衰；使花荚大量形成而脱落少。主攻目标是：增花保荚。管理措施如下。

（1）浇水防旱。大豆花荚期是需水较多的时期，此期如果土壤墒情差，水分供应不足，就会造成花荚大量脱落，单株荚数、粒数减少，粒重降低。因此，花荚期遇旱，要及时浇水，以水调肥，保证水肥供应，减少花荚脱落，增加粒数和粒重。要求土壤含水量不低于田间最大持水量的75%。

（2）科学追肥。大豆花荚期也是需肥较多的时期，养分供应不上，也是造成花荚脱落的一个重要因素。但是养分过多，特别是氮素过量，营养生长与生殖生长失调，营养生长过旺，也可造成花荚大量脱落。因此，一般在底肥或幼苗和分枝期追肥较充足的地块，植株生长稳健，表现不旺不衰，此期可不追速效性化肥，只进行叶面喷肥，以快速补充养分供花荚形成之用。如果底肥不足或前期追肥量较少植株生长较弱，可适当追些速效化肥，但量不要大，盛花期前可亩追施尿素2～3 kg，并加强叶面喷肥，叶面喷肥以磷、钾、硼、钼等多种营养元素复合肥为好，长势弱的地块也可加入一些尿素或生长素之类的物质。

3. 鼓粒成熟期的管理

从大豆粒鼓起至完全成熟为鼓粒成熟期，需35～40天。此期的生理特点是以糖代谢为主，营养生长基本停止，生殖生长占主导地位，籽粒和荚壳成为这一时期唯一的养分聚集中心。这一时期的外界条件对大豆的粒数、粒重有很大影响，仍需要大量的水分、养分和充足光照。此期管理任务：以水调肥，养根护叶不早衰。主攻目标：粒多、粒饱。主要管理措施如下。

（1）合理灌水，抗旱防涝相结合。水是光合作用的重要原料，也是矿质营养和光合产物运输的重要媒介。大豆此期仍需要大量的水分，尤其是鼓粒前期，要求土壤含水量要保持在田间持水量的70%左右。低于此含水量，就要及时灌水，不然就会造成秕荚、秕粒增多。在防旱的同时，还要注意大雨后及时排涝，防止大豆田间长期积水。

（2）补施鼓粒肥。在鼓粒前期有脱肥早衰现象的要补施鼓粒肥，补肥仍以叶面喷肥为主，结合防病治虫效果更好。

（四）大豆病虫害防治

1. 大豆播种至苗期病虫害防治

（1）主要防治对象。大豆潜根蝇、蛴螬、孢囊线虫病、根结线虫病、紫斑病、霜霉病、炭疽病。

（2）主要防治措施。

大豆潜根蝇。与禾本科作物实行两年以上的轮作，增施基肥和种肥。采用菌衣无地虫拌种，药种比为1∶60；5月末至6月初用专治蝇类药剂阿维·菌毒二合一各20 mL加水30 kg喷施，40%辛硫磷乳油1 000倍液喷雾。

蛴螬。用5%辛硫磷颗粒剂每亩2.5～3 kg，加细土15～20 kg拌匀，顺垄撒于苗根周围，施药以14：00—18：00为宜。或用150亿个孢子/g球孢白僵菌可湿性粉剂250～300 g拌沙土20 kg，顺垄撒于田间，撒后浇水，以提高防效；或用40%辛硫磷乳油1 000倍液顺垄灌根。

孢囊线虫病和根结线虫病。与禾本科作物实行2～3年以上的轮作。土壤施药亩用根结线虫二合一（1～2套）加水100 kg直接冲施或灌根，或用2%阿维菌素微囊悬浮剂沟施，每亩用药1～1.5 kg，兑水75 kg，然后均匀施于沟内，沟深20 cm左右，沟距按大豆行距，施药后将沟覆土踏实，隔10～15天在原药沟中播种大豆。

紫斑病和炭疽病。与禾本科作物或其他非寄主植物实行2年以上的轮作。播前采用80亿个/mL地衣芽孢杆菌包衣剂包衣菌衣，药种比为1∶60；或0.3%的福美双可湿性粉剂拌种。

霜霉病。播种时用5%辛菌胺菌衣剂按药种比1∶50拌种，种子重量的0.1%～0.3%的35%甲霜灵·锰锌可湿性粉剂或80%克霉灵可湿性粉剂拌种，也可用种子重量0.7%的50%多菌灵可湿性粉拌种。

2. 大豆成株期至成熟期病虫害防治

（1）主要防治对象。食心虫、豆荚螟、豆天蛾、红蜘蛛、蛴螬、霜霉病、花叶病、锈病。

（2）主要防治措施。

食心虫。幼虫孵化盛期喷1%甲维盐乳油、25%快杀灵乳油或4.5%高效氯氰菊酯乳油1 000～1 500倍液，每亩50 kg喷雾。

豆荚螟。生物防治：在豆荚螟产卵始盛期释放赤眼蜂每亩2万～3万头；在幼虫脱荚前（入土前）于地面上撒白僵菌剂。化学防治：在成虫盛发期和卵孵盛期喷药，可用阿维菌素等药剂。

豆天蛾。利用黑光灯诱杀成虫。化学防治：幼虫1～3龄前用1%甲维盐或4.5%高效氯氰菊酯乳油1 000～1 500倍液，每亩50 kg。

红蜘蛛。用0.5%阿维菌素乳油800倍液，或1.8%阿维菌素乳油1 500～2 000倍液，常规喷雾。

霜霉病。用10%百菌清500～600倍液、30%嘧霉·多菌灵可悬浮剂800倍液，或35%甲霜灵·锰锌700倍液，常规喷雾。所提药剂可交替使用，每次间隔15天。

锈病。发病初期用12.5%烯唑醇可湿性粉剂，或20%三唑酮乳油每亩30 mL，或25%三唑酮可湿性粉剂25 g，加水50 kg喷雾，严重时隔10～15天再喷一次。

（五）适时收获

适时收获是大豆实现丰收的最后一个关键措施。收获过早、过晚对大豆产量和品质都有一定影响，收获过早，干物质积累还没有完成，降低粒重或出现青秕粒；收获过晚，易引起炸荚造成损失。当大豆整株叶子发黄脱落，豆棵晃动有响声时，证明大豆已经成熟，应抢晴天收割晾晒。为保证大豆色泽鲜艳，提高商品价值，一般要晒棵不晒粒，晒干后及时收打入仓。

五、谷子栽培技术要点

谷子抗旱性强，耐瘠，适应性广，生育期短，是很好的防灾备荒作物。在其米粒中脂肪含量较高，并含有多种维生素，所含营养易于被消化吸收。谷子浑身是宝，谷草是大牲畜的良好饲草，谷糠是畜禽的良好饲料。

（一）坚持轮作倒茬种植制度

农谚道："重茬谷，守着哭。"谷子不能重茬，重茬易导致病虫害严重发生。谷子根系发达，吸肥能力强，连作会使其根系密集的土层缺乏所需养分，导致营养不良，使产量下降。

（二）选用早熟良种，确保播种质量，充分利用生长季节

种植谷子应选用丰产性好，抗逆性强，米质好的优良品种，大规模种植采用能抗除草剂的优良品种更好。黄淮地区多以夏谷生产为主，夏谷子生长期短，增产潜力大，在保证霜前能成熟的前提下，选用丰产性好，抗逆性强的早熟良种。夏谷播种季节，温度高，蒸发量大，播种要注意提前造墒抗旱，不误农时季节。在播种时要严格掌握播种质量，保证一播全苗。首先在播种前进行种子处理，变温浸种，将种子放入55～57℃的温水中，浸泡10 min后，再在凉水中冲洗3 min捞出晾干备用，这样可防治谷子线虫病，并能漂出秕粒。也可采取药剂拌种的形式处理种子，这样既可防治谷子线虫病也可防治地下害虫。其次要控制播种量，一般选用经过处理的种子亩播量0.5～0.6 kg，为保证播种均匀，可掺入0.5 kg煮熟的死谷种混合播种，这样不仅苗匀、苗壮，间苗还省工。播种后要严密覆土镇压。

（三）抓早管，增施肥，促高产

夏谷生育期短，生长发育快，因此一切管理都必须从"早"字上着手。要及早中耕保

墒，促根蹲苗，结合中耕早间苗，一般苗高4~5 cm时间苗，亩留苗5万株左右。在6月底7月初，拔节期可亩追施尿素15 kg左右，有条件的可追施速效农家肥。到孕穗期看苗情，如需要可追施一些氮肥。在齐穗后，注意进行叶面喷肥，可提高粒重。一般亩喷施磷酸二氢钾100~150 g。注意拔节期、孕穗期、抽穗期、灌浆期结合降水情况，科学运筹肥水。夏谷生长在高温高湿条件下，植株地上部分生长较快，根系发育弱，容易发生倒伏，应结合中耕进行培土防倒伏。

（四）谷子病虫害防治

1. 谷子播种至苗期病虫害防治

（1）主要防治对象。蝼蛄、白发病、胡麻斑病。

（2）主要防治措施。

蝼蛄。灯光诱杀、堆粪诱杀、毒饵诱杀和药剂拌种：用菌衣地虫死液剂按药种比1∶60拌种，或50%辛硫磷0.5 kg，加水20~30 kg，拌种300 kg。用药量准确，拌混要均匀。

白发病。播种时用地衣芽孢杆菌水剂按药种比1∶60拌种，或25%瑞毒霉可湿性粉剂，按种子量0.2%拌种。

胡麻斑病。用地衣芽孢杆菌水剂按药种比1∶60拌种，或50%多菌灵可湿性粉剂1 000倍液浸种2天。

2. 谷子成株期至成熟期病虫害防治

（1）主要防治对象。胡麻斑病、叶锈病、谷瘟病、粟灰螟。

（2）主要防治措施。

胡麻斑病。农业防治，增施有机肥和钾肥，磷、钾肥配合。化学防治，用23%络氨铜，或28%井冈·多菌灵，或70%甲基硫菌灵可湿性粉剂每亩75~100 g，常规喷雾。

叶锈病。用1.8%辛菌胺水剂800倍液喷施，20%三唑酮乳油每亩30 mL，或25%三唑酮可湿性粉剂25 g，加水50 kg喷雾。

谷瘟病。亩用3%的多抗霉素可湿性粉剂50 g+1.8%辛菌胺水剂10 g+23%络氨铜水剂200 g+复合微肥，兑水50 kg喷雾。

粟灰螟。苗期（5月底至6月初）可用0.1%~0.2%辛硫磷毒土撒心，或用Bt每亩250 g或250 mL，兑水50 kg喷雾。

（五）适时收获

适时收获是保证谷子丰收的重要环节，收割过早，粒重低使产量下降，收获过晚，容易落粒造成损失。如果收获季节阴雨连绵，还可能发生霉籽、穗发芽、返青等现象，以致丰产不能丰收。谷子收获的适宜时期是颖壳变黄、谷穗断青、籽粒变硬时。谷子有后熟作用，收割后不必立即切穗脱粒，可在场上堆积几天，再行切穗脱粒，这样可增加粒重。

六、甘薯栽培技术要点

甘薯是高产稳产粮食作物之一，具有适应性广、抗逆性强、耐旱、耐瘠、病虫害较少的特点。

（一）选用脱毒良种，壮秧扦插

目前甘薯栽培品种很多，可根据栽培季节和栽培目的进行选择。但甘薯在长期的营养繁殖的过程中，极易感染积累病毒、细菌和类病毒，导致产量和品质急剧下降。病毒还会随着薯块或薯苗在甘薯体内不断增殖积累，病害逐年加重，对生产造成严重危害。利用茎尖分生组织培养脱毒甘薯秧苗已经成为防病治病、提高产量和品质的首选方法。经过脱毒的甘薯一般萌芽好，比一般甘薯出苗早1~2天，脱毒薯苗栽后成活快，封垄早，营养生长旺盛，结薯早，膨大快，薯块整齐而集中，商品薯率高，一般可增产30%左右。

春薯育苗可选择火炕或日光温室育苗。夏薯可采用阳畦育苗。一般选用长23 cm，有5~7个大叶，百株鲜重0.8~1 kg的壮秧进行扦插。壮秧成活率高，发育快，根原基大，长出的根粗壮，容易形成块根，结薯后，薯块膨大快，产量高，比弱秧苗增产20%左右。一般春薯每亩大田按40~50 kg种秧备苗；夏薯每亩按30~40 kg种秧备苗，才能保证用苗量。

（二）坚持起垄栽培

甘薯起垄栽培，不但能加厚和疏松耕作层，而且容易排水，吸热散热快，昼夜温差大，有利于块根的形成和膨大。尤其夏甘薯在肥力高的低洼田块多雨年份起垄栽培，增产效果更为显著。一般66 cm垄距栽1行甘薯，120 cm垄距的栽2行甘薯。

（三）适时早栽，合理密植

在适宜的条件下，栽秧越早，生长期越长，结薯早，结薯多，块根膨大时间长，产量高，品质好，所以应根据情况适时早栽。麦套春薯在4月扦插；夏薯在5月下旬足墒扦插。采用秧苗平直浅插的方法较好，能够满足甘薯根部好气喜温的要求，因而结薯多，产量高。合理密植是提高产量的中心环节。一般单一种植亩密度在4 000株左右，行距60~66 cm，株距25~27 cm。与其他作物套种，根据情况而定。

栽好甘薯的标准：一次栽齐，全部成活。栽插时间的早晚，对产量的影响很大，因为甘薯无明显的成熟期，在田间生长时间越长，产量越高。据试验，栽插期在4月28日至5月10日对产量影响不大；5月10—16日，每晚栽一天，平均每亩减产21.3 kg，5月16—22日，每晚栽一天，平均每亩减产32.6 kg。夏薯晚栽，减产幅度更大，一般在6月底以后就不宜栽甘薯了；遇到特殊情况也应在7月15日前结束栽植。

（四）合理施肥，及时浇水，中耕除草

甘薯生长期长、产量高、需肥量大，对氮、磷、钾三要素的吸收趋势是前中期吸收迅

速，后期缓慢，一般中等生产水平每生产1 000 kg鲜薯约需吸收氮素4～5 kg、五氧化二磷3～4 kg、氧化钾7～8 kg；高产水平下，每生产1 000 kg鲜薯约需吸收氮素5 kg、五氧化二磷5 kg、氧化钾10 kg。但当土壤中水解氮含量达到70 mg/kg以上时，就会引起植株旺长，薯块产量反而会下降；速效磷含量在30 mmg/kg以上、速效钾含量在150 mg/kg以上时，施磷钾的效果也会显著降低，在施肥时应注意。生产上施肥可掌握如下原则：高肥力地块要控制氮肥施用量或不施氮肥，栽插成活后可少量追施催苗肥，磷、钾、微肥因缺补施，提倡叶面喷肥。一般田块可亩施氮素8～10 kg、五氧化二磷5 kg、氧化钾6～8 kg；磷、钾肥底施或穴施，氮肥在团棵期追施。另外，中后期还应叶面喷施多元素复合微肥2～3次。

甘薯是耐旱作物，但绝不是不需要水，为了保证一次栽插成活，必须在墒足时栽插，如果墒情不足要浇窝水，根据情况要浇好缓苗水、团棵水、甩蔓水和回秧水，特别是处暑前后注意及时浇水，防止茎叶早衰。

在甘薯封垄前，一般要中耕除草2～3次，通过中耕保持表土疏松无杂草。杂草对甘薯生长危害很大，它不但与甘薯争夺水分和氧分，也影响田间通风透光，而且还是一些病虫寄主和繁殖的场所。中耕除草应掌握锄小、锄净的原则，在多雨季节应把锄掉的杂草收集起来带到田外，以免二次成活再危害。有条件的地方采用化学除草方法省工见效快，灭草效果好。

（五）搞好秧蔓管理

甘薯生长期间，科学进行薯蔓管理，防止徒长，是提高甘薯产量的一项有效措施。一般春薯栽后60～110天，夏薯栽后40～70天，正处于高温多雨季节，土壤中肥料分解快，水分供应充足，有利于茎叶生长，高产田块容易形成徒长，这一阶段协调好地上和地下部生长的关系，力促块根继续膨大是田间管理的重点。应克服翻蔓的不良习惯，坚持提蔓不翻秧，若茎叶有徒长趋势，可采取掐尖、去毛根、剪老叶等措施，也可用矮壮素等化学调节剂进行化学调控。

（六）甘薯病虫害防治

1. 甘薯育苗至扦插期病虫害防治

（1）主要防治对象。黑斑病、茎线虫病。

（2）主要防治措施。

黑斑病。种薯可用地衣芽孢杆菌水剂800倍液浸种3 min左右，或50%多菌灵可湿性粉剂800～1 000倍液浸种2～5 min，1 000～2 000倍药液蘸薯苗基部10 min。如扦插剪下的薯苗可用70%甲基硫菌灵可湿性粉剂500倍液浸苗10 min，防效可达90%～100%，浸后随即扦插。

茎线虫病。加强检疫工作。每亩用根结线虫二合一1～2套灌根，或50%辛硫磷乳剂亩施0.25～0.35 kg，将药均匀拌入20～25 kg细干土后晾干，扦插时将毒土先施于栽植穴内，然后浇水，待水渗下后栽秧。

2. 甘薯生长期至成熟期病虫害防治

（1）主要防治对象。甘薯天蛾、斜纹夜蛾。

（2）主要防治措施。

甘薯天蛾。农业防治：在幼虫盛发期，及时捏杀新卷叶内的幼虫；或摘除虫害苞叶，集中杀死。化学防治：在幼虫3龄前的16:00后喷洒1%甲维盐乳油1 000倍液或50%辛硫磷乳油1 000倍液，或菊酯类农药1 500倍液，亩用药液50 kg。

斜纹夜蛾。人工防治：摘除卵块，集中深埋；用黑光灯诱杀成虫。化学防治：用1%甲维盐乳油1 000倍液或4.5%高效氯氰菊酯1 000倍液，或用20%甲氰菊酯乳油1 000～1 500倍液，常规喷雾。

3. 甘薯收获期至储藏期病虫害防治

（1）主要防治对象。软腐病、环腐病、干腐病。

（2）主要防治措施。

适时收获。收获期及时收获，避免冻害。

精选薯块。选无病虫害、无伤冻害的薯块作种。

清洁薯窖，消毒灭菌。旧窖要打扫清洁，然后用10%百菌清烟雾剂或硫黄熏蒸。

（七）适时收获

甘薯的块根是无性营养体，没有明显的成熟标准和收获期，但是收获的早晚，对块根的产量、留种、贮藏、加工利用等都有密切关系。适宜的收获期一般在15℃左右，块根停止膨大，在地温降到12℃以前收获完毕，晾晒贮藏。

（八）窖藏技术要点

入窖前要先将薯块进行药剂处理，可用50%多菌灵300倍药液、70%甲基硫菌灵500倍药液进行浸种药剂处理，这样能杀死薯块表面及浅层伤口内的病菌，起到防病保鲜作用。

入窖后保持适宜温度，薯块在贮藏期间的适宜温度为10～14℃，低于9℃则易受冷害，高于15℃则呼吸作用旺盛，致使薯块减重、发芽。根据薯块的特点和天气变化，对薯窖的管理分为3个阶段。

前期。薯块入窖初期以通风、降温、散湿为主。因为刚入窖时外界气温高，薯块呼吸强度大，放出大量的水汽、二氧化碳和热量致使窖内温度高、湿度大。这就给薯块发芽、感染病害创造了好条件，尤其是带病的薯块由于病菌侵染蔓延，造成薯块大量腐烂，俗称"烧窖"。如果温度适宜，薯块只会发芽不会腐烂。薯块入窖30天内（尤其20天内）要经常注意窖内温度、湿度的变化，加以调节。入窖5～7天前为了促使伤口愈合，窖温保持在15～18℃，注意不要使窖温上升到20℃以上，入窖5～7天后窖温应控制在不超过15℃，最好是12～14℃，相对湿度保持在85%～90%。

中期。指薯块入窖后30天至翌年立春前后，以保温防寒为主。这个阶段气温低，薯块呼吸强度弱，放热量小，是薯块最容易受冷害的时期。注意当窖温下降到12～13℃时，即开始保温。如封土、封闭门窗与通气口，在薯堆上盖干草（兼防冷凝水浸湿薯块，以防受湿害），如严冬窖温降低到9～10℃，视窖温应适当加热。

后期。指立春至出窖前。此期气温逐渐回升，但天气变化无常，时有寒流，由于薯块长期贮藏，呼吸作用微弱，抵抗力大大削弱，经不起窖温过大的变化，受不了低温的侵袭。所以应随时注意天气变化，及时调整门窗与通气口，要保持窖内温度在12～14℃，相对湿度不低于85%～90%。

七、绿豆栽培技术要点

绿豆原产于亚洲东南部，在中国已有2 000多年的栽培历史。绿豆适应性广，抗逆性强，耐旱、耐瘠、耐荫蔽，生育期较短，适播期较长，并有固氮养地能力，是禾谷类作物、棉花、薯类等间作套种的适宜作物和良好前茬。其主产品用途广泛，营养丰富，深加工食品在国际市场上备受青睐；副产物秧蔓和角壳又是良好的饲料，所以说，绿豆在农业种植结构调整和高产、优质、高效生态农业循环中具有十分重要的作用。

（一）选用良种

绿豆对环境条件的要求较为严格，不同地区要求有相适应的品种种植才能获得高产。另外，单作和间作也应根据情况选择不同的品种。所以种植绿豆一般要选用适合当地的高产、抗病品种。

（二）整地与施肥

绿豆对前茬要求不严，但忌连作。绿豆出苗对土壤疏松度要求比较严格，表层土壤过实将影响出苗，生产上一定要克服粗放的种植方法，为保证苗齐苗壮，播种前应整好地，使土壤平整疏松，春播绿豆可在年前进行早秋深耕，耕深15～25 cm；夏播绿豆应在前茬作物收获后及时清茬整地耕作。耕作时可施足基肥，可亩施沼渣和沼液2 000～3 000 kg，在施足有机肥的基础上，春播绿豆在播种时和夏播绿豆在整地时可少量配施化肥作基肥，一般可亩施磷酸二铵10 kg左右。绿豆生育期短，在施足底肥的前提下，一般可不追施肥料，但要应用叶面喷肥技术进行补施，生产成本低、效果好。根据绿豆生长情况，全生育期可喷肥2～3次，一般第一次喷肥在现蕾期，第二次喷肥在荚果期，第三次喷肥在第一批荚果采摘后，喷肥可亩用1∶1的腐熟沼液40～50 kg，或1 kg尿素加0.2 kg磷酸二氢钾兑水40～50 kg。在晴天10:00前或15:00后进行。

（三）播种

由于绿豆的生育期因品种各异，生育期长短不一，加上地理位置和种植方式不同（间、混、套种等），播种期应根据情况而定。春播一般应掌握地温稳定通过12℃以后；夏播抢时；秋播根据当地初霜期前推该品种生育期天数适时播种。

在种植时应掌握早熟品种和直立型品种应密植，半蔓生品种应稀植，分枝多的蔓生品种应更稀一些的种植原则。播量要因地制宜，一般条播为每亩1.5～2 kg，撒播为每亩4～4.5 kg，间作套种应根据绿豆实际种植面积而定。一般行距40～50 cm，株距10～20 cm，早熟品种每亩留苗8 000～15 000株，半蔓生型品种每亩7 000～12 000株，晚熟蔓生品种每亩6 000～10 000株。播深3～4 cm为宜。

（四）科学管理

一是镇压。对播种时墒情较差、坷垃较多、土壤砂性较大的地块，要及时镇压以减少土壤空隙，增加表层水分，促进种子早出苗、出全苗、根系生长良好。二是间苗定苗。为使幼苗分布均匀，个体发育良好，应在第一复叶展开后间苗，在第二复叶展开后定苗。按规定的宽度要求去弱苗、病苗、小苗、杂苗，留壮苗、大苗，实行单株留苗。三是灌水排涝。绿豆耐旱主要表现在苗期，三叶期以后需水量逐渐增加，现蕾期为绿豆需水临界期，花荚期达到需水高峰期。在有条件的地区可在开花前浇一水，以促单株荚数；结荚期再浇一水，以促籽粒饱满。绿豆不耐涝，怕水淹，如苗期水分过多，会使根病复发，引起烂根死苗或发生徒长导致后期倒伏。后期遇涝，根系生长不良，出现早衰，花荚脱落，产量下降，地表积水2～3天会导致株死亡。四是中耕除草。绿豆多在温暖、多雨的夏季播种，生长初期易生杂草，播后遇雨易造成地面板结，影响幼苗生长。一般在开花封垄前应中耕2～3次，即第一片复叶展开后结合间苗进行第一次浅中耕，第二片复叶展开后开始定苗，进行第二次中耕，到分枝期结合培土进行第三次中耕。五是适当培土。绿豆根系不发达，且枝叶茂盛，尤其是到了花荚期，荚果都集中在植株顶部，头重脚轻，易发生倒伏，影响产量和品质，可在三叶期或封垄前在行间开沟培土，不仅可以护根防倒，还便于排水防涝。

（五）病虫草害防治

化学除草：播后可亩用72%异丙草胺乳油100 mL，兑水50 kg喷雾封闭除草。

防治苗期根部病害：用35%多·福·克悬浮剂按种子量1∶（70～90）拌种。

防治中后期病害：亩用25%嘧菌酯悬浮剂800倍液，或60%乙霉·多菌灵可湿性粉剂800倍液50 kg，喷雾防治。

防治中后期虫害：亩用5%高氯甲维盐微乳剂30～40 mL，兑水40 kg喷雾防治。

（六）收获与贮藏

收获。绿豆有分期开花、成熟和第一批荚果采摘后继续开花的习性，一些农家品种又有炸荚落粒的现象，应适时收摘。一般植株上有60%～70%的荚成熟后开始采摘，以后每隔6～8天收摘一次效果最好。大面积种植也可提前一周亩喷施70%草铵磷铵盐水剂，或70%敌草快水剂200～300 mL杀青，叶片干枯后联合机收。

贮藏。收下的绿豆应及时晾晒、脱粒、清选。绿豆象是绿豆主要仓库害虫，必须熏蒸后再入库。

八、马铃薯栽培技术要点

马铃薯又名土豆、洋芋、山药蛋、荷兰豆等，为一年生草本植物，原产于南美洲和秘鲁及智利的高山地区。马铃薯已成为我国第四大粮食作物，正在实施主粮化。该作物具有生产周期短，增产潜力大，市场需求广，经济效益好等特点，近年来种植规模发展很快，已成为一条农民增产增收的好途径。由于规模化种植和气候等因素的影响，马铃薯病虫害呈逐年加重趋势，严重影响了马铃薯产业的发展。马铃薯具有高产、早熟、用途广泛的特点，又是粮菜兼用型作物，在其块茎中含有大量的淀粉和较多的蛋白质、无机盐、维生素，既是人们日常生活中的重要食品原料，也是多种家畜、家禽的优良饲料，还是数十种工业产品的基本原料。另外，其茎叶还是后茬作物的优质底肥，相当于紫云英的肥效，是谷类作物的良好前茬和间套复种的优良作物。

（一）春马铃薯栽培技术要点

1. 选种和种薯处理

（1）选种。选用适宜春播的脱毒优良品种薯块作种薯。薯块要具备该品种特性，皮色鲜艳、表皮光滑、无龟裂、无病虫害。

（2）切块。催芽前1～2天，将种薯纵切成20～25 g的三角形小块，每块带1～2个芽眼，一般每千克种薯能切50～60块。切块时要将刀用3%碳酸水浸泡5～10 min消毒。也可选用50 g左右的无病健康的小整薯直播，由于幼龄的小整薯生活力强，有顶端优势，并且养分集中减少了切口传染病害的机会，所以有明显的增产效果。

（3）催芽。在播种前25～30天，一般在1月下旬把种薯于温暖黑暗的条件下，持续7～10天促芽萌发，维持温度15～18℃。空气相对湿度60%～70%，待萌发后给予充足的光照，维持12～15℃温度和70%～80%的相对湿度，经15～20天绿化处理后，可形成长0.5～1.5 cm的绿色粗壮苗，同时也促进了根的形成及叶、匍匐茎的分化，播种后比催芽的早出土15～20天。

（4）激素处理。秋薯春播或春薯秋播，为打破休眠，促进发芽，可把切块的种薯放在0.5%～2%的赤霉素溶液中浸5～10 min；整薯可用5%～10%有赤霉素溶液浸泡1～2 h，捞出后播种。催过芽的种薯如果中下部芽很小，也可用0.1%～0.2%的低浓度赤霉素浸种10 min。

2. 育苗

早熟栽培可采用阳畦育苗，将切块后的种薯与湿砂土等层排列于苗床上，一般可排3～4层，保持10～15℃的温度，20天后芽长5～10 cm，并发出幼根时即可栽植。用整薯育苗时，使苗高10～20 cm时，掰下带根的幼苗栽植，种薯可用来培养第二批秧苗或直接栽种于大田。

3. 整地与播种

（1）施足底肥。马铃薯不宜连作，也不宜与其他茄科蔬菜轮作。一般在秋作物收获后应深翻冻垡，开春化冻后亩施优质有机肥3 000 kg以上，氮磷钾三元复合肥25～30 kg，并立即耕耙，也可把基肥的一部分或全部开播种沟集中使用，以充分发挥肥效。

（2）适期播种。春马铃薯应在断霜前20～25天，气温稳定在5～7℃，10 cm土温达7～8℃时播种，黄淮海农区在2月底至3月初。有播上垄、播下垄和平播后起垄等播种方式。平播后起垄栽培，方法是按行距开沟，沟深10～12 cm，等距离放入种薯、播后盖上6～8 cm厚的土粪，然后镇压，播后形成浅沟，保持深播浅盖。此种植方式可减轻春旱威胁，增加结薯部位和结薯数，利于提高地温，及早出苗。近年来采用的播上垄地膜覆盖栽培，也可使幼苗提前出土，增产效果显著。

（3）合理密植。适宜的种植密度应根据品种特性、地力及栽培制度而定。应掌握一穴单株宜密，一穴多株宜稀；早熟品种宜密，晚熟品种宜稀的原则，一般80 cm宽行，40 cm窄行，种植2行，株距20～25 cm，亩栽植4 000～4 500株。

4. 田间管理

（1）出苗前管理。此期管理重点是提高地温，促早出苗，应采取多次中耕松土、灭草措施，尤其是阴天后要及时中耕；出苗前若土壤干旱应及时灌水并随即中耕。

（2）幼苗期管理。此期管理的重点是促扎根发棵，应采取早中耕、深锄沟底、浅锄沟帮、浅覆土措施，苗高6～10 cm时应及时查苗补苗，幼苗7～8片叶时对个别弱小苗结合灌水偏施一些速效氮肥，以促苗齐苗壮，为结薯奠定基础。地膜覆盖栽培的出苗后应及时破膜压孔。

（3）发棵期管理。此期管理的重点是壮棵促根，促控结合，既要促幼苗健壮生长，又要防止茎叶徒长，并及时中耕除草，逐渐加厚培土层，结合浇水亩施尿素5～10 kg，根据地力苗情还可适当追施一些磷钾肥。

（4）结薯期管理。此期的管理的重点是控制地上部生长，延长结薯盛期，缩短结薯后期，促进块茎迅速膨大。显蕾时应摘除花蕾浇一次大水，进行7～8天蹲苗，促生长中心向块茎转变。有疯长苗头时可用控旺激素进行叶面喷洒，以控制茎叶生长。蹲苗结束后结合中耕，进行开深沟高培土，以利结薯。此时已进入块茎膨大盛期，为需肥需水临界期，需加大浇水量，经常保持地面湿润，可于始花期、盛花期、终花期、谢花期连续浇水3～4次，结合浇水追肥2～3次，以磷钾为主，配合氮肥，每亩每次可追氮磷钾复合肥10～20 kg。结薯后期注意排涝和防止叶片早衰，可于采收前30天用0.5%～1%的磷酸二氢钾溶液进行根外追肥，每隔7～10天一次，连喷2～3次。

5. 病虫害防治

（1）主要病害。晚疫病、早疫病、青枯病、环腐病、病毒病、疮痂病、癌肿病、黑胫病、线虫、黑痣病。

（2）主要虫害。二十八星瓢虫、马铃薯甲虫、小地老虎、蚜虫、蛴螬、蝼蛄、块茎蛾。

（3）马铃薯病虫害防治技术。

马铃薯晚疫病。①选用脱毒抗病种薯。②种薯处理。严格挑选无病种薯作种薯。③栽培管理。选择土质疏松、排水良好的地块种植；避免偏施氮肥和雨后田间积水；发现中心病株，及时清除。④药剂防治。采用25%甲霜·锰锌可湿性粉剂2 g兑水1 kg，将2 000～2 500 kg种薯均匀喷洒后，晾干或阴干进行播种。

马铃薯早疫病。早疫病于发病初期用1∶1∶200波尔多液或77%的氢氧化铜可湿性微粒粉剂500倍液茎叶喷雾，7～10天喷1次，连喷2～3次。

马铃薯青枯病。目前还未发现防治青枯病的有效药剂，主要还是以农业防治为主。可用77%的氢氧化铜800倍液进行灌根或用25%络氨铜水剂600倍液灌根。

马铃薯环腐病。①实行无病田留种，采用整薯播种。②严格选种。播种前进行室内晾种和削层检查，彻底淘汰病薯。切块种植，切刀可用53.7%氢氧化铜2 000干悬浮剂400倍液浸洗灭菌。切后的薯块用25%甲霜·锰锌可湿性粉剂2 g兑水1 kg均匀喷洒2 000～2 500 kg种薯，晾干或阴干后接种。③生长期管理。结合中耕培土，及时拔出病株带出田外集中处理。使用过磷酸钙每亩25 kg，穴施或按重量的5%播种，有较好的防治效果。

马铃薯病毒病。①建立无毒种薯繁育基地。采用茎尖组织脱毒种薯，确保无毒种薯种植。②选用抗耐病优良品种。③栽培防病。施足有机底肥，增施钾、磷肥，实施高垄或高埂栽培。④化学防治。早期用10%的吡虫啉可湿性粉剂2 000倍液茎叶喷雾防治蚜虫。喷洒1.5%植病灵乳剂1 000倍液或20%病毒A可湿性粉剂500倍液。

马铃薯疮痂病。防治技术同环腐病。

马铃薯线虫病。用0.5%阿维菌素颗粒剂1～1.5 kg/亩，撒在苗茎基部，然后覆土灌水。

地下害虫。主要包括小地老虎、蛴螬和蝼蛄。防治技术可用毒土防治的方法，对小地老虎用敌敌畏0.5 kg兑水2.5 kg喷在100 kg干沙土上，边喷边拌，制成毒沙、傍晚撒在苗眼附近；蛴螬和蝼蛄可用75%辛硫磷0.5 g加少量水，喷拌细土125 kg，施在苗眼附近，每亩撒毒土20 kg。

二十八星瓢虫、马铃薯甲虫。用90%敌百虫晶体1 000倍液或20%氰戊菊酯乳油3 000

倍液喷雾。

6. 收获

马铃薯可在植株大部分叶由绿转黄，达到枯萎，块茎停止膨大的生理成熟期采收，也可根据需要在商品需要时采收。一般生理成熟期在6月中下旬。收获时要避开高温雨季，选晴天进行采收，采收时应避免薯块损伤和日光暴晒，以免感病，影响贮运。

（二）秋薯栽培技术要点

马铃薯秋作的结薯期正处于冷凉的秋季，秋薯退化较轻或不退化，常作春薯的留种栽培，但秋薯栽培前期高温多雨或干旱，易烂薯造成缺苗；后期低温霜冻，生育期不足，影响产量，因此，管理上必须掌握以下几个环节。

1. 选用适宜品种

宜选用早熟、丰产、抗退化、休眠期短而易于打破休眠的品种。

2. 种薯处理

秋薯以小整薯播种为好，播后不易烂种，大块种薯应进行纵向切块。为打破休眠，可应用激素处理种薯，一般整薯用2~10 mg/kg赤霉素浸种1 h，薯块用0.5~1 mg/kg赤霉素浸种10~20 min，捞出晾干后催芽，常用湿沙土积层催芽，催芽期要维持30℃以下温度，保持透气和湿润，经6~8天，芽长达3 cm左右时把薯块从沙土中起出，在散射光下进行1~2天绿化锻炼后即可播种。

3. 适期播种

秋薯播期应适当延后，以初霜前60天出苗为宜，一般在8月上中旬立秋前后。

4. 适当密植

秋薯植株小，结薯早，宜密植，种植密度要比春薯增加1/3，一般80 cm一带，40~50 cm起垄，在垄上种植两行，株距21~24 cm，亩种植7 000~8 000株。播种时采取浅播起大垄的方式，最后培成三角形的大垄。

5. 肥水齐攻，一促到底

秋季日照短，冷凉气候适合薯块的生长，也不易发生徒长，管理上要抓住时机，肥水齐攻，一促到底，促进植株尽快生长，争取及早进入结薯期，整个生长期结合浇水追肥3~4次，以速效性氮、磷、钾复合肥料为主，后期要注意进行叶面喷肥工作。

6. 及时培土

生长前期要及早培土，以利降低地温、排水和防旱，促进块茎肥大，后期还可保护块茎防寒。

（三）病虫害防治

参考春马铃薯。

（四）延迟收获

在不受冻害的情况下，秋马铃薯应可能适期晚收，以促进块茎养分积累，茎叶枯死后，选晴天上午收获，收后在田间晾晒几小时，即可运入室内摊晾数天，堆好准备贮藏。

第二节　大田经济作物栽培技术要点

一、油菜栽培技术要点

油菜是主要油料作物之一，我国油菜种植面积和总产量超过世界总产量的1/4，面积稳定在1.0亿～1.2亿亩。该作物适应性强，用途广，经济价值高，发展潜力大。菜籽油是良好的食用油，饼粕可作肥料、精饲料和食用蛋白质的来源。油菜还是一种开荒作物，它对提高土壤肥力，增加下茬作物的产量有很大作用。各地的实践表明，油菜是油、饲、肥、菜、蜜、花多功能开发最有效、一二三产业融合最好的作物之一，也是美丽乡村建设、发展生态旅游的理想作物，所以说油菜作物在生态农业发展中具有重要作用。

（一）栽培的生物学基础

1. 油菜的类型

油菜属十字花科芸薹属越年生植物。从植株形态特点来看，可分为以下3种类型。

（1）白菜型。该类型称小油菜或甜油菜。植株矮小，幼苗生长较快，须根多，基叶椭圆、卵圆或长卵形，叶上具有多刺毛或少刺长，被蜡粉或不被蜡粉，苞茎而生；分枝少或中等，花大小不齐，花瓣两侧相互重叠，自交结实性很低。该类型生育期短，成熟较早，耐瘠薄，抗病力弱，生产潜力小，稳产性较差。又分北方小油菜和南方油白菜2种类型。

（2）芥菜型。该类型统称高油菜、苦油菜、辣油菜或大油菜。植株高大，株型松散，分枝纤细，分枝部位高，分枝多，主茎发达。幼苗基部叶片小而窄狭，披针形，有明显的叶柄，叶面皱缩，具有刺毛和蜡粉，叶缘一般呈琴状，并有明显的锯齿，花小，花瓣不重叠，千粒重1～2 g。种子有辛辣味。该类型油分品质较差，不耐藏，生育期较长，产量低，但抗旱耐瘠性较强。

（3）甘蓝型。该类型又称洋油菜，来自欧洲和日本。株型高大或中等，根系发达，茎叶椭圆，不具琴状缺刻，伸长茎叶有明显缺刻，薹茎叶半抱茎着生。叶色似甘蓝，多被蜡粉。千粒重3～4 g，含油量高。该类型抗霜霉病力强，耐寒、耐湿、耐肥，产量高而稳，增产潜力较大。目前生产上种植较多。

2. 油菜的生长发育时期

根据油菜各个器官的发生及生长规律，可分为以下5个时期。

（1）发芽出苗期。油菜从播种到出苗，这一阶段叫发芽出苗期。油菜种子无明显休眠期，成熟种子只要外界条件适宜即可发芽。当种子吸水达本身重量的60%左右，体积膨胀到原来体积的一倍时，具有生活力的种子就开始萌发；种子发芽最适温度为25℃，低于3℃，高于37℃都不利于发芽。日均温度16~20℃时3~5天即可出苗，发芽以土壤水分为田间持水量的60%~70%较为适宜。胚根向上生长，幼茎直立于地面，两片叶子张开，由淡黄转绿，视为出苗。

（2）苗期。从出苗到现蕾为苗期。甘蓝型中熟品种苗期约为120天，约占全生育期的一半。一般从出苗至开始花芽分化为苗前期，主要生长根、缩颈段、叶片等营养器官，为营养生长期。从花芽开始分化至现蕾为苗后期，此期营养生长仍占绝对优势，主根膨大，并开始进行花芽分化，进行生殖生长。苗期适宜温度为10~20℃，高温下生长分化快；此期土壤水分以田间持水量的70%以上为宜，若遇严重缺水或冻害可导致叶片发皱和红叶现象。越冬区油菜苗期在冬季日平均气温降到0℃以下时叶片生长有一停滞阶段，至次年开春后再进行生长（即返青）。苗期地上部较耐寒，可忍耐-3~0℃低温，在短时间内的-8~-7℃低温下也不至于冻死；但在较长时间-5℃以下，可遭受冻害甚至死亡。

（3）蕾薹期。从现蕾到初花为蕾薹期。中熟甘蓝型品种，一般2月中下旬现蕾，3月下旬初花，蕾薹期30天左右。春季气温上升到10℃左右（主茎叶片达14片左右），扒开心叶能见到明显的绿色花蕾时，即为现蕾。当主茎顶端伸长到距离子叶节达10cm以上，并且有蕾时，即为抽薹。蕾薹期的生育特点是营养生长和生殖生长并进，而且都很旺盛，但营养生长仍占优势。营养生长的主要表现是主茎伸长，分枝形成叶面积增大；生殖生长主要表现为花序及花芽的分化形成。越冬油菜一般初春后气温5℃以上时现蕾，10℃以上时迅速抽薹。温度过高则主茎伸长太快，易出现茎薹纤细，中空和弯曲现象温度过低则易裂薹和死蕾。此期要求土壤湿度达到田间持水量的80%左右，才有利于主茎伸长。

（4）开花期。从始花到终花为开花期。一般30天左右。通常3月中下旬初花，到4月上中旬终花（全田25%的植株开花为初花，75%的植株主花序顶端开完为终花）。开花期主茎叶片长齐，叶片数达最多，叶面积达最大。至盛花期，根、茎、叶生长则基本停止，生殖生长转入主导地位并逐渐占绝对优势。生殖生长表现在花絮不断伸长，边开花边结角果，因而此期为决定角果数和角果粒数的重要时期。开花期需要12~20℃的温度，最适宜温度为14~18℃；气温在10℃以下，开花数量显著减少，5℃以下不开花，并易导致花器脱落，产生分段结果现象；温度高于30℃时虽开花，却结实不良。此期的适宜相对湿度为70%~80%，低于60%或高于94%都不利于开花，花期降雨会显著影响开花结实。油菜开盘期花芽开始分化，从花的形成数与结实角果数的关系看，到抽薹形成的花数已基本上等于室内考种的结实角果数，所以说开盘到抽薹期间所形成的花是成为有效结实角果最为可靠的花，在生产上必须采取相应的技术措施，来延长油菜花芽分化的"有效分化期"，减少阴荚和脱落，夺取油菜高产丰收。

（5）角果发育成熟期。从终花至成熟为角果发育成熟期。一般30天左右。黄淮冬油菜区中熟甘蓝品种4月中下旬终花，5月中下旬成熟。此期叶片逐渐衰亡，光合器官逐渐被角果取代。这一时期是决定粒数、粒重的时期。角果及种子形成适宜的温度为20℃。低温则成熟慢，日均温度在15℃以下中晚熟品种不能正常成熟；过高温度则易造成逼熟现象，种籽粒重不高，含油率降低。昼夜温差大和日照充足有利于提高产量和含油量。此期适宜的田间持水量在70%为宜，田间渍水或过于干燥易造成早衰。

（二）结籽油菜高产栽培要点

1. 油菜产量构成因子分析

油菜产量是由单位面积上的角果数、角果粒数和粒重3个因子所构成的，一般单位面积角果数变化最大，多在50%左右；角果粒数变化次之，在10%左右；粒重变化最小，多在5%左右。因此，单位面积角果数的变化是左右产量的主要因素。大量调查数据表明，一般亩产150 kg油菜籽的产量结构：中晚熟品种每亩角果数为300万～350万个；每角粒数为17～19粒；千粒重3 g左右，亩产1 kg籽粒需2万～2.2万个角果。在中低产田，应主攻角果数；在高产和更高水平田块，应主攻果粒数和粒重。

2. 合理轮作，精细整地

（1）栽培制度。根据油菜常异花授粉的特点，它本身不宜连作，也不宜与十字花科轮作，否则都能加重病虫害，必须实行2～3年的轮作倒茬，才能保证优质高产。

我国冬油菜区主要栽培制度及轮作方式有以下几种。

水稻、油菜两熟。包括中稻—冬油菜两熟和晚稻—冬油菜两熟。

双季稻、油菜三熟。油菜播种与晚稻收割有季节矛盾，必须采取育苗移栽，并且在晚稻生长后期既搞好排水，以利油菜整地移栽。晚稻应选用较早熟品种。

一水两旱三熟制。即早稻—秋大豆—冬油菜；早稻—秋绿肥—冬油菜。

油菜与其他旱作物一年两熟。有冬油菜—夏玉米—冬小麦—夏玉米；冬油菜—夏棉花（大豆、芝麻、花生、烟叶、甘薯）—冬小麦。这种栽培制度主要在黄淮平原地区。

春棉（烟草，旱粮）、油菜两熟制。油菜一般采用育苗移栽。

（2）深耕整地。油菜根系发达，主根长，入土深，分布广，要求土层深厚，疏松肥沃，通气良好。耕翻时间越早越好，措施和同期播种作物大致一样，通过精细整地，使土壤细碎平实，利于油菜种子出苗和幼苗发育；使油菜根系充分向纵深发展，扩大根系对土壤养分的吸收范围，促进植株发育；同时还有利于蓄水保墒，减轻病虫草害。

3. 科学施肥

（1）油菜的需肥规律。油菜吸肥力强，但养分还田多，所吸收的80%以上养分以落叶、落花、残茬和饼粕形式还田。优质油菜在营养生理上又具有对氮、钾需要量大，对磷、硼反应敏感的特点。油菜苗期到蕾薹期是需肥重要时期；蕾薹期到始花期是需肥最高时期；终花以后吸收肥料较少。据测定，每生产100 kg籽粒需从土壤中吸收纯氮9～11 kg，磷3～3.9 kg，钾8.5～10.1 kg，其氮磷钾比例为1：0.35：0.95。

（2）施肥技术。油菜是需肥较多，耐肥较强的作物。油菜施肥要以"有机与无机相结合；基肥与追肥相结合"为原则，要重施基肥，一般有机肥与磷钾肥全部底施，氮肥基肥比例占60%～70%，追肥占30%～40%。底肥可亩施有机肥2 000 kg，碳铵20～25 kg，过磷酸钙25 kg，氯化钾10～15 kg。生产上要促进冬前发棵稳长，蕾花期追好蕾花肥，巧施花果肥。油菜对硼肥比较敏感，必须施用硼肥，土壤有效硼在0.5 mg/kg以上的适硼区，可亩底施0.75 kg硼砂；含硼0.2 mg/kg以下的严重缺硼区，可亩底施1 kg硼砂。此外每亩用0.05～0.1 kg硼砂或0.05～0.07 kg硼酸，兑入少量水溶化后，再加入50～60 kg水，在中后期喷洒2～3次增产效果明显。

4. 适期早播培育壮苗

（1）适播期的确定。冬油菜适期早播，可利用冬前生长期促苗长根、发叶，根茎增粗，积累较多的营养物质，实现壮苗越冬，春季早发稳长，稳产增收。播种晚，冬前生长时间短，叶片少，根量小，所积累干物质少，抗逆性差，越冬死苗严重，春后枝叶数量少，角果及角粒数少。但播种过早，根茎糠老，抗逆性差，也不利于高产。油菜的适播期应在5 cm地温稳定15～20℃时，一般比当地小麦适播期提前15～20天。黄淮区直播在9月下旬，育苗移栽在9月上旬。

（2）合理密植。油菜直播一般采用耧播，也有采用开沟溜籽和开穴点播。直播量一般每亩0.4～0.5 kg。常采用宽窄行种植，宽行60～70 cm，窄行30 cm，播深2～3 cm为宜。出苗后及时疏疙瘩苗，1～3叶间苗1～2次，4～5叶定苗，每亩留苗1.1万～1.5万株。

育苗移栽是油菜高产的一项基本措施，也是延长上茬作物收获期的一项措施。一般在10月中下旬移栽。经7天左右的缓苗期，缓苗后冬前再长20～30天，长出4～5片叶，营养体面积可达到移栽前的状态。

苗床与大田面积一般为1：5，苗床每亩留苗8万～10万株。移栽壮苗标准：苗龄40～50天，绿叶7～8片，苗高26～30 cm，根茎粗0.5 cm以上；长势健壮，根系发达，紧凑，无病虫，无高脚。移栽时做到"三要""三边""四栽四不栽"，即行要栽植，根要栽稳，棵要栽正；边起苗，边移栽，边浇定植水；大小苗分栽不混栽，栽新苗不栽隔夜苗，栽植根苗不栽钩根苗，栽紧根苗不栽吊根苗（根不悬空，土要压实）。

5. 灌溉与排水

油菜是需水较多的作物。据测定，油菜全生育期需水量一般在300~500 mL，折合每亩田块需水200~300 m³，多于玉米、甘蔗等作物。油菜种植季节在秋冬春季，一般降雨偏少，土壤干旱，不利于油菜高产，因此要浇好底墒水，灵活灌苗水，适时灌冬水，灌好蕾薹水；稳浇开花水；补灌角果水。特别是薹期和花期是需水最多的时期，应注意灌水。南方春雨多的地区应清沟排水，降低水位，防止渍害。

6. 田间管理

（1）秋冬管理。主攻目标：壮而不旺，安全越冬，为翌年春季早发奠定基础，越冬前应长出总叶14~15片（包括落叶和绿叶），绿叶8~10片，叶色深绿不发红，叶绿略带紫，根系发达，根颈粗1~1.5 cm，叶面积系数在2左右。

（2）春季管理。当气温回升到3℃以上时，及时中耕管理，到抽薹期再中耕一次，同时少培土。返青期后加强肥水管理，追施30%~40%的氮肥，可亩追施硝酸铵钙化肥15 kg左右。后期加强叶面喷肥，可亩喷施0.3%的磷酸二氢钾溶液50 kg+硼酸0.05~0.1 kg。同时及时防治病虫害，防治蚜虫在肥料溶液中每亩加25%吡蚜酮可湿性粉剂20 g或70%吡虫啉水分散剂10 g。

7. 油菜病虫害防治

（1）油菜播种期病虫害防治。

播种期是防治病虫害的关键时期；油菜黑斑病主要靠种子或土壤带菌进行传播，而且从幼苗起就开始侵染，对于这类病害，进行种子处理是最有效的防治措施，同时是提高幼苗抗逆能力的必要措施。在该时期需要防治的主要虫害有蛴螬、蝼蛄、金针虫等地下害虫，土壤处理可以防治油菜蚜虫越冬若虫，药剂拌种可以减轻地下害虫及其他苗期害虫及苗期病害的危害。

种子处理与控制病害，用种子重量的0.4%的50%福美双可湿性粉剂或0.2%~0.3%的50%的异菌脲可湿性粉剂拌种，也可用10~15 g 70%甲基硫菌灵，或50%多菌灵可湿性粉剂，拌种5 kg种子，对苗期病害有一定的控制作用并可减轻白锈病、霜霉病的发生。

种子处理防治地下害虫，用50%辛硫磷乳油0.5 kg加水20~25 kg，拌种250~300 kg；60%吡虫啉悬浮种衣剂10 g兑水30 g拌油菜种子300 g。可有效防治一般地下害虫，后者还可防治苗后前期蚜虫。

（2）油菜冬前秋苗期至返青期病虫害防治。

该期病虫害发生相对较轻，但有些年份因气温相对偏高，病毒病、根腐病、蚜虫、小菜蛾、菜螟、跳甲和猿叶甲等也有发生，可根据具体情况进行防治。

防治苗期蚜虫，控制病毒病，每亩用25%吡蚜酮可湿性粉剂20 g，或10%烯啶虫胺水分散颗粒剂6 g，或70%吡虫啉水分散颗粒剂8~10 g，以上药剂任选一种，加2.5%高效氟氯氰菊酯乳油20 mL，兑水50 kg进行叶面喷雾。同时兼治食叶害虫。间隔7～10天1次，连续防治2～3次。蚜虫多聚集在新叶及叶背皱缩处，药剂一定要喷洒均匀。

喷施50%苯菌灵可湿性粉剂1 000倍液、50%多菌灵可湿性粉剂600～800倍液，可以防治油菜苗期一般病害。

（3）油菜抽薹开花期病虫害防治。

早春，随着气温的回升，病菌、害虫开始活动，是预防病虫害的关键时期。这一时期的主要防治对象是菌核病、霜霉病、白锈病、病毒病、黑斑病、潜叶蝇、小菜蛾、菜蟥、跳甲和猿叶甲以及其他的偶发虫害和病害。

在菌核病普遍发生的地区，在改善油菜生态环境。如重施基肥、苗肥，早施或控施蕾薹肥，施足磷、钾肥，防止贪青倒伏。深沟窄畦，清沟防渍。在油菜开花期摘除病、黄、老叶。适时播种，适当迟播的基础上，选用50%福美双·菌核净可湿性粉剂120 g/亩、36%多菌灵·咪鲜胺可湿性粉剂40～50 g/亩、43%戊唑醇悬浮剂30～40 g/亩、25%丙环唑乳油25～30 mL/亩，兑水40～50 kg均匀喷雾。同时可兼治黑斑病。也可选用25%吡唑醚菌酯乳油20～30 mL/亩均匀喷雾，可兼防霜霉病及其他病害。

当霜霉病病株率达到20%以上时，及时喷施58%甲霜灵·代森锰锌可湿性粉剂200倍液、72%霜脲·锰锌可湿性粉剂800倍液，间隔7～10天一次，连续防治2～3次。多雨天气应抢晴喷施，并适当增加喷药次数。同时可兼治白锈病。

防治潜叶蝇、小菜蛾、菜蟥、跳甲和猿叶甲等，可喷施2.5%高效氟氯氰菊酯水乳剂1 000倍液、1.8%阿维菌素微乳剂1 000倍液、1.5%甲氨基阿维菌素苯甲酸盐1 000倍液、5%氟虫脲乳油1 000倍液、5%氟啶脲乳油500～1 000倍液。

（4）油菜绿熟至成熟期病虫害防治。

从终花到角果籽粒成熟的一段时间称为角果发育成熟期，是角果发育、种子形成、油分累积过程，具体又可分为绿熟期、黄熟期和完熟期。角果发育的特点是长度增长快，宽度增长慢。种子干物质的40%是由角果皮光合产物提供的。4月油菜进入绿熟期，是油菜丰产丰收的关键时期。

该期要立足分析环境影响，洞察病虫害发生趋势，加强预测预报；确保上述病虫害在大流行前及时进行防治；防治策略上以治疗为主，更具有针对性和时限性，特别注意常发病虫害的关键性防治和突发病虫害的针对性防治，确保丰收。

防治药剂和方法参考抽薹开花期病虫害防治的药剂。

8. 适时收获

油菜为无限花序，角果成熟不一致，应及时收获，以全株和全田70%～80%角果呈淡黄色时收获为宜。有"八成黄，十成收；十成黄，两成丢"的说法。

（三）饲料油菜高产栽培要点

1. 饲料油菜的特点

（1）耐低温，生长快，产量高。一般在西北、东北麦收后种植（7月中旬），到9—10月收获，生长70多天，一般亩产量3~5 t；在南方冬闲田或一般农田秋冬播种植（10月上中旬），到4月初收获，一般亩产量可达4~5 t。不同省份、不同海拔地区的种植试验均表明，饲用油菜的产量高于豆科牧草和黑麦草等禾本科牧草。在南方冬闲耕地播种，比豆科牧草产量高60%~70%，甚至高达2倍。

（2）品质与适口性好。饲料油菜具有较高的总能和粗蛋白（干基20%左右），较低的中性洗涤纤维含量。据有关测定表明，饲料油菜的营养化学类型与豆科饲草同属N型，粗蛋白含量高，可与豆科牧草相媲美，且粗纤维含量较低，而粗脂肪含量较高；有机物消化能、代谢能以及磷含量也与豆科牧草接近，无氮浸出物和钙含量则在饲料中最高。饲料油菜其枝叶嫩绿，适口性好，是优良的饲料。每天每头牛饲养3~5 kg饲料油菜，能显著提高肉牛日增重。

饲料油菜苗期粗蛋白含量可达到28.52%，蕾薹期至初花期营养与经济价值最高。从蕾薹期到成熟期，饲料油菜的粗蛋白和粗灰分含量呈现先升高后下降的趋势；中性洗涤纤维、酸性洗涤纤维的含量随着油菜生长发育呈逐渐升高的趋势；钙含量呈现先升高后下降的趋势，初花期到盛花期最高；磷含量随着油菜的生长发育呈逐渐下降的趋势；粗脂肪整体呈现逐渐下降的趋势，但结角后期最高；总能随生育期呈现升高趋势，油菜秸秆总能最低。

（3）饲用方式多样，饲养效果好。饲料油菜苗期具有较高的再生能力，可以采取随割随喂、冰冻贮藏和青贮方式进行利用。近几年，在全国各地进行牛、羊、猪喂养试验，增重效果均十分显著，对肉质也有改善作用。此外，在鸡、鹅的喂养试验中也有明显效果。

（4）增加冬春青饲料。利用北方7月底至8月初小麦收后到严冬来临前（10—11月）的秋闲耕地和南方水稻、玉米等收获后（9—10月）到翌年4月的冬闲地种植饲料油菜，在不影响粮食生产的情况下增加了冬春青饲料，能缓解冬春青饲料短缺的问题，南方能在12月至翌年4月提供优质青饲料，解决冬春青饲料不足。

（5）改变茬口调整种植业结构。在黄淮地区秋冬播时适当种植些饲料油菜，可改变翌年作物茬口，变夏播为春播，有利于后茬作物的种植，提高种植作物的产量和品种，从而提高产品的市场竞争力与效益，也可增加冬春青饲料，调整种植业结构。

（6）改良土壤，富集养分，生态效益好。油菜耐盐碱，并且根系发达，能把土壤深层养分富集在表层，所以说发展饲料油菜具有改良土壤、覆盖冬闲裸露土地、保持水土、生态效益较好等优点。

（7）成本低，效益好，有利于农民增收。饲料油菜亩成本200~250元，产值超过2 000元。同时，该作物适应性广，操作灵活，能全程机械化作业。

2. 饲料油菜品种及应用

目前傅廷栋院士育成了饲油1号、饲油2号两个"双低"专用饲用油菜品种。其中，饲油1号是我国第一个"双低"甘蓝型春性三系杂交高产饲用品种；饲油2号（即华油杂62）具有高产、耐盐碱、品质优良等特点。四川省草原科学研究院选育的饲油36为甘蓝型油菜细胞雄性不育双低优质三系中熟杂交种，具有较高的鲜草、干草生产能力，鲜草和干草产量分别达到2.3~2.5 t/亩、0.35~0.39 t/亩。

3. 饲料油菜栽培技术

（1）种植模式。

西北、东北地区麦后复种饲料油菜：一般7月中下旬小麦收获后，大部分是"种一季时间有余，种二季时间不足"地区，利用严冬之前两个月的空闲时间复种饲料油菜。

西北、东北两季饲料作物种植模式：种植两季油菜模式，一般4月下旬播种第一茬油菜，7月上旬收获，亩产鲜草3 t以上；7月中旬播种第二茬油菜，9月下旬收获，亩产鲜草2 t左右。种植玉米—油菜模式，前茬饲料玉米亩产6~7 t，后茬饲料油菜亩产3 t左右。

长江流域夏作收获后复种饲料油菜种植模式：长江流域水稻、玉米等夏作收获后（10—11月）到翌年3—4月春播前的秋冬闲田，可以种植一季饲料（绿肥）油菜，春季一次收获亩产量可达5 t左右，也可在12月收获一茬，翌年4—5月收获第二茬，两茬收获亩产量超过6 t。

长江、黄淮饲料油菜与其他农作物一年两熟或多熟种植模式：如江汉平原等地区，可以采取饲料春玉米—饲料秋玉米—饲料油菜的一年三熟种植模式，亩年产鲜饲料可超过10 t。黄淮地区饲料油菜—春花生（或春甘薯）一年两熟种植模式或饲料油菜—油葵（鲜食玉米）—甘蓝（早熟大白菜）一年三熟等模式，可亩产鲜饲料油菜3~5 t。

（2）播种量与种植密度。

在我国西北和东北地区，由于生长时间短，又以收获营养体为目的，因此必须加大饲料油菜的种植密度，增加播种量能显著提高复种油菜叶面积指数以及群体同化率，获得高产。据甘肃省试验，以每亩播量0.77 kg处理为最优；黑龙江省麦后复种试验，以每亩播量1.0 kg处理为最优；长江黄淮中下游地区利用冬闲田种植饲料油菜，其生长周期较长，播种量低于北方地区，10月上中旬播种饲料油菜，适宜的播量为每亩0.4~0.5 kg，适宜种植密度为每亩30万~45万株。

（3）播种期和收获期。

温度和光照是影响饲料玉米产量和品质的两个重要因素。适时早播是增产提质的必要措施，延长光温时间有利于饲料油菜养分积累、增强适口性、提高青贮品质。据用华油杂62品种试验，在麦后不同播期对饲料油菜产量和品质的影响，7月15日播种的处理株高、产量、营养元素含量（钾、镁、磷）、热量、粗蛋白、粗脂肪、碳水化合物、粗纤维含量均高于8月10日播种的油菜。一般初花期粗蛋白、粗脂肪含量最高，花期以后茎秆木质化程度加重，在增加收获难度的同时，粗纤维含量增多，降低了饲喂品质。所以，适时收获是提高饲料油菜产量和营养价值的关键。尤其是采用随割随喂的地方，可以用分期播种方式来调节收获期，使生物产量和养分最大化。

（4）需肥规律和施肥水平。

增施氮肥能增加油菜根、茎、叶、角果等器官的重量，显著提高或改善复种油菜株高、叶面积指数、相对生长率以及群体同化率和生长率。氮肥对油菜株高和干物质积累量影响最大，其次是磷肥，钾肥影响最小。饲料油菜氮磷钾养分的吸收积累表现为"慢—快—慢"的变化规律，NPK处理油菜植株吸收氮磷钾最多，PK处理植株吸收氮磷钾最少；出苗后44～49天、47～55天和43～51天是饲料油菜氮磷钾的吸收高峰期，此期间保证氮磷钾肥的供应是获得高产的关键。饲料油菜分2次收割时，施肥水平是影响其生物产量主要因素，其原因可能是苗期施足底肥有助于饲用油菜生长，施肥水平较高时第1次收获产量也较高；第1次收获后及时追施肥料有助于饲用油菜二次生长，进而提高第2次收获产量。建议在第1次收割后亩追施氮肥（折纯氮）2 kg。

4. 饲料油菜利用方式及饲用效果

饲用油菜均采用双低油菜品种，不仅基叶粗壮、叶片肥大、无辛辣味，而且营养丰富，是牛、羊等草食家畜良好的饲草，可以采取多种方式进行饲喂。

（1）作鲜草饲料或随割随喂。鲜饲以初花期收割为宜（效益最高），抽薹现蕾期与初花期收割能兼顾粗蛋白产量和相对饲喂价值。如果收割后直接鲜喂，建议与其他饲料混合后喂养。据黑龙江省农业科学院喂牛试验，筛选出饲料油菜15～20 kg、稻草6～8 kg、牧草1～2 kg、玉米秸秆4 kg、大北农精饲料1.5 kg、啤酒糟2 kg的饲料配方，每天每头肉牛饲喂混合饲料29.5～37.5 kg，早晚各1次，油菜占比37.23%，肉牛日增重0.1 kg。或在基础精料中额外添加3 kg和5 kg新鲜饲料油菜，两个处理组与对照（基础精料中不添加饲料油菜）相对比，头均日增重显著提高（28.6%、31.52%）。用饲料油菜喂猪试验结果表明，试验组（基本日粮+1 kg饲料油菜）比对照组（基本日粮）每日每头增重51.34 g，增幅达14.82%。但注意发黄的饲料油菜不能饲喂家畜。

有研究显示，在种公牛的饲料中添加一定量的新鲜饲料油菜，可提升种公牛冻精产量和质量。用新鲜饲料油菜饲喂蛋鸡试验表明，在基础日粮基础上，每只鸡平均添加50 g、100 g、150 g，产蛋率分别比不添加（对照）提高2.3%、22.1%、12.3%，蛋黄颜色变深；饲喂100 g油菜的处理鸡蛋的磷、钾、钙含量均高于其他处理。

（2）青贮饲料。青贮饲料是指青绿饲料经控制发酵而制成的饲料。青贮饲料有"草罐头"的美誉，多汁适口，气味酸香，消化率高，营养丰富，是饲喂牛羊等家畜的上等饲料。作青贮饲料的原料较多，凡是可作饲料的青绿植物都可作青贮原料。青贮方法简便，成本低，只要在短时间内把青贮原料运回来，掌握适宜水分，铡碎踩实，压紧密封，不要大量投资就能成功。

饲料油菜青贮后喂养，不仅能较好地保持其营养特性，减少养分损失，适口性好，而且能刺激家畜食欲、消化液的分泌和胃肠道蠕动，从而增强消化功能。然而新鲜饲料油菜植株含水量高（85%左右），不能单独制作青贮饲料，制作青贮饲料需要与干料混合使用，如玉米秸秆、稻草、麦草、玉米粉、花生蔓粉等，将含水量降到60%~65%，可长期安全地青贮。也可与含水量低的作物（如大麦等）合理间混种植，混合收割青贮，可节省用工成本。

（3）饲料油菜与大麦混种青贮方式。饲料油菜与大麦混种让水分含量较低的大麦与水分含量较高饲料油菜同生长、同收割、同切碎、同青贮，降低油菜的水分含量。将可免去再添加其他干料的投入，仅加工成本，每吨青储饲料可省近60元。可按油菜与大麦1:1、2:1、3:2的比例试种，进行饲料油菜与大麦混种作发酵全混合日粮试验，既要达到水分的"黄金搭配"，也要保证足够的产量。按最佳配种比例种植共同收割青贮。青贮饲料存放有以下5种方法。

青贮塔。青贮塔分全塔式和半塔式两种。一般为圆筒形，直径3~6 m，高10~15 m。可青贮水分含量40%~80%的青贮料，装填原料时，较干的原料在下面。青贮塔由于取料出口小，深度大，青贮原料自重压实程度大，空气含量少，贮存质量好。但造价高，仅大型牧场采用。

青贮窖。青贮窖分地下式、半地下式和地上式3种，圆形或方形，直径或宽2~3 m，深2.5~3.5 m。通常用砖和水泥做材料，窖底预留排水口。一般根据地下水位高低、当地习惯及操作方便决定采用哪一种。但窖底必须高出地下水位0.5 m以上，以防止水渗入窖。青贮窖结构简单，成本低，易推广。

地表堆贮。选择干燥、利水、平坦、地表坚实并带倾斜的地面，将青贮原料堆放压实后，再用较厚的黑色塑料膜封严，上面覆盖一层杂草之后，再盖上厚20~30 cm的一层泥土，四周挖出排水沟排水。地表堆贮简单易学，成本低，但应注意防止家畜踩破塑料膜而进气、进水造成腐烂。

半地表青贮。选择高燥、利水、带倾斜度的地面，挖60 cm左右的浅坑，坑底及四周要抹平，将塑料膜铺入坑内，再将青贮原料置于塑料膜内，压实后，将塑料膜提起封口，再盖上杂草和泥土，四周开排水沟深30~60 cm。地表青贮的缺点是取料后，与空气接触面大，不及时利用青贮质量变差，造成损失。

塑料袋青贮。除大型牧场采用青贮圆捆机和圆捆包膜机外，农村普遍推广塑料袋青贮。青贮塑料袋只能用聚乙烯塑料袋，严禁用装化肥和农药的塑料袋，也不能用聚苯乙烯等有毒的塑料袋。青贮原料装袋后，应整齐摆放在地面平坦光洁的地方，或分层存放在棚架上，最上层袋的封口处用重物压上。在常温条件下，青贮1个月左右，低温2个月左右，即青贮完熟，可饲喂家畜，在较好环境条件下，存放一年以上仍保持较好质量。塑料袋优点：投资少，操作简便，贮藏地点灵活，青贮省工，不浪费，节约饲养成本。

青贮场地应选择在地势高燥，土质坚硬，地下水位低，易排水、不积水，靠近畜舍，远离水源，远离圈厕和垃圾堆的地方，防止污染。青贮饲料一次性投资较大，如青贮壕（沟）或青贮窖，以及青贮切碎设备等。由于青贮原料粉碎细度较小，以及发酵产生乳酸等，饲喂青贮饲料过多有可能引起某些消化代谢障碍，如酸中毒、乳脂率降低等。若制作方法不当，如水分过高、密封不严、踩压不实等，青贮饲料有可能腐烂、发霉和变质等。青贮饲料在饲喂时还应注意：①饲喂前要对制作的青贮饲料进行严格的品质评定；②已开窖的青贮饲料要合理取用，妥善保管；③饲喂肉牛时要喂量适当，均衡供应。

另据试验，80%的饲料油菜+20%的玉米秸秆混合；70%的饲料油菜+30%的稻草混合；78%的饲料油菜+6.4%的稻草+15%的玉米粉+0.6%预混料+适量发酵全混合日粮（FTMR）青贮处理50天后饲料油菜外观形状及品质都比较好，牛喜欢采食。湖北省青贮饲料油菜饲喂肉羊试验表明，在相同精饲料的基础上，饲喂青贮饲用油菜3.3 kg的肉羊平均日增重54 g、屠宰率49.5%、胴体净肉率80.0%，与饲喂全株青贮玉米相当，比饲喂去棒青贮玉米分别提高了28.6%、3.3%和1.1%；对羊肉营养成分及肉质无明显影响。饲喂青贮饲用油菜对羔羊增重效果更好。

（4）草地放牧。若遇茬口原因造成油菜迟播（北方如8月中下旬播种，南方2月上中旬播种），其生物量较低，则可以直接放牧。在新疆、湖北、广西等地试验，养羊和养鹅效果良好。

（5）冰冻贮藏。对于自然条件适宜的地区，可以采取天然冰冻贮藏饲料油菜。一般在10月底至11月初收获饲料油菜，堆放在通风的棚中，由于气温低，像天然冰库，可供应冬春饲用而不变质。

总之，我国目前饲料油菜发展速度较快，对饲料油菜的研究较多集中在品种筛选和复种模式上，可供选择的饲料油菜专用品种还不够多，需要加快针对不同地区的特点开展品种选育工作。在饲料油菜栽培生理研究上，主要开展了播种期和播种量对饲料油菜产量和品质形成机理方面的研究，对饲料油菜营养的研究，还仅限于刈割后的常规养分测定，试验单一。饲料油菜标准化生产、油菜全株与其他作物秸秆混合后的贮存技术；不同收获时期饲用价值评价；不同加工方式对其营养价值的影响，消化利用情况，尤其是反刍动物养分代谢，瘤胃发酵及畜产品品质等方面需进一步开展深入系统研究。相信饲料油菜将成为种养结合，调整种植业结构的关键作物。

二、花生栽培技术要点

花生是主要的油料作物，是食用油的主要原料。花生仁加工用途广泛，蔓是良好的牲畜饲料。该作物自身有一定的固氮能力，投资少，效益高，是目前能大面积种植的单位面积农业生产效益较好的作物之一。

（一）春花生栽培技术要点

1. 深耕改土，精细整地，轮作换茬

（1）花生对土壤的要求。花生耐旱、耐瘠性较强，在低产水平时，对土壤的选择不甚严格，在瘠薄土地上种植产量不高，但花生也是深耕作物，有根瘤共生，并具有果针入土结果的特点，高产花生适宜的土壤条件应该是排水良好、土层深厚肥沃、黏砂土粒比例适中的砂壤或轻壤土。该类土壤因通透性好，并具有一定的保水能力，能较好地保证花生所需要的水、肥、气、热等条件，花生耐盐碱性差，pH值为8时不能发芽。花生比较耐酸，但酸性土中钙、磷、钼等元素有效性差，并有高价铝、铁的毒害，不利花生生长。一般认为花生适宜的土壤pH值为6.5～7。

（2）改土与整地措施。春花生目前还大多种植在土壤肥力较瘠薄的沙土地上，一些地块冬春季还受风蚀危害，不同程度地影响着花生产量的提高，所以要搞好深耕改土与精细整地工作，为花生高产创造良好的土壤环境条件。

增施有机肥。这是一项见效快、成效大的措施，有机肥不但含有多种营养元素，而且还是形成团粒结构的良好胶结剂，其内含的有机胶体，可以把单粒的细砂粒胶结成团粒，以改变砂土的松散与结构不良的状态。坚持连年施用有机肥，还能调节土壤的酸碱度，使碱性偏大的土壤降低pH值。

深耕深翻加厚活土层。深耕深翻后增加了土壤的通透性，能加速土壤风化，促使土壤微生物活动，使土壤中不能溶解的养分分解供作物吸收利用。若年年坚持深耕深翻，并结合有机肥料的施用，耕作层达到生熟土混合，粪土相融，活土层年年增厚，既可改造成既蓄水保肥，又通气透水、抗旱、耐涝的稳产高产田。注意一次不要耕翻太深，可每年加深3～4 cm，至深翻33.3 cm。深翻33.3 cm以上，花生根系虽有下移现象，但总根量没有增加，故无明显增产效果。

翻淤压沙或翻沙压淤。根据土壤剖面结构情况，沙下有淤的可以翻淤压沙，若淤土层较薄，注意不要挖透淤土层；淤下有沙的可翻沙压淤，进行土壤改良。

精细整地是丰产的基础，也是落实各项增产技术措施的前提。实践经验证明，精细整地对于达到苗全、苗壮、促进早开花、多结果有重要作用。春花生地要及早进行冬耕，耕后晒垡。封冻前要进行冬灌，以增加底墒，防止春旱，保证适时播种。另外，冬灌还可使土壤踏实，促进风化，冻死虫卵及越冬害虫。冬灌一般用犁冲沟，沟间距1 m左右为宜，使水向两面渗透，水量要大，开春后顶凌耙地，切断毛细管，减少水分蒸发保墒。

起垄种植是提高花生产量的一项成功经验，对增加百果重和百仁重及出仁率均有显著作用，一般可增产20%以上。它能加厚活土层，使结实层疏松，利于果针下扎入土和荚果发育，能充分发挥边行优势。起垄后三面受光，有利于提高地温，据试验，起垄种植的地块土壤温度比平栽的增加1~1.5℃，有利于形成壮苗。起垄的方式一般有两种：一是犁扶埂，两犁一垄，高15 cm左右，垄距40 cm左右，每垄播种1行花生，穴距根据品种密度而定，一般19~20 cm，每穴两粒；二是起垄双行，垄距70~80 cm，大行距40~50 cm，小行距24~30 cm，然后再根据品种密度确定穴距，一般19~20 cm，每穴播两粒。今后应积极推广机械起垄播种，以提高工效。

（3）合理轮作。花生"喜生茬，怕重茬"，轮作倒茬是花生增产的一项关键措施。试验证明，重茬年限越长，减产幅度越大。一般重茬1年减产20%左右，重茬2年减产30%左右。花生重茬减产的主要原因有以下3个方面。

花生根系分泌物自身中毒。其根系分泌的有机酸类，在正常情况下，可以溶解土壤中不能直接吸收的矿质营养，并有利于微生物的活动。但连年重茬，使有机酸类过多积累于土壤中，造成花生自身中毒，根系不发达，植株矮小，分枝少，长势弱，易早衰。

花生需氮、磷、钾等多种元素。特别对磷、钾需要量多，连年重茬，花生所需营养元素大量减少，影响正常生长，结果少，荚果小，产量低。

土壤传播病虫害加重。如花生根结线虫病靠残留在土壤中的线虫传播；叶斑病主要是借菌丝和分生孢子在残留落叶上越冬，翌春侵染危害。重茬花生病虫危害严重，造成大幅减产。

各地可根据实际情况，合理安排轮作倒茬。主要轮作方式有：花生—冬小麦—玉米（甘薯或高粱）—冬小麦—花生；油菜—花生—小麦—玉米—油菜—花生；小麦—花生—小麦—棉花—小麦—花生。

2. 施足底肥

根据花生需肥特点和种植土壤特性及产量水平，应掌握有机肥为主，无机肥为辅，有机无机相结合的施肥原则，在增施有机肥的基础上，补施氮肥，增施磷、钾肥和微肥。春花生主要依靠底肥，施用量应占总施用量的80%~90%，所以要施足底肥，一般中产水平地块，可亩施有机肥2 000 kg，过磷酸钙30~40 kg，若能与有机肥混合沤制一段时期更好，碳铵20 kg左右，以上几种肥料可结合起垄或开沟集中条施。高产地块，可亩施有机肥2 000~3 000 kg，过磷酸钙40~50 kg，碳铵30 kg左右，采用集中与分散相结合的方法施用，即2/3在播前耕地时作基肥撒施，另1/3在起垄时集中沟施。

3. 选用良种、适时播种、确保全苗

（1）选用良种。良种是增产的内因，选用良种是增产的基础。在品种选用方面应根据市场需要、栽培方式、播期等因素合理选用优良品种类型和品种。

（2）播前晒种，分级粒选。播种前充分暴晒荚果，能打破种子休眠，提高生理活性，增加吸水能力，增强发芽势，提高发芽率。一般在播种前晒果2~3天，晒后剥壳，同时选粒大、饱满、大小一致、种皮鲜亮的籽粒作种，不可大小粒混合播种，以免形成大小苗共生，大苗欺小苗，造成减产。据试验，播种一级种仁的比播混合种仁的增产20%以上，播种二级种仁的比播混合种仁的增产10%以上。

（3）适期播种，提高播种质量。春花生播种期是否适时对产量影响较大。播种过早，影响花芽分化，而且出苗前遇低温阴雨天气，容易烂种；播种过晚，不能充分利用生长期，使有效花量减少，影响荚果发育，降低产量和品质。花生品种类型不同，发芽所需温度有所差别，珍珠豆型小花生要求5 cm地温稳定在15℃以上时播种。中原地区一般在谷雨至立夏即4月下旬至5月上旬为春花生适播期。在此期内要视当年气温、墒情适时播种。

播种时要注意合理密植，一般普通直立型大花生春播密度应掌握在每亩8 000～9 000穴，每穴2粒。可采用挖穴点播、冲沟穴播或机械播种的方式，无论采用哪种播种方式，都要注意保证播种均匀，深浅一致，一般适宜深度为5 cm左右，播后根据墒情适当镇压。

4. 田间管理

田间管理的任务是根据花生不同生长发育阶段的特点和要求，采取相应的有效措施，为花生长创造良好的环境条件，促使其协调一致地生长，从而获得理想的产量。

（1）查苗补种。一般在播后10～15天进行，发现缺苗，及时进行催芽补种，力争短期内完成。也可在花生播种时，在地边地头或行间同时播种一些预备苗，在花生出土后，真叶展开之前移苗补种，移苗时要带土移栽，注意少伤根，并在穴里少施些肥和灌些水，促其迅速生长，赶上正常植株。

（2）清棵。清棵就是在花生出苗后把周围的土扒开，促子叶露出地面。清棵增产的原因有以下几点：一是解放了第一对侧枝，使第一对侧枝早发长出，直接受光照射，节间短粗，有利于第二级分枝和基部花芽分化，提早开花，多结饱果，并能促使有效花增多，开花集中；二是能够促进根系下扎，增加耐旱能力；三是能清除护根草，减轻蚜虫危害，保证幼苗正常发育。青棵一般在齐苗后进行，不可过早，也不宜过晚。方法是在齐苗后用小锄浅锄一次，同时扒去半出土的叶子周围的土，让子叶刚露出地面为好。注意不要损伤子叶，不能清得过深，对已全部露出子叶的植株也可不清，在清棵后15～20天，结合中耕还应进行封窝，但不要埋苗。

（3）中耕除草培土。花生田中耕能疏松表土，改善表土层的水肥气热状况，促进根系与根瘤的生长发育，并能清除杂草和减轻病虫危害，总的要求是土松无草。一般需中耕3～4次，各地群众有"头遍刮，二遍挖，三遍四遍如绣花"的中耕经验，即第一次在齐苗后结合清棵进行，需浅中耕，可增温保墒，注意不要压苗。第二次在清棵后15～20天结合封窝进行，这时第一对侧枝已长出地面，要深锄细锄，行间深，穴间浅，对清棵的植株进行封窝，但不要压枝埋枝。这次中耕也是灭草的关键，注意根除杂草。第三、第四次在果针入土前或刚入土时，要浅锄细锄，不要伤果针，使土壤细碎疏松，为花生下针结果创造适宜条件。

起垄栽培的花生田还要注意进行培土，适时培土能缩短果针与地面的距离，促果针入土，增加结实率和饱果率，同时还有松土、锄草、防涝减少烂果作用。注意培土早了易埋基部花节，晚了会碰伤果针和出现露头青果，一般在开花后15～20天封垄前的雨后或阴天进行为宜。方法是在锄钩上套个草圈，在行间倒退深锄猛拉，将土壅于花生根茎部，使行间成小沟。培土时应小心细致，防止松动或碰伤已入土的果针。

（4）追肥与根外喷肥。苗期始花期苗情追施少量氮肥促苗，一般亩施硫铵5 kg左右，开花后花生对养分需要剧增，根据花生果针、幼果有直接吸收磷、钙元素的特点，高产田块或底肥不足田块，在盛花期前可亩追施硫酸钙肥30～35 kg，以增加结果层的钙素营养。花生叶片吸肥能力较强，盛花期后可叶面喷施2%～3%的过磷酸钙澄清液，或0.2%的磷酸二氢钾液，每亩每次50 kg左右，可10天一次，连喷2～3次。同时还要注意喷施多元素复合微肥。

（5）合理灌排。花生是一种需水较多的作物，总的趋势是"两头少、中间多"，根据花生的需水规律，结合天气、墒情、植株生长情况进行适时灌排。如底墒充足，苗期一般不浇水，从开花到结果，需水量最多，占全生育期需水量的50%～60%。此期如遇干旱应及时灌水，要小水细浇，最好应用喷灌。另外，花生还具有"喜涝天，不喜涝地"和"地干不扎针，地湿不鼓粒"的特点，开花下针期正值雨季，如遇雨过多，容易引起茎叶徒长，土壤水分过多通气不良，也影响根系和荚果的正常发育，从而降低产量和品质，因此，还应注意排涝。

（6）合理应用生长调节剂。花生要高产必须增施肥料和增加种植密度，在高产栽培条件下，如遇高温多雨季节，茎叶极易徒长，形成主茎长，侧枝短而细弱，田间郁弊而倒伏造成减产。所以在高水肥条件下应注意合理应用植物生长调节剂来控制徒长，可避免营养浪费，使养分尽可能地多向果实中转化，从而提高产量。该措施也是花生高产的关键措施之一。防止花生徒长常用的植物生长调节剂有复硝酚钠等，喷施时间相当重要，如喷得过早，不但抑制了营养生长，而且也抑制了生殖生长，使果针入土时间延长，荚果发育缓慢，果壳变厚，出仁率降低，反而影响产量；如喷施过晚，起不到控旺作用。据试验，适宜的喷施时间是盛花末期，因为此期茎蔓生长比较旺盛，荚果发育也有一定基础，喷施后能起到控上促下的作用。一般在始花后30～35天，可亩用1.4%的复硝酚钠水剂10 g兑水15 kg叶面喷施一次；在始花后40～45天，再喷施一次，喷施于顶叶，以控制田间过早郁闭，促进光合产物转化速率，提高结荚率和饱果率。注意调节剂在使用时要严格掌握浓度，干旱年份还可适当降低使用浓度；一次高浓度使用不如分次低浓度使用；在晴朗天气时施用效果较好。

5. 收获与贮藏

花生是无限开花习性，荚果不可能同时成熟，故收获之时荚果有饱有秕。花生收获早晚和产量及品质有直接关系，收获过早，产量低，油分少，品质差；而收获过晚，果轻，落果多，损失大，休眠期短的品种易发芽，且低温下荚果难干燥，入仓后易发霉，另外也影响下茬作物种植。一般花生成熟的标志是地上植株长相衰退，生长停滞，顶端停止生长，上部叶片的感液运动不灵敏或消失，中下部叶片脱落，茎枝黄绿色，多数荚果充实饱满，珍珠豆型早熟品种的饱果指数达75%以上；中间型早中熟大果品种的饱果指数达65%以上；普通型中熟品种的饱果指数达45%以上。大部分荚果网纹清晰，种皮变薄，种粒饱满呈现原品种颜色。黄淮海农区一般在9月中旬收获，一些晚熟品种可适当晚收，但当日平均气温在12℃以下时，植株已停止生长，而且茎枝很快枯萎，应立即收获。

收获花生劳动强度大，用工较多，推行机械收获是目前花生生产上急需解决的问题。根据土壤墒情，质地和田块大小及品种类型等不同，目前有拔收、刨收和犁收等方法。不论采取哪种收获方法，在土壤适耕性良好时进行较好，土壤干燥时易结块，抖土困难，增加落果。

花生收获后如气温较高随即晾晒，有条件的可就地果向上、叶向下晾晒，摇果有响声时摘果再晒。待荚果含水率在10%以下，种仁含水率在9%以下时，选择通风干燥处安全贮藏。

（二）麦套夏花生栽培技术要点

麦垄套种花生，可以充分利用生长季节，提高复种指数，达到粮油双丰收。近些年来，随着生产条件的改善，生产技术水平的提高和人均耕地的减少，麦套种植方式在花生主要产区发展很快，已成为花生主要种植方式，如何提高其产量，应根据麦套花生的特点，抓好以下几项栽培措施。

1. 留好预留行

在麦播时小麦实行宽窄行种植，宽行25~30 cm，窄行15~10 cm，预留宽行播种花生。

2. 精选良种

根据麦垄套种的特点，麦垄套种种植应选用早中熟直立型品种，并精选饱满一致的籽粒做种，使之生长势强，为一播全苗打好基础。

3. 适时套播，合理密植

适时套播，合理密植可充分利用地力、肥力、光能资源，协调个体群体发育，达到高产。一般夏播品种每亩以9 000~10 000穴为宜。单一种植花生以40 cm等行距，17~18 cm穴距，每穴2粒。一般麦垄套种时间应在麦收前15天左右，麦套花生播种后正是小麦需水较多的时期，此时田间对水分的竞争比较激烈，应注意保证足墒，也可采取先播后浇的方法，争取足墒全苗。

4. 及早中耕，根除草荒

花生属半子叶出土的作物，及早中耕能促进个体发育，促第一、第二侧枝早发育，提高饱果率。特别是麦套花生，麦收后土壤散墒较快，易形成板结，不及早中耕，蔓直立上长，影响第一、第二侧枝发育，所以麦收后应随即突击中耕灭茬、松土保墒、清棵除草。花生后期发生草荒对产量影响较大，且不易清除，所以要注意在前期根除杂草。严重的地块可选用适当的除草剂进行化学防治。可在杂草三叶前亩用10.8%的高效盖草能25～35 mL兑水50 kg喷洒。

5. 增施肥料，配方施肥，应用叶面喷肥

增施肥料是麦套花生增产的基础。施肥原则是在适当补充氮肥的基础上重施磷肥、钙肥及微肥，在中后期还应视情况喷施生长调节剂。一般地块在始花期每亩施用10～15 kg尿素和40～50 kg过磷酸钙，高产地块还应增施10～20 kg硫酸钙。在此基础上，中后期还应叶面喷施微肥和生长调节剂，以防叶片发黄、过早脱落和后期疯长。施用植物生长调节剂可参照春花生栽培技术要点。

6. 合理灌水和培土

根据土壤墒情和花生需水规律，在开花到结荚期注意灌水。麦垄套种花生多为平畦种植，所以在初花期结合追肥中耕适当进行培土起小垄，增产效果较好，但要注意不要埋压花生生长点。

7. 适时收获，安全贮藏

气温降到12℃以下，在植株呈现出衰老现象，顶端停止生长，上部叶片变黄，中下部叶片脱落，地下多数荚果成熟，具有本品种特征时，即可收获。随收随晒，使含水量在10%以下，贮藏在干燥通风处，以防霉变。

（三）夏花生地膜覆盖栽培技术要点

过去地膜覆盖栽培技术只在春花生生产上应用，人们习惯上认为夏花生生育期处在高温季节，覆盖栽培作用不大。通过研究，在夏花生覆膜栽培增产效果也十分显著。证明夏花生覆膜栽培不仅具有温度效应，更重要的是综合调节了生育环境，因此一些地方迅速推广应用，并总结出一套完善的栽培技术，现介绍如下。

1. 选择良种，搞好"三拌"

选用早熟大中果良种，是挖掘地膜夏花生高产潜力的前提。播种前每亩种子（约15 kg）用地衣芽孢杆菌种衣剂750 g或25%多菌灵500 g+芸薹素内酯10 g包衣拌种，有条件的地方可再加上钼酸铵以满足花生对钼肥的需要。根瘤菌拌种可增加花生根瘤菌数。"三剂拌种"有利于花生达到全苗壮苗，防病防虫，打好高产基础。

2. 选好地膜，增产节本

覆膜栽培技术之所以发展较慢，除了缺乏系统研究外，当时的普通地膜较厚，用量较大，成本较高（50元/亩）也是一个大的障碍因子。20世纪80年代中期新型超薄地膜上市，它以成本低、增产效果好的优势，推动了覆膜技术的发展。据不同地膜种类试验结果，光解膜在促进夏花生生长、改善经济性状等方面优于超薄膜，但由于其光解程度受厂家生产时的温湿度影响较大，性能稳定性差，因而还有待提高产品质量。目前生产上一般选用厚度0.004~0.006 mm超薄膜，亩用量约2.5 kg，成本在20元左右。

3. 配方施肥，一次施足

根据地力情况和花生需肥规律进行配方施肥，一次施足肥料是覆膜夏花生高产的基础。根据试验结果，一般每亩可施有机肥2 000 kg、过磷酸钙40 kg、尿素15~20 k、氯化钾10 kg，钙肥30 kg，施于结果层。麦收后及时施肥耕地起垄覆膜播种。

4. 合理密植

适宜密度是覆膜夏花生的高产关键。一般夏播花生选用早熟品种，根据品种特性种植密度宜密，一般高肥力田块亩种植10 000穴左右，较低肥力田块亩种植10 000~11 000穴。垄上窄行距40 cm、穴距15~20 cm，每穴播种2~3粒。

5. 及时化控，防止徒长，防倒防衰

花生开花后25~30天，每亩用1.4%复硝酚钠水剂6 000倍液15~20 kg，用背负式喷雾器均匀喷洒，能显著地延缓植株伸长生长，使主茎高度降低，侧枝长度缩短，从而有效地控制旺盛的营养生长，增强植株的抗倒能力，保持较好的群体结构。同时，能增加有效分枝，控制无效果针，促进荚果发育，增加饱果数和果重。据试验调查，喷施处理比对照其主茎高度降低14.5%，侧枝长度缩短16.6%，单株有效果增加0.5个，单株饱果数增加7.9个。

6. 中后期叶面喷肥及防治病虫害

由于覆膜花生肥料一次底施，不进行追肥，后期易发生脱肥早衰现象，中后期根据田间苗情，应注意喷施1%~1.5%的尿素溶液防止缺氮；喷施0.3%的磷酸二氢钾溶液或2%~3%的过磷酸钙澄清液防止缺磷；喷施复合微肥溶液防止微量元素缺乏。

7. 适时机械收获

适时机械收获，另外，还应适时收回残膜。

（四）花生病虫害防治

1. 播种

采用种衣剂包衣拌种。

2. 苗期（播种至团棵）

促根系旺长并预防缺素症。及早喷施壮根剂、解毒剂及高能锌、高能铜、高能硼等复合微肥，以防花生缺素症的发生和提高花生植株抗逆能力。

3. 成株期

（1）叶部病害防治。及时（一般7月中旬开始）喷施20%吗胍·硫酸铜水剂，或25%络氨铜水剂亩用30～50 g，或喷施50%多菌灵可湿性粉剂400倍液，或70%甲基硫菌灵500倍液，可有控制病菌繁殖体的生长，防止花生叶部病害的侵染和发生。

（2）防治蚜虫、蓟马。花生蚜虫一般于5月底至6月初出现第一次高峰有翅蚜，夏播则在6月中上旬，首先为点片发生期，之后田间普遍发生。蓟马则在麦收后转入花生危害，一般选用10%吡虫啉可湿性粉剂2 000倍液，或亩用10%吡虫啉可湿性粉剂10 g、25%噻虫嗪水分散粒剂2～4 g，或80%烯啶·吡蚜酮可湿性粉剂4 g加水15 kg均匀喷雾，第一次防治在6月中旬，第二次则在6月下旬，同时能兼治蛴螬成虫。

（3）下针期控旺防病虫害。此期是管理的关键时期，用0.004%芸薹素内酯10 g兑水15 kg，喷匀为度或用1.4%的复硝酚钠10 g兑水15 kg，间隔15天用2～3次，增产显著，且提高品质。多年来花生区常用多效唑控制旺长企图增加产量，其实多效唑在花生上且不可过量，过量造成根部木质化，收获时出现秕荚和果柄断掉，无法机械收获而减产。这个时期的主要虫害是蚜虫、红蜘蛛、二代棉铃虫以及其他一些有害生物。蚜虫、红蜘蛛应按苗期防治方法继续防治或兼治。对二代棉铃虫则在百墩卵粒达40粒以上时亩用Bt乳剂250 mL加0.5%阿维菌素40 mL加水30～50 kg喷雾，7天后再防治一次。或亩用20%氰戊菊酯乳油30 mL兑水50 kg喷雾，并能兼治金龟子和其他食叶性害虫。

（4）荚果期保叶防病虫害。此期为多种病虫害生发期，主要有棉铃虫、蛴螬、叶斑病等，鼠害的防治也应从此时开始。防治上应采取多种病虫害兼治混配施药。

棉铃虫及其他食叶害虫防治。棉铃虫对花生以第三代危害最重，应着重把幼虫消灭在3龄以前，可亩用Bt乳剂250 mL，兑水50 kg在产卵盛期喷雾；也可选用20%氰戊菊酯乳油30 mL兑水50 kg在产卵盛期喷雾，于7天后再喷一遍。

蛴螬防治。成虫防治：防治成虫是减少田间虫卵密度的有效措施，根据不同金龟子生活习性，抓住成虫盛发期和产卵之前，采用药剂扑杀或人工扑杀相结合的办法。即采用田间插榆、杨、桑等枝条的办法，亩均匀插6～7簇，枝条上喷500倍液40%辛硫磷乳油毒杀。幼虫防治：6月下旬至7月上旬是当年蛴螬的低龄幼虫，此期正是大量果针入土结荚期，是治虫保果的关键时期。可结合培土迎针，顺垄施毒土或灌毒液配合灌水防治，方法是亩用3%辛硫磷颗粒剂5 kg加细土20 kg，覆土后灌水。也可亩使用40%辛硫磷乳油300 mL兑水700 kg灌穴后普遍灌水。防治花生蛴螬要在卵盛期和幼虫孵化初盛期各防治一次。

叶斑病防治。花生叶斑病只要按质、按量、按时进行防治，就能收到良好效果，叶斑病始盛期一般在7月中下旬至8月上旬，当病叶率达10%～15%时，亩用80亿单位地衣芽孢杆菌60～100 g，或28%井冈·多菌灵悬浮剂80 g或45%代森铵水剂100 g，或80%代森锰锌可湿性粉剂100 g，加水50 kg喷雾防治，10天后再喷一次效果更好。如果以花生网斑病为主，则以80亿单位地衣芽孢杆菌或代森锰锌为主。

锈病防治。花生锈病是一种爆发性流行病害。一般在8月上中旬发生8月下旬流行。8月上中旬田间病叶率达15%～30%时，及时用12.5%烯唑醇可湿性粉剂30 g，或12.5%戊唑醇可湿性粉剂30～50 g，或12.5%氟环唑悬浮剂40～60 g加水常量喷雾，隔7天喷一次，连防2次。或用15%三唑酮可湿性粉剂800倍液防治。锈病流行年份，避免用多菌灵药剂防治叶斑病，以免加重锈病危害。

三、芝麻栽培技术要点

芝麻是我国主要油料作物之一，其产品具有较高的应用价值。并且其生育期较短，在作物栽培制度中也具有重要作用。另外，芝麻还是一种优良的蜜源作物，结合养蜂业可增加经济收入。

（一）选地与轮作

根据芝麻特性，栽培芝麻的田块应选择在地势高燥、排水良好、通透性好的砂壤土和轻壤土。还因芝麻根系浅，吸收上层养分较多，连作会使土壤表层养分偏枯和病害加重，所以还要实行合理轮作，至少要隔两年轮作一次。

（二）精细整地与防涝

芝麻栽培中土壤耕作非常重要，必须从芝麻种子小的特点出发，努力创造适宜于种子萌发出土条件，需要精耕细作，使之底墒足、透性好，耕层上虚下实，表土平、细、净。特别是夏芝麻，在整地时气温高，地面蒸发量大，也是雨季来临季节，季节性很强，要抢晴适墒整地，耕后多耙细耙。在秋季易涝地区，还要作好防涝准备，能否及时排涝，是芝麻能否稳产的关键。防涝措施应根据当地具体情况而定，可采用垄作或高畦种植方式等。

（三）科学施肥

芝麻苗期生长缓慢，开花后生长迅速，各器官生长速度在不同生育阶段差异很大，对干物质的积累速度和吸收各种养分量也有很大差异，总体看芝麻生育期较短，吸收肥料多而集中，但初花以后吸收速率和量猛增。另外品种、生产水平和栽培条件不同单位产量吸收各种养分量也有一定差异，一般分枝型品种比单秆型品种生产单位产量需肥量多。所以，单秆型品种施肥效应较高，有较好的施肥增产特性。综合各地生产经验，一般认为每生产100 kg籽粒需吸收纯氮9～10 kg，五氧化二磷2.5 kg，氧化钾10～11 kg；$N：P_2O_5：K_2O=4：1：4.4$。其中以初花至终花期吸收量最多，吸收纯氮占66.2%，五氧化二磷占59.1%，氧化钾占58.4%；终花至成熟对氮的吸收量较少，占3.6%，但对磷和钾的吸收仍然较多，分别占20.3%和11.6%。根据芝麻吸肥规律，其施肥应掌握如下原则：基肥以有机肥为主，少量配施氮磷肥，有机肥和少量氮磷肥（或饼肥）堆制发酵后施用更好，基肥浅施、集中施用；重视初花期追肥，以氮肥为主，若底施磷钾肥不足或套种芝麻可配施磷钾肥；盛花期后注意喷施磷钾肥。一般在整地时施用有机肥2 000 kg以上，硫酸钾5~10 kg，过磷酸钙30 kg左右，尿素5 kg左右。

（四）播种技术

芝麻只有种足（墒、肥、种量足）、种好，实现一播全苗，才有可能达到高产、稳产。

1. 选用良种

根据生产条件选用适宜品种，并选用纯度高、粒饱满、发芽率高、无病虫和杂质的种子，在播前做好选种和发芽率试验，发芽率在90%以上为安全用种。

2. 适时播种

芝麻发芽最低临界温度为15℃，适宜发芽温度为18~24℃。春芝麻在地下3~4 cm地温稳定在18~20℃时即可播种，黄淮海农区一般在4月下旬和5月上旬。夏芝麻要抢时播种，越早越好，有利于多开花结果，提高产量。

3. 提高播种质量

芝麻习惯播种方法有撒播、条播、点播，一般亩用种量0.4~0.5 kg，播深2~3 cm，要足墒下种，播后适当镇压。近年来应用保水剂流体播种技术在旱区推广应用，为一播全苗提供了保证，促进了芝麻生产水平的提高。

（五）合理密植

目前生产上普遍种植密度偏稀，影响产量的提高。适当加大种植密度，能充分利用空间和地力，发挥增产潜力。合理密植不仅需要一定的株数，而且还要配合得当的种植方式。一般条播单秆型品种可采用等行距播种，行距34 cm，株距16~20 cm，亩种植密度1万~1.2万株；分枝型品种行距40 cm左右，株距18~20 cm，亩种植密度8 000~9 000株。点（穴）播行距34~40 cm，穴距50 cm左右，每穴2~3株即可。

（六）田间管理技术

1. 播后保墒

直播芝麻播种后中耕增温保墒，助苗出土，套种芝麻，前茬收获后及时中耕灭茬，破除板结保墒。

2. 间定苗

在出现第一对真叶时间苗；第二、第三对真叶出现时定苗，去掉弱苗、病苗，留壮苗，留苗要匀，条播不留双苗。

3. 中耕除草与培土

由于芝麻苗期生长缓慢，前期中耕除草在芝麻生产中十分重要，一般在出现第一对真叶时结合间苗浅中耕一次，在2~3对真叶和分枝期各中耕一次，另外，雨后必除。中后期结合中耕可适当培土，但不要伤根。

4. 追肥与叶面喷肥

初花后芝麻需肥量猛增，在蕾花期要做好追肥工作，可亩施尿素10 kg左右，底施肥没有施磷肥的地块，同时可追施过磷酸钙20 kg左右，硫酸钾10 kg左右。盛花后可喷施0.3%的磷酸二氢钾溶液1~2次。

5. 灌水与排涝

足墒播种后，苗期一般不用灌水，现蕾后如旱可结合施肥灌水一次，开花至结蒴阶段，需要充分供水，但又是雨季，应看天灌水与排涝。

6. 适时打顶

适时打顶可节省养分，提高粒重提高产量，春芝麻一般在花序不再继续生长（封顶）时打顶；夏芝麻于初花后20天左右打顶，剪去顶端1~2 cm长顶尖。

（七）芝麻病虫害防治

1. 芝麻播种期至苗期病虫害防治

（1）主要防治对象。茎点枯病、枯萎病、叶枯病、地老虎。

（2）主要防治措施。

茎点枯病。农业防治：与棉花、甘薯作物进行3~5年轮作；播前用55℃温水浸种10 min或用60℃温水浸种5 min。化学防治：每500 g种子用80亿单位地衣芽孢杆菌10 g拌种，也可用种子量0.1%~0.3%的多菌灵处理种子。

枯萎病。农业防治：与禾本科作物进行3~5年轮作。化学防治：播前用1.8%辛菌胺200倍液浸种，或0.5%硫酸铜溶液浸种30 min。

叶枯病。农业防治：播前用53℃温水浸种5 min。化学防治：用70%甲基硫菌灵可湿性粉剂700倍液喷洒。

地老虎。农业防治：苗期每天清晨检查，发现有被害幼苗，就可拨开土层人工捕杀。化学防治：一是毒饵诱杀，用青草15~20 kg加敌百虫250 g；或用糖醋毒草，即将嫩草切成1 cm左右长的草段，用糖精5 g，醋250 g，90%敌百虫晶体5 g加水1 kg配成糖醋液，喷在草段上制成毒饵，撒在田间毒杀。二是直接喷药毒杀，用50%辛硫磷乳油1 000倍液喷洒芝麻幼苗和附近杂草。

2. 芝麻成株期至收获期病虫害防治

主要防治对象。茎点枯病、枯萎病、叶枯病、甜菜夜蛾。

（2）主要防治措施。

茎点枯病。用28%井冈·多菌灵胶悬剂700倍液，或用70%甲基硫菌灵可湿性粉剂800~1 000倍液于蕾期、盛花期喷洒，每次每亩用量75 kg。

枯萎病。用80亿单位地衣芽孢杆菌液剂亩用50~100 g，或25%络氨铜水剂125~184 g，每10天喷一次，连喷2~3次。

叶枯病。用70%甲基硫菌灵或28%井冈·多菌灵可湿性溶剂700倍液在初花和终花期各喷一次。

甜菜夜蛾。用0.5%阿维菌素乳油500倍液或1%甲维盐水乳剂1 000倍液或灭幼脲三号500~1 000倍液加5%高效氯氟氰菊酯水乳剂1 000倍液喷雾；在8:00前和18:00后用药比较适宜。

（八）适时收获贮藏

当芝麻植株变成黄色或黄绿色，下部叶片逐渐脱落，中上部蒴果种子达到原有种子色泽，下部有蒴果开裂时，就进入了收获期。一般春芝麻在8月下旬、夏芝麻在9月上旬、秋芝麻在9月下旬成熟。芝麻成熟后应趁早晚收获，避开中午高温阳光强烈阶段，以减少下部裂蒴掉粒的损失。收获时一般每30株左右扎一小捆，3~5捆一起晾晒，经2~3次脱粒即可归仓。

四、油莎豆栽培技术要点

油莎豆（又称虎坚果）是莎草科莎草属植物，也称油莎草。原产地在非洲和地中海沿岸国家。如今在埃及白尼罗河流域还有广泛分布。古代，油莎豆是一种深受欢迎的野生食用植物，甚至还作为一种供品陪葬，表明人对油莎豆的生死不离。在两千多年前埃及十二王朝的古墓中，就有供奉用的油莎豆。它是一种优质、高产、综合利用前景广阔的集粮、油、牧、饲于一体的经济作物，也是美化、绿化环境的观赏植物。该作物适应性强，产量高，种植成本低、一般亩产鲜豆2 000 kg，干豆750~1 000 kg，种1亩油莎豆相当于7~10亩油菜。据测定，每100 g油莎豆块茎含油率为29%~32%，蛋白质13%~15%，糖15%~20%，淀粉20%~25%，维生素8~14 mg，个别品种含糖量高达40%，有糖根果、地下板栗、地下核桃之称，综合营养成分超过小麦和玉米。其油色清澈微红，油味醇香，无毒，不变质，无沉淀，油莎豆油脂品质极好，因其富含不饱和脂肪酸（饱和酸20%、油酸64%、亚油酸11%、亚麻油酸2%），故可与目前品质最好的橄榄油和杏仁油相媲美。食用油品质优于菜籽油及芝麻油等，被称为"油料植物之王"，具有防治心血管疾病和肌体代谢紊乱的功效，是老年人的保健佳品。油莎豆除榨油外，也可加工成食品，可生食、炒食、油炸，味道香甜。榨油后的饼粕甜而香，可加工制作糕点，酿制酱油、醋、酒，也可提取优质淀粉、糖、纤维素，油莎豆淀粉中直链淀粉占24.48%，支链淀粉占66.42%，发热量超过小麦。余下的粉渣是养殖业很好的精饲料。

油莎豆生育期短，110～120天，从3月初到7月都可播种，错开农忙季节。巧用农闲的时间和劳力。油莎豆叶子针形细而长，生长旺盛，地下结块茎。茎叶丛生，分蘖力极强，茎三棱形，由叶片包裹而成，植株高可达100 cm以上。单叶互生，叶片狭长，平均长度65 cm，宽度0.5 cm，呈剑状，叶片表面覆盖角质层比较坚硬。地下茎呈匍匐状水平斜向伸长，一部分长出地面形成分枝，另一部分末端膨大形成块茎（核状茎果），每蔸可达100～300粒。茎果呈椭圆形，长1～2 cm，直径0.7～2 cm，形成初期为白色，成熟后为黄褐色。茎果顶端具有芽点1～3个。具节和鳞片，芽端鳞片细密，茎果表面有短的线形不定根。根为须根系，垂直分布于土层中。少数植株开花，苞片长于花序，花长于主茎顶端，花两性，黄白色，为穗状花序，呈圆柱形或稍扁平且水平叉开，每穗具8～30朵花。

油莎豆适应性广，对土壤要求不严格，除低洼积水地外，不论红壤、黄壤、沙质壤土、山坡丘陵、房前屋后，能种植花生的土壤均可种植，尤以疏松的沙质土壤为佳。

油莎豆是由野生品种驯化而变为家种，其原产地为沙漠干旱地区，在长期的自然选择中形成顽强的生命力，具有耐高温、耐瘠、耐盐碱、抗旱、耐涝等特点，易种好管，基本上不发生病害。但油莎豆虽然有很强的耐涝能力，也不能长期积水；虽然抗旱，过旱也会降低产量。地上长草，高可达100～120 cm，亩产鲜草3 000 kg以上，是饲养牛、羊、鱼、兔、鹅的优质饲料。地下结果，油莎豆的地下茎顶端膨大为椭圆块茎，形如大粒花生仁，每蔸结果数在100～300粒之间，每蔸鲜果重0.05～0.2 kg，春播亩产干果1 000 kg，夏播也可达750 kg，可生食、炒食，可榨优质保健食用油200～300 kg，产饼粕400～700 kg，饼粕可提取淀粉、加工食品，是熬糖、做酒和饲料的原料。

（一）栽培技术

1. 选地与整地

油莎豆不耐肥水，地力太肥时易徒长，适宜在中等肥力的砂壤地上种植，也可在新开荒地、高岗地、中等盐碱地种植，或者种植在河边、路旁和房前房后，纯作、间套种均可。若以食油为主，可与油菜轮作；若粮、油兼顾，可与小麦轮作。单作、间作、套种或在林果树下种植均可。以收获地下核状茎果为目的的，首选沙质土壤，其次为肥沃疏松土壤；以收草为目的的，则可因地制宜种植。因油莎豆根系发达，分蘖力强，生长快，所以整地时要施足基肥，每亩施过磷酸钙60 kg、土杂肥1 500 kg，耕耙后整成畦带沟宽1.5～2.0 m的大畦，畦面要平整。

2. 浸种催芽

用茎果繁殖，播种前选粒大饱满，无病虫侵害和机械损伤，老熟一致，长椭圆形的茎果作种。为保证早出苗、出齐苗，播前用45~50℃温水浸种3~4天，待种子浸透后表面无皱纹时即可捞出，堆放于麻袋或箩筐里催芽3~4天，每天用40~45℃温水淋1~2次，使堆温达到30℃左右，若堆温高于40℃就及时推开降温，当有一半种子出芽后即播种。

3. 适时播种

油莎豆是喜温作物，油莎豆既可春播，也可夏播，春播在当土深5 cm地温稳定在10℃时或平均气温达18℃时即可播种，华北地区一般为谷雨以后。夏播因地区差别可在5—6月播种。每穴结果200~300粒。春季播种，每亩用种8~10 kg。

4. 合理密植

由于油莎豆根系发达，分蘗力强，播种时要稀播，一般按行距40~45 cm、株距20~30 cm刨穴点播，每亩点播5 000~8 000穴，每穴2株，播种深3 cm。也可大垄栽培，行距60 cm，株距12~15 cm，每亩播种8 000穴左右。播种时每亩可用40%毒死蜱乳油150 mL拌细沙土15~20 kg，也可用75%辛硫磷乳油以1:2 000的比例拌成毒土，每亩20~25 kg撒施于穴内，以防治地下害虫。

5. 田间管理

油莎豆田间管理主要是防除杂草。因其根系分布浅，特别是生长中期，锄草以浅为宜。对于部分深根性杂草，应采取拔除的方法。当植株根进入旺长期，叶子封行时应停止除草。油莎豆叶片细长，分蘗力强，肥水过多易造成叶片徒长，土壤肥沃的或在施足基肥的情况下，生育期内一般不用追肥。若土壤过于贫瘠或基肥施用不足，视苗情可于块茎形成初期每亩追施尿素和氯化钾各10 kg左右促进结果（茎果）。

油莎豆抗旱能力强，但需水量比较大，在整个生长期特别是分蘗期和茎果膨大期，遇干旱时应及时浇水灌溉，保持土壤湿润。油莎豆基本没有病害，危害茎叶的主要是蛴螬和螟虫，6月下旬至7月中旬为危害盛期，要及早查治，发生初期可用90%敌百虫晶体1 000倍液喷雾防治。

6. 收获与贮藏

油莎豆块茎着生于根茎上，多分布于20 cm左右的土层里。一般在秋季有当2/3地面上茎叶枯黄时就可开始收获。小面积收获可用人工整株连根拔起，抖在筛子里，筛去泥土，也可用旋耕机翻耕10 cm深，把土翻松散，用筛子收获。大面积种植必须采用联合收获机械收获，收获后及时除杂、充分晒干，当块茎含水量在15%以下时贮藏。贮藏期间注意防潮，以免块茎回潮发霉，影响出油率和发芽率。

（二）油脂提取工艺

油莎豆油的提取工艺分为两种：一种是压榨提取方法，另一种是亚临界萃取提取方法。物理压榨法能够最大程度保持油莎豆油里的各种营养成分不被破坏，缺点就是出油率低，但这种方法生产出来的油品最接近天然，符合人类健康的加工方法。亚临界萃取选用4号溶剂浸出，出油率比物理压榨法高。

五、棉花栽培技术要点

棉花是关系国计民生的战略物资，国防建设、人民生活都需要棉花。棉花也是一种可大规模种植的经济作物，对棉农家庭致富起着重要作用。

（一）根据播期选择品种

棉花种植方式不同，要求播期也不同，要根据播期选用合适品种。中原地区一般4月20日前后直播的要选用春棉品种，在4月底至5月初直播的要选用半春性品种，在5月中下旬播种的要选择夏棉品种。

（二）合理密植，一播全苗

根据品种、地力和种植方式来确定密度。一般单一种植春棉品种，每亩密度掌握在3 500株左右，行距1 m，株距19 cm；半春性品种一般亩密度掌握在4 500株左右，行距1 m，株距15 cm；夏棉品种，在肥水条件好的地块，亩密度掌握在6 500株左右；一般地力的地块掌握在7 500株左右；干旱瘠薄的低产地块，掌握在8 000～10 000株。

一播全苗是增产丰收的基础，生产上为了达到一播全苗，首先要选用质量较高的种子，其次播种前必须要进行必要的种子处理，如选种、晒种，以提高发芽率和发芽势。为防止棉花苗期病害，还要进行药剂拌种。最后要注意播种质量，足墒足量播种。一般播种深度掌握在4 cm左右。另外，春棉应注意施足底肥，一般亩施有机肥3 000 kg以上，磷酸二铵20 kg左右。

（三）加强田间管理

1. 苗期管理

苗期管理的目标是壮苗早发。春棉要及时中耕保墒，增温，在两片真叶出现时，及时间定苗。遇旱酌情浇小水。夏棉重点抓好"三早""两及时"，即：早浇水、早施肥、早间定苗，及时中耕灭茬和防治虫害。特别是麦收后的一水一肥，是夏棉苗期管理的关键，是夏棉早发的基础。一般在2片真叶时亩施5 kg尿素，施肥后浇水。苗期注意防治棉蚜、棉蓟马、盲蝽和红蜘蛛，注意保棉尖不受虫害。

2. 蕾期管理

蕾期管理的目标是发棵稳长。蕾期是营养生长和生殖生长并进的时期，但以营养生长为主，促控要结合。在现蕾后应稳施巧施蕾肥，一般亩施尿素5～7 kg，根据墒情苗情巧浇蕾水，加强中耕培土，及时防虫治病。

3. 花铃期管理

花铃期管理目标是前期防疯长，后期防早衰、争三桃、夺高产。管理的关键时期，生产上以肥水管理为主，结合整枝中耕防治虫害。花铃期是需肥量最大的时期，应注意重施花铃肥，一般在盛花期每亩追施15 kg的尿素，并结合墒情浇水。一般在8月10日以后不再追施肥料，否则易贪青晚熟，或发生二次生长，可采用叶面喷肥以补充养分。也可根据情况喷施一些单质或复合型微肥。另外，还应坚持浇后或雨后中耕培土。

适时打顶是棉花优质高产不可缺少的一项配套技术。一是可以打破主茎顶端生长优势，使养分集中供应蕾、花、铃，抑制营养生长，促进生殖生长；二是可以减少后期无效花蕾，充分利用生长季节，增加铃重，增加衣分，促早熟；三是可控制株高，改善高密度情况下植株个体之间争夺生存空间的矛盾，改善通风透光条件，减少蕾铃脱落。一般掌握"时到不等枝，枝够不等时"的原则。一般年份适宜时期在7月20日前后，春棉可推迟到7月底。另外，还应根据情况在密度大的田块进行剪空枝和打边心工作。

4. 吐絮期的管理

吐絮期的管理目标是促早熟、防早衰，充分利用吐絮到下霜前的有利时机防止烂桃，促大桃、夺高产。

（四）棉花病虫害防治

1. 棉花播种期病虫害防治

棉花播种期（4月中下旬至5月上旬）病虫害防治主要内容如下。

（1）主要防治对象。立枯病、炭疽病、红腐病、茎枯病、角斑病、黑斑病、轮纹斑病、褐斑病、疫病。

（2）主要防治措施。

农业防治。一般以5 cm地温稳定在12℃以上时开始播种为宜，加强田间管理，播前施足底肥并整好地。

种子处理。选种、晒种、温汤浸种、药剂拌种及种子包衣。将经过粒选的种子于播前15天暴晒30～60 h，以促进种子后熟和杀死短绒上的病菌，播种前一天将种子用55～60℃温水浸种半小时，水和种子比例是2.5∶1，浸种时充分搅拌，使种子受温一致，捞出稍晾后用80亿单位地衣芽孢杆菌或50%多菌灵或70%甲基硫菌灵可湿性粉剂按种子重量的0.5%～0.8%拌种。使用菌衣地虫死包衣剂按1∶30包衣种子。

2. 棉花苗期病虫害防治

棉花苗期（5月上旬至6月上旬）病虫害防治主要内容如下。

（1）主要防治对象。立枯病、炭疽病、红腐病、茎枯病、角斑病、黑斑病、轮纹斑病、褐斑病、疫病；蚜虫、红蜘蛛、盲蝽、蓟马、地老虎。

（2）主要防治措施。

病害防治。用80亿单位地衣芽孢杆菌水剂或1.8%辛菌胺水剂或28%井冈·多菌灵或70%甲基硫菌灵可湿性粉剂800～1 000倍液或45%代森锌500～800倍液常规喷雾。

蚜虫、叶螨防治。用19%克蚜宝乳油或10%吡虫啉乳油、1.8%阿维菌素乳油、15%哒螨灵乳油等药剂按说明书常规喷雾。

盲蝽、蓟马防治。用4.5%高效氯氰菊酯乳油、10%吡虫啉乳油、10%大功臣乳油、40%蜱龟必杀乳油等药剂喷雾防治。

防治地老虎。用敌百虫拌菜叶和麦麸制成毒饵诱杀。

3. 棉花蕾期病虫害防治

棉花蕾期（6月中旬至7月中旬）病虫害防治主要内容如下。

（1）主要防治对象。棉铃虫、盲蝽、蓟马、红蜘蛛、棉花枯萎病。

（2）主要防治措施。

棉铃虫防治。农业、物理、生物、化学防治相结合。农业防治措施：秋耕冬灌、消灭部分越冬蛹。物理防治：种植玉米诱集带、安装杀虫灯、插杨柳枝把诱杀成虫、人工抹卵、捉幼虫。生物防治：利用Bt、核型多角体病毒杀虫剂。化学防治：叶面喷洒阿维菌素乳油1 500倍液、4.5%高效氯氰菊酯乳油1 000倍液常规喷雾。

棉花枯黄萎病防治。在选用抗病品种做基础，用1.8%辛菌胺水剂200～300倍液喷洒，间隔10～14天再喷一次，连续2～3次。

4. 棉花花铃期病虫害防治

棉花花铃期（7月下旬至9月中旬）病虫害防治主要内容如下。

（1）主要防治对象。棉铃虫、造桥虫、伏蚜、红蜘蛛、红铃虫、象鼻虫、细菌性角斑病、棉花黄萎病。

（2）主要防治措施。

化学防治。棉铃虫：用4.5%高效氯氰菊酯乳油、12%毒·高氯乳油、50%辛硫磷乳油、25%氰戊·辛硫磷乳油、26%辛硫·高氯乳油800～1 000倍液喷洒，交替使用。同时兼治造桥虫、红铃虫。

防治象鼻虫。4.5%高效氯氰菊酯+煤油（柴油）喷雾防治；角斑病用80亿单位地衣芽孢杆菌水剂或77%氢氧化铜粉剂或30%琥胶肥酸铜粉剂（DT杀菌剂）等防治。

5. 棉花吐絮期病虫害防治

棉花吐絮期（9月中旬至10月中旬）病虫害防治主要内容如下。

（1）主要防治对象。造桥虫。

（2）主要防治措施。1%甲维盐乳油或50%辛硫磷乳油800～1 000倍液防治。

（五）杂交棉的特点与栽培管理技术

借鉴玉米选育自交系配制杂交种的理论，经过多代自交纯合，选育出具有超鸡脚叶和无腺体两个遗传标记性状的棉花自交系，利用该自交系作父本与一个表现性状较好的普通抗虫棉品种作母本杂交选育出的杂交一代应用于生产，不但较好的利用了杂交优势，而且还具有较高的抗病抗虫性和适应性。其杂交一代应用于生产，利用自交系生育进度快，现蕾多，开花多及叶枝发达的特点，可以塑造杂交种大棵早熟株形；利用杂交种的鸡脚叶对充分发挥个体杂种优势进行形态调整，有效控制了营养生长优势，充分发挥了生殖生长的优势，较好地解决了杂交种营养生长过旺，易造成郁蔽，影响结铃和吐絮等问题，结铃性提高。并且鸡脚叶通风透光好，植株中部与近地面处的光照强度比常规棉增加50%以上，因此烂铃和僵瓣花少，也易施药治虫。

根据杂交棉品种特性，在栽培管理上应采取以下管理技术。

1. 实行宽行稀植

由于杂交棉株型较大，宜采取宽行稀植的栽培方式，也适宜间套种植栽培，适宜行距130～160 cm，株距25～30 cm，亩种植密度1 500～1 800株。

2. 育苗移栽

由于杂交棉种子成本较高，在栽培上一般采用营养钵育苗移栽方式，一般麦套栽培于4月10日前后育苗，5月10日前后移栽。麦后移栽的可在4月底至5月初育苗，小麦收割后及时移栽。与其他作物套种的，根据移栽时间，提前30～35天育苗。

3. 施肥浇水

在移栽前亩施有机肥3方以上，磷肥50 kg，钾肥20 kg，6月底结合培土稳施蕾肥，一般亩施尿素10～15 kg，高产地块还可施饼肥20～30 kg；7月上旬，初花期重施花铃肥，一般亩施三元复合肥30 kg；8月以后，采取叶面喷肥2～3次。由于杂交棉株型大，单株结铃多，应重视中后期施肥。

4. 简化整枝

杂交棉品种营养枝成铃多，是其结铃性强和产量高的重要组成部分，只要肥水条件充足，赘芽也能成铃，所以一般不用整枝打杈。为了塑造理想的株型和群体结构，也可在现蕾后打去弱营养枝，每株保留2～3个强营养枝。每个营养枝长出3～5个果枝时打顶，主茎长出18～20个果枝时（7月下旬）打去主茎顶心。

5. 及时防治病虫害

前期注意防治红蜘蛛和蚜虫。后期注意防治棉铃虫。

第三节　大田瓜菜作物栽培技术要点

大田瓜菜作物种类繁多，生产季节性强，目前整体机械化水平相对较低，人工投入较大，但一般生产效益较高。需要在不断更新品种的基础上，完善配套栽培模式与相适应的机械，提高种植和机械化水平。

一、西瓜栽培技术要点

（一）朝阳洞地膜覆盖栽培的优点

朝阳洞地膜覆盖栽培能有效接受阳光，增加地温，而且畦高土厚，贮热量多，散热慢；朝阳洞内小气候稳定，有利于幼苗在膜下生长，可以提早播种，早发苗，早坐果，提早上市，增加收益；朝阳洞地膜覆盖栽培能全根系生长，朝阳洞直播，不需移栽，利于植株的健壮生长；朝阳洞地膜覆盖栽培不利于杂草生长，省工省时；朝阳洞地膜覆盖栽培是从膜下渗透浇水，土壤疏松不板结，透气性好，适合西瓜根系的好气性。

（二）茬口安排

西瓜最忌连作，一般应实行5年左右轮作。前茬以棉花、玉米、白菜、萝卜等为好。

（三）施足基肥，整地作畦

西瓜基肥以有机肥为主，一般每亩用量4 000 kg以上，配施磷钾肥，每亩施磷酸二铵20 kg，硫酸钾15 kg，在耕地时施入。耕地后在3月中旬整畦，畦按东西向，畦高15 cm，畦底宽55 cm，呈向阳坡式，向阳坡面长35 cm，背阳坡面长20 cm，顶为半圆形，按西瓜的株距在向阳坡面挖15 cm见方，10 cm深的小坑待播。一般在3月下旬选晴好天气将浸好的种子直播于坑内，然后用地膜将高畦全部覆盖压牢。

（四）浸种催芽

浸种前先将种子晾晒2～3天，并进行选种。然后用温水浸种，水凉后继续泡8个小时，使种子充分吸水，浸种后将种子搓洗干净，捞出用干净湿润的纱布包好置于28～30℃条件下催芽。也可只浸种不催芽。

（五）播种

为了一播全苗，在播种前每洞浇一碗水，稍后把种子平放在洞内，每洞2粒，然后覆盖2 cm细土。播后随即盖好地膜。

（六）播种后及幼苗期的管理

1. 播种后的检查

播种后要经常检查田间地膜，应及时修补好破口并压好。

2. 通风炼苗

播种后5~7天，幼苗破土而出。当幼苗子叶展平破心时视天气好坏进行管理。中午前后，洞内温度超过30℃应进行通风降温，使幼苗根系下扎，严防高温烧苗。方法是用手指或小棍捅破地膜并向四周扩大，通风口约1.5 cm。随着幼苗的生长和天气的转暖，通风口要逐渐加大。幼苗拥挤影响生长，要及早间定苗。

3. 填土封洞

当幼苗长出3~4片真叶，晚霜过后及时封洞。将幼苗露出膜外，向洞内加土并将洞口的膜边用土压实，以防热气从洞口跑出烧伤幼苗和降低温度。

（七）追肥与浇水

要使西瓜高产，就必须肥水充足且适当，必须根据西瓜需肥需水规律进行管理。一般苗期地上部生长缓慢，蒸腾量小，底墒充足不需要浇水。当幼苗进入爬蔓期可追施发酵好的饼肥25~30 kg，施后浇水。当大部分植株幼瓜已坐稳，追一次肥，一般每亩追施尿素15~20 kg，并浇一次水，促进西瓜膨大。坐瓜后20天可视天气浇1~2次水。浇水一般在10:00以前或16:00以后，切不可在热天中午浇水。每次浇水都不要埋没茎基部，减少发病。坐瓜20天后进入瓜瓤成熟期，不要再浇水。

（八）整枝压蔓

整枝是为了使秧蔓分布均匀不互相挤压遮盖，充分利用阳光进行光合作用。压蔓可固定地上部分，不被风吹断枝蔓，可多发不定根，扩大吸收面积，同时还可控制营养生长，促进结瓜。常用的整枝方法有单蔓整枝、双蔓整枝和三蔓整枝。单蔓整枝，只留主蔓结瓜，其余侧蔓全部去掉。双蔓整枝，除主蔓外，再选留2~5叶腋间发生的一条健壮侧蔓，其余侧蔓全部去掉。三蔓整枝，除主蔓外，再留两条健壮侧蔓。

压蔓整枝往往同步进行。压蔓有明压和暗压之分。明压适合用于黏土地和地下水位较高的下湿地，当秧蔓长有38 cm时，将秧蔓摆布均匀，用土块压在两叶之间即可，每隔35 cm左右压一次。暗压适合用于壤土或砂壤土，在压蔓部位用瓜铲将土捣碎，顺秧将铲插入土中，左右摇摆，撬开一条缝，将瓜秧压入，压牢。压蔓一般进行3次。在压第二次时，注意不要压坏瓜胎。

（九）留瓜与选瓜

为了坐好瓜长大瓜，要注意留主蔓上的第二雌花，并要保护瓜胎和辅助授粉。一般每天6:00—9:00为西瓜开花授粉的良机，将已开放的雄花摘下去瓣，用花药在雌花的柱头上轻轻涂抹即可。一般一朵雄花可授2～4朵雌花。

幼瓜形成时就要将地拍平，把瓜垫好。当瓜基本定型时就要及时翻瓜，以免形成白脸瓜。双手轻托瓜柄端，向一定方向转动，每次转动瓜的1/3，切不可进行180°的大转动，以防将瓜转掉。

（十）西瓜病虫害防治

1. 西瓜播种至苗期病虫害防治

（1）主要防治对象。猝倒病、枯萎病、炭疽病。

（2）主要防治措施。

立枯病、猝倒病。选择地势高、排灌好、未种过瓜类作物的田块，在刚出现病株时立即拔除，并喷洒杀菌剂。

枯萎病、病毒病。农业防治，在无病植株上采种；实行与非瓜类、茄果类作物轮作；采用瓠瓜或南瓜作砧木进行嫁接防除。化学防治，发病初期用5%辛菌胺醋酸盐水剂600倍液、80亿地衣芽孢杆菌水剂800倍液或多抗霉素800倍液交替灌根，间隔7～10天一次，连续2～3次。

（3）炭疽病、叶斑病。农业防治，实行与非瓜类、茄果类作物轮作，一般要间隔3年以上；播种前进行种子消毒，用55℃温水浸种15 min，或用40%甲醛100倍液浸种30 min，清水洗净后催芽或用西瓜专用地衣芽孢杆菌种子直接包衣下种。化学防治，发病初期用20%噻菌铜悬浮剂1 000～1 500倍液或25%酸式络氨铜水剂600倍液，连喷2～3次。

2. 西瓜成株期病虫害防治

（1）主要防治对象。叶枯病、枯萎病、疫病、病毒病；瓜蚜、黄守瓜、潜叶蝇、蛞蝓、白粉虱。

（2）主要防治措施。

叶枯病。用80亿单位地衣芽孢杆菌水剂800倍液、25%络氨铜水剂1 000倍液或28%井冈·多菌灵800倍液，常规喷雾，以上几种药液可交替使用，连喷2～3次。

疫病。在发病初期，用80亿单位地衣芽孢杆菌水剂800倍液、25%络氨铜水剂1 000倍液、25%瑞毒霉600倍液、40%疫霜灵800倍液或75%百菌清500倍液，常规喷雾，连喷2～3次。

病毒病。农业防治，增施有机肥和磷、钾肥，加强栽培管理；并及时消除蚜虫，消灭传毒媒介。化学防治，初期用20%吗胍·硫酸铜水剂800～1 000倍液喷施或31%氮苷·吗啉胍可溶性粉剂1 000倍液喷施，或0.5%香菇多糖水剂400～600倍液喷施预防；成株期用1.26%辛菌胺加高能锌等药剂配合多元素复合肥常规喷雾防治，间隔7～10天，一般喷2～3次。病毒病严重时用20%吗胍·硫酸铜水剂800～1 000倍液喷施或31%氮苷·吗啉胍可溶性粉剂1 000倍液喷施加高能锌胶囊，连用2次，间隔3天，效果显著。

枯萎病。80亿单位地衣芽孢杆菌水剂800倍液或5%菌毒清800～1 000倍液叶面喷施，严重时加高能钙，把喷头去掉侧喷茎基根部，或25%络氨铜水剂1 000倍液或用70%甲基硫菌灵可湿性粉剂1 000倍液或10%双效灵300倍液淋根。

瓜蚜。用70%蚜螨净乳油1 000～1 500倍液或20%三氯·哒螨乳油2 000～3 000倍液，常规喷洒。也可用20%氰戊菊酯乳油或2.5%敌杀死乳油、2.5%高效氯氟氰菊酯水乳剂、40%菊马乳油等2 000～3 000倍液喷洒于叶片背面及嫩茎等蚜虫喜欢聚集的部位。

白粉虱。用药要早，主攻点片发生阶段。用吡虫啉乳油2 000倍液、20%甲氰菊酯乳油2 000倍液或70%炔螨特乳油2 000倍液喷雾，喷雾时加米汤200 mL（2勺）左右，有增效作用，隔7～10天喷一次。

（十一）适时采收

西瓜的商品价值与果实的成熟度、甜度关系极大。生产中要学会正确判断西瓜的成熟度，才能做到适时采收。一般有以下几种方法。

1. 田间目测法

凡成熟的西瓜，果皮光滑具有光泽，果面花纹清晰，具有本品种的特点，果柄上的刚毛稀疏不显，果蒂处凹陷，果肩稍有隆起，坐瓜节位后的1～2个瓜须干枯。

2. 耳听判断法

手拍或指弹瓜面，听其声音，发出沉闷音者为熟瓜，发脆音者为生瓜。

3. 计日法

各个品种从雌花开放到果实成熟所需要的天数不同，早熟品种28天左右，中熟品种35天左右，晚熟品种在40天以上。这种方法准确可靠，计日与人工授粉相结合。

（十二）无籽西瓜栽培技术特点

无籽西瓜由于食用方便，含糖量高，风味好而备受消费者喜爱。生产面积增长很快，是西瓜生产发展的方向之一。但无籽西瓜不同于普通西瓜，种植时应注意以下几个特点。

（1）无籽西瓜种皮厚，种脐更厚，种胚又不饱满，发芽困难，需破壳来提高发芽率。方法是将种子浸泡8～10 h后，洗净，将种子竖立嗑开一个小口即可。

（2）无籽西瓜种子要求的出芽温度和幼苗生长温度比普通西瓜高3～4℃，因此要注意催芽和育苗时的温度管理，否则成苗率低。

（3）无籽西瓜幼苗生长缓慢，多采用温床育苗，而且播种期要比普通西瓜早3～5天。

（4）无籽西瓜需肥量比普通西瓜多，因此施肥量要大，尤其是膨瓜肥要大。一般要求亩施有机肥3 000 kg，饼肥50 kg左右，磷肥50 kg左右，尿素30 kg，钾肥20 kg。有机肥和磷肥做基肥，其他肥料做追肥，分3～4次施入。

（5）间种普通西瓜作授粉株。一般4～8行无籽西瓜间种1行普通西瓜。

（6）利用高节位留瓜。一般选用主蔓第三节位或侧蔓第二雌花留瓜。低节位坐瓜果实小，形状不正，果皮厚，种壳多。

无籽西瓜露地栽培适宜选用抗病能力强、优质高产、商品性状好、易坐瓜的品种；保护地栽培适宜选择长势中等、易坐瓜、耐湿性好、抗病优质、外形美观、色泽亮丽的品种。

二、甘蓝栽培技术要点

（一）早春甘蓝栽培技术要点

早春甘蓝是春季蔬菜主要品种之一，它栽培管理容易、产量高、耐贮耐运、经济效益高。

（1）选择适宜品种。中原地区早春甘蓝一般在4月底或5月初上市，从3月中旬定植到收获仅有50天的时间。因此，要选择具有冬性较强、早熟丰产性好的品种。

（2）阳畦育苗。早春甘蓝在元月上中旬育苗，一般采用阳畦育苗。每亩用种75～100 g，需播种苗床5～6 m²。播种后，白天温度掌握在20～25℃，出苗后白天温度降至18～20℃，夜间6～8℃。当长出3片真叶时按8 cm×8 cm进行分苗，分苗后的4～5天，白天温度25℃左右，以利于缓苗。缓苗后温度降至15～20℃，夜间不低于8℃，定植前一周，浇水切块，并降温炼苗。壮苗标准：叶丛紧凑，节间短，具有5～6片真叶，大小均匀，外茎较短，根系发达。

（3）适期定植，合理密植。当日平均气温在6℃以上时，即可定植，一般在3月中旬，采用地膜覆盖可提早2～3天。由于早熟品种株型紧凑，可适当密植。一般地力条件下，亩密度4 000株左右。

（4）加强田间管理。定植后，由于早春地温低，除浇好缓苗水外，一般不多浇水，以中耕保墒为主，促进根系发育。开始结球前水量宜小，次数宜少。进入结球期后，为促使叶球迅速增大，浇水量要加大，次数增多。但浇水忌漫灌。结球紧实后，在收获前一周停止浇水，以防叶球开裂。追肥多用速效氮肥。一般在定植后，莲座期，结球前期进行。

（5）病虫害防治。早春甘蓝病害很少，主要是以菜青虫为主的害虫。防治上应抓一个"早"字，及时用药，把虫害消灭在三龄以前。

（二）夏甘蓝栽培技术要点

夏甘蓝于春季或初夏播种育苗，夏季或初秋收获，用以调节夏秋蔬菜供应，其生长的中后期正值高温多雨或高温干旱季节，不利于生长结球，叶球易裂开腐烂，且易遭病虫危害。生产上必须掌握以下几点措施。

（1）选用耐热、耐涝、早熟、丰产的优良品种。

（2）适期分批播种，培育优质壮苗。为调节淡季供应，在适宜季节内要分批播种。从3月中旬到5月下旬均可，前期采用阳畦或风障育苗，后期采用遮阴育苗，促使苗齐、苗壮，苗龄30～35天，幼苗达3～5片叶时定植。

（3）防旱排涝，合理密植。选地势较高、空旷通风、排灌方便的地块种植。行株距50 cm×35 cm，亩栽苗3 500～4 000株。定植最好选阴天或晴天下午进行，并及时浇缓苗水。

（4）巧用肥水，确保丰收。夏甘蓝生长期内不用蹲苗，肥水早促，一促到底。分别于缓苗后、莲座期、结球初期和中期进行3～4次追肥，以速效氮肥为主。经常保持地面湿润，并注意雨后及时排水，使植株健壮生长。同时注意软腐病、黑腐病、菜青虫和蚜虫的及时防治。为防高温裂球腐烂，要及时采收。

（三）秋甘蓝栽培技术要点

秋甘蓝多于夏秋播种，年内收获，产品可贮藏供应春淡季，其栽培季节的气候最适宜甘蓝的生育要求，易获得优质高产。

（1）选用抗寒、结球紧实、耐贮、生长期长的中晚熟品种如京丰1号、秋丰、晚丰等。

（2）适期播种，培育壮苗。由于各地气候和选用品种不同，播期有很大差别。一般按品种生长期限长短，以当地收获期为准向前推算适宜的播期，中原地区选用中晚熟品种，多于6—7月播种育苗。

秋甘蓝播种期正值高温多雨的夏季，要选择地势高燥、排水良好的地块，可采用秸秆覆盖遮阴，防高温和雨水冲刷，以利齐苗，亩用种量75～100 g。

幼苗3～4片叶时进行移栽，苗龄40～45天，幼苗6～8片叶时定植。

（3）合理密植，保证全苗。栽植密度因品种而异，中早熟品种50 cm×35 cm，亩栽苗3 500～4 000株。晚熟品种行株距60 cm×45 cm，亩栽苗2 000～2 500株。起苗尽量多带土少伤根，选阴天或晴天傍晚定植，适当浅栽，早浇缓苗水，以利缓苗。若发现缺苗，应及时补栽，保证全苗。

（4）科学管理，优质高产。定植后气温尚高，不利植株生长，随气温下降，植株生长加快，要求肥水供应充足。莲座后期适度蹲苗，促使叶球分化。结球期需肥水量大，以速效氮肥为主，适当配合磷钾肥，以利叶球充实。追肥适期一般在缓苗后、莲座期、结球前期和中期，结球期保持地面湿润，收获前7～10天停止浇水。

（四）越冬甘蓝栽培技术要点

（1）选用专用品种。越冬甘蓝对品种选择性较强，必须选用耐寒性极强的品种才能种植成功。

（2）严格掌握播种期，适时育苗定植。越冬甘蓝播期过早，冬前植株大，春季容易抽薹减产；播种过晚，冬前植株小，冬季容易冻死，造成缺苗减产。各地应根据当地气候条件确定适宜播期，在黄河下游流域大株越冬翌年2—3月采收上市的，一般在8月下旬至9月初播种育苗，10月1日前定植；小株越冬翌年4—5月采收上市的，一般在10月1—15日播种育苗，11月中下旬定植。后一种栽培方式若在2月初覆盖地膜，也可提早到3月份上市。

（3）合理密植。一般单一种植50 cm等行距，株距35 cm左右，亩种植3 500～4 000株。与其他作物间套，根据情况而定。

（4）田间管理。定植前精细整地，施足基肥；选大小一致的苗定植在一起；定植后随即灌水，利于返苗；封冻前遇旱及时灌水，防止冻害；早春及早加强肥水管理，争取早发早长。

（5）适时收获。越冬甘蓝收获过早叶球小，产量低；收获过晚叶球易开裂抽薹降低品质。应根据市场行情及时收获上市。

（五）甘蓝病虫害适期防治技术

（1）甘蓝菌核病防治。发病初期及时喷药保护，喷洒部位重点是茎基部、老叶和地面。主要药剂：80亿单位地衣芽孢杆菌800倍液、20%噻菌铜悬浮剂1 000倍液、40%菌核净可湿性粉剂1 000～1 500倍液。以上3种药剂每7～10天喷一次，交替使用，连喷2～3次。

（2）甘蓝霜霉病防治。①农业防治。选用抗病品种；与非十字花科蔬菜隔年轮作；合理施肥，及时追肥。②化学防治。在发病初期喷药，用30%噁霉·多菌灵可湿性粉剂800倍液，3%多抗霉素可湿性粉剂1 000倍液，或10%百菌清可湿性粉剂500倍液，或1∶2∶400倍波尔多液，每5～7天喷一次，共喷2～3次。

（3）甘蓝黑腐病防治。①种子消毒。用50℃温水浸种20～30 min，或用45%代森铵水剂200倍液浸种15 min。②农业防治。与非十字花科作物实行1～2年轮作；及时消除病残体和防治害虫。③化学防治。在发病初期喷20%噻菌铜悬浮剂4 000～6 000倍液，每隔7～10天一次，连喷2～3次。

（4）甘蓝菜蛾防治。①农业防治。在成虫期利用黑光灯诱杀成虫。②生物药防治。0.5%阿维菌素800～1 000倍液，或1%甲维盐1 000～2 000倍液，或用Bt制剂每亩200～250 g，加水常规喷雾，将药液喷洒在叶背面和心叶上。③化学防治。用菊酯类农药2 000倍液,喷雾。

（5）甘蓝菜粉蝶防治。①生物防治。在三龄前用苏云金杆菌、0.5%阿维菌素乳油800～1 000倍液或1%甲维盐乳油1 000～2 000倍液或Bt乳剂喷雾。②化学防治。在卵高峰后7～10天喷药，选用药剂有敌百虫、辛硫磷、灭幼脲1号、灭幼脲3号等。

（6）甘蓝蚜虫防治。用50%抗蚜威可湿性粉剂2 000倍液，如蚜量较大时，加3勺熬熟的米粥上边的汤（250 mL米汤，勿有米粒以免堵塞喷雾器眼），可连喷2～3次。

三、大白菜栽培技术要点

（一）反季节大白菜栽培技术要点

随着人民生活水平的提高，反季节大白菜市场空间越来越大，加上生产季节短，种植经济效益较高，近年来发展很快。反季节大白菜在中原地区一般有2个栽培季节：春播大白菜和夏播抗热早熟大白菜，其栽培技术要点如下。

1. 春播大白菜栽培技术

春季气温由冷到热，日照由短到长，月均温度10~22℃的时间很短，适宜白菜生殖生长，很易未熟抽薹。必须采取针对措施，防止未熟抽薹，促进结球。

（1）选用适宜品种。春季栽培要选用早熟、对低温感应迟钝而花芽分化缓慢的品种，如小杂56、天津青麻叶或进口品种春大王、春大强、四季王等。

（2）适期播种，适温育苗。为避免大白菜在2~12℃温度内完成春化过程，尽量把幼苗安排在12℃以上的季节。黄河流域一般在3月10—15日播种育苗。生产上可采用温室或阳畦育苗，保持苗期温度在15℃以上，苗龄30~35天。

（3）及时定植，密植高产。在温度稳定通过8~10℃时，大白菜可定植于露地，黄河流域一般在4月5—15日为定植适期。春播大白菜个小，生长快，叶球小，生长期内又要拔除一些抽薹植株，因此必须密植栽培才能高产。一般栽培行株距为33 cm见方，每亩保证苗数6 000株左右。

（4）以促为主，肥水齐攻。春播白菜栽培中，要促进营养生长和抑制未熟抽薹，不进行蹲苗。以速效氮肥作基肥和追肥，结合生长阶段追肥2~3次。前期尽量少浇水、浇小水，以免降低地温，中后期要保持土壤湿润，重点掌握用肥水促进营养生长，压倒生殖生长，使之在未抽薹之前形成坚实的叶球。

（5）及时防治病虫害。注意及时防治霜霉病和软腐病，并注意及时防治蚜虫、小地老虎和菜青虫等害虫。

2. 夏播抗热早熟大白菜栽培技术要点

夏播抗热早熟大白菜是在夏末播种，中秋收获的一茬大白菜。其特点是生育期短，包心早，上心快，填补淡季，经济效益高。但由于其生长前期处于高温高湿的夏末秋初的季节，病虫害较为严重，因此栽培要点是以促为主，防治病虫害。

（1）选择抗病耐热早熟的品种。根据栽培季节和栽培目的，应选择抗热耐病生育期50~60天的大白菜品种。

（2）重施基肥，精耕细作。可亩施优质有机肥3 000~4 000 kg，其高垄栽培，一般垄高10~20 cm，垄宽60~65 cm。

（3）适期播种，合理密植。夏播抗热早熟大白菜适宜播期为7月中下旬。直播或育苗移栽。育苗移栽苗龄不超过20天，应带土坨定植。种植密度每亩2 600~4 000株。

（4）科学管理。夏播抗热早熟大白菜生育期短，管理原则上以促为主。在定苗后轻施一次提苗肥，亩施尿素7~10 kg，包心前期亩施沼液800~1 000 kg或尿素20~25 kg，包心中期亩施硫酸铵25 kg。不蹲苗，一促到底。出苗后小水勤浇，防止高温病害。莲座期加大浇水量，促进莲座叶的迅速形成，是获得高产的关键。

（5）以防为主，防病治虫。夏播抗热早熟大白菜主要的病害是软腐病和霜霉病。在病害防治上应以防为主。从出苗开始，每7~10天喷一次杀菌剂，发现软腐病株及时拔除，病穴用生石灰处理灭菌。虫害以菜青虫、小菜蛾和蚜虫为主。在防治上应抓一个"早"字，及时用药，把虫害消灭在三龄以前。收获前10天停止用药。

（6）收获。夏播抗热早熟大白菜可根据市场行情，于10月上旬陆续上市。一般亩产3 000~4 000 kg。

（二）秋季大白菜栽培技术要点

秋冬季大白菜栽培是大白菜栽培的主要茬次，于初冬收获，贮藏供冬春食用，素有"一季栽培，半年供应"的说法。秋冬季大白菜栽培应针对不同的天气状况，采取有效措施，全面提高管理水平，控制或减轻病害发生，实现连年稳产、高产。

1. 整地

种大白菜地要深耕20~27 cm，然后把土地敲碎整平，整成1.3~1.7 m宽的平畦或间距56~60 cm窄畦、高畦。

2. 重施基肥

大白菜生长期长，生长量大，需要大量肥效长而且能加强土壤保肥力的农家肥料。北方有"亩产万斤菜，亩施万斤肥"之说。在重施基肥的基础上，将氮磷钾搭配好。一般每亩施过磷酸钙25~30 kg、草木灰100 kg。基肥施入后，结合耕耙使基肥与土壤混合均匀。

3. 播种

采用高畦（垄）栽培。采用高畦灌溉方便，排水便利，行间通风透光好，能减轻大白菜霜毒病和软腐病的发生。高畦的距离为56~60 cm，畦高30~40 cm。大白菜的株距，一般早熟品种为33 cm，晚熟品种为50 cm。

采用育苗移栽方式，既可以更合理地安排茬口，又能延长大白菜前作的收获期，还不延误大白菜的生长。同时，集中育苗也便于苗期管理，合理安排劳动力，还可节约用种量。移栽最好选择阴天或晴天傍晚进行。为了提高成活率，最好采用小苗带土移栽，栽后浇上定根水。不过育苗移栽比较费工，栽苗后又需要有缓苗期，这就耽误了植株的生长，而且移栽时根部容易受伤，会导致苗期软腐病的发生。

4. 田间管理

（1）中耕、培土、除草。结合间苗进行中耕3次，分别在第二次间苗后、定苗后和莲座中期进行。中耕按照"头锄浅、二锄深、三锄不伤根"的原则进行。高垄栽培的还要遵循"深榜沟、浅榜背"的原则，结合中耕进行除草培土。培土就是将锄松的沟土培于垄侧和垄面，以利于保护根系，并使沟路畅通，便于排灌。

（2）追肥。大白菜定植成活后，就可开始追肥。每隔3～4天追1次15%的腐熟人粪尿，每亩用量500 kg。看天气和土壤干湿情况，将人粪尿兑水施用，大白菜进入莲座期应增加追肥浓度，通常每隔5～7天，追一次30%的腐熟人粪尿，每亩用量1 000 kg。开始包心后，重施追肥并增施钾肥是增产的必要措施。每亩可施50%的腐熟人粪尿2 000 kg，并开沟追施草木灰100 kg，或硫酸钾10～15 kg。这次施肥叫"灌心肥"。植株封行后，一般不再追肥。如果基肥不足，可在行间酌情施尿素。秋大白菜生长时间长，可分别在幼苗期和结球期叶面喷洒0.01%芸薹素481，可以显著增产。

（3）中耕培土。为了便于追肥，前期要松土，除草2～3次。特别是久雨转晴之后，应及时中耕松土，促进根系生长。

（4）灌溉。大白菜播种后采取"三水齐苗，五水定棵"，小水勤浇的方法，以降低地温，促进根系发育。大白菜苗期应轻浇勤泼保湿润；莲座期间断性浇灌，见干见湿，适当练苗；结球时对水分要求较高，土壤干燥时可采用沟灌。灌水时应在傍晚或夜间地温降低后进行。要缓慢灌入，切忌满畦。水渗入土壤后，应及时排出余水。做到沟内不积水，畦面不见水，根系不缺水。一般来说，从莲座期结束后至结球中期，保持土壤湿润是争取大白菜丰产的关键之一。

（5）束叶和覆盖。大白菜的包心结球是它生长发育的必然规律，不需要束叶。但晚熟品种如遇严寒，为了促进结球良好，延迟采收供应，小雪后把外叶扶起来，用稻草绑好，并在上面盖上一层稻草式农用薄膜，能保护心叶免受冻害，还具有软化作用。

（三）大白菜病虫害防治

1. 大白菜病害防治

早熟大白菜主要的病害是软腐病和霜霉病。病害防治上以防为主。从出苗开始，每7～10天喷一次杀菌剂：1.8%辛菌胺醋酸盐可溶液剂800倍液，或80亿单位地衣芽孢杆菌可溶液剂1 000倍液，或25%络氨铜（酸式有机铜）可溶液剂800倍液，严重时加高能钙胶囊喷施，农业防治时若发现软腐病病株及时拔除，病穴用生石灰处理灭菌。

2. 大白菜虫害防治

早熟大白菜虫害主要是以菜青虫、小菜蛾和蚜虫为主。防治上应抓一个"早"字，及时用药，0.5%阿维菌素乳油800～1 000倍液，或1%甲维盐乳油1 000～2 000倍液喷施，把虫害消灭在三龄以前。收获前10天停止用药。

四、麦套番茄栽培技术要点

（一）培育壮苗

麦套番茄一般育苗时间为4月15日至4月底。育苗要点如下。

1. 苗床的选择和规格

苗床一定要选在背风、向阳、靠近水源、地势平整、排灌方便、土壤肥沃、前茬非茄科作物、无病的地块。苗床的大小根据种植面积的多少而定，一般定植一亩大田需用苗床15 m²左右。具体操作方法：按长10 m，宽1.5 m造床，将苗床内的土下挖20 cm，土沿边缘培成宽20 cm，高10 cm的土埂踩实。床内壁要陡直，床底铲平，放入过筛的营养土。营养土配制比例1∶2∶5，即1份腐熟鸡粪、2份草粪、5份无病土，掺入营养土2%的硫酸钾。也可采用工厂化穴盘基质育苗。

2. 搭建拱棚

采用长宽适宜的竹片搭建拱棚，拱高50～80 cm，用0.08 mm的农膜盖于床面。

3. 品种选择

要选择抗病、耐高温、耐贮运、无限生长型的品种。

4. 种子处理

种子播种前要进行精选和浸种催芽。

（1）精选。种子浸种前必须精选、晾晒，剔除腐烂、破损、畸形种子。

（2）浸种催芽。首先种子要用55℃的温水烫种10 min，烫种过程中要不断搅动以补充氧气。然后降温浸种4～5 h，捞出催芽。将浸种后的种子用净布包好，放在25～30℃的环境中催芽48～72 h，待80%的种子露白即可播种。

5. 播种

播种前两天，将苗床浇一次透水。待水渗下后，用细土将床面和裂缝补平，然后将催芽后的种子掺适量的细沙均匀撒播于床面，最后覆盖1 cm厚的细营养土。为防治地下害虫，在覆土结束后，可撒5～6 kg的毒饵。播种完毕后，盖膜。

（二）苗期管理

1. 温度管理

播种到齐苗，白天适宜温度为25～30℃，夜间15～18℃。齐苗后白天适宜温度为20～25℃，夜间10～15℃。温度高于30℃时应及时放风降温。

2. 适时定植

出苗35天左右，即定植时间应在5月中下旬，定植前每亩施尿素10~15 kg，过磷酸钙20~25 kg，锌肥1.5~2 kg，干鸡粪200~300 kg和优质农家肥1 000~1 500 kg，将粪撒入预留行浅翻起垄，垄呈龟背形。定植时要选择苗高20~25 cm，茎粗0.4~0.6 cm，节间短，叶片大且浓绿，无病斑，根系发达的壮苗。按行距40 cm、株距24 cm、麦菜间距20 cm定植，亩栽4 300株左右。定植后随时浇水，5~7天浇缓苗水。

（三）田间管理

1. 早期管理

麦套番茄早期管理要点是："五早"管理，即"早灭茬、早培土、早追肥浇水、早搭架、早治虫"。这是麦套番茄优质、高产的关键，几年来的生产实践证明早管理就是产量，早管理就是品质。

（1）早灭茬。麦收后要尽快早灭茬，可破除土壤板结，疏松土壤，有利于麦茬腐烂，促进微生物活动，给番茄生长创造一个良好的土壤条件。

（2）早培土。培土可以加厚熟土层，固定植株，增加上层根系，扩大根系吸收肥水面积。一般秧苗30 cm左右施时及时培土，对植株生长十分有利。

（3）早浇水追肥。提高土壤含水量，促进植株生长。当第一穗果开始膨大，第二穗果开始坐果时，施第一次肥。这次追肥以速效肥为主，在番茄一侧冲沟，亩施优质农家肥2 000~3 000 kg，尿素5~8 kg。

（4）早搭架。早搭架有利于果实提早成熟，果实清洁，病虫害轻，也便于田间管理与采摘，培土后即可搭架。方法：将直径1 cm、高2 m的竹竿插入每棵番茄根部，搭架时按"人"字形搭架。

（5）早防病治虫。麦收后要及时防治蚜虫、棉铃虫、红蜘蛛等害虫，防止病毒病的蔓延确保形成壮苗。

2. 果期管理

8月上中旬，番茄进入盛果期。盛果期是番茄生长周期中的肥水盛期，这期间营养生长与生殖生长同时并进，但是以生殖生长为主。此阶段管理要点：追好盛果肥，浇好盛果水。要求亩施尿素15 kg、二铵25 kg、硫酸钾10 kg，促使果实膨大。一般情况下7~10天浇水一次，追一次肥，盛果期以后，保持地面见干见湿，后期肥水不足时，应勤浇勤追，也可结合打药进行叶面追肥。

（1）化控整枝。化控：生长前期亩用缩节安2~3 g，中期5~7 g，后期7~10 g，兑水25 kg叶面喷洒即可。也可用矮丰灵每亩1 000 g，穴施于番茄株间，将株高控制在1.5 m以内。

（2）整枝打杈。实行单干整枝。优点是单株结果较少，而果个较大，可以密植。如果主茎顶部受害，可用第一穗果实下边的一个侧枝代替主茎生长。

（3）保花、保果。6—8月，受高温高湿影响，植株容易发生徒长引起落花落果，因此要用2,4-D、番茄灵等植物生长激素抹花来调节养分的流向，促使果实发育。抹花在花朵展开时进行，将激素抹在花柄处，抑制花柄产生离层，从而起到保花保果的作用。但应注意，一朵花只能抹一次。涂抹时间一般在9:00—10:00、16:00—18:00（以防由于露水、高温改变药液的浓度，而降低药效或引起畸形果）。

（4）协调营养生长与生殖生长。协调营养生长与生殖生长是一个有机的整体，它们之间既相互制约，又相互促进。协调二者之间的矛盾，要以肥水管理为中心，促控结合，合理运筹肥水，加强田间管理。

（5）打顶。当植株达到1.5 m高，有6～8穗果时，要及时打掉顶尖，抑制茎高生长，促使养分集中到果实中。打顶原则：穗到不等时，时到不等穗。大致时间在9月15日左右，即霜降前40天，否则，上部果多而小，既浪费养分，又影响下部实膨大。打顶时要在上部花序上留2～3片叶处摘心。留叶的目的是防止日烧果、裂果，引起果实品质下降。

3. 后期管理

（1）根外追肥。进入结果后期，由于麦套番茄植株吸肥、吸水功能老化，追肥效果不明显，所以可以采用根外追肥。根外追肥可用0.2%～0.3%磷酸二氢钾或尿素溶液进行叶面喷施。

（2）防病治虫。

（四）麦套番茄病虫害防治

1. 麦套番茄育苗播种期病虫害防治

麦套番茄育苗播种期（3月中上旬）病虫害防治主要内容如下。

（1）主要防治对象。猝倒病、立枯病、早疫病、溃疡病、青枯病、病毒病；地下害虫。

（2）主要病害防治措施。

品种选择。选用抗病品种。

药剂处理苗床。用40%甲硫·福美双可湿性粉剂每平方米9～10 g或40%拌种双粉剂每平方米8 g加细土4.5 kg拌匀制成药土，播前一次浇透水，待水渗下后，取1/3药土撒在苗床上，把种子播上后，再把余下的2/3药土覆盖在上面。

种子消毒。①温汤浸种：将种子在30℃清水中浸15～20 min后，加热水至水温50～55℃，再浸15～20 min后，加凉水至25～30℃，再浸4～6 h可杀死多种病菌。②福尔马林浸种：将温汤浸过的种子晾去水分，放在1%的福尔马林溶液中浸15～20 min，捞出用湿布包好闷2～3 h，再用清水洗净，可预防早疫病。③高锰酸钾浸种：将种子放在1%高锰酸钾溶液中浸15～20 min后，捞出用清水洗净，或直接用80亿单位地衣芽孢杆菌叶菜专用包衣剂包衣，既安全又省工省时。可预防溃疡病等细菌性病害及花叶病毒病。

地下害虫防治。用0.5 kg辛硫磷兑水4 kg拌炒香麦麸25 kg制成毒饵，均匀撒于苗床上。

2. 麦套番茄苗期病虫害防治

麦套番茄苗期（3月下旬至5月下旬）病虫害防治主要内容如下。

主要防治对象。猝倒病、立枯病、早疫病、溃疡病；地老虎。

主要防治措施。

猝倒病。用25%酸性络氨铜水剂1 000倍液，或75%百菌清可湿性粉剂600倍液叶面喷雾。

立枯病。5%多抗·萘乙水剂800倍液，或用80亿单位地衣芽孢杆菌水剂800倍液，或用28%井冈·多菌灵悬浮剂800～1 000倍液均匀喷施。猝倒病、立枯病混合发生时可用5%辛菌胺水剂+80亿单位地衣芽孢杆菌水剂800倍液喷匀为度；严重时若红根红斑加高能钾；若黑根加高能钙，若黄叶加高能铁，若卷叶加高能锌，喷匀为度；或72.2%霜霉威盐酸盐水剂800倍液防治。

早疫病。发病前开始喷用25%络氨铜水剂（酸性有机铜）800倍液，喷匀为度，或用80亿单位地衣芽孢杆菌水剂800倍液，喷匀为度，或50%异菌脲悬浮剂1 000倍液，或10%百菌清可湿性粉剂600倍液防治。

溃疡病。严格检疫，发现病株及时根除，全田喷洒用1.8%辛菌胺水剂1 000倍液，喷匀为度，或80亿单位地衣芽孢杆菌水剂800倍液，喷匀为度，或用20%噻菌铜悬浮剂1 000～1 500倍液，喷匀为度，或用25%络氨铜水剂（酸性有机铜）800倍液，喷匀为度，或用50%琥胶肥酸铜可湿性粉剂500倍液防治。

地老虎。用90%晶体敌百虫250 g拌切碎菜叶30 kg加炒香麦麸1 kg拌匀制成毒饵撒于行间，诱杀幼虫。

3. 麦套番茄开花坐果期病虫害防治

麦套番茄开花坐果期（6月上旬至7月上旬）病虫害防治主要内容如下。

（1）主要防治对象。早疫病、晚疫病、茎基腐病、枯萎病、斑枯病、病毒病；棉铃虫、烟青虫。

（2）主要防治措施。

早疫病。同苗期防治。

晚疫病。在发病初期喷洒用25%络氨铜水剂（酸性有机铜）800倍液，喷匀为度，或用5%辛菌胺水剂1 000倍液，喷匀为度，72.2%霜霉威盐酸盐水剂800倍液，或72%霜脲·锰锌可湿性粉剂500～600倍液，严重时加高能钙胶囊1粒防治。

茎基腐病。在发病初期喷洒50%敌磺钠可湿性粉剂1 000倍液喷施，或用中生菌素水剂800倍液，喷匀为度，或用23%络氨铜水剂（酸性有机铜）800倍液，喷匀为度，也可在病部涂五氯硝基苯粉剂200倍液+50%福美双可湿性粉剂200倍液。

枯萎病。发病初期用80亿单位地衣芽孢杆菌水剂1 000倍液灌根，或用1.8%辛菌胺水剂1 000倍液，喷匀为度，或用28%井冈·多菌灵悬浮剂800倍液灌根，每株灌100 mL。

斑枯病。发病初期用25%络氨铜水剂（酸性有机铜）800倍液，或10%百菌清可湿性粉剂500倍液，喷匀为度。

病毒病。发病初期喷洒用20%吗胍·硫酸铜水剂1 000倍液，喷匀为度，或香菇多糖水剂，或用31%氮苷·吗啉胍可溶性粉剂800~1 000倍液均匀喷施，或20%吗胍·乙酸铜可湿性粉剂500倍液，或5%辛菌胺水剂400倍液，均匀喷施；严重时加高能锌肥胶囊1粒。同时注意早期防蚜，消灭传毒媒介，尤其在高温干旱年份更要注意用时喷药防治蚜虫，预防烟草花叶病毒侵染。

棉铃虫。结合整枝打顶和打杈，有效减少卵量，同时及时摘除虫果；在番茄行间适量种植生育期与棉铃虫成虫产卵期吻合的玉米诱集带。卵高峰后3~4天及6~8天连续两次喷洒Bt乳剂或棉铃虫核型多角体病毒。卵孵化期至2龄幼虫盛期用0.5%阿维菌素乳油800~1 000倍液均匀喷洒，或用1%甲维盐乳油1 000~1 500倍液喷施，或4.5%高效氯氰菊酯乳油1 000倍液或2.5%高效氯氟氰菊酯乳油5 000倍液，或10%菊·马乳油1 500倍液防治。

烟青虫。化学防治，同棉铃虫。

4. 麦套番茄结果期到果收期病虫害防治

麦套番茄结果期到果收期（7月中旬至10月上旬），病虫害防治主要内容如下。

（1）主要防治对象。灰霉病、叶霉病、煤霉病、斑枯病、芝麻斑病、斑点病、灰叶斑病、灰斑病、茎枯病、黑斑病、白粉病、炭疽病、绵腐病、绵疫病、软腐病、疮痂病、青枯病、黄萎病、病毒病、脐腐病；棉铃虫、甜菜夜蛾。

（2）主要防治措施。

灰霉病、叶霉病、煤霉病。于发病初期喷用25%络氨铜水剂（酸性有机铜）800倍液，喷匀为度，或用20%噻菌铜悬浮剂1 000~1 500倍液，喷匀为度，或用3%多抗霉素可湿性粉剂500倍液，喷匀为度，80亿单位地衣芽孢杆菌水剂600倍液，喷匀为度，或50%腐霉利可湿性粉剂2 000倍液，50%异菌脲可湿性粉剂1 500倍液，2%武夷菌素水剂150倍液，用30%嘧霉·多菌灵悬浮剂800~1 000倍液均匀喷施。以上几种药剂交替施用，隔7~10天一次，共3~4次。

斑枯病、芝麻斑病、斑点病、灰叶斑病、灰斑病、茎枯病、黑斑病。于发病初期喷用25%络氨铜水剂（酸性有机铜）800倍液，喷匀为度，或10%百菌清可湿性粉剂500倍液，

50%异菌脲可湿性粉剂1 000～1 500倍液。

白粉病。用12.5%烯唑醇可湿性粉剂20 g兑水15 kg，叶面正反喷施。或用2%武夷菌素水剂，或4%嘧啶核苷类抗生素水剂150倍液，正反叶面喷雾防治。

炭疽病。用1.8%辛菌胺水剂1 000倍液，喷匀为度，或用80亿单位地衣芽孢杆菌水剂800倍液，喷匀为度，80%炭疽福美可湿性粉剂800倍液，或10%百菌清可湿性粉剂500倍液喷雾防治。

绵腐病。绵疫病于发病初期喷用25%络氨铜水剂（酸性有机铜）800倍液，喷匀为度，或用1.8%辛菌胺水剂1 000倍液，喷匀为度，或用72.2%霜霉威盐酸盐水剂500倍液进行防治。

软腐病、疮痂病、溃疡病等细菌性病害。于发病初期喷20%噻菌铜1 000倍液，或25%络氨铜水剂（酸性有机铜）800倍液，50%琥珀酸铜（DT）可湿性粉剂400倍液进行防治，7～10天一次，防2～3次。

青枯病。细菌性病害，可用20%噻菌铜1 000倍液、25%络氨铜水剂（酸性有机铜）800倍液、50%琥珀酸铜（DT）可湿性粉剂400倍液等灌根，每株灌兑好的药液0.3～0.5 L，隔10天一次，连灌2～3次。

黄萎病。黄萎病又叫根腐病：发病初期喷洒80亿单位地衣芽孢杆菌水剂800倍液，同时用把喷头去掉用喷杆淋根，或用5%辛菌胺水剂1 000倍液，喷匀为度，10%多菌灵水杨酸可溶剂300倍液，隔10天一次，连灌2～3次，或用50%琥珀酸铜（DT）可湿性粉剂350倍液，每株药液0.5 L灌根，隔7天一次，连灌2～3次。

脐腐病。属缺钙引起的一种生理性病害。首先应选用抗病品种，其次要采用配方施肥，根外喷施钙肥，在定植后15天喷施80亿单位地衣芽孢杆菌水剂800倍液加高能钙胶囊1粒，喷匀为度，或5%病毒清复合液肥或用0.2%钙硼液肥或2%硼钙粉剂；坐果后1月内喷洒1%的过磷酸钙澄清液或精制钙胶囊或专用补钙剂等。

甜菜夜蛾。用黑光灯诱杀成虫。3—4月清除杂草，消灭杂草上的初龄幼虫。用0.5%阿维菌素乳油800～1 000倍液，均匀喷施，或用1%甲维盐乳油1 000～1 500倍液喷施，10%氯氰菊酯乳油1 500倍液，常规喷雾防治。

（五）适时采收

果实成熟大体分4个时期，在成熟过程中，淀粉和果酸的含量逐渐减少，糖的含量不断增加不溶性果胶转化为可溶性果胶，风味品质不断提高。根据需要灵活掌握采摘日期。

1.青熟期

果实充分长大，果实由绿变白，种子发育基本完成，经过一段时间，即可着色。如果需要长途运输，可此时收获，运输期间不易破损。

2. 转色期

果实顶部着色，约占果实的1/4，采收后1~2天可全部着色。销售较近地区可在此期收获，品质较好。

3. 成熟期

果实已呈现特有色泽、风味，营养价值最高，适宜生食，不宜贮藏运输。

4. 完熟期

果肉已变软，含糖量最高，只能做番茄酱使用。

为提早上市，在青熟至转色期用40%的乙烯利稀释成400~800倍水溶液（500~1 000 mg/L），用软毛刷（粗毛笔）把溶液涂抹在果实上或用小喷雾器喷洒均可；或用40%乙烯利200倍液（2 000 mg/L）蘸1 min，放在25~27℃处堆放4~5层，4~6天着色。

五、朝天椒栽培技术要点

朝天椒俗称小辣椒，引自日本，在我国又称天鹰椒、山鹰椒。植株矮小紧凑，果实小而朝天簇生，辣味极强，性喜温、喜光、不耐寒、怕霜冻。

（一）品种选择

根据当地生产需要选择抗病、优质、高产的优良簇生朝天椒品种。种子质量符合GB 16715.3的规定。

（二）种植方式

根据小麦（或洋葱或大蒜）套3∶2［（3~4）∶2］栽培。

（三）育苗

1. 育苗时间

3月上中旬播种育苗，4月底至5月上旬定植。

2. 设施准备

采用育苗联栋大棚、塑料大棚、小拱棚或者日光温室育苗。

3. 播前准备

采用128孔的穴盘基质育苗。质量符合NY/T 2118，农药和化肥的使用符合GB/T 8321（所有部分）和NY/T 496的规定。

4. 苗床消毒

按苗床用1.8%辛菌胺水剂600倍液，或用80亿单位地衣芽孢杆菌500倍液喷雾或泼洒或按面积每平方米分别用54.5%噁霉·福美双可湿性粉剂5~10 g和50%氯溴异氰尿酸可湿性粉剂5~10 g，加细土1 kg混匀，撒到床面上，然后再浇水、撒种、覆土。

5. 播种

播前用50℃左右的温水浸泡消毒15~20 min，再用20~30℃水浸种6~8 h，用纱布将种子包好，放在25~30℃条件下催芽，种芽露尖即可播种。

播前床土浇透水、保持平整，将催好芽的种子均匀地撒在畦内，按照每平方米苗床播10 g干种子，再覆盖0.8~1 cm厚的过筛细土，最后盖上白色地膜。

6. 苗床管理

（1）温度管理。出苗前白天温度保持在25~30℃，夜间保持在16~20℃，白天晴天注意小拱棚防风降温，出苗70%揭去地膜。齐苗后降低苗床温度，白天温度保持在25℃左右，夜间保持在15~17℃，防止徒长。

（2）水肥管理。四叶一心前严格控制浇水，可在晴天上午或者阴天下午喷水，以湿润土表1~2 cm为宜。苗期追肥视情况而定，叶面喷施0.3%尿素加0.2%的磷酸二氢钾混合溶液；定植前适当降低基质含水量，加强通风进行炼苗；用0.1%的硫酸锌溶液和75%多菌灵水分散粒剂600倍液各喷洒苗床，做到带肥带药定植，利于朝天椒的健康生长，以减轻病害的发生。

（3）间苗覆土。辣椒苗2~3片真叶时间苗，苗距4 cm。覆土2~3次，保湿增温，促使早发不定根。第一次覆土在齐苗后，第二次、第三次在间苗后进行，每次覆土厚度为0.3~0.5 cm。

（4）炼苗蹲苗。秧苗长出4片真叶后逐渐放风炼苗，4月下旬至5月上旬去除棚膜，控制水分，促进椒苗健壮生长。蹲苗在出苗后及时通风，保持适宜温度，防止幼苗徒长。

（5）壮苗标准。苗龄60天左右，株高20 cm左右，展开真叶12片左右。茎粗壮，节间短，茎粗3~4 mm，节间长1.2 cm左右。叶片肥厚，浓绿，有光泽。根系发达，无病虫害。

7. 定植

一般在4月底至5月上旬开始定植，在畦埂两边打孔种植，穴距20 cm左右，常规品种双株栽培，杂交品种单株栽培。每亩7 000穴左右。

8. 田间管理

（1）查漏补苗。缓苗后及时查漏补苗。补苗原则是"宁早勿晚"。前茬作物收获后及时灭茬、浅耕保墒。

（2）肥水管理。缓苗后到开花期肥水管理以控为主，防止徒长。坐果后，每亩可冲施尿素5~7 kg。盛果期每亩施硫酸钾三元复合肥30~40 kg。结果前期每隔7~8天浇水1次，浇小水，忌大水漫灌。进入果实转红期应控制浇水，防止贪青，促进转红，防止烂果。进入雨季后要注意排水防涝，连阴雨后暴晴要浇小水。

（3）植株调整。当植株12～14片叶时结合品种特性采取打顶等措施增加侧枝的结果数量，提高产量。结果盛期喷施促控剂和多元素叶面肥，防止落花、落果、落叶。后期喷施0.4%磷酸二氢钾溶液，促进开花结果。

9. 病虫害防治

朝天椒病虫害有猝倒病、立枯病、病毒病、疫病、炭疽病、蚜虫、蓟马、棉铃虫、烟青虫、茶黄螨、白粉虱等。一般按照"预防为主，综合防治"的植保方针，坚持以"农业防治、物理防治、生物防治为主，化学防治为辅"的无害化防治原则。

（1）农业防治。选用抗病或耐病品种；合理轮作换茬；科学施肥、浇水，提高植株抗性，减少病虫害发生的机会。

（2）物理防治。用杀虫灯对棉铃虫、烟青虫等害虫进行诱杀，集中杀虫。也可用黄、蓝板诱杀白粉虱、蚜虫、蓟马等。

（3）生物防治。使用害虫天敌、生物农药等防治害虫。

（4）化学防治。

开花坐果期病虫害防治。用25%络氨铜水剂（酸性有机铜）30 g兑水15 kg，或用80亿单位地衣芽孢杆菌水剂1 500倍液喷洒叶面，防治炭疽病、褐斑落叶病、青枯病、落花症。用75%百菌清可湿性粉剂800倍液，或45%代森铵水剂800倍液防治炭疽病。用20%络氨铜·锌水剂500倍液，或2.1%青枯立克水剂500倍液喷施防治青枯病。用抗蚜威、阿维菌素、蚜螨净等防治蚜虫、红蜘蛛。用70%吡·杀单可湿性粉剂500～600倍液，或4.5%高效氯氰菊酯1 000倍液防治玉米螟。

结果期病虫害防治。可分以下几种。

病毒病防治。前期用20%吗胍·硫酸铜水剂1 000倍液，喷匀为度，或用0.5%香菇多糖水剂400倍液喷匀为度，或用0.3%的高锰酸钾、植病灵等药液喷洒；中后期用31%氮苷·吗啉胍可溶性粉剂，严重时加高能锌胶囊1粒或多元素复合肥常规喷雾。

枯萎病防治。发病初期喷用80亿单位地衣芽孢杆菌水剂800倍液，喷匀为度，或用1.8%辛菌胺水剂1 000倍液，喷匀为度，或用25%百克乳油1 500倍液，每7～10天喷一次，连喷2～3次；或用25%络氨铜水剂灌根，连灌2～3次；也可用30%琥胶肥酸铜可湿性粉剂600倍液，或4%嘧啶核苷类抗生素可湿性粉剂300倍液灌根。

疮痂病防治。用45%代森铵500倍液，或25%络氨铜800倍液，或77%氢氧化铜可湿性粉剂、30%琥胶肥酸铜可湿性粉剂600～800倍液喷洒；发病初期也可喷1∶0.5∶200的波尔多液。

青枯病防治。用20%噻菌铜悬浮剂1 000倍液喷匀为度，或用25%络氨铜800倍液，或77%氢氧化铜可湿性微粉剂500倍液轮换喷雾，7～8天一次，连喷2～3次；或用4%嘧啶核苷类抗生素可湿性粉剂300倍液灌根每穴200 mL灌根。

绵疫病防治。用25%络氨铜水剂（酸性有机铜）800倍液，或在降雨或浇水前喷1∶2∶200倍的波尔多液；或45%代森铵水剂800倍液，或77%氢氧化铜可湿性微粉剂600倍液喷匀为度。

软腐病防治。软腐病多因钙、硼元素流失而侵染，用80亿单位地衣芽孢杆菌水剂800倍液加高能钙，喷匀为度，常规喷雾5天一次，连喷2~3次。

棉铃虫、烟青虫防治。化学防治。用50%辛硫磷乳剂2 000倍液，或4.5%高效氯氰菊酯乳油1 200倍液，或43%辛·氟氯氰乳油1 000~1 500液喷雾防治。

甜菜夜蛾防治。用0.5%阿维菌素乳油800~1 000倍液均匀喷施，或用1%甲维盐乳油1 000~1 500倍液喷施，或用24%虫酰肼悬浮剂2 000~3 000倍液、43%辛·氟氯氰乳油800倍液、25%氯氰·辛硫磷乳油800倍液等，在3龄前喷雾防治。

10. 采收

（1）果实成熟的标准。果实成熟的标准是：色泽深红，椒果发软变皱。

（2）采收。在霜降之前收获完毕。采收分为田间分批采收和一次性整株采收。无限生长分枝类型的品种适用分批采摘方法，从下部果开始成熟一批，采收一批。一次性收获的可采用拔秧或割秧的方法，将朝天椒秧子平放在田间晾晒3~4天，晾至八成干时开始采摘。采摘的椒果可风干或烘干，分级出售。一般在开花后50~60天果实全红时采摘。若果实红后不及时采摘，一则，影响上层结果；二则，如遇到阴雨易造成红椒炸皮，霉烂。麦茬椒可在拔棵前10~15天，用乙烯利田间喷洒催熟，引起落叶变红，进行采摘分级晾晒，晒干后即可出售。

六、花椰菜栽培技术要点

花椰菜又名菜花，是甘蓝的一个变种，是一种含粗纤维少、易消化、营养丰富、风味鲜美的蔬菜。花椰菜对外界环境条件要求比较严格，适应性也较弱，生育适温范围较窄，中原地区一年可种植两茬，生产中应根据生产季节选择适宜品种，适期种植并加强田间管理，才能获得较高的生产效益。

（一）越冬花椰菜栽培技术要点

1. 品种选择

选择越冬性强的耐寒品种。

2. 培育壮苗

（1）适期播种。黄淮流域一般在7月下旬至8月上旬播种。

（2）播种技术。育苗期正值高温多雨季节，为了克服播种后高温干旱出苗难和易死苗的问题，播种后要采用一级育苗不分苗的方法。采用营养钵育苗效果较好，每钵育苗一株。营养土块一般在事先准备好的苗床上浇一次透水，第二天再浇水一次，等水渗完后按7~8 cm见方在苗床上划方格，然后每个格播种2~3粒，使种子均匀分布在格子中间，不可丢籽过多，以便间苗、定苗和防止苗子相互拥挤，造成徒长。播种后盖0.5 cm的过筛细土并及时扎弓棚覆盖遮阳网，防雨防暴晒，出苗后，再覆盖一层细土，阴天要除去遮阳网，但要注意防暴雨。当前生产上多采用工厂化穴盘基质育苗。

（3）苗床管理。①及时间定苗和查苗补栽。出苗后7~10天，子叶展平真叶露心时要及时间定苗，每格留苗一株。对个别格内没出苗的可结合定苗进行补栽。其方法为：浇透取苗水，用力将苗轻轻提出，也可用竹签取苗，然后立即在缺苗处挖穴浇水，坐水栽苗。②防治病虫害。育苗期正值高温多雨季节，极易感染猝倒病、立枯病、病毒病、霜霉病、炭疽病、黑腐病等病害。为防止感病死苗，齐苗后要立即用58%甲霜·锰锌可湿性粉剂500倍液喷洒苗床。定苗后用病毒A、霜疫清、特立克进行叶片喷雾，每7~10天一次轮流使用。虫害主要是菜青虫、小菜蛾、蚜虫等。一般用120 g/L氯虫苯·溴氰悬浮剂15~25 mL/亩，喷雾防治。③防旱防涝。出苗后，苗床内要求土壤见干见湿。原则是见干不开裂，见湿不见水。

3. 定植

定植前要精细整地，重施有机肥，配施磷钾肥，少施氮肥，防徒长。选日历苗龄40~45天左右，生理苗龄真叶4~6片的无虫无病苗定植，剔除过大及过细苗。定植时间一般在9月上中旬，株行距为60 cm×55 cm，亩栽植2 000株左右。定植时应保持土坨完整，尽量减少根系损伤。一般选择在傍晚进行，定植后浇足定植水。

4. 田间管理

（1）定植后至越冬期管理。①中耕蹲苗：缓苗后中耕2~3次，促进根系下扎，控制地上部生长，但蹲苗时间不宜过长。一般以20天左右为宜。若蹲苗不好，前期生长过旺，冬前显花而减产；蹲苗过头，植株弱小，不但抗寒性差，而且还可导致春季有薹无花。②水肥管理：9月下旬以后，天气变凉，此时水肥管理要满足植株生长的需要，以促进根茎叶的正常生长，一般要视底肥用量和菜苗长势追肥1~2次，追肥种类要氮磷钾配合施用。数量以尿素7~8 kg，磷酸二氢钾5 kg即可。到10月底至11月初植株叶片达到18~22片较为理想。此时，若没有达到此生理指标，要在12月初设立风障，或覆盖塑料薄膜。若苗龄过大，应及时控水控肥，以增强植株抗寒能力和避免早花现象。③越冬管理。主要是浇好封冻水，严防干冻。如果遇特别寒冷天气，要进行防冻覆盖。

（2）后期管理。①早春管理。翌春2月下旬土壤解冻后，要及早浇水，并结合追肥，以促进营养体的生长和花球的形成。追肥一般以氮肥为主，配施硼肥。施肥量一般掌握在每亩30 kg尿素，1~1.5 kg硼肥，浇水时要注意少浇、匀浇，以免降低地温，或畦内积水造成沤根。原则以土壤干不露白，湿不积水为宜。生育后期叶面喷施多元素营养肥2~3

次，增产效果显著。②重施花球膨大肥，并做到勤浇水。一般用肉眼看到花球显露时，要重施一次肥，可亩施30 kg尿素。现蕾后，应摘下花球下端老叶，遮盖球部，以防日晒花球变黄，影响品质。如在2月实施小拱棚覆盖，可提早在3月上市。

5.适时采收，确保优质

越冬花菜花球生长速度快，适采期短，要掌握时机，按花球成熟早晚及时分批采收。

（二）耐热花椰菜栽培技术要点

耐热花椰菜生育期短、长势强、花球洁白、细嫩、紧实、高产稳定，且上市正值秋淡季，茬口好，生产效益高。

（1）选用耐热性强，生育期短的品种。

（2）适期育苗。中原地区一般选择在6月中下旬育苗。选地势平坦，能排能灌，且离大田较近处建床。苗床上铺10 cm厚营养土，进行土方育苗或将营养土装入9 cm×9 cm营养钵中育苗。为防止此阶段高温、暴雨伤苗，苗床最好用遮阳网覆盖。出苗后，用杀菌杀虫剂防治病虫害。三叶期结合间苗进行锄草。苗龄20～25天，真叶3片左右时进行定植。

（3）施足肥料，合理密植。花椰菜喜肥沃土壤，定植前要施足底肥，可亩施优质农家肥5 m³以上，三元复合肥25 kg以上。100 cm一带，起高20 cm、顶宽50 cm的垄，在垄两侧按40 cm株距对角栽苗，亩定植3 300株。

（4）大田管理。耐热花椰菜生长势强，生育期短。要想获得高产，就必须做到：种子下地，管理上马，水肥齐攻，只促不控，严防病害，巧治害虫。

及时浇水。定植后连浇两次大水，促进缓苗生长，以后掌握地表见干见湿，促进根系下扎。遇旱即浇，遇涝即排。第9片叶出现后，要保持地表湿润，从此时开始，结合浇水，每10天亩施尿素5 kg；花球出现时，一次亩施尿素20 kg，并进行叶面喷肥两次。

及时防病治虫，清除杂草。

花球露心时，采摘中下部老叶覆盖花球，以免烈日灼伤，影响品质和商品性。到9月份，花球充分成型，边缘花球略有松动，但尚未散开，连同5～6片小叶及时割下出售。

（三）花椰菜病虫害适期防治技术

1.花椰菜病害防治

花椰菜病虫害防治主要是育苗期病虫害防治。育苗期正值高温多雨季节，极易感染猝倒病、立枯病、病毒病、霜霉病、炭疽病、黑腐病等病害。为防止感病死苗，齐苗后要立即用2.85%硝钠·萘乙酸1 000～1 500倍液，或1.8%复硝酚钠水剂1 000～1 500倍液，或25%络氨铜（酸式有机铜）水剂800倍液喷洒苗床。定苗后用20%吗胍·硫酸铜水剂800倍液、80亿地衣芽孢杆菌水剂1 000倍液、3%多抗霉素可湿性粉剂800～1 200倍液进行叶片喷雾，每7～10天轮流使用一次。

2. 花椰菜虫害防治

花椰菜虫害主要是菜青虫、小菜蛾、蚜虫等。一般用0.5%阿维菌素乳油800～1 000倍液，或1%甲维盐乳油1 000～2 000倍液喷施，把虫害消灭在3龄以前。

七、薄皮甜瓜栽培技术要点

甜瓜在我国栽培历史悠久，品种资源十分丰富，特别是薄皮甜瓜起源于我国东南部，适应性强，分布很广，具有较强的耐旱能力，但膨大期需肥水较多，近年来，栽培效益较好。

（一）品种选择

薄皮甜瓜品种较多，且各地命名不一，应根据当地市场需求，栽培条件以及栽培目的来选择品种。

（二）直播与育苗

甜瓜对环境条件的要求与西瓜大致相同，播种期参考西瓜。甜瓜根系分布较浅，生长较快，易于木栓化，适于直播或采取保护根系措施育苗移栽。甜瓜一般采取平畦栽培，130～170 cm一带，双行定植，窄行40 cm，宽行90～130 cm，株距30～60 cm，或起垄单行定植，行距70 cm，株距45～50 cm，亩种植2 000株左右。若温室早熟栽培可再密些。每亩需播种量150～200 g，播种前浸种催芽，坐水播种，每穴播种2～3粒。干籽播种每穴5～6粒，粒与粒相距2 cm，覆土1～2 cm。也可播种时挖穴浇水，上覆6～10 cm高的土堆，待发芽后除去。

甜瓜早熟栽培可提前育苗，采用8 cm×8 cm的营养钵育苗，苗龄30～35天，地温稳定在15℃时即可定植。

（三）田间管理

1. 间苗和定苗

直播后7～10天出土，待子叶展开，真叶显露时进行第一次间苗，每穴留壮苗2～3株，2～3片真叶时，每穴留2株定苗。

2. 浇水和追肥

甜瓜是一种需水又怕涝的植物，应根据气候、土壤及不同生育期生长状况等条件进行合理浇水。苗期以控为主，加强中耕，松土保墒，进行适当蹲苗，需要浇水时，开沟浇暗水或撒水淋浇，水量宜小。伸蔓后期至坐果前，需水量较多，干旱时应及时浇水，以保花保果，但浇水不能过多，否则容易引起茎蔓徒长而化瓜。坐果后需水量较大，需保证充足的水分供应。一般应掌握地面微干就浇。果实快要成熟时控制浇水，增进果实成熟，提高品质。

甜瓜的追肥要注意氮磷钾的配合。原则：轻追苗肥，重追结瓜肥。苗期有时只对生长弱的幼苗追肥，每亩施硫铵7.5～10 kg，过磷酸钙15 kg，在株间开7～10 cm的小穴施入覆土。营养生长期适当追施磷钾肥，一般在坐果后，挖沟在行间亩追施饼肥50～75 kg，也可掺入硫酸钾10 kg，生长期叶面喷施营养液2～3次，效果更好。

3. 摘心整枝

甜瓜的整枝原则：主蔓结瓜早的品种，可不用整枝，主蔓开花迟而侧蔓结瓜早的品种，多利用侧蔓结瓜，应将主蔓及早摘心，主侧蔓结瓜均迟，利用孙蔓结瓜的品种则对主蔓侧蔓均摘心，促发孙蔓结瓜。其整枝方式应根据品种的特性及栽培目的而定。

（1）双蔓整枝。用于子蔓结瓜的品种。在主蔓4～5片真叶时打顶摘心，选留上部2条健壮子蔓，垂直拉向瓜沟两侧，其余子蔓疏除。随着子蔓和孙蔓的生长，保留有瓜孙蔓，疏除无瓜孙蔓，并在孙蔓上只留1个瓜，留2～3片叶子摘心。也可采用幼苗2片真叶时掐尖，促使2片真叶的叶腋抽生子蔓。选好2条子蔓引向瓜沟两侧，不再摘心去杈，任其结果。

（2）多蔓整枝。用于孙蔓结瓜的品种，主蔓4～6片叶子时摘心，从长出的5～6片子蔓中选留上部较好的3～4条子蔓，分别引向瓜沟的不同方向，并留有瓜孙蔓，除去无瓜枝杈，若孙蔓化瓜，可对其摘心，促使曾孙蔓结瓜。

（3）单蔓整枝。主要用于主蔓结果的品种，即主蔓5～6片叶子时摘心或不摘心，放任结果，在主蔓基部可坐果3～5个，以后子蔓可陆续结果。

（四）病虫害防治

参照西瓜病虫害防治。

（五）采收

甜瓜采收要求有足够的成熟度。采收过早过晚均影响甜瓜的品质。其采收标准可通过计算坐果天数及根据果实形态特性来鉴定。从雌花开放到果实成熟，一般早熟品种30天左右，中熟品种35天左右，晚熟品种40天，阳光充足高温的条件下可提早2～3天。成熟瓜多呈现该品种的特性，果面有光泽，花纹清晰，底色较黄，有香味，瓜柄附近的茸毛脱落，瓜顶近脐部开始变软。手指敲弹，发出空洞的浊音。

八、冬瓜栽培技术要点

冬瓜是夏秋主要蔬菜之一，它适应性强，产量高，耐贮运，生产成本低，生产效益好。

（一）栽培季节

冬瓜耐热，喜高温，因此必须把它的生育期安排在高温季节，入秋前后收获，定植和播种时间以地温稳定在15℃以上为宜。

（二）播种与育苗

露地冬瓜栽培季节多直播，但采用保护地育苗移栽则有利于培育壮苗，促早熟增产。中原地区一般直播在4月下旬，阳畦育苗在3月上中旬播种，播种量每亩需0.4～0.5 kg。苗龄一般40～50天，具有3叶1心时定植为宜。由于冬瓜种子发芽慢，且发芽势低，可采用高温烫种（75～100℃），然后浸泡一昼夜。最适宜的催芽温度为25～30℃，3～4天可萌发。

（三）定植

栽培冬瓜的地块以地势平坦，排灌方便为好。应及早深耕，充分暴晒，整平耙细，避免雨季田间积水引起沤根或病害的发生。冬瓜生长期长，施足底肥有利于发挥增产潜力，一般结合整地，亩施有机肥4 000 kg以上，并掺入过磷酸钙20～25 kg。冬瓜的栽培密度因品种、栽培模式及整枝方式而不同，一般冬瓜采取单蔓整枝或双蔓整枝时，行株距为200 cm×40 cm，亩密度800株，每株留一个瓜，支架栽培行株距为80 cm×（50～60）cm，亩种植1 300～2 000株；小型冬瓜亩密度5 000株。

（四）田间管理

1. 灌溉与中耕

为促使根系尽快生长，定植后应立即浇1～2次水，紧接着进行中耕松土，提温保墒。缓苗后轻浇一次缓苗水，继续深耕细耙，适度控水蹲苗，促使根系长深长旺，使苗壮而不徒长。待叶色变深，茸毛及叶片变硬时即可结束蹲苗。一般情况下，蹲苗2～3周。

蹲苗结束后及时浇催秧水，促使茎蔓伸长和叶面积扩展。但浇水量仍不可过多，否则易造成植株疯长，营养体细弱，这一水之后，直到坐瓜和定瓜前不再浇水，以免生长过旺而化瓜，促使生长中心向生殖生长转移。

待定瓜和坐瓜后，果实达0.5～1 kg时，浇催瓜水，之后进入果实迅速膨大期，需水量增加，浇水次数和水量以使地表经常保持微湿的状态为准，不可湿度过大，同时雨后注意排水，以免烂果和发病。

收获前一周要停止浇水，以利贮藏。

2. 追肥

冬瓜结果数少，收获期集中，因此追肥也宜适当集中，一般追肥2～3次。第一次结合浇催秧水施用，以有机肥为主，可在畦一侧开沟追施腐熟的优质圈肥，每亩2 000 kg，混入过磷酸钙30 kg，硫铵10 kg。定瓜和坐瓜后追施催果肥1～2次，以速效肥为主，可亩施尿素15～20 kg，并进行叶面喷磷，喷营养剂2～3次，促使果实肥大充实。

3. 整枝、盘条、压蔓

冬瓜的生长势强，主蔓每节都能发生侧蔓，而冬瓜以主蔓结瓜为主，为培育健壮主蔓，必须进行整枝，压蔓等。

冬瓜一般采取单蔓整枝，大冬瓜也可适当留侧蔓，以增加叶面积。当植株抽蔓后，可将瓜蔓自右向左旋转半圈至一圈，然后用土压一道，埋住1~2节茎蔓，不要损伤叶片。通过盘条，压蔓可促进瓜蔓节间生长不定根，以扩大吸收面积，并可防止大风吹断瓜蔓，另外，还可调整植株长势，长势旺的盘圈大些，反之小些或不盘。尽量使瓜蔓在田间分布均匀，龙头一致，便于管理。每株冬瓜秧，应间隔4~5片叶子压蔓一次，共压3~4次，最后使茎蔓延伸到爬蔓畦南侧，以充分利用阳光，增加营养面积，压蔓的同时要结合摘除侧蔓、卷须，及多余的雌雄花，以减少营养消耗。大冬瓜坐瓜后，在瓜前留下7~10片叶打顶，小冬瓜在最后一瓜前留5~6片叶打顶。

4. 支架、绑蔓

冬瓜采用支架栽培，有利于提高光能利用率，增加密度，提高产量，但生产中较少采用。冬瓜一般在抽蔓后开始扎架，可以扎三角架或四角架。大冬瓜架要高些，中间可绑横杆。因为大冬瓜一般在20节左右开始着生第一雌花，结果部位相当靠上，所以上架前应进行一次盘条和压蔓，使龙头接近架的基部，以缩短植株的高度。蔓伸长后及时绑蔓，可每3节绑一道，共绑3~4次。绑蔓时注意将蔓沿杆盘曲后绑，松紧要适度。

5. 选瓜、留瓜、保瓜

大冬瓜一般每株留1个瓜，为保证植株结果并长大果要预留2~3个，待瓜发育至1 kg左右时选择瓜形好、个体大、节位最好是第二或第三个瓜留下，其余摘除。一般不留第一或第四个之后的瓜。早中熟品种可留第一和第二个瓜，每株一般留2~4个。为促使果实正常发育，定瓜后要进行翻瓜、垫瓜。炎热季节容易日灼，还要遮阴防晒。

（五）适时采收

冬瓜由开花到成熟需要35~45天，小冬瓜采收标准不严格，嫩瓜达食用成熟期可随时上市，大冬瓜多在生理成熟期采收，直接或贮藏后上市。冬瓜生理成熟的特征：果皮上茸毛消失，果皮变硬而厚，粉皮类型果实布满白粉，颜色由青绿色变成黄绿色，青皮类型皮色暗绿。采收时要留果柄，并防止碰撞和挤压，以利贮藏。

九、菜豆栽培技术要点

菜豆又名四季豆、四季梅、芸豆、莲豆、刀豆等。原产美洲，在我国栽培普遍。其生长期嫩。栽培容易，供应期长，对缓解蔬菜淡季具有重要作用。

（一）形态特征

菜豆根系发达，主根不明显，侧根与主根粗细相当。再生能力差。根系主要密集于30 cm土层内，深可达100 cm，横展半径可达80 cm以上，根瘤菌发生较晚，数量较少。

菜豆的茎分蔓生、半蔓生和矮生3种类型。茎具攀缘特性，生长期需要搭架。叶分子叶、基生叶、真叶3种。子叶肥大，是发芽的主要营养来源，基生叶为单叶，对生，心脏形，真叶为三出羽状复叶。

菜豆的花为总状花序，着生2～8朵花，花蝶形，龙骨瓣螺旋状，二体雄蕊，花梗发生于叶间或茎顶端，矮生种上部花序先开放，全株花期约20天；蔓生种自下而上渐次开放，全株花期约35天，同一花序基部花先开，渐至先端。菜豆的果实为荚果，荚长8～25 cm，成熟后果荚变硬。一般开花后15天左右可采收嫩荚，25天左右果荚完全成熟可留种。每个果荚内有种子6～12粒，种子无胚乳，子叶肥大，千粒重300～600 g，最小仅100 g。最大达800 g，种子寿命2～3年。

（二）生育周期

菜豆的整个生育周期可分为发芽期、幼苗期、抽蔓期和开花结果期。各时期有其生育特点和生长中心。

1. 发芽期

从种子萌动到基生叶展开为止，需5～10天。此期各器官生长所需要的营养主要由子叶贮藏养分供应，到基生叶展开，子叶的贮藏养分耗尽，所以发芽期又称营养转换期。管理上要保持适宜的温度和充足的水分，播种深浅适宜，使之迅速出土，并保护好子叶。

2. 幼苗期

从基生叶展开到抽蔓前为止，矮生种需20～30天，蔓生种需20～25天。此期地下部生长地上部，根系开始木栓化，开始花芽分化和形成根瘤菌。基生叶对幼苗的生长有明显的影响，管理上要予以保护，促使真叶尽早出现，并促进根系迅速生长。

3. 抽蔓期

从抽蔓（4～6片复叶）到现蕾开花为止（蔓生种），需10～15天。此期茎蔓节间伸长，生长迅速，并孕育花蕾，养分大量消耗。根瘤菌固氮能力尚差，应加强肥水管理，但也要防止茎蔓徒长。

4. 开花结果期

从始花到结荚终止，矮生种需25～30天，蔓生种需30～70天。此期营养生长与生殖生长同时进行，全期始终存在营养生长与生殖生长对养分的竞争，要保证养分的充足供应，维持营养生长和生殖生长的平衡。

（三）对环境条件的要求

1. 温度

菜豆性喜温暖的气候，不耐霜冻和低温。矮生种耐低温的能力强于蔓生种。生长适温为15～20℃。不同生育期要求温度不同，发芽期适温为25℃，高于31℃或低于8℃种子都不宜发芽。幼苗生长适温为18～20℃，能耐短时期的2～3℃的低温，0℃以下植株将遭受冻害，幼苗生长的临界地温为13℃。花芽分化的适温为20～25℃，开花结果适温18～25℃，低于15℃或高于30℃，都会影响结荚率和种子数。菜豆进行花芽分化还要求一定的有效积温，矮生种227℃，蔓生种230～238℃。

2. 光照

菜豆对光照强度的要求比较严格，光照不足，生长不良，落花落荚严重，一般菜豆的光饱和点为2万～2.5万lx，光补偿点为0.15万lx。菜豆对日照长短要求不严，春秋都可种植，但秋季的一些品种对短日照要求严格，引种时应特别注意。

3. 水分

菜豆根系多而强大，具有一定的耐旱能力，适宜的土壤湿度为田间持水量的60%～80%。湿度过大，幼苗易徒长，叶片变黄甚至脱落，落花落果严重；湿度过小，植株生长发育受阻，开花结荚不良。开花结荚期为干旱临界期，要保证水分供应，防止落花落荚。

4. 土壤营养

菜豆适宜在土层深厚、土质肥沃、排水良好的微酸至中性土壤中生长不耐盐碱。整个生育期需氮素最多，钾素次之，磷素最少，但不可忽视磷素的作用。缺磷时，植株生长不良，开花结荚减少，产量降低；磷素充足能促进早熟，延长结荚期。菜豆因根瘤菌的要求，对钼、硼等微量元素敏感，适当增施微量元素肥料，可提高产量和品质。

（四）优良品种介绍

1. 矮生品种

矮生品种又称地芸豆。植株矮生直立。花芽封顶，分枝性强，每个侧枝顶芽形成一个花序。株高50 cm左右。生长期短，全生育期75～90天，果荚成熟集中，产量低，品质稍差。

（1）嫩荚菜豆。株高35～40 cm，分枝多，花浅紫色，圆棍形，先端稍弯，荚长14～16 cm，肉不易老化，品质好。种籽粒大。肾形，米黄色。有褐色条纹，早熟，春播后50天采收嫩荚。亩产1 500 kg左右。

（2）美国矮生菜豆。株高40～50 cm，分枝性较强，嫩荚浅绿色，圆棍形，荚长13～15 cm，品质好，种子紫红色，早熟，春播后45～50天收嫩荚。亩产1 500 cm。

2. 蔓生品种

也叫架豆。顶芽为叶芽，主蔓高200～300 cm。初生节间短，4～6节开始伸长。叶腋间伸出花序或枝，陆续结果。生长期长，全生育期90～130天，成熟晚，采收期长，产量高，品质好。

（1）芸丰62-3。株高200～250 cm，2～3节着生第一花序，花白色。嫩荚淡绿色，老荚有断条状红晕，果荚镰刀形，长20～25 cm，单荚重22～27 g。肉不易老化，品质好。种子褐色，千粒重400 g。早熟，播后60天收嫩荚。可春秋两季种植，一般亩产2 500 kg。

（2）九粒白。株高200 cm以上，4～5节着生第一花序，花白色，嫩荚绿白色，老荚白色，表面光滑，果荚圆棍形，长20～23 cm，肉不易老化，品质好。一般每荚着生9粒种子，故名"九粒白"。中熟，耐热，抗病，再生能力强，可春秋栽培，一般亩产2 000 kg左右。

（五）栽培季节和茬口安排

菜豆既不耐寒也不抗热，栽培上最好把开花结果期安排在月均18～25℃的月份里。河南省主要是春、秋两季栽培。春茬4月直播，6—7月收获。秋茬8月直播，9—10月收获。春茬地膜覆盖或育苗移栽者播期可适当提前，矮生菜豆也可进行夏秋栽培。

菜豆不宜连作，最好实行3年以上轮作，春菜豆的前茬多为秋菜或越冬菜，秋菜豆的前茬多为春菜，西瓜、小麦、玉米等茬口也是很好的前茬。菜豆还可与多种蔬菜、西瓜及粮食作物在适宜的季节里实行多种形式的间作套种。如矮生菜豆与西瓜间作，蔓生菜豆与玉米套种等。

（六）春菜豆栽培技术

1.整地作畦

菜豆宜选土层深厚，排水良好的砂壤土或壤土栽培。地势低洼，排水不良的地块易造成落花落荚。因子叶肥大，出土困难，必须精细整地。秋菜或越冬菜收获后深翻冻垡，及时耕耙，并施入充足的有机肥作基肥。亩产4 000 kg菜豆需氮磷钾纯量分别为30 kg、7.5 kg、17.5 kg，一般亩施腐熟农家肥4 000～5 000 kg。过磷酸钙30～50 kg，尿素10～15 kg，草木灰100 kg。也可施氮磷钾复合肥40～50 kg。

菜豆栽培以高垄为主，也可用平畦。高垄栽培按100～120 cm起垄，垄高15～18 cm，采用宽窄行种植，每垄种2行，同时高垄有利于地膜覆盖栽培。

2.播种育苗

春菜豆通常直播，亦可育苗移栽或育小芽移栽。

（1）种子处理。选粒大饱满，无病虫危害，具有其品种特性的种子，播前晒种1～3天，促全苗，壮苗。播前用代森锌溶液浸种30 min，可防止炭疽病的发生。用0.01%～0.03%的钼酸铵浸种30 min，可提早成熟增加产量。菜豆多干籽直播，但早春气温低，用温汤浸种4 h后播种能提早出苗2～3天。

（2）播种期。适期早播对菜豆早熟丰产有重要意义。但播种过早、气温低出苗慢，甚至不出苗引起烂种；播种过晚，虽出苗快，但影响早熟，产量降低，菜豆适宜的播期为当地终霜期前10天左右，以保证出苗后不受冻害。河南省菜豆适宜的播期为4月上中旬，地膜覆盖栽培可于3月底至4月初播种，育苗移栽可于3月中旬播种于阳畦，4月中旬定植于露地，育小芽栽植的应在栽植前10天播种。

（3）播种方法。露地直播，一般采用穴播，每穴播3～4粒，播种深度以3～5 cm为宜，播种过浅不易保墒，过深易烂种。播后用细碎土覆平。播后遇阴雨，要及时浅松土，遇霜冻应及时在穴上封土堆，防寒保温，霜冻过后及时平堆。地膜覆盖栽培多先播种后盖膜，以防短时的低温和霜冻，此法应注意及时放苗。也可先盖膜，后播种，但要防止幼苗受冻。育小芽栽植的，一般浸种催芽后播于锯末或谷糠里，待3～5天细芽长出子叶后开沟引小水，把幼芽贴于沟坡上，覆土封沟。一般亩播种量6～7 kg。

育苗移栽一般用纸筒、营养块和塑料袋育苗，以保护根系不受损伤。播种时采用点播，每穴3～4粒，播后覆土3 cm厚，幼苗相距8～10 cm。播后保持温度20～25℃，出土后降至20℃，定植前进行5～7天低温炼苗，并于定植前7～10天切坨、囤苗，促发新生根，以利定植后缓苗，苗龄20天，待幼苗基生叶展开，开始出现三出复叶时，选无风的晴天定植。

3. 种植密度

春菜豆生育前期温度低，主蔓生长缓慢，有利于侧枝发育，应适当稀植。生产上多采用大行距，小株距，宽窄行栽培的方式。蔓生种宽行65～80 cm，窄行35～45 cm，穴距20～26 cm，每穴留2株，亩保苗10 000～12 000株。矮生种应适当密植，一般行距33～40 cm。穴距16 cm，每穴留2～3株，亩保苗20 000～25 000株。

4. 田间管理

（1）查苗补苗和间苗定苗。苗齐后，应及时查苗补苗和间苗定苗，缺苗严重的地段应及时补种，缺苗不严重的地段应间苗进行补栽，也可在播种的同时于宽行内播种一些后备苗以供补栽用。齐苗后到第一片复叶出现前为定苗适期。剔除病、虫、弱、杂及子叶不完整的苗，每穴保留2株壮苗。

（2）水肥管理。水肥管理上应掌握"幼苗期小，抽薹期稳，结荚期重"的原则，前期以壮根壮秧为主，后期以促花促果为主。

播种或定植时，根据具体情况轻浇播种水或定植水，直播齐苗或定植4～5天后再轻浇一次齐苗水或缓苗水。以后控制浇水，及时中耕1～2次，提高地温，促进根系生长，开始抽蔓时结合搭架，轻浇一次抽蔓水，并亩施尿素10 kg左右，以促使茎蔓生长，迅速扩大地上部营养面积，为结果奠定基础。以后控水控肥，中耕蹲苗，第一花序开花期，少浇水，掌握"浇荚不浇花，干花湿荚"的管理原则，直到第一花序果荚开始伸长，大部分植株果荚坐稳浇一次大水，称"开头水"。

坐荚后，植株不易徒长，嫩荚开始迅速伸长，是需肥水的高峰期，应保证充足的肥水供应，每3~5天浇水一次，经常保持地面湿润，炎热季节应早晚浇水，暴雨过后应及时"井水浇园"，地膜覆盖的可适当减少浇水次数。结合浇水，整个结荚期追肥2~3次，每次亩追尿素15 kg，硝酸磷肥15~20 kg，硫酸钾10~15 kg，或氮磷钾复合肥15~20 kg，或人粪尿1 500~2 000 kg。并注意人粪尿与化肥的交替使用。

结荚中后期为防菜豆脱肥早衰（尤其地膜覆盖栽培），可喷洒1%的尿素和磷酸二氢钾混合液，隔5~7天喷1次，连喷2~3次。

（3）插架与打顶。当植株长到4~6片复叶时结合浇抽蔓水及时插架。生产上多用"人"字架，架必须插牢，架高200 cm以上，以使茎蔓沿架杆攀缘向上生长。当植株生长点长到架顶时，应及时打头，以防郁蔽，并促使叶腋间潜伏芽萌发，延长采荚期。

5. 采收

开花后15~20天为采收嫩荚的适期，过早嫩荚小，产量低，过晚荚老，商品价值低。采收的标准是，嫩荚由细变粗，色由绿变白绿，豆粒略显，荚大而嫩。一般前期和后期每2~4天采收一次，结果盛期每1~2天采收一次，采摘时应单荚采收，不要把整个花序的果荚全摘完，并注意勿碰掉小嫩荚。

6. 落花落荚的原因

菜豆的花芽数很多，但只有20%~30%能开花，而开花的花朵中只有20%~35%能结荚。结荚数仅占花芽数的4%~10.5%，其原因有以下几方面。

（1）温度。花芽分化的适温为20~25℃，高于30℃，花粉粒发育不良，丧失育性，导致花朵脱落；低于15℃，花芽分化数少，同时低温或高温干旱能降低花粉生活力而影响受精，结荚数和种籽粒数减少。

（2）湿度。花粉发芽的空气湿度为80%，雨水过多，湿度过大，花药不能破裂散出花粉粒，或被雨淋而影响受精。湿度过小，空气干燥，雌蕊柱头上黏液少而影响授粉。以致于开花结荚不良。

（3）养分。发育完全的花受精后还需足够的营养供应才能膨大形成幼荚。由于养分不足造成茎叶和花序之间、不同部位的花序之间、同一花序的花果之间养分激烈竞争，结果使部分的花及幼荚得不到足够的养分而脱落。

（4）光照。光照不足。光合作用减弱，同化物质减少，造成养分供应不足，导致落花落果。

从整个生育期分析其原因可知：初期由于生长中心转移。植株未完全适应而造成营养不良而落花，中期因大量花芽分化、花蕾形成造成不同部位器官对养分竞争而落花落果；后期进入产量高峰期，大量养分进入果荚使体内营养水平差，加之高温干旱或多雨，造成植株被迫落花落荚。

7. 落花落荚的防止措施

生产上可针对不同原因采取不同措施。

（1）适时播种，使开花结荚期处于适宜环境。

（2）合理密植，及时搭架，改善光照条件。

（3）科学灌水施肥，掌握"花前少，开花后多，结荚期重"的肥水管理原则。

（4）及时采收，调节体内养分的合理分配。

（5）适时选用生长调节剂，如用5～25 mg/kg的萘乙酸喷花，用5～25 mg/kg的赤霉素喷茎叶顶端。

（6）及时防治病虫害。

（七）秋菜豆栽培要点

秋菜豆是在夏末或早秋播种，霜前结束生长，与春菜豆的气候条件正相反，如何克服苗期高温和后期低温障碍是栽培的关键。

（1）选用耐热、抗病、中熟性品种。如芸丰62-3、九粒白等。

（2）适期播种。蔓生种的适宜播期是按当地初霜向前推100天左右。河南省一般在7月底至8月中旬，最晚不能晚于8月25日，矮生种可适当晚播。

（3）合理密植。秋菜豆苗期生长快，以主蔓结荚为主，侧蔓发育不良，应适当密植，一般行距为55 cm，穴距20 cm，每穴2株，亩保苗12 000株以上。

（4）保苗全苗壮。秋茬播种时气温较高，要趁墒播种，秋季多干籽直播，播种宜稍深，播后遇雨要及时松土通气，以防烂种。高温时要覆草降温，以保全苗。苗期以小水勤浇，降温保湿，并结合浇水尽早施肥，以促幼苗健壮生长。

（5）肥水齐促。进入结荚期，要加强肥水管理，确保结荚期对养分的需求，促使早熟丰产。

（6）留种。因菜豆杂交率极低，留种田无须隔离，可在田间进行株选，选具品种特性，无病虫，结荚率高的植株作种株，选植株中部果荚留种。一般开花后30～35天可采收种荚。亩采种量1 500～2 000 kg。

第四节　常见食用菌生产实用技术

食用菌被誉为"健康食品"，是一个能有效转化农副产品的高效产业，近年来发展迅速，在一些农副产品资源丰富的地区，发展食用菌生产是实现农副产品加工增值增效的重要途径之一。食用菌生产的实质就是把人类不能直接利用的资源，通过栽培各种菇菌转化成为人类能直接利用的优质健康食品。如普通的平菇、香菇、金针菇、双孢菇以及珍稀菇类的白灵菇、杏鲍菇、茶树菇、真姬菇等。我国作为一个农业大国和食用菌生产大国，如何充分利用好丰富的工农业下脚料资源优势，把食用菌产业培养成一个既能为国创汇、又能真正帮助农民脱贫致富奔小康产业，需要各级政府、主管部门和业界同人的共同努力。食用菌产业作为循环农业重要组成部分和重要的接口工程，具有良好的发展前景和市场潜力。随着社会的发展和科技的进步，必将赋予它更加丰富的内涵。食用菌产业同时又是一个产业链条联结比较紧密的产业，它和大农业、加工业、餐饮业等息息相关。所以说发展食用菌产业不能就食用菌业而论食用菌业，要以工业化的理念去谋划食用菌产业，以标准化工厂化生产实现绿色健康发展。

一、食用菌概述

（一）食用菌的概念与种类

食用菌是一个通俗的名词，狭义的概念指可以食用的大型真菌。如平菇、蘑菇、羊肚菌、木耳、金针菇、香菇、草菇、银耳等；广义的概念泛指可以食用的大型真菌和各种小型真菌。如酵母菌，甚至可以包括细菌的乳酸菌等。

据统计，目前全世界有可食用的蕈菌2 000种，我国已知的可食用的蕈菌达720种；大多为野生，仅有86种在实验室进行了栽培，在40种有经济意义的品种中，约有26种进行了商品生产，其中，10种食用菌产量占总产量的99%左右。

（二）食用菌的栽培价值

1. 食用菌的营养价值

食用菌作为蔬菜，味道鲜美，营养丰富，是餐桌上的佳肴，历来被誉为席上珍品。因为食用菌是高蛋白质、无淀粉、低糖、低脂肪、低热量的优质食品。其蛋白质含量按干重计通常在13%～35%；如1 kg干双孢蘑菇所含蛋白质相当于2 kg瘦肉、3 kg鸡蛋或12 kg牛奶的蛋白质含量。按湿重计是一般蔬菜、水果的3～12倍。如鲜双孢蘑菇含蛋白质为1.5%～3.5%，是大白菜的3倍，萝卜的6倍，苹果的17倍。并含有20多种氨基酸，其中8种氨基酸人体和动物体不能合成，而又必须从食物中获得。此外，食用菌还含有丰富的维生素、无机盐、抗生素及一些微量元素，同时，铅、镉、铜和锌的含量都大大低于有关食品安全规定的界限。总之，从营养角度讲，食用菌集中了食品的一切良好特性，有科学家预言："食用菌将成为21世纪人类食物的重要来源。"

2. 食用菌的药用价值

食用菌不但营养价值高，在食用菌的组织中含有大量的医药成分，这些物质能促进、调控人体的新陈代谢，有特殊的医疗保健作用。据研究，许多食用菌具有抗肿瘤、治疗高血压、冠心病、血清胆固醇高、白细胞减少、慢性肝炎、肾炎、慢性气管炎、支气管哮喘、鼻炎、胃病、神经衰弱、头昏失眠及解毒止咳、杀菌、杀虫等功能。如近年来我国研制的猴头菌片、密环片、香菇多糖片、健肝片以及多种健身饮料等，都是利用食用菌或其菌丝体中提取出来的物质作为主要原料生产的。

3. 食用菌栽培的经济效益

栽培食用菌的原料一般是工业、农业的废弃物，原料来源广，价格便宜，投资小，见效快，生产周期一般草菇21天、银耳40天、平菇和金针菇70~90天、蘑菇和香菇270天左右。投入产出比一般在1∶3.6左右。随着新品种、新技术和机械化的不断应用，投入产出比将会越来越高。同时，栽培食用菌一般不会大量占用耕地，其下脚料又是农业生产中良好的有机肥料，对促进生态循环农业的发展具有极其重要的作用。

（三）食用菌的栽培历史、现状及前景

1. 栽培历史

食用菌采食和栽培的历史悠久，经历了一个漫长的历史过程。据化石考古发现，蕈菌在一亿三千万年前已经存在，比人类的存在还早。古人何时采食和栽培食用菌，可从现存文学作品、农书和地方志中了解和考证。古希腊、罗马都有关于食用菌的美好传说，食用菌在印第安人的宗教中起着重要作用。我国周朝《列子·汤问篇》中已有"菌芝"记载，《史记·龟策列传》中就有栽培利用茯苓的记载，苏恭《唐本草》中就记述了木耳栽培法；陈仁玉、吴林写下了《菌谱》《吴菌谱》等专著，讲述了香菇生长时期的物候，王祯《农书》和贾思勰《齐民要术》中也记载了香菇砍花栽培法和食用菌的加工保藏法，此乃以野生采集为主的半人工栽培阶段。

2. 栽培现状

20世纪之初达格尔发明了双孢蘑菇纯菌种制作技术，开创了纯菌种人工接种栽培食用菌的新阶段，到20世纪30年代相继用纯菌种接种栽培香菇、金针菇成功，促进了野生食用菌驯化利用的研究。我国在20世纪50—60年代对野生菌的驯化栽培才出现了新进展，到70—80年代有近10个种类的食用菌进入了商品性生产。进入21世纪，对食用菌的研究与生产已跨入了蓬勃发展的新时代，食用菌生产已成为一项世界性的产业，食用菌学科也已形成了一门独立的新兴学科。同时，我国食用菌产业迅猛发展，呈现了异军突起遍及城乡的好势头。2013年统计，中国已是世界上最大的食用菌生产国和消费国，产量占世界总产量70%以上。不仅产量居世界各国之首，而且品种多，出口量大，在国际市场上占有重要位置。全国食用菌生产出现了"南菇北移，东菇西移"新趋势。

3. 发展前景

随着社会的发展和人民生活水平的不断提高，曾经作为保健食品的食用菌正从宾馆、饭店走进越来越多的普通家庭，食用菌不但有较大的国际市场，国内消费也具有巨大的开

发潜力，并且随着科学技术的发展，不但生产领域扩展较快，食用菌的深加工领域也在迅速扩展，目前，以食用菌为原料已能生产饮料、调味品、医药、美容品等。

总之，食用菌作为一个新兴产业，不论是从当前的国际市场看，还是从社会发展的趋势看，都具有广阔、诱人的市场发展前景。随着贸易全球化的发展，我国劳动力与生产原料充足价廉，生产成本较低，食用菌这个劳动密集型产业生产的产品，在国际市场上具有较强的竞争力，所以，在现阶段食用菌产业将处于走俏趋势，在一些地方越来越受到各级政府和广大农民的重视，已成为"菜篮子工程""创汇农业""农村脱贫致富奔小康"的首选项目。

（四）当前食用菌产业存在的问题与对策

1. 存在问题

（1）产业发展迅猛，总体上实力不强。整个产业发展较快，但总体实力不强，突出表现在新型农业经营主体不强、创新能力不强、竞争能力不强。

（2）生产散乱小，盲目无序性大。多数地方仍以小农户生产为主，规模小、结构松散，盲目无序性乱生产。

（3）技术落后，产品质量低。菌种生产、基料处理、生产管理技术较原始落后，产品质量偏低，生产效益没有保障。

（4）加工创新能力低，产品精深加工少。食用菌精深加工总体水平还较低，在加工领域还存在一些问题和不足。一是认识不足，仍以发展生产为主，缺乏加工政策和宣传引导，导致全国现有食用菌加工业产值与食用菌产值之比较低。二是初级加工产品比重过大，精深加工产品少，产品特色与优势不明显，且创新能力不足，产品单一，多以干制、罐头为主，缺乏具有市场竞争力的功能性食用菌复合产品。三是加工产品趋向同质化，加剧了产品市场竞争，发展缓慢。四是市场开发不足，产品宣传不够，影响了销售能力。

2. 对策

（1）拉长食用菌产业链条，为生产提供技术支持。通过实施重大科技专项和食用菌三大生物工程（即食用菌的新、特、优良品种选育工程，食用菌产品精深加工工程和绿色有机健康生产工程），并紧紧围绕优质食用菌生产与加工基地建设，组织实施食用菌精深加工技术研究与示范等重大科技成果专项，通过研究示范提出食用菌优势产品区域布局规划，为优化调整食用菌区域布局提供科学依据，为加强大宗优良品种选育，为优化调整品种结构提供保障，推进优质食用菌品种区域化布局，做到规模化栽培、标准化生产和产业化经营，加快发展优质食用菌品种，提高产品的竞争力，加强精深加工技术研究，拉长产业链条；加强技术集成。在主产区推广一批优良品种和先进实用技术，全面提高重点基地量的生产技术水平；加快大宗品种生产优质化，特色品种生产多样化，促进菇农增收。

（2）加强科技成果的转化应用与推广，提高科技对食用菌产业的贡献率。各级政府、主管部门要管好用好食用菌科技成果转化专项资金，加强食用菌科技成果的熟化与转化，加大实用技术的组装集成与配套。强化一线科技力量，重点支持食用菌新产品、新技术、新工艺的应用与推广，促进科技成果转化为现实生产力。

加强食用菌科技研究院所试验基地、技术培训基地、科技园区、示范乡镇的建设工作，构筑高水平科技成果转化示范平台，使其成为连接科研生产与市场的纽带。大力推动形成多元化科研成果转化新机制，充分发挥农村科技中介服务组织在发展食用菌产业化经营中的积极作用，促进成果转化与推广应用。

（3）坚持"六个必须"，着力推进"四个转变"，狠抓"五个关键环节"。

六个必须。食用菌产业的发展必须始终坚持把促进农民增收作为工作的出发点和落脚点；必须树立科学的发展观，坚持发展与保护并重，在强化保护的基础上加快发展；必须强化质量效益意识，坚持速度与质量效益的协调统一；必须坚持实施出口带动战略，拓宽食用菌产业的发展空间；必须加快科技进步，坚持技术推广和新技术的研发相结合；必须注重食用菌产业的法治化建设，坚持服务与监管相结合。

四个转变。转变发展理念，用工业化理念指导食用菌产业；转变增长方式，坚持数量与质量并重，更加注重提高质量和效益；转变生产方式、大力发展标准化生产、规模化经营；转变经营机制，走产业化经营之路。

五个关键环节。强化科学管理、严格生产工序、避免因病虫危害造成重大损失、保护菇农增收；继续推进战略性结构调整，提高产品质量和效益，促进农民增收；进一步加快食用菌产业化进程，培养壮大龙头企业，带动增收；积极实施出口带动战略，拓宽产品销售渠道、扩大菇农增收空间；加快科技进步，强化技术推广，提高菇农的增收本领。

（4）围绕一个中心重点抓好几方面工作。具体就是以菇农增收为中心。菇农增收的稳定性，决定着食用菌产业的兴衰。加强行业管理和产品质量监控，进一步提高产品质量和效益，坚定不移地走标准化、规模化和产业化的发展路子，加快食用菌产业的生产方式、增长方式和经营方式的转变，力争实现由食用菌生产大国向强国的跨越。强化管理、严格要求、避免毁灭性灾害和农残事件发生，确保食用菌产业健康发展和人民群众的身体健康；加快食用菌产品优势区域开发，形成我国具有较强竞争优势的产业新格局；加强支撑体系建设，增强食用菌的社会化服务功能；强化科技推广，不断提高行业科技水平；强化市场体系建设、努力搞活食用菌产品流通。

当前，我国正在全面建成小康社会和节约型社会，做大做强食用菌产业必将起到积极的促进作用。

（五）解析食用菌产业转型升级的措施

1. 加大领导力度，制订食用菌产业规划

食用菌可作为粮食替代品，能够提高机体免疫能力，有益于人类健康。食用菌产业以龙头企业为牵引，拉动广大菇农致富，成为广大农村地区扶贫帮困的有效途径，它不与人争粮、不与粮争地、不与地争肥、不与农争时、不与其他行业争资源，在应对匮乏的耕地资源和水资源，增加农民收入、转移农村劳动力等方面具有越来越重要的作用，是现代有机农业、特色农业的典范。正是这些优势，政府部门一定要加强对食用菌产业发展的领导，把食用菌产业作为发展区域经济的一件大事来抓，健全食用菌管理和推广服务体系，提高食用菌产业的管理和服务能力。食用菌管理部门应当积极履职，做好产业发展区划和规划，深入调查研究，帮助菇农和企业解决具体问题，引导、促进食用菌产业健康快速发展。

2. 出台相关政策，推动食用菌产业升级

为做强食用菌产业，建议各级政府通过政策引导和财政支持，推动食用菌生产技术水平有一个质的提升；食用菌生产的用地、用电应纳入农业范畴，把食用菌的良种和机械列入良种、农机具补贴范围，享受用水、用电、用地、在物流环节的"绿色通道"等优惠政策；另外，在资金扶持方面，支持建设"都市型"食用菌高新技术产业群，支持食用菌专用品种选育、技术集成提升和智能控制系统升级，推动产业升级换挡。

3. 引导消费潮流，激活食用菌市场潜力

针对潜力巨大、远未开发的消费市场，引导人们食用更多的菇类产品至关重要，应加强食用菌宣传，包括反映菇类产品的低脂肪低糖、高维生素和含微量元素的特性及其保健功能（如提高免疫力、抗肿瘤等）的科学数据，做到健康饮食、科学烹饪，让消费者认识食用菌的品质内涵，发掘消费潜力。利用电视、广播、报纸等现代传播媒介，定期播放相关主题的科教片，形成需求导向的全民保护型主导产业。

4. 转变发展方式，提升食用菌产业水平

加快食用菌由分散、小规模生产经营方式向工厂化、专业化、规模化、标准化发展方式转变。用工业的方式来发展食用菌产业，扶持食用菌企业、专业合作社完善基础设施，推广食用菌机械化、自动化、智能化装备在工厂化专业化生产中的应用。积极引导分散栽培经营的菇农创建食用菌专业合作社，推动食用菌专业化生产。强化标准菇棚建设，创建一批规模较大、自动化程度较高的标准化菇棚生产基地。大力发展效益型精致菇业，实现发展方式的4个转变："粗放型向精致型转变，数量型向质量型转变，脱贫型向致富型转变，原料型向高端产品型转变"，推动食用菌产业再上新高。

目前，在平原粮食生产主产区，作物秸秆和其他生产副产物丰富，是发展食用菌的好原料，应重视食用菌的发展，在这些地方食用菌应成为实现循环农业的重要环节。

二、双孢蘑菇栽培实用技术

双孢蘑菇是世界上栽培面积最大，总产量最高的蘑菇。菇体洁白如玉，圆正漂亮，色、香、味和口感均被人们所喜爱，有"植物肉"的美称，其营养价值比肉类还高。

（一）生物学特性

1. 形态特征

蘑菇的形态有菌丝体和子实体两部分，菌丝体是营养器官，子实体为繁殖器官。

（1）菌丝体。双孢蘑菇成熟的孢子在适宜条件下萌发形成。之后菌丝之间相互连接，形成一个庞大的蛛网体。由许多条菌丝间相互联结，构成这样的蛛网体即是菌丝体。

（2）子实体。由菌盖、菌褶、菌柄、菌环等部分组成。

菌盖。幼嫩时呈球形或半圆形，有菌膜与菌柄相连；菌盖扩张时菌膜胀破，叫作开伞，平展直径可达15 cm。环境干燥时菌盖表面常有鳞片。

菌褶。生育菌盖的下面，刀片状，嫩时白色或粉红色，老熟时呈褐黑色。菌褶两侧着生担子，担子上生有2个担孢子，双孢蘑菇即由此命名。

菌柄。白色，圆柱状，光滑，内部中实但较松。

菌环。生于菌柄中上部，白色膜质，在菌柄上围成一环状。

菌丝索着生于菌柄基部，与覆土及培养中的菌丝相连。开始出菇时，在菌丝交接点上产生许多小的瘤状突起，称为原基。随后依靠菌丝体供给的养料，迅速膨大成菇蕾，并进一步发育成为蘑菇，最后开伞成熟，弹射担孢子。

在制种和培养料发菌时要求菌丝生长旺盛，以积累养分；出菇阶段则要求在覆土层中形成菌丝索，以结蕾出菇。越冬期保留在料层及土层中的粗大菌索增多。通过初春升温调水后，菌丝索可再发育出菇。

2. 生活条件

要想获得高产优质的蘑菇，就必须创造一个适合其生长发育的环境条件，满足其各个生长阶段的需求。

（1）营养。蘑菇是一种腐生真菌，它所需要的营养物质全部从培养料中吸收。因此培养料应该进行科学搭配和堆制发酵，为蘑菇生长提供充足的养分。营养主要为碳源、氮源、无机盐和维生素等。

碳源除单糖、有机酸等小分子化合物能直接吸收利用外，其他大分子化合物均要通过发酵，依靠嗜热性和中温性微生物，以及菌丝本身所分泌的酶分解成简单的碳水化合物，才能被吸收利用。氮源有蛋白质、氨基酸、尿素等。蘑菇能否获得高产，取决于培养料中的含氮量。畜禽粪、豆饼、尿素等物质可以提供大量的氮素营养，但氨气对蘑菇菌丝有很大的危害。另外，磷、钾、钙、镁、锰、铁、锌、铜等也是不可缺少的营养物质，其中以钙、磷最为重要。磷是核酸和能量代谢的重要元素，没有磷，对碳、氮营养也不能很好利用。钙不仅能促进菌丝和子实体生长，并能中和培养料中的酸根，改善培养料的理化性质。维生素可以从堆制与发酵产生的微生物代谢物中获得，所以培养料的堆制与发酵是蘑菇栽培的一项十分重要的基础工序。

（2）温度。双孢蘑菇的一生可分为两个阶段：一是菌丝生长阶段（俗称发菌），二是子实体发育阶段（俗称出菇）。两个阶段对温度的要求各不相同。

蘑菇菌丝能够生长的温度是6～32℃，但以25℃生长速度最快，大于34℃或低于4℃，则菌丝的生长停止；菌丝培育一般以20～25℃为宜，生长较快，浓密健壮，利于丰产；高于25℃时菌丝生长虽快，但稀疏细弱，容易衰老。

子实体生长发育的温度范围为7～25℃，以13～16℃时子实体生长最佳，菌柄矮壮，菌盖肉厚，质量好，产量高。当温度上升到18～20℃时，子实体生长多而密，朵形较小，菇盖菌肉组织较松，质量明显下降；若温度高于22℃时，菌柄徒长，肉质疏松，品种低劣；但温度低于12℃时，生长缓慢，若温度回升，菌丝体又把供应菇蕾生长的营养物质倒输给四周的菌丝，供其蔓延生长，结果会使已经形成的菇蕾因失去营养而枯萎死亡。

（3）水分。双孢蘑菇的菌丝体和子实体的含水量都在90%左右，其水分主要来源于培养料及覆土中的水分。培养料的含水量保持60%～65%为宜，菇棚内的空气相对湿度掌握在75%左右。培养料在发菌初期的含水量应略高些，一般控制在70%，发菌结束时则应降到60%～65%为好。过湿的培养料透气性差，不适于菌丝体生长，并且易发生真菌性、细菌性以及线虫引起的多种病虫害。子实体形成和发育时，要求培养料含水量65%左右，菇棚内的空气相对湿度控制在85%～90%为宜，空气干燥会导致菇盖发生鳞片，商品价值降低。覆土层应保持经常湿润，含水量保持18%～20%（用手捏可成团，扔可散），以保证大量子实体生长时对水分的需要。

（4）空气。双孢蘑菇是好气性真菌，对二氧化碳十分敏感，如栽培场所通气差，二氧化碳和其他有害气体积累过多，则影响菌丝和子实体的生长。适宜于蘑菇菌丝生长的二氧化碳浓度0.1%～0.5%，当大气中二氧化碳浓度减少到0.03%～0.1%，就可诱发菇蕾。在出菇阶段，二氧化碳浓度达到1%时，菌丝将不能形成原基。如果空气中氧气不足，蘑菇菌丝和原基将往上生长而露于床面。所以菇棚要有良好的通风条件，经常通风换气，排除有害气体，补充新鲜空气。特别是出菇以后，更应加大通气量，随时排除多余的二氧化碳气体，供给充足的氧气，否则菇柄会过长。

（5）酸碱度（pH）。双孢蘑菇菌丝在pH值5.0～8.0之间都可以生长，最适宜的pH值是7左右，较其他担子菌稍偏碱性。由于菌丝体在生长过程中会产生碳酸和草酸，同时在菌丝周围和培养料中会发生脱碱（氨气蒸发）现象，而使菌丝生长环境（培养料和覆土层）逐渐变酸，因此在播种时培养料的酸碱度应调整在7.5左右，土粒的酸碱度可调整到7～8，这样不但适宜菌丝生长，还能抑制一些霉菌类病害的发生。

（6）光线。光线对双孢蘑菇的生长发育没有直接作用，菌丝可以在完全黑暗条件下生长，但子实体的形成最好有弱的散射光线的刺激。光线过强，会导致蘑菇表面干燥和变黄，品质下降。

（二）栽培技术

1. 品种及栽培季节

（1）品种及特性。双孢蘑菇有两大品系，即匍匐型品系和气生型品系。

匍匐型品系。本品系菌丝在试管种上表现为贴生，爬壁力弱，生长的适温是24～26℃。该品系菇色洁白，光泽较差，菌柄长，菌环明显，适于鲜销或制作盐水蘑菇。主要菌株有1204、1206、浙农1号、沙州28、176、Ag111、F56等。

气生型品系。该品系菌丝在试管种上表现为生长健壮致密，播种后，吃料发菌速度较匍匐型菌株快，耐温性广，抗高温能力强，耐肥力较差，产量稍低，但菇质好，菇型圆整匀称，洁白光滑，菌肉丰厚，质地细密，开伞率低。适于制作罐头。主要菌株有As2796、152、3003、1671等。其中As2796是目前在我国生产上大面积推广的品种，由福建省轻工业研究所培育。该菌株为杂交型，菌丝白色，基内和气生菌丝均很发达，菇体圆整、盖厚、色白，商品性状较好。10～32℃菌丝均能正常生长，最适温度为24～28℃。出菇温度为10～24℃，最适温度为14～20℃。

（2）适宜栽培季节。根据双孢蘑菇生育特点，在自然条件下进行栽培，我国北方其栽培季节多安排在秋冬并延续到早春，为了在栽培季节内有较长的生长发育期，适宜的播种季节应是前期温度22～25℃，适合蘑菇菌丝体生长，一个月后气温下降到20℃以下，以利于菇体形成。在华北地区生产季节的安排有两种模式：一是厚料（20～25 cm）栽培，从8月开始堆料，到翌年4月底结束，整个生产期为8个月，每平方米菇床可产鲜菇7.5 kg；二是薄料（15 cm）栽培，也是从8月开始堆料，但采菇到12月底结束，生产期为4个月，每平方米菇床可产鲜菇4～5 kg。采菇结束后，将残料翻入地中做底肥，1—5月利用大棚种厚皮甜瓜或其他蔬菜，由此形成麦秸—蘑菇—有机肥—瓜菜生态种植。另外，根据各地自然气候变化规律和菇房条件灵活掌握，在大棚里一年可栽培一次（如可以控制温湿度的条件下，也可栽培两次或三次）。具体生产季节的确定，要根据当地气候只要昼夜平均气温或菇房温度能稳定在20～25℃即可播种，播前25～30天为培养料堆制发酵期。注意播种过早，前期温度高，容易烧菌；过迟则播种后发菌慢，出菇迟，影响产量。一般9月上中旬到10月上中旬是出菇的黄金季节。

2. 适宜北方的几种栽培设施

（1）专用菇房。一般床架式栽培专用菇房占地面积小，空间利用率高，管理比较方便。床架4～6层，床架宽1～1.5 m，层距60～70 cm，底层离地20～30 cm，顶层距房顶1.3 m左右。南北两面靠墙走道宽约65 cm，东西两面靠墙走道宽约50 cm，床架之间走道宽60～70 cm。

每条通道两端各开上、中、下通风窗，上窗的上沿低于房檐15～20 cm，下窗的下沿高出地面8～10 cm，大小以宽35 cm、高45 cm为宜，窗上装孔径80 μm尼龙纱网，每条通道中间的屋顶设置抽风筒，筒高1.3～1.6 m，内径0.3 m。床架可选取竹子、木材、钢筋水泥等材料搭建，床面用纱窗、竹竿、树枝等铺垫，密度以不漏料又透气为准，培养料分层铺放在床架上。

（2）塑料大棚。塑料大棚外观和常规蔬菜大棚相似，要求东西走向，大棚菇房占地利用率约60%。塑料大棚可以床架栽培，也可以地床栽培。为提高秋冬季棚温，可采用双膜覆盖，棚温可提高5～6℃。气温高时，为延长出菇期，棚顶加厚覆盖物可适当降温，使产季延迟结束。

床架栽培。床架栽培和专用菇房床架栽培相似。栽培面积按111 m²设置，要求棚长10 m、宽5 m、高3.5～4 m，床架4层。按222 m²设置，要求棚长12 m、宽8 m、高4.5 m左右，床架4层。搭建时先按设计要求搭建床架，床架宽150 cm，床架层距65 cm，底层离地面20～30 cm。三走道两床架，中间走道100 cm，两边走道60～70 cm。棚架中柱高3.7 m，边柱高3.1 m。在床架顶部固定若干拱形棚架，用拼接好的宽幅塑料薄膜将棚体整体覆盖，膜外再加盖草苫等遮阳物。通气窗开设在大棚两侧，可以先在塑料薄膜上划开窗洞，再用大小相同的塑料窗纱粘上，窗的大小为0.4 m×0.5 m。大棚可以不设拔气筒，在门上部增设通气窗来代替。棚体要牢固，确保雨天不滴漏，下雪不凹陷。

地床栽培。每个大棚内设3畦，两边畦宽各90 cm，中间畦宽150 cm，长根据地形而定。棚内设作业沟（作业道）两条，宽50 cm，深30 cm，挖出的沟土作为畦边的挡料堤。中柱高115 cm，边柱高50 cm，中、边柱上可用竹片搭制拱棚，上覆薄膜和草苫。棚可以连片搭建栽培，棚间挖排水沟，棚与棚之间搭架，上覆草苫遮阳、控温。

发酵好的培养料直接铺放在地床表面进行栽培。由于地床栽培受温度、下雨和刮风等自然气候影响较大，土壤中存在的不利因素也较多，环境条件控制难度较大，所以要选择好栽培季节，进料前对棚内和土壤要严格消毒1～2次，以防病虫害发生。

（3）简易中小拱棚。简易中小拱棚是利用房前屋后或果园、林间等空闲地，因地制宜搭建的一种简易菇房。进行地床栽培，这种方式投资少，操作简单。中小拱棚均为畦床栽培。棚长一般15～20 m、宽2.5 m、中间高1.4～1.7 m。棚的中间为走道，宽50～60 cm。棚两侧与棚走向相同做两个畦床，畦床宽1 m左右，走道下挖30～40 cm，挖出的土填放在畦床上。畦床使用前杀虫杀菌。用直径2～3 cm的竹子或竹片作拱形骨架，竹竿相隔50～100 cm，中部和两侧分别纵向连接，以加固棚架，恶劣天气影响严重的地区，中间走道两侧各设高1.2 m的立柱。拱架上可采用三块膜法覆盖薄膜，即两侧底部各覆1 m宽的膜，膜下部埋入土中20 cm，上部30 cm和棚顶3.5 m宽的膜呈覆瓦状压紧，以便于通风。棚连片搭建栽培时，棚与棚之间为排水沟，沟宽30～50 cm，深度比走道低10 cm以上。在进料播种前覆棚膜，在棚膜外盖一层草苫或玉米秆作遮阳物。发酵好的培养料直接铺放在地床表面进行栽培。

（4）冬暖式大棚（日光温室）。目前，我国北方多在地面建冬暖式大棚，其优点是保温保湿性能好，冬春菇房气温高，使冬季持续出菇，春菇产期提早，适于规范化、集约化大面积栽培。菇棚要求东西走向，坐北朝南方位，长40～50 m、宽7～8 m，北墙高2 m左右，四周墙厚0.6 m，采用钢筋拱架结构，拱架间距1 m，前坡面呈拱形，东侧留缓冲房，做南门进出，在北墙设置上、中、下三排通风孔，直径0.3 m，南墙设置下通风孔，直径0.3 m，孔距均为4.5 m，框架建好后，在栽培前1个月覆高强度农用塑料膜，覆膜后搭上草帘，用来调节温度和光照。培养料后发酵在温室内进行，培养料放在一定的架子上，料堆一般为宽2 m、高1.3 m，每隔1 m用直径10～15 cm的木棒从料顶至地面打若干个通气孔，然后距料35 cm搭拱形架，上覆薄膜，利用阳光照射自然增温，或辅助蒸汽进行加温。

（5）半地下式菇棚。半地下式菇棚一半建在地上，一半建在地下，兼有地上菇棚与地下菇棚的优点，保温保湿，冬暖夏凉，通风性能好，可调节光照，便于消毒等。

菇棚长10～20 m、宽3～4 m、高2～3 m，地下部分1.5～2 m，地上墙高1～1.5 m。地面打土墙或砌砖，两头有出入道口和密闭的门窗。棚顶既可用泥灰渣构筑，亦可用塑膜和草苫等覆盖。屋顶面筑成半坡形，与地面角度呈30°。屋脊每隔4.5 m设一排风筒，直径40 cm。地下部分设进风筒，新鲜空气由进风筒进入菇房，从排风筒排出。

3. 栽培措施及管理要点

（1）配方原则及配方。培养料发酵前的最适合碳氮比为（28～30）：1，发酵后是（17～18）：1，氮：磷：钾的比例为13：4：10厚料栽培时，要求发酵前培养料的用量每平方米菇床投干料40～50 kg；薄料栽培每平方米菇床投干料30～40 kg。培养料经过约20天的发酵后，干物质一般损失40%左右。具体配方如下。

1）天然料配方。

配方一：稻草2 000～2 250 kg，干牛粪800～1 000 kg，干鸡粪250 kg，豆饼175 kg，尿素15 kg，过磷酸钙40 kg，石灰50 kg，石膏75 kg。

配方二：稻草或麦草2 250 kg，干鸡粪750 kg，豆饼100 kg，过磷酸钙40 kg，石灰50 kg，石膏75 kg。

配方三：玉米秆2 000～2 500 kg，牛粪或鸡粪500～800 kg，尿素10 kg，石膏

25～30 kg，过磷酸钙20～30 kg，石灰25～50 kg。

2）半合成（少粪）配方。

配方一：干稻草或麦草2 000 kg，干鸡粪500 kg，菜籽饼100 kg，尿素20 kg，过磷酸钙35 kg，石灰30 kg，石膏75 kg。

配方二：麦秸58%，牲畜粪38%，饼（豆、棉籽、花生）3%，尿素1%。

3）合成（无粪）配方。

配方一：干稻草或麦草2 500 kg，饼粉150 kg，尿素40 kg，过磷酸钙35 kg，碳酸氢铵25 kg，石膏50 kg。

配方二：棉籽壳99%，尿素1%，水140%。

（2）培养料的堆制发酵。培养料一次发酵法：在室外一次性完成培养料发酵工作的称为一次发酵法，其所需设备简单、技术容易掌握，成本低。

1）培养料预湿。稻、麦草或玉米秸切成30 cm左右的段，堆制前2～3天用0.5%的石灰水充分浇透或用1%石灰水浸泡，让其充分吸水后，捞出建堆预湿。使用的各种干畜禽粪和饼肥充分粉碎后混合均匀，于堆制前2～3天另外单独建堆预湿。若是湿粪发酵，发酵比较慢，需提前20天预湿，5天左右翻堆一次。原材料预湿时含水量掌握在55%～65%。用手抓起一把粪肥，用力一捏，以能看到水从指缝中渗出而不会下滴为度。在预湿时，也可以把含水量控制得稍偏干一点，含水量掌握在50%～60%，建堆后，在每一次翻堆时，再根据具体情况进行喷水补充。

2）建堆。建堆时先将水泥地面打扫干净，然后铺放一层经预湿处理过的玉米秸、稻草等，厚约30 cm，宽2 m，长度视材料的多少以及场地的实际情况而定，厚薄要均匀一致。然后在上面撒放一层预湿过的粪肥，厚度3～5 cm或依粪肥数量而定，一般要均匀地覆盖草料，饼肥、尿素都在建堆第4层时加入，分层撒在料堆的中间几层。粪肥施撒的原则是里面少，外面多；下层少，上层多。这样一层草料、一层粪肥的交替铺放，最上面一层用粪肥全面覆盖，完成建堆。总层数10～12层，高1.5～1.8 m（110 m^{2}的栽培面积需要料堆长12～13 m）。草料铺放要求疏松；料堆边缘应基本垂直、整齐，即堆顶与堆底的宽度相差不太大，以便保持堆内温度，堆顶形状以龟背形或半圆形较好；料堆不宜过高过宽，否则不仅操作不便，而且透气性差，容易产生粪臭味，发酵不均匀，但料堆也不能太窄，否则边料多，不易腐熟，影响发酵质量；建堆时每隔1 m堆内要事先插棍棒、竹竿等，建堆后再拔掉以利透气；主料预湿不够、水分不足的，此时要适量均匀地喷清水或粪肥水，喷水原则是"上层多喷，中层少喷，下层不喷"，一般从第四层或中层开始喷水，堆底有少量水渗出为度；建堆后在料内不同的深度部位插入温度计（0～100℃）以便观测堆内温度；建堆后料堆要覆盖，晴天用草苫等覆盖遮阴，以免风吹日晒，营养和水分散失，雨天要用塑料薄膜覆盖，防止雨水渗入堆内，流失养分，但要注意掀膜通气，防止厌氧发酵，可以在料堆上搭一拱形塑料棚，既能防雨，又能透气。

建堆时辅料按"下层不加、中层少、上层多"的原则分层撒铺于各草层，其中氮肥尿素尽可能多加，争取在第二次翻堆时加完，以免后期产生氨气，抑制菌丝生长；石膏、过磷酸钙各添加总量的1/3，石灰一般在第三次翻堆时开始添加，调节培养料的酸碱度（pH）至7.5左右。

3）翻堆。培养料一次发酵期间一般翻堆4～5次，具体方法如下。

第一次翻堆。在正常情况下，建堆后的2～3天，预湿过的培养料堆内温度就可升至70～80℃，早晨和傍晚可见堆中冒出大量雾状水蒸气，当堆温升至最高温度后开始下降时进行第一次翻堆。具体做法是：将外围和底部的料翻到中部，中部的料翻到上、下部，若是把料堆外层培养料耙下来，放在一边，洒些水，在重新建堆时再逐渐混入料堆中更好。翻堆时根据水分情况适当浇水，水分掌握在翻堆后料堆四周有少量粪水流出为宜，结合翻堆分层加入所需的氮肥和过磷酸钙等。翻堆后重建料堆的宽度应适当缩小，长度缩短，高度不变，并在料堆中设排气孔。

第二次翻堆。第一次翻堆后1～2天，温度很快再次上升到75℃左右，4～5天后堆温达到最高点后又下降时，进行第二次翻堆。同样在翻堆时，应尽量抖松粪草，并将石膏分层撒在粪草上。这次翻堆原则上不浇水，较干的地方补浇少量水，须防止浇水过多造成培养料酸臭腐烂现象。

第三次翻堆。第二次翻堆后5～6天，即可进行第三次翻堆。

以后依次进行第四次、第五次翻堆。翻堆方法与要求同二次翻堆。

每次翻堆间隔时间主要根据料内的温度变化来掌握。在培养料堆制过程中，前期由于粪草尚未腐熟，料堆疏松，通气性好，堆温下降慢；后期粪草逐渐腐熟，料堆较实，通气性差，堆温下降快。所以，翻堆间隔时间应先长后短，料堆应先大后小。一般情况下，翻堆时间按相隔6天、6天、5天、4天、3天进行，翻堆次数4～5次，堆期25～30天（稻草25天，麦草27～30天，玉米秸26～30天），棉籽壳由于营养丰富，发酵快，发酵时间要缩短，10～15天即可。

（3）播种与发菌管理。

1）播种期。播种期应视当地气候条件和温度而定，夏季栽培时一般当平均气温在27～28℃，并且温度呈下降趋势时即可播种，24℃左右是最适宜的播种温度。若温度偏高，即使培养料发酵好了，也不要急于播种，否则料温高于30℃容易出现烧菌现象。当然播种时间也不能因求稳而盲目推迟，否则后期温度低，产菇时间缩短，稳种而不能高产。适宜播种时间以发菌期温度20～27℃，出菇以后温度14～18℃最好。

2）播种方法。双孢蘑菇菌种有粪草菌种和麦粒菌种等几种类型，不同菌种类型播种方法和使用量不一样。粪草菌种采用条播加撒播或穴播加撒播方法，即在料面用指头按品字形挖一小穴，穴深3～5 cm，穴距8～10 cm，把核桃大小的种块逐穴填入，或在床面上开一条宽5～7 cm、深约5 cm的横沟，在沟内均匀撒下菌种，沟和沟之间距离10～13 cm。

气候干燥或料干时，播种可稍深些，气候潮湿、料偏湿可播浅些，菌种要稍露料表面，最后再用少量菌种均匀撒在料面，轻轻拍平，使菌种与料面紧贴，以利发菌。每平方米用粪草菌种2.5~4瓶（每瓶750 mL）或菌种1~1.5 kg。麦粒菌种采用翻播加撒播方法，即将2/3菌种均匀撒在料面上，用手或叉子松动培养料，使菌种落进培养料内部，然后将剩余菌种均匀撒在料面，再用少量培养料覆盖，使菌种若隐若现，最后用木板轻轻拍平培养料表面，使菌种和培养料紧贴在一起，每平方米用麦粒菌种1~1.5瓶（每瓶750 mL）。播种后上面可用覆盖物（草帘、报纸或塑料膜）。

3）发菌期管理。从蘑菇播种开始到原基发生之前的一段时间是发菌期，这段时间管理的重点是抓好菇房的通风降温和湿度调节，播种后2~3天是菌种定植萌发时间，这段时间少通风，以保湿为主，保持菇房湿度75%~80%，以促使菌丝迅速萌发，占领料层，抑制杂菌生长。但料面不能直接喷水，如果料面偏干，影响菌种的定植和吃料，可以在菇棚的空间、地面上喷水。为保持菇棚内空气新鲜，可把背风的地窗打开，少量通风，并将覆盖在床面上的报纸或薄膜，每天掀动1~2次，以利通气。播种后若遇到持续28℃以上高温，早晚和夜间要注意通风降温，控制菇棚温度在27℃以下。

播种3天后，当菌种块菌丝已经萌发时，可逐渐增加菇棚通风量，温度在25℃以上时，早晚通风，中午关闭门窗。5~7天后菌丝已进入培养料，此时在保持棚内湿度的同时，要逐渐加大菇房的通风量，保持空气新鲜，并适度吹干料面，以防杂菌发生。7~10天菌丝伸入培养料一半左右时，可揭去薄膜等覆盖物，加强通风，促进菌丝进一步向料内生长，直至菌丝长到料底部。在此期间，料内的温度最好控制在22~26℃，最高不能超过28℃。如床面过干，可增加空气湿度，让料面逐步吸湿转潮。

发菌期间除了管理好温度、湿度和通气条件外，要经常检查蘑菇发菌情况。如发现菌种块污染，应及时拣出、处理，再补种新菌种。如发现有螨虫危害，应采取措施力争在覆土前消灭。若发现菌种不萌发或生长较弱，应及时查找原因，采取补救措施。

（4）覆土与覆土后管理。

1）覆土时期确定。当菌丝吃料2/3以上、大部分菌丝接近培养料底部时（在正常的栽培季节，播种后20天左右），开始覆土。

2）覆土方法。

一次覆土法。各种大小规格的土粒（0.5~1.5 cm）混合在一起，待菌丝长好后，一次性覆盖在菌床上，覆土层厚度3.5~4 cm。

二次覆土法。土粒分别制成粗土和细土两种规格，粗土粒直径1~1.5 cm，细土粒直径0.5~0.8 cm。覆土时先覆一层粗粒土，以保持良好的透气条件，覆盖厚度为2.5~3 cm，覆完粗粒土后，2~3天内采取轻喷勤喷的办法逐步将土层调至所需湿度，接着再覆盖一层细粒土，厚度为0.8~1 cm，粗细土覆土层总厚度在3.5~4 cm。

3）覆土要求。土层厚薄要均匀，覆土后用木片或木板将土层刮平整。覆土厚度3.5~

4 cm。

4）覆土后管理。覆土后2～3天，根据覆土层水分情况先调水，再小通风半天左右，让土表水分散失，达到内湿外干状态，当扒开土层见有菌丝，说明菌丝已长入土层，以后逐渐加大菇房通风量。一般在白天开对流窗，使空气流通，防止菌丝在土中徒长，若有气生菌丝出现，在菌丝处补盖一层薄薄细土，厚度以盖住菌丝即可。根据土中水分情况，经常向土中喷雾状水，保持土层湿润，喷水时要轻喷、细喷、勤喷，切忌过多水分流入料中。后期加大通风，增加空气相对湿度，使菇房湿度达到90%左右，菇房内温度控制在14～18℃，促使子实体迅速形成。并通过水分管理和通风换气控制子实体原基扭结在土层下1 cm处，避免出菇部位太高或太低而影响蘑菇的产量和品质。正常情况下，从播种到出菇约40天。

5）注意事项。从覆土到出菇这个阶段容易出现一些问题。

料面菌丝萎缩。在覆土调水、喷结菇重水、结菇出菇重水期间，一次喷水过重，水分很容易直接流入料面，或覆土前料面较潮湿，结果由于水分过多，氧气供应不足，料面菌丝会逐渐失去活力而萎缩。调水期间菇房通风不够，以及高温期间喷水，都会因蘑菇菌丝代谢的热量和排出的二氧化碳不能及时散发而自身受到损害，最终产生菌丝萎缩现象。为防止料面菌丝萎缩，覆土前加强通风，防止料面太潮湿；覆土后调水、喷水后，菇房要加大通风；高温时不喷水。

产生杂菌和虫害。这段时间菇房内的温湿度都非常适合杂菌和害虫的发生。疣孢霉、胡桃肉状菌适于高温、高湿、通风差的条件下发生和发展。螨类也很容易在这段时间内发生。因而要特别注意防止这些杂菌害虫的危害。

菌丝徒长，土层菌丝板结。主要原因是覆土上干下湿、结菇水喷施过迟、喷结菇重水后菇房通风不够、菇房相对湿度过高等。这些情况都会促进蘑菇的营养生长而抑制生殖生长，造成菌丝在土层中过分生长，甚至长出覆土表面布满土表，形成"菌被"，迟迟不能结菇。针对上述情况，应分别采取相应措施。如用松动或拨动破坏的办法，阻止菌丝的继续生长。喷施重水后，要加大菇房通风，促使结菇。

出密菇、小菇。主要原因是结菇部位不适当。结菇部位不适当跟喷施结菇重水是否适时、适量有关。结菇重水喷施过迟，使菌丝爬得太高，子实体往往扭结在覆土表层。结菇重水用量不足，菇房通风不够，菌丝扭结而成的小白点（原基）过多，因而子实体大量集中形成，造成菇密而小。防止密菇、小菇的产生，应及时调节结菇重水，避免菌丝在覆土表面扭结，结菇部位过高。结菇重水用量要足，菇房通风要大，防止菌丝继续向土面生长，抑制过多子实体的形成。

出顶泥菇、菇稀少。结菇重水喷用过急、用量过大，抑制菌丝向土层上生长，促进了菌丝在粗土层扭结，降低了出菇部位，以致第一批菇都从粗土间顶出，菇大、柄长而稀。

死菇。出菇以后，在蘑菇生产中经常遇到大批死菇的现象。这种现象往往在第一潮菇时发生。究其原因，主要由高温的影响和喷水不当所引起。在蘑菇原基形成以后，尤其在出现小菇蕾以后，若室温超过23℃，菇房通风不够，这时子实体生长受阻，菌丝体生长加速，这样，营养便会从子实体内倒流回菌丝中，供给菌丝生长，大批的原基便会逐渐干枯而死亡。喷施结菇重水前未能及时补土，米粒太小的原基（小白点）裸露，此时，易受水的直接冲击而死亡。结菇和出菇重水用量不足，粗土过干，小菇也会干枯而死。针对上述原因，防止高温影响，喷水时保护好幼小的菌蕾可有效地减少死菇的发生。

（5）出菇管理—秋菇管理。

1）水分管理。水分管理是出菇期间最重要的环节。当覆土层内出现米粒大小白色的小菇蕾时，就要适时喷"结菇水"。结菇水要偏大、偏重，每次喷到土层发亮，目的是促使菌丝大量扭结出菇。当菇蕾长到黄豆大时，再及时喷"出菇水"，每天喷1~2次重水，每次1 m²喷水0.9 kg左右，连续喷2~3天。喷重水后，停水两三天，然后恢复正常喷水量，即每天喷1~2次，轻喷勤喷，少量多次，直到采菇。第一潮菇采收后，停水一天，以后继续喷水，直到下潮菇长到黄豆大时，再喷重水。如此反复循环，直到第三潮菇采收结束。

2）通风换气。蘑菇子实体生长阶段呼吸作用旺盛，需氧量大。因此菇棚要保持空气新鲜，需随时注意通风换气。秋菇前期，尤其是第一批至第三批菇发生期间，气温高，出菇多，需氧量大，更要加强菇房内的通风换气，保证菇体的正常生长和发育。在正常气候条件下，可采取长期持续通风的方法，即根据蘑菇的生长情况和菇棚的结构、保温、保湿性能等特点，选定几个通风窗长期开启。这种持续通风的方法，能减少菇棚温度和湿度在短时间内的剧烈波动，保证相对稳定的空气流通。如果遇到特殊的气候条件如寒流、大风和阴雨天等，则通过增减通气口的数量来调控通气量。有风时，只开背风窗，阴雨天可日夜通风。为了防止外界强风直接吹入菇床，在选择长期通风口时，应选留对着通道的通风口，不要选择正对菇床的窗口，同时要避免出现通风死角。通风换气要结合控温保湿进行，当菇棚内温度在18℃以上时要加强通风，当菇棚内温度在14℃以下时，应在白天中午打开门窗，以提高菇棚内的温度。

3）温度管理。蘑菇出菇阶段最适宜温度在14~16℃，一般控制在12~20℃，气温不要超过20℃，温度不适时需要通过通风降温或加温等措施进行调节。

通风与保温保湿之间是一个矛盾体，相互影响，相互牵制，因此，二者之间要协调好，不能顾此失彼。

（6）采收。一般在蘑菇生长到六七成熟时就应及时采收。采收时应掌握高产品种，床面结菇多，采收控制在菇盖直径3 cm以下，品质好，商品价值高。菇棚气温在14℃左右，蘑菇生长慢，柄粗，质地密实，可晚采，但菇盖直径也不得超过4 cm。养分足，菇柄粗壮，可适当推迟采收；养分不足，菇柄细弱，易开伞，应早采。前三潮菇，采用旋菇法。即用拇指、食指和中指捏住菇盖，先向下稍压，再轻轻旋转采下，避免带动周围小菇。后期采菇可采取拔菇法。即采摘时，要把菇根下部连接的老化菌索一起拔掉，因为这些老化的根状菌索，再生能力很差。刚采摘下来的蘑菇，要轻轻地放在一定的容器里，以后用锋利的小刀，整齐切掉菇脚。最好边采菇、边切柄、边分装，保证鲜菇质量。新鲜的蘑菇，质地非常脆嫩，因此无论在采摘、切根或搬运时都要注意轻拿轻放，不要乱丢乱抛，以保证产品的质量。

（7）转潮管理。

1）挑根补土。每批菇采收后，应及时挑除遗留在床面上的老根、菇脚和死菇。因其已失去吸收养分和结菇能力，若继续留在土层内不仅影响新菌丝的生长，推迟转潮时间，而且时间长了还会发霉、腐烂，引起病虫危害。

2）喷水追肥。每次挑根后，要及时用较湿润的覆土材料重新补平，保持原来的厚度。每次采收后停止喷水2~3天，待菌丝恢复生长以后，继续喷水，第二、第三潮菇以后，结合喷水向菇床进行追肥。追肥可使用下列营养液：0.2%尿素水，0.2%的糖水，菇根汁稀释液（菇根水煮20 min，滤汁稀释10倍），发酵鸡鸭粪肥稀释液（发酵过的鸡鸭粪肥，加水3倍稀释）。

4. 冬春季管理要点

因冬季气温下降和菌丝中营养储备相对减少，土层中束状菌丝增多，双孢菇子实体不再发育生长，菌丝进入半冬眠状态。冬春季的主要管理目标是恢复和保持好菌丝活力，为出好春菇打好基础；等春季温度回升后加强管理，出好春菇，提高产量。其管理技术要点如下。

（1）根据土层与料层中菌丝状况，采取不同的管理措施。对于料层和土层中菌丝较壮、色泽洁白、无病虫害的棚，采取"小动"的办法处理，即秋菇生产结束后，减少床面喷水，把土层内发黄的老根和死菇挑除干净，对暴露菌丝的床面补土。床架栽培用直径2 cm的尖头木棒每隔15 cm打一个洞，地面栽培采用撬料方式打洞，以增加料内的透气性，排出有害废气，使料内菌丝再生复壮。此措施称为收水打洞。对于土层菌丝衰退，与土层相接处的料层菌丝有夹层，甚至已变黑，有杂菌发生，但夹层下的料层中仍然有较好菌丝的棚，可采取"大动"的办法处理。即在春节前，先把土层铲出菇棚，再将没有菌丝的发黑或有杂菌的料清除。若有发酵料，调节好酸碱度和含水量，补铺在菌丝的床面上，然后重新覆土，调节土层湿度偏干为佳。若没有剩余的发酵料则在料面喷一些促进菌丝生长的营养液进行追肥，然后重新覆土，调节土层含水量偏干一些。按上述办法加以处理后，菌丝一般可复壮。

（2）抗寒保温与通风。进入寒冷冬季，菇棚应以防寒保温为主，尽量使温度不低于0℃，不要出现结冰现象，在保温的基础上也要注意适当通风换气。由于冬季气候干燥，床面仍有一定蒸发量，为了不使菌丝过干而影响菌丝正常的代谢活动，一般15天左右喷一次小水，保持细土不发白，含水量保持15%左右。

（3）喷好发菌水，迎接春季出菇。春季气温回升稳定在6℃以上时，开始喷发菌水。春菇调水不能太快太急，要掌握先稳后准的原则，喷水量逐渐增多。早春喷水以午后高温期为好，喷水后适当通风；后期当棚温回升到18℃以上时，白天不喷水，改在傍晚和早晨喷水。春季气温时高时低，既要防寒流袭击，又要防高温危害，要经常了解天气变化预报，及时灵活采取措施，通风换气，防寒抗热，延长春菇生产期，提高产量。

（4）增施肥料，提高产量。由于双孢菇在生育前期大量出菇，培养料中的养分大量消耗，影响后期产量，为满足后期生长对养分的要求，应适当喷施一些营养物质以补充养分；促进菌丝旺盛生长，提高产菇能力。一般每潮菇可结合喷水追肥2～3次，促进菌丝和子实体生长的营养物质有以下几种。

1）尿素液，配成0.5%的溶液喷洒。

2）菇根汤，将鲜菇脚加水10倍煮后取滤液加水5～10倍液喷洒。

3）1%葡萄糖、0.5%碳酸钙配成混合液喷洒。

4）1%黄豆浆以及1%酵母粉、1%维生素B₁和1%三十烷醇、1%菇丰宝、1%喷菇宝、1%健壮素等。

（5）注意防治病虫害。出菇前可在菇棚内外空地和墙壁喷一次浓度为1%的敌敌畏，床面结合喷水，喷一次浓度0.5%的敌敌畏溶液或挂敌敌畏棉球。另外，菇棚内空地和墙壁应重喷一次5%～10%的石灰水，床面结合喷水，经常喷施1%的石灰澄清液。

（6）重浇结束水。北方地区春菇停产约在5月下旬，可提前大喷一次结束水，使土粒调节至发黏的程度，特别是那些料层偏干的菇棚，可用泼浇法在菇床面上浇水，使水分渗透进料内。晚上可整夜大通风，白天密闭菇棚，争取最后收到一茬较整齐的春菇。

三、平菇栽培实用技术

（一）平菇概述

平菇又名侧耳、北风菌、冻菌、鲍鱼菇等。目前我国已发现的食用侧耳有30多种，但栽培最广的有糙皮侧耳、紫孢侧耳、漏斗侧耳（凤尾菇）、金顶侧耳和佛罗里达侧耳。

平菇肉肥质嫩，味道鲜美，营养丰富，又有药用价值，并且适应性广，抗逆性强，培养料来源广，栽培方法简便，生长快，周期短，成本低，产量高，目前在全国各地栽培相当广泛。特别是20世纪70年代生料袋栽获得成功以后，发展极为迅速，已成为食用菌的后起之秀。

（二）生物学特性

1. 形态特征

平菇的形态包括菌丝体和子实体两部分。菌丝体是人们肉眼看到的白色丝状物，在显微镜下观察，菌丝则是透明的小管，由许多细胞组成，每个细胞里有2个细胞核。它们担负着吸收营养物质的功能。子实体是人们食用的部分，它是平菇形成种子——孢子的机构。子实体的发育分为4个阶段：当菌丝体生长到一定时期会相互扭结，在表面出现小米粒状的白点，进而形成许多桑葚状的菌胚堆即子实体原基，这一阶段称为原基期，因形似桑葚，又称桑葚期；原基期持续的时间不长，很快原基上就会长出许多棍棒状的小梗，从外形上看很像珊瑚，此期称为分化期，又可称为珊瑚期；分化期持续的时间也不长，几天后就可看到棍棒的顶端形成小的菌盖，看起来已很像平菇了，此期称为形成期；原始菌盖迅速生长，菌柄也随之伸长变粗，即发育为成熟的子实体，此期称为成熟期。

2. 生活条件

（1）营养。平菇是木腐菌，所需要的营养物质有碳源、氮源、无机盐类和维生素等。均可从锯末、棉籽壳、稻草、麦秸、玉米芯、玉米秸、豆秸等培养料中获得。

（2）温度。菌丝在5~40℃都能生长，但以24~27℃最为适宜。子实体形成的温度在8~22℃，以15~18℃为最适宜。根据子实体分化对温度的要求不同，可将平菇品种分为：

低温型：子实体分化温度在15℃以下。代表品种有831、539等。

中温型：子实体分化温度在16~20℃。代表品种有佛罗里达、凤尾菇、姬菇等。

高温型：子实体分化温度在21~26℃。代表品种有高温831、HP_1、侧5、鲍鱼菇等。

广温型：子实体分化温度在3~34℃。代表品种有792、802、新831、推广1号、太空2号、平杂17等。

不同季节栽培，要选用相应的品种。

（3）水分与湿度。菌丝体发育阶段培养料含水量60%~65%为宜，空气相对湿度要求70%左右。子实体发育时期，空气相对湿度要求90%左右为宜。

（4）空气。平菇是好气性真菌，在菌丝生长阶段要注意适当通风换气，子实体形成及生长期，必须有良好的通气条件。否则，子实体生长不正常，会影响平菇的产量和质量。

（5）光线。平菇菌丝生长阶段不需要光线，但子实体的形成需要一定的散射光，在完全黑暗的条件下，子实体原基（幼蕾）、菌柄均不易形成。

（6）酸碱度。平菇菌丝在pH值3~7.2均能生长，子实体发育适宜的pH为5.5~6.0。配制培养料时，应把pH值调到7.5左右，因为在拌料、灭菌及生长代谢过程中，pH会下降。

（三）栽培与管理技术

平菇栽培的方法很多，目前多采用塑料袋栽、室内生料床架栽培和室外阳畦栽培以及与农作物间套等，平菇很适合于袋料栽培，以袋栽和柱式栽培为优，其产量高、品质好、效益高。袋栽平菇有以下优点：利于控制杂菌和害虫的危害，成功率高；充分利用空间，占地面积小（15~18 m²的培养室可培养1 500~2 000袋）；生产周期缩短，采用堆积发菌，增高料温，加快发菌，缩短菌丝生长期；便于移动管理，可充分利用场地；有利于控制温度，保持湿度，出菇整齐，菇形好，产量稳定。

1. 栽培季节

目前栽培平菇主要是利用自然气温，进行秋冬和春季栽培，一般从播种到采收完需要4~6个月，可收3~4茬菇。高温季节虽可栽培，但病虫害严重，产量低。根据气象资料，河南省每年6月平均气温在25℃以上，持续到9月初才逐渐下降到25℃以下，故播种从9月开始，一直可以播到翌年2月底，因3月虽可播种，但只能收二茬菇，便到高温夏季，生产效益也很低。

2. 栽培场所的选择与消毒

无论室内、室外栽培，都应注意菇场清洁，有光线，能保温保湿，做到通风换气方便。菇场选好后，要先消毒，特别是老菇场更应消毒。一般消毒可用硫黄熏蒸，用量为每立方米空间10~15 g；或用甲醛熏蒸，用量为每立方米空间6~10 mL。

3. 栽培料的选择与配制

用作平菇栽培的原材料很多，以新鲜、干燥、易处理、便于收集和保存为原则，栽培原料还应无霉变、无虫蛀、不含农药或其他有害化学成分。栽培前放在太阳下暴晒2~3天，以杀死料中的杂菌和害虫。对玉米芯、豆秆、稻草、麦秆、杂木等原材料，应预先切短或粉碎。配方如下：

配方1：棉籽壳99%，石灰1%，50%多菌灵可湿性粉剂1 000倍液。

配方2：玉米芯76%，棉籽壳20%，麦麸皮或玉米粉3%，石灰1%。

配方3：玉米秆87.5%，麦麸皮5%，玉米面3%，石灰3%，尿素0.5%，食盐1%。

配方4：稻草74%，玉米粉25%，石膏粉1%，50%多菌灵可湿性粉剂1 000倍液。

配方5：麦秆84%，麦麸皮8%，石膏2%，尿素0.5%，过磷酸钙1.5%，石灰4%。

配方6：锯木面60%，棉籽壳30%，麦麸皮9%，石灰1%。

配方7：杂草94%，麦麸皮5%，石膏1%。

配方8：金针菇菌渣73%，棉籽壳20%，石灰5%，过磷酸钙2%，含水量60%左右（生物学效率可达80%~120%）。

配方9：草菇菌渣50%，新鲜棉籽壳50%，石灰1%。

配方10：草菇菌渣80%~90%，麦麸或米糠8%~10%，石膏粉或碳酸钙2%，糖1%，含水量60%，调pH值至7.5~8.0后灭菌栽培。

在配置时注意调节培养料的营养和酸碱度。

4. 堆积发酵

按上述配方要求，准确称料，将料充分混合（易溶于水的应先加入水中溶解），然后加水拌匀。春栽气温低，空气湿度小，培养料中加水适当多一些，在100 kg干料中加入150 kg水为宜，不同培养料加水量也略有不同，玉米芯、绒长的棉籽壳可适当加水多一些，绒短的棉籽壳应少加些水。拌好的培养料堆闷2 h，让其吃透水后进行堆积发酵。建堆的方法是：在水泥地面上铺一层麦秆，约10 cm厚，把培养料放在麦秆上，料少时堆成1 m高的圆形堆，料多时堆成高1 m、宽1 m的条形堆，每隔30 cm左右，用木棍扎通气眼到料底，然后在料堆上覆盖草垫或塑料薄膜。当料堆中心温度升到55~60℃时维持18 h进行翻堆，内倒外、外倒内，继续堆积发酵，使料堆中心温度再次升高到55~60℃时维持24 h，再翻堆1次。经过两次翻堆，培养料开始变色，散发出发酵香味，无霉味和臭味，并有大量的白色放线菌菌丝生长，发酵即结束。然后用pH试纸检查培养料的酸碱度，并调节pH为7.5左右，待料温降到30℃以下时进行装袋。生产实践证明，用发酵料栽培平菇菌丝生长快、杂菌少、产量高。

5. 装袋与播种

选用宽23 cm、长43 cm、厚0.025 μm的低压聚乙烯筒膜，每千克筒膜可制作180个左右，每袋可装干料0.7~0.8 kg。接种先将一端用大头针别上，撒入一些菌种，装入一层培养料，整平压实，再撒一层菌种，再装一层培养料，最后用菌种封口，要使菌种与培养料紧密接触，接种量一般为干料的10%~15%。靠近袋口多撒一些菌种，使平菇菌丝优先生长，并防杂菌滋长。料要尽量装实，以手托袋中央，袋子不变形为宜。装袋应注意以下几个问题。

（1）装袋前要把料充分拌一次。料的湿度以用手紧握指缝间见水渗出而不往下滴为适中，培养料太干太湿均不利于菌丝生长。装袋时要做到边装料、边拌料，以免上部料干，下部料湿。

（2）发酵好的料应尽量在4 h之内装完，以免放置时间过长，培养料发酵变酸。

（3）装袋时不能蹬、不能摔、不能揉，压料用力均匀，轻拿轻放，保护好袋子，防止塑料袋破损。

（4）装袋时要注意松紧适度，一般以手按有弹性，手压有轻度凹陷，手拖挺直为度。压得紧透气性不好，影响菌丝生长；压得松则菌丝生长散而无力，在翻垛时易断裂损伤，影响出菇。

（5）装好的料袋要求密实、挺直、不松软，袋的粗细、长短要一致，便于堆垛发菌和出菇。

（6）将装好的料袋逐袋检查，发现破口或微孔立即用透明胶布封贴。

近年来采用机械化装袋与播种效率很高，规模栽培应积极采用。

6. 灭菌熟料栽培

目前平菇栽培多用发酵的生料栽培，简单省工效益高；如果有灭菌条件时，也可进行熟料栽培，产量高，但费工又增加生产成本，采用此法要核算经济效益。灭菌熟料栽培技术要点如下。

（1）排出锅内污水，换上清水，将装好料的菌袋及时进灶，合理堆放。料袋在灶内采用一袋袋上下对正的直叠式摆放。这样不仅孔隙大，有利于蒸汽穿透，而且灭菌后的菌袋成为四面体，有利于接种和后期管理。蒸仓内四个角自上而下留下15 cm^{2}的通气道，排与排之间也要留下空隙，保障蒸汽畅通，确保灭菌彻底。

（2）灭菌时要做到"三勤"。勤看火及时加煤；勤加水防止干锅；勤看温度防止掉温。

（3）烧火应掌握"攻头、促尾、保中间"。灭菌开始时必须大火攻头，力争在4～6 h之内使灶温升到100℃，并开始计时。然后稳火控温，使温度一直保持在100℃不掉温，维持24 h。灭菌最后2 h旺火猛烧，达到彻底灭菌的目的。停火后焖料，当温度降到70℃左右时，抢温出锅，并迅速运往接种室冷却，菌袋冷却时应"井"字形叠放，要注意，切勿"大头、小尾、中间松"。

（4）防止漏气。常压灭菌灶的门要密封严实。

（5）堆料发菌。装袋播种后，将袋子一层层排好堆积在一起，堆积的层数应根据当时的气温而定，气温在10℃左右，可堆4～5层，气温在18～20℃堆2层为宜，注意防止高温烧死菌种。每堆间隔50 cm。

（6）管理。发酵不充分的发酵料播种后两天料温开始上升，每天要注意料温变化，防止料温上升到30℃以上。当料温上升到28℃时，就要加大通风，向地面喷水，降低温度。若温度继续上升，就要进行倒堆或减少层次，以达降温目的。在适宜温度内，一般经30天左右，菌丝即可布满全袋，去掉封口用的大头针，适当松口，可给予一定的温差刺激，适当增加光照，增加空气相对湿度到80%～90%，经5～10天，袋子两端就会出现菇蕾。菇蕾出现后，要将袋口撕掉或翻卷，露出原基。子实体发育初期即原基期（桑葚期）应控制用水，切忌直接喷水，可适当增加空气湿度，温度保持在15～18℃之间，3～5天即进入珊瑚期，此期仅2～3天，该期主要是喷水，喷水时应做到细、少、勤；适当增加通风次数。进入成形期，随着菇体的增大，需水量也越来越多，但喷水仍应掌握少而勤的原则，一般每天喷3～4次，阴雨天不喷或少喷。此期通风很重要，通气不良会造成菇柄粗大，菌盖薄小等发育不良。但通风应保持较高的空气相对湿度，应协调好通气与保湿的矛盾。

（7）采收及下茬管理。当子实体长至八成熟时，菌盖尚未完全展开，孢子尚未弹射之前，要适时采收。采时用刀子紧贴料面切下，一不要损坏料面，二要把菇根切净，以利下茬出菇。

采收后停水1～2天，然后拉下袋口，喷水保湿，约经10天会出现第二茬菇蕾。出菇后管理同上。

第三茬菇的管理关键在补水，出过两茬菇后，料内已严重缺水，可将菌袋在水中浸泡一天，一般每袋补水250～300 g，在水中添加适量尿素或糖等营养物质更好。料袋栽培一般可收4茬菇，为获得高产可在第二茬开始，每茬采收后就适当补充水及营养物质。

（四）平菇栽培实践中容易出现的问题与对策

平菇栽培管理上，除了受到外源杂菌的侵染外，还会由于环境中的物理、化学因素的影响，造成平菇生长发育的生理性病害，特别是北方地区，气候环境变化较剧烈，菇农往往遇到长时间不出菇或者畸形菇多，在生产实践中总结了一些经验如下。

1. 在培养料中添加发酵防腐酸

发酵防腐酸是一种多元素的有机植物活性营养素、含有机腐殖酸和多种常见元素及微量元素。如将防腐酸进行200～450倍稀释，应用于袋栽平菇中，能使平菇菌丝长势增强，生长速度加快，长满袋时间缩短，并能有效地提高平菇产量，改良性状并使出菇提前。方法：将发酵防腐酸用高压或常压灭菌，灭菌后稀释350倍，用稀释液进行常规拌料，装袋管理。

2. 菇蕾死亡的原因及其对策

（1）原因。①空气过干。②原基形成后，气温骤然上升，出现持续高温，或遇较低温度，导致菌柄停止向菌盖输送养分，使菇蕾逐渐枯萎死亡。③湿度过大或直接向菇体淋水，使菇蕾缺氧闷死。

（2）对策。①菇蕾形成后，要密切注意培养料的水分含量，水分不足时，灌水到四周沟内，使水面与栽培畦面持平补水。对于袋栽的可直接将营养液注入料内。营养液的配制方法是：50 kg水加尿素125 g，磷酸二氢钾45 g，白糖500 g混匀。加入营养液的量使整个袋的重量同刚吃透料时该袋重量相同为准。采用泥墙法种植时墙顶沟内应灌2 cm深的上述营养液。②菇蕾分化后要注意保持菇房温度的稳定，及时通风降温或保温。③栽培场地的四周要开深沟排水，严防菇床内积水。补水过程中，严禁向菇体直接浇水。

3. 幼菇死亡的原因及其对策

（1）原因。①菌种过老，用种量过大，在菌丝尚未长满或长透培养料时就出现大量幼蕾，因培养料内菌丝尚未达到生理成熟，长到幼菇时得不到养分供应而萎缩死亡。②料面出菇过多过密，造成群体营养不足，致使幼菇死亡。这种死菇的显著特征是幼菇死亡量大。③采收成熟的子实体时，床面幼菇受振动、碰伤，引起死亡。④病虫侵染致死。表现为小菇呈黄色腐熟状或褐色软腐状，最后干枯；湿度大时，呈水渍状，用手摸死菇发黏。检查培养料，可见活动的菇蝇、螨类等。

（2）对策。①生产上要避免使用菌龄过大的菌种，当菌种培养基上方出现珊瑚状子实体或从瓶盖缝隙中长出子实体，说明菌种的菌龄已较大，应限制使用。当瓶底积少量黄水时就无使用价值。菌种的最佳用量为栽培料的4%～12%，生料栽培时多，熟料栽培时少，切忌盲目增大用种量。②当料面出现幼菇过多过密时，可以人为地去除一部分幼菇，以减少营养消耗。也可用畜用复方腐殖酸钠400倍液喷施培养料，或用硫酸镁20 g，硼酸5 g，硫酸锌10 g，维生素B₁250 mg，尿素20 g，兑水50 kg配成复合营养液喷施，补充营养，促进子实体快速膨大。③采收成熟的子实体时，动作要轻，用锋利的小刀沿子实体根部割下，避免振动，碰伤幼菇。④播种时用药剂拌料，每吨培养料加20%二嗪农乳剂57 mL防止菇蝇发生。在出菇期一旦发生菇蝇等害虫危害，对于床栽的用20%的二嗪农乳油3 000倍液直接注入料内，每50 kg培养料注2.5～5 kg药剂，但注意床内不能长期积水。对墙式袋栽的，用20%二嗪农乳剂3 000倍液倒入袋内浸泡1天，第二天倒出多余药液，连续处理2次即可。

4. 不出菇的原因及其对策

在平菇的栽培中，有时会出现菌丝长得很好，用手摸料面结成一体，用手拍有咚咚的空响声，眼观料面洁白无杂色，但就是无子实体分化，或很少有子实体分化，这种现象叫不出菇。

（1）原因。①品种选择不当。高温型的品种在低温下栽培，中、低温型的品种在高温下栽培，没有搞清所栽品种的所属温型，广温型的品种中，低温型的品种，在春季气温回升到25℃以上时，已不能分化子实体，而在相同温度或稍高温度的秋季却不影响子实体的分化。尽管菌种资料或广告上注明某品种的出菇温度范围宽，且适应较高温度下出菇，如2～34℃、4～30℃、0～36℃等，但由于其野生生长习性等原因，在中、低温下出菇较安全，在较高温度下，尤其是气温由低到高的春季，品种选择要慎重，当地菌种供应单位或自行引种时，一定要进行品种出菇温度试验。然后再大面积投产。②母种保存时间过长。母种放置冰箱中低温保存时间长，取出后直接进行生产原种，即使菌丝仍具有活力，菌丝萌发，生长正常，也不分化子实体。如将母种从冰箱取出，先行转管后再扩繁使用，则子实体分化正常。因此久置冰箱的母种在使用前一定要经转管，菌丝长满管后，直接或短时间保藏后使用均可。不具备母种生产条件或技术的栽培户，最好不要从外地邮购母种直接用于生产原种。③杂菌污染或杀虫剂使用浓度过高。在菌丝生长过程中，有时出现白色或其他颜色杂菌污染，因平菇菌丝生活力强，可将其覆盖，但影响子实体分化。杀菌剂如多菌灵、硫菌灵等使用浓度过高，影响菌丝生长，也影响子实体分化。④单核菌丝或三核菌丝的影响。若分离到的母种为单核菌丝，则不出菇或产量较低，要具备镜检条件和技术，以及作出菇磨试验后才能生产母种，否则危害极大。另外三核菌丝体也影响子实体分化，如老菇房、棚内以往种菇积累了很多孢子，栽培时这些孢子与菌丝结合形成三核体影响出菇。故老菇房、棚种菇要彻底打扫干净，严格消毒，平菇采收要在孢子大量释放前进行。分离菌种也要经出菇试验后，以及对其生物学、生理学的观测后，才能利于生产。⑤培养料配方及含水量不适宜。培养料配方要科学，尤其是要注意碳氮比。培养料含水量过低及空气湿度过小均影响子实体分化。⑥光照不足。平菇菌丝不需光照，但原基分化时需散射光，在距分化期要有200 lx以上的散射光。

（2）对策。对不出菇或头茬菇摘完后迟迟见不到二茬菇原基的阳畦和菌袋，可采用以下方法。①采用机械刺激法。在阳畦的料面上，像割豆腐一样，用刀割成10 cm×10 cm的方块，经保湿几天后可在割缝处长出子实体。②采用拍打法。对于不出菇的菌袋，在袋中心扎1~2个眼，并用手拍打几下，给予振动刺激。③环境因子法。平菇具有变温结实特性，对于不出菇的培养料，可采用拉大昼夜温差刺激法。白天适当提高温度，如大棚打开草帘子，阳畦让阳光照射塑料布，夜间温度低时，再加通风，这样白天黑夜的温差拉大，以刺激出菇。④覆土加压刺激法：在菇床或菌袋上压瓦块或木板、砖头。菇床栽培覆盖1~1.5 cm厚的土粒，既防杂菌又保湿，催菇效果更好。⑤激素刺激法：用萘乙酸或三十烷醇喷菌袋表面或菌床。此法不但可提早出菇，还可起到增产作用。

四、草菇栽培实用技术

草菇属高温性高档食用菌。它原产于中国，大约在200年前，广东省韶关市郊南华寺的僧人，用稻草开始栽培草菇，故有"南华菇"之称；又因这种菇常进贡给皇帝，所以也称之为"贡菇"；随后草菇的栽培技术被华侨带到东南亚国家，又逐步传到其他国家，所以，国外常称草菇为中国蘑菇。新鲜草菇，肉质细嫩，鲜美可口。如加工成草菇干，更具有浓郁的香味，用来烧汤，其味更美。草菇除独特的风味外，其营养丰富，药用效果明显。

（一）草菇生长发育所需条件

1. 营养

草菇属于草腐菌。在草菇栽培中，富含纤维素和半纤维素的禾谷类秸秆及其他植物秸秆、棉籽壳、废棉等都可用来栽培草菇，它主要利用原料中的纤维素、半纤维素作为营养和能量来源，一般不能利用木质素。南方主要利用稻草栽培，北方多利用棉籽壳、废棉、麦秸等栽培。在草菇菌丝纯培养中，常加入葡萄糖、蔗糖、多糖等作为碳源，草菇的碳氮比约是（40~60）：1。培养料中氮源不足会影响草菇菌丝生长和产量。但稻草、麦秸中往往氮源不足，如果在培养料中添加一些含氮素较多的麸皮、鸡粪、牛粪以及尿素、氯化铵等，以增加氮源可促进菌丝生长，缩短出菇期，提高产菇量。添加牛马粪和人粪尿，既有利于原料发酵，又可补充部分氮素。当然在添加氮源时要适量，浓度过高，因氨气产生多，往往会抑制菌丝生长或促使鬼伞类大量发生，甚至抑制子实体的发生。

在草菇营养中矿物盐类，如钾、镁、硫、磷、钙等也是不可缺少的。但在一般原料和水中都有，无须另外补充。草菇生长发育还需要多种维生素，但需要量很少，麸皮、米糠中含量也较丰富，在发酵过程中，某些死亡微生物中也含维生素，故不另补充。栽培实践表明，培养料中营养丰富，则菌丝体生长旺盛，子实体则肥大、产量高、质量好、产菇期长；在贫乏的培养料上，则生长的菌丝稀疏无力，产量低，产菇期短。所以调制优质的培养料是至关重要的。

2. 温度

草菇原产于热带和亚热带地区，长期的自然选择和环境适应，使它具有独特的喜高温特性，故属高温型菇类。尽管北方地区进行了南菇北移，筛选出了较低温出菇的草菇品种，但就真正适宜的温度范围而论，仍未失去高温特性。

草菇对温度的要求依不同生育期而有所不同，菌丝生长温度范围为20～40℃，适宜温度为32～35℃，低于15℃生长极缓慢，10℃则停止生长，处于休眠状态。低于5℃或高于40℃菌丝易死亡。所以草菇菌种不应放在一般的冰箱中保存，以免冻死。草菇子实体形成与生长适宜气温以28～30℃为好，低于24℃或高于34℃均不能形成子实体，料内温度32～38℃为宜，低于28℃或高于45℃子实体不能形成和生长。在适宜的范围内，菇蕾在偏高的温度中发育快，很易开伞，菇小而质次；在偏低的温度条件下，菇大而质优，长势好，不易开伞。

草菇栽培一般在夏季。南方的夏季，昼夜温差很小，而且白天气温并不太高，而北方地区，昼夜温差大，白天温度往往较高。因此将栽培场地的温度调节到适宜范围是至关重要的。激烈的温差变化，往往造成菇蕾萎缩烂掉。草菇栽培既要注意空气温度，又要控制料温。在夏季堆料偏厚或料发酵不充分偏生，很容易由于微生物发酵而产生大量生物热，使料温上升到50℃以上，刚刚完成的播种毁于一旦。

3. 湿度

水分是影响草菇生长发育的重要条件。一切营养物质只有溶于水中，才能被菌丝吸收。代谢废物也只有溶于水中，才能排出体外，况且细胞内的一切生化反应和酶解过程均在水的参与下进行。因此，培养料中含水量直接影响草菇的生长发育。菌丝生长期培养料含量以60%～65%为宜，子实体生长期培养料含水量以70%～75%为宜。空气相对湿度85%～90%，适于菌丝和子实体生长。若空气湿度长期处于95%以上，菇体容易腐烂，小菇蕾萎缩死亡并引起杂菌和病虫害的发生。

4. 空气

草菇属好气性菌类。良好的空气环境是草菇正常发育的重要条件。氧气不足，二氧化碳积累过多，将抑制菌蕾发育，从而导致生长停止或死亡。当二氧化碳浓度超过1%时，草菇生长发育就产生抑制作用。因此，在草菇栽培期间需要进行通风换气，薄膜覆盖不要

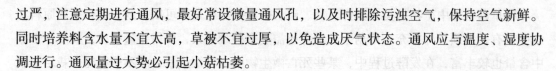

过严，注意定期进行通风，最好常设微量通风孔，以及时排除污浊空气，保持空气新鲜。同时培养料含水量不宜太高，草被不宜过厚，以免造成厌气状态。通风应与温度、湿度协调进行。通风量过大势必引起小菇枯萎。

5. 光线

草菇生长发育需要一定的散射光，适宜的光照度（500～1 000 lx）可促进子实体的形成。直射阳光严重抑制草菇的生长。光线较强，草菇颜色深，而且发亮。光线不足，菇体发白，而且菇体松软，菌丝生长阶段不需要光线。露天栽培必须覆盖草被，搭棚须覆盖草帘之类，以防阳光直射。

6. 酸碱度（pH值）

菌丝体在pH值5～8范围内能生长，最适酸碱度为pH值7.2～7.5，子实体生长的适宜的酸碱度为pH值6.8～7.5，在食用菌中，草菇属喜偏碱性菇类。偏酸性的培养料对草菇菌丝和菇蕾生育均不利，高碱性对其生长也不利。生产栽培料的高碱度只是调制时的暂时现象、而菌丝实际吃料时pH值仅有6～8，处于一个由高到低的动态变化中，高碱度不利于防治杂菌。

（二）栽培时间的确定

草菇喜高温，又不喜大的温差，依据草菇的适宜温度要求，南方在4—10月，北方在6—8月可以进行栽培，应当采取较好的保温措施或专门草菇房，也可适当提前和推迟乃至周年栽培。

（三）栽培方式

1. 专业菇房

专业草菇房适于周年生产，以广东、福建等地较多。菇房的位置宜坐北朝南东西向，以利于吸收阳光增温。一般菇房长3 m、宽2 m、高2.5 m，不宜过大，否则难以升温保湿；每间菇房的面积以6～10 m²为宜，四壁用1～2 cm厚的泡沫塑料板嵌贴，房顶用3 cm厚的泡沫塑料板嵌贴，要求密封严实，板与板之间的接缝用塑料胶带封贴，然后再全面贴上1～2层塑料薄膜。菇房两侧用铁条、木条或竹竿搭建床架4～5层，中间留50 cm作人行道。房内安装30～40 W日光灯一盏，15～20 cm排气扇一台，供室内光照和通风之用。

2. 空房改造

利用闲置空房、双孢菇菇房、厂房、仓库、棚舍等均可改造成草菇菇房。为了便于升温和保温，可用竹木条作支架将原房舍间隔成若干大小适宜的小型保温栽培室，一般以长3 m，宽2 m，高2.5 m，约6～10 m²面积为宜。温室四周及顶部先盖两层塑料薄膜，膜外再裹以20 cm厚稻草作保温层，最后在稻草外再盖2层薄膜。在温室中心线开门，采用双层可移动式木门，中间夹心稻草屑保温，室内设有对流气窗和2只60 W白炽灯泡为光源。室内用竹木搭建床架，宽70～30 cm，3～4层，层距50～60 cm，床面用细竹做隔层。

3. 塑料大棚（含香菇塑料棚、平菇棚和蔬菜大棚）

栽培草菇较多采用，主要是投资少、设备简单，利用合适的季节进行副业栽培，大棚内可设床架2～3层，层距50 cm，层宽1 m，各列床架距离80～100 cm。也可选用阳畦式、畦床式、波浪式、料土相间式、袋式或脱袋栽培草菇。大棚内套小拱棚有利于保温保湿。

4. 地棚（或叫小环棚）

一般设畦宽1 m，长3～4 m，四周开宽10 cm的排水沟，两畦间距60 cm。畦上用竹片搭拱形棚，棚高50～70 m，棚架上覆盖塑料薄膜，四周用土块将薄膜压住。在整个场地四周挖30 cm深的排水沟，地棚内的菇床可以做成阳畦式或者平台式，地棚可以设在林间，也可设在高秆作物地里。

（四）培养料的选择与配方

传统的草菇培养料是用稻草，以后发现废棉和棉籽壳、破籽棉栽培草菇最为成功。专业菇房多采用废棉，棉籽壳及其和稻草的混合物。现在经各地栽培实践，麦秸、甘蔗渣、玉米秆、玉米芯、废纸、剑麻渣等均可栽培草菇，食用菌栽培废料，仍含有丰富的营养，只要和其他原料合理配方，精心调制，也可获得较高的收成。现将一些培养料配方列述如下。

配方1：棉籽壳70%～80%，麦秸20%～30%。另外，加入麸皮4%～6%，圈肥10%，石灰3%～5%。

配方2：棉籽壳100 kg，过磷酸钙0.5 kg，尿素0.1 kg，50%多菌灵可湿性粉剂0.2 kg，77.5%敌敌畏乳油0.1%，料水比1∶（1.3～1.5）。

配方3：棉籽壳83%，麸皮10%，石灰4%，石膏1%，过磷酸钙1%，磷酸二氢钾0.5%，硫酸镁0.4%，77.5%敌敌畏乳油0.1%，料水比1∶（1.3～1.5）。

配方4：稻草或麦草60%，肥泥30%，石灰5%，麸皮5%。

配方5：麦秸45%，棉籽壳45%，麸皮5%，石灰5%。

配方6：废棉45%，麦草35%，稻壳10%，人尿5%，石灰5%。

配方7：麦秸100 kg，干生粪5 kg，棉籽壳20 kg，草木灰3 kg，明矾0.5 kg，50%多菌灵可湿性粉剂0.1 kg。

配方8：麦秸（4 cm小段）100 kg，麸皮5 kg，尿素0.5 kg，磷肥1 kg，石膏1 kg，50%多菌灵可湿性粉剂0.2 kg，77.5%敌敌畏乳油0.1 kg。

配方9：废棉97%，石灰3%，碳酸钙0.3%。

配方10：棉籽壳100 kg，石灰5 kg。

配方11：麦秸100%，另加干牛粪5%，棉籽壳20%，草木灰3%，明矾0.5%，麸皮4%，复合肥0.5%，石灰3%。

配方12：麦秸（稻草）95%，石灰5%。另加麸皮5%，尿素0.3%，过磷酸钙1%，50%多菌灵可湿性粉剂0.1%~0.2%，77.5%敌敌畏乳油0.1%。

配方13：棉籽壳95%，石灰5%，另加麸皮5%，尿素0.1%~0.2%，过磷酸钙1%，50%多菌灵可湿性粉剂0.1%~0.2%，77.5%敌敌畏乳油0.1%。

配方14：玉米秸粉45%，棉籽壳45%，玉米面4%，豆饼粉3%，磷肥3%；另石灰5%。

配方15：稻草100 kg，干牛粪10 kg，麸皮3 kg，玉米面3 kg，过磷酸钙3 kg，磷酸钙1 kg，石灰3~4 kg。

配方16：平菇废料70%，麦秸30%，另加尿素0.5%，50%多菌灵可湿性粉剂0.1%，石灰5%~8%，麸皮5%。

配方17：平菇废料80%，棉籽壳5%，麸皮10%，麦秸5%，另加50%多菌灵可湿性粉剂0.1%，石灰3%。

配方18：平菇废料100 kg，麸皮10 kg，麦秸10 kg，圈肥10 kg，尿素0.1 kg，石灰6 kg。

配方19：平菇废料90%，生石灰3%~5%，过磷酸钙1%，麦麸5%，石膏1%~1.5%；发酵后采用地沟栽培，生物学效率稳定在30%~35%。

配方20：平菇废料80%，鸡粪或圈粪20%，50%多菌灵可湿性粉剂0.2%，石灰3.5%。

配方21：金针菇废料压碎晒干，加5%~10%麦秸，1%磷肥和3%石灰，加水拌匀后发酵3~5天，当料面见有白色放线菌菌丝，有香味，就可用于栽培。

（五）栽培料的处理方法

草菇栽培料的处理方法一般采用堆制发酵法。专业栽培者多采用巴氏灭菌法，以期达到消毒、灭菌、除虫和改善基质理化状态的目的。

1. 堆制发酵

所有原料使用前应阳光暴晒3天以上，麦秸和稻草应预先破碎、碱化浸泡1天，棉籽壳和废棉应先用3%石灰水浸泡12~24 h，并不时踩踏，使其吸足水分。牛粪和鸡粪应先预湿堆制腐熟，然后才能按上述不同配方进行均匀搅拌，并堆制成宽1.5 m，堆高1.2~1.5 m的长形料堆。料堆中央垂直预埋数根木棒，堆好后拔掉便形成通气孔。最外层撒一层石灰粉后覆盖塑料薄膜。每天测温2~3次，当堆温升至65℃并持续发酵10 h后，翻堆补充水分，复堆后料温又升至65℃以上，再经过10 h进行二次翻堆。堆料期一般为4~6天，发酵好的麦草培养料呈金黄色，柔软，表面脱蜡，有弹性，有大量白色放线菌斑，pH8~9，含水量65%~70%。

2. 蒸汽灭菌法

一般按堆制发解法处理3~5天后，将发酵好的培养料趁热搬进菇房，按每平方米10~15 kg干料的量铺于床面，另将覆盖料面的薄膜和营养土也搬入，密闭门窗，立即通入蒸汽进行灭菌。当温度上升至65℃保持8~12 h，蒸汽可用常压小型锅炉或由几个汽油桶改造加工成的蒸汽发生器进行。

（六）栽培料的筑床形式

栽培料的筑床形式不仅与原料性状有关，更主要的是为了增加出菇面积。

1. 龟背形

床架式栽培多采用此种，也是畦床式栽培常采用的菌床形式。一般按宽1 m作畦，长度依场地而定；畦与畦之间距60 cm，作为人行道又兼作浸水沟，若东西大道可设在中间（大棚）或一边（小棚），将调制好的培养料铺在畦床上70~80 cm，在料的两边各留10~15 cm宽，5~10 cm厚，用肥土筑成的地脚菇床。

2. 波浪形

一般在大棚内1 m宽，畦与畦之间距60 cm，作为走道和水沟中间大道可设在中央或一侧，将料铺在畦床上，做成两个波峰，波峰间相距25~30 cm，峰高一般15~20 cm，波谷料厚8~10 cm，在畦的两侧各留5~10 cm宽的地脚菇床，土厚5 cm左右。也可以作成宽40 cm、间距25 cm的小畦床，每个小畦床上都将料铺成一个波峰形。大棚可设东西两条人行道，小棚可设一条东西人行道。不管大人行道，还是畦床之间的便道都应是沟状，以便灌水保湿，大人行道70~80 cm，便道（即两畦床之间距）为25 cm。

3. 料土相间式

在大棚内1 m宽，畦距60 cm的床畦，将调制好的培养料铺在距两畦边各10 cm处的床架上，筑成宽30 cm，厚15~20 cm的料床，然后在两料床之间铺上一层宽20 cm，厚5~10 cm的肥土。料床距畦边的10 cm处也要筑成5~10 cm厚的地脚菇床。概括地说，在每个畦床内，有2个菌床、3个地脚菇床。其好处是散热快，用料少，地脚菇多。

4. 阳畦式

在大棚内挖宽80 cm，深10 cm的坑，挖出的土向两边堆成高10 cm的土堆。进料前向坑四周撒石灰粉，再用77.5%敌敌畏乳油500倍液喷坑四周杀虫。将调制好的培养料铺入坑内，筑成龟背形，上架小拱棚。采用先装袋发菌，然后再脱袋覆土出菇的种植方式，也可在此种阳畦内栽培种植。

5. 袋栽式

采用袋栽，比较灵活，可以在平地上摆放成各种条块状，也可进行床架式栽培。塑料袋规格25 cm长，20 cm宽或其他规格，将培养3～4天的草菇菌袋即可转入出菇。

（七）播种

1. 菌种质量

菌种质量好坏直接影响到草菇栽培的成败与产量高低。凡菌龄在15～20天，菌丝分布均匀，生长旺盛整齐，菌丝灰白色或黄白色。透明有光泽。有红褐色厚垣孢子，无其他杂菌、虫螨者，就可以用于实际生产。影响草菇菌种质量的因素很多，但主要是培养条件和菌龄。一般在菌丝发满后3～5天，菌种的活性最强，以后则随着时间的延长，菌丝活性逐渐下降，产量也逐渐降低，所以培养好的栽培种最好在一周内使用，若超过20天，产量明显下降。若超过一个月则不宜使用。草菇菌丝遇高温，菌丝生长迅速，但也极易老化和自溶，所以制种和栽培时间协调好至关重要。

2. 播种

播种前，将菌种瓶（袋）打开，掏出菌种，放置在清洁的容器内，并用手撕碎成蚕豆大小的菌种块，切不可搓揉，以免损伤菌丝。另外还应注意，不同品种的草菇菌种不可混放在一个容器内，更不能混播在同一菌床上。

当料温降到38℃时，立刻进行抢温接种，用穴播加撒播的方法播入菌种，也可采用表层混播的方法，尽量使料表面有较强的草菇菌丝优势，以利于防止杂菌的产生，并尽量做到均匀一致。菌种块不宜放在料深处，以免烧死。如果采用层播，一般将菌种放在料周10 cm的播幅内和菌床表层，也要有意识地使料表处有较强的草菇菌丝优势，并用木板压平，使菌种和培养料结合紧密，以利定殖。播种量以10%左右为宜。

（八）覆土、发菌管理与采收

1. 覆土

草菇覆土栽培是在原来栽培方法上新采用的覆土出菇方法，它类似于木腐菌覆土出菇的机理，但又有自己覆土选择的特点。一般可选用菜园土或大田壤土。但加入20%～30%的圈肥，用pH值=9的石灰水调整湿度后再进行覆土可提高草菇产量。也有人采用腐熟牛粪粉作为覆土材料并取得了理想的产量。由此看来在不大于草菇营养碳氮比的情况下，任何单一或复合的，pH值=8左右，并进行过消毒、杀虫、除菌处理的覆土材料，均可用于草菇的覆土栽培。

覆土的时间。可在播种后立即进行，也可在播种后2～3天当菌丝恢复正常生长发育之后再进行覆土。覆土早利于防杂菌，覆土晚利于菌丝萌发和定殖。但这并不绝对，因为它只是一个方面，如果培养料堆制不好，场地不卫生，即使再覆土也解决不了防杂。

覆土的厚度。一般以0.5～1.0 cm为宜。最厚不超过2.0 cm。覆土的厚薄以气温高低和覆土性质而定，一般气温低时可覆厚些，气温高时可薄一些；料中土量大的宜覆薄些，土量小的宜厚些。培养料营养差的宜覆营养土，培养料营养好的（如棉籽壳、废棉之类）宜覆火烧土或一般壤土。

2. 发菌管理

草菇是速成型食用菌，从播种到出菇只有7～10天，从播种到采收也只有12～15天，故此管理不好，不仅影响产量，甚至绝收。草菇播种和覆盖土后，用木板压实压平，然后用地膜覆盖或用报纸加薄膜覆盖，保温保湿。接种后一般3天内不揭膜，以保温保湿，少通风为原则。但要每天检查温度，气温宜保持在30～34℃，料温宜保持在33～38℃，每天保持在各个沟内有水，使空气相对湿度达到75%～85%。如果料温超过38℃，要及时喷水或通风降温。如果温度偏低，白天应掀起部分草帘增加棚温，16:00—17:00将草帘放下，夜间还可加厚草帘，以利保温，每天大棚通风2～3次，每次15～30 min。接种第四天后，用竹竿竹片将畦床上的薄膜架起，以防料表面菌丝徒长，促菌丝伸进料内部。或者不架起地膜，每天多次掀动地膜透气也可。

接种后第5～6天，生长菌丝逐步转入生殖生长，应定时掀动地膜（增加通风换气），增加光刺激，诱导草菇原基形成，同时喷一次出菇水，喷水量每平方米约0.5～0.75 kg。这次喷水前要检查菌丝是否已吃透料，还要检查是否在料表已形成原基。如果已形成了原基千万不可再喷水。第7～9天，菌丝即会大量扭结，白点草籽状的草菇菇蕾便会在床面上陆续发生，这时将薄膜揭开或支撑高，向地沟灌一次大水，又不要浸湿料块，每天向空中喷雾2～3次，料面上不得直接喷水，以空气保湿为主。此时棚内气温以30～32℃为宜，料温以33～35℃为宜，空气相对湿度宜达到90%左右。喷水后一定要通风，待不见水汽再关通风口，光照度500～1 000 lx为宜。

草菇的幼蕾期是个敏感时期，相对稳定的温度、空气湿度、通风换气和适度光线是菇蕾正常分化、生长的必要条件。如果不相对稳定，那就会导致幼蕾死亡和菇蕾萎缩，所以维持菌床和菇房内较稳定的温度，相对恒定的空气湿度以及新鲜的空气环境，是获得高产稳产的技术关键。另外，草菇对光也十分敏感，菇蕾形成及生长均要光线刺激。光线不足，菌丝扭结差，幼蕾分化少，菌蕾色泽浅（白色至淡褐色）会影响产量。光照适宜时，菇蕾分化多，颜色正常，菇长得结实。

当菇蕾长到纽扣至板栗大小时，需水量逐渐增加，再加上高温条件的料面水分大量蒸发，如不适当补水，子实体发育势必受到影响，故应及时补充水分，喷水量以每平方米200 g左右为宜。喷头要朝上，雾点要细，以免冲伤幼菇。注意水温应与棚温一致，不可用低于气温的水，否则将伤害幼菇。

3. 采收

一般草籽大小的草菇菌蕾形成后，经3～4天后这些小菇蕾就发育成椭圆形的鸡蛋大小的草菇。此时菇体光滑饱满，包被未破裂，菌盖和菌柄未伸展，正是采收适期。如果购方需要脱皮草菇，应在包被将破未破或刚破时进行采收，草菇生长速度很快，到卵状阶段时往往一夜之间就会破膜开伞，所以草菇应早、中、晚各收一次。采收时一手按住草菇生长的部位，另一手将草菇旋扭，并轻轻摘下。切忌往上拔，以免牵动周围菌丝，影响以后出菇；如果是丛生菇，最好是等大部分都适合采收时再一齐采摘，以免因采收一个而伤及大量其他幼菇。

草菇的头茬菇，占总产量的60%~80%，常规栽培二潮菇后一般清床另栽下批，也可在头潮菇后及时采用二次播种法增加产量。否则二潮菇的产量远远少于第一潮菇。

草菇的头潮菇采完后，应及时整理床面，追施一次营养水，普浇一次1%的石灰水，以便调节培养料的酸碱度及水分含量，适当通风后覆盖地膜，养菌2~3天，掀膜架起，又可陆续发生子实体。采取措施保证出第二茬菇是实现增产的关键。实践中第一茬菇采收后常发生杂菌及杂菇（鬼伞类），直接影响出第二茬菇。因此在第一茬菇采收后及时检查培养料湿度和pH值，根据培养料湿度及其酸碱度浇一次pH值=8~9的石灰水，并结合喷施营养液，如喷0.2%~0.3%氮磷钾复合肥等。从而调节培养料的湿度使之达到70%左右，pH值为8~9，以满足草菇菌丝恢复生长积累营养的要求，并可有效地防止杂菌的发生，然后按菌丝体阶段的要求进行管理。要注意保持适宜的料温，以利菌丝生长，经过4~6天后再次检查培养料的湿度与酸碱度，确定是否再浇石灰水。然后再按出菇条件管理，使其迅速出第二茬菇。

补充营养。采收第二菇后，如在菌丝体健壮，可补充营养恢复生长促使菌丝体生长旺盛保持出菇能力继续出菇，从而增加产量。具体做法：一是喷浇煮菇水，在加工草菇时可产生大量的煮菇水，营养相当丰富，可将此水喷于料面，而达到补充营养之目的，但加食盐的煮菇水不能利用；二是可喷洒1%的蔗糖溶液，或1%的蔗糖加0.3%的尿素再加0.3%钙镁磷肥；三是喷"菇壮素"亦可促进菌丝生长和增加产量。

（九）草菇产品的加工方法

草菇产品的加工直接影响草菇的产品质量及经济效益。加工应严格按商品加工标准进行，特别是外贸出口的菇品一定要按收购单位的要求操作。下面介绍盐渍草菇及盐渍去皮草菇的加工方法。

1. 盐渍草菇

草菇采收时，最好用3个篮子将草菇分3个级别分别装。一个级别为直径2.5 cm以下的小草菇；一个级别为直径为2.5 cm以上的大草菇；再一个级别为不管大小开包而不开伞的草菇。草菇采收后一定要把基部的培养料及泥土用小刀去除掉。煮菇时一定要用铝锅，锅中水的量应为菇的5倍，在水中加7%的食盐效果更好。水开锅后将菇倒入锅内煮4~10 min不等，因菇体大小，火力强弱不同，以煮熟为标准，煮熟的标准是菇体下沉，切开菇体内无白心。煮菇时间不够，往往漂在上面，菇体内有大量气体，这种菇不易保存，而且很轻，从经济上讲也不合算。菇煮熟后应迅速冷却，彻底冷却后控去多余水分，然后一层盐一层菇用盐渍于大缸内，菇盐比例为2∶1。菇在大缸内盐渍10天后可装入塑料桶内，每桶净重50 kg。

2. 盐渍去皮草菇

根据出口去皮草菇的规格可将开包而不开伞的菇加工成去皮草菇。加工时可先将皮扒掉，再根据大小分为大、中、小3个规格，去皮时要注意保持菌柄和菌盖完整，菌柄和菌盖不能分离。采收过早的菇因包被内菇体太小而不能加工成去皮草菇。在过去，开包的菇常作为等外品而廉价卖掉，如今加工成去皮草菇后价格不比正品价低。

（十）草菇制种应注意的几个问题

草菇制种是保证栽培成功的关键因素之一。制种程序和其他菇类基本一样，但是草菇制种一方面在高温高湿季节，另一方面草菇菌丝生长快易衰老，因此草菇制种应注意以下问题。

1. 注意草菇制种的特点

草菇属高温型和恒温性结实，对温度尤其是低温敏感，温度低、温度多变、温差大均不利于菌丝生长。掌握32～35℃培养菌丝最好。但温度过高，时间过长菌丝易衰老和自溶，故应掌握好培养条件和时间；适龄菌丝生长旺盛呈灰白色，无或有少量厚垣孢子。如果菌丝转为黄白色至透明，且菌丝显著减少，厚垣孢子大量形成，说明菌龄较长菌丝已老化。

2. 注意选择适销对路菌种

目前在北方推广的品种有V_{34}、V_{23}、泰国1号等。V_{34}较耐低温，V_{23}属中温品种。

3. 注意安排好三级制种的日期

一般母种培养5～7天，原种和栽培种培养各10～15天。根据栽培时间和量确定制种时间和数量。要按生产计划进行生产，防止供不应求耽误时间或菌种积压造成菌种老化，出现杂菌污染。

4. 制作草菇原种

配方：棉籽皮87%、麸皮5%、玉米粉5%、石灰3%。培养料和含水量适当偏低，装料要偏松；要用罐头瓶为容器，培养室一定要通风降低湿度，光线宜弱不宜强。

5. 注意接种及存放时间

夏季制种，接种箱内温度较高，可在夜间或早上接种，菌种长满瓶后2～4天应进行栽培播种，不宜存放时间过长。

五、竹荪栽培实用技术

竹荪被誉为"真菌皇后",是我国名贵的食用菌。自20世纪90年代初期福建省古田县首创野外荫棚畦床栽培竹荪成功之后,实现了当年春季接种,发菌培养便进入收获期,每平方米竹荪产量干品达250～350 g,高产的达500 g。生产周期缩短2/3,单产提高10倍的高效成果,成为农村脱贫致富奔小康的重要项目。竹荪口味鲜美,是著名的珍贵食用菌之一,对减脂、防癌、降血压等均具有明显疗效,是我国的一项传统的土特产。其中长裙竹荪产于福建、湖南、广东、广西、四川、云南、贵州等地,短裙竹荪产于河南、黑龙江、江苏、浙江、云南、四川、广东、河北等地,红托竹荪在云南较为多见。目前这3个种的人工栽培均已形成了一定规模的商品性生产。

人工栽培的竹荪有短裙竹荪、长裙竹荪。近年来,我国食用菌工作者驯化栽培成功了两个新种,红托竹荪和刺托竹荪。黄裙竹荪有毒,不宜食用。

竹荪菇形如美女着裙,其菇顶部有一块暗绿色而微臭的孢子液,因而又叫臭角菌;因其子实体未开伞时为蛋形,还叫蛇蛋菇;此外还有竹参、竹菌、竹姑娘、面纱菌、网纱菇、蘑菇女皇、虚无僧菌(日本)等俗名,这些名称均与竹荪生长的环境或形状有关。在生物分类学上竹荪属于担子菌亚门腹菌纲鬼笔目鬼笔科竹荪属。该属有许多种类,已被描述的竹荪近10种。

(一)形态特征

长裙竹荪子实体幼小时卵状球形,后伸长,高12～20 cm。菌柄白色或呈淡紫色,直径3～3.5 cm。菌盖钟形,高、宽各3～5 cm,有显著网格,具微臭而暗绿色的孢子液,顶端平,有穿孔。菌幕白色,从菌盖下垂10 cm以上,网眼多角形,宽5～10 mm。柄白色,中空,基部粗2～3 cm,向上渐细,壁海绵状。

短裙竹荪子实体12～18 cm,具显著网格,内含绿褐色臭而黏的孢子液,顶端平,有一穿孔。菌幕白色,从菌盖下垂达3～6 cm,网眼圆形,直径1～4 mm,有时部分呈膜状。柄白色或污白色,中空,纺锤形至圆柱形,中部粗约3 cm,向上渐细,壁海绵状。

红托竹荪最主要的特征是短裙,菌托红色;棘托竹荪是长裙,菌托上有棘突,不光滑。

(二)生长习性

1. 生长发育

竹荪成熟后,墨绿色的孢子自溶流入酸性土壤中,萌发成白色、纤细的菌丝,在腐竹、竹根及竹叶的腐殖质生长,经过一段时期的生长,绒毛状菌丝分化形成线状菌索,并向基质表面蔓延,后在菌索末端分化成白色的瘤状突起,即为原基或称菌蕾。菌蕾发育膨大露出地面,由粉白色渐转为粉红色、紫红色或红褐色。形状也由圆形至椭圆形,再至顶端如桃尖状突出。接着菌盖和菌柄突破包膜迅速生长，整个包膜留在菌柄基部形成菌托。随之白色的菌裙放下，孢子成熟自溶下滴，不久整个子实体便开始萎缩。

竹荪从孢子生长成子实体，在自然界大约需要1年的时间。而其菌丝体是多年生的，能在地下越冬。但子实体的最后形成需10～15 h，一般破球从傍晚开始，经过一个晚上，到天明基本上撑破了结实的菌幕，菌盖顶端首先露出的是孔口，接着是菌盖，子实层着生于菌盖上面，菌裙着生于菌柄和子实层之间。菌柄伸长和撒裙完毕只需要2～3 h，其中菌柄从露出到伸展完毕需1.5～2.5 h，菌裙从露出至撒完需要0.5～1 h，菌裙舒展完毕就是子实体的完全形成，一般发生在每天的8:00—10:00。

2. 生活条件

（1）营养。竹荪在自然界多见于竹林内。但是竹林并不是竹荪的唯一生境，现已发现在多种阔叶树上能生长。竹荪也是一种腐生菌，其营养来自竹类或其他树木的根、叶腐烂后形成的腐殖质和其他有机物质。

（2）温度。菌丝在4～28℃均能生长，15～22℃为最适温度，26℃以上生长缓慢，菌丝对低温有较强的抵抗力。子实体在10～15℃分化，15～28℃生长，气温达22～25℃时子实体大量成熟。28℃时菌蕾发育缓慢，35℃时停止发育。

（3）湿度。竹荪是喜湿性菌类，通常只有当空气相对湿度达95%以上时，菌裙才能达到最大的张开度。

（4）酸碱度。在自然界里，竹荪生长处的土壤pH值多在6.5以下，在竹荪生长发育过程中，都需要微酸性的环境。

（5）光线。菌丝生长不仅不需要光线，而且光对其菌丝生长有一定的抑制作用。自然界里，竹荪处于竹林、草丛的荫蔽之下，若将它暴晒在阳光之下，很快就会萎缩。

（三）栽培技术

1. 菌种分离

取八九分成熟的菌蕾，取其中部组织，移接在马铃薯-葡萄糖-蛋白质培养基人工培养，红托竹荪在15℃、长裙竹荪在22℃条件下培养。经过30～45天培养菌丝长满斜面。

2. 栽培制种

培养竹荪采用小的竹块，加腐殖土、糖水或木屑-麸皮的混合料，在15～20℃条件下培养，长满全瓶约需半年。

3. 栽培技术

（1）红托竹荪。

1）室内箱栽。在木箱内先铺5～10 cm厚的泥土，再将枯竹锯成约30 cm的竹条，平铺于泥土上，每平方米接入一瓶菌种，其上再覆盖5～8 cm厚的泥土。浇透水，置20℃以下的较低温度下培养；经常保持泥土湿度，4～5个月后，菌丝可以长满全部枯竹，并有少部分菌素向覆土层蔓延。当气温上升到20～24℃时，土层内出现菌蕾，此时即应增加室内空气相对湿度，使其达到85%以上。菌蕾长出土层约2个月后，竹荪子实体即破蕾而出。

2）室外畦栽。在背风阴凉处挖10～15 cm深的畦，畦宽1 m，长度可因地而宜。在畦内铺上枯竹，播种方法与箱栽相同。菌床上搭30～40 cm高的遮阳棚以免阳光直射。经常喷水保湿。头年秋季播种，第二年秋季菌床上就会长出竹荪。

（2）长裙竹荪。在枯死的枫香、光皮桦等阔叶树及竹类上打孔或凿槽，将柱形或长方形木块栽培种塞于孔或槽中，或将长满竹荪菌索的老菌材紧贴竹木，用含腐殖质的土壤覆盖。置22℃下培养，经常保持湿润。长裙竹荪的生长发育过程比较缓慢，一般从接种到出现子实体，约需1年的时间。

4. 采收加工

（1）采收。菌蕾破壳开伞至成熟为2.5～7 h，一般12～48 h即倒地死亡。因此，当竹荪开伞，待菌裙下延伸至菌托、孢子胶质将开始自溶时（子实体成熟）即可采收。采摘时用手指握住菌托，将子实体轻轻扭动拔起，小心地放进篮子，切勿损坏菌裙，影响商品质量。

（2）加工。竹荪子实体采回后，随即除去菌盖和菌托，不使黑褐色的孢子胶质液污染柄、裙。然后，将洁白的竹荪子实体一只一只地插到晒架的竹签上进行日晒或烘烤。商品要求完整、洁白、干燥。

（四）大田栽培技术

近年来在竹荪栽培技术上又有新的突破，采取"生料免棚多种形式栽培法"，不仅稳产高产、省工省料，降低成本，而且拓宽栽培领域，解决"菇粮争地"的矛盾，使竹荪生产又出现一次新的飞跃。

1. 田间菌种制作

栽培者只要购买竹荪原料，就可在田头自制栽培菌种。12月下旬至翌年1月初，选择田头一角，整理一个堆料育种畦床。用杂木屑80%，麦麸20%，作为竹荪菌种的培养料，加水110%，然后装入编织袋内，经过常压灭菌10 h后，取出用清水冲进袋内，让其排泄，然后拌入1%石膏粉，堆入育种畦床上，采取2层料，一层菌种播种法，最后一层料面再撒些菌种，每米2畦床用干料20 kg、竹荪原种3～4瓶。栽培100 m²面积，只需田头制种4 m²，等于25∶1。播种后用编织袋盖面，稻草遮阳，最后用竹条弓罩薄膜。播种后每隔3～5天揭膜通风1次。培育40～50天菌丝布满料堆后，即成田头竹荪菌种。

2. 生料栽培原理

竹荪生料栽培，通过多方面的试验，掌握其菌丝抗杂菌能力强，能够穿过许多微生物的拮抗线，并在其群落中萌发苗壮菌丝。即使培养基原来已被其他生物占领，一旦接触到竹荪菌丝，在被污染的基料上均能后来居上，而棘托竹荪更为明显。根据观察，主要是竹荪菌丝分泌出的胞外酶，分解力极强，能够充分分解和吸收生料中的养分，而绝大部分的杂菌孢子在生料上难以萌发定殖，彼此之间的强弱造成竹荪菌丝生长发育的一种优势。

竹荪大田栽培现大都采用高温型棘托长裙竹荪，其子实体生长发育期为每年夏季6—9月。此时正值各种农作物如大豆、玉米、高粱、瓜类等茎叶茂盛期；夏季果园、林场、林果树木郁蔽，遮阴条件良好；而且上述农作物及林果树木每天呼出大量氧气，对竹荪子实体生长发育十分有利，这些天然的环境条件为免棚栽培竹荪创造了有机结合的生物链。

3. 原料选择

栽培竹荪的原料有"五大类"。

（1）竹根。不论"大小、新旧、生死"竹子的根、叶、枝、片、屑、茎，以及竹器加工厂下脚料等均可利用。

（2）杂木类。以不含香油脂等杂木类均可。

（3）秸秆类。除稻草、小麦秆外，其他农作物的秸秆均可利用。

（4）野草类。常见的有芦草、芦苇等10多种均可栽培。

（5）壳类。谷壳、花生壳、玉米芯、豆类壳均可作为培养基。

4. 原料处理

原料处理是关系到生料栽培竹荪的一个关键环节。原料处理要求做到以下几点。

（1）晒干。不论是竹类或是木类、野草和秸秆类，均要晒干，因为新鲜的竹、木类，本身含有生物碱，经过晒干，使材质内活组织坏死，同时生物碱也挥发消退。

（2）切破。原料的切断与破裂，主要是破坏其整体，使植物活组织易死，经切破的原料容易被菌丝分解吸收其养分。

（3）浸泡。原料浸泡通常采用碱化法。把竹类放入池中，木片或其他碎料可用麻袋、编织袋装好放入池内，再按每100 kg料加入0.3%～0.5%的石灰，以水淹没料为度，浸泡24～30 h，起到消毒杀菌作用。过滤后用清水反复冲洗直至pH值7左右，捞起沥至含水量60%～70%就用于生产。

（4）石灰水闷制。采用蔗渣、棉籽壳、玉米秆、黄豆、谷壳、花生秆、油菜秆等秸秆类栽培，可采用上述比例的石灰水泼进料中，闷8～10 h后即可使用。

5. 栽培形式与技术

（1）竹荪畦旁套种农作物。

1）栽培季节。竹荪栽培一般分春、秋两季。我国南北气温不同，具体掌握两点：一是播种期气温不超过28℃，适于菌丝生长发育；二是播种后2～3个月菌蕾发育期，气温不低于10℃，使菌蕾健康生长成子实体，南方诸省竹荪套种农作物，通常为春播，"惊蛰"开始，堆料播种，"清明"开始套种农作物。

2）场地整理。先开好排水沟，畦床宽1 m，长度视场地而定，一般以10～15 m为好，床与床之间设人行通道，宽20～30 cm，畦床"龟背形"，距离畦沟底25～35 cm防止积水。

3）播种方法。竹荪播种采取一层料、一层种，菌种点播与撒播均可，每平方米培养料10 kg，菌种3瓶，做到一边堆料、一边播种。

4）覆土盖物。堆料播种后，在畦床表面覆盖一层3 cm厚的腐殖土，腐殖土的含水量以18%为宜。覆土后再用竹叶或芦苇切成小段，铺盖表面，并在畦床上罩好薄膜。

5）套种作物。在竹荪畦床旁边套种黄豆、高粱、玉米、辣椒、黄瓜等高秆或蔓藤作物，当竹荪播种覆土后15～20天，就可在畦旁挖穴播种农作物种子，按间隔50～60 cm套种一棵。

6）田间管理。播种后，正常温度下培育25～30天，菌丝便爬上料面，可把盖膜揭开，用芒箕（狼衣）或茅草等覆盖畦床上，有利于小菇蕾形成。菌丝经过培养不断增殖，吸收大量养分后形成菌索并爬上料面，由营养生长转入生殖生长，很快转为菌蕾，并破口抽柄形成子实体。出菇期培养基含水量以60%为宜，覆土含水量低于20%，要求空气相对湿度85%为好。菌蕾生长期，必须早晚各喷水一次，保持相对湿度不低于90%为好。菌蕾膨大逐渐出现顶端凸起，继之在短时间内破口抽柄撒裙。

竹荪喷水要求"四看"：一看盖面物，竹叶或秆草变干时，就要喷水；二看覆土，覆土发白，要多喷、勤喷；三看菌蕾，菌蕾小，轻喷、雾喷；菌蕾大多喷、重喷；四看天气，晴天、干燥天蒸发量大则多喷，阴雨天不喷。这样才确保长好蕾，出好菇，朵形美。

（2）林果间套种竹荪。利用苹果、柑橘、葡萄、油奈、桃、梨等果园内的空间，以及山场林地的树木空间，均可套种竹荪，提高土地利用率。具体措施：

1）园地整畦。选择平地或缓地坡的成果森，含有腐殖质的砂壤土，近水源的果园。在播种前7～10天清理场地杂物及野草，最好要翻土晒白。果树可喷波尔多液防病虫害。一般果树每间距3 m×3 m，其中间空地作为竹荪栽畦床。顺果树开沟作畦，人行道间距30 cm，畦宽60～80 cm，土不可太碎，以利通气，果树旁留40～50 cm，作通道。

2）堆料播种。播种前把培养料预湿好，含水量60%左右。选择晴天将畦面土层扒开3 cm，向畦两侧推，留作覆土用；再将预备好的培养料堆在畦床上，随后将竹荪菌种点播在料上。如果树枝叶不密，可在覆土上面盖一层芒箕和茅草，避免阳光直射。播种后畦沟和场地四周要撒石灰或其他农药杀虫。

3）发菌管理。播种后15～20天，一般不需喷水，最好每天揭膜通风30 min左右，后期增加通风次数，培养料保持含水量60%～70%。春季雨多，挖好排水沟，沟要比畦深30 cm。菌丝生长温度最适为23～26℃。

4）出菇管理。播种40～50天菌丝可长满培养料，经10～15天菌丝体达到生理成熟并爬上覆土。正常温度20℃以上，培养10～15天即可长菇蕾，此时保持湿度80%～90%，正常温度下，经过20～25天的培育，菌蕾即发育成熟，此时就可采收。

（3）竹头无料仿生栽培竹荪。一般采用就地竹穴播种法。选择砍伐2年以上的毛竹头，在竹头旁边上坡方向，挖一个穴位，长、宽5～6 cm，深20～25 cm，穴位填腐竹叶厚5 cm。播一层竹荪菌种后，再填一层腐竹叶10 cm厚，再播种一层菌种，照此填播2～3层，最后用腐竹叶和挖出来的土壤覆盖2～3 cm厚，轻轻踩实。若土壤干燥，要浇水增湿，上覆杂草、枝叶遮阳挡风，保湿保温。菌种下播时，注意下层少播，上层多播，使菌丝恢复后更好地向死竹鞭发育。也可以采取在竹林里从高向低，每隔25～30 cm挖一条小沟，深7～10 cm，沟底垫上少许腐竹或竹鞭，撒上菌种，然后盖土。一般每亩毛竹林有旧竹头180～200个，挖兜花工费钱，留作又难腐烂，就地利用栽培竹荪，可以进行竹头分解，两全其美。利用旧竹头栽培竹荪，完全靠自然环境条件，因此在春季3—4月播种为宜，此时春回大地，适宜菌丝生长。

竹荪不耐旱也不耐渍，因此穴位排水沟要疏通。干旱时要浇水保湿，以不低于60%为好。冬季15～20天浇水一次，夏季3～5天一次。浇水不宜过急，防止冲散表面盖叶层。土壤含水量要经常保持15%～18%。每年都必须砍伐一定数量的竹子，增加竹鞭腐殖质，使菌丝每年均有新的营养来源。每年冬季必须耕地一次，除掉杂草，疏松土壤，使菌丝得到一定的氧气。

6. 采收加工包装

竹荪播种后可长菇4～5潮。子实体成熟都在每天12:00前，当菌裙撒至离菌柄下端4～5 cm就要采摘。采后及时送往工厂脱水烘干。干品返潮力极强，可用双层塑料袋包装，并扎牢袋口。作为商品出口和国内市场零售的，则需采用小塑料袋包装，每袋有25 g、50 g、100 g、300 g不同规格，外包装采用双瓦楞牛皮纸箱。

六、黑木耳与黄背木耳高产栽培实用技术

由于黑木耳对人体具有明显的保健作用，近些年来，其产品的消费量逐年大幅上升，从而引起市场价格的持续走高，加之黑木耳都是以干品出售，在流通环节中有其独特优势，不受时间与季节的限制，因此农民的种耳积极性也随之提高。

（一）黑木耳人工栽培特点

在发菌及出耳管理过程中，要把握其如下特性。

1. 中温型和区域性

黑木耳属中温型真菌，具有耐寒怕热的特性，所以南方的黑木耳不如北方的色黑、朵大、肉厚。它对温度反应敏感，菌丝在4～32℃均能生长，最适22～26℃；低于10℃，生长受抑制；高于30℃，菌丝生长加快，但纤细、衰老加快；15～32℃下能形成子实体，最

适20～25℃。在适宜范围内温度越低生长发育越慢，但子实体色深、健壮、肉厚、产量高、质量好；反之，温度越高生长发育越快，菌丝细弱，子实体色淡肉薄，产量低，并易流耳，感染杂菌。春秋两季温差大，气温在10～25℃，适于黑木耳生长。

2. 高湿性和干湿交替的水分管理

子实体发育期，空气相对湿度要求90%～95%，低于80%时，子实体生长缓慢，低于70%，不能形成子实体，但很低的湿度，菌丝也不致被干死；其子实体富含胶质，有较强的吸水能力，如在子实体阶段一直保持适合子实体生长的湿度，会因"营养不良"而生长缓慢，影响产量和质量。如果采取干湿交替的水分管理，耳片收缩停止生长后，菌丝在基质内聚积营养，恢复湿度后，耳片长得既快又壮，产量高。

3. 喜光性和暗光养菌

黑木耳是喜光性菌类。光对子实体的形成有诱导作用，在完全黑暗条件下不会形成子实体；光线不足，生长弱，耳片变淡褐色；但在菌丝培养阶段要求暗光环境，光线过强，容易提前现耳。所以，在代料栽培中，菌丝在暗光中培养成熟后，从划口开始就可以光照刺激，促进耳基早成。

4. 好气性和畦式栽培

黑木耳属好气性菌类，生长发育需要充足氧气。如果二氧化碳积累过多，不但生长发育受到抑制，且易发生杂菌感染或子实体畸形，使栽培失败。据观察，二氧化碳积累较多的地方，子实体不易开片。大田畦栽具备新鲜充足的氧气，是实现稳产高产的关键性因素。

（二）黑木耳地栽技术

黑木耳地栽是近些年来新兴起的一种栽培方式，具有原料来源丰富、设备简单、成本低、生产周期短、经济效益高、发展前景广阔的优点。其优质高产栽培技术如下。

1. 制备菌种

按栽培计划选择制备抗杂菌能力强、生长速度快，菌龄适宜、纯正、无污染、适宜当地栽培条件的优良菌种。

（1）菌丝洁白，像细羊毛状，毛短整齐，浓密，粗壮有力，齐头并进地延伸直至瓶底，生长均匀，上下一致，挖出来成块，不松散。

（2）菌丝长满瓶后，在菌体表面一般会分泌出褐色水珠。以后在瓶壁四周和表面出现浅黄色透明胶质耳芽。

（3）菌种柱与瓶壁紧贴、瓶内壁有少量白色水珠的为新鲜菌种。若瓶底有浅黄色积水、菌柱离壁干缩，则为老化菌种，不能使用。

（4）正常的菌种有黑木耳特有的芳香气味，若有臭味和霉味，或出现斑块状及球状不发菌的现象，是细菌污染，若有其他红、绿、黄、黑等色，说明已被杂菌污染，也不能使用。

（5）培养基与瓶壁之间若出现浅黑色的胶质物（耳基），说明是早熟或扩接次数过多的菌种，栽培后耳片小、数量多、不易长大、品质差、产量低，应予淘汰。

（6）若瓶内可以看到木颗粒而菌丝很少，说明培养时间太短，应继续培养。若培养一段时间后没什么显著变化，说明培养基营养不足，应予补充。

（7）如果菌种长至一半或在一个角落不再继续生长，可能是太干或太湿。若菌丝生长整齐、浓密，突然出现稀疏，并有一明显的分界，说明上部料适中，下部过实过密。

也可通过以下几点观察后再进行制备。

一看外观看菌瓶标签与黑木耳菌种是否相符，以防错购。培养时间应在两个月以内，从接种日算，菌龄应在30～40天为宜，同时看瓶塞壁有无破裂或棉塞脱落等现象。

二看菌丝。菌丝洁白纯度高，绒毛粗壮、短密齐的为优质菌种。如有绿、黄、红、青、灰色菌丝，则为已感染杂菌的菌种，需淘汰。

三看耳基瓶壁与料之间。如无淡黑色耳基的为优良菌种，有少量耳基为正常菌种，如果太多，则传代次数过多，接种后虽出耳早且多，但长不大，产量较低。注意沉淀物如果瓶壁没有或仅有浅褐色胶质物属合格菌种；如果有黄褐色液体，属老化菌种，不可购买。

四看菌块木屑。菌种表面均长有菌丝，已看不到木屑，挖出时以成块而不松散为佳。注意，如果菌种培养时间过短或温度过低，菌丝未长满全瓶或菌丝未长入木屑内部的，应继续在适温下培育，然后再用于接种，应存放于清洁、干燥和光线较暗的室内。接种前，严禁拔掉棉塞，对已开瓶接种的菌种不宜过夜，以防杂菌污染。

2. 栽培季节

根据当地气候条件，适当安排栽培季节是地栽黑木耳优质高产的前提。春季为地栽黑木耳的有利季节，当白天气温稳定在10～13℃时开口催耳芽。如在牡丹江地区，3—4月中、下旬开口催耳芽为最佳季节。若晚于5月1日开口催耳芽，黑木耳旺盛生长期正遇高温、高湿季节（6—7月），不仅菌袋易污染，而且子实体易得流耳病，降低产量，甚至绝产。

3. 拌料与装袋

黑木耳为木腐型食用菌，需要丰富的木质素和纤维素，培养基配方以木屑78%、麦麸20%、石膏1%、白糖1%为佳，加入防病虫药剂最好，含水量以65%左右为宜。用17 cm×33 cm聚乙烯袋，每袋装湿料1 kg左右，松紧度要适中、均匀一致。

4. 灭菌与接种

（1）灭菌。用1.2～1.5 kg/cm²高压蒸气灭菌1.0～1.5 h；常压蒸气灭菌的料温达100℃后持续灭菌6～8 h，再在锅内闷3～4 h。

（2）接种。要在无菌操作的条件下抢温接种，菌种复活、定殖及封面速度快，可提高成品率。

5. 发菌

（1）接种后，开始的10～15天培养室温度以25～28℃为宜，有利于菌种复活和定殖，并降低污染率；15天后一般料温高于室温，为防止烧菌，培养室应降温至25℃左右，促进菌丝加快生长和吃料。当菌丝吃料至2/3袋时，降温至22℃左右，使菌丝生长粗壮。菌丝长满袋后，培养室温度应降至20℃左右继续培养10天，使菌丝多积累养分，并由营养生长转入生殖生长。

（2）发菌期间，培养室要避光，加强通风换气，保持室内干燥。如果湿度大，易发生后期污染。每周应翻堆或倒架1次，以免烧菌。

6. 耳场选择与处理

耳场要建在靠近水源、水质良好、清洁卫生、无污染源、通风良好、空气新鲜的地方。

在耳场建畦床时，为提高耳场利用率，畦床宽以150～200 cm为宜，长度不限，整平畦床面并压实。畦床间距40 cm，并挖15～20 cm深的沟作为排水沟和人行道。对老耳场要先清除废弃的菌袋及残留物，然后再翻耙、整平、做畦床，并将畦床浇透水，以利保湿，喷5%石灰水和70%百菌清可湿性粉剂800～1 000倍液消毒、灭菌、杀虫。在畦床面铺1层塑料薄膜或塑料编织袋片、遮阳网、细纱网等，以免雨水将泥沙溅于耳片上，降低商品价值。

7. 开出耳口与催耳芽

（1）用5%石灰水擦洗菌袋，消毒灭菌，待菌袋表面干燥后，每袋倒开"V"形出耳口12～15个。开耳口时，一定要划破菌膜0.3～0.5 cm深，使之进入新鲜空气，刺激原基分化并形成耳芽。

（2）菌袋开出耳口后，要在室内催耳芽；或将菌袋倒立摆放于畦床中，袋间距为10～12 cm，盖草帘，喷水，在适宜温度下10～15天可见耳芽。

8. 长耳期管理

（1）调节湿度。出耳芽后，可揭去草帘，每天早、晚喷雾状水，最好用微喷。初期因耳芽抗逆性差，要勤喷、轻喷、细喷，使空气相对湿度保持在85%～90%，以保持耳片湿润、不卷边。当耳芽长至扁平或圆盘状时，应适当加大喷水量，使空气相对湿度达到90%～95%，防止耳片蒸腾失水，促进迅速生长。要注意干、湿交替管理，特别是当耳茎和耳片生长缓慢时，应停水3～5天，使菌丝休养生息、积累养分，然后再喷水，使耳片健壮生长。耳片成熟前，宜减少喷水量，使空气相对湿度保持在75%～85%；耳片在这种湿度条件下，不仅能控制孢子弹射，而且耳片干净无水，不易烂耳，肉质肥厚、有弹性，产品质量好。

（2）控制温度。展耳期温度以20～22℃为宜，利于耳片整齐、健壮、耳形好、色泽深，商品价值高。若温度高于25℃，则开片难，再遇高温天气，子实体呼吸旺盛、细胞分裂加快、干物质积累少、耳片薄、产量低。因此，若遇高温天气，可盖草帘并喷水降温，以保证耳片良好生长。

（3）调节光照。子实体生长需要一定的光照条件。在光照充足的环境条件下，耳片肉厚、色深、鲜嫩苗壮；否则，生长缓慢、色淡、骨质软，商品价值低。所以，对覆盖物要定期揭掉，确保光照充足。

（4）通风。空气新鲜有利于耳片良好生长。若通风较差或摆袋过密，则耳片不易展开，易形成"鸡爪耳"或"团耳"等畸形耳，失去商品价值，且易污染杂菌和烂耳，降低产量。应清除耳场内外一切障碍物，定期揭掉覆盖物，进行通风换气，使耳片生长发育良好。

9. 增产剂的施用

施用黑木耳增产剂，可提高产量15%～30%，增产剂配置、使用方法如下。

配方一：萘乙酸1%、硼酸14%、硫酸锌20%、硫酸镁26%、淀粉39%，充分拌混匀。用玻璃瓶或塑料袋按50 g 1份分装贮存备用。在黑木耳子实体形成前，结合喷水施用。每50 g加水50 L，稀释后用喷雾器喷于栽培袋上，以喷湿料面为止。

配方二：尿素250 g、葡萄糖50 g、1.8%辛菌胺醋酸盐70 g。以上原料依次放入25 kg水中充分溶解，即成增产剂。使用时，将快出耳的菌袋放入此剂中浸泡1 h，捞出后堆成"井"字形，覆盖薄膜保湿，不久即有大量耳芽出现，一般可增产25%～30%。

（三）黄背木耳高产栽培技术

1. 配好袋料

最佳配料比：棉籽壳35.5%、玉米芯40%、锯末20%、玉米糁4%、复合肥0.5%。

2. 调好酸碱度

袋料的酸性大时，易生杂菌如绿霉菌、黄霉菌等；袋料的碱性大时，影响菌丝正常生长。袋料中加入3%生石灰粉、1%石膏粉后，其酸碱度合适。

3. 浸泡好料

先将干玉米芯用石灰水浸泡72 h，并搅拌2～3遍，然后再加上棉籽壳、锯末、复合肥、玉米糁、石膏粉，再连翻2遍，掺匀后堆闷24 h，即可装袋。

4. 高温消毒

袋料装入锅炉时，要留有空隙，以便于上汽均匀。当锅炉内温度升至100℃时，应保持12 h以上。

5. 严格消毒

放置黄背木耳袋的温室要提前2天用百菌清与异丙威熏蒸消毒，然后再用辛菌胺消毒液把袋架、墙壁及地面全部喷洒1遍。当从锅炉里搬出的袋料温度降至15℃以下时方可接种，接种必须在消毒箱内进行，接种的袋子事先要用百菌清熏蒸消毒。接种人员要戴上消过毒的手套。

6.严格控温

接种好的袋料进入温室后，要把室内温度调至25℃以上，特别是第1周，室温应在28℃左右。袋内菌丝复活后，室温要降至22℃。

7.翻袋

黄背黑木耳袋的菌丝快长满袋时进行1次大翻袋，使整袋菌丝均匀生长。

8.下架码垛

黄背黑木耳袋在架上长满菌丝后，要把袋子搬下架或移出温室。黄背黑木耳袋搬下架后要码成垛，以7~8层为宜。层与层之间要留有空隙，以利通风。袋垛上用编织袋覆盖1层即可。

9.开口捶袋

3月下旬，即可把黄背木耳袋移到棚内开口，棚四周及上部要用草苫覆盖，但不可过厚过严。用刀片把黄背黑木耳袋开成三角口，每袋开16个。把开过口的袋子堆于棚内，用塑料薄膜或编织袋覆盖3~5天。从开口处的菌丝发白时开始，每天喷洒1次水，一直到开口处长出耳基，这时即可挂袋了。

七、食用菌生理性病害及防治技术

在栽培食用菌的过程中，食用菌遇到某些不良的环境因子的影响，生产环境条件不能满足最低要求时，造成生长发育的生理性障碍，产生各种异常现象，不能正常生长发育，导致减产和（或）品质下降，即所谓生理性病害，如菌丝徒长、畸形菇、硬开伞、死菇等。

（一）菌丝徒长

蘑菇、香菇、平菇等栽培时均有发生。在菇房（床）湿度过大和通风不良的条件下，菌丝在覆土表面或培养料面生长过旺，形成一层致密的不透水的菌被，推迟出菇或出菇稀少，造成减产。菌丝徒长除了与生长环境条件有关外，还与菌种有关。有时原种的分离过程中，气生菌丝挑取过多，常使母种和栽培种产生结块现象，出现菌丝徒长。

在栽培蘑菇的过程中，一旦出现菌丝徒长的现象，就应该立即加强菇房通风，降低二氧化碳浓度，减少细土表面湿度，并适当降低菇房温度抑制菌丝徒长，促进出菇。若土面已出现菌被，可将菌膜划破，然后喷重水，大通风，仍可望出菇。实践证明，菇床用食用菌专用0.004%芸薹素内酯水剂10 g兑水15 kg，均匀喷雾1~2遍即。

（二）菌丝体缩小

在蘑菇栽培中，菌丝体会黄化、萎缩甚至死亡。

1. 材料损坏

播种后3～5天。当肥料加入太晚时，培养材料含有过多的氨，导致氨中毒和死亡。当制备原料时，C/N不合适，发酵时间太长，培养材料太成熟，并且发生酸化，这导致培养材料中的菌丝收缩成细线。

2. 水损坏

料面上浇水多且喷淋太快，水渗入进料层，导致培养材料太湿，缺氧，导致菌丝萎缩。

以上原因可用生理提质增产法防治：用精制钼胶囊1粒+精制细胞分裂素胶囊1粒+食用菌专用维生素B植物液30 g兑水15～20 kg，均匀喷雾1～2遍即可。

3. 气体损害

在高温高湿条件下，菌丝代谢加快，导致菌袋氧气不足，菌丝容易发黄死亡。如果棚室湿度过大，傍晚时在棚室内点燃食用菌专用10%百菌清烟雾剂，一般2.8 m高左右的棚室每8～10 m设1个放烟点，用50 g/袋点燃放烟，点燃时备一铁锹，若出现明火用锹压一下即可成烟，既提高成烟率又防火灾。头天傍晚点烟剂，第二天放风，第三天再喷洒菇耳旺和细胞分裂素。

（三）死菇现象

在蘑菇、香菇、草菇、平菇、金针菇等多种食用菌的栽培中，萌芽期间，幼小的菇蕾或小的子实体，在没有病虫害的情况下，发黄萎缩，停止生长甚至死亡。尤其是头两潮菇出菇期间，小菇往往大量死亡，严重影响前期产量。要针对不同原因加以防治。

（1）出菇过密过挤，营养供应不足，一些菇蕾由于缺乏营养而死亡，或者由于蘑菇采摘而摇动和损坏，这可能导致蘑菇死亡。生理性提质增产防治法：用精制铁胶囊1粒+精制钾胶囊1粒+精制硒胶囊1粒+精制芸薹素10 g兑水15～20 kg均匀喷雾1遍即可不死，2遍增产显著。

（2）温度过高或过低，不适合子实体生长发育，菇房或菇场通风不良，二氧化碳累积过量，致使小菇闷死。生理性提质增产防治法：用精制锌胶囊1粒+精制解害灵（食用菌专用）1瓶10 g+食用菌专用细胞分裂素胶囊1粒兑水15～20 kg，均匀喷雾1～2遍即可。

（3）喷水较重，蘑菇房通风不良，空气湿度大，供氧不足，其他气体积聚过多，引起菇蕾或小蘑菇窒息；或对菇体直接喷水，导致菇体水肿黄化，溃烂死亡。烟剂防治：如果棚室湿度过大，或阴雨天，傍晚时在棚室内点燃食用菌专用10%百菌清烟雾剂，2.8 m高左右的棚室每8～10 m设1个放烟点，每点50 g/袋点燃放烟，点燃时备一铁锹，若出现明火用锹压一下即可成烟，既提高成烟率又防火灾。第二天再用精制VB丰植物液50 g+精制细胞分裂素1粒+精制硼胶囊1粒兑水15 kg均匀喷洒，1～3遍，间隔2～3天。

（4）在生长过程中，过量使用药物，会增加原有的渗透压或毒害蘑菇体，导致植物毒性和死蘑菇。生理性提质增产防治法：要用食用菌专用产品以免因食用菌菌丝娇嫩耐药性差而影响品质，用精制铁胶囊2粒+精制硒胶囊1粒+食用菌专用精制解害灵10 g兑水15 kg，均匀喷雾，最好采一茬菇后喷一遍。

（四）畸形菇

蘑菇、平菇、（代料）香菇等食用菌栽培过程中，常常出现形状不规则的子实体，或者形成未分化的组织块。如栽培平菇、凤尾菇时，常常出现由无数原基堆积成的花菜状子实体，直径由几厘米到20 cm以上，菌柄不分化或极少分化，无菌盖。原基发生后的畸形菇，则是由异常分化的菌柄组成珊瑚状子实体，菌盖无或者极小。蘑菇、香菇常出现菌柄肥大，盖小肉薄，或者无菌褶的高脚菇等畸形菇。

造成食用菌形成畸形菇的原因很多，主要是二氧化碳浓度过高，供氧不足；或覆土颗粒太大，出菇部位低；或光照不足；或温度偏高，或用药不当而引起药害等。生理性提质增产防治法：精制钼胶囊1粒+精制硒胶囊1粒+精制铁胶囊1粒+食用菌专用解害灵10 g兑水15 kg，均匀喷雾，最好采一茬菇后喷一遍。

（五）薄皮早开伞

形成原因：培养料过薄、养分不足；覆土过薄；菌丝生活力不强或菌丝徒长、板结，出菇部位高；菇房通风不良，高温、高湿；出菇密度大；生长过快，养分跟不上；菌丝老化，吸收养分能力下降等。特别是在蘑菇出菇旺季，由于出菇过密，温度偏高（18℃以上），很容易产生薄皮早开伞现象，影响蘑菇质量。

防治方法：前期搞好培养料的发酵，合理覆土，生长期加强通风，降低菇房温度及湿度，适当追肥，补充养分等。在栽培中，菌丝生长不要接近覆土的表面，宜将出菇部位控制在细土缝和粗细土粒之间；防止出菇过密，适当降低菇房温度，可减少薄皮早开伞现象。生理性提质增产防治法：精制硒胶囊1粒+精制铁胶囊1粒+食用菌专用0.004%芸薹素内酯10 g兑水15 kg，均匀喷雾，1～3遍。

（六）空根白心

形成原因：气温较高，幼菇生长迅速，土层水分不足；幼菇生长过程中气温先高后低，培养料先干后湿，培养料上湿下干，土层较湿，料层较干；菌盖表面水分蒸发量大，菌柄中间缺水。特别是蘑菇旺产期如果温度偏高（18℃以上），菇房相对湿度太低，加上土面喷水偏少，土层较干，蘑菇菌柄容易产生白心。在切削过程中，或加工泡水阶段，有时白心部分收缩或脱落，形成菌柄中空的蘑菇，严重影响蘑菇质量。

防治方法：维持菇棚合适的温度、湿度，高湿期应早、晚通风，中午关窗，避免温度过高以及水分蒸发过快；保证空气相对湿度不低于90%；出菇水和结菇水要喷足，避免出现外湿内干、上湿下干现象。可在夜间或早晚通风，适当降低菇房温度，同时向菇房空间喷水，提高空气相对湿度。喷水力求轻重结合，尽量使粗土细土都保持湿润。生理性提质增产防治法：精制铜胶囊1粒+精制硼胶囊1粒+精制锌胶囊1粒+食用菌专用0.004%芸薹素内酯10 g兑水15 kg，均匀喷雾，1~3遍。

（七）硬开伞

形成原因：气温突然下降，气温与料温、气温与土温反差较大，细土湿度过高而菇棚温度过低等，使固体养分代谢紊乱，造成土层中的菌柄与土上的菌盖生长不平衡而产生分裂分离，进而形成硬开伞。特别是当温度低于18℃，且温差变化达10℃左右时，蘑菇的幼嫩子实体往往出现提早开伞（硬开伞）现象。在突然降温，菇房空气湿度偏低的情况下，蘑菇硬开伞现象尤甚，严重影响蘑菇的产量和质量。

防治方法：注意保温，不让冷风吹进菇棚，减少温度变化，保持适当的空气湿度和培养料含水量。在低温来临之前，做好菇房保温工作，减小室内温差，同时增加菇房内空气相对湿度，可防止或减少蘑菇硬开伞。生理性提质增产防治法：精制硒胶囊1粒+精制钼胶囊1粒+精制VB丰植物液30 g+食用菌专用0.004%芸薹素内酯10 g兑水15 kg，均匀喷雾，1~3遍。

（八）水锈斑

产生原因：菇房通风不良，空气相对湿度超过95%时，菇盖上常有积水，或覆土粒上有锈斑，都会使蘑菇菌盖表面产生铁锈色斑点，影响菇体外观。

防治方法：避免使用带铁锈色的覆土，加强通风排湿，及时蒸发菌盖表面的水滴，可防止蘑菇水锈斑的发生。如果棚室湿度过大，或阴雨天，傍晚时在棚室内点燃食用菌专用10%百菌清烟雾剂，2.8 m高左右的棚室每8~10 m设1个放烟点，每点50 g/袋点燃放烟，点燃时备一铁锨，若出现明火用锨压一下即可成烟，既提高成烟率又防火灾。第二天再喷洒锰胶囊1粒+精制细胞分裂素1粒+精制钾胶囊1粒兑水15 kg均匀喷洒，1~3遍，间隔2~3天。

（九）地雷菇

形成原因：覆土后通风时间过长，土层含水量过低；土层内菌丝萎缩，播种后发菌迟；气温偏低；料内混有泥土。

防治方法：适量喷水，保持土层合适的含水量；覆土不宜超过3 cm；不使用掺土的牛粪等。生理性提质增产防治法：食用菌专用精制钼胶囊1粒+精制VB丰植物液50 g+精制钾胶囊1粒+精制细胞分裂素1粒兑水15 kg，均匀喷雾，1~3遍，间隔2~3天。

（十）长柄菇

产生原因：空气相对湿度过高、通风不良、二氧化碳浓度过高；菌丝衰老、土层菌丝生长无力。

防治方法：加强通风换气，喷施蘑菇健壮剂。生理性提质增产防治法：食用菌专用精制硒胶囊1粒+精制硼胶囊1粒+精制催芽灵50 g+解害灵10 g兑水15 kg，均匀喷雾，1~3遍，间隔2~3天。

（十一）球菇

产生原因：播种时种块过大，覆土厚度不均匀，培养料含水量不均，几个或几十个子实体拥挤在一起等会导致产生球菇。

防治方法：播种时把菌种撒匀；适当增加覆土厚度，均匀覆土，合理调节水分。生理性提质增产防治法：食用菌专用精制硒胶囊1粒+精制钼胶囊1粒+催芽灵30 g+绿色精制钾胶囊1粒兑水15 kg，均匀喷雾，1~3遍，间隔2~3天。

（十二）铁锈斑菇

产生原因：床面喷水后未及时开门通风，菇房湿度过大，子实体表面积存小水珠，时间长后会产生铁锈色斑点。

防治方法：喷水后延长通风时间，阴湿天气搞好通风换气，保持空气新鲜，挑选好的覆土材料。生理性提质增产防治法：钾胶囊1粒+食用菌专用0.004%芸薹素内酯10 g兑水15 kg，均匀喷雾1遍。

（十三）鳞片菇

产生原因：气温偏低，菇棚偏干，环境干湿度差突然加大，菌盖容易产生鳞片。

防治方法：出菇期注意提高空气相对湿度并保持稳定，防止冷风突然袭击菇棚等。生理性提质增产防治法：食用菌专用精制钼胶囊1粒+精制细胞分裂素胶囊1粒+精制催芽灵30 g兑水15 kg均匀喷雾，1~3遍，间隔2~3天。

（十四）红根菇

产生原因：产菇前喷水过多，土层含水量过大；过量使用葡萄糖溶液；所喷石灰水、尿素溶液浓度过高；通风不良。

防治方法：产菇期土层含水量不能过高；采菇前菇床不能喷水；菇床喷石灰水或追肥时，要注意把握好浓度。生理性提质增产防治法：食用菌专用精制钾胶囊1粒+精制硼胶囊1粒+解害灵10 g兑水15 kg，均匀喷雾，1~3遍，间隔2~3天。

（十五）玫冠病

玫冠病即菇盖边缘翻翘卷起，菌褶长到菌盖表面，褶片泛红变色，像玫瑰色鸡冠。主要出现在蘑菇上，病菇菌盖边缘上翻，在菌盖上表面形成菌褶；有时则在菌盖上形成菌管、菌褶分辨不清的瘤状物。玫冠病往往在最早的几潮菇发生较多。

形成原因：玫冠病主要是化学药品污染所致，如培养料内混入了矿物油或酚类化合物；菇房内、菇房附近喷洒了农药，或杀菌剂农药使用过量等，产生一定量的有害气体，都会导致产生玫冠病。

防治方法：存放油或农药的仓库不宜改作菇房；不用被化学物质污染的土作覆土材料；菇房内不能用煤油灯照明，用煤炉或木材炉加温的，要加强通风换气；培养料建堆时不能与矿物油或酚类物质接触等。生理性提质增产防治法：食用菌专用锌胶囊1粒+钾胶囊1粒+解害灵10 g兑水15 kg，均匀喷雾，1～3遍，间隔2～3天。

八、食用菌真菌性病害及其防治技术

真菌引起的食用菌病害种类最多，危害最重。从危害方式来看，真菌病害可分为寄生性真菌病害、竞争性真菌病害（杂菌）、寄生性兼竞争性真菌病害三大类。从危害时间来看，有在制种阶段的危害，也有在代料或段木栽培期间的危害。

（一）寄生性真菌病害

在这一类病害中，研究最深、报道最多的是危害蘑菇的褐腐病、褐斑病、软腐病、褶霉病、菇脚粗糙病、枯萎病、黄毁丝病，以及危害银耳的浅红酵母病等。现介绍9种寄生性真菌病害的主要症状及其防治措施。

1. 褐腐病

亦称白腐病、湿泡病、水泡病、疣孢霉病。

（1）病原菌。疣孢霉，属于丝孢菌纲真菌。

（2）病原菌习性。疣孢霉喜郁闭、潮湿的环境，其菌丝生长的最适温度为25℃，pH值=6.2。10℃以下极少发病，15℃以上发病严重，65℃条件下经1 h即死亡。

（3）危害对象。主要危害蘑菇、草菇。

（4）症状。疣孢霉只感染子实体，不感染菌丝体。其常见症状：①发病初期，蘑菇的菌褶和菌柄下部出现白色棉毛状菌丝，稍后，病菇呈水泡状，进而褐变死亡。②幼菇受害后常呈无盖畸形（硬皮马勃状团块），并伴有暗黑色液滴渗出，最后腐烂死亡。③感病菇上渗水滴是褐腐病的典型症状。

（5）传播途径。初次发病，土壤是主要媒介；而后再发病，水、工具或栽培者都可能是病菌传播的重要途径。

（6）防治措施。

对于空菇房使用烟剂杀菌消毒，傍晚用食用菌专用10%百菌清烟剂每5 m放一个燃点，每个燃点50 g，点燃前将所用到的工具（包括各种袋子、绳子）、工作服、帽子、鞋子、口罩等都放在菇房里，备一铁锨点烟剂，若出现明火用锨压一下以提高成烟率并防火灾。进行彻底消毒灭菌24 h后，再进行工作。

对于已种植的菇房，开始发病时应停止喷水，加大菇房通风量，并且尽可能将温度降至15℃以下。用1.8%辛菌胺醋酸盐水剂50 g+精制硼胶囊2粒+精制钙胶囊1粒兑水15 kg均匀喷雾1～3次，间隔2天。

发病严重时，烟熏杀菌消毒和喷雾相结合，需要注意的是已种植的菇房为确保安全，用烟剂量要小于空菇房，即10%的百菌清粉烟剂使用时，对于高2.8 m左右的菇房，烟剂布点每8～10 m设1个。消毒灭菌第二天早上可通风。第二天中午或第三天上午再用1.8%辛菌胺醋酸盐50 g或10%百菌清液剂50 g+精制硼胶囊2粒+精制钙胶囊1粒兑水15 kg均匀喷雾。注意：要在第一天傍晚点烟剂，第二天或第三天喷洒水剂，不要先用水剂再用烟剂，以免菇面产生污点。

除此方法外还要关注以下措施。覆土前5天，按每立方米覆土用1.8%辛菌胺醋酸盐30 g加75%百菌清可湿性粉剂10 g稀释后均匀喷洒覆土并进行密封熏蒸24 h，可以预防此病发生。用50%咪鲜胺锰络合物可湿性粉剂200倍液喷洒，防治效果显著。

2. 褐斑病

褐斑病亦称干泡病、轮枝霉病。

（1）病原菌。轮枝孢霉，属于丝孢菌纲真菌。

（2）病原菌习性。轮枝孢霉喜低温、高湿的环境。

（3）危害对象。蘑菇子实体。

（4）症状。①病菇菌盖上产生许多针头状褐色斑点，后逐渐扩大，并产生灰白色凹陷，病程约14天。②虽然蘑菇的营养菌丝不会染病，但子实体分化前，病菌可沿蘑菇的菌丝索生长，形成质地较干的灰白色组织块。③后期染病，菌柄变粗、变褐，表层剥裂，菌盖较小，畸形，常有霉状附属物。病菇干裂，不腐烂，无特殊臭味。

（5）传播途径。①病菌的分生孢子主要通过溅水传播。②菇蝇、螨类、操作工具、气流、覆土，以及栽培者本身，均可成为传染媒介。

（6）防治措施。

对于空菇房，种植前杀菌消毒灭虫，傍晚用食用菌专用精制10%百菌清烟雾剂+20%异丙威粉烟剂，每5 m放一个燃点，每个燃点50 g，点燃前将所用到的工具（包括各种袋子、鞋子、口罩）等都放在菇房里，备一铁锨，点烟剂时若出现明火用锨压一下以提高成烟率并防火灾。进行彻底消毒灭菌灭蝇灭螨，24 h后，通风后再进行工作。

对于已种植的菇房，初发病期（若无蝇无螨），用精制20%吗胍·铜水剂50 g+精制锰胶囊1粒+精制钼胶囊1粒+精制锌胶囊1粒兑水15 kg均匀喷雾1~3次，间隔2天。

发病严重且有蝇有螨时，要烟熏先杀虫，用精制20%的异丙威杀虫烟剂，需要注意的是已种植的菇房为确保安全，用烟剂量要小于空菇房，高2.8 m左右的菇房，烟剂布点每8~10 m设1个。备一铁锹，点烟剂时若出现明火用锹压一下以提高成烟率并防火灾，消毒灭菌后第二天早上可通风，第二天中午再用精制20%吗胍·铜水剂50 g+精制锰胶囊1粒+精制钼胶囊1粒+精制锌胶囊1粒兑水15 kg均匀喷雾1~3次，间隔2天。注意：对于已种植的菇房，要在第一天傍晚点烟剂，第二天喷水剂，千万不要先喷水剂后点烟剂，以免菇面产生污点。用辛菌胺醋酸盐熏蒸覆土，且避免覆土过湿。

3. 软腐病

软腐病又称树枝状轮枝孢霉病、蛛网病。

（1）病原菌。树枝状轮枝孢霉，属于丝孢菌纲真菌。

（2）病原菌习性。树枝状轮枝孢霉喜低温、高湿的环境。

（3）危害对象。双孢蘑菇、平菇和金针菇。

（4）症状。①发病时，床面覆土周围出现白色蛛网状菌丝，若不及时处理，病原菌迅速蔓延，并变成水红色。②在蘑菇的整个发育阶段都可染病，染病子实体并不发生畸形，而是逐渐变成褐色，直至腐烂。

（5）传播途径。病原菌的分生孢子主要借助气流、水滴或覆土传播。

（6）防治措施。①初发病期，用精制1.8%辛菌胺醋酸盐50 g兑水15 kg均匀喷雾，连喷2遍，间隔3天。②发病严重时，用食用菌专用脱腐剂30 g+精制硼胶囊1粒连用2遍，间隔2天。③减少床面喷水，加强通风，降低床面空气湿度。④在染病床面撒0.2~0.4 cm厚的石灰粉。

4. 褶霉病

褶霉病又称菌盖斑点病。

（1）病原菌。褶生头孢霉（异名白扁丝霉）和头孢霉，属于丝孢菌纲真菌。

（2）病原菌习性。褶生头孢霉和头孢霉喜湿度偏高的环境。

（3）危害对象。蘑菇、香菇和平菇。

（4）症状。病菇形状正常，但菌褶一堆一堆地贴在一起，其表面常有白色菌丝。

（5）传播途径。病原菌通过覆土或空气传播。

（6）防治措施。①初发病期，用75%百菌清可湿性粉剂50 g兑水15 kg均匀喷雾，连喷2遍，间隔3天。②发病严重时，精制铜胶囊1粒+精制钼胶囊1粒+75%百菌清可湿性粉剂50 g，兑水15 kg均匀喷雾，连用2~3遍，间隔2天。③加强菇房通风，防止菇房湿度过高。④及时摘除并烧毁病菇。

5. 菇脚粗糙病

（1）病原菌。贝勒被孢霉接合菌纲，属于藻状菌。

（2）危害对象。双孢蘑菇。

（3）症状。①病菇菌柄表层粗糙、裂开，菌盖和菌柄明显变色，后期变成暗褐色。②在病菇的菌柄和菌褶上可以看到一种粗糙、灰色的菌丝生长物，它可以蔓延到病菇周围的覆土上，发病情况和软腐病有些相似。③有些病菇发育不良，形成畸形菇。

（4）传播途径。病菌产生的孢囊孢子很容易由空气和水滴传播，也能由覆土带入菇房。

（5）防治措施。①初发病期，用食用菌专用10%百菌清粉剂30～50 g+硒胶囊1粒兑水15 kg均匀喷雾，连喷2遍，间隔3天。②发病严重时，用食用菌专用10%百菌清液剂50 g+硒胶囊1粒+钙胶囊1粒兑水15 kg，均匀喷洒，连用2～3遍，间隔2天。③严防覆土带菌。

6. 猝倒病

猝倒病又称枯萎病。

（1）病原菌。尖镰孢霉或茄腐镰孢霉。

（2）危害对象。双孢蘑菇、覆土栽培香菇。

（3）症状。①镰孢霉主要侵染蘑菇菌柄，侵染后病菇菌柄髓部萎缩变成褐色。②早期感染的病菇和健菇在外形上差异不明显，只是病菇菌盖色泽较暗，菇体不再长大，逐渐变成"僵菇"。③与其他致烂菌共同导致覆土香菇烂筒。

（4）传播途径。带菌覆土是此病的主要媒介。

（5）防治措施。①对覆土进行蒸气或药物消毒，是防治本病的主要方法。②初发病期，用食用菌专用10%百菌清液剂50 g+精制锰胶囊1粒兑水15 kg均匀喷雾，连喷2遍，间隔3天。③发病严重时，用食用菌专用链孢霉克星30 g+精制锰胶囊1粒+精制钼胶囊1粒+精制硼胶囊1粒兑水15 kg均匀喷洒连用2～3遍，间隔2天。④选择适宜栽培品种温度的出菇场所，防止高温高湿，夏季香菇栽培场所应加强通风、降温、降湿等管理，实行干干湿湿交换进行水分管理。

7. 菌被病

菌被病又称马特病、黄霉病、黄毁丝病等。

（1）病原菌。黄毁丝霉。

（2）病原菌习性。黄毁丝霉属于寄生性兼竞争性杂菌，喜培养料腐熟过度和通风不良、湿度过大的环境。

（3）危害对象。双孢蘑菇。

（4）症状。①病原菌丝初为白色，后呈黄色至淡褐色，线毯状。该菌的寄生性很强，能分泌溶菌酶噬蚀蘑菇菌丝。②该菌侵入菇床后，培养料内出现成堆的黄色颗粒，并散发出浓厚的铜绿、电石等金属气味或霉味。③病原菌侵害蘑菇子实体时，菇体表面出现灰绿色的不规则锈斑，呈彩纸屑状。

（5）传播途径。病原菌主要通过培养料或覆土带入菇房。

（6）防治措施。①防止堆肥过熟、过湿加强菇房通风换气。②堆肥发酵和蒸气消毒时，配合用10%百菌清按1∶1 000的比例熏蒸，能杀灭黄毁丝霉菌。③每吨堆肥中加入0.9 kg硫酸铜，防病效果更佳。④初发病期用10%百菌清液剂50 g+精制铜胶囊1粒兑水15 kg均匀喷雾，连喷2遍，间隔3天。⑤发病严重时，用食用菌专用10%百菌清油剂50 g+精制铜胶囊1粒+精制锰胶囊1粒+精制硼胶囊1粒兑水15 kg，均匀喷洒，连用2～3遍，间隔2天。

8. 红银耳病

红银耳病又称银耳浅红酵母病。

（1）病原菌。浅红酵母菌。

（2）病原菌习性。喜25℃以上的高温环境。

（3）危害对象。银耳。

（4）症状。染病银耳子实体变成红色、腐烂。最后使耳根失去再生力。

（5）传播途径。浅红酵母菌主要通过空气传播、接触侵染。

（6）防治措施。①适时接种，尽可能使出耳时的气温低于25℃，以减轻其危害。②老耳棚在堆棒前用氨水消毒，工具用0.1%的高锰酸钾溶液杀菌。③根据上海市农业科学院植物保护研究所报道，使用L-4-氧代赖氨酸可阻止浅红酵母菌侵染银耳子实体。

9. 小菌核病

（1）病原菌。齐整小菌核。

（2）病原菌习性。寄生性兼竞争性杂菌。菌核萌发和菌丝生长的温度范围是10～35℃，最适温度30～32℃。

（3）危害对象。草菇、双孢蘑菇。

（4）症状。①小菌核。菌丝白色，有光泽，绵毛状，比草菇菌丝粗壮，从中央向四周辐射生长，菌丝上形成大量菌核。②小菌核初时乳白色，随着体积的增大，逐渐变为米黄色，最后缩小并变成茶褐色，貌似油菜籽。

（5）传播途径。稻草或培养料带菌传播。

（6）防治措施。①堆草前，用2%～3%的石灰水浸泡稻草；局部感染时，可用1%石灰水处理。②初发病期，用食用菌专用10%百菌清50 g+精制铜胶囊1粒兑水15 kg均匀喷雾，连喷2遍，间隔3天。③发病严重时，用食用菌专用10%百菌清50 g+精制锰胶囊1粒+精制硒胶囊1粒+精制锌胶囊1粒兑水15 kg，均匀喷洒，连用2～3遍，间隔2天。

（二）竞争性真菌病害（杂菌）

危害食用菌的竞争性真菌病害主要是指污染菌种的杂菌、代料栽培中菇房（菇床）常见杂菌，以及段木栽培中常见的杂菌侵染引起的病害。

1. 污染菌种的常见杂菌

（1）毛霉。毛霉一般出现较早，初期呈白色，老后变为黄色、灰色或褐色。菌丝无隔膜，不产生假根和匍匐菌丝。直接由菌丝体生出孢囊梗。孢囊梗一般单生，且较少分枝。球形孢子囊着生在孢囊梗顶端。孢子囊一般黑色，囊内有囊轴。囊轴与孢囊梗相连处无囊托。孢囊孢子球形，椭圆形或其他形状，单孢，多无色。

（2）根霉。根霉与毛霉相似，其菌丝无隔膜。但其在培养基上能产生弧形的匍匐菌丝，向四周蔓延，并由匍匐菌丝生出假根，菌丝交错成疏松的絮状菌落。菌落生长迅速，初时白色，老熟后变为褐色或黑色。孢囊梗直立，不分枝，顶端形成孢子囊，内生孢囊孢子。孢囊孢子球形、卵形或不规则，有棱角或有线状条纹，单孢。

（3）曲霉。曲霉属于子囊菌，营养体由具横隔的分枝菌丝构成。分生孢子梗由特化了的厚壁、膨大的足细胞生出，并略垂直于足细胞的长轴，不分枝，顶端膨大成顶囊。顶囊表面产生单层或双层的小梗。分生孢子着生于小梗顶端，最后成为不分枝的链。分生孢子的形状、颜色和饰纹，以及菌落的颜色，都是分类的重要依据。菌落颜色多种多样，最常见的是黄色、黑色、褐色、绿色等，呈绒状、絮状或厚毡状，有的略带皱纹。

（4）青霉。青霉的菌丝体无色、淡色或有鲜明的颜色，具横隔，为埋伏型，或为部分埋伏型、部分气生型。气生菌丝密毡状或松絮状。分生孢子梗由埋伏型或气生型菌丝生出，不形成足细胞，顶端不膨大，无顶囊，单独直立或做某种程度的集合乃至密集为菌丝束。分生孢子梗先端呈帚状分枝，由单轮或两次到多次分枝系统构成，对称或不对称，最后一级分枝即为分生孢子小梗。小梗用断离法产生分生孢子，形成不分枝的链。分生孢子球形、椭圆形或短柱形，多呈蓝绿色，有时无色或淡蓝的颜色，但不呈乌黑色。菌落质地可分为绒状、絮状、绳状或束状，多为灰绿色，且随菌落变老而改变。

（5）脉孢菌。俗称链孢霉或红色面包霉。菌落最初白色，粉粒状，很快变为橘黄色，绒毛状。菌落成熟后，上层覆盖粉红色分生孢子梗及成串分生孢子（分生孢子链）。分生孢子链呈橘黄色或粉红色。脉孢菌能杀死食用菌的菌丝体，引起培养基发热，发酵生醇，因此很容易从菌种室内嗅到某种霉酒味或酒精香味。脉孢菌属于子囊菌。子囊簇生或散生，褐色或黑褐色。子囊孢子初无色，透明，成熟后变为黑色或墨绿色，并且有纵的纹饰。

对于以上竞争性杂菌主要是预防为主，有效防治方法如下。

（1）对于空耳房或菇房，种植前杀菌消毒，傍晚用食用菌专用10%百菌清烟剂每5 m放一个燃点，每个燃点50 g，点燃前将所用到的工具（包括各种袋子、绳子）、工作服、帽子、鞋子、口罩等都放在菇房里，备一铁锹，点烟剂时若出现明火用锹压一下以提高成烟率并防火灾。进行彻底消毒灭菌，24 h后，通风后再进行工作。如果这个环节做好了对之后的防病治虫效果很好。

（2）对于已种植的菇、耳房，初发病期，用精制10%的百菌清液剂30 g+精制铜胶囊1粒兑水15 kg均匀喷雾1~3次，间隔2天。

（3）发病严重时，烟熏杀菌消毒和喷雾相结合，需要注意的是已种植的菇房为确保安全，用烟剂量要小于空菇房或耳房，高2.8 m左右的菇房，用精制10%百菌清烟剂布点每8~10 m设1个。消毒灭菌后第二天早上可通风，第二天中午再用精制10%百菌清液剂50 g+精制铜胶囊1粒+精制钙胶囊1粒兑水15 kg均匀喷雾1~3次，间隔2天。注意：对于已种植的耳房或菇房，要在第一天傍晚点烟剂，第二天喷水剂，千万不能先喷水剂再点烟剂，以免耳面菇面有水滴烟印。

2. 污染菌种杂菌污染的主要原因

（1）培养基灭菌不彻底。在这种情况下，往往在瓶（袋）内培养基的上、中、下各层同时出现杂菌，且杂菌种类较多（两种以上）。

（2）接种室（箱）消毒不严，或接种人员操作不慎造成污染。这类原因造成的污染多在培养基表面最先出现杂菌，而其他地方只有在稍后才出现杂菌。

（3）菌种带有杂菌。菌种带菌所造成的污染往往是成批地发生，从几十瓶（袋），到几百瓶（袋），而且杂菌首先在接种块上出现，杂菌种类比较一致。

（4）菌种培养室不卫生，或培养室曾作为原料仓库或栽培室，导致环境中杂菌孢子基数较大，加上瓶塞或袋口包扎不紧或棉塞潮湿等原因造成污染，且多在菌种培养中期或后期发生。

（5）鼠害。老鼠扯掉棉塞或抓破、咬破菌袋而造成菌种污染。

防治措施：对接种室（箱）烟熏杀菌消毒和喷雾相结合。①用精制10%百菌清（杀杂菌）+20%异丙威（杀害虫和老鼠）点双烟剂法。②喷雾灭杂菌法，用精制1.8%辛菌胺醋酸盐液剂按1：500倍液喷洒消毒灭菌。

3. 粪草菌培养料上常见的杂菌

蘑菇、草菇等粪草菌培养料上常有鬼伞、绿色木霉、胡桃肉状菌等杂菌发生。现将7种常见杂菌的生活习性、危害症状及其主要防治措施简介如下。

（1）棉絮状杂菌。

1）病原菌。可变粉孢霉。

2）习性。对温度要求与蘑菇菌丝相似，为10~25℃，对土层湿度要求不严。

3）危害对象。蘑菇。

4）症状。①病原菌在床面大量发生时，影响蘑菇菌丝生长和蘑菇产量，病区菇稀、菇小，严重时不出菇。②条件适宜时，可变粉孢霉先在细土表面生长，菌丝白色，短而细，像一蓬蓬棉絮，故称棉絮状杂菌。经过一段时间，菌丝萎缩，逐渐变为粉状、灰白色；最后变为橘红色颗粒状分生孢子。

5）传播途径。培养料中粪块带菌。

6）防治措施。①当棉絮状菌丝出现在土表时，用1∶500倍液1.8%辛菌胺醋酸盐喷洒，100 m²用药液45 kg。②连续严重发生棉絮状杂菌污染的菇房，用1∶800倍液1.8%辛菌胺醋酸盐拌料，有明显的预防作用。

（2）胡桃肉状杂菌。又叫假块菌、牛脑髓状菌。

1）病原菌。小孢德氏菌，属于子囊菌。

2）习性。性喜高温、高湿、郁闭的环境。

3）危害对象。双孢蘑菇。

4）症状。①菌种感染。菌丝未发透培养料时，出现浓白、短并带有小白点的菌丝丛，很像蘑菇菌丝徒长，不结被，但常扭结形成似不规则的小菇蕾，拔塞时有一股氯气（漂白粉）气味。②菌料感染。菌料表面或底部出现肥壮、浓密、白色至黄白色带小白点的菌丝，有漂白粉气味。随着杂菌的滋生，培养料开始变松，蘑菇菌丝逐渐退化消失。③土层感染。料层之间或土层中间出现不规则的成串的畸形小菇蕾样杂菌，连绵不断向四周扩散，并散发出很浓的氯气味，蘑菇菌丝消失。

5）防治措施。①避免在患有该病的菇房选种。②出现过胡桃肉状杂菌污染的床架材料要全部淘汰，菇房及场地喷洒1∶800倍液1.8%辛菌胺醋酸盐消毒，有条件时更换菇房更理想。③养料要经过2次发酵，且防止培养料过湿过厚。④当推迟播种期，降低出菇时的温度，也有一定的预防效果。⑤发病初期，立及使用石灰封锁病区，停止喷水，加强通风，待土面干燥后，小心地挑出杂菌的子囊果并烧毁。当温度降至16℃以下后，再调水管里，仍可望出菇。

（3）木霉。木霉俗称绿霉。

1）病原菌。绿色木霉或康宁木霉。

2）习性。木霉的适应性强，尤喜酸性环境。

3）危害对象。菌种、木腐菌或粪草菌的培养料，以及食用菌本身，是造成香菇菌筒腐烂的病原菌之一。

4）症状。绿色木霉的单个孢子多为球形，在显微镜下呈灰绿色。其产孢丛束区常排成同心轮纹，深黄绿色至蓝绿色，边缘仍白色产孢区老熟自溶。康氏木霉的分生孢子椭圆形，卵形或长形，在显微镜下单个孢子近无色，成堆时绿色。在培养基上，菌落外观为浅绿、黄绿或绿色，不呈深绿或蓝绿色。

5）传播途径。空气及带菌培养料是主要媒介。

6）防治措施。①保持菌种厂及菇房（场）环境卫生，经常进行空气及用具消毒。②使用1.8%辛菌胺醋酸盐按1∶600倍液喷洒消毒。③生产菌种时，培养料必须彻底灭菌；

接种时严格无菌操作，发现污染，及时清除。④始见木霉时，及时喷洒1∶500倍液苯莱特可湿性粉剂药液，或喷洒5%的石灰水抑制杂菌。⑤选择适宜栽培地，出菇场所防止高温、高湿。

（4）橄榄绿霉。

1）病原菌。橄榄绿毛壳又称球毛壳菌。

2）习性。培养料含氨量高，氧气不足，甚至处于厌氧状态，更适合于橄榄绿霉生长。

3）危害对象。蘑菇。

4）症状。①此菌一般在播种后两周内出现，菌丝初期灰色，后来逐渐变成白色。②菌丝生长不久，就可形成针头大小的绿色或褐色子囊壳。③橄榄绿霉在培养料内直接抑制蘑菇菌丝生长，造成蘑菇减产。

5）传播途径。多由培养料中的稻草带入菇房。

6）防治措施。①后发酵期间，控制料温不要超过60℃。②培养料进菇房前，将料中的氨气充分散失。

（5）白色石膏霉。白色石膏霉又称臭霉菌。

1）病原菌。粪生链霉菌。

2）习性。培养料含水量65%，空气相对湿度90%，温度25℃以上的高温高湿环境适其生长，偏熟、偏黏、偏氮、pH值=8的培养料，是白色石膏霉的最适生活条件。

3）危害对象。双孢蘑菇。

4）症状。①菌料感染。最初出现白色浓密绒毛状菌丝，温、湿度越高蔓延越快（生活史约7天），白色菌落增大，最后变成黄褐色。受污染的培养料变黏、发黑、发臭，蘑菇菌丝不能生长。直到杂菌自溶后，臭气消失，蘑菇菌丝才能恢复生长。②土层感染。土层中一旦发现就是白色菌落，变色比菌料快。土层被污染后很臭，蘑菇菌丝不能上泥。等到杂菌自溶，臭气消失时，蘑菇菌丝才能爬上土层，恢复正常生长和出菇。

5）传播途径。没有消毒的床架及垫底材料、堆肥、覆土均可带菌，各种畜禽、昆虫是传播白色石膏霉的媒介。

6）防治措施。①使用质量好的经二次发酵处理的培养料栽培蘑菇。②堆肥中添加适量的过磷酸钙或石膏。③局部发生时，用1份冰醋酸对7份水浸湿病部。大面积发生时，可用600～800倍液1.8%辛菌胺醋酸盐喷洒整个菇床。④将硫酸铜粉撒在罹病部位，有抑菌去杂作用，或用1.8%辛菌胺醋酸盐500倍液喷洒。

（6）褐皮病。

1）病原菌。菌床团丝核菌。

2）习性。喜过湿的菇床。

3）危害对象。蘑菇、草菇、凤尾菇。

4）症状。①该菌发生初期为白色，逐渐扩展出现15～60 cm直径的病斑，病斑逐渐变成褐色，颗粒状。用手指摩擦时，似滑石粉感觉，这不是孢子而是珠芽，它极易在空气中传播。②随着气温的降低和菇床水分的减少，病斑逐渐干枯，变成褐色革状物，出菇量锐减。③发酵过熟、过湿培养料的菇床上，除了发生褐色石膏霉外，常伴随着鬼伞大量发生。

5）传播途径。堆肥、废棉等都可传播此菌。

6）防治措施。①控制播种前培养料的含水量。②一旦发病，立即加强通风，并在病斑周围撒上石灰粉，防止病斑扩散蔓延。③局部发生时，喷洒1∶500倍液1.8%辛菌胺醋酸盐或1∶7倍醋酸溶液。

（7）鬼伞。

1）病原菌。鬼伞属于大型真菌。菇床上常发生的鬼伞有4种：墨汁鬼伞、毛头鬼伞、粪鬼伞、长腿鬼伞。

2）习性。气温20℃以上时，鬼伞可以大发生。

3）危害对象。蘑菇、草菇。

4）症状。①在堆制培养料时，鬼伞多发生在料堆周围。②菇房内，鬼伞多发生在覆土之前。③鬼伞生长很快，从初见子实体（鬼伞）到自溶，只需24～48 h，与草菇、蘑菇争夺养料，造成减产。

5）传播途径。培养料带菌。

6）防治措施。①使用未霉变的稻草，棉籽壳等栽培草菇。②使用质量合格的二次发酵的培养料栽培蘑菇。③对曾经严重发生鬼伞危害的菇房，栽培结束后，菇房、床架、用具等要认真刷洗，严格消毒处理，以绝后患。

4. 段木栽培中的常见杂菌及其防治

用来栽培香菇、黑木耳、银耳等木腐菌的段木，取之于山间树林，本身带有杂菌的孢子、菌丝或子实体，加上接菌后的菌棒又在野外栽培，所以段木栽培中常会出现或多或少的杂菌。这些杂菌好像田间杂草，不种自生，且适应性强，条件适宜时繁衍极快。它们或喜干燥、向阳场地，或喜潮湿、郁闭的环境，或者介于二者之间。但就其实际危害性而言，性喜郁闭、潮湿的杂菌更值得重视。

段木上的常见杂菌大多数为担子菌中的非褶菌类，少数为子囊菌或具褶菌的担子菌。

（1）具褶菌的杂菌（共4种）。

1）裂褶菌，危害菇木、耳木。菇木和耳木上均常发生，尤以3—4月接收光线较多的1～2年菌棒上发生严重。裂褶菌子实体散生或群生，有时呈覆瓦状。菌盖直径1～3 cm，韧革质，扇形或掌状开裂，边缘内卷，白色至灰白色，上有绒毛或粗毛。菌褶窄，从基部辐射而出，白色或淡肉色，有时带紫色，成熟后变成灰褐色，内卷，俗称"鹅（鸡）毛菌"。孢子无色，圆柱形，孢子印白色。担子果耐寒，吸水后又可恢复生长。

2）桦褶孔菌，喜湿性杂菌。担子果叠生，贝壳状，无柄，坚硬。菌盖宽2～10 cm，厚0.5～1.5 cm，灰白色至灰褐色，被有茸毛，呈狭窄的同心轮纹。菌褶厚，呈稀疏放射状排列。菇木、耳杆上均有发生，危害较大。

3）止血扇菇，亦称鳞皮扇菇。弱湿性杂菌。担子果淡黄色，肾形，边缘龟裂，基部有侧生的短柄。菌盖宽1～2 cm，菌褶放射状排列，浅，菇体味辣。

4）野生革耳，多发生在耳木上。子实体单生、群生或丛生。菌盖直径3～8 cm，中下部凹或呈漏斗形，初期浅土黄色，后变为深土黄色或深肉桂色至秀褐色，革质，表面生有粗毛，柄近似侧生或偏生，内实，长5～15 mm，粗5～10 mm，有粗毛，色与盖相似。菌褶浅粉红色，干后与菌盖相似，窄，稠密，边缘完整；囊状体无色，棒状，孢子椭圆形，光滑，无色。

（2）多孔菌类杂菌（共9种）。

1）小节纤孔菌，主要危害菇木。7—9月，多发生在郁闭潮湿的菇场，尤以夏季低温多雨，原木干燥不充分（成活木状）的菇木上最严重。菌盖无柄，半圆形覆瓦状，往往相互连接，直径1～3 cm，厚2～6 mm，黄褐色至红褐色，有细茸毛，常有辐射状波纹，且多粗糙，边缘薄而锐。菌肉黄褐色，厚不及1 mm。菌管长1～5 mm，色较菌肉深；管口初期近白色，圆形，渐变褐色并齿裂，每毫米3～5个。孢子无色，椭圆形。该菌发生后蔓延快，危害大。

2）轮纹韧革菌，别名轮纹硬革菌，俗称金边栽，是菌棒上的常见杂菌。担子果革质。初期平伏紧贴耳木表面，后期边缘反卷，往往相互连接呈覆瓦状。基部凸起，边缘完整，菌盖表面有茸毛，灰栗褐色，边缘色浅，呈灰褐色，有数圈同心环沟，外圈绒毛较长，后渐变光滑，并褪色至淡色。子实层平滑，浅肉色至藕色，有辐射状皱褶，在湿润条件下呈浅褐色，并形成脑髓状皱褶，可见晕纹数圈。担子棒状，担孢子近椭圆形，壁薄，无色。

3）朱红蜜孔菌，别名红栓菌、红菌子，主要危害耳木。5—9月，多在第2年耳木上发生，阳光直射的菇木上也有发生。菌丝生长较快，生长的温度范围在10～45℃，适宜温度35～40℃。菌盖偏半球形，或扇形，基部狭小，木栓质，无柄，橙色至红色，后期褪色，无环带，无毛或有微细茸毛，有皱纹，大小为（2～8）cm×（1.5～6）cm，厚5～20 mm。菌肉橙色，有明显的环纹，厚2～16 mm，遇氢氧化钾变黑色，菌管长2～4 mm，管口红色，每毫米2～4个。孢子圆柱形，光滑，无色或带黄色。

4）绒毛栓菌，耳木上的杂菌。5—8月发生，严重时其担子果遍布耳木表面，危害大。菌盖无柄，半圆形至扇形，呈覆瓦状，且左右相连，木栓质大小，大小为（2～3）cm×（2～7）cm，厚2～5 mm，近白色至淡黄色，有细绒毛和不明显的环带，边缘薄而锐，常内卷。菌肉白色，厚1～4 mm，菌管白色，长1～4 mm，管口多角形，白色至灰色，每毫米3～4个壁薄，常呈锯齿状。孢子无色，光滑，近圆柱形。菌丝壁厚，无横隔和锁状联合。

5）薄黄褐孔菌，主要危害菇木。担子无柄，菌盖平伏而反卷，密集呈覆瓦状，常左右相连，近三角形，后侧凸起，无毛，锈褐色，有辐射状皱纹，大小为（1～3）cm×（1～2）cm，厚1.5～2 mm，硬而脆，边缘薄而锐，波浪状，内卷。菌肉锈褐色，厚0.5～1 mm。菌管与菌肉同色，长1～1.5 mm，管口色深，圆形，每毫米7～8个。担子黄色，球形，直径3～4 μm。薄黄褐孔菌一旦发生，担子果布满整个菇木，危害较大。

6）乳白栓菌，春秋季发生在2年以上菇木上。菌盖木栓质，无柄，半圆形，平展大小为（3～6）cm×（4～10）cm，厚8～25 mm，相互连接后更大，表面近白色，有绒毛，渐变光滑，有不明显的棱纹，带有小瘤，边缘钝。菌肉白色至米黄色，厚3～20 mm。菌管与菌肉同色，长1～7 mm。管壁薄而完整，管口圆形，每毫米3个。孢子无色，光滑。广椭圆形。菌丝无色，壁厚，无隔膜，粗5～7 μm。

7）变孔茯苓，亦称变孔卧孔菌。该菌特别易在发菌期过长的菇木上发生，初为粉毛状小皮膜，在菇木上扩展不形成伞，鲜时革质，干燥后变硬，灰白色，白色至淡黄色，表面有圆形和多角形的孔管，有时在菇木上变成齿状或弯路状。

8）粗毛硬革菌，多危害菇木。起初在菇木树皮龟裂处长出黄色小子实体，后全面繁殖，腐朽力强，危害大。担子果革质，平伏而反卷，反卷部分7～15 mm，有粗毛和不显著的同心环沟，初期米黄色，后期变灰色，边缘完整。子实层平滑，鲜时蛋壳色。子实体剖面包括子实层，中间层及金黄色的紧密狭窄边缘带。

9）杂色云芝，亦称云芝、彩绒革盖菌，多发生于两年以上菇木和耳木上。担子果无柄，革质，不破碎，平伏而反卷，半圆形至贝壳形，往往相互连接成覆瓦状，直径1～5 cm，厚2 mm左右。菌盖表面有细长绒毛，颜色多种，有光滑狭窄的同心环带，边缘薄而完整。菌肉白色，厚0.5～1 mm。菌管长0.5～2 mm，管口白色至灰色或淡黄色，每毫米3～5个孢子圆筒形至腊肠形，大小为（5～8）μm×（1.5～2.5）μm。

（3）多齿（菌刺）的杂菌（共3种）。

1）黄褐耙菌，5—8月在黑木耳耳木上发生，危害较大。担子果平伏，呈肉桂色至深肉桂色。菌刺长1～5 mm，往往扁平，顶尖齿状或毛状，基部相连。担子棒状，孢子无色，光滑。

2）赭黄齿耳，多发生于偏干的菇木或耳木上。菌盖半圆形至贝壳形，白色至黄白色，丛生，单个菌盖直径1～2 cm，表面有短毛，有轮纹，菌盖里面有短的针状突起（肉齿）。

3）鲑贝革盖菌，扇形小菌，叠生，全体淡褐色，缘薄，2～3裂，向边缘有不明显的放射状线纹，菌盖里面有栉齿状突起。

（4）子囊菌类杂菌（共2种）。

1）炭团菌，俗称黑疗。主要有截形炭团菌和小扁平炭团菌两种。严重危害香菇和木耳段木。炭团菌的适应性强，尤以高温高湿的条件下更易发生。7—10月发生时，在当年接种的菇木或耳木树皮龟裂处和伤口上出现黄绿色的分生孢子层，第2年出现黑色子座。子座垫状至半球形，或相连接而不规则，炭质。有黑疗的段木无法吸水，成为"铁心"树，香菇、木耳菌丝不能生长，因而不能长菇或出耳。

2）污胶鼓菌，多发生在菇木上。从5月开始，多在潮湿菇场的当年接种的菇木树皮龟裂处发生。子实体橡胶质，群生或丛生，柄短，陀螺形，伸展后呈浅杯状，直径1~4 cm，初期红褐色，成熟后变黑色，有成簇的绒毛，干后多角质多皱。子囊棒状，有长柄，孢子单行排列，呈不等边椭圆形，大小为（11~14）μm×（6~7）μm。该菌危害小，其发生常认为是香菇丰收的预兆。

段木栽培杂菌的防治措施如下。

1）适当地增加栽培菌的接种穴数。

2）原木去枝断木后，及时在断面上涂刷生石灰水，防止杂菌从伤口侵入。

3）选用生活力强的优良菌种，且尽可能在气温尚低（5~15℃）时接种。

4）栽培场地应选择在通风良好，排灌方便的地方，避开表层土深、不通风的谷地或洼地。

5）经常清除并烧毁场地内及场地周围的一切枯枝、落叶和腐朽之物，消灭杂菌滋生地。

6）固定专人接种。接种人员先洗手，后拿菌种；盛菌种的器皿也要洗刷干净，擦干后用。

7）适时翻堆，改换菌棒堆放方式，保持菌棒树皮干燥。操作时轻拿轻放，保护树皮。

8）一旦发生杂菌，及时刮除，同时用生石灰乳或杂酚油涂刷刮面，将杂菌大量发生的段木搬离栽培场地隔离培养或作为薪炭烧掉。

9）根据杂菌发生的种类和规模，分析发生原因，调整栽培管理措施，抑制杂菌蔓延，培养优良菌棒。

10）烟剂熏蒸防治：对于适合点烟剂防治条件的用10%百菌清烟剂消毒杀菌即可。点烟剂时要注意防火灾。

11）段木浸泡法：用精制一管四拌料王800~1 000倍液浸泡段木24~72 h。

12）喷雾防治法：可在种植面喷洒精制10%百菌清油剂50 g+1.8%辛菌胺醋酸盐液剂50 g+精制钾胶囊1粒，兑水15 kg均匀喷雾，喷1~3遍，间隔2天。

九、食用菌细菌性病害及其防治技术

食用菌从菌制作到栽培出菇的整个生产过程，都不同程度地遭受到细菌的威胁。细菌也是食用菌病害的一大类病原生物。对食用菌危害较常见的细菌种类很多，如芽孢杆菌、假单胞杆菌、黄单孢杆菌、欧氏杆菌等。

菌种的细菌变质是消毒（灭菌）过程中还存活的抗热细菌而引起的，它不像气生的中温性细菌是消毒之后通过菌种袋或瓶的间隙而进入的。

第一类细菌性变质称为"湿斑"或"腐烂"，变质发生的过程很快，只需要一个晚上就能影响到整批或几批菌种。如果连续污染就会给菌种生产造成巨大损失。一开始发生于菌种基料之间的接触点，经过一段时间，就会出水，并形成湿斑。在适宜的条件下，细菌每隔20~30 min就繁殖裂变一次。

第二类细菌性变质使菌种成为酸败菌种。其表现症状为其外观生长良好，就像好的菌种一样，但到菇农手中就出水泛酸。这种细菌是由于灭菌不彻底而存活在培养料中，在蘑菇等食用菌菌丝生长时保持不变，因此，菌种生长正常，从表面上看是正常的，假如把这些菌种放在32~37℃的环境中，细菌就开始活动了，并使菌种酸败，如果把酸败的菌种再放到2~4℃的环境中，细菌的营养细胞又会逐渐消失，菌种又会长满菌袋。

（一）细菌性病害的危害症状

细菌对食用菌危害广泛存在食用菌生产中，细菌是污染杂菌的一个大类，细菌与酵母菌相同：都不具备菌丝结构，在食用菌菌丝生长阶段，以污染母种斜面培养基和谷粒基质为主，而在秸秆及粪草基质上表现不太明显，但在子实体生长阶段，却有着较高的发病率。细菌最大的特征是无菌丝形态，菌落不规则，在PDA培养基上接种后，经过一段时间培养后可使培养基裂开；细菌污染基料或侵染子实体后，可使基料或菇体短时间死亡。

马铃薯斜面菌种受细菌污染后培养基表面呈现潮湿状，有的有明显的菌落，有的散发出臭味，食用菌的菌丝生长不良或不能生长。栽培过程中培养料受大量细菌污染后，有的细菌可能对食用菌的菌丝生长有益，有的则有害，使培养料变质发臭而腐烂。特别是麦粒菌种生长时发生细菌污染严重，菌种瓶壁上有明显的黏稠状细菌液及散发出细菌腐烂的臭味，致使食用菌的菌丝不能生长。

细菌除污染食用菌菌种外，在栽培过程中，也可使培养料变质、发臭、腐烂，致使减产或绝收。部分细菌还可以寄生于食用菌的子实体，引起寄生性病害，在潮湿的条件下，病斑表面可形成一层菌脓（黏液）。

（二）细菌性病害发生的原因

细菌可危害多种食用菌。试管母种常感染细菌，造成报废。细菌性病害发生的主要条件是环境中病原菌较多、养菌或出菇时湿度偏高、通风差等。

细菌生长对基质要求有较高湿度，还需要适宜的偏碱条件。危害食用菌的细菌主要有3个属：假单胞杆菌属、黄单胞杆菌属和芽孢杆菌属。

假单胞杆菌属，革兰氏染色反应阴性，在固体培养基上，形成白色菌落，有的产生色素；黄单胞杆菌属，革兰氏染色反应阴性，能产生非水溶性的黄色色素，在固体培养基上形成黄色黏质状菌落；芽孢杆菌属，革兰氏反应阳性，生有鞭毛，产生芽孢，芽孢能耐80℃以上高温10 min以上。芽孢杆菌属可感染固体母种培养基、液体菌种培养基、原种和栽培种培养料，引起杂菌感染。

固体母种感染细菌，每个细菌细胞可在斜面上形成一个菌落。菌落形态各式各样，有的呈圆形突起小菌落，不扩展；有的迅速扩展，很快长满整个斜面；有的先沿着斜面边沿生长，然后再扩展。有的菌落表面光滑，有的粗糙，有的皱褶。有的乳白色、淡黄色、粉红色、暗灰色，有的产生色素，使培养基变色。细菌菌落可先从食用菌接种块处生长，也可在斜面上各处生长。细菌菌落不产生绒毛状菌丝体。还有一种杂菌叫酵母菌，菌落形态呈黏液状，不产生菌丝体，与细菌菌落不容易区分。

而霉菌一般先长出绒毛状白色或淡白色菌丝体，菌落逐渐向外扩展。然后从菌落中心部位长出孢子，不同霉菌的孢子有不同的颜色（有黑色、黄色、橘红色等），使中心部位变色。

细菌广泛存在于自然界中，土壤、空气、水、有机物都带有大量的细菌，高温、高湿利于其生长，条件适宜时从污染到形成菌落仅需几个小时。尤其在高温季节，试管培养基在灭菌和接种过程中，常因无菌操作不当而被细菌侵入，很快地长满斜面，接入的菌种块被细菌包围，导致报废。培养料在低温下发酵，由于水分偏高，堆温难以上升而造成细菌性发酵，造成培养料发黏、发臭，即使再经灭菌后菌丝也难以萌发和吃料。在生产中常因细菌危害而报废大量的菌种和发酵料。

在食用菌的细菌危害种类中，以芽孢杆菌抗高温能力最强，它所形成的休眠芽孢必须通过121℃的高压蒸汽灭菌或正规的间隙灭菌方法才能将其杀死。因此，灭菌时冷空气没有排除干净或压力不足，或保压时间不够，是造成细菌污染的重要原因。此外，接种室或接种箱灭菌不彻底，操作人员未严格遵守无菌操作规程，或菌种本身带有细菌，都是细菌污染的原因。从培养基或培养料的条件上看，呈中性或弱酸性，含水量偏高，有利于细菌生长；从温度条件上看，高温或料温偏高时有利于污染细菌生长。

（三）细菌性病害防治方法

1. 菌种生产阶段

（1）菌种分离、提纯或转管扩大培养过程中，首先要保证培养基、培养皿等灭菌彻底。并要求经过灭菌的培养基放在30℃左右的恒温箱中存放2天后再用，以确保无细菌污染。

（2）接菌时必须严格按照无菌操作规程进行。

（3）菌种生产时要确保母种或原种无细菌污染。控制适宜的含水量，水不能太多，温度也不能太高。

（4）菌种分离或母种扩大培养时，也可在灭菌的试管培养基上加入少量的链霉素或其他抗生素如氯霉素眼药水3～5滴等，并晃动试管，使药液均匀地黏附在培养基的表面，防止细菌生长，保证菌种内没有细菌。但在向试管中滴入链霉素时，应在无菌操作条件下进行，以防止细菌的污染而带来了其他真菌的再感染。抗生素的浓度以每毫升含100～200

单位为宜。

2. 食用菌栽培阶段

（1）栽培过程中，一是要求培养料的原料如稻草、麦秸、棉籽壳、玉米芯等干燥、新鲜、无霉变现象；二是培养料应进行高温堆置和二次发酵处理；三是拌料时要用清洁干净的井水或河水，不能用田沟中的污水；四是用食用菌一管四拌料王1袋（1 000 g）拌干料800～1 000 kg，或用精制25%络氨铜800 g拌湿料1 000 kg，或用1.8%辛菌胺醋酸盐800 g拌湿料1 000 kg，或用75%的百菌清可湿性粉剂按干料的千分之一拌料。

（2）菇床发现污染，立即予以清除，并用10%百菌清液剂灭菌消毒，或用精制1.8%辛菌胺醋酸盐1：500倍液地毯式喷洒消毒，或用5%的金星消毒液20倍液对菇床进行地毯式的喷洒处理，或用精制25%络氨铜水剂按800倍液喷洒，或用50%噁霉灵水剂1 000倍液喷洒。但喷药前后必须通风和降低湿度。

（四）几种常见的细菌性病害

1. 细菌性斑点病（又称褐斑病）

（1）病原菌。托拉氏假单胞（杆）菌。

（2）习性及主要危害对象。喜高温、高湿的环境条件，主要危害蘑菇。

（3）症状。病斑只见于菌盖表面，最初呈淡黄色变色区，后逐渐变成暗褐色凹陷斑点，并分泌黏液。黏液干后，菌盖开裂，形成不对称状子实体，菌柄偶尔也发生纵向凹斑。菌褶很少感染。菌肉变色较浅，一般不超过皮下3 mm。有时蘑菇采收后才出现病斑。

（4）传播途径。该菌在自然界分布很广。空气、菇蝇、线虫、工具及工作人员等都可成为传播媒介。

（5）防治措施。①控制水分。做到喷水后，覆土和菇体表面的水分能及时蒸发掉。②减少湿度波动，防止高湿。始见病菇时将湿度降至85%以下。③喷洒1：600倍次氯酸钙（漂白粉）溶液或喷洒1.8%辛菌胺醋酸盐水剂600倍液，可抑制病原菌蔓延。④在覆土表面撒一层薄薄的生石灰粉，能抑制病害发展。

2. 菌褶滴水病

（1）病原菌。菊苣假单胞菌。

（2）习性及主要危害对象。喜高湿的环境，主要危害蘑菇。

（3）症状。幼菇未开伞时没有明显的症状，一旦开伞，就可发现菌褶上有奶油色小液滴，严重时菌褶烂掉，变成一种褐色的黏液团。

（4）传播途径。病原细菌常由工作人员、昆虫带入菇房。当菌液干后，空气也可传播。

（5）防治措施。同细菌性斑点病。

3. 痘痕病

（1）病原菌。荧光假单胞菌。

（2）习性及主要危害对象。同细菌性斑点病。

（3）症状。病菇的菌盖表面布满针头状的凹斑，形似痘痕，故得此名。在痘痕上，常有发光的乳白色脓样菌液，并常有螨类在痘痕内爬行。

（4）传播途径。空气、昆虫、螨类、工具及工作人员，都能传播病原细菌。

（5）防治措施。防治该病必须将杀虫防虫与防病治病同时做起。具体方法：用精制驱虫净化酚50 g（该品属高效低毒绿色驱虫杀虫剂，可喷洒，可拌料，如果拌料会一季无虫），或用精制钙+精制硒+精制23%络氨铜水剂50 g兑水15 kg均匀喷雾，既防病治病又增产并改善品质。

4. 干腐病

（1）病原菌。铜绿假单胞菌。

（2）习性及主要危害对象。该菌适应性较强，主要危害蘑菇。

（3）症状。①前期症状。床面局部或大部分子实体出现发育受阻和受阻生长停滞现象，菇色为淡灰白色，触摸病菇，手感较硬。②中期症状。子实体生长停滞或缓慢，菇柄基部变粗，边缘有浓密的白绒菌丝，菇柄稍长而弯曲。菇盖倾斜而出现不规则的开伞现象。③后期症状。病菇不腐烂，而是逐渐萎缩、干枯脆而易断。采摘时病菇的菇根易断，并发出声音。刀切病菇，断面有暗斑。纵剖菌柄，也可发现一条暗褐色的变色组织。

（4）传播途径。主要是带菌蘑菇菌丝接触传播。同时，土、水、空气、工具、工作人员，以及菇房害虫及其他昆虫都可以传播这种假单胞杆菌。

（5）防治措施。①用发酵良好的培养料栽培蘑菇。②工具、材料等用2%的漂白粉溶液或1∶1∶50倍式波尔多液500倍液喷刷，晾干后使用。③不在患病菇房及其周围菇房选择菇种，母种分离时不能传代太多。④菇房、工具、工作人员保持清洁卫生，并在菇房安装纱门、纱窗。做好虫害预防工作。⑤及时将发病区和无病区隔离，切断带菌蘑菇菌丝传播通道。可采用挖沟隔离法，沟内撒漂白粉，病区内浇淋2%漂白粉液后用薄膜盖严，防止传播。⑥用精制23%的络氨铜水剂40 g+精制细胞分裂素胶囊1粒+精制VB丰植物液50 g兑水15 kg均匀喷雾，效果显著，既防病治病又增产并改善品质。

5. 双孢蘑菇黄色单胞杆菌病

（1）病原菌。野油菜黄单胞（杆）菌。

（2）习性及主要危害对象。本病多发生在秋菇后期，病原细菌在10℃左右侵染蘑菇。

（3）症状。①开始在病菇表面出现褐斑。随着菇体的生长，褐色病斑逐渐扩大，且深入菌肉，直至整个子实体全部变成褐色至黑褐色，最后萎缩死亡并腐烂。②蘑菇子实体感病与大小无关。自幼小菇蕾到纽扣菇都可发病。从初见褐色病斑到菇体变成黑褐色而死亡需3～5天。

（4）传播途径。病原菌由培养料和覆土带入菇房，随采菇人员的接触而传播。

（5）防治措施。①用漂白精或漂白粉液对菇房、床架等进行消毒（稀释液含有效氯0.03%～0.05%）。②用经过2次发酵（后发酵）的培养料栽培蘑菇。③覆土用1.8%辛菌胺醋酸盐水剂500倍液消毒。

总之，食用菌细菌性病害的一般预防选用抗病品种是最有效的措施。一般情况下主要从控制栽培环境条件预防为主，倘若已发病，立即剔除病菇并及时采取消毒措施控制病情。一是采用10%的百菌清油剂400倍液消毒菇房和床架，培养料要进行二次发酵，覆土用1.8%辛菌胺醋酸盐水剂500倍液消毒。二是合理调控菇房温湿度，在栽培蘑菇的过程中要注意控制水分，不要使菇盖表面积水和土面过湿。三是减少温度波动，以避免产生高湿期。发病严重的菇床要减少喷水量和次数，设法使菇房的相对湿度降低到85%以下。四是采用隔离措施，防止病区与无病区之间蘑菇菌丝的连接，杜绝病害的蔓延。五是采用1∶600倍液精制25%络氨铜水剂或1.8%辛菌胺醋酸盐水剂按1∶500倍液喷洒。或40～50 mg/kg（每毫升中含200单位）的链霉素喷洒病区的菇床和菇体，可收到较好的控病效果。

十、食用菌病毒病害及其防治技术

食用菌病毒病曾被称作法兰西病、褐色病等。辛登博士1956年首先宣称顶枯病是由病毒引起的。1962年霍林斯在感病的双孢蘑菇菌丝中，用电子显微镜首次观察到与病害有关的3种病毒粒子。此后，国内外学者相继检测出多种香菇病毒，茯苓、银耳病毒，以及平菇病毒。其中有些病毒引起食用菌品质和（或）产量下降，但有些病毒对食用菌的影响还有待研究。现已发现双孢蘑菇、香菇、平菇均有病毒病。

（一）食用菌病毒的形态特征

食用菌病毒是无细胞结构的微小生命体，由一种核酸和外面的蛋白质衣壳组成。只能在特定的寄主细胞内以核酸复制的方式增殖，在活体外没有生命特征。成熟的具有侵袭力的病毒颗粒称为病毒粒子，它有多种形态，一般呈球状、杆状、蝌蚪状或丝状。病毒很小，借助电子显微镜才能看到。

（二）双孢蘑菇病毒病

寄生于食用菌的病毒粒子较多，但目前国外报道较多的是蘑菇病毒。迄今已发现8种蘑菇病毒粒子，其中4种球状病毒粒子的直径分别为25 nm、29 nm、34 nm、50 nm，2种杆状病毒粒子的大小分别为19 nm×50 nm、17 nm×350 nm，以及1种直径为65 nm的螺线形病毒粒子，1种直径70 nm的有管状尾部的病毒粒子。

1. 病害特征

（1）蘑菇担孢子感染病毒后，其孢子不是正常的瓜子形，而变成弯月形或菜豆形。

（2）菌丝体感染病毒后，生长稀疏，不能形成子实体，严重时菌丝体逐渐腐烂，在菇床上形成无蘑菇区。

（3）菇蕾感染病毒后，发育成畸形菇，且开伞极早。畸形菇呈桶状（柄粗盖小）或铆钉状（盖小柄特长），最后导致菇体萎缩干瘪成海绵状。

（4）有时病菇似水浸状，有水浸渍状条纹，挤压菇柄能滴水。

（5）据霍林斯所述，病菇症状与病毒粒子类型没有明显的专一性。症状主要取决于带毒蘑菇的生长环境。生长环境、菌丝类型、染病时间，对症状显现的影响较不同种类病毒粒子的影响更大。

2. 传播途径

蘑菇病毒病主要通过带病毒粒子的孢子和菌丝传播。其主要传播途径如下。

（1）空气传播带病毒的孢子。

（2）由昆虫、包装材料、工具或病菇碎片传播带病毒的孢子。

（3）带病毒菌丝长入床架或培养箱中，随后长入新播种的培养料中，引起病毒病扩散。

3. 防治措施

（1）如有条件，可在菇房安装配有空气过滤装置的通风设备，将各种带病孢子拒之于菇房外。

（2）每次播种前，将菇房连同所有器具（包括床架、栽培箱）都用1.8%辛菌胺醋酸盐水剂300倍液消毒，或用10%百菌清熏蒸消毒。经消毒的培养料用纸盖好，此后每周用1.8%辛菌胺醋酸盐水剂500倍液将盖纸喷湿两次，直到覆土前几天为止。移去盖纸之前，也要小心地把纸喷湿。

（3）每次栽培完，整个菇房连同废料先用70℃蒸气消毒12 h，然后再将废料运出菇房，并及时谨慎处理。

（4）注意卫生。工作人员进出菇房均需用1.8%辛菌胺醋酸盐水剂300倍液消毒鞋子或换鞋；接触过病菇的手，要用生理盐水或0.1%新洁尔灭浸洗消毒。

（5）采完整菇，迅速处理开裂菇、较小菇和其他畸形菇，不让菇房出现开伞菇，以防孢子扩散。

（6）适当增加播种量，缩短出菇期。

（7）选用耐（抗）病蘑菇良种，如果双孢蘑菇患病毒病严重，可改种大肥菇。

（8）新老菇房保持适当距离。

（9）针对食用菌病毒病症状和病灶的颜色，制定不同的配方，基本药剂为食用菌病毒病专用20%的吗胍·硫酸铜水剂20 g（或香菇多糖50 g）。如病状无色，加钼胶囊1粒；

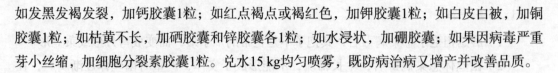

如发黑发褐发裂，加钙胶囊1粒；如红点褐点或褐红色，加钾胶囊1粒；如白皮白被，加铜胶囊1粒；如枯黄不长，加硒胶囊和锌胶囊各1粒；如水浸状，加硼胶囊；如果因病毒严重芽小丝缩，加细胞分裂素胶囊1粒。兑水15 kg均匀喷雾，既防病治病又增产并改善品质。

（三）香菇病毒病

除蘑菇病毒外，报道较多的是香菇病毒。1975年以来，已经报道了7种香菇病毒，包括直径分别为25 nm、30 nm、36 nm、39 nm、45 nm的5种球形病毒，以及大小分别为（15~17）nm×（100~150）nm、（25~28）nm×（280~310）nm的2种杆状病毒。用来提取香菇病毒的菌丝体，取材于生长迟缓的菌株。

防治方法：同蘑菇病毒病的防治。

（四）茯苓、银耳、平菇病毒病

1. 茯苓病毒

研究人员从褐变、倒伏的茯苓菌丝提取液中，观察到了一种直径30 nm的球形病毒粒子和两种杆状病毒粒子。杆状病毒粒子的大小分别为（23~28）nm×（230~400）nm、10 nm×（90~180）nm。

2. 银耳病毒

据报道，银耳黄色突起菌落或乳白色糊状菌落转接培养后，自芽孢提取液中得到直径33 nm的球形病毒粒子。

3. 平菇病毒

研究人员用平菇泡状畸形子实体组织研磨液作材料，用电子显微镜找到了直径为25 nm的球形病毒颗粒，其构形与上述蘑菇、香菇病毒相似。在报道上述观察结果的同时，能否肯定电镜中观察到的病毒颗粒确实是致病的病毒粒子，还需要进一步研究。

防治方法：搞好菇场卫生和消毒工作。选择健康不带病毒的子实体作种菇。接种后用塑料薄膜覆盖床面。喷洒治疗法：用食用菌香菇多糖30 g，或1.8%辛菌胺醋酸盐水剂50 g+钼胶囊1粒+硒胶囊1粒兑水15 kg均匀喷雾，既防病治病又增产并改善品质。

十一、食用菌线虫病害及其防治技术

线虫是一种低等动物，在分类上隶属于无脊椎动物门线虫纲。线虫种类极多，分布很广。有在真菌、植物或其他动物上寄生的、半寄生的，有腐生的，还有捕食性的。危害食用菌的线虫，目前已分离到几十种，多数是腐生线虫，少数半寄生，只有极少数是寄生性的病原线虫。它们分别属于垫刃目中的垫刃科和小杆科。

（一）病原线虫

1. 噬菌丝茎线虫

噬菌丝茎线虫又名蘑菇菌丝线虫，是危害蘑菇的最重要的一种线虫。

（1）生物学特性。雌虫体长0.82～1.06 mm；虫卵56 μm×26 μm；雄虫体长0.69～0.95 mm，口针9.5 μm。噬菌丝茎线虫的虫体变化较大。食料充足时，体长1 mm以上，饥饿时虫体较小。气温18℃时繁殖最快；当气温达到26℃，或低于13℃时，便很少繁殖和危害。13℃时需要40天完成生活史，18℃时8～10天，23℃时11天。噬菌丝茎线虫在水中会结团。

（2）危害方式。该线虫主要危害菌丝体。取食时，消化液通过口针进入菌丝细胞，然后吸食菌丝营养，严重影响菌丝生长，造成减产。食用菌被害后的减产程度与线虫发生期和虫口密度有关。蘑菇播种时，每100 g培养料中噬菌丝茎线虫数达到3条时，就会减产30%；如果多到20条以上，就不会长菇。覆土时每100 g培养料中含有20条、100条、300条线虫时，分别造成蘑菇减产50%、68%、75%。

2. 堆肥滑刃线虫

一般称为蘑菇堆肥线虫，也是危害蘑菇的重要种类。

（1）生物学特性。雌虫体长0.45～0.61 mm，口针长11 μm；雄虫体长0.41～0.58 mm，口针长11 μm，交接刺长21 μm。生活史，18℃时为10天，28℃时繁殖最快（8天），性比不平衡，雌虫多于雄虫。在水中也有成团现象。

（2）危害方式。蘑菇堆肥线虫噬吃菌丝和菇体。条件适宜时繁殖很快，严重发生时线虫常缠在一起，结成浅白色虫堆。据试验，每100 g培养料在播种时感染1条、10条、50条堆肥线虫，在总共12～14周的采收期中，蘑菇分别减产26%、30%、42%。如果100 g培养料中播种时感染了50条蘑菇堆肥线虫，12周以后就不再出菇了。

3. 小杆线虫

小杆线虫是一种半寄生性种类，在蘑菇、黑木耳、金针菇、平菇、凤尾菇等多种食用菌上都有其发生危害的报道。

（1）生物学特性。雌虫体长0.93 mm，雄虫体长0.9 mm。危害黑木耳的小杆线虫，生长繁殖的适温30℃左右，生活史周期12～16天。

（2）危害方式。小杆类线虫喜群集取食，觅食方式为吸吞式。当蘑菇、黑木耳、平菇等食用菌的培养料中或其子实体上有小杆线虫发生时，常导致子实体稀少、零散，菌丝萎缩或消失，局部菇蕾大量软腐死亡，散发难闻的腥臭味，肉眼隐约可见腐烂菇体内有白色的线虫活动。在一个直径为2 cm的被害蘑菇中，曾计数有3万条小杆类线虫。

（二）防治措施

蘑菇种植过程中收成不好的很大一部分原因，是由于线虫导致的，所以蘑菇线虫病的防治非常重要。防治时，可使用食用菌专用胆碱酶拌料，每700 g胆碱酶拌干料700 kg。机理是胆碱酶的活性借助食用菌的生长不断产生一种高温蛋白因子不断驱虫杀菌，持效期长。或用一管四拌料王，每1 000 g一管四拌料王拌干料800～1 000 kg。

1. 牢固树立预防为主的思想

以生物物理措施为主，以产前防控为主，大力整治菇棚周边环境，清除杂草、垃圾，开好排水沟，要营造一个良好的生产生态环境，并把整治环境作为蘑菇生产的一项长效管理工作，努力切断传播途径，控制发病条件。

2. 菇棚发菌期管理防治

要加强通风换气，控温、控湿，减少病虫害发生的概率，菇棚地面经常性用生石灰消毒，每标准菇棚每次用量不少于50 kg，发菌中后期用菇净1 500～3 000倍液消毒一次，并勤查勤看，如发现有异常味、腥臭味，及时取样查找，一旦线虫早期发生，菇棚密封消毒4天，结束后每标准菇棚用100 kg生石灰棚内外彻底地面床架消毒，线虫控制后再覆土。

3. 对已发生或部分床架发生线虫危害的菇棚管理

对早期部分发生的菇床用生石灰严密封堵，防止过快扩散，并加强菇棚通风换气，严格禁止采用磷化铝等高危药物熏杀，防止人身严重中毒事故的发生和影响其他无虫菇床的正常出菇，菇棚相对集中或基地要严格做好隔离防护措施，防止人员往来造成人手或工具传播，交叉感染而扩散。待气温明显下降后，让其未发生线虫菇床正常出菇。

4. 用堆肥栽培蘑菇，或用代料栽培香菇、黑木耳、平菇时，可采用下述方法防治线虫

（1）播种前将菇房（床）清洗消毒。

（2）双孢蘑菇培养料推广2次发酵，生料栽培平菇、凤尾菇时，先用热水浸泡培养料（60℃、30 min），或在播种前将培养料堆制发酵7～15天，利用高温杀死培养料中的线虫。

（3）双孢蘑菇（床）发生线虫危害时，可用20%异丙威加10%百菌清熏蒸杀虫，也可以用食用菌专用杀虫杆菌50 g兑水15 kg，均匀喷洒，或用溴甲烷熏蒸，用量为每立方米32 g。均密闭熏蒸24 h。

（4）菇房安装纱门、纱窗。消灭蚊、蝇。

（5）注意环境卫生，及时清除烂菇、废料；水源不干净时，可用明矾沉淀杂质，除去线虫。

5. 在户外用段木栽培黑木耳、银耳、毛木耳等食用菌时，可采用下述方法防治线虫

（1）尽可能选用排水方便的缓坡地作耳场，或在平坦耳场四周开挖排水沟。

（2）耳场地面最好铺一层碎石或砂土。

（3）不宜采用耳木浸水作业，以免线虫交互侵染耳芽。

（4）采用干干湿湿、干湿相间的水分管理措施；入口喷水时，每次喷水时间不宜过长。

（5）发生线虫危害时，可用1%～5%的石灰乳或5%的食盐水喷洒耳木，抑制线虫危害。

6. 认真做好发生线虫危害菇棚的废料处理

春菇结束要迅速出料，废料必须远离菇房和基地，废料经药物处理，堆制发酵后还田，防止污染下一轮蘑菇生产，同时菇棚用药物多次消毒并推迟播种，防止复发。

十二、食用菌虫害及其防治技术

食用菌生长期间，常常遭到有害动物（主要是有害昆虫）的危害。随着生产规模的不断扩大，以及周年性栽培制度的推广，食用菌的虫害有日趋严重的趋势。

（一）虫害的主要表现形式

取食菌丝体或子实体，直接造成减产和影响菇体外观，致使食用菌降低甚至失去商品价值。由于虫咬的伤口极易导致腐生细菌或其他病原物的侵染，而且有些昆虫本身就是病原物的传播者，所以很容易并发病害，造成更大损失。有些害虫蛀食菌棒，加快了菌棒的腐朽进程，缩短了持续出菇的时间，造成直接危害。

（二）害虫种类

危害食用菌的害虫种类很多，生活习性也较复杂。其中，危害最严重的主要是鳞翅目（食丝谷蛾）、鞘翅目（光伪步甲）、双翅目（蕈蚊）、等翅目（白蚁）、弹尾目（跳虫）、缨翅目（蓟马）中的一些昆虫。此外，鼠、兔、蛞蝓、线虫、螨类等，也能危害食用菌的菌丝或子实体，同属于食用菌的有害动物。

（三）害虫的习性

从食用菌害虫的食性来看，有的仅取食一种食用菌，有的几乎危害所有的栽培菌（表7-1）。从害虫的栖息环境来看，有的栖息在菌棒上，有的栖息在菇房内，有的栖息在存放食用菌的仓库中。

表7-1　食用菌常见害虫及其主要危害对象

种类	大蕈蚊	黄足蕈蚊	眼蕈蚊	菇蝇	瘿蚊	黑腹果蝇	跳虫	光伪步甲	食丝谷蛾	欧洲谷蛾	凹黄蕈甲	白蚁	蛞蝓	线虫	螨类
蘑菇	+	+	+	+		+							+	+	+
香菇				+		+	+	+	+	+	+	+	+		+
草菇		+											+	+	+
平菇	+			+											+
金针菇															+
黑木耳				+	+									+	+
银耳							+						+	+	+
毛木耳												+	+		+

注：+表示有危害。

（四）常见害虫及其防治

在食用菌的生长过程中，当害虫的虫口密度达到一定数量时，如果食物充足，环境条件适宜，虫害就会大发生。栽培场地管理不善，周围杂草丛生或遍地杂物，虫源地与栽培场没有一定隔离等，都有利于虫害的大发生。

食用菌害虫的防治，可根据害虫发生的原因，采取相应的措施，坚持"预防为主，综合防治"的原则。即从整体观点出发，一方面利用自然控制；另一方面根据虫情需要，兼顾食用菌的发育情况，协调各种防治措施。如选育推广抗病菌株，加强栽培管理，进行物理防治（黑光灯诱杀、人工捕捉、高温杀虫、灭虫卵等）、生物防治（释放天敌）等，把害虫的虫口密度降到最低水平，做到有虫无灾。

1. 食用菌害虫的无公害防治途径

（1）减少或消灭害虫虫源。如加强食用菌栽培间歇期害虫的防治，减少下季虫源；在菇房安装纱门、纱窗，将害虫拒之门外；新、旧菇房（场）适当隔离，减少害虫入侵机会等。

（2）恶化害虫发生的环境条件。如加强栽培管理，使菇房（场）只利于食用菌生长，而不利于害虫生存；选育推广抗（耐）虫菌棒；以及保持场地卫生等，以抑制食用菌害虫的繁衍。

（3）适时采取杀虫措施，控制害虫的种群数量。在选择杀虫措施时，不能单靠化学农药杀虫，必须因地制宜地采取多种方法进行综合防治，如灯光、食物、拌药剂进行诱杀。在使用杀虫剂时必须遵循"有效、经济、安全"的原则，要特别注意药害和农药残留，避免滥（乱）施农药现象。

（4）药剂防治。①段木处理。用一管四拌料王（按800～1 000倍液）浸泡菌棒

48～72 h后，再植菌种。②对菌箱和菌房灭虫和消毒。烟剂灭虫消毒法：傍晚时点燃食用菌专用百菌清烟雾剂和异丙威烟雾剂，各取一小袋（菌房每8～10 m设1个烟点），点燃烟剂之前，要把所用到的各种工具和衣物器具等都放在菇房里，进行彻底消毒灭虫灭卵处理。③培养料处理。拌料时用胆碱酶（驱虫避虫酶制剂）拌料，按1：（800～1 000）倍即胆碱酶700 g拌干料600～700 kg，再上锅蒸。

2. 食用菌常见害虫及其防治措施

（1）大蕈蚊。

1）危害对象。平菇。

2）形态特征与发生规律。成虫黄褐色，体长5～6 mm，头黄褐色，两触角间到头后部有一条深褐色纵带穿过单眼中间，前翅发达，有褐斑，后翅退化成平衡棍。幼虫头黄色，胸及腹部均为黄白色，共12节。幼虫群集危害，将平菇原基及平菇菌柄蛀成孔洞，菌褶吃成缺刻状，被害子实体往往萎缩死亡或腐烂。

3）防治措施。①人工捕捉幼虫和蛹，集中杀灭。②菇房安装纱门、纱窗，防止大蕈蚊飞入菇房产卵繁殖。③发生虫害时，将菇体采完后，可喷洒20%异丙威500～1 000倍液杀虫，也可用烟雾剂熏蒸菇房。

（2）小蕈蚊。

1）危害对象。平菇、凤尾菇。

2）形态特征与发生规律。成虫体长4.5～6.0 mm，淡褐色，触角丝状，黄褐色到褐色，前翅发达，后翅退化成平衡棍。幼虫灰白色，长10～13 mm，头部骨化为黄色，眼及口器周围黑色，头的后缘有一条黑边。蛹乳白色，长6 mm左右。成虫有趋光性，活动能力强，幼虫活动于培养料面，有群居习性，喜欢在平菇、凤尾菇菇蕾及菇丛中危害，除了蛀食外，并吐丝拉网，将整个菇蕾及幼虫罩住，被网住的子实体停止生长，逐渐变黄，干枯死亡，严重影响产量和品质。小蕈蚊完成一代，在17～33℃下需28天左右。

3）防治措施。同大蕈蚊的防治方法。

（3）折翅蕈蚊。

1）危害对象。草菇。

2）形态特征与发生规律。成虫体黑灰色，长5～6.5 mm，体表具黑毛。触角长1.6 mm，1～6节黄色，逐渐变深成褐色，前翅发达，烟色，后翅退化成乳白色平衡棍。幼虫乳白色，长14～15 mm，头黑色，三角形。蛹灰褐色，长5～6.5 mm。幼虫可忍耐的最高温度不超过35℃。折翅蕈蚊完成一代，在16.5～25℃时需要26天左右。幼虫常出没于潮湿的地方，喜食培养料及正在生长的草菇菌柄根部，用平菇饲养时，可将菌褶咬成孔洞，且吐丝结网，影响平菇的产量和质量。

3）防治措施。①保持菇房清洁。栽培场地应远离垃圾及腐烂物。②栽培结束的废料中可能存有大量虫源，应及早彻底清除干净。③如虫害严重，可在出菇前或采菇后喷洒敌百虫1 000倍液杀虫，也可用布条吸湿药剂挂在菇房驱虫。

（4）黄足蕈蚊。

1）危害对象。双孢蘑菇。

2）形态特征与发生规律。成虫体形小，如米粒大，繁殖力强，一年发生数代，产卵后3天便可孵化成幼虫。幼虫似蝇蛆，比成虫长，全身白色或米黄色，仅头部黑色。专在菇体内啃食菌肉，穿成孔道，自菌柄向上蛀食，直至菌盖。受害菌不能继续发育，采下的蘑菇在削根时，断面有许多小孔，丧失了商品价值。成虫一般不咬食菌肉，但它是褐斑病、细菌性斑点病和螨类的传播媒介。蕈蚊主要来自培养料。

3）防治措施。①搞好菇房环境卫生。②培养料进行2次发酵，消毒杀虫。③灯光诱杀、黏胶剂黏杀。④涂料毒杀。

（5）木耳狭腹眼蕈蚊。

雄虫体长2.7~2.9 mm，褐色；头部复眼光裸无毛；触角褐色，16节，长1.5 mm；胸部暗褐色；足为褐色；翅淡烟色，1.8 mm×0.7 mm；翅脉淡褐色；平衡棒褐色。雌虫体长3.6~4.4 mm；触角1 mm，翅长2.2 mm，宽0.8 mm；一般特征与雄虫相似，腹部极狭长，显得头胸很小。

防治措施：同黄足蕈蚊的防治方法。

（6）异型眼蕈蚊。

1）危害对象。双孢蘑菇。

2）形态特征与发生规律。雄虫体长1.4~1.8 mm，褐色，背板和腹部稍深；头深褐色，复眼黑色裸露，无眼桥；单眼3个排列成等边三角形；触角16节，长0.9~1.1 mm；翅淡褐色；足褐色，爪无齿。雌虫体长1.6~2.3 mm，褐色，无翅；触角16节，长0.7~0.8 mm；胸部短小，背面扁平，腹部长而粗大。其余特征同雄虫。异型眼蕈蚊分布于北美及欧洲，在我国已有发现。

3）防治措施。同黄足蕈蚊的防治方法。

（7）菇蚊。

1）危害对象。双孢蘑菇、草菇、平菇、凤尾菇。

2）形态特征与发生规律。成虫黑褐色，体长1.8~3.2 mm，具有典型的细长触角，背板及腹板颜色较深，有趋光性，常聚集不洁处，在菇床表面爬行很快。幼虫白色，近透明，头黑色，发亮。有的菇蚊喜食腐殖质，喜潮湿。浇水后，幼虫多在表面爬行；当菇床表面干燥时，便潜入较湿部分危害菌丝、原基或菇蕾。严重发生时，菇蚊可将菌丝全部吃完，或将子实体蛀成海绵状。茄菇蚊喜在未播种的堆肥中产卵，在播种后菌丝尚未长满培养料前孵化成幼虫，虫体长大时正是第一潮菇发生期，于是钻入菇柄和菌盖危害。金翅菇蚊危害小蘑菇，使之变成褐色革质状，在其爬过的床面留下闪亮的黏液痕迹，虫口密度大的地方，幼菇发育受阻。危害蘑菇的菇蚊有12种以上，其中茄菇蚊和金翅菇蚊发生较普遍。

3）防治措施。①搞好菇房环境卫生。②菇房通气孔及入口装修纱门。③黑光灯诱杀，或在菇房灯光下放半脸盆敌敌畏稀释液杀虫。④如果菇房可以密闭，对成虫用烟雾剂法防治：用20%异丙威杀虫（按说明书操作），头天傍晚点燃，从里向外，若出现明火用铁锨压一下以提高成烟率和预防火灾。对蚊子的幼虫和卵采取喷洒法防治：用百虫清50 g+芽蕾快现30 g+辛菌胺50 g+钼胶囊1粒兑水15 kg均匀喷洒。

（8）菇蝇。

1）危害对象。双孢蘑菇。

2）形态特征与发生规律。成虫淡褐色或黑色，触角很短，比菇蚊健壮，善爬行，常在培养料表面迅速爬动。虫卵产在培养料内的蘑菇菌丝索上。幼虫为白色小蛆，头尖尾钝，吃菌丝，造成蘑菇减产。在24℃时，完成生活史需要14天，在出菇温度13~16℃下，完成生活史需要40~45天。菇蝇可传播轮枝孢霉，使褐斑病蔓延。

3）防治措施。①黑光灯诱杀。将20 W灯管横向装在菇架顶层上方60 cm处，在灯管正下方35 cm处放一个收集盆（盘），内盛适量的敌敌畏稀释液，可诱杀多种蝇蚊类害虫。②刚播种后，或距离出菇1周左右，发现虫害，用布条蘸药剂挂在菇床上驱赶。

（9）瘿蚊。

瘿蚊又叫菇蚋、小红蛆、菇瘿等。危害食用菌的常见种类有嗜菇瘿蚊、斯氏瘿蚊、巴氏瘿蚊。

1）危害对象。双孢蘑菇、平菇、凤尾菇、银耳、黑木耳等。

2）形态特征与发生规律。嗜菇瘿蚊成虫小蝇状，体长约1.1 mm，翅展1.8~2.3 mm，头胸部黑色，腹部和足橘红色。卵长约0.25 mm，初产时呈乳白色，渐变成淡红色。初孵幼虫为白色纺锤形小蛆，老熟幼虫米黄色或橘红色。体长约2.9 mm。有性生殖每代约需30天。瘿蚊的幼虫常进行胎生幼虫（无性繁殖）。因此，瘿蚊繁殖快，虫口密度高。幼虫直接危害蘑菇、平菇、黑木耳等食用菌的子实体。瘿蚊侵入蘑菇房后，幼虫在培养料和覆土间繁殖危害，使菌丝衰退，菇蕾枯死，或钻至菌柄、菌盖、菌褶等处，使蘑菇带虫，品质下降。平菇、凤尾菇被害特征是子实体被蛀食。银耳、黑木耳被瘿蚊侵害后，菌丝衰退，引起烂耳。

3）防治措施。①筛选抗虫性强的菌体投入生产栽培。②发生虫害时，停止喷水，使床面干燥，使幼虫停止生殖，直至干死幼虫。③将堆肥进行2次发酵，以杀灭幼虫。④床架及用具用2%的五氯酚钠药液浸泡。

（10）黑腹果蝇。

1）危害对象。代料栽培的黑木耳、毛木耳。

2）形态特征与发生规律。成虫黄褐色，腹末有黑色环纹5~7节。雄虫腹部末端钝圆，色深，有黑色环纹5节；雄虫腹部末端尖，色较浅，有黑色环纹7节。卵及幼虫（蛆）乳白色。最适繁殖温度为20~25℃，每代只需12~15天。成虫多在烂果和发酵物上产卵，以幼虫进行危害，导致烂耳，或使已成型的木耳萎缩，并发杂菌污染，影响产量和质量。

3）防治措施。①及时采收木耳，避免损失。②当菇房中出现成虫时，取一些烂水果或酒糟放在盘中，并加入少量敌敌畏诱杀成虫。③搞好菇房内外的环境卫生。

（11）跳虫。又叫烟灰虫。常见种类有4种：菇长跳、菇疣跳、菇紫跳、紫跳。

1）危害对象。蘑菇、香菇、草菇、木耳。

2）形态特征与发生规律。跳虫颜色与个体大小因种而异，但都有灵活的尾部，弹跳自如，体具油质，不怕水。多发生在潮湿的老菇房内，常群集在菌床表面或阴暗处，咬食食用菌的子实体，多从伤口或菌褶侵入。菇体常被咬成百孔千疮，不堪食用。条件适宜时，1年可发生6~7代，繁殖极快。发生严重时，床面好像蒙有一层烟灰，所以跳虫又叫烟灰虫。

3）防治措施。①出菇时，用20%异丙威烟雾剂熏蒸。②用20%异丙威烟雾剂加少量蜂蜜诱杀跳虫，此法安全有效，无残毒，还能诱杀其他害虫。

（12）黑光甲。

1）危害对象。黑木耳。

2）形态特征与发生规律。黑光甲的成虫俗称黑壳子虫，初时淡红色，渐变深红色，最后变成黑色，有光泽，长约1 cm，长椭圆形。头小，黑褐色，触角11节，鞘翅上有粗大斑点形成的8条平行纵沟。成虫善爬行，有假死现象。成虫夜间在耳片上取食，被害耳片表面凸凹不平。幼虫危害耳芽、耳片、耳根，食量大，排粪多。粪便深褐色，如一团发丝与耳片混合在一起，幼虫能随采收的木耳进入仓库，继续危害干耳。

3）防治措施。①搞好耳场清洁，消灭越冬成虫。②在越冬成虫活动期间，用杀虫剂向耳场内及其四周地面喷洒，可获得较好的效果。

（13）食丝谷蛾。

1）危害对象。主要危害香菇、黑木耳的菌棒。

2）形态特征与发生规律。成虫体长7 mm左右，体色灰白相间，停歇时可见到前翅上的3条横带，触角丝状，长为翅长的2/3，头顶有一丛浅白色竖毛。幼虫俗称蛀枝虫、绵虫，体长15~18 mm，头部棕黑色，中后胸背部米黄色，腹部白色，有黄色绒毛。以幼虫休眠越冬，翌年2—3月气温回升到12℃以上时，幼虫又开始活动，取食危害。成虫多在当年接种的段木接种穴周围产卵，初孵幼虫钻入接种穴内取食菌丝，并蛀入菌棒形成层内，在有木耳（香菇）菌丝的部位取食危害。

3）防治措施。①尽可能将新耳场、菇场远离老耳（菇）场，避免成虫在新菌棒上产卵。②药剂防治可参考黑光甲防治措施。

（14）蓟马。常见的有稻蓟马和烟蓟马。

1）危害对象。黑木耳、香菇等。

2）形态特征与发生规律。虫体极小，长1.5～2.0 mm，黑褐色，触角短、黄褐色，翅透明、细长、淡黄色；前后翅周围密生细长的缘毛。若虫通常淡黄色，形似成虫，但无翅。3月下旬开始危害，5月中旬危害最严重。成虫、若虫群集性强，一般段木上可达千头以上。蓟马主要吸取耳片汁液，被害耳片逐渐萎缩，有时也在耳根部位危害，一旦下雨，造成流耳。香菇上的蓟马，多在菌褶上活动，取食香菇孢子。

3）防治措施。①用布条沾湿90%敌百虫乳油1 000～1 500倍液驱赶蓟马。②用涂料、黏胶剂或米汤诱杀。

（15）欧洲谷蛾。

1）危害对象。主要危害干香菇。

2）形态特征与发生规律。成虫体长5～8 mm，翅展12～16 mm，头顶有显著灰黄色毛丛，触角丝状，前翅菱形，灰白色，散有不规则紫黑色斑纹；后翅灰黑色缘毛。虫体及足灰黄色。幼虫体长7～9 mm，头部灰黄色至暗褐色，虫体色浅。该虫繁殖、发育的适温为15～30℃，成虫多在香菇菌褶、菌柄表面或包装物、仓库墙壁缝隙中越冬。幼虫从香菇菌盖边缘或菌褶开始危害，逐渐蛀入菇体内。危害严重时，可将香菇蛀成空壳或粉末，且边蛀边吐丝，将香菇粉末和粪便粘在一起，致使香菇失去食用价值。欧洲谷蛾发生量大，危害也大，是香菇贮运中主要虫害。

3）防治措施。①将香菇干至含水13%后，用塑料袋或铁皮罐密封贮藏在低温、干燥处。②欧洲谷蛾也是贮粮害虫，所以要将香菇单仓存放，避免交互危害。③香菇入库前，将仓库清理干净，并用熏蒸杀虫剂熏蒸库房，杀灭越冬成虫。④发生成虫后，先将香菇在50～55℃温度下复烤1～2 h，再用20%异丙威烟雾剂熏蒸处理，但需严格按照操作规程安全作业。

（16）凹黄蕈甲。

1）危害对象。主要危害香菇。

2）形态特征与发生规律。成虫体长3～4 mm，长椭圆形，头部黄褐色，复眼黑色，球形。前胸背板及前翅基部黄褐色，端部黑色。幼虫体长6.5 mm，乳白色，头部褐色。幼虫从香菇菌盖上蛀入菇体，可将菌肉吃光，只留下皮壳，或将其全部蛀成粉末。

3）防治措施。可参照欧洲谷蛾的防治方法。

（17）白蚁。常见的种类有黑翅大白蚁、家白蚁两种。

1）危害对象。危害香菇、黑木耳、茯苓和蜜环菌的菌棒或菌柴。

2）形态特征与发生规律。危害食用菌的白蚁有两种，其中以黑翅大白蚁最为常见。成虫体长10～12 mm，翅长20～30 mm，翅黑色。蚁后50～60 mm。兵蚁头阔超过1.15 mm，上颚近圆形，各具1齿，但左齿较强而明显。白蚁在菌棒表面活动时，一般都隐身于一层泥质覆盖物下，即所谓泥被、泥线和蚁路，这层覆盖物具有减缓白蚁体内水分蒸发的作用，也是人们发现蚁害的根据。白蚁常在阴天或雨天爬上菌棒，从接种穴内偷吃菌种，且有从下向上成直线偷吃的习惯。白蚁危害茯苓时，开始仅咬食菌种木木条，将种木蛀空，并在周围敷设泥被。吃完种木后，白蚁便逐步向周围扩展，危害料筒，严重影响茯苓生长。到后期，一旦料筒被吃空，白蚁接着吃茯苓，将茯苓蛀成粪土状，轻则减产，重则绝收。

3）防治措施。①菇（耳）场远离白蚁出没的地方，苓场则应避开干死松树兜。②经常清除场地内外的枯枝、落叶和杂草等，减少或消灭白蚁的栖息场所。③设诱杀坑。场地四周挖4～8个诱蚁坑，埋入松木或蔗渣等诱杀白蚁。④将灭蚁膏涂抹在蚁路上杀灭白蚁。⑤在场地四周撒上甲萘威，兼有忌避和毒杀白蚁的作用。

（18）蛞蝓。常见的种类有双线嗜黏液蛞蝓、野蛞蝓、黄蛞蝓3种。

1）危害对象。双孢蘑菇、香菇、平菇、凤尾菇、黑木耳、银耳等多种食用菌。

2）形态特征与发生规律。蛞蝓俗称鼻涕虫、水蜒蚰。身体裸露、柔软，暗灰色、灰白色、黄褐色或深橙色，有两对触角。体背有外套膜，覆盖全身或部分体躯。栖息于阴暗潮湿的枯枝落叶、砖头、石块下，多在阴雨天或晴朗的夜间外出觅食。可咬食蘑菇、香菇、平菇、黑木耳等多种食用菌的子实体，将子实体吃得残缺不全。凡是蛞蝓爬过的地方（包括食用菌的子实体），都能见到从其体上留下的黏液。黏液干后银白色，污染子实体。所以蛞蝓常造成减产和质量下降。

3）防治措施。①清除场地内外的枯枝落叶、烂草及砖头瓦块等，铲除蛞蝓栖息地。②人工捕杀。③用砷酸钙120 g、麦麸450 g、四聚乙醛10 mL，加水46 mL制成毒饵，于晴天傍晚撒在菇（耳）场四周，诱杀蛞蝓。④在蛞蝓出没处撒一层0.5～1 cm厚的石灰粉。

（19）螨类。

1）发生种类。螨类是食用菌的主要害虫。与蘑菇生产有关的螨类主要有以下8种。①速生薄口螨。成螨体乳白色，主要营腐生生活，多见于菌丝老化或培养料过湿的菌种瓶（袋）中。②腐食酪螨。成螨体较大，无色。食性杂，在贮藏食品、饲料、粮食中均可找到。喜食多种霉菌（青霉、木霉、毛霉、曲霉等），亦取食蘑菇菌丝。③蘑菇嗜木螨。成螨体较大，无色。常见于菇床上。与其同属的食菌嗜木螨是澳大利亚等蘑菇生产国的重要害螨。④蘑菇长头螨。成螨体小、无色，大量发生时聚集在覆土表面呈粉末状。⑤食菌穗螨。雌螨体黄白色或红褐色，常发生在被杂菌污染的蘑菇、香菇菌种瓶（袋）中或菇床上。⑥隐拟矮螨。体红褐色。其与矩形拟矮螨都与杂菌有关，常导致蘑菇减产。⑦兰氏布伦螨。体黄白色至红褐色，取食蘑菇菌丝，常造成严重减产，是上海地区蘑菇害螨的优势种。⑧矮肛厉螨。成螨体黄褐色。食性杂，但主要以杂菌和腐烂物为食。爬行时损伤蘑菇菌丝，并传播杂菌。除了上述8种螨类外，菇房中常见的螨类还有粉螨、蒲螨等。

2）危害对象。双孢蘑菇、香菇、草菇、平菇、金针菇、黑木耳、银耳等多种食用菌。

3）形态特征与发生规律。菌螨也称菌虱，其躯体微小，肉眼不易察觉，可用放大镜观察。体扁平，椭圆形，白色或黄白色，上有多根刚毛，成虫4对肢，行动缓慢，多在培养料或类菌褶上产卵。菇床上发生菌螨后，菌种块菌丝首先被咬，所以播种后常不见菌丝萌发。有时咬断菌丝，引起菇蕾萎缩死亡。在被害子实体上，可以看到子实体上上下下全被菌虱覆盖，被咬部位变色，重则出现孔洞。在耳木上则引起烂耳和畸形耳。

4）防治措施。①菌种厂远离仓库和鸡舍。②严格挑选菌种，消除有菌螨的菌种。③播种后7天左右，将有色塑料膜盖在床面上几分钟，然后用放大镜检查贴近培养料的一面，一旦发现菌螨，立即用药杀虫。④用20%异丙威烟雾剂放在床架底层熏蒸，并用塑料膜或报纸覆盖床面，熏蒸杀虫。⑤25%的十二烷基苯磺酸钠（洗衣粉）400倍液喷雾，连续喷洒2~3次，效果较好。

十三、食用菌病虫害的无公害治理技术

随着食用菌人工栽培地域的扩展和时间的推移，病虫害的发生是不可避免的。以往一提起病虫害防治，就依赖于药物防治，因此，也造成一定的负面效应，使食用菌产品某些有害成分超标，同时带来环境污染。无公害食用菌栽培在病虫害治理技术控制中，强调尽可能采用以生物防治、物理防治、生态防治为主体的综合治理措施，把有害的生物群体控制在最低的发生状态，保持产品和环境的无公害水平。

（一）生态治理

食用菌病虫害的发生，环境条件适宜程度是最重要的诱导因素，当栽培环境不适宜某菌种生长，导致生命力减弱，就会造成各种病虫菌的入侵，如香菇烂筒等。当香菇菌筒处于海拔较高，夏季气温较适宜的地方，烂筒就较少发生；当菌筒覆土后长期灌水，造成高温高湿，好氧性菌丝处于窒息状态，烂筒就大面积发生。根据栽培的食用菌种类的生物学特性，选择最佳的栽培环境，并在栽培管理中采用符合生理特性的管理方法，这是病虫害防治的最基本治理技术。在目前许多食用菌产品处于产大于销的背景下，应当选择最佳栽培区域生产最适宜的食用菌种类，这是食用菌病虫害无公害治理的最基本技术。此外，通过选择抗逆性强的良种，人为改善栽培场环境，创造有利于食用菌、不利于病虫害发生的环境，这都是有效的生态治理措施。

（二）物理防治

病虫害均有各自的生理特征和生活习性，利用各种危害食用菌的菌类、虫类的这些特

性，采用物理的、非农药的防治，也可取得满意的治理效果。如利用某些虫害的趋光性，可在夜间用灯光诱杀；利用某些虫害对某些食物、气味的特殊嗜好，可用某些食物拌入药物进行诱杀；又如链孢霉的特性是喜爱高温高湿的生态环境，把栽培环境控制在湿度70%以下，温度控制在22℃以下，链孢霉可迅速受到抑制，而许多食用菌菌丝生长又不受影响，这也是无公害治理好方法。

（三）生物防治

生物防治是利用某些有益生物，杀死或抑制害虫或害菌，从而保护栽培的食用菌（或农作物）正常生长的一种防治病虫害的方法，即所谓以虫治虫、以菌治虫、以菌治菌等。

生物防治的优点：有益生物对防治对象有很高的选择性，对人、畜安全，不污染环境，无副作用，能较长时间地抑制病虫害；自然界有益生物种类多，可以广泛地开发利用。生物防治目前存在的问题是见效慢，在病虫害大发生时应用生物防治，达不到立即控制危害的目标。

生物防治的主要作用类型有以下5种。

1. 捕食作用

在自然界，有些动物或昆虫可以某种（些）害虫为食料，通常将前者称作后者的天敌。有天敌存在，就自然地压低了害虫的种群数量（虫口密度），如蜘蛛捕食蚊、蝇等，蜘蛛便是蚊、蝇的天敌。

2. 寄生作用

寄生作用是指一种以另一种生物（寄主）为食料来源，它能破坏寄主组织，吸收寄主组织的养分和水分，直到使寄主消亡的生活方式。用作生物防治的寄生作用包括以虫治虫、以菌治虫、以菌治病三大类。

（1）以虫治虫。据报道菇床上的一种线虫常寄生在蚤蝇体内，还有一种线虫能寄生在蕈蚊体内。

（2）以菌治虫。在微生物寄生害虫的事例中，较常见的有核型多角体病毒寄生于一些鳞翅目昆虫体内，使昆虫带毒死亡。另据报道，苏云金芽孢杆菌和环形芽孢杆菌对蚊类有较高的致病能力，其作用相当于胃毒化学杀虫剂，可用其灭蚊。

目前，国内外已有细菌农药、真菌农药出售。比较常见的细菌农药有苏云金芽孢杆菌、青虫菌等；真菌农药有白僵菌、绿僵菌等。这些生物农药在食用菌害虫防治中，可望发挥一定的作用。

（3）以菌治病。一部分微生物寄生于病原微生物体内的现象很多。在食用菌病害中，有的噬菌体寄生在某些细菌体内，溶解细菌的细胞壁，以繁衍自身。因此，有这种噬菌体存在的地方，某些细菌性病害就大为减轻。

3. 拮抗作用

由于不同微生物的相互制约，彼此抵抗而出现一种微生物抑制另一种微生物生长繁殖的现象，称作拮抗作用。利用拮抗作用，可以预防和抑制多种害菌。在食用菌生产中，选用抗霉力强的优良菌株，就是利用拮抗作用的例子。

4. 占领作用

栽培实践表明，大多数杂菌更容易侵染未接种的培养料，包括堆肥、段木、代料培养基等。但是，当食用菌菌丝体遍布料面，甚至完全"吃料"后，杂菌较难发生。因此，在菌种制作和食用菌栽培中，常采用适当加大接种量的方法，让菌种尽快占领培养料，以达到减少污染的目的。这就是利用占领作用抑制杂菌的例子。

5. 诱发作用

有些微生物既无寄生杀菌作用，也无占领作用，但能诱发寄主的抗病能力，从而减少病害的发生，起到防病作用。例如，在双孢蘑菇生长发育过程中，一些微生物常常聚集在双孢蘑菇菌丝体周围，它们与双孢蘑菇菌丝是共生关系。这类微生物产生的某种（些）物质，能刺激双孢蘑菇菌丝生长。据报道，菌丝周围有微生物群的培养物，不仅能使双孢蘑菇菌丝的生长增长37%，而且还能促进出菇。这种诱发作用，客观上增强了双孢蘑菇抵抗病虫的能力。

第五节　果树绿色栽培实用技术

我国是一个经济林大国，经济林总面积约6亿亩，经济林树种十分丰富，仅木本粮食类经济林树种就有100多种，木本油料类经济林树种达200多种。我国核桃、油茶、板栗、枣、茶叶、苹果、柑橘、梨、桃等经济林树种的面积、产量均居世界第一。2016年，全国各类经济林产品产量为18 024万t，其中水果15 208万t、干果1 091万t，林产饮料产品228万t、林产调料产品73万t、森林食品354万t、森林药材280万t、木本油料600万t、林产工业原料187万t。经济林种植和采集产值12 875亿元，占林业第一产业产值的60%。但在第二产业中，木本油料、果蔬、茶饮料等加工制造和森林药材加工制造方面的产值仅为4 986万元，占林业第二产业产值的15.5%。经有关方面统计，全国经济林果品加工、贮藏企业有2.18万家，其中大中型企业1 922家，年加工量1 577万t，贮藏保鲜量1 215万t。预计到2025年，我国经济林种植面积将达到6.5亿亩，产品年产量稳定在2亿t，总产值将达9万亿元。

一、林果业发展潜力与措施

林果业具有多种功能，能够满足社会的多种需求，为社会创造多种福祉，加快发展现代林业，特别是适度发展林果业，是坚持以生态建设为主的林业发展战略的必然要求，也是推进生态农业建设的重要内容。

（一）发展生态林果业的作用

我国山地、高原和丘陵面积占陆地面积的67%，山区县占全国总县数的66%。山区、沙区、林区和湿地区生活着59.5%的农村人口，是林业建设的主战场，另外，在广大的平原农业区因地制宜发展林果业也是生态农业建设的重要内容。发展生态林果业，对于改善农业生产条件、有效增加农民收入、促进农村经济社会发展、推进社会主义新农村建设，具有独特而重要的作用。

1. 发展林果业是加快生态农业生产发展的重要内容

森林具有调节气候、涵养水源、保持水土、防风固沙等功能。据实地观测，农田防护林能使粮食平均增产15%～20%，发展生态林业有利于保障农业稳产高产，有利于增加木本粮油、果品、菌类、山野菜等各种能够替代粮食的森林食品供给，减轻基本农产品的生产压力，维护粮食安全。并且林果种类繁多，营养丰富，有较多营养食品，是丰富人们生活的重要食品。

2. 发展生态林业是实现农民生活宽裕的有效途径

发挥林果业的生态、经济和社会等多种功能，特别是大力培育和发展多种林果业产业，是促进农民增收的重要途径之一。特别是以森林或果园旅游为依托，发展农家乐等生态休闲农业，也是一条增收途径。在一些地方绿水青山已成为实现农村致富的金山银山。

3. 发展生态林果业是促进乡村文明、实现村容整洁的重要措施

绿化宜林荒山、构筑农田林网、开发农林果间作、增加村庄的林草覆盖、发展庭院林果业，可以实现农民生活环境与自然环境的和谐优美；倡导森林文化、弘扬生态文明，可以帮助农民形成良好的生态道德意识，实现乡村文明、村容整洁；发展高效林果业产业，可以为乡村文明、村容整洁提供物质保障。许多地方通过发展生态林果业，不仅实现了绿化美化，而且大幅度提高了农民收入和村集体收入，改善了干群关系、村民关系，从而极大地促进了农村社会的和谐稳定。

（二）发展生态林果业的潜力

我国林业建设成效显著，林业产业总产值迅速，为促进农民增收和农村经济社会发展发挥了重要作用。但是，林业的多种功能还远未开发利用起来，林业的多种效益也远未充分发挥出来，还有巨大的潜力可挖。

1. 林地资源的潜力

我国林业用地是耕地的两倍多，但利用率仅为59.77%。林地生产力也还很低，每公顷森林的蓄积量为世界平均水平的84.86%；人工林每公顷的蓄积量仅为世界平均水平的1/2。

同时，还有8亿亩可治理的沙地和近6亿亩湿地。三者合计相当于我国耕地总面积的3倍多。在我国耕地资源有限的情况下，这些资源显得尤为珍贵，开发利用的前景十分广阔。

2. 物种资源的潜力

我国有木本植物8 000多种、陆生野生动物2 400多种、野生植物30 000多种，还有1 000多个经济价值较高的树种。一些物种一旦得到开发，便会显现出惊人的效益。我国花卉资源已开发形成了一个十分重要的朝阳产业，年产值达430亿元；竹产业年产值达450亿元；野生动植物年经营总产值已超过1 000亿元。特别是黄连木、绿玉树等种子含油率都在50%左右，开发生物质能源潜力巨大。

3. 市场需求的潜力

从国内市场看，社会对木材、水果等林果产品的需求量呈逐年上升趋势，供给缺口也越来越大。仅木材一项，我国每年的供给缺口就达1亿m³以上。从国际市场看，木材等林产品已经成为世界性的紧缺商品。国内国外两个巨大的林果产品需求市场，为我国林果业发展提供了广阔的市场空间。

4. 解决劳动力就业的潜力

林果业是一个与农民关联程度高、需要大量劳动力且技术含量较低的行业，是最适合我国农村发展的产业。我国农村大约有1.2亿剩余劳动力和1/2的剩余劳动时间。这些劳动力具有从事林果业生产的许多便利条件。

如果把我国的林地资源潜力、物种资源潜力、林果产品市场需求潜力和劳动力资源潜力紧密结合并充分发掘利用起来，不仅可以有效改善我国的生态状况，还可以创造巨大的财富，有效解决亿万农民的收入问题，为推进新农村建设和整个经济社会发展作出重要贡献。

（三）发展生态林果业的主要任务以及要处理好的几个重要关系

为了充分挖掘林果业的巨大潜力，发挥林果业在社会主义新农村建设中的独特作用，加速推进传统林果业向生态林业的转变，着力构建林果业生态体系和林果业产业体系，不断开发林果业的多种功能，满足社会的多样化需求，实现林果业又快又好发展。必须处理好以下几个重要关系。

1. 处理好兴林与富民的关系

兴林与富民是互相促进的辩证关系。只有把富民作为林业建设的目的，才能充分调动人民群众兴林的积极性；只有人民群众生活富裕了，才能为林果业发展提供物质保障和精神动力。要树立兴林为了富民、富民才能兴林的理念，并将其作为发展生态林果业的总目标和工作的根本宗旨，始终不渝地予以坚持。

2. 处理好改革与稳定的关系

改革是发展现代林果业必须迈过的一道坎。只有深化改革，才能消除林果业发展的体制机制性障碍，增强林果业发展的活力，挖掘林果业发展的潜力，发挥林果业应有的效益，从而使农村和林区群众安居乐业；只有确保农村和林区的稳定，才能进一步凝聚人心、集聚力量，为改革创造一个良好的环境，实现改革的预期目的。

3. 处理好生态与产业的关系

建立比较完备的林果业生态体系和比较发达的林果业产业体系，是生态林果业的两大任务。林果业发展的内在规律决定了：只有建立比较完备的林果业生态体系，满足了社会的生态公益和精神文化以及生活需求，才能腾出更多的空间和更大的余地，发展林果业产业；只有建立起比较发达的林果业产业体系，满足社会对林果产品的需求，才能更好地支持、保障林果业生态体系的发展。要树立生态与产业协同发展的理念，坚持林果业生态和产业两个体系建设一起抓，形成以生态促进产业，以产业扩大就业，以就业带动农民增收，以农民增收拉动林果业发展的良性循环，实现生态建设与产业发展双赢。

4. 处理好资源保护与利用的关系

发挥林果业的多种功能，首先必须保护好森林资源，同时要进行科学合理的开发利用。保护是为了利用，利用是为了更好地保护。要坚持"严格保护、积极发展、科学经营、持续利用"的原则，在严格保护的前提下，科学合理地开发利用森林资源。

5. 处理好速度和效益的关系

要努力转变林果业增长方式，牢固树立质量第一、效益第一的观念，始终把工作的着眼点放到质量、效益上，既追求较快的发展速度，又保证较高的发展质量和效益。在确保扩大造林总量的基础上，强化科学管理，实行集约经营，保证建设效益。

（四）发展生态林果业的主要措施

加快生态林果业发展，努力推进新农村建设，应结合当前实际，着重采取以下几项措施。

1. 全面推进集体林权制度改革

结合各地实际，应尽快在全国农村推进以"明晰产权、放活经营、减轻税费、规范流转、综合配套"为主要内容的集体林权制度改革，逐步建立起"产权归属清晰、经营主体落实、责任划分明确、利益保障严格、流转顺畅规范、监督服务到位"的现代林业产权制度，真正使广大林农务林有山、有责、有利。

2. 加强林果业科技创新和推广

尽快建立对农村林果业发展具有强大支撑作用的林果业科技创新体系。要加大科技培训和推广力度，以林业站和林果业科研院所为主体，以远程林农教育培训网络为辅助，开展科技下乡等多形式的技术培训。发挥林果业科技带头人和科技示范户的作用，促进科研院所的科技成果进村入户，切实提高林、果农的生产经营水平和效益。

3. 继续推进林果业重点工程建设

在稳定投资的基础上，通过充实和完善，使之与新农村建设更加紧密地结合起来。要完善退耕还林工程的有关后续产业政策，巩固退耕还林成果，确保退耕农户继续得到实惠；努力将风沙源治理工程扩展到土地沙化和石漠化严重的其他省区，并大力发展沙区林果产业，使更多的农村群众从工程中受益；尽快启动沿海防护林体系建设工程和湿地保护工程，充分发挥其防灾减灾、涵养水源、改善农业生产条件的功能；保证重点生态工程和其他林业工程在保障国土安全的同时，成为农村群众创造物质财富的重要载体。

4. 大力发展林果业产业，充分发挥林果业在促进农民增收中的直接带动作用

要加快制定《林业产业发展政策要点》，重点支持发展有农村特色、有市场潜力、农民参与度高、农村受益面大的林果业产业。在重点集体林区要把乡镇企业等农村中小企业作为发展农村林果业产业的主要载体，培养"一县一主导产业、一乡一龙头企业"，走龙头企业带基地带农户之路，增强林业产业对农村劳动力就业的拉动效应。要在农村培育一批新兴林业产业，开展"一村一品"活动，增强农村集体的经济实力。

5. 加强村屯绿化和四旁植树

把村屯绿化和四旁植树纳入社会主义新农村建设总体规划加以推进和实施。积极鼓励和引导各地结合村庄整治规划，以公共设施周边绿化和农家庭院绿化为重点，实现学校、医院、文化站等公共设施周边园林化，农家庭院绿化特色化、效益化，公路林荫化，河渠风景化，最终形成家居环境、村庄环境、自然环境相协调的农村人居环境。

6. 着力解决"三林"问题

要把以林业、林区、林农为主要内容的"三林"问题，作为建设社会主义新农村的重要内容来抓。特别是要加强林区道路、电力、通信、沼气等基础设施建设，解决林区教育、卫生、饮用水等群众最关心、最直接的问题。要加快林区经济结构调整，鼓励发展非公有制经济，大力发展林下种植养殖、绿色食品等特色产业，扶持龙头企业和品牌产品，促进林农和林区职工群众增收。

7. 坚持农、林、牧结合，推进种植业结构调整向纵深发展

在新一轮种植业结构调整中，不能就种植业调整种植业，而要坚持农林结合、农牧并举，大力实施林粮、林经套种，大力发展林果业，推进种植业结构调整向纵深发展。主要做到"三个结合"：一是组织推动与利益驱动相结合；二是典型引导与群众自愿相结合；

三是造林绿化与结构调整相结合。把植树造林作为种植业结构调整的重头戏，调动了农民的植树造林、发展林果业的积极性，既能改善生态条件，又拓宽种植业结构调整的空间，增加农民收入。

8. 发展绿色优质果品生产的几项技术措施

（1）采用优良品种和先进技术，发展绿色优质果品。果品市场的竞争，最重要的是品质竞争，生产绿色优质果品的基本要素是品种和栽培技术，有了优良品种还必须有配套的、科学的、先进的栽培技术。

（2）种植树种多样化，满足市场多样化需求。随着人民生活水平的提高。对果品需求趋向多样化，加上进口水果的大量涌入，近年来大宗水果的发展滞缓，而葡萄、桃、杏、李、猕猴桃等果品都有着良好的发展，过去不被人们注意的小杂果也逐渐被人们重视，如石榴、扁桃、樱桃、无花果、木瓜、巴旦杏、枇杷等。我国果树种植资源实际上十分丰富，据统计多达300多种，能够开展利用的潜力巨大，一些优良的地方品种即使在国际上也具有较高的竞争力，今后在生产上应引起重视。

（3）充分发挥地方品种资源优势，科学规划，适地适树。发展果树生产要组织规模化生产，形成产业，进一步推向国际市场。发挥资源优势包括两个方面的内容：一是当地的条件最适宜发展什么树种品种，也就是发展的最佳适宜区，如果其生产出的果品是最优的，成本也低，在市场上竞争力就强，这也就是我们所说的因地制宜，适地适树；二是当地虽然不是最佳适宜区，特别是一些不耐贮运的果品，如桃、葡萄、李、杏、樱桃等，但在当地栽种或能满足本地市场需求，或者成熟期比最佳适宜区提前或错后，在市场上也有竞争力。同时，有条件的地方亦可考虑发展设施果树栽培（大棚），目的也是使果品提前成熟，提前上市，获得高效。因此，各地在发展果树生产时，应根据本地的气候特点选择种植品种，在保证果实质量的同时，要优先选择那些反季节成熟的品种作为种植对象，早、中、迟品种合理搭配，以延长鲜果期。

（4）加强流通领域建设，促进水果销售渠道的畅通。当各种优质水果种植面积达到产业化规模后，由于市场利益的驱动，营销队伍将会逐步形成。营销队伍的成功与否，很大程度上决定着果品的生产效益，政府部门应因势利导，给予资金及税收政策的扶持，以促进水果销售渠道的顺畅。同时，应鼓励和扶持那些有实力的公司广开销售渠道，将那些有地方特色的优质水果逐步推向国际市场。此外，水果贮藏保鲜技术及深加工技术的不断完善，也将对水果生产起到积极作用。

（5）发展贮藏加工业，提高附加值和综合利用能力。当林果业发展到一定程度，鲜果市场达到一定的饱和度之后，就应考虑其加工问题。一方面加工可解决大量贮存的鲜果；另一方面，通过加工可以达到增值的目的，同时加工也带动了加工品种的种植和繁荣。原来很多看似过剩或者低价值的东西，经过加工可大幅度提高价值。在果品的集中产地，有条件的应发展果品贮藏，缓解集中上市的压力，有利于调节市场供应和增值。果品加工有利于果品的综合利用。加工业必须建立基地，与农户合作，发展加工专用品种，形成有特色的名牌产品，才能有生命力和竞争力。

二、设施林果栽培技术要点

设施果树栽培技术在农业生产过程中可以说是集约化的一种栽培方式，此种技术的有效应用，可以促进林果业的种植向着现代化方向迈进。林果业一定要将市场作为导向进一步发展，从而更大程度提高农民收入。但是，林果业种植中设施果树栽培新技术还存在一些问题，要针对其存在问题认真研究加以解决。

（一）设施果树栽培优点

1. 利用设施栽培果树，可克服自然条件对果树生产的不利影响

果树自然栽培时，易受多种自然灾害危害，生产风险较大，采用设施保护栽培时，可有效地提高果树生产抵抗低温、霜冻、低温冻害、干旱、干热风、冰雹等自然危害，特别是可有效地克服花期霜冻的发生，促进果树稳产，近年来，霜冻在我国北方发生频繁，常导致果树减产或绝收，利用设施栽培果树，由于环境可人为调控，可有效地避免霜冻危害，降低生产风险。

2. 利用设施栽培，可拓展果树的种植范围

每种果树都只能在一定的条件下生长，自然条件下，越界种植，由于环境不适，多不能安全越冬或不能满足其生长结果的条件，不能实现有效生产，采用设施栽培的条件下，可将热带或亚热带的一些珍稀果树在温带种植，为温带果品市场提供珍稀的果品，丰富北方的种植品种。像南方果树莲雾等在我国北方已种植成功。

3. 可促进果实早熟或延迟采收，有利延长产品的供应期，提高生产效益

利用设施种植果树中的早熟品种，通过适期扣棚，可进行促成栽培，促进产品比露地提前成熟20～30天，可大幅度地提高产品的售价，提升生产效益；利用设施种植葡萄中的红地球、黑瑞尔，红枣中的苹果枣、冬枣等晚熟品种，可延长果实的采收期，促进果实完全成熟，增加果实中的含糖量，提高果实品质，实现挂树保鲜，错季销售，提高售价，产品可延迟到元旦前后上市，果品售价可提高4～5倍，增效明显。

4. 果树实行设施栽培，有利减轻裂果、鸟害等危害，提高果实品质

核果类果树中的甜樱桃、油桃及红枣、葡萄中的有些品种，在露地栽培时，成熟期遇雨，裂果现象严重，会导致果实品质降低，严重影响生产效益的提高，采用设施栽培条件下，特别是配套滴灌设施后，水分的供给调控能力提高，可有效避免裂果现象的发生，提高果实品质。

5. 有利提高土地的经营效益

设施栽培由于规模较小，产品供不应求，生产效益好，一般设施果树的种植效益通常是露地种植效益的10~20倍，发展设施果树，可提高土地的经营效益。

6. 发展设施果树，有利带动旅游业的发展

设施栽培由于栽培季节的提前，栽培果树的特异，可为旅游业提供景点，助力旅游业发展，通过设施果树生长期开放，可为游客提供游览观光、普及农业知识、果实采摘等系列化服务，促进旅游业的发展。

（二）设施果树栽培新技术具体应用

1. 设施果树品种选择技术

设施果树品种选择最为关键，它直接关系着设施果树栽培的成败，品种选择在设施果树栽培中特别重要，在品种选择上要坚持以下原则。一是若促成栽培，应选择极中熟、早熟以及极早熟的品种，以便能够提早上市；若延迟栽培，则应选择晚熟品种或那种容易多次结果的品种。二是应选择自然休眠期短、需冷量较低、比较容易人工打破休眠的品种，以便可以进行早期或超早期保护生产。三是选择花芽形成快、促花容易、自花结实率高、易丰产的品种。四是以鲜食为主，选择个大、色艳、酸甜适口、商品性强、品质优的品种。五是选择适应性强，主要是对外界环境条件适应范围应比较广泛、能够耐得住弱光且抗病性强的品种。六是选择树体紧凑矮化、易开花、结果早的品种。除以上6个原则外，品种选择还必须以当地市场实际作为参考标准。

2. 设施果树的低温需冷量和破眠技术

对种植的果树进行人工破眠，就是对人工低温预冷方法进行应用，植物自然休眠需要在一定的低温条件下经过一段时间才能通过。果树自然休眠最有效的温度是0~7.2℃，在该温度值下低温积累时数，称为低温需冷量品种的低温需冷量是决定扣棚时间的基本依据，是设施果树栽培中非常重要的条件，只有低温需冷量达到了一定标准，果树才能通过自然休眠，在设施栽培条件下果树才能正常生长。通常此种处理应该保持一个月的时间，以确保设施果树所需的预冷量可以提前得到满足。

3. 果树设施环境调控技术

（1）温度调控。应根据树种、品种及果树的发育物候期的温度要求，对棚内温度进行适当调控，以适应果树的健康成长。对于温度调控来讲，扣棚后棚内升温不能过急，必须要缓慢进行，使树体能够逐步适应；一般在扣棚前的10~15天覆盖地膜，增加地温，确保果树根部获得充足的温度，同时做好水分供给。在夜间，温度可适当保持在7~12℃，以防止棚温逆转，导致花期和幼果冻伤。在花期，白天温度低于25℃，夜间要高于5℃。

（2）湿度调控。在调整温度时，主要采用揭帘方式或是通风控制方式。在果树不同生长发育阶段，其所需温度也存在极大的差异，应根据需要合理进行调控。设施果树栽培湿度调控方式比较单一，主要是以空气湿度调节为主，在调节过程中，可按照湿度要求的高低，选择与之相对应的调节方式。如可以通过放风的方式，快速降低棚室内的空气湿度，同时调节降低温度。对于土壤湿度调节，基本以浇水次数或是浇水量进行控制。

（3）光照调控。根据棚内光照强弱度、时间段以及果树质量的情况来调控，光照调控要求覆盖材料必须要具备极好的透光率，同时可以铺设反射光膜；另外，棚室结构的构建必须科学合理。

（4）设施果树的控长技术。

1）调节根系。限根的主要目的就是对垂直根数量以及水平根数量进行控制，以便能够促进根系水平生长，使吸收根可以快速地成长。常用的限根方法有以下几种。一是可以浅栽果树。二是可以进行起垄处理。这两种方法可以对根系做到比较好的限制，使根系难以进行垂直生长，却可以加快吸收根的生长，同时也可以使果树矮化生长，更容易开花和结果。三是还可以利用容器进行限根处理。这种方法主要是通过对某种容器的利用，将果树种植在容器当中，最后在建棚之后再进行设施栽培。陶盆类型、袋式类型和箱式类型都是设施果树栽培常见的容器类型。

2）生长调节剂的应用。揭棚后，为了让果树快速发芽生长，并对果枝的生长进行抑制，就需要在果树上喷洒一些生长调节剂。在具体应用的时候，一般在果树树冠之上连续喷洒15%的多效唑溶液2～3次，还可以在树梢上抹上50倍的多效唑溶液涂，应用此种方法达到对果枝生长的抑制作用，进而可以促使花芽快速分化。

（5）提高设施果树坐果率技术。

1）选择最为合适的时间扣棚。在设施果树栽培过程中，一定要注意扣棚时间必须保持适宜，如果要保障果实的产量，必须要确保栽培果树时果树能够进行自然休眠。

2）人工授粉技术。相应地设置授粉果树也是设施果树栽培过程中需要注意的细节问题，常用的方法有利用鸡毛掸子在开花阶段实施滚动授粉或人工进行点粉，在种植林果业基地，可以建立储备花粉制度，把采集到的所有花粉放在-20℃的低温环境中储存，当棚内所有果树都开花的时候，开始实施人工授粉。

总之，合理利用温室及塑料大棚是设施栽培果树的重点，在果树生长时节和环境不太适宜时，要注意通过人工调节，合理提供果树生长所需的各方面因素条件，以便能够促使果树正常发育和生长。现在，我国大部分地区都引进和应用了设施栽培果树技术，反季节水果的产量也在不断提高，越来越能够满足大众市场的需求，同时，还增加了社会经济效益。林果业种植中设施果树栽培新技术获得了突飞猛进的发展，但就目前来看，我国设施果树栽培技术还有待提高，因此必须合理科学借鉴和总结先进的栽培技术，并与时俱进，不断地创新发展，形成自己特有的设施果树栽培技术，从而进一步促进林果业的长远转型升级。

（三）日光节能温室桃树促早栽培技术要点

一般中原地区露地桃栽培，果实成熟期集中在7—10月，进行了日光温室桃树栽培，翌年4月下旬至5月中旬上市，成熟期提前两个月左右，可填补水果供应淡季，生产经济效益较高。

1. 品种选择与栽植

日光温室桃树促早栽培应选择需冷量少、果实发育期短、耐弱光和高湿、耐剪性强、综合性状好的优良品种。油桃作为桃的一个变种，适宜于日光温室栽培，因其果实表面光滑无毛、外观艳丽，而且便于采食和食用，深受消费者欢迎。

目前生产上多采用1 m×1 m、1.25 m×1 m的密植栽培形式，前期枝量大，覆盖率高，第三年郁闭后，隔株隔行去除。

2. 温室管理

（1）扣膜时间。扣膜时间因地区、品种而异，应在通过休眠期后进行扣膜增温。华北地区一般在12月下旬至翌年1月上旬，扣膜后用压线固定好，温室顶端设置草帘。温室内温度保持在18～25℃，最低不能低于5℃。当外界气温达到20℃时即可撤膜。

（2）温度管理。每天早晨将草帘卷起，下午将草帘放下。白天当室内气温超过25℃时开始放风，放风时间长短可根据室内气温而定，一般为0.5～2 h。在1—2月如遇寒流可加盖双层草帘以稳定室内温度。

（3）树体管理。采用二主枝开心形整形技术，干高为30 cm左右，主枝角度为60°～70°，树高控制在1.5～2 m，每个主枝留2～3个大枝组，枝组的分布应为上小下大、里大外小的锥形结构。修剪时，长结果枝截留5～7芽，中结果枝截留4～6个芽，短结果枝截留2～3芽，花束状果枝也可利用来结果。由于温室桃树受外界气候影响小，一般可以采用"以花定果"技术。长果枝留5～6朵花，中果枝留3～4朵花，短果枝留2朵花。由于温室内温度高，湿度大，新梢生长快，当新梢长至10 cm时要及时抹芽，双芽枝、三芽枝全留成单芽枝，新梢相距10～20 cm。当新梢长到30 cm时对直立的新梢进行扭梢。方法是：在新梢基部8～10 cm处半木质化的部位用两指捏紧顺时针旋转180°，直立向下超过90°即可。

（4）土壤管理。10月上中旬落叶后施入基肥，最好是优质有机肥或炕土肥，每株20 kg，并结合灌越冬水。追肥一般进行两次，开花期追施尿素每株0.5～1 kg，果实硬核期每株施入磷酸二铵0.2～0.5 kg。

（5）病虫防治。温室桃的病虫害防治分两个阶段，扣膜初期由于室内湿度大，温度高往往病害发生严重，一般在萌芽前喷一次3°～5°的石硫合剂，展叶后每隔10～15天喷一次的铜锌石灰200倍液，或65%代森锌可湿性粉剂600～800倍液，重点防治桃的细菌性穿孔病。由于土壤湿度大，根部也易发生病害，可用70%甲基硫菌灵可湿性粉剂600～800倍液灌根，防治根癌和根腐病。在5月撤膜后正值桃蚜发生期，喷20%氰戊菊酯乳油3 000倍液防治。在红蜘蛛发生时喷5%噻螨酮乳油2 000～3 000倍液。在7—8月的雨季里喷65%代森锌可湿性粉剂600倍液防治细菌性穿孔病。

（四）温室桃和葡萄间作草莓的栽培技术要点

1. 栽培模式

温室内进行桃、葡萄与草莓间作，在距温室前缘75 cm处，东西向栽一行葡萄苗，株距60 cm，葡萄在开花前将枝蔓引缚到室外小棚架上，占露地300 m²左右葡萄。在冬季覆盖草苫，3月中旬前一直处于休眠状态；3月中旬除去防寒物，已萌动，4月中旬展叶，5月上旬花序分离，将枝蔓引缚到室外小棚架上；5月中旬盛花，7月上旬果实成熟，比露地同品种早熟约40天。草莓在圃地育苗，一年一栽。每年8月下旬定植，东西向大垄，垄距100 cm，南北两边垄距温室前后边缘各200 cm，每垄栽两行（相距20 cm），株距16 cm，10月中旬现蕾，11月中旬初花，12月下旬果实开始成熟，至翌年5月采果结束。随即拔秧。于秋季栽第二茬。桃每年1月上旬，将栽于编织袋内已通过休眠期萌芽的早熟桃苗（包括适量的授粉品种）移栽到草莓垄间，行距100 cm，株距亦100 cm，南北两边行距温室边缘150 cm，于1月上旬萌芽；1月下旬初花，2月上旬盛花，4月下旬果实成熟，果实成熟后移出温室外管理；10月份落叶休眠。面积一亩的温室可栽桃500株左右，葡萄170株左右，草莓8 000株左右。

该模式每年可产桃1 000～2 000 kg，葡萄1 000～1 500 kg，草莓1 500～2 000 kg。

2. 主要栽培技术要点

（1）温室的温湿度管理。草莓结束休眠期后给温室扣膜，使温室内的气温在白天保持20～25℃，夜间不低于5℃。夜间温度低时盖草苫保温，当夜间最低温度低于5℃时生火升温。室内湿度大或温度高时在11:00至15:00适当通风换气。夏季除去薄膜。

（2）草莓定植前按预定的行距挖深宽各70 cm的栽植沟，亩施农家肥约15 000 kg，将其与开沟土拌匀后回填沟内，然后灌水，经3～5天后整平土地，定植大苗。在生育期保持土壤湿润。在初花期将蜜蜂箱搬入温室内，利用蜜蜂授粉。放蜂期间不喷杀虫剂。从展叶后开始每隔20天左右喷一次0.2%的尿素或磷酸二氢钾溶液，共喷3～4次。为预防灰霉病等，在生长期喷甲基硫菌灵2次，间隔1周左右。及时摘除基部老叶、畸形果和病虫果。果实成熟后及时采收。

（3）桃培育壮苗与管理。将苗栽于直径约40 cm装有营养土的编织袋内，营养土由细沙、黑土和马粪配成，三者各1/3。夏季置露地管理，在生长期每隔10天左右灌一次水，并及时松土。当苗木萌发的新梢长到10～12 cm时摘心，促发副梢，选3个方位适宜的副梢作主枝，按杯状形整枝。通过多次摘心，促发分枝，使之及早成形。搞好整形修剪，冬剪时对结果枝适度短截；对直立枝，有生长空间的拉平，不然疏除。开花后，剪除花很少的果枝。采果后对结果枝适度回缩，疏去密挤的、衰弱的枝条。加强肥水管理，经常松土、除草。在花前、花后分别给每株追施磷酸二铵0.04 kg，硫酸钾0.03～0.04 kg，用铁钎打孔施入，然后灌水。在果实生育期每隔15天左右喷0.2%的尿素加0.2%的磷酸二氢钾混合液一次。实行人工辅助授粉及疏花疏果，在盛花期进行2～3次人工辅助授粉，用鸡毛掸子在授粉品种树枝上滚动几下，再往主栽品种树枝上滚动几下。现蕾后疏除过密的花蕾；生理落果后进行疏果，疏去并生果、小果、畸形果和萎缩果。及时防治病虫害，温室内病害较少，发现流胶现象时，喷70%甲基硫菌灵可湿性粉剂1 000倍液。虫害有蚜虫和山楂红蜘蛛等，对其进行药剂防治，喷20%氰戊菊酯乳油或2.5%溴氰菊酯乳油1 500倍液灭蚜；喷10%联苯菊酯乳油3 000～4 000倍液灭红蜘蛛。

（4）葡萄管理。定植当年，当植株长到50 cm时立竹竿引到室外上架管理，采用龙干整枝，冬初落叶后将主蔓拉进温室盖草苫休眠。翌年3月中旬撤去枝蔓上的覆盖物。到晚霜结束后，将带花序的葡萄蔓引缚到室外小棚架上，此后的管理与露地栽培的葡萄相同。其果实成熟期比露地提早40～50天。

（五）温棚葡萄栽培管理技术要点

1. 适时摘心

棚栽葡萄宜采用篱架整形，并提早摘心，控制旺长。当主蔓长到60～80 cm时，去顶端副梢留冬芽，其余副梢均留1叶摘心。25天后顶端冬芽萌发长出6～7叶时，留5叶摘心，并去除顶端副梢留冬芽，冬芽再次萌发后，可隔20 cm留1副梢，并留两叶摘心，其余抹除。

2. 合理负载

合理负荷，及时定产，可提高坐果率，还可提高品质。

（1）疏穗。谢花后10～15天，根据坐果情况进行疏穗，生长势强的果枝留两个果穗，生长势弱的不留，生长势中等的留1个果穗。若是一年一栽制，每个结果枝留1个果穗。

（2）疏粒。落花后15～20天，进行选择性疏粒。疏去过密果和单粒果。

3. 一控二喷

"一控"：控梢旺长。对生长势强的结果梢，在花前对花序上部进行扭梢，或留5～6片大叶摘心，以提高坐果率。

"二喷"：一是喷施硼肥。花前喷施1次0.2%～0.3%的硼酸或0.2%的硼砂溶液，每隔5天喷1次，连喷2～3次。二是喷施赤霉素。盛花期用25～40 mg/kg赤霉素溶液浸蘸花序或喷雾，可提高坐果率，并可使果实提前15天成熟。

4. 促进着色

（1）疏梢。浆果开始着色时，摘掉新梢基部老叶，疏除无效新梢，改善通风透光条件，以促进浆果着色。

（2）环割。浆果着色前，在结果母枝基部或结果枝基部进行环割，可促进浆果着色，提前7～10天成熟。

（3）喷洒钾肥。在硬核期喷洒400～600倍液的果友氨基酸和1 200倍液的斯得考普或0.3%磷酸二氢钾溶液，可提早7～10天成熟。

5. 防治病虫

棚栽葡萄病虫害较少，主要防治幼穗轴腐病、白腐病、褐斑病等，可在芽前喷施3～5度波美石硫合剂，花前、花后用50%甲基硫菌灵悬浮剂800倍液、75%百菌清可湿性粉剂700倍液交替使用，每10～15天喷施1次，连喷2～4次。6月以后用50%多菌灵可湿性粉剂500～600倍液防治霜霉病、白粉病、黑痘病，每10天喷1次，解除棚膜后，按露地葡萄进行栽培管理。

第八章　农作物高效间套种植与设施栽培实用技术

第一节　农作物立体间套种植的概念

立体间套种植是相对单作而言的。单作是指同一田块内种植一种作物的种植方式。如大面积单作小麦、玉米、棉花等。这种方式作物单一，耕作栽培技术单纯，适合各种情况下种植，但不能充分发挥自然条件和社会经济条件的潜力。

间作是指同一块地里成行或带状（若干行）间隔地种植两种或两种以上生长期相近的作物。若同一块地里不分行种植两种或两种以上生长期相近的作物则称为混作。间作与混作在实质上是相同的，都是两种或两种以上生长期相近的作物在田间构成复合群体，只是作物具体的分布形式不同。间作主要是利用行间；混作主要是利用株间。间作因为成行种植，可以实行分别管理，特别是带状间作，便于机械化和半机械化作业，既能提高劳动生产率，又能增加经济效益。

套种则是指两种生长季节不同的作物，在前茬作物收获之前，就套播后茬作物的种植方式。此种种植方式，使田间两种作物既有构成复合群体共同生长的时间，又有某一种作物单独生长的时间；既能充分利用空间，又能充分利用时间。这是一种较为集约的种植方式，可从空间上争取时间，从时间上充分利用空间，是提高土地利用率、充分利用光能的有效形式，对作物搭配和栽培管理的要求更加严格。

在作物生长过程中，单作、混作和间套作构成作物种植的空间序列；单作、套作和轮作构成作物种植的时间序列。两种序列结合起来，科学综合运用使种植制度的高速发展，成为我国农业的宝贵经验。为此，应该不断深入调查研究，认真总结经验教训，反复实践，不断提高，使立体间套种植在现代化农业进程中发挥更大的作用。

第二节　搞好立体间套种植应具备的基本条件

作物立体间套种植方式在一定季节内单位面积上的生产能力比常规种植方式有较大的提高，对环境条件和营养供应的要求较高，只有满足不同作物不同时期的需要，才能达到高产高效的目的。在生产实践中，要想搞好立体间套种植，多种多收，高产高效，必须具备和满足一定的基本条件。

一、土壤肥力条件

要使立体间套种植获得高产高效，必须有肥沃的土壤作为基础。只有肥沃的土壤、水、肥、气、热、孔隙度等因素的协调，才能很好地满足作物生长发育的要求，从结构层次看，通体壤质或上层壤质下层稍黏为好，并且耕作层要深厚，以30 cm左右为宜，土壤中固、液、气三相物质比例以1：1：0.4为宜，土壤总孔隙度应在55%左右，其中大孔隙度应占15%，小孔隙度应占40%。土壤容重值在1.1~1.2为宜。土壤养分含量要充足。一般有机质含量要达到1%以上，全氮含量要大于0.08%，全磷含量要大于0.07%，其中速效磷含量要大于0.002%。全钾含量应在1.5%左右，速效钾含量应达到0.015%。另外，作物需要的微量元素也不能缺乏。

同时，高产土壤要求地势平坦，排灌方便，能做到水分调节自由。土壤水分是土壤的重要组成部分，也是土壤中极其活跃的因素，除它本身有不可缺少的作用外，还在很大程度上影响着其他肥力因素。第一，土壤水分影响着土壤的养分释放、转化、移动和吸收；第二，土壤水分影响着土壤的热量状况，土壤水分多，土壤空气就少，通气不良，反之亦然；第三，土壤水分影响着土壤的热量状况，因为水的热容量比土壤热容量大；第四，土壤水分影响土壤微生物的活动，从而影响土壤的物理机械性和耕性。因此，它不仅本身能供给作物吸收利用，而且还影响和制约着土壤肥、气、热等肥力因素和生产性能。所以，在农业生产中要求高产土壤地势平坦、排灌方便、无积水漏灌现象，能经得起雨水的侵蚀和冲刷，蓄水性能好。一般中小雨不会流失，大雨不长期积存，若能较好地控制土壤水分，努力做到需要多少就能供应多少，既不多给也不多供，是作物高产高效的根本措施。

二、水资源条件

目前对水资源定义的内容差别较大，有的把自然界中的各种形态的水都视为水资源；有的只把逐年可以更新的淡水作为水资源。一般认为水资源总量是由地表水和地下水资源组成的。即河流、湖泊、冰川等地表水和地下水参与水循环的动态水资源的总和。

世界各地自然条件不同，降水和径流差异也很大。我国水资源受降水的影响，其时空分布具有年内、年际变化大以及区域分布不均匀的特点。全国平均年降水总量为61 889亿m³，其中45%的降水转化为地表水和地下水资源，55%被蒸发和蒸散。降水量夏季明显多于冬季，干湿季节分明，多数地区在汛期降水量占全年水量的60%~80%。总的情况是全国水资源总量相对丰富，居世界第6位，但人均占有量少，人均年水资源量为2 580 m³，只相当于世界人均水资源占有量的1/4，居世界第110位，是世界上13个贫水国之一。另外，因时空分布不均匀，导致我国南北方水资源与人口，耕地不匹配。南方水资源较丰富，北方水资源较缺乏。而北方耕地面积占全国耕地面积的3/5，水资源量却只占全国的1/5。

从全球来看，70%左右的用水量被农业生产所消耗，我们要搞立体农业，首先要改善水资源条件，特别是在北方农业区只有在改善了水资源条件的基础上，才能大力发展立体农业；要在搞好南水北调大型水利工程前提下，同时开展节水农业的研究与示范，走节水农业的路子，集约化农业才能持续稳步发展。

三、劳动力与科学技术水平条件

农作物立体间套种植是两种或两种以上作物组成的复合群体，群体间既相互促进，又相互竞争，高产高效的关键是发挥群体的综合效益。因此，栽培管理的技术含量高，劳动用工量大，时间性强，所以农作物立体间套种植必须有充足并掌握一定的农业科学技术的劳动力，否则可能造成多种不多收，投入大产出少的不良后果。

科学技术是农业发展最现实、最有效、最具潜力的生产力。特别是搞立体间套种植生产更需要先进的、综合的农业科学技术来支撑。我们必须不失时机地大力推进农业科技进步，从而带动立体间套农业生产的发展。

第三节　农作物立体间套种植的技术原则

农业生产过程中存在着自然资源优化组合和劳动力资源的优化组合的问题。由于农业生产受多种因素的影响和制约，有时同样的投入会得到不同的收益。生产实践证明，粗放的管理和单一的种植方式谈不上优化组合自然资源和劳动力资源，恰恰会造成资源的浪费。搞好耕地栽培制度改革，合理地进行茬口安排，科学地搞好立体间套种植才能最大限度地利用自然资源和劳动力资源。作物立体间套种植，有互补也有竞争，其栽培的关键是通过人为操作，协调好作物之间的关系，尽量减少竞争等不利因素，发挥互补的优势，提高综合效益，其中要研究在人工复合群体中，分层利用空间，延续利用时间，以及均匀利用营养面积等。总的来说，栽培上要搞好品种组合、田间的合理配置、适时播种、肥水促控和田间统管工作。

一、合理搭配作物种类

合理搭配作物种类，首先要考虑对地上部空间的充分利用，解决作物共生期争光的矛盾和争肥的矛盾。因此，必须根据当地的自然条件、作物的生物学特征合理搭配作物，通常是"一高一矮""一胖一瘦""一圆一尖""一深一浅""一阴一阳"的作物搭配。

"一高一矮""一胖一瘦"是指作物的株高与株型搭配，即高秆与低秆作物搭配，株型肥大松散、枝叶茂盛、叶片平展生长的作物与株型细瘦紧凑、枝叶直立生长的作物搭配，以形成分布均匀的叶层和良好的通风透光条件，既能充分利用光能，又能提高光合效率。

"一圆一尖"是指不同形状叶片的作物搭配。即圆叶形作物（如豆类、棉花、薯类等）和尖叶作物（多为禾本科）搭配。这里豆科与禾本科作物的搭配也是用地养地相结合最广泛的种植方式。

"一深一浅"是指深根系与浅根系作物的搭配，可以充分利用土壤中的水分和养分。

"一阴一阳"是指耐阴作物与喜光作物的搭配，不同作物对光照强度的要求不同，有的喜光、有的耐阴，将两者搭配种植，彼此能适应复合群体内部的特殊环境。

在搭配好作物种类的基础上，还要选择适宜当地条件的丰产型品种。生产实践证明，品种选用得当，不仅能够解决或缓和作物之间在时间上和空间上的矛盾，而且可以保证几种作物同时增产，又为下茬作物增产创造有利条件。此外，在选用搭配作物时，应注意挑选那些生育期适宜、成熟期基本一致的品种，便于管理、收获和安排下茬作物。

二、采用适宜的配置方式和比例

搞好立体间套种植，除必须搭配好作物的种类和品种外，还需安排好复合群体的结构和搭配比例，这是取得丰产的重要技术环节之一。采用合理的种植结构，既可以增加群体密度，又能改变通风透光条件，是发挥复合群体优势，充分利用自然资源和协调种间矛盾的重要措施。密度是在合理种植方式基础上获得增产的中心环节。复合群体的结构是否合理，要根据作物的生产效益、田间作业方式、作物的生物学性状、当地自然条件及田间管理水平等因素妥善地处理配置方式和比例。

带状种植是普遍应用的立体间套种植方式。确定耕地带宽度时，应本着"高要窄，矮要宽"的原则，要考虑光能利用，也要照顾到机械作业。此外，间作作物的行比、位置排列、间距、密度、株行距等均应做合理安排。

带宽与行比主要决定于作物的主次、农机具的作业幅度、地力水平以及田间管理水平等。一般要求主作物的密度不减少或略有减少，而保证主作物的增产优势，达到主副作物双丰收，提高总产的目的。

间距指的是作物立体间套种植时两种作物之间的距离。只有在保持适当的距离时，才能解决作物之间争光、争水、争肥的矛盾，又能保证密度，充分利用地力。影响间距的因素有带的宽窄、间套作物的高度差异、耐阴能力、共生期的长短等。一般认为宽条带间作，共生期短，间距可略小，共生期长，间距可略大。

对间套种植中作物的密度不容忽视，不能只强调通风透光而降低密度。与单作相比，间套种植后，总密度是应该增加的。各种作物的密度可根据土壤肥力及"合理密植"部分所介绍的原则来确定。围绕适当放宽间距、缩小株距、增加密度，充分发挥边行优势，提高光、热、气利用的原则，各地总结出了"挤中间、空两边""并行增株""宽窄行""宽条带""高低垄间作"等很多经验。

三、掌握适宜的播种期

在立体间套种植时，不同作物的播种时期直接影响了作物共生期的生育状况。因此，只有掌握适宜播期，才能保证作物良好生长，从而获得高产。特别是在套作时，更应考虑适宜的播种期。套作过早，共生期长，争光的矛盾突出；套作过晚，不能发挥共生期的作用。为了解决这一矛盾，一般套作作物必须掌握"适期偏早"的原则，再根据作物的特性、土壤墒情，生产水平灵活掌握。

四、加强田间综合管理，确保全苗壮苗

作物采用立体间套种植，将几种作物先后或同时种在一起组成的复合群体管理要复杂得多。由于不同作物发育有早有迟，总体上作物变化及作物的长相、长势处于动态变化之中，虽有协调一致的方面，但一般来说，对肥水光热气的要求不尽一致，从而构成了矛盾的多样性。作物共生期的矛盾以及所引起的问题，必须通过综合的田间管理措施加以协调解决，才能获得全面增产，提高综合效益。

运用田间综合管理措施，主要是解决间套种植作物的全苗、前茬收获后的培育壮苗以及促使弱苗向壮苗转化等几个关键问题。

套种作物全苗是增产的一个关键环节。在套种条件下，前茬作物处于生长后期，耗水量大，土壤不易保墒，此时套种的作物，很难达到一播全苗。所以，生产中要通过加强田间管理，满足套种作物种子的出芽、出苗的条件，实现一播全苗。

在立体间套种植田块，不同的作物共生于田间，存在互相影响、相互制约的关系，如果管理跟不上去或措施不当，往往影响前、后作物的正常生长发育，或顾此失彼，不能达到均衡增产。因此，必须科学管理，才能实现优质、高产、高效、低成本。套种作物的苗期阶段，生长在前茬作物的行间，往往由于温、光、水、肥、气等条件较差，长势偏弱，而科学的管理就在于创造条件，促强转弱，克服生长弱、发育迟缓等难点。套种作物共生期的各种管理措施都必须抓紧，适期适时地进行间苗、中耕、追肥、浇水、治虫、防病等。管理上不仅要注意前茬作物的长势、长相，做到两者兼顾，更要防止前茬作物的倒伏。

前茬作物收获后，套种作物处于优势位置，充分的生长空间，充足的光照，田间操作也方便，此时是促使套种作物由弱转强的关键时期，应根据作物需要抢时间，以促为主地加强田间管理，克服"见粒忘苗"的错误做法。如果这一时期管理抓不紧，措施不得当，良好的条件就不能充分利用，套种作物的幼苗就不能及时得以转化，最终会影响间套种植的整体效益。所以，要使套种作物高产，前茬收获后一段时间的管理是极为重要的。

五、增施有机肥料

农作物立体间套种植，多种多收、产出较多，对各种养分的需要增加，因此，需要加强养分供应，以保证各种作物生长发育的需要。有机肥养分全、来源广、成本低、肥效

长，不仅能够供应作物生长发育需要的各种养分，而且还能改善土壤耕性。协调水、气、热、肥力因素，提高土壤的保水保肥能力。有机肥对增加作物营养，促进作物健壮生长，增强抗逆能力，降低农产品成本，提高经济效益，培肥地力，促进农业良性循环有着极其重要的作用。增施有机肥料是提高土壤养分供应能力的重要措施。有机肥中含氮、磷、钾大量营养元素以及植物所需的各种营养元素，施入土壤后，一方面经过分解逐步释放出来，成为无机状态，可使植物直接摄取，提供给作物全面的营养，减少微量元素缺乏症。另一方面经过合成，部分形成腐殖质，促使土壤中生成各级粒径的团聚体，可贮藏大量有效水分和养分，使土壤内部通气良好，增强土壤的保水、保肥和缓冲性能，供肥时间稳定且长效，能使作物前期发棵稳长，使营养生长与生殖生长协调进行，生长后期仍能供应营养物质，延长植株根系和叶片的功能时间，使生产期长的间套作物丰产丰收。

有机肥料种类较多、性质各异，在使用时应注意各种有机肥的成分、性质，做到合理施用。

六、合理施用化肥

在增施有机肥的基础上，合理施用化学肥料，是调节作物营养、提高土壤肥力、获得农业持续高产的一项重要措施。但是盲目地施用化肥，不仅会造成浪费，还会降低作物的产量和品质。应大力提倡经济有效地施用化肥，使其充分有效发挥化肥效应，提高化肥的利用率，降低生产成本，获得最佳产量。

七、应用叶面喷肥技术

叶面喷肥是实现立体间套种植的重要措施之一，一方面立体间套种植，多种多收，生产水平较高，作物对养分需要量较多；另一方面，作物生长初期与后期根部吸收能力较弱，单一由根系吸收养分已不能完全满足生产的需要。叶面喷肥作为强化作物营养和防治某些缺素症的一种施肥措施，能及时补充营养，可较大幅度地提高作物产量，改善农产品品质，是一项肥料利用率高、用量少而经济有效的施肥技术措施。实践证明，叶面喷肥技术在农业生产中有较大增产潜力。

随着立体间套种植产量效益的提高，一种作物同时缺少几种养分的现象将普遍发生，今后的发展方向将是多种肥料混合喷施，可先预备一种肥料溶液，然后按用量加入其他肥料，而不能先配制好几种肥液再混合喷施。在加入多种肥料时应考虑各种肥料的化学性质，在一般情况下起反应或拮抗作用的肥料应注意分别喷施。如磷、锌有拮抗作用，不宜混施。

八、综合防治病虫害

农作物立体间套种植，在单位面积上增加了作物类型，延长了土壤负载期，减少了土壤耕作次数，也是高水肥、高技术、高投入、高复种指数的融合；从形式上集粮、棉、油、果、菜各种作物为一体，利用了它们的时间差和空间差以及种质差，组成了多作物多层次的动态复合体，从而就有可能促进或抑制某种病虫害的滋生和流行。为此，对立体间套种植病虫害的防治，在坚持"预防为主，综合防治"的基础上，应针对不同作物、不同时期、不同病虫种类采用"统防统治"的方法，利用较少的投资，控制有效生物的影响，并保护作物及其产品不受污染和侵害，维护生态环境。

总之，农作物立体间套种植病虫害的防治应在重施有机肥和平衡施肥的基础上，积极选用抗病虫害的品种，从株型上和生育时期上严格管理，以期抗虫和抗病。管理上，加强苗期管理，采取一切措施保证苗全、苗齐、苗壮，并注重微量元素的喷施，解决作物的缺乏营养元素问题。从而达到抗病抗虫，减少化学农药施用量的目的。中后期，应以重点性、重发性病虫害防治为主线，采取人工的、机械的、生物的、化学的方法去控制病虫害的发生。

第四节　立体间套种植模式介绍

一、秋冬茬立体间套种植模式

（一）小麦/春甘薯//夏玉米

1. 种植模式

一般300 cm一带，种12行小麦、3行春甘薯、2行夏玉米（图8-1，表8-1）。

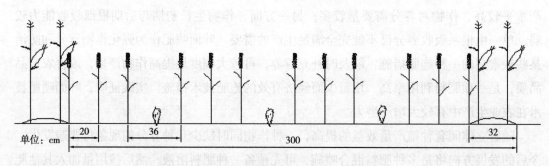

单位：cm

图8-1　小麦/春甘薯//夏玉米一年三熟种植模式

表8-1　小麦/春甘薯//夏玉米一年三熟茬口安排

作物	1月	2月	3月	4月	5月	6月	7月	8月	9月	10月	11月	12月
小麦						□				○		
春甘薯			○	×							□	
夏玉米						○				□		

2. 主要栽培技术

小麦：选用高产优质品种，半冬性品种于10月上中旬，春性品种于10月中下旬适期播种，行距20 cm，隔3行留36 cm宽垄。播量同常规播量，按照小麦高产栽培技术管理，一般亩产400 kg以上。

春甘薯：选用高产、优质、脱毒种苗，3月10日育苗，4月底扦插，株距27 cm，亩栽2 500株，按甘薯高产栽培技术管理，一般亩产鲜薯3 000 kg。

夏玉米：选用竖叶大穗型品种，5月下旬在畦埂两侧各播种1行，株距22 cm，亩种植2 000株左右，按照夏玉米高产栽培技术管理，一般亩产玉米300 kg。

（二）小麦//春玉米//夏玉米//秋菜（大白菜、萝卜）

1. 种植模式

一般250 cm（或300 cm）一带，种9行（或12行）小麦、2行春玉米、3行（或4行）夏玉米、2行秋菜（图8-2，表8-2）。

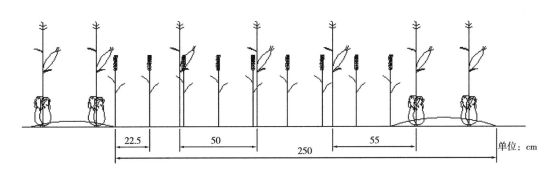

图8-2　小麦//春玉米//夏玉米//秋菜一年四熟种植模式

表8-2　小麦//春玉米//夏玉米//秋菜一年四熟茬口安排

作物	1月	2月	3月	4月	5月	6月	7月	8月	9月	10月	11月	12月
小麦						□				○		
春玉米			○	✕			□					
夏玉米						○			□			
秋菜								○		□		

2. 主要栽培技术

小麦：选用高产优质品种，于10月靠畦一边适期播种，行距22.5 cm，播量同常规播量，按照小麦高产栽培技术管理，一般亩产400 kg。

春玉米：选用竖叶型高产品种，3月下旬至4月上旬在预留行内播2行春玉米，行距

40 cm，株距20 cm，亩种植密度2 600株，按照玉米高产栽培技术管理，一般亩产350 kg。若采用育苗移栽和地膜覆盖技术，可提早春玉米成熟期，有利于夏玉米和秋菜生产。春玉米也可根据市场行情采用鲜食品种，虽然产量有所降低，但经济效益不低。

夏玉米：选用竖叶型高产品种，在麦收前5～7天套种3行夏玉米（或麦收后随灭茬直播），行距50 cm，与春玉米间距55 cm，株距20 cm左右，亩种植4 500株，按照玉米高产栽培技术管理，一般亩产400 kg以上。

秋菜：在春玉米收获后，可随即整地直播（或定植）两行秋菜，如早熟大白菜，选用耐热、早熟、抗病优良品种，按行株距40 cm×40 cm定植，按早熟大白菜高产栽培技术管理，一般亩产1 000 kg左右。

（三）小麦—玉米//大豆（或谷子）带状复合种植

1.种植模式

一般285 cm一带，种12行小麦、4行玉米、6行大豆（或谷子）（图8-3-1、图8-3-2，表8-3）。

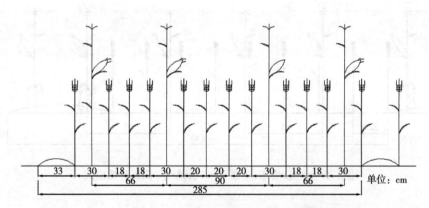

图8-3-1　小麦—玉米//大豆（或谷子）一年三熟种植模式（一）

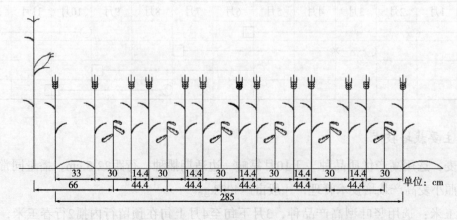

图8-3-2　小麦—玉米//大豆（或谷子）一年三熟种植模式（二）

表8-3　小麦—玉米//大豆（或谷子）一年三熟茬口安排

作物	1月	2月	3月	4月	5月	6月	7月	8月	9月	10月	11月	12月
小麦					□					○		
玉米												
大豆						○————————□						
（或谷子）						○————————□						

2. 主要栽培技术

小麦：选用高产优质品种，于10月适期播种，一般先按模式（一）播一畦小麦，再按模式（二）播一畦小麦，模式（一）与模式（二）小麦播种方式交互进行。小麦播量同常规高产播量，一般每亩8～10 kg。按照小麦高产栽培技术管理，一般亩产500～600 kg。

玉米：选用株型紧凑大穗型、适宜密植和机械化收获的高产品种，黄淮海地区可选用农大372、豫单9953、纪元128、登海939等。于6月10日前后在模式（一）畦中播种4行，玉米窄行距60 cm，宽行距90 cm，玉米与大豆（或谷子）间距66 cm，单元宽幅5.7 m。玉米平均行距1.425 m，邻大豆的两行株距控制在10 cm，中间两行株距控制在12 cm（或株距20 cm与24 cm双株留苗），实际每亩种植密度4 253株左右。按照玉米高产栽培技术管理，一般亩产500～600 kg。

大豆：选用优质高产品种，黄淮海地区可选用齐黄34、石豆936、石豆885、郑豆0689、安豆203等。与夏玉米同时播种，播种在模式（二）畦中，播6行大豆，大豆与玉米间距66 cm，大豆等行距44.4 cm，单元宽幅5.7 m。大豆平均行距0.95 m，株距10 cm左右，实际亩种植密度7 000多株，按照大豆高产栽培技术管理，一般亩产200 kg左右。夏季玉米和大豆间作是一种合理搭配的好模式。玉米属禾本科，须根系，植株高大，叶片大而长，是需水肥多的C_4植物。大豆属蝶形花科，直根系，植株矮小，叶片小而圆，能与根瘤菌共生固氮，是需磷肥较多的C_3植物。二者间作既能改善田间的通风透光条件，又能合理利用不同层次土壤中的营养元素，并能减少氮素化肥的投入，综合效益较好。

谷子：选用高产优质品种。与夏玉米同时播种，播种在模式（二）畦中，播6行谷子，谷子与玉米间距66 cm，谷子等行距44.4 cm，单元宽幅5.7 m。谷子平均行距0.95 m，株距4 cm左右，实际亩种植密度17 540多株。按照谷子高产栽培技术管理，一般亩产300 kg。夏季玉米谷子间作是一种双保险的稳产保收种植方式，雨水正常或较多时发挥玉米高产优势，雨水少，发挥谷子耐旱特性而稳产保收。

以上3种种植模式是以小麦、玉米主要粮食作物为主，适量加入一些蔬菜或油料作物的高产高效栽培模式，在亩产吨粮的基础上，尽可能提高单位面积生产效益，比传统的小麦/玉米、小麦/花生、小麦/大豆、小麦/甘薯等种植模式生产效益有显著提高。此类种植模式特别适合在人多地少的地区使用。

（四）小麦—棉花（穴盘育苗移栽）一年二熟种植模式

1. 种植模式

一般304 cm一带，种12行小麦、4行棉花（图8-4，表8-4）。

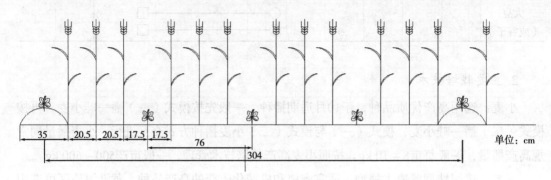

图8-4　小麦—棉花（穴盘育苗移栽）一年二熟种植模式

表8-4　小麦—棉花（穴盘育苗移栽）一年二熟茬口安排

作物	1月	2月	3月	4月	5月	6月	7月	8月	9月	10月	11月	12月
小麦						▭				○		
棉花					○	×			▭			

2. 主要栽培技术

小麦：选用高产优质品种，半冬性品种于10月上中旬，春性品种于10月中下旬适期播种，行距按图调整，播量同常规播量，确保小麦每米单行长有基本苗176株，每亩基本苗在15.0万以上。按照小麦高产栽培技术管理，一般亩产500 kg以上。

棉花：选用优质高产早熟棉品种。5月中旬穴盘育苗，麦收后6月初机械移栽，行距76 cm，穴距29.24 cm，每穴2株，每亩密度6 000株左右，按照早熟棉高产栽培管理，株高化学控制在1.2 m左右，单株结铃12个左右，一般亩产皮棉75 kg以上。

（五）饲料油菜—棉花

1. 种植模式

饲料油菜在9月中下旬播种（也可9月育苗，10月移栽），一般40 cm等行距1行，亩播种量0.5 kg左右，种植密度30万～45万株，4月中旬带角果收获作饲料，亩产3～5 t。油菜腾茬早，可种植半春茬棉花（或花生、甘薯、谷子），在黄淮海农区促使秋季作物大幅度增产。饲料油菜轮作棉花种植模式和茬口安排见图8-5和表8-5。

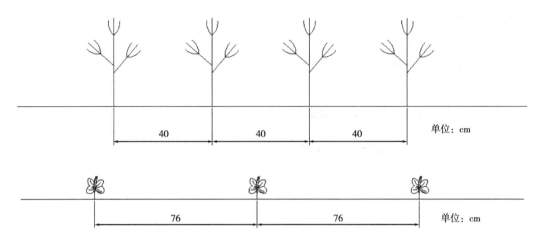

图8-5 饲料油菜—棉花（直播）一年二熟种植模式

表8-5 饲料油菜—棉花（直播）一年二熟茬口安排

作物	1月	2月	3月	4月	5月	6月	7月	8月	9月	10月	11月	12月
饲料油菜												
棉花												

2. 主要栽培技术

饲料油菜：饲料油菜耐低温，生长快，产量高；作为饲料品质与适口性好；且饲用方式多样，饲养效果好；可增加冬春青饲料，缓解北方冬春青饲料不足；并且能改变茬口调整种植业结构，在黄淮地区适当种植些饲料油菜，可改变翌年作物茬口，变夏播为春播，有利于后茬作物的种植，提高种植作物的产量和品种，从而提高产品的市场竞争力与效益，调整种植业结构。还可改良土壤，富集养分，促进生态农业发展。种植饲料油菜成本低，效益好，有利于农民增收。目前饲料油菜品种有饲油1号、饲油2号两个"双低"专用饲用油菜品种和饲油36甘蓝型油菜细胞雄性不育双低优质三系中熟杂交种等，具有较高的鲜草、干草生产能力，鲜草和干草产量分别达到2.3～2.5 t/亩、0.35～0.39 t/亩。

棉花：在饲料油菜收获后整地直播，按76 cm等行距种植，按15 cm左右株距留苗，亩种植密度6 000株左右，一般亩产皮棉75 kg以上。

（六）油菜—地膜花生（甘薯）//玉米（或芝麻）

1. 种植模式

此模式需早秋茬，油菜9月初育苗，10月下旬移栽或9月中上旬直接播种，一般40～50 cm一带1行，等行距种植，甘蓝型品种株距8～11 cm，每亩种植密度1.3万～1.8万株，白菜型品种可密些，亩密度可达2万株；也可实行宽窄行定植，宽行60～70 cm，窄行30 cm，株距不变。5月中旬油菜收获后及时耕地播种地膜花生，一般85 cm一带，采用高畦栽培，畦面宽55 cm，沟宽30 cm，每个畦面上播2行花生，小行距30～35 cm，穴距15～17 cm，亩密度9 000～10 000穴，每穴2粒（如种植饲料油菜效果更好）。花生播种后每隔4个种植带播1行玉米，穴距40 cm，亩密度500株；或在花生播种后每隔3个种植带播种1行芝麻，株距15 cm，亩密度1 700株（图8-6，表8-6）。

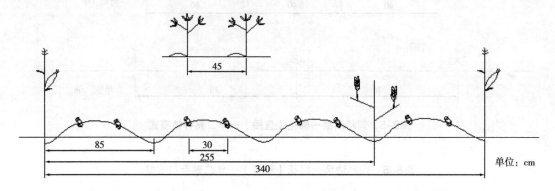

图8-6　油菜—地膜花生（甘薯）//玉米（或芝麻）一年三熟种植模式

表8-6　油菜—地膜花生甘薯（甘薯）//玉米（或芝麻）一年三熟茬口安排

作物	1月	2月	3月	4月	5月	6月	7月	8月	9月	10月	11月	12月
油菜						□				○		
地膜花生												
玉米（或芝麻）					○	○			□	□		

2. 主要栽培技术

油菜：选用双低早熟优良品种。适时播种或育苗移栽，冬前培育壮苗越冬，防止冻害或"糠心"早抽薹，越冬初期培土壅根，早春及早中耕、施肥，加强田间管理，并注意防治蚜虫，花期注意喷施硼肥和其他叶面肥，适时收获，一般亩产350～400 kg。

花生：选用中晚熟、大果高产型优良品种，在油菜收获后，抢时整地播种，采用机械化播种效果更好，集起垄、施肥、播种、喷除草剂、覆膜于一体，既省工省时又能提高播种质量，使苗整齐一致，生育期间注意防旱排涝，适当进行根际追肥和叶面喷肥，中后期注意控制徒长和防治病虫鼠害，按照地膜花生高产栽培技术进行管理，一般亩产450～500 kg。

甘薯：选用脱毒壮苗薯秧扦插，油菜收获后耕地后按65 cm一带起垄，垄上种植1行，株距25 cm左右，亩种植4 000棵左右，按照春薯高产栽培技术管理，一般淀粉型甘薯品种亩产5 000 kg以上；鲜食型甘薯品种亩产3 500 kg以上。

玉米：选用稀植大穗品种，在花生（甘薯）播种（扦插）后种植，以个体大穗夺丰收，按照玉米高产栽培技术管理，可亩产玉米250 kg以上。

芝麻：在花生（甘薯）播种（扦插）后种植，沟内足墒播种，播种后注意保墒，并及时间定苗和中耕除草培土，生育期间，适当追肥浇水，按时打顶，及时收获。按照芝麻高产栽培技术管理，可亩产30~40 kg。玉米（芝麻）在花生或甘薯小规模种植时可间作种植，但费人工较多；在花生或甘薯大规模机械化种植时可不种植。

（七）小麦//菠菜/簇生朝天椒

1.种植方式

一般100 cm一带，种3行小麦、3行菠菜、2行簇生朝天椒（图8-7，表8-7）。

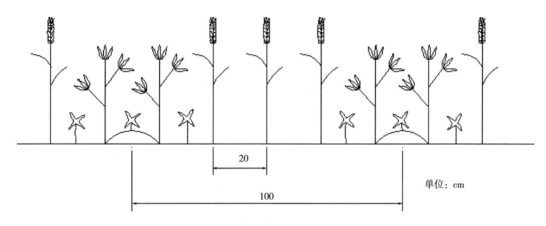

图8-7　小麦//菠菜/簇生朝天椒一年三熟种植模式

表8-7　小麦//菠菜/簇生朝天椒一年三熟茬口安排

作物	1月	2月	3月	4月	5月	6月	7月	8月	9月	10月	11月	12月
小麦						□				○		
菠菜			□							○		
簇生朝天椒				○	×					□		

2.主要栽培技术

小麦：选用高产优质品种，行距20 cm，于10月靠中间带适期播种，亩播量5kg左右，按小麦高产栽培技术管理，可亩产小麦500 kg。

菠菜：选用耐寒能力强的尖叶类型品种或大叶菠菜，于小麦播种时在畦埂上或两侧种三行菠菜。冬前以培育壮苗安全越冬为目标。注意中耕保墒，并消灭在叶片上的越冬蚜虫。早春返青期注意肥水管理，在耕作层解冻后及时浇返青水，并追施硫酸铵每亩7～15 kg，叶面喷施磷酸二氢钾每亩0.05 kg，3—4月陆续收获上市，一般亩产250～350 kg。若冬前市场价格较好，也可在冬前收获。簇生朝天椒小规模种植时可与小麦间作种植一些，但费人工较多；在簇生朝天椒大规模机械化种植时可不种植菠菜。

簇生朝天椒：选用高产杂交一代优质品种。3月下旬穴盘基质（阳畦）育苗，于5月中旬选壮苗定植，在埂两边各种1行，朝天椒窄行距35～40 cm。穴距20 cm左右，亩定植密度6 500～7 000株。按照簇生朝天椒高产栽培技术管理，一般亩产干椒400 kg以上。

（八）小麦/西瓜/夏玉米

1. 种植模式

模式1：一般160 cm一带，种植6行小麦、1行西瓜、2行夏玉米（图8-8-1，表8-8）。

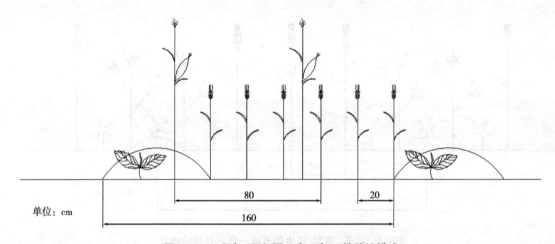

单位：cm

图8-8-1　小麦/西瓜/夏玉米一年三熟种植模式

模式2：一般280 cm一带，种植12行小麦、1行西瓜、4行夏玉米（图8-8-2，表8-8）。

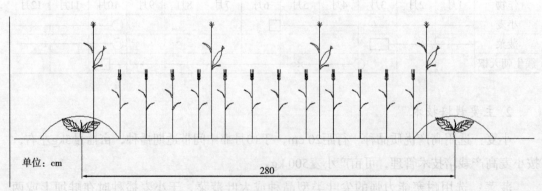

单位：cm

图8-8-2　小麦/西瓜/夏玉米一年三熟种植模式

表8-8 小麦/西瓜/夏玉米一年三熟茬口安排

作物	1月	2月	3月	4月	5月	6月	7月	8月	9月	10月	11月	12月
小麦						□				○		
西瓜模式1				○			□					
西瓜模式2					○			□				
夏玉米						○			□			

2.主要栽培技术

小麦：选用高产优质品种，于上年10月适期播种，行距20 cm，播种量每亩8～10 kg。施足底肥，足墒播种，年前浇好越冬水，拔节后追肥浇水，后期注意防治穗蚜，并搞好"一喷三防"工作，一般亩产小麦400～450 kg。

西瓜：模式1选用早熟品种。3月底至4月初选择冷尾暖头地膜覆盖播种，株距50 cm，每亩种植830株左右，按照地膜西瓜高产栽培技术管理，一般亩产2 500 kg左右。模式2选用中晚熟品种。4月中下旬选择浸种不催芽直播，株距40 cm左右，每亩种植590株左右，按三角定苗方法定植，向两侧甩蔓坐瓜，按照西瓜高产栽培技术管理，一般亩产2 500～2 800 kg。

夏玉米：选用早中熟品种。6月上旬麦收后播种，等行距和宽窄行种植，模式1株距18.5～20.8 cm；模式2株距21～23.8 cm，每亩种植4 000～4 500株，按照夏玉米高产栽培技术管理，一般亩产500 kg以上。

此模式与常规的小麦—玉米种植方式相比，小麦稍受影响，每亩减产75～100 kg，但增加了一季西瓜收入，秋季玉米基本不受影响，增加了亩效益。

二、早春茬立体间套种植模式

（一）西瓜（或冬瓜）/玉米//芸豆

1.种植模式

一般180 cm一带，种植1行西瓜（或冬瓜）、3行玉米、2行芸豆（图8-9，表8-9）。

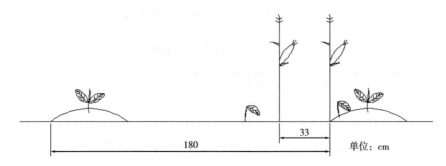

图8-9 西瓜（或冬瓜）/玉米//芸豆一年三熟种植模式

表8-9　西瓜（或冬瓜）/玉米//芸豆一年三熟茬口安排

作物	1月	2月	3月	4月	5月	6月	7月	8月	9月	10月	11月	12月
西瓜（或冬瓜）			○————————————□									
玉米					○——————————————□							
芸豆							○—————————————□					

2. 主要栽培技术

西瓜：参照模式"小麦/西瓜/玉米"西瓜。

冬瓜：选用露地优良品种。3月下旬直播（或3月上旬营养钵育苗，4月初定植），株距66 cm，亩密度600棵，按照冬瓜高产栽培技术管理，一般亩产4 000～4 600 kg。

玉米：选用大穗竖叶型高产品种，在5月上中旬点播，行距33 cm，株距20 cm，亩密度3 700株，按照玉米高产栽培技术管理，可亩产玉米400 kg。玉米收获后，茎秆不收，作为芸豆架。

芸豆：选用耐热品种。于早霜前100天左右在玉米行一侧点播2行芸豆，穴距20 cm，每穴3粒，亩密度3 700穴。播种时要保证墒情，同时防止雨涝。蹲苗后及时浇水追肥，防止高温危害，争取在短时期内进入生殖生长阶段，延长结荚期，增加产量，一般亩产1 500 kg。

（二）西瓜//甘蓝/秋白菜

1. 种植模式

一般167 cm一带，种植1行西瓜、1行甘蓝、3行早熟大白菜（图8-10，表8-10）。

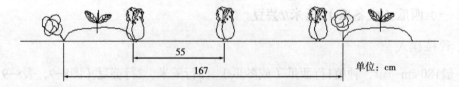

图8-10　西瓜//甘蓝/秋白菜一年三熟种植模式

表8-10　西瓜//甘蓝/秋白菜一年三熟茬口安排

作物	1月	2月	3月	4月	5月	6月	7月	8月	9月	10月	11月	12月
西瓜			○————————————□									
甘蓝	○—————————————□											
秋白菜								○—————————□				

2. 主要栽培技术

西瓜：选用早中熟品种。3月底，选择冷尾暖头的天气，浸种不催芽直播，株距43 cm，每亩种植900株，按照朝阳洞地膜西瓜高产栽培技术管理，一般亩产2 500 kg。

甘蓝：选用早熟品种。1月中下旬育苗，3月中旬在西瓜播种前在带的南端定植1行，株距33.3 cm，亩密度1 200棵，按照早春甘蓝高产栽培技术管理，一般亩产450~500 kg。

秋白菜：选用耐热早熟抗病的优良品种。在7月下旬（立秋前后15天）西瓜拉秧后施肥整地、播种，每带播种3行，行距为50 cm，每亩2 300株。定植后轻施1次提苗肥，包心前期和中期，各追肥1次，小水勤浇，一促到底，及时防治虫害，9月底至10月上旬正值蔬菜淡季，根据市场行情收获上市，可亩产大白菜2 500 kg。

第五节　设施瓜菜集约化栽培模式与实用技术

一、小拱棚西瓜//冬瓜—大白菜

（一）种植模式

一般160 cm一带，种植1行西瓜，隔3棵西瓜定植1棵冬瓜；西瓜收获后冬瓜收获上市，9月冬瓜拉秧整地，每70 cm定植一行秋大白菜（图8-11，表8-11）。

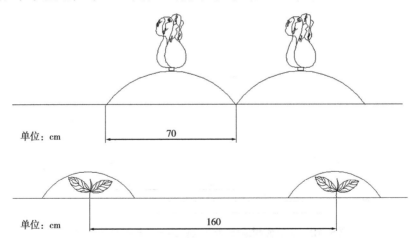

图8-11　小拱棚西瓜//冬瓜—大白菜一年三熟种植模式

表8-11　小拱棚西瓜//冬瓜—大白菜一年三熟茬口安排

作物	1月	2月	3月	4月	5月	6月	7月	8月	9月	10月	11月	12月
小拱棚西瓜		○		×		□						
冬瓜		○		×				□				
大白菜								○	×		□	

（二）主要栽培技术

西瓜：春季小拱棚覆盖栽培。2月下旬温室播种，地热线加温育苗，苗龄35天左右，4月上旬定植，覆盖地膜，加盖小拱棚（小拱棚竹竿间距1 m左右）。6月中旬上市。作畦时畦宽1.6 m左右，栽植一行西瓜，株距50 cm左右，亩栽600多株，按照早春西瓜栽培技术管理，一般亩产2 500 kg左右。

冬瓜：冬瓜选用小个品种，与西瓜同一时期播种，同一时期定植。定植时，每隔3棵西瓜定植1棵冬瓜，株距1.5 m，亩栽280棵左右。7月底8月上旬当冬瓜果皮上茸毛消失，果皮暗绿或白粉布满，应及时收获，按照小冬瓜栽培技术管理，一般亩产4 000 kg左右。

大白菜：选用高产抗病耐贮藏的秋冬品种。采用育苗移栽，于8月上中旬播种育苗，9月上旬于冬瓜收获后整地起垄移栽定植。行距70 cm，株距45 cm，亩栽2 100株左右。于11月中下旬上冻前收获，按照秋大白菜栽培技术管理，一般亩产4 000～5 000 kg。

二、小拱棚甜瓜/玉米—大白菜

（一）种植模式

一般130 cm一带，种植2行甜瓜，2行玉米，9月玉米收获后整地，每70 cm起垄定植1行秋大白菜（图8-12，表8-12）。

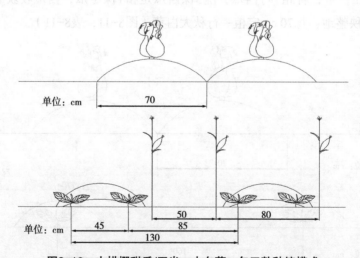

图8-12　小拱棚甜瓜/玉米—大白菜一年三熟种植模式

表8-12　小拱棚甜瓜/玉米—大白菜一年三熟茬口安排

作物	1月	2月	3月	4月	5月	6月	7月	8月	9月	10月	11月	12月
小拱棚甜瓜			○	×		□						
玉米					○				□			
大白菜								○	×		□	

（二）主要栽培技术

甜瓜：2月下旬至3月上旬温室育苗，4月上旬定植。一般栽培模式为1.3 m一带，种植2行甜瓜，甜瓜宽窄行种植，宽行85 cm，窄行45 cm，株距55 cm，亩栽1 800株左右。栽后覆盖120 cm宽的地膜，搭小拱棚。6月中旬上市，按照薄皮甜瓜栽培技术管理，一般亩产3 000 kg。

玉米：普通玉米选用大穗型优良品种，于5月上中旬点播于甜瓜行间。玉米宽窄行种植，甜瓜窄行变玉米宽行，甜瓜宽行变玉米窄行。宽行80 cm，窄行50 cm。株距22.8～25.6 cm，亩留苗4 000～4 500株。9月上旬收获，按照玉米栽培技术管理，一般亩产650～750 kg。如果种植甜玉米或糯玉米成熟更早，对种植大白菜更有利。

大白菜：选用高产抗病耐贮藏的秋冬品种。采用育苗移栽，于8月上中旬播种育苗，9月上旬玉米收获后整地起垄移栽定植。行距70 cm，株距45 cm，亩栽2 100株左右。于11月中下旬上冻前收获，按照秋大白菜栽培技术管理，一般亩产4 000～5 000 kg。

三、棉被大棚早春西瓜—秋延辣椒（芹菜）

（一）种植模式

棉被大棚早春西瓜轮作秋延辣椒（芹菜）种植模式，早春西瓜一般300 cm一带，种植1行西瓜；6月底至7月初西瓜拉秧后整地种植秋延辣椒或芹菜，秋延辣椒130 cm一带，种两行辣椒，宽窄行种植；芹菜一般150 cm一带，种植6行，25 cm等行距定植（图8-13，表8-13）。

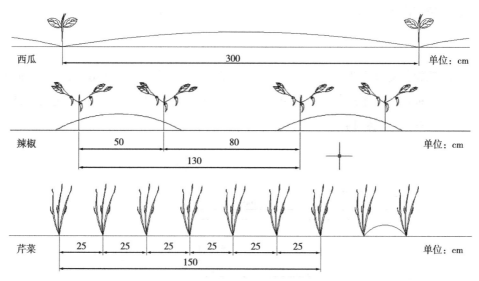

图8-13　棉被大棚早春西瓜轮作秋延辣椒（芹菜）一年二熟种植模式

表8-13　棉被大棚早春西瓜轮作秋延辣椒（芹菜）一年二熟茬口安排

作物	1月	2月	3月	4月	5月	6月	7月	8月	9月	10月	11月	12月
西瓜		×										○
辣椒 或 芹菜						○		×				
						○			×			

（二）主要栽培技术

西瓜：选用抗性强、耐低温弱光的早熟京欣系列等品种。12月中下旬育苗，出苗后子叶瓣平展露出一心时进行嫁接，翌年2月中下旬定植，5月上旬上市。平均行距3 m，株距约35 cm，亩栽苗600～650株，亩产量6 000 kg。

辣椒：选用耐高温、抗旱、结果能力强、抗病、丰产性好的优良品种。6月下旬育苗，7月下旬定植，10月上旬上市。大行距80 cm，小行距50 cm，穴距45 cm，每亩栽苗2 000余株。亩产量4 000 kg。

芹菜：6月中下旬露地遮阳育苗，一般在8月下旬定植，结合翻地，每亩施用优质腐熟的圈肥5 000 kg、尿素30 kg、过磷酸钙40 kg、硝酸钾15 kg、粪土掺匀，耙平搂细，做成1.2～1.5 m宽的平畦。选阴天或傍晚进行。在棚内开沟或挖穴，随起苗，随定植，随浇水，并浇透水。栽植深度以不埋住心叶为度。定植密度：本芹一般行距20 cm，株距13 cm左右，亩栽25 000株左右；西芹采用行距25 cm，株距13 cm左右，亩栽20 000多株。11月中下旬至翌年1月上市。亩产量5 000～7 000 kg。

四、大棚早春甜瓜—夏秋甜瓜—秋冬菠菜（芫荽）

（一）种植模式

早春甜瓜轮作夏秋甜瓜再轮作秋冬菜种植模式，两茬甜瓜一般180 cm一带，种植2行甜瓜，宽窄行种植；秋冬菠菜（或芫荽）一般120 cm一带作畦，畦内种7行菠菜，15 cm等行距定植（图8-14，表8-14）。

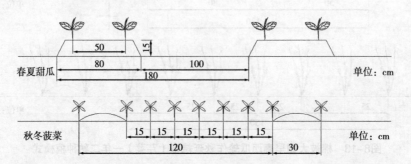

图8-14　大棚早春甜瓜—夏秋甜瓜—秋冬菠菜（芫荽）一年三熟种植模式

表8-14　大棚早春甜瓜—夏秋甜瓜—秋冬菠菜（芫荽）一年三熟茬口安排

作物	1月	2月	3月	4月	5月	6月	7月	8月	9月	10月	11月	12月
早春甜瓜	○	×			□							
夏秋甜瓜					○				□			
秋冬菠菜（或芫荽）									○			□

（二）主要栽培技术

早春甜瓜：选用美奂玉菇、雪红、脆梨、丰雷、景甜等品种。早春茬甜瓜上年1月中下旬育苗，3月中旬定植，当甜瓜苗龄30～35天，真叶三叶一心，一般大棚地温稳定在12℃以上时，便可定植。一般采用宽窄行高垄定植，垄高20 cm左右，宽行距1 m左右，窄行距80 cm左右，株距30～35 cm。浇一次底水，晾晒后铺上地膜。为便于采光，南北走向大棚顺棚方向作畦。一般亩栽2 100～2 500株。5月上中旬上市。亩产量4 000 kg。

夏秋甜瓜：夏秋茬甜瓜于5月中下旬直播，在上茬甜瓜拉秧后及时清洁田园，结合犁地每亩撒施腐熟优质有机肥1 500 kg，45%三元复合肥50 kg，石灰75 kg，整平耙细。直播前2～3天结合起垄施尿素5 kg，45%硫酸钾三元复合肥20 kg，硼砂1～1.5 kg。可仍采用宽窄行高垄定植，垄高20 cm左右，宽行距1 m左右，窄行距80 cm左右，株距30～35 cm，亩种植2 100～2 500株。垄面要平、净、细。播种后要及时在大棚周围和顶口放风处覆盖防虫网，防止害虫进入，减轻病虫害发生。9月中旬上市。亩产量2 500 kg。

秋冬菜：主要种植菠菜、芫荽等。菠菜或芫荽10月上旬直播，120 cm一带，种植7行，行距15 cm左右，采用精播机械播种，亩播种量1～1.5 kg，12月下旬上市，亩产1 500～2 000 kg。

第六节　设施瓜菜生产中容易出现的问题与对策

一、共性问题

（一）施肥方面

问题一：有机肥的施用量偏小。

温棚蔬菜生产是在一个特定的狭小空间进行的，菜农习惯长期种植单一的蔬菜品种，加上某种蔬菜对养分吸收的特定性，往往造成土壤微生物相对变化，使土壤养分单一化。无机肥的成分虽比较单一，但肥效快，使用方便，菜农喜欢用它进行追肥。过多施用无机肥常使土壤板结、黏重、透气性差，土壤溶液盐类浓度提高，使蔬菜正常的生理功能发生障碍，造成生理性病害的发生。

对策：温棚蔬菜施肥要注重有机肥的使用。有机肥含有多种有效成分和微量元素。施入后，一方面可以增加土壤养分，使土地肥沃，满足蔬菜对不同养分的需要；另一方面又可以改善土壤的理化性质，增强其保水保肥的能力。此外，多施有机肥，使土壤温湿度、通透性等条件更适合腐生微生物活动，促使土壤有机质发酵，分解产生二氧化碳，起到补充二氧化碳的作用。土壤中腐生微生物还可抑制其他有害生物的活动，防止病虫害的发生，起到生物防治的作用。

一是有机肥与无机肥相结合。根据不同蔬菜品种生长所需养分，施用蔬菜专用肥：在蔬菜播种前，一次施足经过腐熟的优质有机肥，基本满足蔬菜一生中所需的养分；在蔬菜生长季节，视需肥情况合理追施多元素复合肥或无机肥。二是推广"四位一体"模式。在蔬菜大棚地下建 $8 \sim 10 \ m^3$ 的沼气池，地上种菜、养鸡、养猪，实行种养结合。这样便形成了以沼气为纽带的良性生态循环，既提供了大棚内优质有机肥，又可在棚内通过燃烧沼气为蔬菜生产提供所需的二氧化碳气肥。

问题二：化肥使用量过大。

温棚蔬菜在栽培过程中，农民化肥投入过大，造成连续种植多年的老棚土壤氮、磷有一定的积累，氮、磷、钾施用比例不协调。长期施用化肥就会造成土壤中重金属元素的累积，降低微生物的数量和活性，导致土壤板结、盐渍化、营养失调。

对策：一是增加有机肥在配方施肥中的比重。有机肥具有养分全、肥效长、无污染的特点，高效有机肥可增加土壤有机质含量，提高土壤蓄水、保肥能力，改善土壤的理化性状和团粒结构，提高农产品品质。二是加大对微肥及生物肥的利用。微肥能平衡作物所需的养分，而生物肥料又能通过自身所含有的微生物分泌生理活性物质，能固氮、解磷、解钾、分解土壤中的其他微量养分，提高化肥和有机肥的利用率，改善土壤的理化性状，使土壤能供给作物各种养分，促进作物生长，提高作物产量和产品品质，同时还能分解土壤中的有害化学物质和杀死有害菌群，减少化肥、农药的残留量及有害病菌。三是协调大量元素与微量元素之间的关系。人们在配方施肥中，往往重视氮、磷、钾等大量元素的使用，而忽视了微量元素肥料的施用。增施微量元素或喷施微量元素生长剂及复合生物生长剂，都能使养分平衡供应，促进作物体内营养快速转化，减少有害物质的积累，是促使作物抗病、防病并增加产量、提高品质的好方法。四是在施肥上要一改过去传统方式，变盲目施肥为优化配方施肥。

问题三：养分比例不平衡。

养分比例不平衡是所施肥料中氮磷钾养分比例不符合作物要求，没有达到调节土壤养分状况的作用造成的。施肥过程中普遍存在着"三重三轻"现象，即重化肥、轻有机肥；重氮磷肥、轻钾肥；重大量元素、轻中微量元素。由于养分投入极不平衡，使肥料利用率降低，土壤还会出现了不同程度的盐害，严重影响蔬菜的正常生长，农民收入减少，同时也会造成环境污染。

对策：施肥应调整氮、磷、钾和中微量元素的比例，推广使用蔬菜专用型复合肥料，实现平衡施肥，使作物得到全面合理的养分供应，发挥作物最大的增产潜力，从而达到节约肥料成本，保证蔬菜实现高产、优质、高效的目标。

问题四：过分夸大叶面肥和生长调节剂的作用。

保护地蔬菜栽培中，适当使用叶面肥或植物激素对于其生长发育有一定的作用，而过多施用激素或叶面肥会对植物产生不利影响。使用浓度不当或方法不正确也会引起一些中毒症状，造成生理性病害的发生。

对策：植物生长所需的养分主要是其根部从土壤中吸收来的，如果土壤中某种元素不能满足植物生长的需要，植株就表现出相应的缺素症状，施用叶面肥后可以暂时缓解这种症状，但不能夸大其作用。一般在蔬菜需肥的高峰期及蔬菜生长后期，可以结合喷药防治病虫害，多次进行根外追肥，以补充作物的养分，它只起辅助性作用。关键是要根据蔬菜的需肥特点，做到有计划施肥、配方施肥或测土施肥，来满足其正常生长所需养分。生长调节剂在应用上都有一定的条件和范围，尤其要掌握好使用的时间和浓度，不能马虎大意，否则就不能达到蔬菜增产的效果。

问题五：施肥方法欠科学。

施肥不根据蔬菜生长特点和需肥规律进行，而是盲目性、随意性很大。有时冲施、撒施、埋施，虽然施肥方法多样化，但在施肥过程中有些地方欠科学，不太合理。

对策：大力推广测土配方施肥技术，根据蔬菜的需肥规律和各个生长阶段，合理地分期施肥，以满足作物整个生育期的养分供应，达到经济施肥的目的；底肥最好在蔬菜定植一周前施用，并且要与土壤混合均匀；追肥可以在距离植株7～10 cm的地方沟施或者穴追，追肥后要及时盖土、浇水，千万不要将肥料直接撒在地面或植株上，以免肥料挥发或烧伤蔬菜秧苗；控制氮肥，增施磷钾肥。尿素施用后不宜立即浇水，也不宜在大雨前施用，否则，尿素很容易随水流失。还要限量施用碳铵，因氨气挥发，容易引起氨害；提倡秸秆还田、施用精制有机肥，培肥地力，有利于提高化肥利用率。选用含腐殖酸的复合肥料也可起到同等效果。另外，利用滴灌设施进行追肥的方法很值得推广（水肥一体化）。即通过滴灌管道肥料可随水自动进入蔬菜的根系周围的土壤中。由于地膜覆盖，肥料几乎不挥发、无损失，因而既安全，又省工省力，效果很好。

（二）病虫害防治方面

1.病害的防治上重治轻防

在大棚蔬菜的生产过程中，有的菜农往往不注意环境条件的控制及根据病害的发生规律来进行预防，而是等到发病以后再施用化学农药，并加大用量，以致防治效果降低。

对策：大棚蔬菜病害的防治应贯彻"预防为主，综合防治"的方针，从蔬菜生产全局和菜田生态系统的整体出发，综合考虑棚内蔬菜生产多方面的有利和不利因素，抓住防病关键时期，及早预防。协调运用农业、生物、物理、化学等防治措施，综合防治蔬菜病害。一是选择抗病品种。播前进行种子处理，消灭病原菌，培育无病壮苗。二是嫁接栽培。如利用黑籽南瓜作砧木，选用亲合力较好的黄瓜作接穗，增强抗病能力。三是高温闷棚。选择晴天中午封闭大棚2 h，使棚内温度很快升至47℃，可消灭植株上和土壤表面的病原物。四是对症防治。根据各种病害的发生规律，找出薄弱环节，做到对症下药、科学用药、适期防治。

2. 重化学防治，轻农业、物理、生物防治

大多数菜农在病虫害的防治上单纯依靠化学防治，只注意喷洒农药治病、灭虫，不注意运用农业、生态、物理等综防措施，不注意提高作物自身的抗逆性、适应性，无法使作物自身对病虫危害产生较强的免疫力。

对策：病虫害的预防在从蔬菜播种前就要做好准备，从棚室的消毒、土壤的处理、浸种、催芽、育苗等各方面充分做好防护，很大程度上就可以提高苗子的抗病、抗逆、适应能力；栽培生产过程中，采用地膜覆盖、高垄栽培、膜下暗灌、放置粘虫板和防虫灯、安装防虫网、及时开合放风口等措施，能显著提高蔬菜自身对病虫危害及各种恶劣的环境条件的适应性和抗逆性，对病害产生较强的免疫力，不得病、少得病。既减少了用药，降低了成本，又提高了产量、品质，增加了经济效益。

3. 药剂使用不科学

部分菜农为了追逐更高的经济利益，非法使用一些蔬菜上明确规定禁止使用的高毒高残留农药和一些无公害蔬菜禁止使用的农药，造成大量的有毒蔬菜进入市场，对蔬菜生产和市场供应造成很大的不良影响。此外，农药使用不科学还表现在使用时间、剂量和安全间隔期上。如果盲目增加农药用量或增加使用次数，会对蔬菜的食品安全造成较大的影响。没有掌握好农药安全间隔期是当前农药对蔬菜食品安全的主要威胁。

对策：一是加强法律法规的宣传。提高菜农的无公害种植意识，杜绝使用国家明确规定蔬菜上禁止使用的高毒、高残留农药。二是合理使用化学农药。要选择高效、低毒、低残留农药，严格按照农药安全使用规程施药，不随便增加浓度和施药次数。还要注意最后一次用药的日期距离蔬菜采收日期之间应有一定的间隔天数（即安全间隔期），防止蔬菜产品中残留农药超标。三是对症下药。密切观测病虫害的发生和发展情况，选择对症农药使用，确定并掌握最佳防治时期，做到适时适量用药。使用时严格掌握用药量、配制浓度和药剂安全间隔期，提倡选用微生物农药或生化制剂。既能防病治虫，又不污染环境和毒害人畜，且对于天敌安全，害虫不产生抗药性。四是注意合理混配药剂。提倡不同类型、种类的农药合理交替和轮换使用，可提高药剂利用率，减少用药次数，防止病虫产生抗药

性，从而降低用药量，减轻环境污染。但农药混配时要以保持原药有效成分或有增效作用，不产生剧毒并具有良好的物理性状为前提。一般各种中性农药之间可以混用；中性农药与酸性农药可以混用，酸性农药之间可以混用；碱性农药不能随便与其他农药（包括碱性农药）混用；微生物杀虫剂（如Bt乳剂）不能同杀菌剂及内吸性强的农药混用。否则就会影响药效的发挥，达不到防治的目的。

4. 喷药技术掌握不当

大部分农户在使用农药过程中，不注意喷药的时间、喷药的部位及喷药的方式等细节，致使没有充分发挥药效。

对策：一是喷药要全面。喷药时应做到不漏喷、不重喷、不漏行、不漏棵。从植株底部叶片往上喷，正反面都要喷均匀。二是喷药时要抓住重点。中心病株周围的易感植株要重点喷，植株中上部叶片易感病要重点喷。三是确定好喷药时间。一般情况下光照强、温度高、湿度大时，作物蒸腾作用、呼吸作用、光合作用较强，茎叶表面气孔张开，有利于药剂进入，另外湿度大时叶表面药液干燥速度慢，药剂易吸收而增强药效。但是光照过强、温度过高易引起药剂光解或药害，因此中午前后不宜喷药。一般应于上午用药，夏天下午用药，浇水前用药，保证用药质量。

5. 病残体处理不到位

多数棚区的蔬菜残枝败叶堆积在道边，这样一方面造成气传病害的蔓延和再侵染，如灰霉病、霜霉病的病原菌随风飘移；另一方面通过人脚、农事操作等传带细菌，特别是根结线虫病；同时，大多数菜农不注意或极少注意封闭棚室，各棚室之间的操作人员经常相互串走，随便进入对方棚室，给病菌、害虫的传播提供了传播媒体。菜农在操作时，病菌会从植株上传到人身上，这样再进入其他菜棚时，就会把携带的病菌再传给新植株。

对策：一是清洁田园，将棚室的残株、烂叶、烂果和杂草清除干净，运至棚外焚烧或深埋集中进行处理，切断病虫的传播途径；二是触摸病株后要清洗双手，以防双手带菌传播；三是棚与棚之间减少串走次数。

（三）种植管理方面

1. 种植品种杂乱

优良的蔬菜种类和品种是获得较好经济效益的基础，一些生产者没有掌握设施栽培的特点或没有全面了解所选蔬菜种类、品种的特性等，盲目发展，盲目选蔬菜种类、品种。有些菜农接受新品种、新技术慢，导致棚区内品种种植杂乱，不成规模。

对策：种植蔬菜品种要以市场为导向，选择当地市场受欢迎的品种。还要根据自身种植的设施类型和茬次安排来确定所需的品种，冬季生产要选择耐低温、耐弱光、高产抗病、抗逆性好的品种；夏季生产要选择耐高温、抗病虫、产量高的品种等。种植前要掌握蔬菜品种的特性、栽培要点，还要与周边蔬菜基地（园区）种植模式、品种、茬次等相对一致，从而实现规模种植和统一管理、统一销售。

2. 栽植密度大，形成旺长弱株

温室大棚栽培，设施投入较大，往往会产生尽可能利用空间的心理，想通过增加栽植密度取得高产，加上肥水量过早过大，容易形成过密旺长弱株，造成不好坐果，或畸形果多，或果小甚至果苦等。同时，生长过旺还会形成茎裂、茎折等现象，如茄子等。

对策：合理密植。根据不同瓜菜特性合理定植。

3. 定植后形不成壮根苗

温室大棚瓜菜生产多为移栽苗，移栽后一般气温高，地温较低，栽后菜农往往促长心切，导致地上部生长过旺，地下部形不成壮根，等后期植株大时，水分和养分往往供应不上，轻微时形成花少、果少、果发育不良，果小木栓化，茎裂；严重时把植株拉死，造成生理死亡。

对策：栽植后30～45天注意壮根防旺长。

4. 蔬菜科学管理不够

多数菜农仅凭经验种植蔬菜，对蔬菜的生长特性和适宜环境不太熟悉，对蔬菜生长所需的温、光、水、肥等栽培细节管理得不到位，没有充分挖掘蔬菜的增产潜能。

对策：在设施蔬菜生产过程中要不断积累经验，掌握系统的栽培管理技术，了解蔬菜的生长发育特性，科学调控温、光、水、肥、气等环境条件，给蔬菜创造一个适宜的生长环境，从而获得较高的经济效益。

（1）采用高垄定植、地膜覆盖栽培模式。农谚说得好："壮棵先壮根，壮根提地温。"番茄、茄子、辣椒等茄果类蔬菜，属喜温作物，根系较浅，呼吸强度大，采用高垄栽培，能扩大受光面积，上层土壤温度较高、透气性好，浇水时浇沟洇垄，能增强抗旱、排涝的能力。并能在白天吸收更多热量，有利于提高地温。同时不会湿度过大，有利于茄果类蔬菜根系生长。采用起垄定植后再结合地膜覆盖，能增温保温、保水保肥、增加反光照等，是一种值得推广的栽培模式。菜农在覆盖地膜时，最好不要选用黑色地膜，因为黑地膜虽有除草作用外，但它不透光，地温升高慢。

（2）浇水时小水勤浇。不论是茄果类蔬菜还是瓜类蔬菜，都不适宜大水漫灌。如果冬季棚内浇水过大，棚内湿度过高，蒸发量较大，造成棚内蒸汽较多，盖在薄膜上之后，势必就会阻碍光照，影响透光性；一次性浇水过大，还会使作物的根系受到伤害，造成土壤透气性不良，降低地温，引发沤根、根腐病等根部病害。那么，浇水时浇到什么程度才合适呢？一般在浇水6 h后，垄全部洇湿时，浇水才最为适宜。另外，茄果类蔬菜本身需水量小，在浇水时，一定要控制浇水次数，控制浇水量。

冬季浇水选晴天上午，不在傍晚，不宜在阴雪天；冬季棚内灌水温度低，放风量小，水分消耗少，因此需小水勤灌；棚内采用膜下暗灌和提倡微灌技术。这样可以有效控制棚内湿度，减轻病虫害的发生，微灌还可以减少肥料流失；冬季灌后当天要封闭棚室以迅速提高室温。地温提升后，及时放风排湿。苗期浇水后为增温保墒，应进行多次中耕。

（3）平衡施肥。根据蔬菜生长需肥规律，适时适量平衡施肥。不少菜农在蔬菜定植缓苗后就追肥，尤其是猛追氮肥，结果造成植株徒长、不坐果等现象。有些菜农试图喷洒抑制剂解决旺长棵子不坐果现象，喷轻了不管用，而喷重了往往造成田间郁闭、果实发育缓慢等现象。所以，茄果类蔬菜苗期应以控为主，一般番茄在第一穗果长到核桃大、辣椒门椒坐住、茄子门茄坐住后才可追肥，追肥时量不宜过大，每亩追15 kg即可。

平衡施肥。不少菜农朋友在施肥时只注重氮、磷、钾肥的施用，忽视了钙、镁等肥料的施用，尤其是在施用氮肥量过多的情况下，会抑制植株对钙肥的吸收，造成茄果类蔬菜脐腐病、瓜类蔬菜烂顶逐年加重。有些地区因缺镁，导致植株下部叶片变黄；缺硼易造成落花落果；缺锌和铁易造成植株顶部叶片变黄，失去营养价值，都会造成大幅度减产。所以，施肥时要做到平衡施肥，不仅施用氮、磷、钾肥，也要注重钙、镁等大量元素和锌、硼、铁等微量元素肥料的施用。如苗期主要供应氮磷肥，花期增加钙、硼肥，果实期增施钾肥。

（4）合理进行环境调控。冬暖大棚环境调控很重要，应从以下几个方面综合进行。

温度调控。菜农应充分了解所种作物的生物学特性，按其特性进行管理。尤其在温度管理方面，倘若不了解作物所需的温度，一概而论，肯定不会获得高产。如苦瓜、豇豆等属于高温作物，这些作物在开花坐果期要求白天温度在30～35℃，最低温度不能低于28℃，如果温度达不到，产量将会大幅度降低；茄果类蔬菜要求的温度则相对低一些。番茄白天温度24～26℃，前半夜15～17℃，后半夜10～12℃生长发育较好；黄瓜白天温度25～28℃，前半夜16～18℃，后半夜12～13℃生长发育较好。管理上要区别对待，千万不可照葫芦画瓢。

适时揭、盖草苫。在温度不会严重降低时，适当早揭晚盖草苫，最好配备卷帘机。日出揭开草苫，如外界温度过低，可把温室前部1～1.5 m草苫先揭开，温度升高后再全揭开，使蔬菜充分接受光照。

阴天也要拉草苫。在阴天时，只要温度不太冷，尤其是连阴天，需把草苫揭开接受散射光，但可以缩短光照时间。

挖防寒沟。冬季气温较低，于棚前1 m处挖一道东西向、与大棚等长、半米宽、与当地冻土层一样深的防寒沟，在沟内先铺上一层薄膜，然后再塞满干秸秆，这样就能起到很好的保温效果。

适时放风。一般在中午温度超过蔬菜生长温度时放风，如番茄、黄瓜在28℃时放风。在冬季低温时期，晴天即使温度没有达到也要通风；阴天适当通风排湿，有利于升温和防病。中午风口关闭早，盖草苫前1 h左右适当放风。

经常打扫棚膜。要经常打扫和清洁棚膜外表面的灰尘和积雪，内表面的水滴，可以提高透光率5%~15%；要注意蔬菜的合理密植，及时清除植株下部的老叶，增加空气流通，促使温度均匀。

连阴天骤转晴后"回苦喷水"。连阴天骤转晴后按平常晴天揭开草苫，由于地温低，根系吸水困难造成棚内蔬菜闪秧死棵。那么，可采用"揭草苫、喷温水"的措施来防蔬菜闪秧，即揭草苫时不要全棚揭开，而是隔一床揭开一床。揭开草苫相对应的蔬菜会受到直射强光照，一般在拉开草苫10~15 min后就会出现萎蔫，及时往植株上喷洒20℃左右的温水，然后再放下草苫，重新揭开第一遍没有揭开的草苫，让没有接受强光照的蔬菜也接受强光照，用同样喷温水的方法促进其恢复正常生长，如此反复进行几遍，棚内的地温如果达到了20℃，蔬菜见到强光后就不会再出现萎蔫症状，可以全部揭开草苫。第二天恢复正常管理。

（5）不要过分依赖激素。在蔬菜栽培管理中，应从水、肥、气、热等方面加以调节，来促进作物营养生长与生殖生长协调，不要一味地依赖激素控制。如果在作物上长期使用激素的话，极易导致作物早衰。所以在蔬菜栽培管理中，应从根本上调控植株长势，才能获得良好的效果。我们可以从深翻土壤，改善土壤透气性方面入手，可把操作行用铁锹翻5~7 cm，再撒入少量化肥和微量元素，再及时浇水，7天后就可看见很多根扎入土壤中，15天后植株即可恢复正常生长，这样做增加了营养面积，土壤透气了，根也就生长了，能解决植株早衰的问题。

（四）连作障碍

问题：蔬菜连作障碍是指同种蔬菜在同一地块上连续栽培，即使进行常规肥水管理，也会引起植物生育不良、产量下降、品质变劣的现象。

（1）病虫害加重。设施连作后，由于其土壤理化性质以及光照、温湿度、气体的变化，一些有益微生物（氨化菌、硝化菌等）生长受到抑制，而一些有害微生物迅速得到繁殖，土壤微生物的自然平衡遭到破坏，这样不仅导致肥料分解过程的障碍，而且病虫害发生多、蔓延快，且逐年加重，特别是一些常见的叶霉病、灰霉病、霜霉病、根腐病、枯萎病、白粉虱、蚜虫、斑潜蝇等基本无越冬现象，从而使生产者只能靠加大药量和频繁用药来控制，造成对环境和农产品的严重污染。

（2）土壤次生盐渍化及酸化。设施栽培施药量大，加上常年覆盖改变了自然状态下的水分平衡，土壤长期得不到雨水充分淋浇。再加上温度较高、土壤水分蒸发量大，下层土壤中的肥料和其他盐分会随着深层土壤水分的蒸发，沿土壤毛细管上升，最终在土壤表面形成一薄层白色盐分即土壤次生盐渍化现象。同时由于过量施用化学肥料，有机肥施用又偏少，土壤的缓冲能力和离子平衡能力遭到破坏而导致土壤pH值下降，即土壤酸化现象。造成土壤溶液浓度增加使土壤的渗透势加大，农作物种子的发芽、根系的吸水吸肥均不能正常进行。

（3）植物自毒物质的积累。这是一种发生在种内的生长抑制作用，连作条件下土壤生态环境对植物生长有很大的影响，尤其是植物残体与病原物的代谢产物对植物有致毒作用，并连同植物根系分泌的自毒物质一起影响植株代谢，最后导致自毒作用的发生。

（4）元素平衡破坏。由于蔬菜对土壤养分吸收的选择性，某些元素过度缺乏，而某些元素又过多剩余积累，单一茬口易使土壤中矿质元素的平衡状态遭到破坏。营养元素之间的拮抗作用常影响到蔬菜对某些元素的吸收，容易出现缺素症状，最终使生育受阻，产量和品质下降。

对策：可应用秸秆生物反应堆技术、增施有机肥、平衡施肥、合理轮作倒茬、深翻消毒、调节土壤pH值。

（1）应用秸秆生物反应堆技术。秸秆在微生物菌种净化剂等作用下，定向转化成植物生长所需的二氧化碳、热量、抗病孢子、酶、有机和无机养料，在反应堆种植层内，20 cm耕作层土壤孔隙度提高一倍以上，有益微生物群体增多，水、肥、气、热适中，对大棚蔬菜地土壤连作障碍有治本的作用。

（2）增施有机肥。有机肥养分全面，对土壤酸碱度、盐分、耕性、缓冲性有调节作用。①大棚蔬菜地每季施优质农家肥每亩30 m³为宜。②采用秸秆覆盖还田、沤肥还田技术，可起到改土、保湿、保墒作用。③施用含有机质30%以上的商品生物有机复合肥每亩150～200 kg。因其养分配比合理，又含有较多的有机质成分，可满足蔬菜营养生长期对养分的需求。然后追施氮、钾冲施肥即可。

（3）平衡施肥。化肥施用不合理，尤其是氮肥施用过多，是连作蔬菜大棚土壤障害的主导因素。因此平衡施肥是大棚蔬菜生产、高产、优质、高效的关键措施。①氮磷钾合理施用。总的原则是控氮、稳磷、增钾。一般块根、块茎类蔬菜以磷钾肥为主，配施氮肥；叶菜类以氮肥为主，适施磷钾肥；瓜果类蔬菜以氮、钾肥为主，配施磷肥。施用上氮、钾肥50%作基肥，磷肥100%作基肥。基肥应全层施用与土壤充分混匀，追肥则结合灌溉进行冲施或埋施。②可适量施用高效速溶微肥和生物肥料，以防止缺素症的发生。③根据作物生长不同时期养分需求规律，结合灌水补施相应的冲施肥。

（4）合理轮作倒茬。利用不同蔬菜作物对养分需求和病虫害抗性的差异，进行合理的轮作和间、混、套作，也可以减轻土壤障害和土传病害的发生。

（5）深翻消毒。深翻可以增加土壤耕作层，破除土壤板结，提高土壤通透性，改善土壤理化性状，消除土壤连作障害。结合深翻整地用棉隆颗粒剂进行化学消毒，也可有效减轻连作障害的发生。

（6）调节土壤pH值。蔬菜连作引起土壤酸化是一种普遍现象，每年对棚内土壤要进行一次pH值检测，当pH值≤5.50时，翻地时每亩可施用石灰50～100 kg，与土壤充分混匀，这样不但可提高pH值，还对土壤病菌有杀灭作用。

二、个性问题

（一）温室黄瓜生产中存在的问题与对策

1. 品种选用不当

选品种时没有按栽培季节合理选择耐低温、耐弱光和抗性强的适宜品种。

对策：选用高产，优质，耐低温、耐弱光、抗病品种。要依据生产条件选择适宜品种。如津春3号、津春4号、津绿3号、甘丰11号、津优2号等品种具有坐果节位低、早期产量高、瓜条直、瓜把短、商品性能好和抗霜霉病、白粉病、灰霉病等特点，适应秋冬茬早春茬栽培。

2. 土壤肥力低，施肥不合理

对于新建温室来说，由于大多数农户在建设温室过程中为了省时省工，将耕层熟土全部用于建墙体，使得温室土壤肥力降低，土质坚硬僵化，有机质含量低，氮、磷、钾比例失调，与当季黄瓜生产所需肥力相差甚远。另外，有的菜农在施肥上施用未充分腐熟的有机肥，由于温室内温度较高，未经发酵的有机肥施入后迅速分解挥发，释放出的氨、二氧化硫等有毒气体不能及时排出，对黄瓜生长造成影响。再加上施肥的不合理性，致使土壤盐泽化，促使黄瓜生理性病害如黄瓜花打顶、化瓜、畸形瓜、苦味瓜等加剧，黄瓜产量品质下降。

对策：一是增施腐熟有机肥、培肥地力。有机肥丰富的有机质能改善土壤理化性质，提高土壤保肥供肥能力。因此，为了获取高产、优质、高效的黄瓜，菜农在施基肥时应以充分腐熟的有机肥为主，并施入一定量的化学肥料、结合翻地，可以提高土壤肥力，改善土壤结构，活化土壤，增加黄瓜根系吸收水分和养分的能力。二是化学肥料平衡施用。黄瓜是陆续采收的蔬菜，生长期长，需肥量大，要获得高产单靠基肥远远满足不了需要，必须少量多次平衡追肥，以增强黄瓜对病虫害以及恶劣天气抵抗力。一般在根瓜收后结合灌水开始第一次追肥，每次亩追尿素10 kg。磷酸二氢钾5 kg，此后每浇水2～3次追肥1次。并结合根外追肥，一般在结果盛期每隔7～10天叶面喷磷酸二氢钾或喷施宝1次。

3. 浇水不及时，浇水方法不当

温室黄瓜适宜在土壤温度相对较大、空气湿度相对较小的环境里生长。但目前生产上，一部分温室由于滴灌设施不配套而采用膜外浇水，大水漫灌，造成温室内空气湿度居高不下，长时间在85%以上，黄瓜叶片、叶柄、茎蔓、花上常形成水膜或水滴，既影响呼吸，又为病菌孢子萌发侵染创造了十分有利的条件。

对策：合理灌水。温室黄瓜灌水要合理适时，先应浇足底墒水，浇好定植水，根瓜采收前一般不浇水，要蹲苗，根瓜采收后应及时浇水，应注意1次浇水不宜太多，应少量多次。秋冬茬黄瓜一般10～15天浇1次水，每次每亩15 m³左右。早春随外界气温的回升和光

照时间的延长，需水量不断增大，应缩短浇水时间，7~10天浇1次水，亩灌水量增加1倍达到30 m³左右。浇水最好选晴天上午特别是严冬和早春，不但灌水当天为晴天，而且要连晴几天，一定要在浇水前1周将外界井水引到蓄水池蓄热升温，水温保持在15℃以上，不低于10℃。灌溉方式最好采用滴灌，膜下暗灌，切忌大水漫灌，总之，温室黄瓜浇水要根据天气、地墒、苗情灵活掌握，适时调整，既要保证水分充足供应，又要避免因浇水不当而使地温骤降，空气温度增大，导致病害的发生。

4. 病虫害防治不及时

日光温室生产时间长，多处于低温高湿或高温高湿的环境，诱发各种病害的发生和流行，因而病虫害发生较露地早、危害重，种类多，而大部分农户对日光温室病虫害的发生规律和特点不掌握。

对策：落实病虫害的综合防治措施。温室黄瓜主要病害有霜霉病、灰霉病、疫病、根腐病及细菌性角斑病和苗期猝倒病，虫害有蚜虫、白粉虱、美洲斑潜蝇等。在病虫害防治上本着"预防为主，综合防治"的原则，采取综合措施。

选用抗病新品种，并作种子消毒，加强栽培管理，及时清洁棚内环境，合理浇水施肥。猝倒病可用722 g/L霜霉威水剂400倍液或20%甲基立枯磷乳油1 200倍液浇施；灰霉病用50%腐霉剂可湿性粉剂1 000~1 500倍液或40%嘧霉胺可湿性粉剂800~1 200倍液防治。霜霉病可用72%霜脲·锰锌可湿性粉剂600~750倍液防治。

（二）早春茬大棚西瓜生产中存在的问题与对策

1. 种植品种单一，西瓜价格悬殊

生产中主栽品种为京欣1号、京欣2号，特色品种少。

对策：注意引进新、特、优品种，实行品牌战略。在大面积种植京欣1号的同时，可适当引进小型、黑皮、黄瓤、无籽、特味西瓜品种，如特小凤、红小玉、蜜黄1号、黑美人、荆杂512奶味西瓜等。随着种植面积的扩大，产量增长速度较快，而以降低价格来促进消费必然会影响瓜农的经济利益。所以，必须统一包装、统一标识，注重品质，树立好品牌形象，增强市场竞争力，使种植面积再上新台阶。

2. 保温措施少，前期温度低

每年4月底至5月初，早春大棚西瓜开始上市，而早春露地地膜覆盖西瓜5月下旬上市，上市时间集中，从而影响了大棚西瓜的经济利益。

对策：采用多层覆盖，提高前期温度。在塑料大棚内，推行用银灰色双面膜为地膜，上扣小拱棚，傍晚加盖草苫，然后再加盖1~2层塑料膜为天棚，有良好的增温、保温效果。使用银灰色双面膜为地膜，还能起到防病、防蚜虫、防白粉虱的效果。

3. 结瓜率低，坐瓜节位高且不整齐

对策：降低坐瓜节位，提高坐瓜率，确保一蔓一瓜是提高前期产量、增加经济效益的关键。

（1）中小型西瓜品种应改爬地栽培为吊蔓栽培，提高种植密度，是获得高产、高效的前提条件。京欣1号为早熟品种，果实发育期为28～30天，单瓜重3～4 kg，生产上一般为2～3 kg，适合吊蔓栽培。大棚吊蔓栽培，行距130 cm，株距45 cm，每畦双行栽植，每亩栽1 200～2 000株，灌水易引起的土壤降温，棚内空气湿度大，病害流行，可在地膜覆盖的畦埂上设上宽30 cm、下宽15 cm、深15 cm的沟，实行膜下暗灌。

（2）人工授粉，提高坐瓜率，保证坐瓜整齐一致。去掉第一雌花，从第二雌花开始授粉。上午7:00—9:30，采摘开放的雄花涂抹雌花，一朵雄花可涂抹2～3朵雌花。若遇低温降雨天气，可喷洒坐果灵提高坐瓜率，也可在授粉前3天用0.15 kg硼砂、0.15 kg磷酸二氢钾混合兑水100 kg叶面喷施，也能提高坐瓜。授粉时间注意：授粉量大且均匀，保证西瓜瓜形圆正，每株授粉2个雌花，以利于选择定瓜。一般为一蔓一瓜，及早去除病瓜、畸形瓜，定瓜后，在坐瓜节位上2～3片叶摘心。

4. 品质差

尤其是嫁接西瓜，瓜瓤松软，甜度不够，口感差。

对策：运用综合措施，提高西瓜品质。

（1）选用葫芦或瓠瓜做砧木，忌用黑籽南瓜，以保持西瓜的原有风味。

（2）重施腐熟有机肥，增施磷钾肥，提高含糖量。基肥每亩施充分腐熟的鸡粪、猪粪或土杂肥2 000 kg，饼肥50 kg，硝酸磷肥40 kg，硫酸钾20 kg，充分混合，一半撒施地表，深耕施入，一半结合整地，作畦施入。定植时，每亩穴施饼肥20 kg、草木灰5 kg。80%的西瓜鸡蛋大小时，施三元复合肥15 kg。结瓜期可用0.3%磷酸二氢钾结合喷药进行叶面喷施，每7～10天喷一次，连喷2～3次。施肥结合暗沟灌水进行，采收前10天必须停水。

（3）严格控制棚内温度，保持10℃的昼夜温差。一般坐瓜期白天温度保持在25～28℃，不高于32℃，夜间温度保持在15℃左右。

（4）采用塑料袋套瓜，提高西瓜商品性。定瓜后，喷800倍液退菌灵消除果面病菌，然后依品种、单瓜重选择大小合适的白色塑料袋套瓜，用回形针别住袋口，并结合吊瓜将上端固定到铅丝防止下滑。减少虫瓜率和病瓜率，显著减少药物残留，瓜面光洁鲜亮，有效提高果品商品性，增加经济效益。

（5）采用综合措施防治病虫害，积极在大棚内推广使用粉尘剂，禁止使用剧毒、高残留农药。应树立预防为主，治病为辅的思想，克服"无病不理，小病不治，大病重治"的错误做法。大棚内使用粉尘剂喷粉法较喷雾法省时、省工、高效，且不会因喷雾造成湿度过大而导致的病害流行。西瓜在嫁接的情况下，主要病害为炭疽病、白粉病，虫害有蚜虫、白粉虱、根结线虫、根蛆等。西瓜炭疽病、白粉病可用三唑酮、硫菌灵等交替施用。蚜虫、白粉虱可用菊酯类、吡虫啉等交替使用。

（三）早春大棚番茄生产中存在的问题及对策

1. 施肥不当

有些地块底肥施用数量少，不能为生长发育提供足够的养分供应，土壤肥力逐年下降。施用追肥时氮肥偏多，钾肥不足，在果实膨大期追肥不及时，造成果实个小、品质差和易感病虫害。

对策：科学追肥。

当第一穗果长到3 cm大小时（核桃大小）要及时追肥。番茄在果实膨大期吸收氮、磷、钾肥料比例为1：0.3：1.8，所以追肥应本着氮、磷、钾肥配合施用和"少吃多餐"的原则，每亩每次追施三元复合肥20～25 kg加硫酸钾5 kg，或随水冲施含量40%以上的液体肥10～15 kg，尤其要重视钾肥的施用比例，以提高品质和防止筋腐病的发生。以后每穗果长到核桃大小时都要追肥一次，在拉秧前30天停止追肥。生长期间叶面喷肥3～5次，以快速补充营养，可采用0.3%浓度的磷酸二氢钾加0.5%浓度的尿素混合喷施，也可选用其他效果好的有机液体肥，要避开中午光照强时和露水未干时喷施，并尽量喷在叶背面以利于吸收。

另外，生长期间及时通风换气，外界气温较低时，通过多层覆盖来提高室温，确保番茄正常生长；当最低气温达15℃时夜间可不关风口，采用棚顶留顶缝的扣膜方式，在温度高时有利于降温。

2. 幼苗不健壮，田间管理不科学

由于幼苗生长环境差，尤其是营养少、透气性不好，温度过高或过低，致使幼苗长势弱、根系发育不好，没有为高产、高效打下良好的基础。在棚室的温度、湿度、光照等环境条件调节和浇水、通风、喷花等方面差距大，造成病虫害发生，畸形果比例大、品质差、产量低。

对策：科学管理，促弱转壮。

合理浇水。浇水原则是前期不浇水，坐果后要均匀浇水。待第一穗果长至3 cm大小时开始浇水，采用膜下滴灌或暗灌的方式。果实膨大期间要保证水分供应，以"小水勤浇"的方式浇水，不要过分干旱和大水漫灌。一般每7～10天浇水一次，结果期维持土壤最大持水量60%～80%为宜，以防止出现裂果和植株早衰。

采用吊蔓整枝措施。采用塑料绳吊蔓或竹竿搭架来固定植株。宜采用银灰色的塑料绳，有驱避蚜虫的作用；插架时不宜插"人"字架，应插成直立架。定植后的侧枝在长度

7.5 cm时打去，以后要及时去除侧枝和下部的老叶、黄叶。采用吊蔓方式的要及时顺时针方向绕蔓；插架方式的，进入开花期进行第一次绑蔓，绑蔓部位在花穗之下。绑蔓时注意将花序朝向走道的方向。每株留4～6穗果，长至预定果穗时摘去顶尖，最上部果穗的上面留2～3片叶。

3. 密度不合理

种植密度过密或过稀，还有些地块行距过小，不利于植株通风透光和田间操作，致使长势弱，易感染病害，产量低。

对策：调节温、湿度和光照。

（1）定植到缓苗期。应以升温保温为主，定植后闷棚一周左右，使棚温尽量提高，白天保持在30℃左右，温度达32℃以上时可短时间通风，夜间在15～18℃。

（2）蹲苗期。缓苗后要有明显的蹲苗过程，进行中耕松土，促进根系生长。调节适宜的温度，白天适宜温度在25℃左右，夜间在13～15℃，具体蹲苗时间应根据苗的长势和地力因素来决定，一般在10～15天。要控制浇水、追肥，保持室内空气湿度在40%～50%。尽量多增加光照。

（3）开花期。白天生长适温为20～28℃，夜间为15～20℃，保持室内空气湿度在60%～70%。

（4）结果采收期。白天24～30℃，夜间15～18℃；保持室内空气湿度在50%～60%；5月下旬以后，晴天11:00—15:00在棚顶覆盖遮阳网，以降温和避免光照太强而晒伤果实。

（5）喷花疏果。在开花适期采用丰产剂二号或果霉宁喷花（或沾花），在不同室温条件下配制不同的浓度，并加入红颜色做标记，避免重喷或漏喷；不要喷到生长点和叶片上，以免造成药害；坐住果后及时疏去多余果实，去掉畸形和偏小的果实，每穗选留果形发育好且生长整齐的果实4个左右。

4. 病虫害防治不及时

有些地块因晚疫病、叶霉病、白粉虱、棉铃虫和根结线虫等病虫害的危害而造成减产。

对策：病虫害防治应按照"预防为主，综合防治"的植保方针，坚持以"农业防治、物理防治、生物防治为主，化学防治为辅"的原则。不使用国家明令禁止的农药。

晚疫病：应避免低温高湿的生长环境，发病初期用722 g/L霜霉威水剂600倍液，或72%霜脲·锰锌500倍液喷雾防治。灰霉病：覆盖地膜，降低棚内湿度，合理密植，及时清除病果、病叶，用50%腐霉剂可湿性粉剂600～800倍液等药剂喷雾防治。叶霉病：应采用降低湿度，合理密植等农业防治方法来预防，发病初期用10%苯醚甲环唑水分散粒剂8 000倍液，或40%氟硅唑乳油8 000倍液喷雾防治。白粉虱：采用黄板诱杀和安装防虫网的方法来减少虫量，在早晨露水未干时喷施生物农药"生物肥皂"50～100倍液，或5%除虫菊素1 000倍液喷雾；可选用25%噻嗪酮可湿性粉剂1 500倍液加2.5%联苯菊酯乳油3 000倍液混合喷雾。蚜虫：采用生物农药5%天然除虫菊素1 000倍液、50%抗蚜威可湿性粉剂2 500～3 000倍液，或10%吡虫啉1 000倍液喷雾防治。

第七节　棚室瓜菜生产连作障碍与解决办法

一、棚室瓜菜连作障碍的概念与发生原因

（一）棚室瓜菜连作障碍的概念

瓜菜连作障碍是指同一块地连续栽培同种或同科的瓜菜作物时，即使在正常管理的情况下，也可发生瓜菜生长势变弱、产量降低、品质下降、土传病害加重和土壤养分失衡亏缺的现象，这一现象我们称为连作障碍。棚室瓜菜生产的特点是一次建造、连续多年利用，基本上都是连年栽培同种或同科瓜菜作物，使得连作栽培成为必然，而导致棚室瓜菜连作障碍也成为必然。

（二）棚室瓜菜连作障碍的发生原因

常见的连作障碍表现是土传病害（特别是根结线虫病）加重、生理性病害（如缺素症等）增加、土壤理化性质恶化（如次生盐渍化、酸化、板结和养分失衡）等。据调查，棚室瓜菜一般连作3年以上即开始表现连作障碍现象，而且连作障碍棚室的比例及严重程度随连作年限的延长而增加。棚室瓜菜连作障碍以土传病害发生最为严重，特别是土传病害的根结线虫病发病加重。另外，除土传病害外，土壤养分失衡和土壤次生盐渍化也普遍发生，土壤自毒作用、板结和酸化等发生相对较轻。大量研究表明，土传病虫害、次生盐渍化和自毒作用（根系分泌物和残茬物分解造成自毒产物的积累）是引起连作障碍的主要原因。同时普遍认为，连作障碍是自毒作用、土传病原菌的积累、土壤微生物区系的变化、土壤养分不平衡及土壤理化性状的变化（包括板结、次生盐渍化和酸化）等多因子综合作用的结果。据有关统计，连作造成的减产原因，土传病害占75%以上，自毒作用占9%，缺素症占5%。

连作障碍和病虫害问题已经成为制约棚室设施瓜菜可持续生产的瓶颈，特别是随着设施瓜菜生产的产业化、专业化和规模化发展，更加剧了瓜菜连作障碍的发生，严重制约瓜菜产业的可持续发展，成为当前和今后一个时期影响瓜菜产业发展的重大和共性问题。

二、棚室瓜菜连作障碍的基本类型与状况

（一）棚室瓜菜连作障碍的基本类型

根据棚室瓜菜连作障碍发生情况调查，可将棚室设施瓜菜连作障碍划分为土传病害、

土壤次生盐化、土壤养分失衡、土壤酸化、土壤板结和自毒物质积累（自毒作用）6种主要类型。

（二）棚室瓜菜连作障碍的发生状况

据调查，棚室设施瓜菜连作障碍以土传病害及其他连作病害的发生最重，其中最为严重的是根结线虫病，大棚发生率达84.6%，日光温室发生率达56.9%。根结线虫病在春、秋季都发生，但一般以秋季发生最为严重，特别是大棚秋番茄根结线虫如果不防治，几乎可达到绝收的程度。而地区间、年份间、农户间和瓜菜种类间发生的情况会有所不同。日光温室土传病害发生情况与大棚基本相同，但发生率比大棚稍低。除根结线虫外，其他发生率较高的土传病害依次是瓜菜根腐病、黄瓜枯萎病、黄瓜蔓枯病、番茄（或辣椒）茎基腐病等。另外，棚室设施瓜菜生产上还有许多发生严重的其他与连作相关的病害，主要有：番茄灰霉病、叶霉病、病毒病、晚疫病、早疫病和细菌性溃疡病等；黄瓜霜霉病、疫病、菌核病、靶斑病、白粉病和炭疽病等；芹菜软腐病；西葫芦灰霉病和白粉病等。

除土传病害外，棚室设施瓜菜连作障碍以土壤养分失衡（即生理病害）较多，如各种缺素症，包括一些不明原因的生理病害。土壤次生盐渍化也普遍发生，但大棚比日光温室次生盐渍化相对较轻，下沉式日光温室比非下沉式日光温室相对较重，这可能与大棚揭膜雨淋有关。农作物自毒作用现象也有存在，但菜农认识不足。土壤酸化现象表现较轻，直观上不明显，但不等于棚室设施土壤没有发生酸化，需要进一步测土确定。土壤板结现象在部分地区都有不同程度的存在，表现为土质黏重和透气性变差，这与当地土质类型和耕作制等有关。自毒作用、土壤酸化和土壤板结这3种连作障碍现象还没有引起足够重视，大多数菜农只知道连作不好，具体属于什么连作障碍类型、发生的原因是什么、应采取什么对应措施等都还没有过多或过深的理解与认识。多数菜农对蔬菜连作障碍最直接的感受是连作可引起瓜菜病虫害越来越严重，病害种类增多，包括一些不明原因的生理病害加重。大多采取的措施是用药量增大，追肥量增加，生产成本进一步上升，同时促使棚室设施瓜菜连作障碍也进一步加重，形成恶性循环效果。

棚室设施瓜菜连作障碍总的趋势是随着连作年限的延长瓜菜生长势减弱，病害逐渐加重，产量逐渐降低，品质下降。但不论是大棚，还是日光温室，一般连作3年以上，就开始出现一些轻微的连作障碍现象。连作障碍比例及严重程度随连作年限的延长而增加，但棚室设施瓜菜产量下降与否，还与许多因素有关。有的地方连作7年左右的日光温室，因后茬种植夏玉米产量未明显下降，这与种植夏玉米有降盐、改土作用及其他技术措施的应用没有发现连作障碍。有的地方的日光温室连作15年左右，蔬菜产量才有所下降。

总之，棚室设施瓜菜产量的降低与否，最关键的还是看是否加强了各种栽培管理，是否能不断采用新品种、新技术和新产品。

三、棚室瓜菜连作障碍防治措施应用情况与问题建议

（一）当前棚室瓜菜连作障碍防治措施应用情况

当前在棚室设施瓜菜生产中菜农对连作障碍采取的防治措施有以下几种。

1. 轮作与倒茬

棚室设施瓜菜如果能做到适度的轮作倒茬，即可大大减轻土传病害的发生。但是大部分农户棚室数较少，难以做到轮作倒茬，病害则呈逐年加重趋势。个别农业园区拥有棚室数较多，可进行适当的轮作。

2. 采用优良抗病虫瓜菜品种

这是最有效地克服连作障碍的技术措施之一，效果良好。如采用一些抗根结线虫的番茄品种和抗枯萎病的黄瓜品种，防病效果都十分显著。

3. 嫁接育苗

通过嫁接利用抗性强的砧木进行生产，可大大增强瓜菜的抗病性，防治土传病害的效果也十分显著。目前各地温棚西瓜、黄瓜大多采取嫁接栽培，茄子、西葫芦和甜瓜等嫁接技术也在一些地区逐渐普及。个别地区番茄采取嫁接育苗防治青枯病，而辣椒尚未见应用嫁接育苗的。值得注意的是嫁接砧木选择既要考虑抗性，又要兼顾砧木对接穗产量和品质的影响。

4. 土壤消毒

目前各地主要是应用高温闷棚，部分采取化学药物处理土壤的方法。高温闷棚主要是在夏季休闲期进行，应与施粗肥（如生粪和秸秆肥）、深翻土壤、大水漫灌和晒垡等有机结合。化学药品主要有阿维菌素、噻唑膦、阿维·辛硫磷、多菌灵、百菌清（熏蒸用）、高锰酸钾、噁霉灵（又名绿亨一号、土菌消、土菌克和绿佳宝）和DD混剂（熏蒸用）等。

5. 有机肥和生物肥的应用

增施有机肥是克服连作障碍的重要措施之一。重施有机肥，特别是秸秆有机肥和生物有机肥的施用，其他拮抗微生物（如拮抗菌）、有益微生物（如菌根菌）等也少有应用。

6. 加强病虫害防治

病虫害加重是连作障碍的主要表现。据各地经验，棚室设施瓜菜病虫害防治关键是提早预防，若能把防治工作做到前面，防治病虫害效果则会更显著。

7. 加强水肥管理

主要有水肥一体化、膜下暗灌、瓜菜全营养冲施肥、根外追肥、配方施肥、沼渣肥及

腐殖酸肥的应用等常规措施。

8. 土壤耕作与改良

主要有早揭棚膜、充分雨淋、深翻地、晒地、高垄栽培、增施土壤改良剂（防板结）、种植夏玉米和土壤休闲等。

9. 加强育苗管理

主要采用穴盘基质育苗，严格进行基质或床土的消毒，苗期灌施杀菌剂等防治病害。

（二）棚室瓜菜连作障碍防治存在的问题

1. 种植农户对棚室设施瓜菜连作障碍的认识不足

因此采取的防控措施针对性不强。大多数农户只知道连作不好，但对于具体都属于什么连作障碍类型，发生的原因是什么、应采取什么应对措施等问题，没有过多或过深的理解和认识。因此，防连作障碍的措施比较单一，一些综合的或集成的技术措施应用不够，缺乏防控连作障碍的整体技术对策或技术方案。

2. 种植农户对设施瓜菜的土壤状况了解不多

一般农户都对自己棚室土壤的基础测量数据不了解，农户期盼当地农业技术部门对棚室进行测土，以便做到测土施肥，合理施肥，采用针对性技术措施，减轻连作障碍的发生。

3. 棚室设施瓜菜连作导致农药与肥料投入持续增加

当前，不争的事实是各地棚室设施瓜菜生产要维持一定的水平，农药和肥料等生产资料投入必然增加，生产成本进一步提高，这都与连作障碍的加剧有密切的关系。

（三）棚室瓜菜连作障碍防治的对策建议

1. 加深棚室瓜菜土壤耕层

目前，设施土壤的耕作主要依靠小型旋耕机，耕深15 cm左右，造成犁底层变浅。不仅影响蔬菜根系生长及产量的提高，而且不利于克服土壤次生盐渍化和板结。事实是一些地方采取人工翻地30~40 cm，土壤板结和盐渍化程度减轻，其他连作障碍问题也表现较轻。因此，深耕翻地是减轻棚室设施连作障碍及保持土地持续健康的有效措施。

2. 综合应用常规农艺措施及新技术

一些地方连作20~30年的棚室还在继续生产，且产量没有明显下降，无不与菜农自觉或不自觉地采取一些实用技术有关。其实，广大菜农采取的一些传统的或朴素的技术措施，如深翻、晒土、调茬、休闲及揭棚膜等，都有克服和减轻连作障碍的显著效果。因此，重视农户的技术培训，提高农户对连作障碍的认识水平，加强实用技术及新技术的普及推广，积极采取应对技术措施，坚持不懈地采取轮作、嫁接、施秸秆肥、施生物肥、土壤改良、生物防治和土壤消毒等多项措施，可使棚室设施瓜菜连作障碍现象明显减轻或消除。

3. 坚持施用生物肥料

目前证明施用生物有机肥对减轻连作障碍的效果较为显著，但受土壤各种环境条件的影响，生物菌的活动及繁殖也会消长。因此，生物肥的施用不是一劳永逸，必须强调年年施用和茬茬施用，才能凸显其效果。特别是各地普遍采取的高温闷棚技术措施，消毒的同时也杀死了土壤中的有益菌，只能通过施用生物肥补充有益菌。值得注意的是，当前农资市场上生物肥和速溶性肥料泛滥，要仔细甄别，尽量选用大企业或知名度高的品牌农资，否则容易否定生物菌肥的实际效果。

4. 根治鸡粪的污染问题

鸡粪是各地施用较多的有机肥，但当前存在使用量大、未腐熟及加工鸡粪质量差等现实问题，特别是连续施用带来设施土壤次生盐渍化、重金属的超标等问题也是不争的事实。建议增施牛粪、羊粪及秸秆肥，改善棚室设施土壤基肥结构。

5. 普及棚室设施瓜菜嫁接技术

当前，嫁接已经成为棚室设施瓜菜克服土传病害的有效手段，如各地黄瓜嫁接育苗基本淘汰了黑籽南瓜砧木，但应用白籽南瓜或黄籽南瓜砧木品种，虽然黄瓜品质提高，色泽亮，但会使植株抗寒性降低，产量也稍有降低。对于西瓜嫁接生产，一般认为大籽南瓜砧木比小籽南瓜好，不易裂瓜，而黑皮西瓜嫁接砧木必须采用瓠瓜类型。对于目前市场众多的各种果菜类嫁接砧木品种，必须进行筛选与优化，达到既能减轻或克服棚室设施瓜菜连作障碍，又能提高瓜菜产量与品质的目的。

6. 进一步搞好棚室设施瓜菜生理病害的研究

除土传病害外，直观反映最多的棚室设施瓜菜连作障碍类型为土壤养分失衡（即生理病害），如设施番茄和黄瓜等蔬菜缺素症及其他不明原因的生理病害逐年加重，应引起大家的足够重视，相关研究工作也亟待加强。

综上所述，棚室设施瓜菜连作障碍是一个极其复杂的问题，它涉及土壤养分、土壤理化性状、病害、根际微生物、根系分泌物等多个方面，不同瓜菜产生连作障碍的主因又不尽相同。棚室设施瓜菜连作障碍是多年形成的，已经成为当前和今后瓜菜产业发展的重大共性问题。所以，今后需要进一步对棚室设施瓜菜土壤进行取样分析与研究，把连作障碍进行分级分类，以便采取集成化对应技术措施，克服或减轻棚室设施瓜菜连作障碍，有效促进棚室设施瓜菜生产的可持续发展与瓜菜产业振兴。

第九章 农作物病虫害绿色防治技术

随着农业生产水平的不断提高和现代化生产方式的发展，农作物病虫害的发生越来越严重，已成为制约农业生产的重要因素之一，20世纪80年代以来，利用农药来控制病虫害的技术，已成为夺取农业丰收不可缺少的关键技术措施。由于化学农药防治病虫害可节省劳力，达到增产、高效、低成本的目的，特别是在控制危险性、暴发性病虫害时，农药就更显示出其不可取代的作用和重要性。但近些年来化学农药的大量施用，污染了土壤环境，致使农产品中农药残留较多，质量下降，也给人类带来了危害。

农作物病虫害防治和农药的科学使用是一项技术性很强的工作，近年来，我国农药工业发展迅速，许多高效、低毒的新品种、新剂型不断产生，农作物病虫害防治和农药的应用技术也在不断革新，又促使农药不断更新换代。所以说农作物病虫害防治技术也在不断创新和提高。在应用化学农药防治病虫害时，既要考虑选择有效、安全、经济、方便的品种，力求提高防治效果，也要避免产生药害，还要兼顾对土壤环境的保护，防止对自然资源破坏。当前各地在病虫害防治中，还存在着许多问题，造成了费工、费药、污染重、有害生物抗药性迅速增强、对作物危害严重的后果。为更好地为现代农业生产服务，发挥好农药在现代农业生产中的积极作用，应充分认识当前作物病虫害防治中存在的主要问题，切实搞好农作物病虫害绿色防控工作，为农业良性循环和可持续发展服务。

第一节 农药基础知识

一、农药的概念与种类

农药是农用药剂的总称，它是指用于防治危害农林作物及农林产品害虫、螨类、病菌、杂草、线虫、鼠类等有害生物的化学物质，包括提高这些药剂效力的辅助剂、增效剂等。随着科学技术的不断发展和农药的广泛应用，农药的概念和它所包括的内容也在不断地充实和发展。

农药的品种繁多，而且，农药的品种还在不断增加。因此，有必要对农药进行科学分类，以便更好的对农药进行研究、使用和推广。农药的分类方法很多，按农药的成分及来源、防治对象、作用方式等都可以进行分类。其中最常用的方法是按照防治对象，将农药分为杀虫剂、杀螨剂、杀菌剂、杀线虫剂、除草剂、杀鼠剂、植物生长调节剂共七大类，每一大类下又有分类。

（一）杀虫剂

杀虫剂是用来防治有害昆虫的化学物质，是农药中发展最快、用量最大、品种最多的一类药剂，在我国农药销售额中居第一位。

1. 按成分和来源分类

（1）无机杀虫剂。以天然矿物质为原料的无机化合物，如硫黄等。

（2）有机杀虫剂。又分为直接由天然有机物或植物油脂制造的天然有机杀虫剂，如棉油皂等；有效成分为人工合成的有机杀虫剂，即化学杀虫剂，如有机磷类的辛硫磷、拟除虫菊酯类的甲氰菊酯、特异性杀虫剂的灭幼脲等。

（3）微生物杀虫剂。即用微生物及其代谢产物制造而成的一类杀虫剂。主要有细菌杀虫剂如苏云金杆（Bt），真菌杀虫剂如白僵菌等，病毒杀虫剂如核型多角体病毒等。生物源杀虫剂阿维菌素、甲维盐等。

（4）植物性杀虫剂。即用植物产品制成的一类杀虫剂，如鱼藤精、除虫菊等。

2. 按作用方式分类

（1）胃毒剂。药物通过昆虫取食而进入其消化系统发生作用，使之中毒死亡，如毒死蜱等。

（2）触杀剂。药剂接触害虫后，通过昆虫的体壁或气门进入害虫体内，使之中毒死亡，如异丙威等。

（3）熏蒸剂。药剂能化为有毒气体，害虫经呼吸系统吸入后中毒死亡，如敌敌畏、磷化铝等。

（4）内吸剂。药物通过植物的茎、叶、根等部位进入植物体内，并在植物体内传导扩散，对植物本身无害，而能使取食植物的害虫中毒死亡，如吡虫啉等。

（5）拒食剂。药剂能影响害虫的正常生理功能，消除其食欲，使害虫饥饿而死，如拒食胺等。

（6）引诱剂。药剂本身无毒或毒效很低，但可以将害虫引诱到一处，便于集中消灭，如棉铃虫性诱剂等。

（7）驱避剂。药剂本身无毒或毒效很低，但由于具有特殊气味或颜色，可以使害虫逃避而不来侵害，如樟脑丸、避蚊油等。

（8）不育剂。药剂使用后可直接干扰或破坏害虫的生殖系统而使害虫不能正常生育，如喜树碱等。

（9）昆虫生长调节剂。药剂可阻碍害虫的正常生理功能，扰乱其正常的生长发育，形成没有生命力或不能繁殖的畸形个体，如灭幼脲等。

（10）增效剂。这类化合物本身无毒或毒效很低，但与其他杀虫剂混合后能提高防治效果，如激活酶细胞修复酶等。

（二）杀螨剂

杀螨剂是主要用来防治危害植物的螨类的药剂。根据它的化学成分，可分为有机氯、有机磷、有机锡等几大类。另外，有不少杀虫剂对防治螨类也有一定的效果，如齐螨素、阿维菌素等。

（三）杀菌剂

杀菌剂是用来防治植物病害的药剂，它的销售额在我国仅次于杀虫剂。

1. 按化学成分分类

（1）天然矿物或无机物质成分的无机杀菌剂，如石硫合剂等。

（2）人工合成的有机杀菌剂，如酸式络氨铜、吗胍铜等。

（3）植物中提取出的具有杀菌作用的植物性杀菌剂，如辛菌胺醋酸盐、香菇多糖、大蒜素等。

（4）用微生物或它的代谢产物制成的微生物杀菌剂，又称抗生素，如地衣芽孢杆菌、多抗菌素、井冈霉素等。

2. 按作用方式分类

（1）保护剂。在病原菌侵入植物前，将药剂均匀地施在植物表面，以消灭病菌或防止病菌入侵，保护植物免受危害。应该注意，这类药剂必须在植物发病前使用，一旦病菌侵入后再使用，效果很差。如波尔多液、石硫合剂、百菌清、代森锰锌等。

（2）治疗剂。病原菌侵入植物后，这类药剂可通过内吸进入植物体内，传导至未施药的部位，抑制病菌在植物体内的扩展或消除其危害。如酸式络氨铜、辛菌胺、辛菌胺醋酸盐、地衣芽孢杆菌、多抗霉素等。

3. 按施药方法分类

（1）在植物茎叶上施用的茎叶处理剂，如三唑酮等。

（2）用浸种或拌种方法以保护种子的种子处理剂，如地衣芽孢杆菌种子包衣剂等。

（3）用来对带菌的土壤进行处理以保护植物的土壤处理剂，如吗啉胍·硫酸铜、五氯硝基苯等。

（四）杀线虫剂

杀线虫剂是用来防治植物病原线虫的一类农药，如线虫磷、硫酸铜等。施用方法多以土壤处理为主。另外，有些杀虫剂也兼有杀线虫作用，如阿维菌素等。

（五）除草剂

除草剂是用以防除农田杂草的一类农药，近年来发展较快，使用较广，在我国农药销售额中居第三位。

1. 按对植物作用的性质分类

可分为两类：无选择性，"见绿都杀"，可是接触此药的植物均受害致死的灭生性除草剂，如草甘膦、草铵膦等；在一定剂量范围内在植物间具有选择性，只毒杀杂草而不伤作物的选择性除草剂，如敌稗等。

2. 按杀草的作用方式分类

也可分为两类：施药后能被杂草吸收，并在杂草体内传导扩散而使杂草死亡的内吸性除草剂，如西玛津、扑草净等；施药后不能在杂草内传导，而是杀伤药剂所接触的绿色部位，从而使杂草枯死的触杀性除草剂，如二苯醚类、唑草酮等。

另外按除草剂的使用方法还可分为土壤处理剂和茎叶处理剂两类。

（六）杀鼠剂

杀鼠剂是用于防治鼠害的一类农药。杀鼠剂按化学成分可分为无机杀鼠剂（如磷化锌等，已限用）和有机合成杀鼠剂（如敌鼠钠盐等）；按作用方式可分为急性杀鼠剂（如安妥等）和作用缓慢的抗凝血杀鼠剂（如大隆等）。

（七）植物生长调节剂

植物生长调节剂是一类能够调节植物生理机能，促进或抑制植物生长发育的药剂。按作用方式可将它分为两类：一类是生长促进剂，如赤霉素、芸薹素内酯、复硝酚钠等；另一类是生长抑制剂，如矮壮素、青鲜素、胺鲜酯等。但应该注意的是，这两种作用并不是绝对的，同一种调节剂在不同浓度下会对植物有不同的作用。

二、农药的剂型及特点

原药经过加工，成为不同外观形态的制剂。外观为固体状态的称为干制剂；为液体状态的称为液制剂。制剂可供使用的形态和性能的总和称为剂型。除极少数农药原药如硫酸铜等不需加工，可直接使用外，绝大多数原药都要经过加工，加入适当的填充剂和辅助剂，制成含有一定有效成分，一定规格的制剂，才能使用。否则就无法借助施药工具将少量原药分散在一定面积上，无法使原药充分发挥药效，也无法使一种原药扩大使用方式和用途，以适应各种不同场合的需要。同时，通过加工，制成颗粒剂、微囊剂等剂型，可使农药耐贮藏，不易变质，并且可使剧毒农药制成低毒制剂，使用安全。

随着农药加工业的发展，农药剂型也由简到繁。依据农药原药的理化性质，一种原药可加工成一种或多种制剂。目前世界上已有50多种剂型，我国已经生产和正在研制的有30多种。

（一）粉剂

是用原药加上一定量的填充料混合，加工制成的。在质量上，粉剂必须保证一定的粉粒细度，要求95%能通过200目筛分离直径在30 μm以下。粉剂的优点是施药方法简易方便，既可用简单的药械撒布，也可混土用手撒施。具有喷撒功效高、速度快、不需要水、不宜产生药害、在作物中残留量较少等优点。用途广泛，可以喷粉、拌种、制毒土、配制颗粒剂、处理土壤等。但它易被风雨吹失，污染周围环境；不易附着植物体表；用量较大；防治果树等高大作物的病虫害，一般不能获得良好的效果。如丁硫克百威干粉剂等。

（二）可湿性粉剂

是原药与填充料极少量湿润剂按一定比例混合，加工制成的。具有在水溶液中分散均匀、残效期长、耐雨水冲刷、贮运安全方便、药效比同一种农药的粉剂高等特点。适合兑水喷雾。如多抗霉素可湿性粉剂。

（三）乳油

将原药按一定比例溶解在有机溶剂中，加入一定量的乳化剂而配成的一种均匀油状药剂。乳油加水稀释后呈乳化状。它具有有效成分含量高、稳定性好、使用方便、耐贮存等特点，其药效比同一药剂的其他剂型要高，是目前最常用的剂型之一，可用来喷雾、泼浇、拌种、浸种、处理土壤等。如阿维菌素乳油等。

（四）颗粒剂

是用原药、辅助剂和载体制成的粒状制剂。具有用量少、残效期长、污染范围小、不易引起作物药害和人畜中毒等特点，主要用来撒施或处理土壤。如辛硫磷颗粒剂。

（五）胶悬剂

由原药加载体加分散剂混合制成的药剂。具有有效成分含量高、在水中分散均匀、在作物上附着力强、不易沉淀等特点。它可分为水胶悬剂和油胶悬剂，水胶悬剂用来兑水喷雾，如很多除草剂都做成该剂型。油胶悬剂不能兑水喷雾，只有用于超低容量喷雾，如10%硝基磺草酮油胶悬剂。

（六）微胶囊剂

把农药的原药用具有控制释放作用或保护膜作用的物质包裹起来的微粒状制剂。该剂型显著降低了有效成分的毒性和挥发性，可延长残效期。

（七）烟剂

由原药、燃料、助燃剂、阻燃剂，按一定比例均匀混合而成。烟剂主要用于防治温室、仓库、森林等相对密闭环境中的病虫害。具有防效高、功效高、劳动强度小等优点。如保护地常用的杀虫烟剂20%异丙威烟剂，食用菌棚室常用的消毒除杂菌的烟剂10%百菌清烟剂。

（八）超低容量喷雾剂

一般是含农药有效成分20%～50%的油剂，不用稀释而用超低量喷雾工具直接喷洒。如花卉常用的保色保鲜灵等。

（九）气雾剂

农药的原药分散在发射剂中，从容器的阀门喷出并分散成细雾滴或微粒的制剂。主要用于室内防治卫生害虫，如灭害灵等。

（十）水剂

把水溶性原药溶于水中而制成的匀相液体制剂。使用时再加水稀释，如杀菌剂络氨铜、辛菌胺等。

（十一）种衣剂

用于种子处理的流动性黏稠状制剂，或水中可分散的干制剂，加水后调成浆状。该制剂可均匀涂布于种子表面，溶剂挥发后在种子表面形成一层药膜。如防治小麦全蚀病的地衣芽孢杆菌包衣剂。

（十二）毒饵

将农药吸附或浸渍在饵料中制成的制剂。多用于杀鼠剂。

（十三）塑料结合剂

随着塑料薄膜覆盖技术的推广，现在出现了具有除草作用的塑料薄膜，而且具有缓释作用。其制备方法是直接把药分散到塑料母体中，加工成膜，也可以把药聚合到某一载体上，然后将其涂在膜的表面。

（十四）气体发生剂

指由组分发生化学变化而产生气体的制剂。如磷化铝片剂，可与空气中的水分发生反应，而产生磷化氢气体。可用于防治仓储害虫。

在实际生产中，要考虑高效、环保、安全、好用等因素，确定生产剂型的一般原则是：能生产可溶粉的不做成水剂，能生产成水剂的不做可湿粉剂，能生产成可湿性粉的不

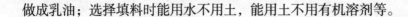

做成乳油；选择填料时能用水不用土，能用土不用有机溶剂等。

三、农药的科学使用

（一）基本原则与方法

使用农药防治病、虫、草、鼠害，必须做到安全、经济、有效、简易。具体应掌握以下几个原则。

1.选用对口农药

各种农药都有自己的特性及各自的防治对象，必须根据防治对象选定对它有防治效果的农药，做到有的放矢，药到病除。

2.按照防治指标施药

每种病虫害的发生数量要达到一定的程度，才会对农作物的危害造成经济上的损失。因此，各地植保部门都制定了当地病、虫、草、鼠的防治指标。如果没有达到防治指标就施药防治，就会造成人力和农药的浪费；如果超过了防治指标再施药防治，就会造成经济上的损失。

3.选用适当的施药方法

施药方法很多，各种施药方法都有利弊，应根据病虫害的发生规律、危害特点、发生环境、农药特性等情况确定适宜的施药方法。如防治地下害虫，可用拌种、拌毒土、土壤处理等方法；防治种子带菌的病害，可用药剂处理种子或温汤浸种等方法；用对种子胚芽比较安全的地衣芽孢杆菌拌种，既能直接对种子表面消毒又能在种子生根发芽时代谢高温蛋白因子对作物二次杀菌和增加免疫力等。

由于病虫危害的特点不同，施药具体部位也不同：防治棉花苗期蚜虫，喷药重点部位在棉苗生长点和叶被；防治黄瓜霜霉病时着重喷叶背；防治瓜类炭疽病时，叶正面是喷药重点。

4.掌握合理的用药量和用药次数

用药量应根据药剂的性能、不同的作物、不同的生育期、不同的施药方法确定。如棉田用药量一般比稻田高，作物苗期用药量比生长中后期少。施药次数要根据病虫害发生时期的长短、药剂的持效期及上次施药后的防治效果来确定。

5.轮换用药

对一种防治对象长期反复使用一种农药，很容易使这种防治对象对这种农药产生抗性，久而久之，施用这种农药就无法控制这种防治对象的危害。因此，要轮换、交替施用对防治对象作用不同的农药，以防抗性的产生。

另外，也要搞好安全用药，合理混用农药。

（二）农药使用方法

1. 喷雾

喷雾是利用喷雾器械把药物雾滴均匀地喷洒到防治对象及寄主体上的一种施药方法，这是农药最常用的使用方法。喷雾法具有喷洒均匀、黏着力强、不易散失、残效持久、药效好等优点。根据每亩喷施药液量的多少，可将喷雾分为常量喷雾、低容量喷雾、超低容量喷雾。

2. 喷粉

喷粉是利用喷粉器械将粉剂农药均匀地分布于防治对象及其活动场所和寄主表面上的施药方法。喷粉法的优点是使用简便，不受水源限制，防治功效高；缺点是药效不持久，易冲刷，污染环境等。

3. 种子处理

种子处理是通过浸种或拌种的方法来杀死种子所带病菌或处理种苗使其免受病虫危害。该方法具有防效好、不杀伤天敌、用药量少、对病虫害控制时间长等优点。

4. 土壤处理

土壤处理是把杀虫剂敌百虫等农药均匀喷洒在土壤表面，然后翻入或耙入土中，或开沟施药后再覆盖上。土壤处理主要用来防治小麦吸浆虫、地下害虫、线虫等；用吗胍·硫酸铜处理土壤传播的病害、用除草剂处理杂草的萌动种子和草芽等。

5. 毒饵

毒饵是利用粮食、麦麸、米糠、豆渣、饼肥、绿肥、鲜草等害虫、害鼠喜吃的饵料，与具有胃毒作用的农药按一定比例拌和制成的药剂。常在傍晚将配好的毒饵撒施在植物的根部附近或害虫、害鼠经常活动的地方。

6. 涂抹法

将农药涂抹在农作物的某一部位上，利用农药的内吸作用，可起到防治病虫草害以及调节作物生长的效果。涂抹法可分为点心、涂花、涂茎、涂干等几种类型。如用络氨铜涂抹树干防治干腐病、枝腐病等。

7. 熏蒸法

熏蒸法是指利用熏蒸剂或容易挥发的药剂所产生的毒气来杀虫灭菌的一种施药方法，适用于仓库、温室、土壤等场所或作物茂密的情况，具有防效高、作用快等优点。

8. 熏烟法

熏烟法是利用烟剂点烟或利用原药直接加热发烟来防治病虫的施药方法，适合在密闭的环境（如仓库、温室）或在郁闭度高的情况（如森林、果园）以及大田作物的生长后期使用。药剂形成的烟雾毒气要有较好的扩散性和适当的沉降穿透性,空间停留时间较长,又不过分上浮漂移,这样才能取得好的效果。烟剂的原药熔点应在300℃以上,在高温下要保持药效。如异丙威烟剂和百菌清烟剂。

(三)农药的毒性及预防

1. 农药的毒性

绝大多数农药都是有毒的化学物质,既可以防治病虫害,同时对人畜也有毒害。

农药进入人畜体内有3条途径:①经口腔进入消化道,一般是误食农药或农药污染的食品而造成的;②经皮肤进入,一般是直接接触农药或农药污染的衣服、器具而造成的;③吸入农药的气体、烟雾、雾滴和粉粒而造成的。

我们常将上述3种分别称为口服毒性、经皮毒性和呼吸毒性。另外,根据农药毒性的大小和导致中毒时间的长短,将农药毒性分为急性毒性、亚急性毒性、慢性毒性。

近几年来,随着对农药残留和毒性的研究,人们对农药毒性的评价有了新的认识,对其毒性不只看急性口服毒性的大小,而主要看它是否易于在自然界降解、是否在生物体内浓缩积蓄为主要指标。原因是有些农药虽然口服毒性高,但接触毒性低,使用比较安全,即使是使用不太安全的农药,也可以通过安全操作措施来避免发生中毒事故。而具有慢性毒性的农药,因其急性毒性较低,常被人们所忽视,但对人畜的潜在威胁较大,且使用时又无法避免对环境及人体的接触,所以近年来国内外对慢性高毒农药的使用给予高度的重视。

2. 农药毒性的预防

在农药的运输、保管和使用过程中,要认真学习农药安全使用的有关规定,采取相应的预防措施,防止农药中毒事故的发生。

(1)农药搬运中的预防措施。①搬运前,首先要检查包装是否牢固,发现破损要重新包装好,防止农药渗透或沾染皮肤。②在搬运过程中和搬运之后,要及时洗净手、脸和被污染的皮肤、衣物等。③在运输农药时,不得与粮食、瓜果、蔬菜等食物和日用品混合装载,运输人员不得坐在农药的包装物上。

(2)农药保管中的预防措施。①保管剧毒农药,要有专用库房或专用柜并加锁。绝对不能和食物、饲料及日用品混放在一起。农户未用完的农药,更应注意保管好。②保管要指定专人负责,要建立农药档案,出入库要登记和办理审批手续。③仓库门窗要牢固,通风透气条件要好;库房内不能太低洼,严防雨天进水和受潮。

(3)施药过程中的预防措施。①检查药械有无漏水、漏粉现象,性能是否正常。发现有损坏或工作性能不好,必须修好后才能使用。②配药和拌种时要有专人负责,在露天上风处操作,以防吸入毒气或药粉。配药时,应该用量筒、量杯、带橡皮头的吸管量取药液。拌种时必须用工具翻拌，严禁直接用手操作。③配药和施药人员要选身体健康的青壮年。凡年老多病、少年和"三期"（即月经期、孕期和哺乳期）妇女不能参加施药工作。④在施药时，要穿戴好工作服、口罩、鞋帽、手套、袜子等，尽量不使皮肤外露。⑤在施药过程中禁止吸烟、喝水、吃东西，禁止用手擦脸、揉眼睛。⑥施用药的田块要做好标记，禁止人畜进入。对施药后剩余的药液等，要妥善处理；对播种后剩余的药种，严禁人畜食用。⑦施药结束后，必须用肥皂洗净手和脸，最好用肥皂洗澡。污染的衣服、口罩、手套等，必须及时用肥皂或碱水浸泡洗净。⑧用过的药箱、药袋、药瓶等，应集中专人保管或深埋销毁，严禁用来盛装食用品。

四、农药污染与防控

（一）农药的污染

农药在农业生产中极大地提高了农产品产量，为日益增长的世界人口提供了丰富的食品。但同时农药又是一类有毒的化学品，尤其是有机氯农药，有机磷农药，含铅、汞、砷、镉等物质的金属制剂，以及某些特异性的除草剂的大量使用造成的农药残留带来了严重的环境污染。

1. 农药污染的概念

农药是一把"双刃剑"，一方面它为人类战胜农作物病虫害功不可没，另一方面它对环境的污染和人类的危害也令人担忧。农药污染是指农药中原药和助剂或其有害代谢物、降解物对环境和生物产生的污染。农药及其在自然环境中的降解产物，污染大气、水体和土壤，会破坏生态系统，引起人和动植物的急性或慢性中毒。农药的大量不合理施用，造成了土壤污染，严重影响了人类的身体健康。土壤农药污染是由不合理施用杀虫剂、杀菌剂及除草剂等引起的。施于土壤的化学农药，有的化学性质稳定，存留时间长。大量而持续施用农药，使其不断在土壤中积累，到一定程度便会影响作物的产量和质量，而成为土壤污染物。另外，农药还可以通过各种途径，如挥发、扩散而转入大气、水体和生物中，造成其他环境要素污染，通过食物链对人体产生危害。

2. 农药污染的方式

（1）无机农药污染。我国使用的无机氯农药主要是六六六和DDT。西方国家还有环戊二烯类化合物艾氏剂、狄氏剂、异狄氏剂等。这些化合物性质稳定，在土壤中降解一半所需的时间为几年甚至几十年。它们可随径流进入水，随大气漂移至各地，然后又随雨雪降到地面。无机氯农药应用的品种已经很少。在一些地区使用的无机农药主要是含汞杀菌剂和含砷农药。含汞杀菌剂如升汞、甘汞等，它们会伤害农作物，因而一般仅用来进行种子消毒和土壤消毒。汞制剂一般性质稳定，毒性较大，在土壤和生物体内残留问题严重，在中国、美国、日本、瑞典等许多国家已禁止使用。含砷农药为亚砷酸（砒霜）、亚砷酸钠等亚砷酸类化合物，以及砷酸铅、砷酸钙等砷酸类化合物。亚砷酸类化合物对植物毒性大，曾被用作毒饵以防治地下害虫。砷酸类化合物曾广泛用于防治咀嚼式口器害虫，但也因防治面窄、药效低等原因，而被有机杀虫剂所取代。

（2）有机农药污染。我国是农药生产和使用的大国，农药品种有120多种，大多为有机农药。田间施药大部分农药将直接进入土壤；蒸发到大气中的农药及喷洒附着在作物上的农药，经雨水淋洗也将落入土壤中，污水灌溉和地表径流也是造成农药污染土壤的原因。我国平均每年每亩农田施用农药0.927 kg，比发达国家高约1倍，利用率不足30%，造成土壤大面积污染。有机农药按其化学性质可分为有机氯类农药、有机磷类农药、氨基甲酸酯类农药和苯氧基链烷酸酯类农药。前两类农药毒性巨大，且有机氯类农药在土壤中不易降解，对土壤污染较重，有机磷类农药虽然在土壤中容易降解，但由于使用量大，污染也很广泛。后两类农药毒性较小，在土壤中均易降解，对土壤污染不大。

（3）农药包装物的污染。农药是现代农业生产的基本生产资料，随着农药使用范围的扩大和使用时间的延长，农药包装废弃物已成为又一个不可忽视的农业生态污染源。农药包装物包括塑料瓶、塑料袋、玻璃瓶、铝箔袋、纸袋等几十种包装物，其中有些材料需要上百年的时间才能降解。此外，废弃的农药包装物上残留不同毒性级别的农药本身也是潜在的危害。农药包装废弃物的危害来自两个方面。①包装物自身对环境的危害：包装物自身以玻璃、塑料等材质为主，这些材料在自然环境中难以降解，散落于田间、道路、水体等环境中，造成严重的"视觉污染"；在土壤中形成阻隔层，影响植物根系的生长扩展，妨碍植株对土壤养分和水分的吸收，导致田间作物减产。在耕作土壤中影响农机具的作业质量，进入水体造成沟渠堵塞；破碎的玻璃瓶还可能对田间耕作的人畜造成直接的伤害。②包装物内残留农药毒性危害：残留农药随包装物随机移动，对土壤、地表水、地下水和农产品等造成直接污染，并进一步进入生物链，对环境生物和人类健康都具有长期的和潜在的危害。农药废弃包装物对食品安全、生态安全，乃至公共安全存在隐患。在大力消除餐桌污染，提倡食品安全，发展可持续农业的今天，人类在享受化学农药给植物保护带来巨大成果的同时，必须规避其废弃包装物导致的污染。

3. 农药对环境的污染

（1）农药对土壤的污染。土壤是农药在环境中的"贮藏库"与"集散地"，施入农田的农药大部分残留于土壤环境介质中。经有关研究表明，使用的农药有80%～90%最终进入土壤。土壤中的农药主要来源于农业生产过程中防治农田病、虫、草害直接向土壤使用的农药；农药生产、加工企业废气排放和农业上采用喷雾时，粗雾粒或大粉粒降落到土壤上；被污染植物残体分解以及随灌溉水或降水带入到土壤中；农药生产、加工企业废水、废渣向土壤的直接排放以及农药运输过程中的事故泄漏等。进入土壤中的农药将被土壤胶粒及有机质吸附。土壤对农药的吸附作用降低土壤中农药的生物学活性，降低农药在土壤中的移动性和向大气中的挥发性。同时它对农药在土壤的残留性也有一定影响。农田土壤中残留的农药可通过降解、移动、挥发以及被作物吸收等多种途径逐渐从土壤中消失。

（2）农药对水的污染。农药对水体的污染主要来源于：直接向水体施药；农田施用的农药随雨水或灌溉水向水体迁移；农药生产、加工企业废水的排放；大气中的残留农药随降雨进入水体；农药使用过程，雾滴或粉尘微粒随风飘移沉降进入水体以及施药工具和器械的清洗等。据有关资料表明，目前在地球的地表水域中，基本上已找不到一块干净的且不受农药污染的水体了。除地表水体以外，地下水源也普遍受到了农药的污染。一般情况下，受农药污染最严重的农田水，浓度最高时可达到每升数十毫克数量级，但其污染范围较小；随着农药在水体中的迁移扩散，从田沟水至河流水，污染程度逐渐减弱，但污染范围逐渐扩大；自来水与深层地下水，因经过净化处理或土壤的吸附作用，污染程度减轻；海水，因其巨大水域的稀释作用污染最轻。不同水体遭受农药污染程度的次序依次为：农田水>河流水>自来水>深层地下水>海水。

（3）农药对大气的污染。农药对大气的污染的途径主要来源于地面或飞机喷雾或喷粉施药；农药生产、加工企业废气直接排放；残留农药的挥发等，大气中的残留农药漂浮物或被大气中的飘尘所吸附，或以气体与气溶胶的状态悬浮于空气中。空气中残留的农药，将随着大气的运动而扩散，使大气的污染范围不断扩大，一些高稳定性的农药，如有机氯农药，进入到大气层后传播到很远的地方，污染区域更大。

4. 农药对生物的危害

农药的污染破坏生态平衡，生物多样性受到威胁：农药的大量使用，尤其是高毒农药的使用，打破自然界中害虫与天敌之间原有的平衡。不合理施用农药，会同时毒杀害虫与非靶生物。农药施用后，残存的害虫仍可依赖作物为食料，重新迅速繁殖起来，而以捕食害虫为生的天敌，在施药后害虫未大量繁殖恢复以前，由于食物短缺，其生长受到抑制，在施药后的一段时期内，就可能发生害虫的再度猖獗。农药的反复使用，在食物链上传递与富集，导致种群衰亡，对生物多样性造成严重危害，直接威胁整个生态系统平衡。此外，农药残留超标导致农产品出口创汇受挫，农药中毒、各种污染事故的发生，还给国民经济造成巨大损失。

（1）农药对人体健康的影响。随着人类社会的发展，科学技术水平的提高，化学品对人们生活的影响越来越大。毫无疑问，农药的使用给人们带来了许多好处，但同时也给人类带来了许多不利的影响。农药对人体的危害表现为急性和慢性两种。急性危害中，不同农药中毒以后，有不同的体征反应。据有关部门的不完全统计，我国每年发生的农药中毒事故有几万起，死亡人数较多。农药对人体慢性危害引起的细微效应主要表现在：对酶系的影响；组织病理改变；致癌、致畸和致突变等方面。农药对人体的急性危害往往易引起人们的注意，而慢性危害易被人们所忽视。值得注意的是，因食用农药残留超标的蔬菜中毒的现象不断发生，原因是一些地方违反农药使用的有关规定，未安全合理使用农药，特别是使用了一些禁止在蔬菜上使用的高毒甚至剧毒农药。致使上市蔬菜等农药残留严重超标，发生食物中毒。此外，近年来农药中毒由农民生产性中毒、误服、自杀，扩大到学校、工厂、工地及普通居民食物中毒等，危害有进一步扩大的趋势。

（2）农药对生物多样性的影响。农药作为外来物质进入生态系统，可能改变生态系统的结构和功能，影响生物多样性，这些变化和影响可能是可逆的或不可逆的。并且由于食物链的富集作用，只要农药普遍污染了环境，尽管初始含量并不高，但它们可以通过食物链传递，在生物体内逐渐积累增加，越是上面的营养级，生物体内有毒物质的残留浓度越高，也就越容易造成中毒死亡。人处于营养食物链的终端，因此农药污染环境的后果是将对人体产生危害，在自然界中，许多野生动物（主要是鸟类）的死亡，往往是浓缩杀虫剂后累积中毒致死的。使用农药，特别是广谱杀虫剂不仅能杀死诸多害虫，也同样杀死了益虫和害虫天敌，昆虫是地球上数量最多的生物种群，全世界大约有100多万种昆虫，其中对农林作物和人类有害的昆虫只有数千种。真正对农林业能造成严重危害的，每年需要防治和消灭的仅有几百种。因此，使用农药杀伤了大量无害的昆虫，不仅破坏了构成生态系的种间平衡关系，而且使昆虫多样性趋于贫乏。同时，进入土壤中的农药能杀死某些土壤中的无脊椎动物，使其数量减少，甚至种群濒临灭绝。

（二）农药污染的防控

我国实施"预防为主，综合防治"的植保方针以来，在病虫害防治上取得了一定的成效，但控制化学农药对环境污染的任务仍相当艰巨，我们必须实施持续植保，针对整个农田生态系统，研究生态种群动态和相关联的环境，采用尽可能相互协调的有效防治措施，充分发挥自然抑制因素的作用，将有害生物种群控制在经济损害水平下，使农药对农田生态系统的不良影响减少到最低限度，以获得最佳的经济、生态、社会效益。

1. 提高全民对农药危害的认识

农药是有毒的，但并不可怕，可怕的是人们对它的无知；农药本身没有错，错就错在人们对它的滥用和不合理使用，引起环境的污染。因此提高全民对这一问题的认识，能够正确、科学、合理地使用农药是解决农药污染问题的重要基础，要经常开展最广泛的群众宣传教育，提高全民的生态环境保护意识，使人们真正认识到农药污染的严重危害性，不仅是关系到当代人的问题，也是影响子孙后代的问题，让全人类都投入到保护生态环境的活动中，这样，解决农药污染的问题便有了希望。

2. 加强农药的管理工作，认真贯彻和完善相应的法律法规

运用法律武器，对农药的生产制造、销售渠道、使用全过程进行有效管理。禁止农药经营者销售无"三证"（即农药登记证、产品标准证、生产许可证）的农药产品。销售无

"三证"农药的，依照刑法关于非法经营者罪或者危险物品肇事罪的规定，依法追究刑事责任；不够刑事处罚的，由相应主管部门按照有关规定给予处罚。对制造、销售假农药、劣质农药的，依照有关法律法规追究刑事责任或给予处罚。农业生产经营者，应严格按照农药使用说明书中的要求进行合理施药（特别是进行蔬菜生产时），如不按规定用药而造成食物中毒事件或污染环境的，依照有关条例追究刑事责任或给予处罚。而对于农药的开发利用方面，为保护生态环境方面作出了贡献的，国家和政府应当给予表彰和奖励。

3. 农药新品种的开发

用安全、高效、污染性小的农药取代当前使用的农药品种，是解决农药环境污染问题的关键所在。要求开发的农药新品种在性能、价格、安全性等方面优于当前正在使用的农药，新农药的开发应从环境相容性好、活性高、安全性好、市场潜力大等方面来考虑，并且应特别注意引进生物技术开发生物农药，从而使新农药的使用对环境中非靶生物影响小，在大气、土壤、水体、作物中易于分解、无残留影响；用量少，对环境污染也少，在动物体内不累积迅速代谢排出，且代谢产物也无毒性，无致癌、致畸、致突变的潜在遗传毒性。

4. 农药生产过程中的污染控制

农药生产过程针对每个生产环节产生的废气、废水和废渣的性质，应用相应的物理、化学、生物等方法处理，达标后方能排放。建议加快无废或少废生产工艺的开发研究，从改革工艺入手，提高产品回收率，减少污染物的排放，从根本上来解决污染问题；加强综合利用研究，合理利用资源；加强企业技术改造，更新落后的生产工艺和设备，对落后的生产工艺和设备，应加快改造进程，对污染严重又无治理条件的中小型企业实行关、停、并、转，严格限制农药的设计规模，逐步实现大型化、集中化生产。

5. 农业生产过程中的污染控制

（1）提高农业生产经营者的技术技能。农业生产过程中首先要对广大的生产经营者进行培训，使他们能正确、合理使用化学农药来进行作物病虫害的防治，进行规范化生产，既能把农药污染控制在最低范围内，又能使产品达到无公害化，实现生产效益、社会效益与经济效益的统一。

（2）综合防治病虫害。农业生产过程中对病虫害的防治按照"预防为主，综合防治"的植保方针，坚持"农业防治、物理防治、生物防治为主，化学防治为辅"的无害化治理原则。进一步改进栽培技术、改良品种，生产中选用抗病品种，针对当地主要病虫控制对象，选用高抗的品种，实行严格轮作制度，有条件的地区实行水旱轮作。培育适龄壮苗，提高抗逆性，深沟高畦栽培，严防积水、清洁田园。测土平衡施肥，增施充分腐熟的有机肥，少施化肥，积极保护利用天敌，采用生物药剂和生物源农药防治病虫害。

（3）推广作物健身栽培。指的是在作物丰产营养学观点指导下，从栽培措施入手，使植物生长健壮，综合运用生态学的观点有利于天敌的生存繁衍，而不利于病虫的发生。这是目前在植物病虫防治上的新特点，也是保护利用自然控制因素的基础。充分运用肥料学、土壤学、植物生理学、植物营养学和生态学的观点和最新技术理论，来综合调整作物自身以及自身与周边环境的关系，以达到有利于作物最优的环境生长条件。

第二节　当前农作物病虫害防治中存在的主要问题与对策

一、当前农作物病虫害防治中存在的主要问题

（一）病虫草害发生危害不断加重

因生产水平的提高、作物种植结构调整、耕作制度的变化、品种抗性的差异、气候条件异常等综合因素影响，病虫草害发生危害越来越重，病虫草害发生总体趋势表现为发生种类增多、频率加快、区域扩大、时间延长、程度趋重；同时新的病虫草害不断侵入和一些次要病虫草害逐渐演变为主要病虫草害，增加了防治难度和防治成本。比如：随着日光温室蔬菜面积的不断扩大，连年重茬种植，辣椒根腐病、蔬菜根结线虫病、斑潜蝇、白粉虱等次要病虫害上升为主要病虫害，而且周年发生，给防治带来了困难。

（二）病虫草害综防意识不强

目前，大部分地区小户经营，生产规模较小，在农作物病虫草害防治上存在"应急防治为重、化学防治为主"的问题，不能充分从整个生态系统去考虑，而是单一进行某虫、某病的防治，不能统筹考虑各种病虫草害防治及栽培管理的作用，防治方法也主要依赖化学防治，农业、物理、生物、生态等综合防治措施还没有被农民完全采纳，甚至有的农民对先进的防治技术更是一无所知。即使在化学防治过程中，也存在着药剂选择不当、用药剂量不准、用药不及时、用药方法不正确、见病见虫就用药，甚至有人认为用药浓度越大越好等问题。造成了费工、费药、污染重、有害生物抗药性强、对作物危害严重的后果。

（三）忽视病虫草害的预防工作，重治轻防

生产中常常忽略栽培措施及经常性管理中的防治措施，如合理密植、配方施肥、合理灌溉、清洁田园等常规性防治措施，而是在病虫大发生时才进行防治，往往造成事倍功半的效果，且大量用药会使病虫产生抗药性。同时，也造成了环境污染。

（四）重视化学防治，忽视其他防治措施

当前的病虫草害防治，以化学农药控制病虫及挽回经济损失能力最大而广受群众称

赞，但长期依靠某一有效农药防治某些病虫或草，只简单地重复用药，会使病虫产生抗性，防治效果也就降低。这样，一个优秀的杀虫剂或杀菌剂或除草剂，投入生产后也许几年效果就锐减。故此，化学防治必须结合其他防治进行，化学防治应在其他防治措施的基础上，作为第二性的防治措施。

（五）乱用农药和施用剧毒农药

一方面，在病虫防治上盲目加大用药量，一些农户为快速控制病虫发生，将用药量扩大1~2倍，甚至更大，这样造成了农药在产品上的大量积累，也促进了病虫抗性的产生。另一方面，当病虫害发生时，乱用乱配农药，有时错过了病虫防治适期，造成了不应有的损失，更有的违反农药安全施用规定，大剂量将一些剧毒农药在大葱、花生等作物上施用，既污染蔬菜和环境，又极易造成人畜中毒，更不符合无公害蔬菜生产要求。

（六）忽视了次要病虫害的防治

长期单一用药，虽控制了某一病虫草害的发生，同时使一些次要病虫草害上升为主要病虫草害，如目前一些地方在大葱上发生的灯蛾类幼虫、甜菜夜蛾、甘蓝夜蛾、棉铃虫等虫害及大葱疫病、灰霉病、黑斑病等病害均使部分地块造成巨大损失。又如目前联合机收后有大量的麦秸、麦糠留在田间，种植夏玉米后，容易造成玉米苗期二点委夜蛾大发生，对玉米危害较大。

（七）农药市场不规范

农药是控制农作物重大病虫草危害，保障农业丰收的重要生产资料，农药也是一种有毒物质，如果管理不严、使用不当，就可能对农作物产生药害，甚至污染环境，危害人畜健康和生命安全。目前农药经营市场主要存在以下问题。

1. 无证经营农药

个别农药经营户法治意识淡薄，对农药执法认识不足，办证意识不强，经营规模较小，采取无证"游击"经营。尤其近几年不少农药经营者打着"农科院、农业大学、高科技、农药经营厂家"的幌子直接向农药经营门市推销农药或把农药送到田间地头。

2. 农药产品质量不容乐观

农药产品普遍存在着"一药多名、老药新名"及假、冒、伪、劣、过期、标签不规范等农药问题，甚至有些农药经营户乱混乱配、误导用药，导致防治效果不佳，直接损害农民的经济利益。

3. 销售和使用禁限用农药

销售和使用国家禁限用农药品种的现象还时有发生。

（八）施药防治技术落后

1. 农药经营人员素质偏低

对农药使用、病虫害发生不清楚，不能从病虫害发生的每一关键环节入手指导防治问题，习惯于"头痛治头，脚痛医脚"的简单方法防治，致使防治质量不高，防治效果不理想。

2. 农民的施药器械落后

农民为了省钱，在生产中大多使用落后的施药器械，其结构型号、技术性能、制造工艺都很落后，"跑、冒、滴、漏"严重，导致雾滴大，雾化质量差，很难达到理想的防治效果。

二、农作物病虫害综合防治的基本原则

农作物病虫害防治的出路在于综合防治，防治的指导思想核心应是压缩病虫害所造成的经济损失，并不是完全消灭病虫害，所以采取的措施应对生产、社会和环境乃至整个生态系统都是有益的。

（一）坚持病虫害防治与栽培管理有机结合的原则

作物的种植是为了追求高产、优质、低成本，从而达到高效益。首先应考虑选用高产优质品种和优良的耕作制度栽培管理措施来实现；再结合具体实际的病虫害综合防治措施，摆正高产优质、低成本与病虫害防治的关系。若病虫草害严重影响作物优质高产，则栽培措施要服从病虫害防治措施。同样，病虫害防治的目的也是优质高产，只有二者有机结合，即把病虫害防治措施落实到优质高产栽培措施之中，病虫草防治要照顾优质高产，才能使优质高产下的栽培措施得到有效执行。

（二）坚持各种措施协调进行和综合应用的原则

利用生产中各项高产栽培管理措施来控制病虫害的发生，是最基本的防治措施，也是最经济最有效的防治措施，如轮作、配方施肥、肥水管理、田间清洁等。合理选用抗病品种是病虫害防治的关键，在优质高产的基础上，选用优良品种，并配以合理的栽培措施，就能控制或减轻某种病虫害的危害。生物防治即直接或间接利用自然控制因素，是病虫草害防治的中心。在具体实践中，要协调好化学用药与有益生物间的矛盾，保护有效生物在生态系统中的平衡作用，以便在尽量少地杀伤有益生物的情况下去控制病虫草害，并提供良好的有益生物环境，以控制害虫和保护侵染点，抑制病菌侵入。在病虫草害防治中，化学防治只是一种补救措施，也就是运用了其他防治方法之后，病虫害的危害程度仍在防治水平标准以上，利用其他措施也功效甚微时，就应及时采用化学药剂控制病虫害的流行，以发挥化学药剂的高效、快速、简便又可大面积使用的特点，特别是在病虫害即将要大流

行时，也只有化学药剂才能担当起控制病虫害的重任。

（三）坚持预防为主，综合防治的原则

要把预防病虫害的发生措施放在综合防治的首位，控制病虫害在发生之前或发生初期，而不是待病虫害发生之后才去防治。必须把预防工作放在首位，否则，病虫害防治就处于被动地位。

（四）坚持综合效益第一的原则

病虫害的防治目的是保质、保产，而不是灭绝病虫生物，实际上也无法灭绝。因此，需化学防治的一定要从经济效益即防治后能否提高产量增加收入，是否危及生态环境、人畜安全等综合效益出发，去进行综合防治。

（五）坚持病虫害系统防治原则

病虫害存在于田间生态系统内，有一定的组成条件和因素。在防治上就应通过某一种病虫或某几种病虫的发生进展进行系统性的防治，而不是孤立地考虑某一阶段或某一两种病虫去进行防治。其防治措施也要贯穿到整个田间生产管理的全过程，决不能在病虫害发生后才考虑进行病虫害的防治。

三、病虫害防治工作中需要采取的对策

（一）抓好重大病虫害的监测，提高预警水平

要以农业部门建设有害生物预警与控制区域站项目为契机，配备先进仪器设备，提高监测水平，增强对主要病虫害的预警能力，确保预报准确。并加强与广电、通信等部门的联系与合作，开展电视、信息网络预报工作，使病虫害预报工作逐步可视化、网络化，提高病虫害发生信息的传递速度和病虫害测报的覆盖面，以增强病虫害的有效控制能力。

（二）提高病虫害综合防治能力

1. 要依托国家公益性植保技术服务手段

以科技直通车、农技110、12316等技术服务热线电话、科技特派员、电视技术讲座等形式加强对农民技术指导和服务。

2. 建立和完善县、乡、村和各种社会力量

如龙头企业、中介组织等，参与的植保技术服务网络，扩大对农民的服务范围。

3. 加快病虫害综合防治技术的推广和普及

提高农民对农作物病虫害防治能力，确保防治效果。

（三）加强技术培训，提高农技人员和农民的科技素质

1. 加强农业技术人员的培训

以提高他们的病虫综合防治的技术指导能力。

2. 加强职业农民的培训

以办培训班、现场会、田间学校及新型农民培训工程项目平台等多种形式广泛开展技术培训，指导农民科学防治，提高他们的病虫害综合防治素质，并指导农民按照《农药安全使用规定》《农药合理使用准则》等有关规定合理使用农药，从根本上改变农民传统的施药理念，全面提高农民的施药水平。

3. 要特别加强对植保服务组织的培训

使先进的防治技术能及时应用到生产中去，以较低的成本，发挥最大的效益。

（四）加强农药市场管理，确保农民用上放心药

1. 加强岗前培训，规范经营行为

为了切实规范农药经营市场，凡从事农药经营的单位必须经农药管理部门进行经营资格审查，对审查合格的要进行岗前培训，经培训合格后方能持证上岗经营农药。通过岗前培训，学习农药法律、法规，普及农药、植保知识，大力推广新农药、新技术，对农作物病虫害进行正确诊断，对症开方卖药，以科学的方法指导农民进行农药防治。

2. 加大农药监管力度

农药市场假冒伪劣农药、国家禁限用农药屡禁不止的重要原因是没有堵死"源头"，因此，加强农药市场监督管理，严把农药流通的各个关口，确保广大农民用上放心药。

（五）大力推广绿色农产品生产技术

近些年全国各地在绿色农产品的管理及技术推广上取得了显著成效。在此基础上，要进一步加大绿色农产品生产技术的推广力度，重点推广农业防治、物理防治、生物防治、生态控制等综合措施，合理使用化学农药，提倡使用生物、植物源农药，确保创建绿色农产品生产基地示范县成果，保证向市场提供安全放心的农产品。

（六）加大病虫害综合防治技术的引进、试验、示范力度

按照引进、试验、示范、推广的原则，加大植保新技术、新药剂的引进、试验、示范力度，及时向广大农民提供看得见、摸得着的技术成果，使病虫综合防治新技术推广成为农民的自觉行动；同时，建立各种技术综合应用的试验示范基地，使其成为各种综合技术的组装车间，农民学习新技术的田间学校，优质、高产、高效、安全、生态农业的示范园区。

第四篇

绿色养殖业生产措施与实用技术

第十章　畜禽与水产养殖业增效措施与实用技术

动物养殖生产是农业生产的第二个基本环节，它的主要任务是进行农业生产的第二次生产，把植物生产的有机物质重新改造成为对人类具有更大价值的肉类、乳类、蛋类和皮毛等产品，同时还可排泄粪便，为植物生产提供优质的肥料。所以畜牧业的发展，不但为人类提供优质畜产品，还为农业再生产提供大量的肥料和能源动力。发展畜牧业有利于合理利用自然资源，除一些不宜于农耕的土地可作为牧场进行畜牧业生产外，平原适宜于农田耕作的土地也应尽一切努力充分利用人类不能直接利用的农副产品（如作物秸秆、树叶、果皮等）发展畜牧业，使农作物增值，并把营养物质尽量转移到农田中去，从而加快农田物质循环，不断促进农业发展。植物生产和动物生产有着相互依存、相互促进的密切关系，通过人们的合理组织，两者均能不断相互促进发展，形成良性循环。

第一节　畜禽与水产养殖业增效潜力与措施

养殖业在现代农业产业体系中的地位日益重要。根据养殖业的特点和现状，发展和壮大养殖业须要转变养殖观念，积极推行健康养殖方式，加强饲料安全管理，加大动物疫病防控力度，建立和完善动物标识及疫病可追溯体系，从源头上把好养殖产品质量安全关，使养殖业发展更加适应市场需求变化。牧区要积极推广舍饲半舍饲饲养，农区有条件的要发展规模养殖和畜禽养殖小区，促进养殖业整体素质和效益逐步提升。

一、发展指导思想

广大农业区发展畜牧养殖业要以建设标准化畜禽养殖密集区和规模养殖示范场为切入点，以畜产品精深加工为载体，以完善四大服务体系为手段，切实转变养殖方式和经营方式，实现畜牧生产规模与效益同步增长，全面提升畜牧生产水平和综合效益。

二、发展思路与工作重点

（一）转变养殖方式，实现养殖规模化

积极引导规模养殖户离开居民区进驻小区，使畜牧业实现生产方式"由院到园"、养殖方式"退村入区"、经营方式"由散到整"的转变。

（二）规范饲养管理，实现养殖标准化

一是大力推广标准化养殖技术。各地根据实际情况，要积极聘请专家，组织养殖场（小区）举办技术讲座、开展技术指导，大力推广品种改良、保健养殖、无公害生产、秸秆青贮氨化养畜、疫病防控、养殖污染治理等养殖技术。同时实行"标准化养殖明白卡"制度，按照现代化畜牧业发展和畜禽产品无公害生产要求，把标准化养殖技术，以明白卡的形式印发给农户，努力提高养殖户标准化生产技术水平。二是对养殖小区和规模养殖场逐步实行"六统一"管理，即统一规划设计、统一用料、统一用药、统一防疫、统一品种、统一销售。三是积极创建无公害畜产品生产基地。对养殖生产实施全过程监管，加强畜产品质量检测体系建设，提高检测水平，实现从饲料生产、畜禽饲养、产品加工到畜产品销售的全程质量监控，严格控制各类有毒有害物质残留。

（三）加工带动基地，实现产业链条化

积极探索推广"加工企业+基地+农户""市场+农户""协会+农户""龙头企业+基地+养殖场（小区）""龙头企业+担保公司+银行+养殖场（户）""反租承包"等多种畜牧产业化发展模式。延伸和完善畜牧产业链条，建设优质畜产品供应基地。逐步把畜产品加工业发展成为食品工业的主导产业，带动规模养殖业快速发展。

（四）完善四大体系，实现养殖高效化

1.完善疫病防控体系

一要健全县级动物防疫检疫监督体系，搞好乡级防检中心站建设，加强基层动物防疫检疫力量，稳定基层防疫队伍；二要落实重大动物疫病防控"物资、资金、技术"三项储备，保障动物疫病监测、预防、控制及扑灭等工作需要。

2.完善畜禽良种繁育推广体系

加大对畜禽良种引进、繁育和推广的支持力度，加快县畜禽良种繁育推广中心建设步伐，加强畜禽人工授精改良站点的规范化管理，使县有中心、乡有站、村有点的"塔形"畜禽良种繁育推广体系更加完善。

3.完善饲草饲料开发利用体系

各地要大力发展饲料工业产业化经营。充分发挥秸秆资源优势，搞好可饲用农作物秸秆的开发利用，大力推广秸秆青贮、氨化等养畜技术，促进畜牧业循环经济发展。把秸秆利用率提高到50%以上，使秸秆基本得到合理化利用。

4.完善畜牧业市场和信息服务体系

一是培育现代化的市场流通体系。健全完善市场规则，规范交易行为，加强市场监管，建立统一开放、竞争有序、公开公平的市场流通体系。二是加快畜牧业信息化进程。

建立健全畜牧业信息网络，推动与龙头企业、批发交易市场和生产基地的网络融合、资源共享。三是建立各类畜牧经济组织。以各地畜牧业协会为主体，充分发挥各类协会和合作组织在技术培训、技术推广、信息服务、集中采购和销售等方面的重要作用，提高农民进入市场的组织化程度。

三、需要采取的保障措施

（一）用现代理念引领现代畜牧业

现代理念就是专业化、规模化、标准化、产业化、市场化理念，有了专业化、规模化才能形成集聚效应，才能形成市场优势；有了市场要用标准来规范，有了标准化才能生产出无公害、绿色、有机食品，才能形成品牌优势，有了品牌，才能进超市，占领更大的市场份额。

（二）用专业化提升技能

"术业有专攻""一招鲜，吃遍天"。因此，要引导农民学好学精一门养殖技术，走精、专、科学养殖的路子。

（三）用标准化规范和示范带动

标准化是现代农业的出路，更是现代畜牧业发展的根本出路。规模要发展，标准要先行。一方面，良种选择要标准，良种本身就是生产力，就是效益，有了良种才能形成成本优势、价格优势；另一方面，在良料、良舍、良管等方面都要严格加以规范，使养殖业的各个生产环节都能按规程有序进行。

（四）用培养众多创业人才领跑

培养现代农民是发展现代畜牧业的基础性工作，现代畜牧业的发展要靠能人带动。而培养现代农民的创业意识、培养创业人才是关键。

（五）用龙头企业带动

用工业的理念发展现代畜牧业是一条捷径，也是延伸产业链条最为关键的一环。要继续加大内引外联和招商引资力度，争取有国内外知名企参与当地畜牧产业化生产，推进畜牧业的跨越式发展。

（六）用组装配套技术超越

一是加大畜牧业科技推广和服务力度，采取专业技术人员包乡、包村、包大户等方式，大力推广普及实用、增产、增收技术，提高科技服务水平和质量。二是加强畜牧业科技队伍建设，特别要加大对农村技术人员和养殖户的养殖技术培训，培养更多的畜牧业科技骨干和

"土专家"。三是深化科技创新和人才使用机制改革，建立健全以服务与收入、利益为纽带的分配机制，使畜牧科技资源与市场有效配置，从而激活畜牧技术人员的积极性。

（七）用无疫区建设保障

搞好无规定动物疫病示范区建设，较好地推动畜牧业的发展。要一手抓防疫设施配套建设，一手抓防疫机制创新与管理，推动畜禽疫病防治工作的科学化、规范化、法治化，以保障现代畜牧业快速推进。

四、发扬传统渔业优势，积极发展现代渔业

我国是世界上第一水产养殖大国，拥有近70%养殖产量，并具有悠久的养殖历史和精湛的养殖技术，水产养殖在农业中的地位越来越突出，在许多地方已成为农民增收致富奔小康的重要途径。同时，也是发展现代农业的较好突破口，发展现代农业，渔业应走在前列。

小水体池塘养殖是我国传统人工水产养殖的重要方式，由于它养殖产量高、效益好、便于管理，且不需要很大的水资源，在没有较大自然水面的平原农区，积极发展小水体池塘养殖，充分发挥传统渔业优势，有着极其重要的意义和作用，有利于农业良性循环和可持续发展，也将成为社会主义新农村建设中的一个重要环节。

（一）充分认识小水体池塘养殖的重要意义与作用

1. 有利于发展健康养殖

池塘养殖是人工水产养殖的重要方式，由于养殖水体小，便于管理，水质易控制，有利于发展健康养殖。

2. 可以充分挖掘渔业发展资源

发展小水体池塘水产养殖，不需要有很大的水资源，生产方便可行，可在大多数地区发展渔业，能充分挖掘渔业资源。

3. 是农业结构调整的重要内容

当前，农业和农村经济发展进入了一个新的阶段，科学的农业经济结构调整是拉动农村经济快速增长的必由之路，也是摆在我们面前的一项长期而艰巨的任务，多年的实践证明，渔业发展具有投资少、见效快、效益高的优势，因地制宜大力发展渔业，既能优化产业布局，又可提高经济效益，既能吸纳农村剩余劳动力，又能合理开发利用国土资源，对发展地方经济，优化经济结构，改善人们生活具有重要意义。

4. 是农民增收脱贫致富奔小康的重要途径

据调查，同面积的池塘水产养殖产值是一般种植业的5倍左右；效益是一般种植业的

2～3倍。特色水产养殖效益将会更高。在许多地区，水产养殖户已成为致富奔小康的带头人。

5. 能够改善生态环境条件

渔业生产本身具有净化水质、改善生态环境条件的功能，大力发展池塘养殖水产业，增加了改善生态环境条件的能力，利于农业良性循环，可持续发展。

6. 有利于提高人民群众生活水平，发展创汇农业

发展现代渔业，可为人民群众提供优质蛋白类食品，改善膳食结构，提高人体素质。同时，随着对外开放领域和范围的进一步拓宽，渔业发展将融入世界渔业经济的大循环，为我国渔业发展提供了一个更加宽阔的市场平台，水产品出口创汇优势将更加明显。

（二）池塘水产养殖的可行性

1. 市场空间分析

随着人们生活水平的提高，市场对营养保健食品——鱼类产品的需求越来越多，特别是在没有大型自然水面的平原农业区，目前鱼类产品多靠外购，水产品人均占有量很低，在该区发展水产品生产，在成本没有过高的情况下，产品销路一般不会有问题，有广阔的市场空间。

2. 养殖场地资源分析

在多数地区由于防洪排涝、村镇建设和道路建设的需要，长期形成了河流与沟渠纵横交错，坑塘遍布，取土取沙坑到处可见的现象，而且，随着国家对土砖的禁烧，大量的砖瓦窑场将被废弃，这些地方复耕发展种植业，成本高，效益低，用来发展池塘水产养殖业，投资小，效益高。所以说在大多数地区养殖场地资源是丰富的。

3. 水资源条件分析

由于地理位置的不同，水资源条件各异，在水资源丰富地区应优先搞好水产养殖业；在水资源条件相对匮乏的地区，利用背河洼地和滞洪区在雨季聚集一些地表水或利用一些地下水搞水产养殖也是可行的，养殖坑塘可进行底层防渗处理，养殖后的水灌溉农田可节约用水，使水产养殖与农田灌溉有机结合，也能缓解水资源问题。

4. 饲料资源分析

在广大农牧区农牧副产物丰富，有许多副产物可以作为发展水产养殖的原料，同时，社会主义新农村建设需要集中排放和处理生活废水，实现农业零污染，处理生活废水和畜牧养殖废物的一个较好途径就是发展沼气，然后利用坑塘搞水产品生产进行消化处理。目前，多数地区高效池塘养殖均采用商品饲料，价位较高，成本也较大，使水产养殖高成本运作，一是有很大的风险性，二是对当地的廉价养殖饲料资源没有很好利用。在这方面也

有较大潜力。例如如何利用廉价的沼渣沼液养鱼，有待进一步开发。

5. 技术条件分析

多数地区农民有养殖水产品的积极性和传统的养殖技能，但随着自然条件的变化和农业生产水平的提高，多数农民对利用池塘搞高效水产养殖技术了解不多，对池塘养殖能带来较高效益了解不够，需要加强这方面的宣传、培训和示范带动，使之迅速提高发展水产养殖的积极性和养殖技能。

（三）目前池塘水产养殖存在的问题

水产品特别是名、优、特水产品相对短缺是一个不争的现实，长期以来造成市场有需求而生产能力跟不上的原因是多方面的，其存在的主要问题有以下几个方面。

一是水资源在大多数地区相对匮乏，且没有很好利用。

二是对水产养殖宣传不够，养殖信息和新的养殖技术传递不畅，规范组织不力，扶持与示范带动不强，农民认识不足，造成水产养殖积极性不高，水产养殖发展跟不上形势发展需要。

三是大多数地区人工水产养殖技术水平较低，成本较高，运作风险较大。

四是一些名优特水产品深度开发不够，缺乏有效扶持和技术服务。

（四）发展现代渔业的基本思路与原则

一是提高认识，科学发展。发展现代渔业应有一个正确的定位，在大多数地区首先还是发展现代种植业，同时，应积极创造条件，适度配合发展现代渔业。

二是突出特色发展。小水体池塘养殖发展现代渔业应突出以名、优、特、新水产品种为主，适当配合发展传统水产品种。

三是选择好发展地点。应选择一些水资源条件相对较好或有池塘、废弃砖瓦窑坑、挖沙坑、果园以及大庭院等地方大力发展。

四是搞好结合共同发展。要大力发展"稻—鱼共养""莲—鱼共养""果园猪—沼—鱼生态系统"等共养模式，促进高效共同发展。

五是搞好产业化稳步可持续发展。搞好渔业产业化是发展现代渔业必须途径，要采取专业合作组织、示范园区、无公害水产基地等多种形式，搞好规模发展，使之形成产业化，走稳步可持续发展之路。

六是适当发展观光休闲渔业。应在一些旅游景区、城区、示范园区等地方适当发展观光、垂钓休闲渔业。

（五）发展现代渔业需要采取的措施

现代渔业作为现代农业的一个组成部分，在社会主义新农村建设中将起到不可忽视的作用。所以，我们必须提高对发展现代渔业重要性的认识。根据目前渔业的现状和存在问题，应采取以下措施。

一是政策引导，加强补贴。目前我国已进入工业反哺农业的新阶段，政府出台了一系列支农惠农政策，渔业作为农业的一个重要部分，也应有支持发展的优惠政策和补贴措施，以启动和支持现代渔业的发展。

二是科学规划，因地制宜，适度规模发展。

三是加强组织，搞好示范带动，规范水产养殖事业。

四是加强技术培训和技术服务工作，提高养殖水平和效益。

五是搞好技术创新，开发利用好当地养殖饲料资源，降低养殖成本和养殖风险。

六是按无公害水产品生产标准生产，确保水产品质量安全，走无公害水产品生产之路。

第二节　养猪实用技术要点

我国地域辽阔，由于各地自然环境、社会经济和猪种起源等状况差异悬殊，所以形成的猪种繁多，类型复杂，已列入品种志的就有50余个。根据猪的起源、生活性能、外形特点，结合各地自然生态，饲料条件等，一般将地方良种猪分为6个类型（华北、华南、华中、江海、西南、高原）。它们的共同特点是繁殖率高、适应性强、耐粗饲、肉质好；缺点是体格小、生长慢，出栏率和屠宰率偏低，胴体脂肪多、瘦肉少。从全国看，地方猪的变化规律为"北大南小""北黑南花"，繁殖率以太湖猪为中心，向北、向南、向西逐渐下降。

一、母猪的饲养技术要点

（一）对环境条件的要求

1. 温度

温度过高或过低均对猪的生长发育和生产性能不利，生产中不同阶段的猪需要不同的温度，空怀及孕前期母猪适宜温度13~19℃，最高温度27℃，最低温度10℃，孕后期母猪适宜温度16~20℃，最高温度27℃，最低温度10℃，哺乳母猪适宜温度18~22℃，最高温度27℃，最低温度13℃。

2. 湿度

猪舍的相对湿度以50%~75%为宜，高温高湿对猪有显著不良影响。

3. 光线

肉猪舍的光线应稍暗，以保证休息和睡眠，有利增重。

4. 有害气体

猪舍内的氨气浓度不应超过26 mL/L，硫化氢不超过10 mL/L为好。

5. 密度

在限饲条件下，育肥猪每圈饲养10～15头为宜；体重30～60 kg阶段每头猪占有猪栏面积0.45 m²，60～100 kg阶段占地0.8 m²。

（二）不同季节饲养管理措施

适宜的环境温度对猪只正常生长发育、健康和繁殖能力影响较大，温度是提高饲料转化率，降低生产成本，提高养猪经济效益的重要因素之一。因此，在日常生产中采取有效的饲养管理措施，改善猪舍小气候状况，为猪只创造适宜的环境温度显得尤为重要。

1. 夏季搞好防暑工作

（1）提高日粮营养浓度。在高温条件下猪采食量下降，而体内产热增加，这样体内摄入的能量明显不足，通过提高日粮能量浓度水平特别是能量、蛋白质和维生素水平可适当缓解热应激。试验证明，给日粮中添加脂肪（包括食用油），以赖氨酸作为部分天然蛋白质代用品可减少日粮热量的降低，减少热应激时猪的热负荷，维生素B族和维生素C及部分微量元素对预防热应激也有一定效果。

（2）为猪只提供充足、清凉的饮水。在高温情况下猪只以蒸发散热为主，其饮水量大增。此外，可采取喷雾、猪体喷淋、加强通风（尤其是纵向通风）等措施，以促进猪体蒸发散热。但同时应避免舍内温度过大，以防高温加剧热应激。

（3）适当减少猪群密度。猪群过大和饲养密度过高，均可加重热应激，应降低猪群密度。

（4）在气温较低时喂食。夏季在每天气温较低时（如早晨或夜间）喂食，并适当增加每天饲喂次数。

（5）采取通风降温措施。加强猪舍遮阳、通风和隔热设计，在夏季能及时通风降温。

2. 冬季搞好防寒工作

（1）适当提高日粮营养浓度，增加饲喂量。

（2）在可能的情况下，加大饲养密度，使用垫草，可减缓冷应激。

（3）冬天夜晚时间长，饲喂时间应安排提前早饲和延后晚饲或增加夜饲。

（4）减少饲养管理用水，不饮冰水，及时清除粪尿，注意猪舍防潮。

（5）加强猪舍门窗管理。防止孔洞、缝隙形成的贼风，并注意适当通风，排除舍内水汽及污浊空气。

（6）加强围护结构防寒保暖和采光设计，必要时采用有效节能的供暖设备。

（三）饲料的配比与饲养

母猪包括空怀母猪、妊娠母猪和哺乳母猪。

1. 空怀母猪的饲养

正常的饲养条件下，哺乳母猪在仔猪断奶时应有七成到八成膘，断奶后7～10天就能再发情配种，开始下一个繁殖周期，有些人对空怀母猪极不重视，错误地认为空怀母猪既不妊娠又不带仔，随便喂喂就可以了，其实不然，许多试验证明，对空怀母猪配种前的短期优饲，有促进发情排卵和容易受胎的良好作用，空怀母猪的饲养方法如下。

```
┌─────┐ 3天  ┌────┐ 3天  ┌────┐ 4～7天 ┌────┐
│泌乳期│────→│断奶│────→│干乳│──────→│发情│
└─────┘ 减料 └────┘ 减料 └────┘ 减料   └────┘
```

仔猪断奶前几天母猪还能分泌相当多的乳汁（特别是早期断奶的母猪），为了防止断奶后母猪得乳房炎，在断奶前后各3天要减少配合饲料量并给一些青粗饲料充饥，使母猪尽快干乳。断奶母猪干乳后，由于负担减轻食欲旺盛，多供给营养丰富的饲料和保证充分休息，可使母猪迅速恢复体力，此时日粮的营养水平和给量要和妊娠后期相同。如能增喂动物性饲料和优质青绿饲料更好，可促进空怀母猪发情排卵，为提高受胎率和产仔数奠定物质基础。

对那些哺乳后期膘情不好，过度消瘦的母猪，由于它们泌乳期间消耗很多营养，体重减轻很多，特别是那些泌乳力高的个体减重更多。这些母猪在断奶前已经相当消瘦，奶量不多，一般不会发生乳房炎。断奶前后可酌情减料，干乳后适当多增加营养，使其尽快恢复体况，及时发情配种。

有些母猪断奶前膘性相当好，这类母猪多半是哺乳期间吃食好，带仔头数少或泌乳力差，在泌乳期间体重下降少，过于肥胖的母猪贪睡，内分泌紊乱，发情不正常。对这类母猪断奶前后都要少喂配合饲料，多喂青粗饲料，加强运动，使其恢复到适度膘性，及时发情配种。

空怀母猪一般要求每千克饲料含蛋白质13%，同时要保证维生素A、维生素D、维生素E及钙的供应。此外，空怀母猪额外供应一些青绿、多汁的饲料很有好处。

2. 妊娠母猪的饲养

（1）营养需要。母猪在妊娠期从日粮中获得的营养物质首先满足胎儿的生长发育，然后再供本身的需要，并为哺乳贮备部分营养物质。对于初配母猪还需要一部分营养物质来维持本身生长发育。如果妊娠期营养水平低或营养物质不全，不但胎儿不能很好发育而且母猪也要受到很大影响。

妊娠母猪所需的营养物质，除供给足够的能量外，蛋白质、维生素和矿物质也很重要。在妊娠母猪的日粮中，粗蛋白质含量应占14%～16%；钙可按日粮的0.75%计算，钙磷比例为（1～1.5）：1；食盐可按日粮的1%～1.5%供给；维生素A和维生素D不能缺乏。

（2）饲养方式。如果妊娠母猪的饲养状况不好，应按其妊娠前期、中期、后期3阶段，以"高—低—高"的营养水平进行饲养。即在妊娠初期就要加强营养，增加精料，特别是蛋白质饲料，以促进母猪迅速恢复繁殖体况。当母猪体质达到中等营养程度时，适当增加品质好的青绿多汁饲料和粗饲料，按饲养标准进行饲养，直到妊娠80天后，再加强营养，增加精料，以满足胎儿的生长发育需要，这就是"抓两头，顾中间"的饲养方式。

若妊娠母猪的体况良好，可采用前粗后精的饲养方式。因妊娠初期胚胎发育慢，母猪膘情好，不需另加营养物质，按一般营养水平即可满足母体和胎儿的营养需要。到妊娠后期，再加强饲养，增加精料，以满足胎儿高速生长发育的需要。

对于初产和繁殖力高的母猪，应采取营养水平步步提高的饲养方式进行饲养。因为随着胎儿的不断发育长大，初产母猪的本身也在不断生长发育，高产母猪胚胎发育需要更多的营养物质，所以其整个妊娠期的营养需要是逐步提高的，到妊娠后期达到最高水平。

（3）饲喂技术。日粮必须有一定体积，使母猪既不感到饥饿，也不因体积大而压迫胎儿，影响生长发育，最好按母猪体重的2%～2.2%供给日粮。

对妊娠母猪日粮营养要全面，饲料多样化，适口性好。3个月后应限制青、粗、多汁食料的喂量，切忌饲料不易多变。同时妊娠前期切不可喂过多的精料，否则会把母猪养得过肥，引起产仔数少、仔猪体重小，以及母猪乳房炎、子宫炎和产褥热等病症。

严禁喂发霉变质、冰冻和有毒的饲料，以防流产和死胎。

提倡饲喂湿拌料和干粉料，注意供给充足饮水。

3. 哺乳母猪的饲养

哺乳母猪的饲料应按其饲养标准配制，保证适宜的营养水平。母猪刚分娩后体力消耗很大，处于高度的疲劳状态，消化能力较弱，所以，开始应给稀料，2～3天后饲料喂量逐渐增多；5～7天改喂湿拌料，饲料量可达到饲养标准规定量。哺乳母猪要饲喂优质饲料，在配制日粮时原料要多样化，尽量选择营养丰富、保存良好、无毒的饲料，还要注意配制饲料的体积不能太大，适口性好，这样可增加采食量。

哺乳母猪最好日喂3次，有条件时可加喂一次优质青绿饲料。

（四）提高繁殖力技术

1. 影响繁殖力的因素

（1）遗传。品种对繁殖力有很大影响，不同的品种（或品系）之间繁殖力存在较大的差异。如我国太湖猪平均产仔数高达15头，而引进品种仅为9～12头。

近交会使胚胎的死亡率增高，且胎儿的初生重也较轻，一些遗传疾病也会增加；而杂交则有利于提高窝产仔数及初生重，故应有意识地控制近交，开展杂交。

（2）营养。营养的影响是多方面的，不仅要注意到质的影响，同时还要考虑到不同生理条件下，季节、个体等差异及饲料品种诸多因素的影响。

总的来说，作为种母猪既要满足需要，又不要过肥，要以饲养标准为参考，避免盲目配料、喂料。

2. 提高繁殖力的措施

（1）选用繁殖力强的杂交品种。

（2）在不同时期调整好营养。在空怀期、妊娠期和妊娠后期可适当采取短期优饲，对于母猪恢复体重、促进发情、排卵和提高泌乳量有益。妊娠中期可采取限制饲养。整个妊娠期过高的能量供应会使泌乳期的采食量下降，不利于乳腺发育，从而导致泌乳量下降。哺乳期适当增加营养，对维持产奶十分重要，也可避免较大的体重损失，有利于下一次发情、配种。维生素在日粮中的水平对母猪最大限度地发挥繁殖潜力极为重要。如生物素、胆碱、叶酸等，因此，在出现死胎增加或受胎率突然下降时应首先考虑营养方面的因素，尤其是矿物质和维生素的影响。

（3）加强饲养管理。卫生防疫是保证猪只良好体况的重要环节，要经常根据需要进行传染病科学、合理、有效的预防和接种工作（如猪瘟、细小病毒、乙型脑炎、萎缩性鼻炎、繁殖与呼吸道综合征等疫病）；周期性地进行猪舍清洗、消毒；要防止和治疗子宫炎、阴道炎和乳房炎。

建立母猪个体的繁殖登记制度，及时淘汰繁殖力较低的母猪，使整个繁殖母猪保持在良好的繁殖水平上。猪群密度及空间明显影响青年母猪的正常性周期、配种和妊娠。密度太大或空间太小，母猪配种率下降。母猪交配后应留在原圈3周以上，等确诊妊娠后才能转圈，这样有利于减轻环境应激对胚胎早期死亡的影响，可以获得更多发育成活的胚胎，提高窝产仔数。在妊娠的前3~4周内，猪舍温度应保持在18~22℃，严防热应激对早期胚胎存活的影响。在母猪妊娠的第15天注射1 500国际单位的PMSG（孕马血清促性腺激素）可以提高胚胎的存活数目，增加产仔数。确诊妊娠的母猪最好单独饲养。产房设备要适宜，卫生清洁，通风良好，最好架设产床。母猪分娩后36~48 h（不能太久），肌内注射10 mg前列腺素F2a，可有效预防子宫炎，产后热，缩短发情间隔。最好在4~5周龄断奶。在母猪断奶后，引入成年种公猪或用公猪的尿液、精液喷洒到母猪的鼻子上，有利于其发情，提高排卵数。

（4）搞好发情鉴定，及时配种。尽早进行妊娠诊断，未妊娠者，要尽早采取措施，促使发情，及时配种。

（5）合理淘汰种母猪。对断奶后不发情者，断奶后14天以上未发情者，经合群、运动、公猪诱情、补饲催情、药物（包括激素）处理等措施后仍不发情者，应淘汰。

连续3个发情期配种未受胎者，子宫炎经药物处理久治不愈者，难产、子宫收缩无力、产仔困难、连续2胎以上需助产者，连续2胎产仔数6头以上者，产后无奶、少奶、不愿哺乳、咬食仔猪、连续2窝断奶仔猪数在5头以下者。肢蹄发生障碍，关节炎，行走、配种困难者。9胎以上，产仔数少于7头者。都应淘汰。

二、仔猪的饲养技术要点

仔猪在胎儿时期完全依靠母体来提供各种营养物质和排泄废物，母猪（子宫）对胎儿来说是个相对稳定的生长发育环境。与之相比，仔猪出生后生活条件发生了巨大变化。第一，要用肺呼吸。第二，必须用消化道来消化，吸收食物中的营养物质。第三，直接接受自然条件和人为环境的影响。养好哺乳仔猪的任务是使仔猪成活率高，生长发育快，个体大小均匀整齐，健康活泼，断奶体重大，为以后养好断奶幼猪和商品肉猪打下良好的基础。

（一）哺乳仔猪的特点

1. 生长发育快，新陈代谢旺盛，利用养分能力强

猪出生时体重小，不到成年体重的1%，但出生后生长发育特别快，30日龄时体重达出生重的5～6倍，2月龄时达10～13倍。

仔猪生长快，是因为物质代谢旺盛，特别是蛋白质代谢和钙、磷代谢都要比成年猪高得多，20日龄时，每千克体重沉积的蛋白质相当于成年猪的30～35倍；每千克体重所需代谢净能为成年猪的3倍，仔猪对营养不全的饲料反应特别敏感。因此，供给仔猪的饲料要保证营养全价和平衡。

仔猪的饲料利用率高，瘦肉型猪全期的饲料利用率（料肉比）约为3∶1，而乳期仔猪约为1∶1。可见抓好仔猪的开食和补料，在经济上很有利。由于仔猪生长发育快，若短时间生长发育受阻，很可能影响终身，甚至形成僵猪。养好仔猪，可为以后猪的生长发育奠定基础。

2. 消化器官不发达，胃肠容积小，消化腺机能不健全

小猪出生时胃仅能容纳25～50 g乳汁，20日龄扩大2～3倍。随着日龄增长而强烈生长，当采食固体饲料后增长更快，小肠生长也如此。因小猪每次的采食量少，一定要少喂多餐。小猪的消化腺分泌的各种消化酶及其消化机能不完善，仔猪初生时胃内仅有凝乳酶，胃蛋白酶少且因胃底腺不发达，缺乏盐酸来激活，故胃不能消化蛋白酶，特别是植物性蛋白，但是，这时肠腺和胰腺发育比较完全，胰蛋白酶、肠淀粉酶和乳糖活性较高，食物主要在小肠内消化，食物通过消化道的速度也较快，所以，初生小猪只能吃母乳，而不能利用植物性饲料中的营养。随着日龄的增长（2～3周龄开始）加上食物对胃壁的刺激，各种消化酶分泌量和活性逐渐加强，消化植物性饲料的能力随之提高。

由于上述仔猪的消化生理特点，揭示了哺乳仔猪在饲养管理上的3个问题：一是母乳是小猪哺乳期最佳食物，因此，养好哺乳母猪，让其分泌充足的乳汁，是养好小猪的首要条件；二是小猪消化机能不发达与其身体的迅速生长发育相互矛盾，应及早调教小猪尽早开食，锻炼其消化机能，给小猪喂食营养丰富易消化的食物，补充因母乳不足而缺少的营

养，保证小猪正常生长；三是根据小猪消化生理特点和各时期生长对营养的需要，配制不同生长阶段的乳猪饲料，缩短哺乳小猪的离乳时间，提高母猪的年产胎次。

3. 缺乏先天性免疫力，容易得病

初生仔猪缺乏先天性免疫力，免疫抗体是一种大分子的r-球蛋白，它不能通过胎盘从母体中传递给胎儿，只有吃到初乳后，乳猪才可从初乳中获得免疫抗体。母猪初乳中免疫抗体含量很高，但降低也很快，以分娩时含量最高，每100 mL初乳中含免疫球蛋白20 g，4 h后下降到10 g，以后逐渐减少，3天后即降至0.35 g以下，仔猪将初乳中大分子免疫球蛋白直接吸收进入肠壁细胞（即胞饮作用）再进入仔猪血液中，使小猪的免疫力迅速增加，产生胞饮作用是因为小猪出生后24 h内，由于肠道上皮处于原始状态，对大分子蛋白质有可通透性，同样对细菌也有可通透性，所以仔猪易拉奶屎，这种可通透性在出生36 h后显著降低。初乳中在比较短时间里含有抗蛋白分解酶且此时胃底腺不能分泌盐酸，保证了初乳中免疫球蛋白在胃肠道中不受破坏。

所以，仔猪出生后应尽早让仔猪吃上和吃足初乳，这是增强免疫力、提高成活率的关键措施，仔猪10日龄以后才开始自产免疫抗体，到30～35日龄前数量还很少，这段时间，仔猪从母乳中获得抗体很少，可见，2周龄仔猪是免疫球蛋白的青黄不接阶段，是关键的免疫临界期，同时，仔猪这时已开始吃食饲料，胃液尚缺乏游离盐酸，对随饲料、饮水进入胃内的病原微生物没有抑制作用。所以，这时要注意栏舍卫生，在仔猪饲料中和饮水中定期添加抗菌药物，对防止仔猪疾病的发生有重要意义。

4. 调节体温的机能不全，防御寒冷的能力差

仔猪防御寒冷能力差的原因：一是大脑皮质发育不全，垂体和下丘脑的反应能力差，丘脑传导结构的机能低，对调节体温恒定的能力差；二是初生仔猪皮毛稀薄，体脂肪少，只占体重的1%，隔热能力差；三是体表相对面积（体表面积与体重之比）大，增加散热面积；四是肝糖原和肌糖原贮量少；五是仔猪出生后24 h内主要靠分解体内储备的糖原和母乳的乳糖供应体热，基本上不能氧化乳脂肪和乳蛋白来供热，在气温较高条件下，24 h以后，其氧化能力才能加强。仔猪的正常体温约39℃，初生仔猪要求环境温度为32～33℃，若温度太低，必然要动用肝糖原和肌糖原来产热，这两种糖原贮量少，很快就用完，若小猪不能及时从初乳中得到补充能量，体温很快下降，随即出现低血糖，体温过低，导致仔猪体弱昏迷而最后死亡。

（二）饲养管理措施

在生产实践中，接产员要尽快把初生小猪体表擦干，尽量减少体热散发并给仔猪保温，减少体能损耗，同时及时给仔猪吃上初乳补充能量和增强抵抗力，减少肝糖原和肌糖原的损失，尽快使仔猪体温回升，增强仔猪活力。"抓三食，过三关"是争取仔猪全活全

壮的有效措施。

1. 抓乳食，过好初生关

仔猪生后一个月内，主要靠母乳生活，初生期又有怕冷、易病的特点。因此，使仔猪获得充足的母乳是使仔猪健壮发育的关键，保温防压是护理仔猪的根本措施。仔猪出生后即可自由行动，第一个活动就是靠嗅觉寻找乳头吸乳，小猪出生后应在两小时内吃上初乳。初乳中蛋白质含量特别高，并富含免疫抗体，维生素含量也丰富，初乳是哺乳小猪不可缺少的营养物质。初乳中还含有镁盐，有轻泻性，可促使胎粪排出。初乳酸度较高，有利于消化道活动，初乳的各种营养物质，在小肠几乎全部被吸收。所以，让小猪及时吃好和吃足初乳，除可以及时补充能量、增强体质外，还能提高抗病能力，从而提高对环境的适应能力。

初生仔猪由于某些原因吃不到或吃不足初乳，很难成活，即使勉强活下来，也往往发育不良而形成僵猪。所以，初乳是初生仔猪不可缺少和替代的。

初生弱小或活力较弱的小猪，往往不能及时找到乳头或易被强者挤掉，在寒冷季节，有的甚至被冻僵不会吸乳，为此，在仔猪出生后应给以人工扶住和固定乳头。固定乳头的方法：按仔猪弱小强壮的顺序依次让小猪吸吮第1～7对乳头，或在猪分娩结束后让小猪自行找乳头，待大多数小猪找到乳头后，依弱小和强壮按上述原则作个别调整，弱者放前，强者放后乳头，每隔1 h左右母猪再次放乳时重复多次调整调教，一般在出生后坚持2～3天，便可使小猪建立吸乳的位次。

将小猪固定乳头吸乳，一方面可使弱小猪吸吮到乳头分泌较多的乳汁，使全窝仔猪发育匀称；另一方面，由于母猪没有乳池，只有母猪放乳时小猪才吸吮到乳汁，而母猪放乳时间一般只有20 min左右，如果不给仔猪建立吸乳的位次，仔猪就会互相争夺，浪费母猪短暂的放乳时间吃不上或吃得少，或强者吃得多，弱者吃得少，影响生长发育同时还会咬伤乳头和仔猪颊部。

2. 抓开食，过好补料关

母猪的泌乳规律是从产后5天起泌乳量才逐渐上升，20天达到泌乳高峰，30天以后逐渐下降。

当母猪泌乳量在分娩后20～30天逐渐下降时，仔猪的生长发育却处于逐渐加快的时期，就出现了母乳营养与仔猪需要之间的矛盾。不解决这个矛盾，就会严重影响仔猪增重，解决的办法就是提早给仔猪补料。

仔猪早补料，能促进消化道和消化液分泌腺体的发育。试验证明，补料的仔猪，其胃的容量，在断奶时比不补料仔猪的胃约大一倍。胃的容量增大，采食量随之增加。一般随日龄增长而增加，仔猪采食量如表10-1。

表10-1 仔猪日龄数与采食量 单位：g

项目	15~20天	20~30天	30~40天	40~50天	50~60天
采食量	20~25	100~110	200~280	400~500	500~700

补料方法：仔猪生后第7天就可以开始补料，最初可用浅盆，在其上面撒上少量乳猪料，仔猪会很快尝到饲料的味道，这样反复调教2~3次，仔猪会牢记饲料的味道了。母乳丰富的仔猪生后10天时不爱吃乳猪料，可在料中加入少量白糖等甜味料，灌入仔猪口中，使其早认料后，便可用自动喂料器饲喂。

3. 抓旺食，过好断奶关

仔猪21日龄后，随着消化机能日趋完善和体重迅速增加，食量大增，进入旺食阶段。为了提高仔猪的断奶体重和断奶后对幼猪料类型的适应能力及减少哺乳母猪的体重损失，应想方设法加强这一时期的补料。

此期间应注意以下3个问题：第一，饲料要多样配合，营养全面；第二，补饲次数要多，适应胃肠的消化能力；第三，增加进食量，争取最大断奶窝重。

饲养好仔猪必须注意以上问题，才能更好地饲养好仔猪。

三、肉猪的饲养技术要点

在现代养猪生产中，肉猪的饲养阶段，即从小猪育成最佳出栏屠宰体重（从70日龄至170~180日龄）。此期所消耗的饲料占养猪饲料的总消耗量（含每头肉猪分摊的种猪料、仔猪和肥育猪全部饲料消耗量）的80%以上。养好肉猪，提高日增重和饲料利用率，就可以降低生产成本，提高经济效益。

（一）肉猪的营养要求

猪从幼龄到成年，体组织生长发育的速度顺序是先骨骼，后肌肉，最后是脂肪。

因而，在营养方面，早期应注意钙、磷的供应，钙应占日粮的0.8%，磷0.6%，在封闭饲养的条件下，还要注意补充维生素A和维生素D。

蛋白质是肌肉和组织器官的主要成分，在猪的生长期需要更多的蛋白质养分，日粮的粗蛋白含量要随着生长的变化逐步由高到低，在生长的前期，日粮粗粮蛋白含量应保持在18%~20%，生长后期逐步降低蛋白质水平，使之达到14%~16%，此外，日粮中要求全价氨基酸，特别是赖氨酸对猪的生长发育影响较大。豆饼是富含赖氨酸的饲料，动物性蛋白饲料含有各种必需氨基酸，因此，在生长猪的日粮中，力求饲料原料多样化，以便达到各种必需氨基酸的平衡。

日粮能量的水平，在生长的前期每千克日粮应含13.6 MJ可消化能，后期为13.18 MJ可消化能。

（二）肉猪的饲养

1. 饲养目标

可按猪的生长发育规律，尽量满足其营养要求，使猪连续不断地保持较高的增重速度，以6～7月龄体重达到90～110 kg作为饲养目标。

2. 饲养原则

猪对日粮的采食量与其体重大小成正比例关系，体重越小，采食量越少；体重越大，采食量越大，为了使采食量与营养要求达到协调平衡，必须在幼龄期的日粮中使可消化能达到13.18 MJ。蛋白质水平逐步由高变低，幼龄时，日粮蛋白质水平为18%～20%，中后期达到14%～16%。

3. 饲养方式

在一般猪场，人们都采用限量饲喂方式，而在现代化养猪场，多采用自由采食方式。为了降低背膘厚度，提高商品肉猪的瘦肉率，前期可采用自由采食，后期采用限制饲喂。实践证明，采用自由采食，可促进食欲，增强消化道消化液的分泌，利于消化吸收，猪群发育整齐，从而收到良好的育肥效果。

第三节　养羊实用技术要点

一、饲养技术要点

（一）绵羊的饲养技术

1. 种公羊的饲养

饲养种公羊一般要求在非配种期应有中等或中等以上的营养水平，配种期要求更高，应保持健壮、活泼、精力充沛，但不要过度肥胖。种公羊的日粮必须含有丰富的蛋白质、维生素和矿物质。应由种类多，品质好，易消化且为公羊所喜食的饲料组成。干草以豆科牧草如苜蓿为最佳，精料以大麦、大豆、糠麸、高粱效果为佳，胡萝卜、甜菜及青贮玉米、红萝卜等多汁饲料是公羊很好的维生素饲料。

种公羊的饲喂，在配种期间，全日舍饲时，每天每头喂优质干草2～2.5 kg，多汁料1～1.5 kg，混合精料0.4～0.6 kg，在配种期，每日每头给青饲料1～1.3 kg，混合精料1～1.5 kg，采精次数多，每日再补饲鸡蛋2～3个或脱脂乳1～2 kg，如能放牧，补充饲料可适当减少，种公羊要单独组群，羊舍应注意避风朝阳，土质干燥，不潮湿、不污脏。应设草栏和饲料槽，确保圈净、水净、料净。平时要对每只公羊的生理活动，进行详细观察，做好记载，发现异常立即采取措施。配种期间，每日应按摩睾丸2次，每月称体重1次，修蹄、剪眼毛各1次，采精前不宜喂得过饱。

2. 母羊的饲养

（1）怀孕母羊的饲养。怀孕母羊（怀孕前3个月）需要的营养不太多，除放牧外，进行少量补饲或不补饲均可。怀孕后期，代谢比不怀孕的母羊高20% ~ 75%，除抓紧放牧外，必须补饲，以满足怀孕母羊的营养需要。根据情况，每天可补饲干草（秧类也可）1 ~ 1.5 kg，青贮或多汁饲料1.5 kg，精料0.45 kg，食盐和骨粉各1.5 g。平原农区不能放牧的情况下，除加强运动外，补饲应在上述基础上增加1/3为宜。最好在较平坦的牧地上放牧。禁止无故捕捉，惊扰羊群以造成流产，怀孕母羊的圈舍要求保暖、干燥、通风良好。

（2）哺乳母羊的饲养。母乳是羔羊生长发育所需营养的主要来源，特别是生后的头20 ~ 30天，产羔季节，如正处在青黄不接时期，单靠放牧得不到足够的营养，应补饲优质干草和多汁饲料。羔羊断奶前几天，要减少母羊的多汁料、青贮料和精料喂量，以防乳房炎的发生，哺乳母羊的圈舍应经常打扫，保持清洁干燥，胎衣、毛团等污物要及时清除，以防羔羊吞食生病。

（二）山羊的饲养

1. 补料

羊在舍饲时间的营养物质，主要靠人工来补充。因此，在日粮中，除给以足够的青草和干草外，还应根据不同的情况补喂一定数量的混精料，以及钙磷和食盐等矿物质饲料，使之满足对营养物质的需要和维持体质的健康。

2. 给饲方法与饮水

喂饲方法，应按日程规定进行，一般每天应给喂3 ~ 4次，要求先喂粗饲料，后喂精饲料，先喂适口性较差的饲料，后喂适口性好的饲料，使之提高食欲，增加采食量。粗料应放入草架中喂给，以免浪费饲料，还要供给充足的饮水，每天饮水次数一般不少于2 ~ 3次。

二、羊病的防治

（1）详细调查。了解和掌握本场、本村及周围羊的历史，特别是近年来疫病发生和流行的情况、防治情况、自然环境及饲草料情况，以及疫病流行的条件和防治优势。

（2）经常观察和定期检疫。发现病羊和疑似病羊立即隔离，专人饲养管理，及时治疗，死亡病羊慎重处理。

（3）不喂被污染的饲料和水。不到被污染的地方放牧饮水，不从疫区买羊，健康羊不到疫区去，必须经过时，自带草料和饲具，并迅速通过，对新买的羊经观察和检疫，确认健康无病后，方可入群。

（4）圈舍经常打扫，定期消毒。清除粪便并堆放在距圈舍、水井及住房100~200 m以外的地方，饲养管理工具要经常清洗和消毒，饲草饲料及饮水要干净卫生。

（5）杀死害虫，消除老鼠并消除环境污染因素。

（6）加强饲养管理，增强机体抗病能力。

（7）对已有疫苗的传染病，进行定期防疫注射，并注意随时补注，做到一只不漏，只只免疫。

第四节　养牛实用技术要点

一、优良品种的选择

（一）地方良种黄牛品种

1. 南阳牛

南阳牛是我国著名的优良地方黄牛品种，主要分布于河南省南阳地区唐河、白河流域的广大平原地区，以南阳市卧龙、宛城、唐河、邓州、新野、镇平、社旗、方城8地为主要产区。除南阳盆地几个平原县市外，周口、许昌、驻马店、漯河等地区分布也较多。南阳牛属大型役肉兼用品种，体格高大，肌肉发达，结构紧凑，皮薄毛细，行动迅速，鼻镜宽，口大方正，鬐甲较高。四肢端正，筋腱明显，蹄质坚实。

2. 秦川牛

秦川牛因产于陕西省关中地区的"八百里秦川"而得名。主要产区为陕西渭河流域的关中平原，以咸阳、兴平、武功、乾县、渭南、蒲城、礼泉7地所产的牛最为著名。秦川牛属大型役肉兼用品种。体格高大，骨骼粗壮，肌肉丰满，体质强健。前躯发育特别良好，头部方正，肩长而斜。秦川牛挽力大，步速快，是关中地区农耕的主要动力。

3. 鲁西牛

鲁西牛主要产于山东省西南部的菏泽、济宁两地区境内，即北至黄河，南至黄河故道，东至运河两岸的三角地带。以菏泽地区的郓城、鄄城、巨野、梁山和济宁地区的嘉洋、金乡等地为中心产区。鲁西牛体躯结构匀称，细致紧凑，体躯大而略短，肌肉发达，前躯宽平，具有较好的役肉兼用体形。鲁西牛性情温驯，易管理，便于发挥最大的工作能力。鲁西牛以肉质好而闻名，远销国内外，群众称为"膘牛"。

4. 晋南牛

晋南牛产于汾河下游晋南盆地，主要分布在山西省运城、临汾两地区，以万荣、河津的牛数量多，质量好。晋南牛属大型役肉兼用品种，体形较大，骨骼粗壮，肌肉发达，被毛为枣红色。鼻镜粉红色，公牛头适中，额宽嘴粗，俗称"狮子头"。役用性能挽力大，速度快，耐久力好。

（二）国外引入肉牛品种

1. 西门塔尔牛

乳肉兼用品种，原产于瑞士西部的阿尔卑斯山区，西门山谷，而以伯尔尼州周围所产的品质最好，在法国、德国等国也有分布。大型乳、肉、役三用品种，占瑞士总牛数的50%。西门塔尔牛在产乳性能上被列为高产的乳牛品种，仅次于黑白花奶牛，在产肉性能上并不比专门化肉用品种逊色。在生长速度上也是第一流的，因此，现今西门塔尔牛成为世界各国的主要引种对象，西门塔尔牛为大型兼用牛种，产肉性能好。西门塔尔牛常年在山地放牧饲养，因此其体躯粗壮结实，耐粗饲，适应性好，抗病力及繁殖力均强，难产率低，既能生产大量优质牛肉，又能得到高额的挤乳量，而且乳的质量好，四肢发达，行走稳健，役力强，是具有多种经济用途的优秀兼用品种。

2. 夏洛来牛

原产于法国索恩-卢瓦尔省。17世纪初，畜牧业开始在布尔戈尼地区发展起来，农民不仅种植牧草，而且注意培育优良牛羊品种，防治动物疾病。夏洛来是索恩-卢瓦尔省南部地区古代首府的称谓，良种牛因此而得名。最早为役用牛，夏洛来牛生产性能好，具有生长速度快、长膘快、皮薄、肉嫩、胴体瘦肉多、肉质佳、味美等优良特性。

3. 利木赞牛

原产于法国中部地区。利木赞牛生长发育快，早熟，产肉性能好，具有体形结构好、早熟、耐粗、生长迅速、出肉率高、母牛难产率低及寿命长等独特的优点。

（三）奶牛品种

1. 黑白花牛

原名荷兰牛，产于荷兰北部地区，以及丹麦和德国，由于该牛产奶量最高，适应性好，世界各国都引入该品种，不同国家引进该品种后，经过适应及风土驯化，培育出具有本国特色黑白花牛品种，乳用型黑白花牛体型大，母牛后躯特别发达，身躯呈三角形。黑白花牛产乳能力最高。

2. 中国黑白花牛

中国黑白花牛的形成始于19世纪末期，由中国的黄牛与输入我国的黑白花牛等乳用品种杂交，经过70～80年历史过程，不断选育提高而逐渐形成。乳用特征明显，体格健壮，结构匀称。

二、奶牛的饲养

（一）哺乳期犊牛的饲养

1. 保姆牛哺育法

在奶牛场，采用保姆牛哺育犊牛是天然哺育法的一种。此方法的优点是：①犊牛可直接吃到未被污染，含有足够抗体且温度适中的牛奶；②可以预防消化道疾病；③几个保姆牛可以哺育数群犊牛；④可以节省人力和物力。

选择和组织好保姆牛哺育法要注意以下几个方面的问题。

第一，保姆牛选择。选择健康无病，产奶量中下等，乳头和乳房健康的产奶母牛作为保姆牛。

第二，哺育犊牛的选择。根据每头犊牛日哺育乳量4～5 kg的标准，确定每头保姆牛所哺乳的犊牛数，同时每头哺育犊牛的体重、年龄、气质应尽可能一致。

第三，犊牛和保姆牛处于分隔的同一牛舍内，除每日定时哺乳2～3次外，其余时间分开。犊牛舍内应没有饲槽和饮水器。为预防犊牛的消化道疾病，保姆牛的乳房、乳头、牛床及犊牛隔离室应保持清洁、干燥和卫生。

2. 人工哺乳法

新生犊牛结束初乳期以后，从产房的犊牛隔离室即可转入犊牛舍。在犊牛舍内可按每群5～15头的定额进行饲养，每头犊牛占1.8～2.5 m²，同一群内的犊牛年龄及体重应尽可能一致。

人工哺乳法每日喂奶量应根据培育方案对牛的品种、用途、产犊季节、犊牛的生长计划等方面制定，乳用种母犊牛一般哺喂300 kg（150～450 kg）左右，乳用种公牛可高些，甚至达600 kg以上，犊牛在30～40日龄期间，哺乳量一般按初生体重的1/10～1/5计算。一个月以后，可以逐渐使全乳的喂量减少一半，并以同等数量的脱脂乳代替，2月龄以后，停止饲喂全乳。每次供给一次脱脂奶，供给脱脂奶时，应注意补充维生素A和维生素D及其他脂溶性维生素。

人工哺乳法有桶式和乳嘴式两种。一般每天喂奶2次，当喂奶量少于2 kg时可仅喂1次，乳的温度以37～38℃为宜。犊牛由于食管沟的作用和瘤胃消化的特点，人工哺乳可以保证犊牛的健康，减少消化道疾病，但增加了饲养成本。

3. 供给优质的植物性饲料

（1）补喂干草。犊牛生后7周即可开始训练采食干草，方法是在牛槽或草架上放置优质的干草任其自由采食，及时补喂干草可以促进犊牛的瘤胃发育和防止舔食异物。

（2）补喂精料。犊牛生后10天左右就可以开始训练采食精料。开始喂时，可将精料磨成细粉并混以食盐等矿物质饲料，涂于犊牛口鼻处，教其舔食。最初几天的喂量为

10~20 g，几天后增加到100 g左右，一段时间后，再饲喂混合好的湿拌料，湿拌料的喂量2月龄可增加到每天500 g左右。

（3）补喂青绿多汁饲料。犊牛生后20天就可以在混合精料中加入切碎的胡萝卜甜菜、南瓜或幼嫩的青草等，最初可以每天加10~20 g，到60天喂量可达1~1.5 kg。

（4）青贮饲料。青贮饲料可以从60天开始供给，最初每天可以供给100 g，3月龄每天可供给1.5~2 kg。

4. 供应充足的饮水

犊牛在初乳期即可在两次喂奶的间隔时间内供给36℃左右的温开水，15天后改饮常温水，30天后可任其自由饮水。

（二）青年母牛的饲养

1. 舍饲饲养

（1）断奶至周岁。青年牛断奶到周岁期间是生理上生长速度最快的时期，在良好的饲养管理条件下，日增重较高，尤其是6~9月龄时更是如此。因此，在此阶段更要保证青年牛适宜的增重速度。不仅要尽可能地利用一些优质青粗饲料，而且还应供给适量的精料，至于精料供应的多少、精料的质量及营养成分的含量，则应根据青粗料的质量和采食量而定。一般地讲，这段时间精料的用量为1.5~3 kg。粗饲料的喂量大约为青年牛体重的1.2%~2.5%，视粗料的质量及牛体的大小而定，其中以优质干草最好，也可以用适量的多汁料替代干草，但青贮饲料不宜过多使用，特别是低质青贮饲料更不宜多用。

（2）周岁至初配。周岁以后，青年母牛消化器官的发育已接近成熟，而此时，牛仍未妊娠和产乳，为了进一步刺激消化器官增长，应给周岁至初配的青年母牛喂足够量且优质的粗料，但是，青饲料质量差时，应适当补喂少量精料，一般根据其饲料的质量优劣补喂1~3 kg不等，并应注意补充钙、磷、食盐及必要的微量元素。

（3）受胎至第一次产犊。青年母牛配种受胎后，生长速度缓慢下降，体躯向宽、深方向发展，若有丰富的饲养条件，极易在体内沉积大量脂肪，这一阶段的日粮不能过于丰富，应以品质优良的青草、干草、青贮料和块根为主，精料可以少喂或不喂，但在分娩前2~3个月必须补充精料，由于此时胎儿迅速增大，同时乳腺快速发育，准备泌乳，需要加强营养，每日可补加精料2~3 kg，同时应补喂维生素A和钙、磷等。

2. 放牧饲养

断奶之前的犊牛，如果已有过放牧的训练，在此期将公母牛分开重新组群间断放牧即可。否则，开始放牧时，应采取逐渐延长放牧时间的方法，使之适应放牧饲养方式。放牧饲养不仅可以少喂精料，而且可以锻炼青年牛的体质、肢蹄，增加消化力，从而培育出适应性强的成年牛。

青年牛放牧时的群体大小依饲养量和草地情况而定，在放牧期间应根据牧草的质量和数量，随时注意调整精料的喂量和补加干草的数量，但在放牧期间，骨粉和食盐等矿物质饲料仍需补充。

（三）青年公牛的饲养

青年公牛的饲养管理方法与母牛稍有不同，小公犊断奶一般比母犊稍晚些，用奶量较多，生长快，但6月龄以后公母发育速度差异不大，在断奶至周岁期间应适当控制青粗料给量，同时精料的供应量应比周期母牛稍多些，以防过多采食青粗料，导致腹部过大（草腹）。

对于周岁至初配阶段的青年公牛，必须限制容积大的多汁饲料和秸秆等粗料，但适当饲喂青贮料，对于促进食欲是有益的。周岁以上的青年公牛，青贮料日喂量以8 kg为限，青草及块根类多汁料的饲喂量大体上也应按照这个标准。

（四）泌乳牛的饲养

正常情况下，母牛产犊后进入泌乳期，泌乳期的长短变化很大，持续280～320天不等，但登记和比较产奶量时一般以305天为标准，泌乳期的长短与奶牛的品种年龄，产犊季节和饲养管理水平有关，尤其是饲养管理水平不仅关系到本胎次的产奶量和发情状况，而且还会影响到以后胎次的产奶量和奶牛的使用年限。

1. 调制日粮

泌乳期母牛的日粮中应含有优质的青绿多汁饲料和干草，一般而言，由优质的青精饲料供给干物质应占整个日粮的60%左右，若有条件，夏季泌乳期奶牛最好采用放牧和舍饲相结合的方法，若缺少放牧条件或青草供应不足，舍饲的泌乳期母牛必须补充优质的青草、半干青贮、干草和精料，粗饲料的供给量按干物质计算可占母牛体重1%～1.5%，而精饲料的供应量则取决于产奶量的水平，60%以上的营养来源于优质的干草、青贮料等，也可利用玉米秸、玉米穗轴等，每头奶牛每天摄入1 722 kg的干物质中仅有36%～40%来自精料，日粮中一般应含有16%左右的粗蛋白质，17%左右的粗纤维。

泌乳期母牛日粮必须由多种适口性好的饲料组成，由于奶牛是一种高产的动物，每天需有大量营养物质在机体内代谢，因此，日粮组成应多样化，同时应适口性好，否则会由于适口性差，奶牛采食量不够而影响产奶量，日粮一般应含有2种以上粗饲料（干草、秸秆等）、2～3种多汁饲料（青贮料、块根、块茎类）和4种以上的精饲料（玉米、麸片、豆饼、豆粕、棉饼、菜籽饼等），精饲料应混合均匀。为提高饲料的适口性，可以在配合精料时加些甜菜渣、糖蜜等甜味饲料。

为了发挥不同饲料之间的营养需要，将所计算出的各种饲料调制成全价日粮，全价日粮中优质干草或干草粉应占15%～20%，青贮饲料占25%～35%，多汁料占20%，精饲料占30%~40%。

泌乳期母牛日粮应有一定的体积和营养浓度。泌乳期母牛的干物质采食量多少与其产奶量密切相关，而干物质采食量多少又与日粮的体积和营养浓度有关，对于维持泌乳奶牛的高产、稳定关系很紧密，在配合日粮时，既要满足奶牛对饲料干物质的需要，又要考虑日粮中能量的浓度。

日粮应有轻泻作用。在以禾本科干草及秸秆为主的日粮中，应适当多用一些麦麸等略带有轻泻性的饲料，特别是产犊前后更应如此，麸皮可以在泌乳期奶牛日粮中占到精料的30%左右。

保证日粮的质量。日粮的质量不仅在于以上提及的营养成分与含量，而且也应注意到日粮中所有原料的新鲜程度，保证无霉烂变质现象。因为霉烂、变质的原料配成日粮后不仅影响到泌乳期奶牛的产奶量，而且会对泌乳期奶牛本身造成危害。

2. 注意饲喂方法

定时定量，少给勤添。定时饲喂指每天按时分次供给奶牛饲料，奶牛在长期的采食过程中可形成条件反射，在采食前消化液就可以开始分泌，为采食后消化饲料打下基础，这对于提高饲料中营养物质的消化率极为重要。如果改变时间，提前给予饲料，由于反射不强，可能会造成奶牛挑剔饲料，而且消化液未开始分泌或分泌不足，可能影响消化机能。喂过迟，会使奶牛饥饿不安，同样会影响消化液的分泌和奶牛对营养物质的消化和吸收，因此，只有定时饲喂，才能保证奶牛正常的消化机能活动。定量饲喂是每次给予奶牛的饲料数量基本固定，尤其是群饲时，精饲料应定量供给，而粗饲料可以采用自由采食的方式供给，这样可使泌乳奶牛在采食到定量的精饲料后，根据食欲强弱而自行调节粗饲料的进食量。少给勤添指每次供给奶牛的饲料量应在短时间内让其吃完，然后多次少量添喂，这样可以使奶牛经常保持良好的食欲，并使食糜可以均匀地通过消化道，而且可以提高饲料的消化率和利用率，因为一次给予奶牛过多饲料势必会造成奶牛挑拣饲料，尤其会造成粗饲料的浪费。

逐步更换饲料。由于奶牛瘤胃内微生物区系的形成需要30天左右的时间，一旦打乱，恢复很慢。因此，在更换饲料的种类时，必须逐渐进行，以便使瘤胃内微生物区系能够逐渐适应。尤其是青粗饲料之间的更换时，应有7~10天的过渡时间。例如：春天逐渐进入饲喂青饲料阶段，虽然牛很爱吃幼嫩牧草，但如将全部干草换为青草，势必会造成奶牛过度采食，影响消化，应首先由1/3的青草代替干草的1/3，3~5天后再代替干草的1/3，最后经3~5天的时间全部变换为青草，这样才能使奶牛能够适应，不至于产生消化混乱现象。

认真清除饲料内异物。由于奶牛采食饲料时是将其卷入口内，不经咀嚼即咽下，故对饲料中的异物反应不敏感。因此饲喂奶牛的精料要用带有磁铁的筛子进行过筛，而在青粗饲料切草机入口处安装磁化铁，以除去其中夹杂的铁针、铁丝等尖锐异物，避免内脏创伤。对于含泥较多的青粗饲料，还应浸在水中淘洗，晾干后再进行饲喂。

饲喂次数和顺序。关于奶牛每天的饲喂次数，国内外有一定的差异，国内大多数采用3次饲喂、3次挤奶的工作日程，国外绝大多数实行2次饲喂、2次挤奶的工作日程。不同的饲喂次数和挤奶次数对营养物质的消化率和产奶量有一定的影响，尽管饲喂3次比饲喂2次可以提高日粮中营养物质的消化率，但却大大增加了劳动强度。对于产奶量中等的奶牛（如泌乳量为3 000~4 000 kg），可以饲喂2次；如产奶量较高（如泌乳量超过6 000 kg的奶牛），宜采用3次饲喂、3次挤奶的工作日程，这有利于产奶量的提高。

在奶牛饲料的饲喂顺序上，一般采用先粗后精、先干后湿的方法，但也有许多奶牛场采用先精后粗、最后饮水的方法，具体采用哪一种饲喂顺序可以根据奶牛场的具体情况灵活掌握。

保证奶牛充足的饮水。饮水对奶牛非常重要，饮水不足会直接影响到奶牛的产奶量，牛奶中87%左右是水分，据报道，日产奶50 kg以上的奶牛每天需饮水100~150 L，中低产奶牛每天需水60~70 L。因此，必须保证奶牛每天有充足的饮水，有条件的可让奶牛采用自由饮水的方式。因此，奶牛场内的水槽或自动饮水器内要经常冲洗、消毒。尽量避免饮不洁净的水（如沟、河、渠内的死水），饮水的温度也非常重要，尤其是冬季应防止奶牛饮冰水，水温应保持在8℃以上。

三、肉牛的饲养技术

（一）定时定量，防止"掉槽"

肉牛宜分早、中、晚3次饲喂；母牛日喂2次也可，如果随意打乱饲喂时间和任意改变日粮组成，使牛饱一顿、饥一顿，就会使牛吃不饱草，引起"掉槽"。即在饲喂过程中出现反刍现象，影响牛的采食、反刍、休息等正常生理规律。

（二）放牧舍饲，逐渐转换

如果有牧地应尽量利用放牧饲养，以节省成本，由冬季舍饲转入春季放牧不宜太早，因牛啃食低草能力极差，将会影响牛的膘情。俗称"羊盼清明牛盼夏"。刚开始每天可牧食青草2~3 h，逐渐增加放牧时间，最少10天后才能全部转入放牧。如果一开始就完全放牧，由于青草较低牛吃不饱，造成"跑青"，消耗体力而使牛膘情下降，同时由于草料突然变更，由干草改青草，牛容易发生拉稀和膨胀，消化功能混乱，刚开始放牧，晚间一定要补饲干草或秸秆，膘情差的及孕牛、哺乳牛还应补给精料0.5~1 kg。同样，放牧转入舍饲也要逐渐进行。

（三）花草花料，合理搭配

牛的饲草饲料要多样化，例如精料、粗料、青绿多汁饲料要搭配，能量饲料、蛋白质饲料要搭配、禾本科草类与豆科草类搭配等。草料多样化，营养物质可以起到互补的作用，再一个好处是可以提高适口性，促进食欲，由于多种饲料的搭配，在需要改变日粮组成时也比单一饲料的改变容易得多。

（四）少给勤添、精心喂养

牛喜吃新鲜草，为了不使草料浪费，保证旺盛的食欲，应少给勤添以粗料为主的日粮，大多用拌料的方法喂，拌料时头几次料少些，水也少些，最后两次料大水多，使牛连吃带喝，一气喂饱，粗饲料要铡短、筛净，不能喂霉烂变质的饲草饲料。草料中要防止铁丝、铁钉、玻璃碴等异物，城镇附近收购的草及饼类饲料中尤其容易混放铁丝，也可通过磁铁装置处理后再喂牛。

（五）饮水充足，促进新陈代谢

牛需要足量的饮水才能进行正常的新陈代谢作用。饮水充足，牛肌肉发达，被毛光泽、精神饱满，生长发育良好，生产力提高，在无自动饮水设备的条件下，除饲喂时给水外，运动场应设有水槽，饮水要洁净，冬季要饮井温水或加热的温水，以减少肉牛能量的消耗。

（六）肉牛肥育技术

肉牛肥育是根据肉牛的生长发育规律，科学地应用饲料和管理技术，提高饲料利用率，降低料肉比改善牛肉成分，提高牛肉的品质，生产出符合人们需要的优质牛肉，以获得较高经济效益。

1. 肥育的年龄及屠宰体重

犊牛在生长期间，早期的体重增加是以肌肉和骨骼为主，后期是以沉积脂肪为主，同时不同年龄、不同体重的牛其肌肉中营养物质的含量也有明显差异。

犊牛肌肉的增长，主要依靠肌纤维体积的增大。如果犊牛出生后的前7个月肌肉相对生长速度为100%，14月龄为106%，18月龄为92%，29月龄仅为76%。由此可知，14月龄左右的犊牛其肌肉相对生长速度最高，18月龄后肌肉的绝对和相对生长速度都降低。这是由于随着年龄增长，体内氮的沉积能力下降，可见犊牛出生后，肌肉生长有两个旺盛阶段，出生到7月龄、14～18月龄。

牛生长期间，随着肌肉组织的增加，同时发生脂肪组织的沉积。从出生到18月龄的公犊，胴体中脂肪的含量由3.8%增加到18.9%。蛋白质相对含量从17.5%降到14.2%，即脂肪含量相对增加，蛋白质含量相对减少。

根据肌肉和脂肪生长规律还不能确定肥育牛的最适年龄，必须同时考虑不同年龄屠宰牛的重量和营养价值，研究表明，400 kg活重的犊牛，干物质约有8 kg，其中可食用部分约54 kg；活重500 kg的牛，含有机物质约215 kg，可食用部分约160 kg。随着肥育年龄的增长，肉中能量营养迅速提高，每千克犊牛肉约含能量6 280 kJ，在这种情况下，生长期间的牛可肥育到最适体重。因此，肉牛的最适宜屠宰年龄应是18～24月龄时，体重达450～500 kg。

2. 肥育牛的环境温度要求

不同的环境温度对肥育牛的营养需要和增重影响很大，牛在低温环境中，为了抵御寒冷，而需增加产热量以维持体温使相对多的营养物质通过代谢转换成热能而散失。使饲料利用率下降。所以对处于低温环境的牛要相应增加营养物质才能维持较高的日增重。在高温环境下，牛的呼吸次数和体温随气温升高而增加。采食量减少，温度过高时，牛的食欲下降甚至停食，严重的中暑死亡。特别在肥育后期牛膘较肥，高温危害更为严重。根据牛的生理特点，肥育的最适环境温度以16～24℃为宜。

3. 饲喂强度和肥育持续期

在肉牛生产中，达到屠宰体重的时间越短其经济效益越高。试验表明，牛只300 kg活重每天维持生命需要约7 MJ增重净能，而每千克增重需要18 MJ增重净能。在任何强度肥育情况下，直接用于产肉的饲料消耗是相同的，然而随着饲喂强度的降低，肥育期延长，用于维持生命的饲料消化就大为增加，肥育期越长，非生产性饲料消耗越高。因此，在不影响牛的消化吸收的前提下，喂给的营养物质越多，所获日增重就越高，每单位增重所消耗的饲料就越少。

根据牛的生长规律，幼牛在肥育前期应供应充足的蛋白质和适当的热能，后期要供给充足的热能。任何年龄的牛，当脂肪沉积到一定程度后，其生活力降低，食欲减退，饲料转化效率也较低，日增重减少。如再肥育就得不偿失，屠宰质量好的牛，如果拖长肥育期，则导致生产牛肉的无效饲料和劳力消耗增加，并由于牛体内不稳定物质参与代谢而使牛肉的品质下降。

一般来讲，老残牛肥育持续期仅需3个月，膘情好的幼牛以3个月为宜，中等和中等以下膘情的幼牛以3～5个月为宜；膘情较差的幼牛，先要喂养一段时间再肥育。否则瘦牛在肥育期间，过量饲料将导致严重肥胖而肌肉增加较少，膘体中积累过量脂肪而降低牛的品质。

四、提高母牛繁殖率的措施

（一）消灭空怀

1. 提高适龄母牛比例

加强对基础母牛的保护，在一般牛群中基础繁殖母牛应占50%以上，3～5岁的母牛应占繁殖母牛的60%～70%。

2. 熟悉母牛繁殖情况

做好牛群登记组织工作，做到心中有数，对母牛的繁殖情况，基层配种员应了如指掌。

3. 狠抓上年空怀母牛的适时配种

母牛上年空怀，翌年早春时要充分注意母牛发情补配工作。

4. 犊牛适时断奶

抓好犊牛按时断奶工作，促进母牛性周期活动和卵泡发育，能提早发情，提高受配率。

5. 消灭不孕症

及时检查和治疗母牛不孕症必须对母牛的不孕进行深入细致的研究，找出不孕的原因和发病规律，才能找出防治母牛不孕症的有效措施和方法，尽快消灭不孕，提高受配率。

（二）防止流产

流产是指母牛妊娠中断，胎儿未足月就脱离子宫而死亡，关于流产问题，由于原因很多，而且常常几个因素纠缠在一起，因此应找出主要原因，采取有效措施，才能防止流产。

1. 加强责任心

充分调动饲养员的积极性，加强责任心教育，爱护受孕母牛。

2. 精心饲养

抓好母牛膘情，对妊娠后5个月的母牛要精心饲养严格禁止饲喂发霉、腐败、变质的饲料，防止空腹饮水。

3. 加强管理

要熟悉母牛的配种日期和预产期，防止踢、挤、撞，哺乳犊牛6个月后及时断奶。

4. 合理使役

孕牛妊娠4~5个月后要掌握轻重，防止过重或急赶引起流产，临产前1~2个月停止使役。

第五节　养鸡实用技术要点

一、蛋鸡的饲养技术

蛋鸡的饲养主要包括：育雏期、育成期、产蛋期的饲养。

（一）育雏期的饲养

1. 雏鸡的生理特点

（1）初生雏的神经系统发育不健全，调节体温的机能不完善。雏鸡绒毛稀短，保温御寒能力差，随着神经系统的发育和羽毛生长，雏鸡的体温调节机能逐渐加强，从而对外界气温变化的适应性也逐渐增强，初生雏的体温（39～40℃）低于成年鸡（41～42.5℃）。因此，在育雏期必须供给适宜的环境温度，才能保证雏鸡正常的生长发育。

（2）雏鸡消化器官容积小，食量少，消化能力差，但生长快，新陈代谢旺盛，蛋用型雏鸡6周龄体重比初生重增加10倍，由于新陈代谢旺盛，单位体重需要的新鲜空气和呼出的二氧化碳量多。因此，在调制饲料时，应注意营养全面而且容易消化；不断供水；保持舍内空气流通和防止潮湿，以充分满足其生长需要。

（3）雏鸡抵抗力差，无自卫能力，幼雏鸡体小娇嫩，对疾病抵抗力很差，动物侵害时不能保护自卫，因此，在管理中，应注意清洁卫生，经常刷洗用具，保持环境安静，加强防疫消毒，预防疾病发生，防止兽害。

2. 雏鸡的饲养技术

（1）初生雏的接运。初生雏鸡腹内残留的部分未利用的蛋黄，可以作为初生阶段的营养来源，所以初生雏在48 h或稍长的一段时间内可以不喂饲，进行远途运输，但为确保雏鸡健康和以后正常生长发育，应待雏鸡分级、鉴别和防疫接种之后尽早启程运输，并根据路程远近决定运输工具，使其尽早抵达育雏室。运输最好用专用雏箱，也可用厚纸箱和小木箱，箱的四壁应有孔或缝隙。专用雏箱，每箱100只，并分4个格以防挤压；替代箱也要注意不能过分拥挤。装运时要注意平稳，箱之间要留有空隙，并根据季节气候做好保温、防暑、防雨、防寒等工作。运输中要注意观察雏鸡状态，每隔0.5～1 h检查一次，防止因闷、压、凉或日光直射而造成伤亡或继发疾病。

雏鸡运到育雏室后，要尽快卸车，连同雏箱一同搬到育雏舍内，稍息片刻后，便可将雏鸡轻轻放入育雏舍或育雏器内。

（2）饮水。雏鸡出壳后一直处在较高的温度条件下，育雏舍内温度也较高，空气又较干燥，雏鸡的新陈代谢又强，所以体内水分消耗很快。据研究，出壳后24 h体内水分消耗8%，48 h则达75%，如果长时间得不到补给就会发生脱水而严重影响以后的生长发育。另外，雏鸡生长发育过程中也需要大量水分。所以在饮食前应先饮水，在整个育雏期内，必须保证充足清洁饮水。尤其是在高密度立体育雏情况下更应注意。

饮水的方法是使用雏鸡饮水器，在雏鸡入舍后，即可令其饮水，最初可饮温开水，对于因长途运输发生脱水的雏鸡，可饮1～2天5%～10%的糖水，对于不会饮水的雏鸡要注意调教，平时应每天刷洗饮水器，并定期消毒，同时也应根据雏鸡周龄、体重、环境温度和饲料的质地成分等合理掌握雏鸡的每天饮水量，一般情况下，雏鸡的饮水量是采食量的

2~2.5倍或体重的18%~20%。

（3）开食和喂饲。初生雏第一次喂饲叫开食，开食要适时，过早开食雏鸡无食欲，过晚开食则影响雏鸡的成活率和以后的生长发育，实践证明，鸡出壳后24~36 h，初次饮水后2~3 h开食为宜。

用混合料拌潮或干粉料开食，开食时，有些雏鸡不会吃食，要人工训练几次，力求每只雏鸡都学会吃食，为促使雏鸡吃食和便于所有雏鸡都同时吃到食，头几天可将饲料直接撒布在深色塑料布上，或用60 cm×40 cm的开食专用料盘，每次可供100只雏鸡采食，以后可改用雏鸡食槽或料桶。喂湿料要分次喂饲，第1天根据开食时间可以喂饲2~3次，从第2天起每天可喂6~8次，到4周龄起改喂5次，7周龄时改喂4次，食槽的高度应随鸡体高度而调整，使槽的上缘与鸡背等高或略高于鸡背2 cm左右，以免鸡扒损饲料，随着雏鸡的长大，食槽和水槽型号要更换，并保证足够的数量。蛋用型雏鸡需要掌握食槽和水槽长度。

雏鸡的饲料应按饲养标准结合雏群状况配制，从第4日龄起应在饲料中另外加1%的不溶性砂砾，以促进消化，特别是网上育雏和笼育，更应注意补给，砂砾应随鸡龄增加逐渐加大。

（二）育成期的饲养

育雏期末到鸡性成熟为育成期，指7~20周龄。这个阶段饲养管理的好与坏，极大地决定了鸡性成熟后的体质、产蛋状况和种用价值，切不可忽视。育成期的饲养管理任务：培育具有优良繁殖体况，健康无病、发育整齐一致，体重符合标准的高产鸡群。

1.育成鸡的生长发育特点

（1）各个器官发育趋于完成，机能日益健全。第一，体温调节机能。雏鸡达4~5周龄时，全身绒毛脱换为羽毛，并在8周龄时长齐，几经脱换最终长成鸡羽，鸡体温调节机能逐步健全，使鸡对外界的温度变化适应能力增强。第二，消化机能。随着雏龄的增加，消化器官特别是胃肠容积增大，各种消化液的分泌增多，对饲料的利用能力增强，到育成末期，小母鸡对于钙的利用和存留能力显著增强。第三，生殖机能。育成鸡在10周龄时，性腺开始活动发育，以后发育很快，到16~17周龄时便接近成熟，但这时身体还未发育成熟，如果不采取适当饲养管理措施，小母鸡便提早开产，而影响身体发育和以后产蛋。第四，防御机能。育成期除鸡体逐渐强壮和生理防御机能逐步增强外，最重要的是免疫器官也渐渐发育成熟，从而能够产生足够的免疫球蛋白，以抵抗病原微生物的侵袭。所以，育成期应根据鸡群状态和各种疫病流行发生特点，定期做好防疫接种工作。

（2）体重增长与骨骼发育处于旺盛时期。据研究，育成期的绝对增重最快，如果以整个生长期体重的绝对增重为100%，育雏期增重为75%以上，产蛋期仅为25%左右，尤其是褐壳蛋鸡育成期体重增长更快，13周龄后，脂肪积累增多，可引起肥胖，所以一般应在

9周龄以后实行限饲。骨骼在此阶段发育也很快，到16～18周龄时，胫骨长度即达成年标准，身体其他部位的骨骼也基本发育完成。

（3）群序等级的建立。养鸡是实行群饲，在鸡群中群序等级的建立是不可避免的，是鸡群的一种正常的行为表现，它对生长发育也有一定影响，鸡群在8～10周龄时开始出现群序等级到临近性成熟时已基本形成。如果此期间经常变动鸡群，会使原群序等级打乱而重新建立，这会干扰鸡群的正常生长发育。鸡群中位于群序等级末等的鸡只，会因饲槽、水槽以及休息运动不好，从而导致鸡群发育不整齐，所以，育成期保持鸡群和环境相对稳定，供给足够的食槽、水槽以及适宜的空间非常重要。

2.育成鸡的饲养技术

根据育成鸡的生理特点和生产目的，调整饲料组成，适当控制饲料给量和锻炼其体质发育是育成鸡饲养的主要技术工作。

（1）逐渐降低能量、蛋白质等营养的供给水平。育成期如果仍然供给育雏期的饲料，就会使鸡发育过快、过肥，将会导致成年后的生产性能和种用价值降低，所以，育成期应随着育成鸡的生长逐步降低饲料中蛋白质、能量等营养水平，保证维生素和微量元素的供给。这样，可使生殖系统发育变缓，又可促进骨骼和肌肉生长，增强消化系统机能，使育成鸡具备一个良好的繁殖体况并能适时开产。减少饲料中蛋白质能量的原因：由于采食量与日俱增，每天的蛋白质摄入量就会增加，如果饲料中蛋白质水平不逐渐减少，就会超出实际需要量，这样不但会提高饲料成本，还会使鸡体重过大，生殖系统发育过快，提早产蛋而影响以后生产能力的发挥。而使用低能量的含粗纤维较多的饲料，降低饲料中的能量，不仅降低饲料成本，更主要的是随着鸡消化器官的发育，有利于锻炼胃肠，提高对饲料的利用率，同时，还可降低脂肪的过多沉积，应当强调的是在降低蛋白质和能量水平时，应保证必需氨基酸尤其是限制性氨基酸的供给。

在生产中，应根据育成鸡每天的采食量和标准要求增加的体重克数来掌握其应该食入的蛋白质数量，从而配制合理的育成期饲粮。

（2）限制饲养。蛋用型鸡在育成期适当的限制饲养，其目的在于提高饲料利用率，控制体重和适时开产。

第一，限制饲养的作用。有些鸡种在育成期只降低饲料中蛋白质等营养物质水平仍不能控制体重增长和脂肪的沉积，采用适当的限制饲养措施可获得合适体重，节省饲料成本10%～15%，由于限制饲养过程中，不健康的鸡耐受不住而被淘汰，可提高产蛋期存活率。

第二，限制饲养的方法。有限时法、限量法和限质法等。限时法即限定喂饲时间，又分每天限时和每周限时（每周停喂一天或两天）。限量法即限制饲料的供给量，是蛋用鸡多采用的方法，一般限制自由采食量的10%，多与限时法结合使用。限质法即限制饲料的质量，而不限制采食量，由于这种方法是打破饲料的营养平衡，掌握不好会使鸡体质太差，一般不采用。

实施限制饲养时，要以本鸡种的标准体重为依据，考虑鸡群状态、技术力量、鸡舍设备、季节、饲料供给等具体条件决定。在我国目前生产水平下，可考虑在褐壳蛋鸡的育成期采用，白壳蛋鸡一般不限饲。

（3）限制饲养应注意事项。

第一，开始限饲时间。一般应在9周龄开始之日起实行，之前均可自由采食。

第二，限制的体重减少范围。到20周龄时白壳蛋鸡体重较自由采食的鸡低约7%~8%，褐壳蛋鸡低约10%。限制饲养期间应定期称重，一般每周或每两周喂前称重一次，与标准体重比较，差异不能超过10%。如果出现偏高达同期标准后，再增加给量，体重小的应适当增加饲料量。

第三，设置足够的饲槽、水槽，并在舍中均匀分布，以保证每只鸡都有采食位置。

第四，限饲前要做好免疫接种和驱虫工作。

第五，限饲过程中，如果鸡群发病、接种疫苗、转群等，可暂时停止限饲，待消除影响后再恢复进行。

第六，限饲应与光照相配合，保证育成鸡在适宜周龄和标准体重范围内开产。

第七，在停饲日不要喂给沙砾，以防止鸡过食沙砾影响以后正常采食。

3. 产蛋期的饲养

（1）产蛋鸡的生理特点。开产后身体尚在发育，刚进入产蛋期的母鸡，虽然性已成熟，开始产蛋，但身体还没有发育完全，体重仍在继续增长，开产后70周，约达40周龄生长发育基本停止，体重增长极少，40周龄后体重增加多为脂肪积蓄。

产蛋鸡对于环境变化非常敏感。母鸡产蛋期间对于饲料配方变化，饲喂设备改换，环境温度、温度、通风、光照、密度的改变，饲养人员和日常管理程序等的变换以及其他应激因素等都会对产蛋产生不良影响，影响鸡的生产潜力充分发挥。

不同周龄的产蛋鸡对营养物质利用率不同。母鸡刚达性成熟时（蛋用鸡在17~18周龄），成熟的卵巢释放雌激素，使母鸡的贮钙能力显著增强，随着开产到产蛋高峰时期，鸡对营养物质的消化吸收能力很强，采食量持续增加，而到产蛋后期，其消化吸收能力减弱而脂肪沉积能力增强。

换羽的特性。母鸡经一个产蛋期以后，便自然换羽，从开始换羽到新羽毛长齐，一般需2~4个月的时间，换羽期间因卵巢机能减退，雌激素分泌减少而停止产蛋。换羽后的鸡又开始产蛋，但产蛋率较第一个产蛋年降低10%~15%，蛋重提高6%~7%，饲料效率降低12%左右，产蛋持续时间缩短，仅可达34周左右，但抗病力增强。

（2）鸡的产蛋规律。母鸡产蛋具有规律性，就年龄讲，第一年产蛋量最高，第二年和第三年每年递减15%～20%，就第一个产蛋年讲，随着周龄的增长呈"低—高—低"的曲线特点。

根据母鸡产蛋特点，产蛋期间可划分3个时期，即始产期、主产期、终产期。

始产期。个体母鸡从产第一枚蛋到正常产蛋开始，经1～2周时间为始产期。鸡群的始产期，一般是指产蛋率5%～50%的期间，为3～4周，此期中，母鸡的产蛋模式不定，如产蛋间隔时间长，双黄蛋和软壳蛋较多，一天内产一枚畸形蛋和一枚正常蛋等。

主产期。是母鸡产蛋年中最长的时期，此期母鸡的产蛋模式趋于正常，每只鸡均有自己特有的产蛋模式，产蛋率上升很快，在27～30周龄，达产蛋高峰并持续一段时间，然后每周以0.7%～1%的速度缓慢下降。

终产期。此期相当短，产蛋率迅速下降，直到不能产蛋为止，6～8周时间。

根据母鸡产蛋期间的3个时期产蛋规律，其产蛋曲线有3个特点：即产蛋率上升快、下降平稳和不可补偿性。现代鸡种开产至产蛋高峰只需3～4周时间，产蛋率上升非常快，产蛋高峰过后，产蛋率下降缓慢。而且平稳到72周龄淘汰时，产蛋率仅下降25%～30%；在养鸡生产中，如果由于营养环境条件等方面因素下滑，产蛋恢复后，产蛋曲线不会超出标准，产蛋率下降部分不能得到补偿。

（3）能量需要。产蛋鸡的体温高、物质代谢旺盛，产蛋多，现代化高产鸡群年平均产蛋量可达280枚，年总产蛋量为15 kg以上，是鸡体重的10倍，除此之外，新母鸡本身体重还要增加25%左右，所以母鸡在一个产蛋年中必须吃相当于体重20多倍的饲料。并且要求营养全面。产蛋鸡的一切生理活动以及蛋的形成和产出都需要能量，并且鸡有根据饲料中能量高低来改变采食量的特点，饲料中能量高时，采食量少些，饲料中能量低时，采食量多些，采食量发生变化后，其他营养成分的摄入量也随之发生改变。所以，在配合鸡的饲料时，应首先确定适宜的能量，然后在此能量基础上确定其他营养成分的需要量。

能量的来源。饲料中碳水化合物和脂肪是能量的主要来源，蛋白质多余时也分解产生能量，碳水化合物包括淀粉、糖类和纤维。由于鸡对纤维消化能力极差，而蛋白质、脂肪的成本又高，所以，淀粉又可以转化为脂肪，故不易造成脂肪缺乏，只是亚油酸不能在鸡体内转化合成，需从饲料中供给。

能量的利用。产蛋鸡对能量的利用可分两部分：一部分用于维持需要，另一部分用于生产需要，维持需要占2/3，生产需要仅占1/3。而且鸡每天从饲料中摄取的能量首先满足维持需要，然后才用于生产需要，因此，饲养产蛋鸡，必须在维持需要上下功夫，否则鸡就不产蛋或产蛋较少，影响维持需要的主要因素是鸡体重的大小，活动量越多维持需要越多，笼养鸡活动量小，较地上散养需要多，环境温度越低维持需要越多，所以，保持蛋用鸡适宜的体重，实行笼养，保证合适温度是减少维持需要，降低饲料成本，增加经济效益的措施之一。另外，生产水平越高，生产需要越多，而维持需要就越少。从生产实际的角度讲，个体小、产蛋量高、蛋重大、成活率高的鸡群，饲料效率最高。

能量需要标准。蛋用鸡能适应一定饲料能量范围。一般白壳蛋鸡在代谢能范围为10.8～13.8 MJ/kg时，能够调整饲料采食量来满足其能量需要，在合适的环境温度下，蛋用鸡获得营养平衡的饲料时，白壳蛋鸡每天每只需代谢能1.26～1.34 MJ；褐壳蛋鸡需1.47～1.55 MJ，当环境温度不合适时，即过冷或过热，每天的代谢能需要量就要改变，过冷需要的多，过热需要的少。所以，在考虑能量需要时，要注意到不同季节的温度影响。

（4）蛋白质需要。产蛋鸡对蛋白质的需要不仅要从数量上考虑，更重要的是要从质量上注意。

蛋白质的需要量。需要量的多少受鸡体重大小、产蛋率的高低和不同周龄等的影响，体重1.8 kg的母鸡，每天维持需要3 g左右蛋白质，产一枚蛋需要6.5 g蛋白质的利用率为57%，故每天需从饲料中获得17 g左右的蛋白质，在实际生产中，产蛋率不能达到100%，所以，蛋白质实际需要量要低于17 g。鸡对蛋白质的利用有1/3用于维持需要，2/3用于生产需要，可见饲料中所提供的蛋白质主要用于形成鸡蛋，如果不足，产蛋量会下降。

氨基酸的需要。鸡对蛋白质的需要实质上是对必需氨基酸的种类和数量的需要，即氨基酸在饲料中是否平衡。产蛋鸡必需的氨基酸有12种，包括蛋氨酸、赖氨酸、色氨酸、亮氨酸、精氨酸、组氨酸、异亮氨酸、苏氨酸、苯丙氨酸、脯氨酸、酪氨酸和胱氨酸。由于蛋氨酸、赖氨酸和色氨酸在一般谷物中含量极少，鸡在利用其他各种氨基酸合成蛋白质时，均受到它们的限制，称为限制性氨基酸，当在较低蛋白质水平的饲料中添加适量的限制性氨基酸时，可提高其他氨基酸的利用率，从而降低饲料成本，又能提高产蛋量，生产中，在产蛋鸡的饲料中，按饲养标准对氨基酸的需求量适当加入限制性氨基酸而不加鱼粉是可行的，当然，动物性蛋白质饲料中除氨基酸组分完善外，还有维生素B_{12}和未知生长因子，它们对提高产蛋量和种蛋受精率及孵化率具有一定作用。在配制产蛋鸡（特别是种鸡）饲料时，在氨基酸平衡的情况下，添加少量的优质鱼粉，其实质是保证对维生素B_{12}和未知生长因子的需要。

蛋白质和氨基酸的需要量的表示方法有两种：一种是粗蛋白质和氨基酸占饲料质量的百分比，另一种是蛋白质或氨基酸与能量之比。

（5）矿物质需要。天然饲料中常常不能满足产蛋鸡对某些矿物质的需要，必须另外补加矿物质饲料或添加剂。产蛋鸡必需的矿物元素有14种，包括钙、磷、钠、钾、氯、镁、锰、锌、铁、铜、钼、硒、碘、钴。

钙和磷。钙对产蛋鸡是至关重要的，因为蛋壳中约含有35%的钙，每枚蛋壳重6.3～6.5 g，含钙2.2～2.3 g，若产蛋率为70%，则每天为形成蛋壳需要的钙为1.5～1.6 g，饲料中钙的总利用率按50%计算，每天应供给产蛋母鸡3.0～3.2 g钙。在产蛋高峰期，母鸡需要的钙量还要多些。当饲料中短期缺钙时，鸡体动用贮存的钙形成蛋壳，维持正常产蛋，当长期不足时，鸡体贮有的钙满足不了需要，将产软壳蛋，甚至停产。同时，鸡还会患软骨症。

由于粉状钙质饲料在鸡肠道内存留时间很短，排出多，利用少，而颗粒状钙质饲料可在肠道内存留较长时间，能被充分利用，所以，产蛋鸡饲料中应有一定量的颗粒状钙质饲料，实践证明，饲料中的钙应有30%~50%为钙粒。另外，如果饲料中粉末状钙质饲料比例过大还会使适应性下降，影响鸡的采食量，因此，有必要另设饲槽供给颗粒状钙质饲料任鸡自由采食。

磷是骨骼、蛋壳的组成成分，同时有助于营养代谢，对钙的正常吸收利用也有一定的作用，由于产蛋鸡对于谷物中的植酸磷利用率低，仅为30%~50%，而对于无机磷利用率可视为100%，因此，饲料中必须有一定量的无机磷，实践证明无机磷应占总磷的1/3以上。

最近的研究结果表明，产蛋母鸡饲料中3.5%的钙和0.3%的可利用磷，对于产蛋量和蛋壳质量是最有利的。

钠和氯。在血液、胃液和其他体液中钠和氯含量较多，有重要的生理作用，在饲养蛋鸡时，多以食盐的形式补给。实践证明，当饲料中食盐不足时，则鸡的消化不良，食欲减退，易发生啄癖，体重和蛋重减轻，产蛋率下降，但也不能过多，否则会引起鸡中毒。

锰。锰与骨骼生长和繁殖有关。锰缺乏时产薄壳蛋，蛋的破损率增高，产蛋率和孵化率下降。

锌。锌在鸡体内分布很广，很多组织中都含有锌，缺锌时，母鸡产蛋率下降，种蛋孵化率降低，孵出的鸡雏骨骼发育受损严重，弱雏率增高。

其他的许多矿物元素在维持产蛋鸡的正常生理和保证产蛋量上都很重要，但大部分在饲料中不易缺乏，有些则在特定环境条件下需要添加，例如喂给产蛋鸡缺硒饲料时，应补加硒。

（6）维生素需要。由于鸡不像家畜那样能靠肠道中的大量微生物合成维生素。所以，必须由饲料供给。而且随着现代化养鸡生产的发展，给产蛋鸡造成的应激因素增多而影响产蛋。维生素对于缓解和减少应激反应有重要的作用。因此，产蛋鸡对维生素的需要量也有所增加，产蛋鸡必须从饲料中摄取的维生素有13种：脂溶性维生素A、维生素D、维生素E、维生素K共4种；水溶性有维生素B_1、维生素B_2、维生素B_6、烟酸、泛酸、生物素、叶酸、维生素B_{12}和胆碱共9种。另外，维生素C虽然可在鸡体内合成，但因为它可以缓解热应激，尤其是在现代高密度饲养条件下有补充的必要，下面仅就脂溶性和水溶性两大类维生素的特点展开说明。

脂溶性维生素。可溶于脂类和脂溶剂，而不溶于水。当产蛋鸡脂肪吸收不良时，它们吸收也随之减少，而引起缺乏症。尤其是饼粕类饲料在贮存中保存不良或受热而造成脂肪变性，会大大降低其中脂溶性维生素的含量和效价，使用时应注意补充。最近的一些研究表明，脂溶性维生素对于改善鸡蛋的品质具有一定的作用；维生素A、维生素E对维持和增强产蛋鸡的免疫功能有重要的作用。

水溶性维生素。这类维生素除维生素B_2外，都不能在体内贮存，给量过多排出体外，所以，应当保证不断供给。水溶性维生素会因饲料受热、受潮以及阳光直射等的影响而大幅度降低含量，在配合饲料时应加以注意。

由于维生素的作用机制和相互之间的关系以及维生素与其他营养物质的关系很复杂，在生产中，为尽力保证产蛋需要，应根据饲养标准结合现场实际，包括饲料条件、饲喂方式、管理水平和产蛋鸡所处的生理阶段以及生产水平等进行综合考虑，不可盲目过多添加，否则，不但会增加饲料成本，还会引起营养不平衡。

（7）产蛋期的饲养。我国产蛋鸡饲养标准，按产蛋水平分3个档次，各档次的能量水平相同，而粗蛋白质等营养水平则随着产蛋水平增加而增加，产蛋鸡从饲料中摄取营养的多少主要取决于采食量，而采食量的多少，受饲料中能量水平环境温度、产蛋量高低和所处生理阶段对各种营养利用率不同等的影响，所以，生产中应用饲养标准时应考虑这几个方面因素而进行适当调整，主要是调整粗蛋白质、氨基酸和钙的含量。

（8）饲料形式和喂饲方式。产蛋鸡饲料形式分粉料和粒料。粉料是把饲粮中全部饲料调制成粉状，然后加入维生素、微量元素等添加剂混拌均匀。粉料的优点是鸡不能挑食，使鸡群都能吃到营养全面的配方饲料，适于各种类型和不同年龄的鸡。产蛋鸡的粉料不宜过细，否则易飞散损失和降低适口性。粒料指整粒的或破碎的玉米、高粱、麦粒、草籽等，适口性好，鸡喜欢采食，在消化道口停留时间较粉料长，适宜冬季傍晚最后一次喂饲。缺点是单纯喂粒料，营养不完善，在使用上应与粉料搭配。

喂饲方式有两种。一种是干粉料自由采食，多用于料桶或拉链喂料机喂饲，优点是鸡随时可吃到饲料，强弱鸡营养差距不大，节省劳力。另一种是湿粉料分次喂饲，每日把饲料分几次用水或鱼汤，青菜汁拌湿喂给产蛋鸡，其优点是适口性好，鸡喜欢吃，采食量大，缺点是弱鸡往往采食不到足够的营养，造成强弱差距加大，增加淘汰鸡数量，湿料分次喂饲每天4～5次，春、秋季节太阳出来喂第一次，晚上日落前1 h喂最后一次。夏季因天气炎热，应集中在早晚喂饲。冬季夜间长，应提早开灯喂鸡。分次喂饲的次数与时间确定之后，不要轻易变动，以免影响产蛋。

产蛋鸡每只每天采食100～120 g配合饲料，要根据天气和产蛋量的变化，调整喂饲量，每天饲料量要有记录，要注意产蛋鸡的供水，特别是干粉料自由采食时，更应保证经常不断，产蛋鸡的饮水量为采食量的2～3倍。

（9）调整饲养。根据鸡的周龄和产蛋水平以及环境条件与鸡群状况的变化，及时调整饲料配方中各种营养成分的含量，以适应鸡的生理和产蛋需要。这种方法叫调整饲养。

按鸡的产蛋规律进行调整。在调整营养物质水平时，掌握的原则：上高峰时为了"促"，饲料要走在前头；下高峰时为了"保"，饲料要走在后头。也就是上高峰时在产蛋率上来前1～2周要先提高营养标准，下高峰时在产蛋率下降后1周左右降低营养标准。

按季节气温变化调整。环境温度不同，鸡的采食量有很大变化。气温低时采食量增加，应提高能量降低蛋白质水平；气温高时采食量下降，应减少能量增加蛋白质水平。

鸡群采取技术措施时调整。如在断喙的前后各一天，在每千克饲料中加维生素K

5 mg，一周内增加1%的蛋白质，接种疫苗后的7~10天，也宜增加1%的蛋白质。

出现啄癖时的调整。鸡群如出现啄癖，除消除原因外，在饲料中适当增加粗纤维饲料；啄羽严重时，可加喂1%~2%的食盐1~2天。

实行调整饲养时，应围绕饲养标准进行，保持饲料配方的相对稳定，并注意观察调整效果，发现效果不好时要及时纠正。

产蛋鸡在产蛋后期实行适当限制采食量的办法，可降低饲料成本而不影响产蛋，并可防止体内脂肪沉积和减少死亡率，产蛋鸡限饲的关键是找准自由采食量，可以在同群鸡中随机抽出100只，以同样饲养方式自由采食，统计采食量，然后按此量减少5%~7%，作为大群鸡的限饲量。

（10）防止饲料浪费。饲料费约占养鸡成本的70%，因此，节省饲料可大大降低养鸡成本。

第一，使用全价饲料。全价饲料能满足鸡的生理和生产需要，饲料转化率高，虽然单价高，但经济效益好。

第二，饲养鉴别母雏，及时淘汰公雏。

第三，公、母比例要适当，繁殖季节过后，立即淘汰公鸡。

第四，随时淘汰病、弱、残和不产蛋的母鸡。

第五，料槽、水槽结构要合理，数量要够，摆放均匀，高度适中，防止鸡扒料、抢料。

第六，注意饲料保存。防鼠、防雨雪，避免发霉变质和阳光直射，添加剂饲料更要注意保存。

二、肉鸡的饲养技术

（一）肉用种鸡的饲养

1. 饲养标准

为使肉用种鸡获得高水平的生产性能，必须供给充足的营养物质，如果营养水平过高，不但会造成饲料浪费，甚至还会引起代谢病；营养水平过低，则会造成种鸡的营养缺乏，体质瘦弱。应用饲养标准不仅能使肉用种鸡表现出应有的生产性能，而且又能经济有效地利用饲料。一般大的家禽育种公司，在销售推广本公司所培育的种鸡时，同时也推荐其营养需要标准，在给种鸡编制饲料配方时，应把推荐的营养标准作为主要参考。

在生产实践中，经常会遇到营养缺乏问题，如当某种维生素缺乏或长时间不能满足出现特征性症状时，则容易辨别，但出现一般性的生长不良，羽毛无光泽、生产水平偏低等呈现慢性症状时，则往往就不易做出准确诊断，这就会使种鸡生产蒙受重大损失，同样，某种氨基酸、矿物质、微量元素缺乏或不足也是如此。所以，对育种公司推荐的营养标准，应理解为是在理想条件下种鸡的最低需要量。在生产实践中，应根据饲养的鸡种、体重产蛋率、气温、疾病、卫生状况、饲养方式、饲养密度、饲料能量浓度、饮水温度、水质状况等注意经常调整营养。

2. 饲料配方

饲料是肉用种鸡饲养成本开支最多的一项，配合饲料的质量高低对肉用种鸡的生产水平和经济效益影响很大，因此，必须认真对待这项工作。

编制饲料配方有两个方面的依据：一个是理论依据，即种鸡的饲养标准和饲料营养成分表；另一个是实际依据，即鸡群的实际状况和现有的饲料种类，对于我国的地方"优质型"肉用种鸡可参照我国肉用种鸡的饲养标准编制饲料配方，对于从国外引进的"快大型"肉用种鸡主要应参照育种公司推荐的饲养标准编制饲料配方。

3. 饲养技术

肉用种鸡一般采用限制饲养的方法。限制饲养是指对喂肉用种鸡的饲料在量或质的方面采取某种程度的限制，这项技术对提高肉用种鸡的生产性能、降低饲料消耗、保证种鸡的种用价值等方面起着决定性的作用。限制饲养是养好肉用种鸡的关键措施，成为肉用种鸡管理中的核心技术，目前世界各国普遍采用限制喂料量的方法达到控制种鸡体重的目的。

（1）限制饲养的目的和作用。一般在肉用种鸡育雏期的前三周让其充分采食，从第四周开始一直到产蛋结束都要实行限制饲养，限制饲养的主要目的是控制生长速度，使种鸡的体重符合标准要求。肉用种鸡最大特点是采食量大，生长速度快、沉积脂肪能力强，作为肉用母鸡，要求20周龄的体重标准是2 200～2 400 g，如果任其自由采食，自然生长到20周龄可达3 600 g以上，体重过大的母鸡，则产蛋量明显减少，种蛋合格率下降，公鸡过重，腿病增加，配种困难，受精率低，其次，限制饲养可以控制种鸡适时开始产蛋，肉用种鸡24周龄见蛋，25周龄产蛋率达5%，30周龄进入产蛋高峰最为理想。限饲不当，会出现过早或过晚开产的现象，鸡群过早开产，则蛋重小，持续产小蛋的时间长，高峰不高、持续期短，产蛋数量少；过晚开产，蛋重虽大，但产蛋数量少，也不经济。正确的限饲可使鸡群在最适宜的周龄开产，开产日龄整齐，初产蛋重大，产蛋率上升快，产蛋高峰持续时间长，全期产蛋多，种蛋合格率高，所获得的后代雏鸡多，限制饲养还可以降低鸡体内腹部脂肪沉积量的20%～30%。如果让肉用种鸡自由采食，就会因采食过多而变得肥胖，体重增加，形成所谓的"脂肪鸡"，这种鸡当用手提起翼羽时，有一种提不起来的沉重感，而且必须用力握住鸡的翅膀才能提起来。通过触摸测试可知胸骨较短，体内脂肪较厚，胸内的容积相对狭小，体躯发育不佳，从耻骨的周围到整个腹部都是脂肪，一旦育成这样的鸡，不但消耗饲料较多，而且进入性成熟阶段，生理代谢机能也不会旺盛，对正常的产蛋生理会产生明显的妨碍，对产蛋性能有很大影响，除此之外，"脂肪鸡"还有以下缺点：气温高时因体温散发困难，易患日射病或热射病。当舍温达35℃以上持续1～2天，死亡率可达3%～5%，而脂肪少的鸡死亡率几乎不增加，脂肪多的鸡易出现难产，而且产蛋后肛门复位的时间长，因肛门过度伸展而造成撕裂出血，鸡群易诱发啄肛癖，危害很大，由于脂肪积存于卵壳腺，会造成钙的分泌机能发生障碍，易产薄壳蛋或软壳蛋。

（2）限制饲养的依据和方法。关于肉用种鸡喂料量的限制程度，主要依靠体重的变化，因为肉用种鸡的体重在某种程度上决定了种鸡的开产周龄。

第一，限时法。即用喂料时间限制，此法又可分为每日限、隔日限和每周限。

每日限饲：即每天喂给一定数量的饲料，吃完后不再喂料。这种方法对鸡应激较小，适于雏鸡转入育成期前2～4周和育成鸡转入产蛋前3～4周时应用。

隔日限饲：即一天喂饲，一天停喂，把两天的饲料量混合在一起饲喂，这种方法限饲强度较大，适于生长速度较快，难于控制的阶段，另外体重超标的鸡群或阶段也可采用。但应注意两天的喂料量总和不能超过产蛋高峰期的喂料量。

每周限饲：每周喂5天，停2天，即把7天的喂料量在5天内喂给鸡，一般在星期日和星期三停喂，此法限饲强度较小，一般应用于12～19周龄，亦可延长至23周龄，这种方法也适用于体重没有达到标准或受应激较大的鸡群，以及承受不了较强限饲的鸡群。

第二，限量法。即用饲料数量限制，一般肉用种鸡按充分采食量的70%以上喂饲，蛋鸡按充分采食量的90%左右喂饲。

第三，限质法。用饲料的营养水平限饲，这种方法很少单独使用。

（3）肉用种鸡的限水问题。投料前的30 min开始到吃完料后的1 h应充分供水，采食后断水时，用于触摸嗉囊的感觉应是柔软的，如果嗉囊坚硬，则表明供水不足，在寒冷的下午应供水2次，每次至少20 min，关灯前应再供水一次，以满足全天的需要，气温低于29℃的温热气候条件下，下午应供水2～3次，每次至少分钟30 min，关灯前再供水1 h；气温高于28℃时，每小时至少供水20 min，在极热条件下应全天供水。对于笼养肉用种鸡采用乳头式饮水方式，则不能采用限水的方法。

在实施限水时，供水开始后的5 min内必须使所有的鸡只都能喝到水，因此要使所有的饮水器和供水系统始终处于良好的工作状态，并应注意经常检查供水的仪器和设备，以便保证供水。

（二）肉用仔鸡饲养技术

1. 肉用仔鸡生产的特点

（1）早期生长速度快。肉用雏鸡出壳重40 g左右，饲养56天体重可达2 500 g以上，为初生体重的60多倍。大群抽测罗斯肉鸡的世界纪录是8周龄体重为2 760 g。肉用仔鸡幼龄时生长迅速，日龄越小，生长速度越快，而单位活体重的饲料料肉比则越小，这一事实表明，肉用仔鸡达到一定上市体重的天数越少就越有利。所以，利用肉仔鸡早期生长速度快这一特点，是人们用于生产经济肉食的最重要的生物学特性。

（2）生产周期短，周转快。肉用仔鸡一般在8周龄左右即可出售，国外提前到6～7

周龄出售，第一批鸡出栏后，鸡舍经清扫、消毒2周左右，接着可饲养第二批鸡，这样一年就可饲养5批以上，人力用具和房舍利用率较高，因此，生产周期短、投入的资金周转快，可在短期内受益。

（3）饲料转化率高。肉用仔鸡的饲料转化率高于牛和猪，我国肉用仔鸡的饲料转化率一般为2.2～2.3，饲养水平比较高的地区已达到2～2.2，接近世界先进水平，肉牛的饲料转化率为5～7，猪的转化率一般为3～4。肉用鸡的饲料转化率十几年来得到大幅度改善，耗料少饲料报酬高。

（4）适于高密度大群饲养。肉用仔鸡性情安静，体质强健，大群饲养在一栋鸡舍，很少出现打斗跳跃，除了吃料喝水，活动量大大减少，具有良好的群体适应能力，不仅生长快，而且均匀整齐，适于高密度大群饲养。因此，肉用仔鸡适合大规模机械化饲养，可大大提高劳动效率。

2. 肉用仔鸡的饲养技术

（1）饲养方式。肉用仔鸡的饲养方式主要有3种。

第一，垫料饲养。利用垫料饲养肉用仔鸡是目前国内外普遍采用的一种方式。优点是投资少，简单易行，管理也比较方便，胸囊肿和外伤发病率低，缺点是需要大量垫料，常因垫料质量差，更换不及时，鸡与粪便直接接触诱发呼吸道疾病和球虫病等，垫料以刨花、稻壳、枯松针为好，其次还可用短的稻草、麦秸，压扁的花生壳、玉米芯等。垫料应清洁、松软、吸湿性强、不发霉、不结块，经常注意翻动，保持疏松、干燥、平整。垫料饲养可分厚垫料和薄垫料饲养。厚垫料饲养是指进鸡前地面铺8 cm厚的垫料，随着鸡的逐渐长大，垫料越来越脏污，所以应以常翻动垫料或在旧垫料上经常添加一层新垫料，并注意清除饮水器下部的污垫料，这样，待鸡出栏后，将垫料和粪便一次清除。薄垫料饲养是指进鸡前地面铺约2 cm厚的垫料，一直饲养到10日龄左右，开始经常清粪，每次清粪后再撒一层薄垫料，此法由于经常清粪和更换垫料，地面比较干燥，可有效地控制球虫病和呼吸道病的发生，缺点是用工较多。

第二，网上平养。这种方式多以三角铁、钢筋或水泥梁作支架，离地50～60 cm高，上面铺一层铁丝网片，也可用竹排代替铁丝网片，为了减少腿病和胸囊肿病的发生，可在平网上铺一层弹性塑料网，这种饲养方式不用垫料，可提高饲养密度5%～30%，降低劳动强度、减少了球虫病的发生，缺点是一次性投资大，养大型肉鸡（2 kg以上）胸囊肿病的发病率高。

第三，笼养。目前欧洲、美国、日本采用全塑料鸡笼，并重视饲养肉鸡笼具的研制工作，从长远的观点看，肉用仔鸡笼养是发展的必然趋势。肉鸡笼养，可提高饲养密度2～3倍，劳动效率高、节省取暖、照明费用，不用垫料，减少了球虫病的发生，缺点是一次性投资大，对电的依赖性大。

（2）营养需要和饲料配方。为了使肉用仔鸡生长的遗传潜力得到充分发挥，应保证供给肉用仔鸡高能量、高蛋白、维生素和微量元素等营养成分丰富而平衡的全价配合饲料，提供符合肉用仔鸡生长规律和生长需要的蛋白能量比值。前期应注意满足肉用仔鸡对蛋白质的需要，如果饲料中蛋白质的含量低，就不能满足早期快速生长的需要，生长发育就会受到阻碍，其结果是单位体重耗料增多；后期要求肉用仔鸡在短期内快速增重，并适当沉积脂肪以改善体质，所以后期对能量要求突出，如果日粮不与之相适应，就会导致蛋白质的过量摄取，从而造成浪费，甚至会出现代谢障碍等不良后果，肉鸡从前期料变为后期料的时间，单就饲料的价格而言，应尽早才合算，但过早会影响肉鸡的生长发育，不利于总的饲养效果。在生产中，要避免不管饲料营养水平是否符合肉用仔鸡的营养需要，单纯以"低价取饲料"的方法，因为不同饲料的差价，反映在饲养效果上也不一样，结果是便宜的饲料反而不如成本稍高的饲料盈利多，"快大型"的肉用仔鸡，饲料中能量水平在12.97～14.23 MJ/kg范围内，增重和饲料效率最好。而蛋白质含量以前期23%，后期21%的水平生长最佳，根据我国当前的实际情况，肉用仔鸡饲料的能量水平以不低于12.13～12.55 MJ/kg，蛋白质含量前期不低于21%，后期不低于18%为宜。肉用仔鸡的饲养可分为两段制和三段制，两段制是0～4周龄喂前期饲料，属育雏期，4周龄以后则喂后期饲料，属肥育期，我国肉用仔鸡的饲养标准属两段制，已得到广泛应用。当前肉鸡生产发展，总的趋势是饲养周龄缩短，提早出栏，并推行三段制饲养。三段制：0～3周龄喂前期料，属育雏期；4～5周龄喂肥育前期料，属中期；6周龄到出售喂肥育后期料。三段制更符合肉用仔鸡的生长特点，饲养效果较好。

（3）实行自由采食。从第一日龄开始喂料起一直到出售，对肉用仔鸡应采用充分饲养，实行自由采食，任其能吃多少饲料就投喂多少饲料，而且想方设法让其多吃料。如增加投料次数，炎热季节加强夜间喂料，后期注意"趟群"等。通常是肉仔鸡吃的饲料越多，生长越快，肉鸡多吃料，自始至终采用充分饲养，实行自由采食。

（4）料型。喂养肉用仔鸡比较理想的料型是前期使用破碎料，中、后期使用颗粒料，采用破碎料和颗粒饲料可提高饲料的消化率，增重速度快，减少疾病和饲料的浪费，延长脂溶性维生素的氧化时间。在采用粉料喂肉用仔鸡时，一般都是喂配制的干粉料，采取不断给食的方法，少给勤添保持经常不断料，为了提高饲料的适口性，使鸡易于采食，促进食欲，在育雏的前7～10天可喂湿拌料，然后逐渐过渡到干粉料，这对提高育雏期的成活率、促进肉用仔鸡的早期生长速度比较有利。应注意防止湿拌料冻结或腐败变质，当饲料从一种料型转到另一种料型时，注意逐渐转变的原则，完成这种过渡有两种方法：一是在原来的饲料中混入新的饲料，混入新饲料的比例逐渐增加；二是将一些新的喂料器盛入新的饲料，喂料器则逐日减少。无论采用哪种过渡法，一般要求至少要有3～5天的过渡时间。

（5）喂料次数和采食位置。一般采用定量分次投料的方法，喂饲次数可按第一周龄每天8次，第二周龄每天7次，第三周龄起一直到出售，每天可喂5~6次。喂养肉用仔鸡应有足够的喂料器，可按第一周龄每100只鸡使用一个平底塑料盘喂湿拌料，一周龄后可用饲槽（每只鸡应有5 cm以上的采食位置）或吊桶喂料器（20~30只鸡一个），逐渐改为喂干粉料，应注意料槽或吊桶的边缘与鸡背等高（一般每周调整一次），以防饲料被污染或造成饲料浪费。

（6）饮水。饲养肉用仔鸡应充分供水，水质良好，保持新鲜、清洁，最初5~7天饮温开水，水温与室温保持一致，以后改为饮凉水，通常每采食1 kg饲料需饮水2~3 kg，气温越高，饮水量越多。

一般每1 000只鸡需要15个4 kg的饮水器或7个圆形的饮水器，若使用饮水槽，每只鸡至少应有2.5 cm的直线饮水位置，饮水器边缘的高度应经常调整到与鸡背高度一致，饮水器下面的湿垫料要经常更换。每天早、晚应注意消毒和清洗饮水器，并及时更换上新鲜的水，保持饮水器中经常不断水，而且将饮水器均匀地摆布在喂料器附近，使鸡只很容易找到水喝。

第十一章 池塘水产养鱼实用技术

第一节 池塘人工养鱼的常规技术

我国的池塘养鱼业素以历史悠久、技术精湛而著称于世，特别是在新中国成立以后又得到了较快的发展，广大水产工作者通过对实践经验的总结，把池塘成鱼综合养殖技术概括为"水、种、饵、密、混、轮、防、管"养鱼"八字经"，对养鱼技术进行了科学的总结和概括。池塘人工养鱼的常规技术包括人工繁殖、鱼苗鱼种的培育、成鱼的饲养以及亲鱼的选择与饲养等阶段，对于多数养殖户来说主要进行的是鱼苗鱼种的培育和成鱼的饲养，亲鱼的选择与饲养和人工繁殖主要靠鱼种繁殖场来完成，这里只对鱼苗鱼种的培育和成鱼的饲养技术进行简要的阐述。

一、鱼苗鱼种的培育

鱼苗鱼种培育是鱼类养殖过程中的一个重要阶段，因为苗种质量的优劣将直接影响到后期成鱼的养殖效果，所以鱼苗培育在渔业产生中处于关键环节。由于鱼苗鱼种个体幼小，抵御自然灾害及适应环境能力有限，所以在培养过程中具有其特殊性。鱼苗无论对水质条件的适应（如溶解氧、pH值、盐度）、水温的变化、饵料的摄取及管理上的严格要求等都有着不同之处。

（一）鱼苗鱼种名称特征和阶段划分

按照鱼类个体发育过程，一般将鱼类生产经历分为受精、胚胎发育、仔鱼、稚鱼、幼鱼和成鱼6个发展阶段。从亲鱼受精产卵形成受精卵开始，受精卵在孵化过程中逐步进行细胞分裂，发育胚胎，胚胎在孵化结束时破膜而出即成为仔鱼。仔鱼期以卵黄囊消失与摄食开始为特征分成仔鱼前期与仔鱼后期。仔鱼后期逐步具备成体外形特征，并开始成体的多样化变化时，进入稚鱼期。而幼鱼期是从稚鱼到性成熟之前的整个发育阶段。

从卵膜孵出以后的仔鱼都统称为鱼苗（也称水花、鱼花），我国养殖的四大家鱼（青、草、鲢、鳙），鱼苗全长1.0~1.7 cm，称"乌仔"或"乌仔头"。

当鱼苗生长达到鳞片完整，具有成体外形特征时称为鱼种。四大家鱼中把全长1.7 cm

以上的稚鱼，到可以向成鱼池放养的幼鱼统称为鱼种。鱼种阶段依大小时期不同和地域不同又有较多的叫法，含义不一。按四大家鱼生长发育的次序，达到全长1.7～3.3 cm分为"乌仔"阶段和"夏花"阶段。夏花鱼苗培育到秋季称为"秋片"鱼种，培育到冬季已达8～20 cm，称为"冬片"鱼种。

大规格鱼种是一个相对概念，过去指全长超过10 cm的鱼种，目前由于育种技术的提高与养殖成鱼高产放养鱼标准的提高，一般鱼种要求全长达到13.3～16.6 cm，体重在75～150 g。

（二）苗种培育生产阶段的划分

生产中一般将培育阶段划分为以下两个阶段。

1. 鱼苗培育阶段

从水花养到夏花阶段俗称发塘，即孵化出环道的鱼苗。开食后在鱼池饲养15～20天，养成为全长3 cm左右的夏花鱼苗（俗称寸鱼）。

2. 鱼种培育阶段

从夏花鱼苗养到可以投放成鱼池规格的苗种称为苗种培育阶段。这一阶段一般需经历3～4个月，鱼种若在秋季出塘称为"秋片"，冬季出塘称为"冬片"。进入冬季并塘后加深水位蓄养称"越冬"。

（三）鱼苗培育技术

1. 鱼苗、鱼种的食物变化

刚孵出的鱼苗，以卵黄为营养，随着鱼体的长大，一边吸收卵黄作为营养源，一边摄食外界食物。卵黄消失后，鱼苗则完全摄食水中浮游生物。

鱼苗到鱼种，由于鱼类摄食器官形态构造的变化，食物及摄食方式也发生了一系列的变化。四大家鱼的鱼苗在幼鱼阶段全长2 cm以内时，各种鱼食性基本相同，都以摄食轮虫和小型枝角类；当体长达到2 cm以上时，食性与摄食方式发生显著变化，白鲢主要滤食浮游植物兼食部分浮游动物；青鱼开始吞食少量底栖动物；草鱼食枝角类并开始吞食芜萍等，鱼种达到10 cm以上，食性与成鱼相同。

随着鱼苗鱼种的长大，新陈代谢比较旺盛，食量增加。在适温范围内按摄食量占自身的百分率比较，草鱼日食量较高，其次为鲢鱼和鳙鱼，同时昼夜摄食量也有一定规律，白天吃食量大于夜间，早晨停食。鲢、鳙鱼种在一昼夜中10:00—20:00摄食强度较大，20:00—24:00下降；24:00—6:00基本停食。

2. 生长速度

各种鱼类生长速度是不一样的，即使是同种鱼类不同发育阶段生长速度也不相同。但总的情况是，每种鱼的相对生长速度（即每日增长量占体重百分数）前期大大快于后期，而绝对生长速度（即日增长与日增重）则前期慢于后期。一般鱼苗下塘3～10天相对生长速度最快，据测定平均每2天增加1倍。特别是鲢鱼苗平均每天能增重1.2 mg，鳙鱼苗每天增重0.7 mg。到鱼种阶段（一般经100天饲养时间）相对生长速度下降，平均每10天增长1倍，比鱼苗阶段减慢5～6倍。但绝对生长速度加快，鲢鱼平均每天能增长4.19 g；鳙鱼平均每天能增长6.3 g；草鱼平均每天能增长6.2 g。

盛夏以前苗种长度的增长比体重的增长显著，秋后正好相反。影响苗种生长速度的因素是多方面的，除与放养密度有关外，还与水温、水质以及水中的浮游生物优势种群是否适合或易消化等有密切关系。适宜的水温是决定鱼类生长快慢的主要因素之一。据试验，鲢、鳙鱼种在水温26～29℃时，比19～23℃时的生长速度快10倍左右。四大家鱼是温水性鱼类，最适宜的水温是25～30℃，此时鱼苗吃食最旺盛。低于6℃或高于32℃鱼苗吃食减少或停止。其次还要掌握水中浮游生物优势种的繁殖规律及鱼的食性变化规律，以达到两者同步紧密结合，促使和利用浮游生物各个种群繁殖高峰，给鱼苗提供最适宜的生长环境。

3. 鱼苗在池塘中的分布和对水质的要求

刚下塘的鱼苗大都在水边或水表层分散或分小群缓慢游动。5～7天逐渐游离池边，10天后体长达到15 mm左右时，随着食性的改变，各种鱼的生活栖息水层逐渐形成。鲢、鳙鱼已离开池边在水的上、中层活动；青、草鱼逐渐移到中、下层水域活动；草鱼更喜欢成群顺池游动；鲤鱼苗原来喜欢在池边浅水中游动，后随个体增大而向深水区活动，受惊后反应灵敏，会迅速沉入池底。

鱼苗鱼种对水中含氧量、含氨量、酸碱度、盐度等要求较高。鱼苗的耗氧量比仔口鱼种高5～10倍，比二龄鱼种高15倍以上。苗种池溶氧量应不低于3 mg/L，但溶氧量过饱和时易发生气泡，鱼苗误食会产生气泡病。水中铵离子对鱼无毒，但气态氨对鱼有毒，其毒性大小与水中酸碱度高低有关。酸度高、铵离子转化为气态氨多，对鱼苗生长不利。池中最适宜的酸度为7.5～8.5，偏酸偏碱都会影响鱼苗的发育。

4. 鱼苗培育前的准备

（1）鱼苗池的选择和整理。鱼苗池应选择注排水方便、水源充足、水质清洁的池塘。面积1 500～2 000 m²，水深1～1.5 m，池长方形，东西向，阳光充足，池底平坦，淤泥量适中（一般6～10 cm厚为好），无杂草，池底不渗漏。鱼苗未入池前应进行清整，一般在冬、春季进行，挖出池底过多的淤泥，平整池底，修好塘埂，填补漏洞及裂缝，清除底坡杂草。

（2）清塘消毒。生石灰和漂白粉清塘消毒法，投资小，效果好，常被采用，现将这两种方法介绍如下。

生石灰消毒。选择晴天将池水排干，池底留有5~6 cm深水，在塘内周边挖几个小坑。将生石灰倒入坑内，在生石灰遇水溶解蒸腾时趁热泼洒在池中，注意泼洒要均匀，不留死角。每亩用生石灰70~80 kg，如底泥较多时适量增加。一般清塘后7~10天即可放鱼苗。生石灰清塘能杀死多种杂草、蛙卵及水生昆虫幼体，清塘效果较好。同时又能中和底泥中的有机酸，使水质呈微碱性，增加水中肥度，有利于水生生物繁殖。因为生石灰（CaO）遇水生成Ca（OH）$_2$，使水的pH值迅速上升到11以上，能杀死野杂鱼类和敌害生物以及一些病原体，鱼苗病害少，池水容易培肥，养殖效果较好。

漂白粉消毒。使用漂白粉消毒一般较快捷，生产中多在急用池塘放鱼时采用。漂白粉施用量根据有效氯推算，质量较好的漂白粉含氯量为30%，如果干池清塘，每亩使用漂白粉4~6 kg；将漂白粉加入少量水搅拌成糊状，再加水稀释全池泼洒。注意漂白粉消毒时，忌用金属容器盛放，搅拌时最好戴上橡胶手套，均匀搅拌，不留渣子，全池遍撒。天气较热时，4~5天就可加水放鱼；有时也采用注水抽排方法，反复冲洗2~3次，3天即可放鱼。

5. 鱼苗培育方法

鱼苗培育方法很多，一般采用施肥与豆浆相结合的方法，即育苗前施用基肥，放苗后泼洒豆浆，水质容易调控，育苗效果好，具体方法如下。

（1）施基肥。在鱼苗下塘前5~7天，施用沼肥或经发酵熟化的鸡、猪、牛粪均可，施用量随池塘中泥的多少及肥度而调整，一般每亩施沼渣150~200 kg，或沼液200~300 kg，或发酵鸡粪75 kg加猪、牛粪100 kg左右。施用时池水保持20~30 cm深，施用后每天加注水5~10 cm，待放苗时水位达到0.7~0.8 m为宜。一般情况下，放苗时浮游生物（主要是轮虫）正好处于增殖期，并维持一定的高峰时间，以保证鱼苗开口饲料的充足供应。使用沼肥应使用正常产气3个月以上的沼肥；使用鸡、猪、牛腐熟时要与石灰拌和发酵，以加快熟化和杀灭部分细菌，一般石灰与粪便比例为1/8~1/6，拌和均匀堆积后用泥土覆盖，发酵5~7天后即可施用。

（2）及时加水。鱼苗塘施用基肥后要逐步加水。鱼苗放养前加水，目的是逐步提高水温，使水中营养物质均匀分布，促使水中浮游生物繁殖。鱼苗放养后加新水，目的是提高和保持水温，扩大鱼苗活动空间，增加水中溶氧含量，锻炼鱼苗体质等。

（3）放养鱼苗。采用肥水下塘是提高鱼苗成活率的关键。一般施肥后5~7天，天气晴好，鱼苗可口的轮虫出现旺盛繁殖期，确保了可口饵料的充足供应，即可放养鱼苗。

（4）合理放养密度。鱼苗培育到夏花，因各种鱼的生活习性差异不大，所以多采用单养方式。鱼苗放养量也不宜过多或过稀。一般鲢、鳙鱼苗，每亩10万~12万尾；青、草鱼苗，每亩8万~10万尾；鲤鱼苗食性猛，大苗食小苗，初期每亩放养20万尾，15天后体长可达1.7 cm，进行提大留小，分塘饲养或出售，若每亩放养10万尾左右，18天后可长达

2.7～3.3 cm；鲂鱼苗放养时，每亩可达30万～40万尾，15天后长到1.3～1.5 cm，再进行分塘饲养。

（5）加强饲养。青、草、鲢、鳙、鲂鱼苗，下塘后2～3天即可泼洒豆浆，每天两次，每亩每次约用1.25 kg黄豆浆，全池泼洒。鲤、鲫鱼等鱼苗喜欢沿池边游动，可沿池塘四周洒喂。

待鱼苗长到2 cm左右时，每天加喂一次豆浆。在草鱼苗长到2 cm左右时捞一些芜萍放入池塘中，供应草鱼取食，草鱼苗长得会更健壮。鲤、鲫鱼苗在长达2 cm时，可以改用豆饼或花生饼浆为主，以减少投入。

（6）加强水质管理。鱼苗下塘后5～7天，可向塘内加注新水，以增大水体空间。随着鱼苗的成长，以后每隔3～5天加注新水，以调节和改善水质。向鱼苗塘加注水时注意加水时间和加水量。加水时间应安排在晴天的上午，每次加水时间不宜过长，因为鱼苗有逗水的习惯，可避免过度消耗体质。每次加水量10～15 cm为宜，不要过多加注。注水的同时，配合投饵来调节水质，以保持水体"肥、活、嫩、爽"，促使水中营养盐与浮游生物处于动态平衡状态。

（7）早晚巡塘。鱼苗培育要精细管理，稍有疏忽，轻则影响成活率，重则全池灭亡，造成严重经济损失。在培养鱼苗期间，要及时观察鱼苗的活动情况和水色变化情况，以确定喂养量。如果早晨日出前有轻浮头，受惊后立即沉下去，说明水中鱼苗放养量适中。如果早晨日出后鱼苗仍有浮头，必须加注新水，以增加水体空间，调节水质肥度。另外，巡塘时要仔细观察是否有病鱼苗漫游或离群表现。对鱼塘中发现的蛙卵要及时捞出，以免孵出蝌蚪后与鱼苗争饲料、耗氧气、占空间、吞食鱼苗等。对水中的杂草要及时清除，水中的杂物要捞出。

（8）拉网锻炼。鱼苗饲养18～20天后，体长2.7 cm以上时应拉网锻炼鱼体，以增强鱼苗体质。出池前鲢、鳙鱼要经过3次拉网锻炼；青、草、鲤、鲫鱼苗要经过2次。第一次拉网让鱼在网中呈半离水状态密集一下即可放回池中，拉网2 h后喂豆浆；隔一天拉第二次网，将鱼密集在网中20～30 min后放回池中；再隔一天拉第三次网，当鱼进入捆箱后，除去野杂鱼，进行分塘或粗略过数。拉网锻炼鱼苗是一项操作性很强的工作，必须具有熟练技能人员操作，不然容易伤害鱼苗。拉网中必须注意以下事项：选晴天9:00左右进行，阴天不能操作；拉网中慢行、勤洗网，防止鱼苗贴网死亡；网箱中捆鱼时在注水口附近进行，并加注新水以防鱼苗缺氧死亡；在密集鱼苗捆箱时，减少在池内走动，以免搅浑水体，使底泥泛起以呛死鱼苗。经过拉网锻炼的鱼苗，体质健壮，适于长途运输，成活率较高。

（9）鱼苗的过筛与计数。鱼苗过筛是对池中群体鱼苗在生长过程中大小存在差异性进行分类的过程，是进行鱼苗下一步养殖环节的必要一步。苗种分筛前必须先进行拉网，拉网时在网中或用捆箱密集锻炼，在密集刺激下，鱼种分泌大量黏液，排出粪便，所以在鱼苗分筛前要清洗掉黏液与粪便，以便于分筛操作。捆箱时应注意检查网箱有无漏洞；网箱衣离水面高度是否足够，不然鱼苗会跳出；网箱四周用重物坠压，防止有风吹起网箱而使鱼苗卷入水中造成伤亡。经过捆箱后，用专用鱼筛对鱼苗进行分类，操作轻柔，以免擦伤鱼体鳞片。分筛后鱼苗基本整齐，便于放养和管理。

目前鱼苗计数法常见两种：第一种是用一小杯容器舀取，计数每杯鱼苗数量，再推算；另一类是外运时装入氧气袋后，随机抽取1～2袋计数抽算。第二种适用于数量较大，买卖双方缺乏信任感时多采用。由于鱼苗个体小，又不能离水时间长，所以在计数时多有出入，尤其是在交易之中。在对鱼苗计数时，尽量采取计数公平合理、可信方法，使苗种数量不至于出现大的偏差，以保证下一放养环节的合理性和公平性。

（10）夏花鱼苗体质优劣的鉴别。优质夏花鱼苗头小背厚，体色光亮润泽，规格大且整齐，在鱼池中行动活泼，集群游动，受惊后很快潜入水中，抢食能力强。在捆箱中喜欢在水下活动和顶水游动。体质差的夏花鱼苗头大背窄狭，尾柄细，游动慢，对外界行动呆滞，不敏捷。不集群抢游，分散漫游，体色暗淡发黄或呈黑色。

（四）鱼种培育技术

鱼苗养成夏花规格时，体重增长数十倍乃至上百倍，如果仍在鱼池中培育，会因密度过大而严重影响其生长。因此，有必要将夏花进行分养，转入鱼种培育阶段。

1. 鱼种池的准备

鱼种池一般以2 000～3 500 m²大小为宜，池深1.8～2 m，水深1.5～1.7 m，培养鱼种效果较好。鱼种池的选择与清塘方法同鱼苗池。

2. 夏花鱼苗的放养

由于鱼苗在夏花规格以后，其习性接近于成鱼，所以在培养时考虑到充分利用水体和饲料资源，多采用混养方式。根据不同鱼苗的食性和活动水层的习性，把几种鱼苗放在同一池中饲养，以充分发挥池塘的生产潜力。但在搭配混养时，须注意鲢、鳙、草与青鱼之间的食性竞争关系。在放养密度较大，以投料饲养为主的情况下，它们之间在取食饲料上会发生矛盾。鲢鱼行动敏捷，争食力强；鳙鱼行动迟缓，争食力弱，因此，生产上一般不进行鲢、鳙混养，只在以鲢鱼为主的池塘搭配少量鳙鱼，一般不超过20%，而以鳙鱼为主的池塘中则不混养鲢鱼。青鱼和草鱼在自然情况下，它们的食料是不矛盾的；青鱼偏动物性料，草鱼则主要吃草等；但在人工饲养下，以投喂饲料为主，且鱼苗密度大，它们主要以争食饲料而存在矛盾，因此二者不宜混养。在生产中一般采用草、鲢、鲤鱼混养，青鱼则和鳙鱼、鲫鱼混养效果较好。

采用清水下塘和以人工精料为主的方法培养青鱼和草鱼，配养鱼应比主养鱼规格小，以增强主体鱼对饲料的争食能力。一般池中都搭配一些鲢鱼和鳙鱼，以充分利用水中浮游生物来调节和控制水的肥度。

夏花鱼苗的放养密度主要根据养成所需规格来定，因为出塘规格直接与密度成反比。在放养量确定后，一般主养鱼约占80%，混养的配养鱼约占20%。其主养鱼密度与出塘规格的关系见表11-1。

表11-1　主体鱼放养密度与出塘规格关系

项目	规格						
	6.7~8.3 cm	8.3~10 cm	10~11.7 cm	11.7~13.3 cm	13.3~15 cm	15~16.7 cm	16.7~20 cm
每亩放养夏花数（万尾）	2~2.5	1.5~2	0.8~1.5	0.5~0.8	0.3~0.5	0.2~0.3	0.15~0.2

注：表中数据上限不在内。

3. 鱼种的培育

我国传统的鱼种培育方法有很多，如施肥为主、草浆饲养、种草淹青饲养及投饲为主饲养等。目前多数地区采用以投饲为主的饲养方法，省工但成本高。

饲养鱼种的饲料主要有各种饼类、米糠、麸皮、豆渣、酒糟、麦麸、玉米粉等，现在生产中多采用颗粒饲料饲养。喂养草鱼、团头鲂主要用芜萍、小浮萍、苦草、松叶黑藻等水生植物及幼嫩的草本科植物，配合投喂人工精料。饲喂青鱼主要是饼类、糠麸、配合饲料等，增加投喂螺蛳、蚬子、蚕蛹等动物性饲料。

（1）草鱼种的培养。1龄草鱼鱼种生长较快，抢食能力强，食性范围由狭窄逐渐变宽，群体间容易因吃食不均匀而造成个体生长差异。为此，投饲应注意用适口的天然饲料，促进均匀生长。

草鱼夏花下池后，正值7—8月，水温高、密度稀，是鱼种旺盛时期，因此要抓住这一有利时机，投喂最佳适口饲料，使草鱼短期内达到7 cm以上。前期（大暑前）采取投足、吃完就投、不留夜食的原则。立秋后，天气变化大，水质不稳定，又值草鱼发病季节，必须严格控制草鱼吃食量。投饲后，一般控制在5~8 h吃完为妥。如发现群体间生长差异较大，应在立秋前拉网，用鱼筛将大小鱼分开，专塘饲养。立秋后，注意多加些精料，使鱼体肥满健壮，让鱼种多贮藏养分以备越冬。

（2）青鱼种的培养。1龄青鱼不易生病，生长快，成活率高，要抓住这一有利时机，增大1龄青鱼的出塘规格，为提高2龄青鱼的成活率创造条件。为此必须以练习青鱼咽喉齿为主，促进鱼种生长。由一种饲料转为另一种饲料时，应有一个两种饲料按比例混合阶段，一般为一星期，使鱼种有个适应过程。

（3）鲢鱼种的培养。鲢鱼夏花下塘前，先施基肥培养浮游生物，夏花初下塘时，除摄取天然食物外，每天每万尾鱼投喂豆渣1.5~2 kg。在饲养过程中，以培养水体中浮游生物为主，可以适当追肥以保持水体肥度。

（4）鳙鱼种的培养。鳙鱼种的培养方法基本和鲢鱼种相似，但在投喂数量上比鲢鱼多些，如每天每万尾鳙鱼投喂豆渣3～3.5 kg。

（5）鲤、鲫、鲂鱼种培育。鲤、鲫、鲂鱼如做搭配鱼饲养，只要适量增加投喂量即可，不要单独考虑其饲料问题。以主养鲤、鲫鱼为主的池塘，开始时每天喂一次豆饼粉（豆饼粉碎后搅成浆泼洒），每万尾鱼投喂量约为1.5 kg，泼洒池水的四周。随着鱼体长大，改用人工饲料破碎料，采取定点方式投喂，以提高饲料利用率。以主养团头鲂为主的池塘，开始时投喂豆饼浆、每天两次，每天每万尾鱼用豆饼0.5 kg；以后该改投芜萍、浮萍等，并适当施肥以增加天然饵料。

（6）投喂注意事项。为提高投饲的效果，降低饵料系数，培育好优质体壮的鱼种，在投饲过程中一定要掌握"四定"原则和方法。

定质。饲料质量要新鲜、适口，鱼喜欢吃食，营养价值高。

定量。每日投喂饲料，除按推算数量外，还需做到均匀投喂，不能忽多忽少，以免鱼种时饱时饥，影响其消化、吸收和生长，容易引起鱼病，同时也降低了饵料系数。

定时。一般每天投喂3～4次，具体时间依据各地而定。注意最后一次时间不宜过晚，天气若不好，可免于投喂。

定位。投喂饲料要有固定位置：一是可以观察鱼类生长状况，鱼类吃食情况，及时调整投喂量；二是鱼发病用药时便于集中治疗；三是集中投喂可减少饲料的浪费，提高利用率。

"四定"原则是投饲过程中总的指导思想，具体投饲量应根据当天的水温、天气状况、水质条件和鱼的吃食情况来做调整决定，需要有一定的经验积累。

（7）一龄鱼种质量鉴别。鱼种质量的好坏，关系到成鱼养殖生产，对鱼种质量的鉴别，可以从外观上看出，一般应观察以下几个主要指标。

一是规格。同种鱼出塘规格要均匀整齐，体质健壮；个体间差异较大的群体一般成活率较低。

二是体色。不同鱼种体色不同，需要具备品种特色。

青鱼：体色青中带白，体色越浅，鱼越健壮。

草鱼：鱼体泛淡金黄色，灰白色网纹鳞片明显，鱼体越健壮，淡金黄色越显著。

鲢鱼：背部银灰色，两侧及腹部呈银白色。

鳙鱼：淡金黄色，鱼体黑色斑点不明显。鱼体越健壮，黑色斑点越不明显，金黄色越显著。

三是体表光泽。健壮鱼体有薄薄一层黏液，用以保护鳞片，使皮肤免受病菌侵袭，故体表呈现一定光泽。

四是鱼游动情况。健壮鱼种游动活泼，逆水性强。在网箱或活水密集时鱼种头向下，仅看到鱼尾不断甩动。

4. 鱼种的并塘越冬

在鱼种养成后，如遇寒冷季节来临，不能随即转入成鱼饲料阶段，要采用并塘越冬措施。把鱼种按不同种类和规格进行分类，计数囤养于较深池塘内，便于管理和来年运输，也可以安全越冬。同时可以腾出鱼池及时清整。为来年生产做好准备。还可对当年鱼种生产情况进行全面了解和总结。做好并塘越冬工作应注意以下事项。

（1）越冬池的选择。越冬池要选在背风向阳池塘，四周安静、地质平坦，水深要保持在2 m以上，不渗漏。

（2）并塘时期的选择。应在水温降至10℃左右，且天气持续降温时，选择晴天进行，若水温高，鱼类活动能力强，耗氧大，且鱼易受伤，在密集后鱼种往往浮头而存在隐患。若水温低，寒冷天气时不易操作，鱼体又易冻伤。

（3）并塘准备。拉网前鱼种应停食3~5天，拉网，选鱼、运输工作要小心细致，避免鱼体受伤。

（4）放养密度。并塘越冬放养密度也要适当，不宜过大。一般10 cm左右规格鱼种每亩放养2.5万~3万尾。

（5）管理。越冬池在冬季天气晴好时，放入一些豆饼，供鱼类进食，以确保鱼种体质。若水位降低时，隔30天左右选晴好天气，加新水一次，加水量也不宜过大，避免惊动鱼群。冬季冰封期，要在四周破冰打洞，留出与空气连通洞口。另外，定期对越冬鱼种池巡看，发现异常情况，及时处理。

二、成鱼养殖技术

成鱼养殖是将鱼种养成可供食用的商品鱼的过程。它是水产养殖生产的最后一个环节，也是水产养殖的主要目的。成鱼养殖既要求低耗、高产、高效益，又要求优质、无污染、常年供应市场，生产适销对路的商品鱼。在成鱼生产中，一般都以多品种、多规格的鱼类在鱼池内养殖，这就是具有中国特色的鱼类混养。科学混养可充分发挥池塘水体和鱼种的生产潜力，合理利用饵料资源，提高鱼的产量。

（一）混养搭配和放养密度的确定

在成鱼生产中，采用科学的混养方式，可充分发挥池塘水体和鱼种的生产能力，合理利用饵料资源，提高成鱼的产量。

鱼类混养有许多优点，但是在品种、数量的搭配上一定要科学合理，要做到这一点，首先要清楚养殖类之间的相互关系。

（1）鲢、鳙、罗非鱼与鲤、鲫、草、鲂、青鱼之间的关系。这实际上是滤食性鱼类与吃食（草、杂食）性鱼类之间的关系。渔谚有"一草（鱼）养三鲢（鱼）"的说法，就是说吃食性鱼类的粪便肥水效果很好，据测定，一般每增重1 kg吃食性鱼类，投入饲料的残饵和鱼的粪便，以及肥水后产生的浮游生物，可满足生产3 kg滤食性鱼类的需要。

（2）草、青鱼和鲤、鲫、鲂鱼之间的关系。草、青鱼都是食量相当大的食草、食螺性鱼类，而鲤、鲫、鲂鱼相对于它们属于个体小、食量小的小型鱼类。它们之间适当搭配，可以起到优势互补和相互促进作用。草鱼和青鱼都喜爱生活在洁净的水环境中，但在静水池塘，它们自己排泄的大量粪便却又污染了环境，这恰好可以用鲤鱼、鲫鱼、鲂鱼来清除，从而改良了水质。但是，它们之间也有矛盾的一面，也就是相互争食。所以主养草鱼的池塘不宜多配养鲤鱼，而应当配养鲂鱼和鲫鱼。一般草鱼和鲤鱼配比以（5~6）∶1最好，若配养鲂鱼，则以（4~5）∶1为宜。在主养草鱼池中，每亩放养规格为10 g左右的鲫鱼种300~500尾效果更好。

（3）鲢鱼和鳙鱼之间的关系。鲢鱼和鳙鱼都是以浮游植物为食的滤食性鱼类。但是鲢鱼以食浮游植物为主、食浮游动物为辅（二者之比为248∶1），而鳙鱼恰恰相反，它以食浮游动物为主、食浮游植物为辅（二者之比为4.5∶1）。在池塘中浮游动物是以浮游植物为食的，所以其数量远少于浮游植物。根据鲢、鳙鱼饵料生物之间的关系，在生产上一般安排鲢、鳙鱼的放养比例为（4~5）∶1，否则鳙鱼因食物不足而长不起来。但是在使用颗粒饲料的精养鲤、草鱼池中，鳙鱼的配比可适当增加，因为鳙鱼可吃食颗粒饲料的碎屑。

（4）罗非鱼和鲢鱼、鳙鱼之间的关系。罗非鱼是一种生命力强、食性杂的小型鱼类，幼鱼阶段以浮游植物为主食，成鱼阶段则以有机碎屑为主食，因此，在食性上与鲢鱼、鳙鱼有矛盾。在生产上可采取以下措施。

鲢鱼、鳙鱼和罗非鱼交叉放养。7月前罗非鱼个体小，尚未大量繁殖，要强化对鲢鱼、鳙鱼的饲养，使投放的鲢鱼、鳙鱼在7月中旬达到上市规格，这样便错开了两者争食的矛盾。

控制罗非鱼的繁殖，防止过度增多数量。罗非鱼繁殖周期短，个体小，可采取雄性化措施，投放全雄罗非鱼；适当混养肉食性鱼类，把过量的罗非鱼苗吞食消灭。

增加投饵、施肥数量，保持池水肥沃，缓解食料矛盾。

以罗非鱼作为主养鱼类，把鲢鱼、鳙鱼放到配养位置，减少放养量。

（二）主、配养鱼类和混养方式

主养鱼又叫主体鱼，它在放养量上占较大比例，而且是投饵施肥和饲养管理的主要对象。配养鱼是处于配角地位的养殖鱼类，它们可以充分利用主养鱼的残饵和粪便形成的腐屑及天然饵料很好生长。

1. 确定主养鱼和配养鱼的原则

（1）市场需求。市场需求量大、价格好的鱼类，就是主养鱼。

（2）饵料、肥料来源。草类资源丰富的地区应以草食性鱼类为主养鱼；肥料容易解决的地方应以滤食性鱼类或食腐屑性鱼类为主养鱼。

（3）池塘条件。池塘面积较大，水质肥沃、天然饵料丰富的池塘，可采用以鲢、鳙鱼为主鱼；新建的池塘，水质清瘦，可采用以草鱼、团头鲂为主养鱼；池水深的池塘，可以青鱼、鲤鱼为主养鱼。

（4）鱼种来源。只有鱼种供应充足，而且价格适宜，才能作为养殖对象。

2. 几种混养方式

在成鱼养殖中，根据当地的具体条件，各地形成了很多适合本地特点的放养模式和混养类型，现介绍以下几种主要混养类型。

（1）以草鱼为主养的混养类型。这种混养类型，主要对草鱼（包括团头鲂）投喂草料，利用草鱼、团头鲂的粪便肥水，培养浮游生物，养殖鲢鱼、鳙鱼。由于青饲料较容易解决，成本较低，已成为我国最普遍的混养类型。

放养大规格鱼种，其来源主要靠本塘套养解决。一般套养鱼种占鱼种总产量的15%～20%，本塘鱼种自给率在80%以上。

以投喂草料作为主要饲料，每亩净产250 kg以下一般只施基肥，不追施农家肥；每亩净产500 kg以上的，主要在春、秋两季追施农家肥，在7—8月轮捕1～2次。

鲤鱼放养量要少，放养规格要适当增大，也有的地方采用"以鲫代鲤"的方法，即不放鲤鱼，而增加鲫鱼的放养量（通常要比原放养量增加1倍）。

（2）以鲢鱼、鳙鱼为主养的混养类型。以滤食性鱼类鲢鱼、鳙鱼为主养鱼，适当混养其他鱼类，特别重视混养有机碎屑的鱼类（如罗非鱼等）。饲养过程中主要采用施农家肥的方法。该模式类型具有养殖成本低、养殖周期短的优点，但优质鱼的比例偏低。该类型的特点是：鲢鱼、鳙鱼的放养量占70%～80%，产量占60%～70%，其大规格鱼种采用成鱼池套养方法解决。鲢鱼、鳙鱼种从6月就开始轮捕，1年轮捕3～4次，轮捕后随即补放大规格鱼种，一般补放鱼种数大致与捕出数相等。

以施农家肥为饲养的主要措施，一般池塘面积较大。可实行渔、牧、农结合，开展综合养鱼，形成良性循环生态系统。

（3）以鲤鱼为主养的混养类型。鲤鱼是人们普遍喜欢食用的水产品，且鱼种来源广，容易解决，以鲤鱼为主养鱼是比较常见的混养类型。该类型的特点是：鲤鱼放养量占总放养量的90%左右，产量占总产量的75%以上；所需的大规格鲤鱼种由专池培育供应，鲢鱼、鳙鱼种由原池套养夏花解决；以投喂鲤鱼配合颗粒饲料为主要技术措施，养殖成本较高。

（三）放养密度的确定。

在一定范围内，只要饲料充足，水源水质条件良好，管理得当，放养密度越大，产量就越高。故合理密养是提高池塘生产能力的重要措施之一。在能养成商品规格的成鱼或能达到预期规格的鱼种的前提下，可以达到最高鱼产量的放养密度，即为合理的放养密度。确定合理的放养密度有以下几个原则。

1. 池塘条件

有良好的水源，水位较深（如2～2.5 m），淤泥较少，可以适当密放。

2. 饵料、肥料供应

在提高放养量的同时，必须增加投饵（施肥）量，才能让鱼类长成上市规格，达到增产效果。

3. 鱼种的种类和规格

多种鱼类混养，实际上是密放的大前提，只有将栖息、食性各异的鱼类混养，才能达到合理密放；同时，同一品种多种规格混养，也相应会加大密度。

4. 管理技术和措施

养鱼配套设施较好，技术水平较高，养鱼经验丰富，管理精心，认真负责，可适当加大放养密度。

5. 历年放养模式在各池的实践结果

通过对历年各种鱼类的放养量、产量、出塘时间、规格等参数进行分析评估，如鱼类生长的快慢、单位面积产量的高低、饵料系数的大小，浮头次数的多少等。适当增加或者减少放养量，调整至合理的放养密度。

现将每亩净产500 kg和1 000 kg混养模式放养密度列表11-2和表11-3，供参考。

表11-2　每亩净产500 kg混养模式

主养鱼类	种类	放养						计划产量				
		尾重量（g）	数量（尾）	重量（kg）	占总放养量（%）		成活率（%）	尾产量（g）	毛产量（kg）	净产量（kg）	轮捕次数	增量倍数
					尾数	重量						
鲢、鳙	鲢	250	120	30	55	54	95	750	86	243	2	3
		100	100	10	55	54	95	500	48	243	2	5
		60	380	23	55	54	90	250		243	2	7
		10	125	1	55	54	80	100	10	243	2	10

（续表）

主养鱼类	种类	放养						计划产量				
		尾重量（g）	数量（尾）	重量（kg）	占总放养量（%）		成活率（%）	尾产量（g）	毛产量（kg）	净产量（kg）	轮捕次数	增量倍数
					尾数	重量						
鲢、鳙	鳙	60	120	7	9	6	90	600	65	58	2	9
	草鱼	350	50	18	23	28	90	550	68	147	2	4
		60	250	15	23	28	70	350	112	147	2	7
	鲤	75	120	9	9	7	90	600	65	56	2	7
	团头鲂	100	60	6	4	5	90	400	22	16	2	4
	合计		1 325	119	100	100	86		639	520	2	5
草鱼、团头鲂	草鱼	250	150	38	48	51	90	1 000	135	214	2	4
		100	100	10	48	51	70	750	53	214	2	5
		60	300	18	48	51	70	2 500	83	214	2	5
		10	142	1	48	51	70	100	10	214	2	10
	鲤	75	120	9	9	7	90	500	54	45	2	6
	团头鲂	100	60	6	4	5	90	400	22	16	2	4
	鲢	250	80	20	35	34	95	750	57	196	2	3
		60	420	25	35	34	90	250	184	196	2	7
	鳙	75	60	5	4	3	90	750	41	36	2	8
	合计		1 432	132	100	100	83		639	507	2	5
鲤、鲫	鲤	75	520	39	33	33	90	550	257	218	2	7
	草鱼	350	50	18	13	22	90	1 500	68	101	2	4
		60	150	9	13	22	70	350	60	101	2	7
	团头鲂	100	60	6	4	5	90	400	22	16	2	4
	鲢	60	120	7	9	6	90	750	36	156	2	3
		100	100	10	33	32	95	500	48	156	2	5
		60	250	15	33	32	90	250	101	156	2	7
		10	125	1	33	32	80	100	10	156	2	10
	鳙	75	65	5	4	4	90	750	44	39	2	9
	鲫	25	200	5	13	4	90	100	18	13	2	4
	合计		1 570	121	100	100	88		664	543	2	5

表11-3　每亩净产1 000 kg混养模式

主养鱼类	种类	放养						计划产量				
		尾重量（g）	数量（尾）	重量（kg）	占总放养量（%）尾数	占总放养量（%）重量	成活率（%）	尾产量（g）	毛产量（kg）	净产量（kg）	轮捕次数	增量倍数
鲤	鲤	125	1 300	162.4	56.2	74.7	90	800	936	773.5	3	6
	鲢	100	400	40	30.4	19.8	90	600	216	176	3	5
		10	300	3	30.4	19.8	75	100	22.5	19.5	3	8
	鳙	100	100	10	13.1	5.5	90	650	58.5	48.5	3	6
		10	200	2	13.1	5.5	75	100	15	13	3	8
	合计		2 300	217.5	100	100			1 248	1 030.5	3	6
草鱼	草鱼	125	1 200	150	52.2	72.8	85	900	918	768	3	6
	鲢	100	400	40	30.4	20.9	90	600	216	176	3	5
		10	300	3	30.4	20.9	75	100	22.5	19.5	3	8
	鳙	100	100	10	17.4	6.3	90	700	63	53	3	6
		10	300	3	17.4	6.3	75	100	22.5	19.5	3	8
	合计		2 500	135	100	100		100	1 186.3	1 051.3	3	6
罗非鱼	罗非鱼	50	2 000	100	85.1	74.1	95	500	950	850	3	10
	鲢	100	350	35	14.9	25.9	90	750	236.3	201.3	3	7
	合计		2 300	206	100	100		100	1 242	1 036	3	9
鲢、鳙与鲤鱼并重	鲢	100	700	70	52	49.5	90	600	378	308	3	5
		200	250	50	52	49.5	95	550	130.9	80.9	3	3
		10	350	3.5	52	49.5	75	200	52.4	48.9	3	17
	鳙	150	150	22.5	12	14.4	90	650	87.8	65.3	3	4
		250	50	12.5	12	14.4	95	600	28.8	16.3	3	2
		10	100	1	12	14.4	75	250	18.8	17.8	3	18
	鲤	100	800	80	32	32.1	90	750	540	460	3	7
	草鱼	100	100	10	4	4	85	800	68	580	3	7
	合计		2 500	249.5	100	100			1 304.7	1 055.2	3	5

（续表）

主养鱼类	种类	放养						计划产量				
		尾重量（g）	数量（尾）	重量（kg）	占总放养量（%）		成活率（%）	尾产量（g）	毛产量（kg）	净产量（kg）	轮捕次数	增量倍数
					尾数	重量						
鲢、鳙与草鱼并重	鲢	100	850	85	52.4	59.9	90	600	459	374	3	5
		400	250	100	52.4	59.9	95	650	154.7	54.7	3	5
	鳙	100	150	15	9.5	11.3	90	650	87.8	72.8	3	6
		400	50	20	9.5	11.3	95	750	36	16	3	2
	草鱼	100	600	60	31	25.1	80	1 000	480	420	3	8
		350	50	17.5	31	25.1	90	1 250	56.3	38.8	3	3
	鲤	75	150	11.3	7.1	3.7	90	750	101.3	90	3	9
	合计		2 100	308.8	100	100			1 375.1	1 066.3	3	5

（四）饲养管理技术

在养鱼过程中，成鱼饲养是耗费时间、人力物力最多的一个生产环节，其管理内容主要是施好肥、喂好料、管好水三大措施。

1. 施肥

鱼池施肥是培养鱼类天然饵料的重要途径。从肥料种类分为有机肥和无机肥两大类别。就施肥方式来分，有基肥和追肥的区别。

（1）施肥的作用。

可增加水中营养物质的含量，促进池水浮游生物的生长繁殖，以增加滤食性鱼类的天然饵料。

促进池水浮游细菌的繁殖。这些细菌不仅可作为浮游动物和底栖动物的饵料，通过细菌的絮凝作用形成的细菌团，也可作为滤食性鱼类的饵料。

有机肥中含有大量的有机碎屑，可直接作为滤食性鱼类和杂食性鱼类的饵料。

施肥后，可增加池底有机碎屑的沉积。池底的有机碎屑可作为底栖动物的饵料，能促进底栖动物的生长和繁殖，这就为鲤鱼、鲫鱼等鱼类提供了丰富的饵料。

（2）施肥的原则。应以有机肥为主，无机肥为辅，并互相配合施用。

有机肥。有机肥营养成分全面，肥效持久，但作为基肥施用时一定要适当，尤其是秋放鱼种的成鱼池，基肥的作用主要在于确保鱼种在适度肥水下顺利越冬。追肥时，应掌握少量、勤施，还应选择晴天，池水溶解氧充足时施用，避免因耗氧突增使池水水质恶化。

有机肥使用前一定要经过发酵，并掺入生石灰杀菌消毒后再用；最好施用产过沼气后余下的沼肥。施肥后应适当加注新水，以利其发挥肥效。

无机肥。无机肥在生产上多与有机肥交替配合施用，以增加肥效。一般夏季以施无机肥为主，可避免因有机肥在池中再分解时耗氧太大造成缺氧。无机肥因肥效短，所以必须与有机肥交替施用，以使鱼池保持长久的肥度。无机肥施用时，应先充分与水溶解，然后全池泼洒。施用氮、磷肥时，应选择晴天9:00—10:00进行，因为此时池水酸碱度适中，池水尚未发生上下对流，有利于浮游植物充分吸收无机磷，进行光合作用。施用磷肥后，鱼池不宜加注新水、拉网或开增氧机，以延长肥料在表层水的悬浮时间，提高肥效。另外在使用氮、磷肥时，不可与生石灰、草木灰等碱性物质同时施用，否则会降低肥效。

（3）施肥方法及用量。

施基肥。基肥是鱼种下塘前施用的肥料，一般在清整完成后的鱼池注水后施用。施肥原则是施足、施早。具体做法：将有机肥分成几堆，堆放在鱼池向阳浅水处，让池水没过肥堆，隔几天翻动一次，这样被分解的营养元素逐渐释放出来，扩散全池，从而达到水中饵料生物增多、水质肥沃的目的，一般每亩施250~500 kg，但对多年养鱼又未清塘的老鱼池应酌量减少用量。

施追肥。追肥是养殖过程中根据养殖需要施用的肥料。一般以透明度决定是否追肥，如鲢、鳙池透明度应在20~25 cm为宜，草鱼池则应在25~35 cm。透明度在35 cm以上则表明池水瘦，需要追肥；而透明度在20 cm以下时则表明水肥，需要注水或换水。春季水温较低，可以适当多施，主养鲢鱼、鳙鱼的池塘每亩可施有机肥750 kg，这样在4—5月，池水便能达到"肥、活、嫩、爽"，4月以后，气温逐渐升高，追肥应掌握少量、勤施原则，以防池水溶解氧急剧下降而影响鱼类生长。到7—8月，随着鱼体长大，池塘载鱼量上升，再加上池中浮游生物逐渐老化，池中有机物在高温下分解，鱼池随时可能缺氧，所以这时鱼池不宜追施有机肥，而应追施无机肥辅以有机肥，一般投喂颗粒饲料的精养高产池塘，高温季节基本上不施追肥。

2. 投饵

科学合理地投喂营养丰富、适口性好的饵料，是成鱼养殖高产、高效的重要技术措施。

（1）投饵量的确定。鱼池的全年投饵量，一般是以放鱼量及规格，来确定增重倍数，再由增重倍数或成活率来推算单位面积净产鱼量，最后以全池的净产量乘以饵料系数，得出全年用饵量。例如，1亩的成鱼池，主养鲤鱼，每亩放养鲤鱼80 kg，计划净增重倍数为7，即每亩净产鲤鱼为80×7=560 kg。该池投喂鲤鱼颗粒饲料为560×2×10=11 200 kg。根据全年总投喂量，再按水温、鱼生长情况，作出月用饵量分配，最后根据季节、水色、天气、鱼类活动、摄食情况，分配到日。

不过饵料用量的分配，切忌机械推算，其原则是"早开食、晚停食、抓中间、带两头"，尽量延长饲料时间，在鱼类的主要生长季节抓紧投饲，使投饵量占全年投饵量的75%～80%，要按照定时、定位、定质、定量的"四定"投饵原则。保证饲料被充分利用。青饲料在春、夏季数量多、质量好，供应重点应在鱼类生长季节的中前期。

（2）投喂方法。

主养鲢鱼、鳙鱼。颗粒饲料投喂点选在池塘长边向阳坡中间，架设伸入鱼池3～4 m的饲料台；青饲料食场在距颗粒饲料投喂点8～10 m处；混合饲料投喂点在颗粒饲料投喂点的对面。三者应分布在彼此不受干扰的地方。

投喂顺序：上午先投青饲料，后投颗粒饲料，再投混合料。下午先投颗粒饲料，后投混合料，再投青饲料。

时间次数：颗粒饲料上午和下午各投2次，每次不少于20 min，青饲料上午和下午各投一次（8:00—9:00、18:00—19:00）。混合饲料上午和下午各投2次，每次15 min。混合料要求粒度越小越好，以便鲢鱼、鳙鱼滤食。

精养鲤、鲫、草鱼等。这是目前生产上普遍采用的池塘高产养殖模式，这种模式主要使用颗粒饲料喂养。一般从3月开始驯化，以声响作信号诱鱼吃食。开始驯化时，在发出声响后，几粒几粒地少喂，逐渐让鱼形成条件反射，一有响声便汇聚食场吃食。驯化2周左右，当鱼种能够一有响声便上浮集中抢食时，可以充分满足它们的食量，但仍要小把小把地喂，使每一粒饲料都让鱼吃掉，避免浪费。投喂颗粒饲料，要撒在鱼群中心，撒的面积要大，每次投量应少，间隔时间要长，待80%鱼吃饱离开后，停喂。把鱼种驯化成功后，最好采用投饵机喂养，可以节省劳动力，也能投喂得更精确、更省料。一般4—5月每日投喂5次，6—9月每日投喂4次，每次投喂时间不低于30 min。

3. 池塘管理

一切养鱼的物质条件和技术措施，最后都要通过池塘日常管理才能发挥效能，获得高产。渔谚有"增产措施千条线，通过管理一根针"。

（1）池塘管理的基本要求。

保持水体"肥、活、嫩、爽"。"肥"是指水中浮游生物含量多（50～100 mg/L），有机质和营养盐类丰富，透明度为20～30 cm；"活"是指水色有月变化和日变化，表明浮游植物优势种交替出现；"嫩"是指水体中鱼类可消化的浮游植物占多数，而且都在生命旺盛期；"爽"是指鱼在池塘中自由自在，十分爽快，说明水体无污染，溶解氧丰富。

投饵、施肥做到"匀、足、好"。"匀"是指一年中连续不断地投喂足够数量的饲料，在正常情况下，前后两次投饵量应变化不大；"足"是指投饵（或施肥）量适当，在规定的时间范围内鱼能将饵料吃完，不使鱼过饥或过饱；"好"是指投喂的饲料质量要好，能满足鱼类对各种营养的需要，不发霉变质。

（2）池塘管理的基本内容。

勤巡塘。生产中要坚持每天早、中、晚三次巡塘。早上（黎明时）巡塘主要检查鱼类有无浮头现象；午后（14:00—15:00）巡塘主要观察鱼的活动和吃食情况；傍晚（日落后）巡塘主要是检查全天的吃食情况和有无剩饵，有无浮头预兆。另外，巡塘时还要观察水色变化，及时采取改善水质的措施。

做好鱼池清洁卫生。池内残草、污物应随时捞出，清除池边杂草，保持良好的池塘环境。如发现死鱼，应检查死亡原因，并及时捞出埋掉，以免病原扩散。

根据天气、水温、季节、水质、鱼类生长和吃食情况，确定投饵、施肥的种类和数量。并及时做好鱼病的防治工作。

掌握好池水的注、排，保持适当的水位，做好防旱、防涝、防逃的准备。

做好全年饲料、肥料需求量的测算和分配工作。

充分利用池边饲料地种好青饲料。

合理使用渔业机械、搞好渔机设备的维修保养和用电安全。

做好池塘日志。每个池塘都要有池塘日记，对各类鱼种的放养及每次成鱼的收获日期、尾数、规格、重量，每天天气情况及投饵、施肥的种类和数量，以及水质管理和病害防治等情况，都应做好详细的记录，以便统计分析，及时调整养殖措施，并为以后制订生产计划，改进养殖方法积累经验。

（3）池塘水质管理。

保持池水中有充足的溶解氧。通过适时施肥，控制池水适宜肥度，促进浮游植物的光合作用，进行生物增氧；清除池底过量淤泥、污物，限制使用有机肥，尽量减少鱼池耗氧；注入新水增加池水溶解氧；开增氧机等向鱼池中机械增氧；使用化学药物增氧。

控制池水透明度。通过加注新水或增（减）施肥量，使以滤食性鱼类为主池塘的透明度在20~25 cm；以吃食性鱼类为主池塘的透明度在30~35 cm。

调节好池水酸碱度。弱碱性（pH值7.5~8.5）水体是鱼类及其他饵料生物生活的最佳环境。根据水质情况，从4月开始，每隔20天向成鱼池泼洒一次生石灰，每次每亩25 kg。

控制水温。鱼类生长的最适水温为26~28℃，可以通过加注新水予以调节。以晴天14:00加注为好，切忌傍晚加水，以免引起鱼类浮头。

控制水深。一般开春鱼池水深应控制在0.9~1 m，有利于日照升温；4—5月加到1.2~1.5 m；6—9月加到2.0~2.5 m；越冬时冰下水深保持在2.0~2.5 m。

（4）防止浮头和泛池。精养鱼池，当水中溶解氧降低到一定程度（一般1 mg/L）时，鱼类就会因缺氧浮到水面，将空气和水一起吞入口中，这种现象叫作浮头。随着浮头时间的延长，如果不采取增氧措施，水中溶解氧进一步降低，鱼类就会窒息死亡。这种大批鱼类因缺氧而窒息死亡，叫作泛池。浮头和泛池都是鱼类缺氧的标志，只是程度上不同。

浮头的原因。①池水过肥。②连阴雨天，池水中浮游植物光合作用差。③天气突变，造成浮游植物大量死亡。④池水中带入大量野杂鱼或罗非鱼大量繁殖。

浮头的预测。①夏季晴天傍晚下雷阵雨后或连续阴雨天，容易造成鱼类浮头。②季节转换时期，天气突变，气温、水温变化大，鱼类容易浮头。③水色发生变化，池水有腥臭味，也是池水缺氧的预兆。④鱼类吃食量明显减少，说明池水也可能缺氧。

浮头轻重的判断。①轻浮头。浮头时间迟，在鱼池中央浮头，听到响声迅速潜入水中，浮头的主要是鲢鱼、鳙鱼和鲂鱼。②重浮头。浮头时间早，后半夜或黎明时即浮头，全池都浮头，听到响声也不向下游动，而且草鱼也浮头。若鲤鱼、鲫鱼也浮了头，则表明鱼池已有大批鱼死亡。

预防浮头的办法。①发现池水过肥时，及时加注新水予以冲淡。②雷雨前延长增氧机工作时间，连阴雨天要早开增氧机。③天气变化时停止施肥、投饵。④及时清除污物和野杂鱼。

解救浮头的措施。①开增氧机增氧。增氧机有增氧、曝气和搅水三重作用。根据科学原理，使用增氧机要遵循以下原则：晴天中午开；阴天清晨开；连绵细雨半夜开。浮头早开，轮捕后及时开，鱼类浮头季节天天开。一般傍晚不能开。从开机时间看：半夜开机时间长，中午时间短；施肥、闷热天、面积大、载鱼量大，开机时间长；不施肥、天气爽、面积小、载鱼少，开机时间应短。②注入地下冷水，使池水迅速降温，以缓解浮头。③向池中泼洒黄泥和食盐。每亩鱼池用黄泥10 kg，食盐10 kg，加水调成糊状，均匀全池泼洒。也可用3～5 kg明矾加水后全池泼洒。其目的是使悬浮的有机物凝聚沉淀，减少鱼池耗氧。④使用化学增氧剂"鱼浮灵"解救。每次用量为每1 m^3水体泼洒50 g。用药前每亩泼洒5～7 kg生石灰浆，以增加药效。

第二节 池塘综合养鱼实用技术

综合养鱼又称综合水产养殖，是以水产养殖业为主，与农林种植业、畜禽饲养业和农副产品加工业综合经营及综合利用的一种可持续生态农业。综合养鱼是中国淡水养殖的一大特色，这种生产结构不但适合中国国情，而且对所有的发展中国家，甚至一些发达国家都具有很大的实用价值，也是我国今后一个时期水产养殖的发展方向。

一、综合养殖的优点和意义

（一）合理利用资源，增加水产养殖的饲料、肥料

综合养鱼可以比较合理地利用太阳能、水、土地资源以及各种产业的副产品和废弃物，为水产养殖增加饲料、肥料来源，从而为人类生产更多水产蛋白质食品。如在农林模式中利用池埂及其斜坡、路边和房前屋后的零星土地种植高产优质牧草，用鱼池过多的塘

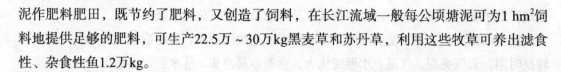

泥作肥料肥田，既节约了肥料，又创造了饲料，在长江流域一般每公顷塘泥可为1 hm²饲料地提供足够的肥料，可生产22.5万～30万kg黑麦草和苏丹草，利用这些牧草可养出滤食性、杂食性鱼1.2万kg。

（二）节约成本，增加收入，降低了经营风险，提高了市场竞争能力

综合养鱼利用了自产的廉价饲料和肥料，达到饲料和肥料自给和半自给，从而减少乃至避免因外购饲料、肥料所消耗的大量人力、物力和财力，从而可降低生产成本，获得更大利润，一般种牧草养鱼的成本是种小麦养鱼成本的1/2；用鸡粪或猪粪养鱼成本是用商品小麦养鱼的1/10～1/6。另外，综合养鱼增加了更多的产业，也就增加了生产经营的安全性，降低了经营风险性，同时也提高了产品的市场竞争力。

（三）减少废弃物污染，保护并美化环境

随着农业畜牧业生产集约化程度的提高，专业化程度的加强，生产规模的扩大，生产中形成的废弃物也不断增加，适当发展综合养鱼，利用鱼类在生长过程中对农畜废物的净化能力，可把综合养鱼场变成废弃物处理场，这种处理不但成本低，方便易行，而且可以获得大量产品，既减少了污染，保护了环境，还增加了健康食品和经济效益。

总之，发展综合养鱼，与其匹配的农产物组成了良好的生态环境，可自动调节当地的小气候，这种综合养鱼的面积越大，对小气候的调节能力就越强，对生态环境的贡献也越大。同时这种综合养鱼模式还有益于农业生产结构的合理化和城市布局的合理化。

目前，国际化社会和世界人民的两大问题是保护环境和克服贫困。人类从前改造自然和发展经济的历史，是人类在当时对自然认知的相对局限的水平下进行的，不合理地利用资源，甚至过度利用，造成资源枯竭，生态环境破坏；而有些则是不知利用，或可充分利用而不知充分利用而造成资源浪费，甚至造成废弃物的大量积累而污染环境。综合养鱼则能保持所养水产品之间，水产品与池塘环境之间的生态平衡，池塘环境与周围陆地之间的生态平衡，综合养鱼本身没有破坏环境的废弃物，而且可以把系统外的一些废弃物转化为再生资源。因此，综合养鱼是一种能把低能量、低蛋白物质转化为高能量、高蛋白质水产品的生产手段，是一种能保护我们生存环境的可持续发展的生态农业。

二、综合养鱼的类型与模式

我国综合养鱼的形式多种多样，内容丰富，按照投入物物质的流向可分为下列几种类型。

（一）鱼—农综合系统

鱼—农综合系统是在饲料地、池埂及其斜坡和路边、房前屋后零星土地，以及河、湖、沟、洼等水面种植绿肥等作物，为水产养殖服务，或综合经营。这是我国综合养鱼最

古老、最普遍的系统，也是我国综合养鱼最基本的系统。

鱼、农能紧密结合的原因：一是养鱼对饲料的要求；二是养鱼的塘泥使池塘条件恶化，而塘泥却是农业优质肥源之一，为种植业生产的基础。鱼-农综合系统按作物种类和耕作制度不同分为以下4种模式。

1. 养鱼与陆生植物种植综合类型

该模式在饲料地、鱼池堤埂及其斜坡以及零星土地种植陆生作物，全部或大部分用作鱼类饲料和鱼池绿肥。

（1）选择用于养鱼的陆生作物的原则。与养鱼配合的青饲料作物，应选择鱼类适口的营养丰富的高产作物，每亩产量要在5 000 kg以上为好；要求作物的旺长期与鱼类摄食量高峰期一致；抗病力强，易管理。为了能保护鱼池堤埂，要求作物的根系比较发达，根幅水平分布的范围在40 cm以上；若作为绿肥，还要求碳、氮比例较小，易分解。

（2）常用于养鱼的陆生作物品种。目前我国综合渔场种植的作物有20多种，主要品种有黑麦草、苏丹草、象草、杂交狼尾草、紫花苜蓿、红车轴草、苦苣菜、聚合草等。

（3）以青饲料为主的养鱼放养模式。种植水陆生青饲料养鱼，应主养草鱼和团头鲂，配养滤、杂食性鱼。总放养量为100～120 kg/亩，放养重量比例如下：大、中规格草鱼（2～4尾/kg）占总放养重量的65%～75%；团头鲂占10%～15%，30～40尾/kg。鲢、鳙鱼占15%左右，5～20尾/kg；鲫、鲤鱼占5%～7%，鲤20～40尾/kg，鲫30～50尾/kg。按此比例，草鱼和团头鲂的粪便和排泄物肥水，足以带养鲢、鳙、鲤、鲫，不需施肥和其他饲料。如增投其他饲料和肥料，放养比例应相应调整。生产中一般可按表11-4或表11-5放养。

表11-4 以草鱼为主放养模式（轮捕轮放，计划产量500 kg/亩）

种类	放养时间	放养规格（kg/尾）	数量（尾/亩）	重量（kg/亩）
草鱼	春节前	0.4～0.5	175	70
草鱼	6—7月	夏花	250	0.125
团头鲂	春节前	0.02～0.03	300	10
鲢鱼	春节前	0.15～0.25	20	4
鲢鱼	春节后	0.05～0.1	110	8
鲢鱼	6—7月	夏花	190	0.095
鳙鱼	春节前	0.15～0.25	5	1
鳙鱼	春节后	0.05～0.1	30	2
鳙鱼	6—7月	夏花	50	0.025
鲤鱼	春节前后	0.04	120	3
鲤鱼	5—6月	夏花	170	0.85

（续表）

种类	放养时间	放养规格（kg/尾）	数量（尾/亩）	重量（kg/亩）
鲫鱼	春节前后	0.04～0.05	150	3
鲫鱼	5—6月	夏花	210	0.105
合计			1 780	100

注：①鱼池水深2 m；②6月底至9月底每月轮捕一次；③以青饲料为主，辅以粮食饲料；④对套养的草鱼夏花应特殊照顾，围小食场，只允许此鱼进入，投喂芜萍、浮萍；⑤使用增氧机效果更好。

表11-5　以草鱼为主放养模式（套养，不轮捕，计划产量400 kg/亩）

种类	放养时间	放养规格（kg/尾）	数量（尾/亩）	重量（kg/亩）
草鱼	春节前	0.4～0.5	138	55
草鱼	6—7月	夏花	170	0.085
团头鲂	春节前	0.02～0.03	150	10
鲢鱼	春节前	0.05～0.1	200	10
鲢鱼	6—7月	夏花	300	0.15
鳙鱼	春节前	0.15～0.1	60	3
鳙鱼	6—7月	夏花	100	0.05
鲤鱼	春节前后	0.04	80	2
鲤鱼	5—6月	夏花	120	0.06
鲫鱼	春节前后	0.04～0.05	100	2
鲫鱼	5—6月	夏花	150	0.075
合计			1 718	82

注：①鱼池水深2 m；②鲤和鲫的比例可按需要适当调整；③以青饲料为主，辅以粮食饲料；④对套养的草鱼夏花应特殊照顾，围小食场，只允许此鱼进入，投喂浮萍。

2. 养鱼与水生植物综合类型

在渔场附近还有湖泊、河流、洼地以及进排水沟等水体的地方，利用其他水体种水生植物，为养鱼提供饲料和绿肥，有些渔场还种养水生果蔬，供应市场。这种模式为养鱼与水生植物综合类型。

此类型中水生渔饲植物一般是凤眼莲、水浮莲、喜旱莲子草和"四萍"。

水生蔬菜植物莲藕与鱼共养也是一种高效种养模式。在豫北地区实践效益明显，一般每亩池可产莲藕2 500 kg，产值5 000元，除去投资2 000元，纯收入在3 000元左右；还可产鲶鱼1 000 kg，产值8 000元，除去投资3 500元，纯收入在4 500元左右。一年纯收入在7 500元左右。

（1）莲藕种植技术。

莲藕为睡莲科多年水生草本植物。原产南亚，在我国栽培已有三千多年历史。莲藕营养丰富，富含淀粉、蛋白质、维生素B与维生素C和无机盐类。该蔬菜生食可口，熟煮可制作50多种菜肴，经深加工还可制成藕粉和蜜饯。

品种与种藕的选择。莲鱼共养应选用浅水藕类型品种，该类型品种地下茎（藕）较肥大，皮白肉嫩味甜，能生吃或熟吃；叶脉突起，少开花或不开花，开花后不结或少结种子。适于30~50 cm水层的浅塘或水田洼地栽培。同时，生产中还应少花无蓬、性状优良，而且顶芽完整，藕身粗大，无病无伤，2节以上或整节藕作种。若使用前两节作种，后把节必须保留完整，以防进水腐烂。

栽培地点的选择。莲藕的生命力极强，可利用小池、河湾等地方栽培。但高产栽培要求以含有机质丰富的壤土为好。为配养鱼类，田内应挖"回"形深沟，沟宽3~4 m，深1~1.5 m；内埂高0.5 m，宽0.5 m；外埂高1.5 m，宽2 m，以满足鱼类生长水体环境。人工建造的小型水泥莲鱼共养池，也可不要小深沟。

栽种方法。①种植密度。莲藕的栽种期黄河下游地区一般在4月上中旬栽种，栽种密度与用种量因土壤肥力、品种、藕种大小及采收时期而不同。一般早熟品种比晚熟品种、土壤肥力高比土壤肥力低、田藕比荡藕、早收比迟收的栽种密度大，用种量也多。人工池塘栽种莲藕，如当年亩产要求达到2 000~3 000 kg，一般行距1.5~2.0 m，穴距1~1.5 m，每亩250~300穴，每穴1~2支（田藕1支或子藕、孙藕2支），每支2节以上。一般亩需种藕250 kg左右，如仅用子藕或孙藕，用种量为100~150 kg。②种植方法。人工水泥池塘栽藕时，先将藕种按规定株行距排在田面上，藕头向同一个方向，要种到埂边，最后一行再加栽一部分向池边的藕种，各行种藕位置要互相错开，便于萌发后均匀分布。栽植时，将藕头埋入泥中8~10 cm深，后把节稍翘在水面上，以接受阳光，增加温度，促进发芽。人工池塘栽培种后上水，水深10 cm，以后逐渐加深。

种藕选择与催芽。栽前从留种田挖取种藕，选择藕身粗壮整齐、节细、顶芽完整、有2~3个节的田藕或子藕做种，在最后一个节把后1.5 cm处用刀切断，切忌用手掰，以防栽后泥水灌入藕孔引起腐烂。种藕一般随挖、随选、随栽，如当天栽不完，应洒水覆盖保湿，防止顶芽干萎。远途引种，应注意保湿，严防碰伤；并注意切勿沾染酒气，藕种遇酒气便会腐烂。为防止水温过低引起烂种缺株和提高种藕利用率，栽前也可室内催芽，方法：将种藕置于室内，上下垫盖稻草或麦秸，每天洒水1~2次，保持堆温20~25℃，15天后芽长6~9 cm即可栽植。

施肥管理。莲藕产量高，需肥量大，应在施足基肥的基础上适时追肥。针对一般生产中氮磷投入过多的现象，提出"减氮控磷增钾补硼锌"的施肥原则。

施足基肥。基肥在整地时施入，一般亩施优质农家肥2 000~3 000 kg，氮肥的50%、钾肥的60%，磷肥及硼锌肥的全部进行底施，可亩施纯氮10~12 kg，五氧化二磷

8~10 kg，氯化钾9~10 kg，硼肥0.2 kg，锌肥0.2 kg。

及时追肥。追肥分两次进行，第一次在栽种后20~30天，有1~2片荷叶时进行，可促进莲鞭分枝和荷叶旺盛生长。一般亩追30%的氮肥和40%的钾肥，可亩施纯氮5~6 kg，氯化钾5~6 kg；也可施入人粪尿或腐熟沼液1 000~1 500 kg。第二次追肥多在栽种后50~55天进行，一般亩追氮素化肥的20%，可亩追纯氮4~5 kg；也可施入人粪尿或沼肥1 000~1 500 kg。此时应注意追肥时不可在烈日中午进行和肥料不要撒在叶面上，以免烧伤荷叶。同时还要防止因施肥过多，使地上部分生长过旺，荷梗、荷叶疯长贪青，延长结藕期造成减产。

水位管理。应掌握先由浅到深，再由深到浅的原则。移栽前放干田水；移栽后加水深3~5 cm，以提高水温，促进发芽；催芽田移栽后加水5~10 cm。一般田长出浮叶时加水至5~10 cm；以后随着气温的上升，植株生长旺盛，水深逐步增到30~50 cm；两次追肥时可放浅水，追肥后恢复到原水位。结藕时水位应放浅到10~15 cm，以促进嫩藕成熟；最后保持土壤软绵湿润，以利结藕和成熟。注意夏季要防暴雨、洪水淹没荷叶，致使植株死亡而减产。

及时防治病虫害。莲藕主要病害有枯萎病、腐败病、叶枯病、叶斑病、黑斑病、褐斑病等。这些病害对莲藕的产量影响很大，一般减产20%~90%，严重时绝收。

枯萎病或腐败病一般发生在苗田满叶时，发病初期叶缘变黄并产生黑斑，以后逐渐向中间扩展，叶片变成黄褐色，干燥上卷，最后引起腐烂，全部叶片枯死，叶柄尖端下垂。叶枯病或叶斑病主要发生在荷叶上，叶柄也时有发生，起初叶片表现出现淡黄色或褐色病斑，以后逐渐扩大并变成黄褐色或暗褐色病斑，最后全叶枯死。黑斑病发生在叶上，开始出现时呈淡褐色斑点，然后扩大，直径可达10~15 mm，有明显的轮纹并生有黑霉状物，严重时叶片枯死。褐斑病称斑纹病，发病时叶片上病斑呈圆形，直径0.5~8 mm，多向叶面略微隆起，而背面凹陷，初为淡褐色、黄褐色，后为灰褐色。边缘常有1 mm左右的褐色波状纹。上述病害均应采取综合预防为主，药物防治为辅的原则。选择无病种藕；进行轮作换茬，与有病田隔离；合理灌水施肥，注意平衡施肥，及时清除病株，消除病原。可用多菌灵或硫菌灵在发病初期10天内连续2~3次喷洒防治。

主要虫害有蚜虫、潜叶摇蚊、斜纹夜蛾、褐边缘刺蛾和黄刺蛾等。蚜虫群集性强，主要危害抱卷叶或浮叶，从移栽到结藕前均可发生；潜叶摇蚊以幼虫潜入浮叶进行危害，吃叶肉，使浮叶腐烂，此虫不能离水，对立叶无害，可将少量虫叶摘除。斜纹夜蛾、褐边缘刺蛾和黄刺蛾属杂食性害虫，主要危害荷叶，可诱杀成虫，在发蛾高峰前，利用成虫的趋光性和趋化性，采用黑光灯捕杀成虫；可采卵灭虫，在产卵盛期，叶背卵块透光易见时随手摘除。

采收。当终叶叶背出现微红色，最早开放的荷花形成的莲蓬向一侧弯曲时，标志着地下新藕已形成。这时植株多数叶片还是青绿色。若采收，应在采收前4~5天将荷叶摘去，使地下部分停止呼吸，促使藕身附着的锈斑还原，藕皮脱锈，容易洗去，从而增进藕的品质。一般多在白露到霜降采收，此时藕已充分老熟，在挖藕前10天左右，将藕田水排干，以利挖藕。

（2）鲶鱼养殖技术。

品种类型的选择。莲池共养鲶鱼可选用革胡子鲶或南方大口鲶。适应性强，生长速度快，人工养殖经济效益高，是普遍受到消费者和生产者欢迎的优良养殖品种。

池塘要求。莲鲶共养池面积一般以1~2亩较适宜，要求水源充足，进、排水方便，采用45°坡面，深度为1.5 m，经砼硬化防渗处理后回填0.5 m壤土，进行莲菜种植。水有约1 m深，可根据季节变化调节水位。进排水设施齐备，并设有鱼沟等设施，符合鱼莲共养模式技术要求。

鱼苗的放养。一般在莲藕长出立叶后，水温又比较适宜时放养。豫北地区一般在5月上中旬。放养前藕田应用生石灰消毒，并施入适量腐熟的粪肥以培养饵料生物。每亩可放养8~10 cm的越冬鱼种800~1 100尾；或放养当年早育的3~5 cm小规格鱼种1 000~1 500尾。放养时，鱼苗用3%的盐水浸浴10 min。

饲料与投喂。两种鲶鱼是以动物性饵料为主的杂食性鱼类。小鱼苗投放后，前期主要摄食水体中的原生动物、轮虫、小型枝角类以及无节幼体等；也可适当投喂蛋黄、鱼虾肉、豆饼、麦麸等。中后期人工饲养条件下，鲶鱼不仅能摄食小鱼、小虾、螺、蚌、蚯蚓、黄粉虫、蝇蛆、蚕蛹、鱼粉、屠宰下脚料等动物性饵料；也摄食豆饼、花生饼、棉仁饼、菜籽饼、麦麸、米糠、玉米粉、豆腐渣、浮萍、瓜果皮、菜叶等植物性饲料。另外，还可投喂人工配合饲料。投喂量应根据天气、水温、饲料种类及鱼的摄食情况而定，一般日投喂量为鱼体重的5%~10%。中后期也可投喂鸡肠饵，生产效益较好，一般饵料系数在（4~5）∶1。

水位与水质调节。初期藕田水位可浅些，以有利于提高地温和水温，促进莲藕和鱼苗的生长，随着气温的升高，应逐步加深水位，在藕、鱼旺盛生长期，田面水位可加深到30~50 cm。为保持藕田水质清新，应经常换水，但换水时应注意水温差，尤其是换入井水时，每次换入量应不超过田水量的25%。

病害防治。在莲鱼共养池中定期施用一定量的生石灰，不仅可以防治莲藕腐败病和地蛆病等，而且还可预防鲶鱼细菌性疾病的发生，同时还能起到调节水质的作用。一般每隔半月左右泼洒一次生石灰，浓度为20 mg/L。为更好防治鱼病，还可定期将鱼药拌在饲料中制成药饵进行投喂。另外，需要注意生长期间如需对莲藕用药防治病害，一定要选好药，并严格掌握用药浓度和采取正确的施药方法，以确保鲶鱼安全。

日常管理。日常管理工作主要是坚持早晚巡塘，观察水质情况和莲藕长势与鲶鱼动态，检查防逃设施等，发现问题及时解决。

3. 鱼草轮作类型

养鱼的季节性强，大多数鱼种池和部分成鱼池都有一定的空闲期，鱼草轮作可充分利用空闲期和塘泥中的养分，为其他养殖水面提供青饲料和绿肥，也能为市场提供蔬菜，从而提高鱼池的生产能力，增加收入。

（1）鱼草轮作的模式。

单池轮作。在同一口鱼池中进行鱼草轮作，多用于1龄鱼种池。一般在秋后鱼种并塘后种草或菜，第二年夏花放养前收获。

多池轮作。将一组食用鱼池组合起来，分期分批实行种草、种绿肥与养鱼轮作。

（2）鱼草轮作的主要作物品种。鱼草轮作在冬、春季种草或菜，可选择适宜该季节生长的作物品种，如黑麦草、越冬菜和生长期短的叶菜类种植。种植蔬菜可采用提前育苗移栽和大棚种植技术措施等。

4. 稻田养鱼类型

稻田是一个复杂的生态系统，在该系统中不但有人类需要的主要产品，也有很多与水稻竞争营养与阳光的初级生产者，如浮游植物和水生植物等，还有以浮游植物和水生植物为营养的各级消费者，如浮游动物、水生和过水昆虫等，这些植物绝大部分不能被人类所利用，相反有些则危害水稻、人、畜。然而，在稻田中养鱼和其他水产品就改变了这一局面，不但消除和抑制了有害生物，而且可转化为人类所需的水产品，鱼和其他水产品的粪便又可肥稻田。所以说在稻田中搞水产养殖是可行的，有利于良性发展和可持续发展。

（1）稻田养鱼的特点。

水位。大多数时间稻和鱼对水位的要求是一致的，水稻分蘖早期，水位较浅，此期还是鱼类的放养和生长早期；随着水稻生长，水位增高，也利于鱼类生长；但对鱼影响最大的是水稻抽穗期的"烤田"，要将稻田的水排干，解决的办法是在稻田的准备阶段在稻田的中间和四周挖好鱼沟和鱼溜，在"烤田"排水时让鱼游入沟、溜中。

水温。稻田水温变化可满足鱼类生长的要求，早期秧苗小，不遮阳，有利于鱼类生长，7—8月气温最高时，水稻可为鱼类遮阳，以免鱼类过分受热。

酸碱度（pH）。稻鱼对酸碱度的要求是一致的。一般稻田pH值为6.5～8.5，适合鱼类生长。

溶氧。稻田溶氧较高，常为4～8 mg/L。至今未见稻田鱼类有浮头现象的报道，稻田养鱼免去了人工增氧的费用。

丰富的饵料资源。首先稻田有众多杂草和沉水、浮水、挺水植物，虽是水稻生长的大害，但它们是草食性鱼和部分杂食性鱼和滤食性鱼的适口饲料。其次稻田中约有20多种较大型水生动物，也是鱼类的食料。再次，一些陆生昆虫和过水昆虫及其幼虫，虽是水稻的主要敌害，但它们落水或过水时也能成为鱼类饲料。最后，水生细菌和有机碎屑也都是鱼类的食源。

（2）稻田可养殖的水产品类型。常规养殖鱼类中，除身体侧扁而背高的鳊、鲂类和较大规格的商品鱼外都可养殖；其他水产品如虾、蟹等也可养殖。

（3）生态法稻田养殖泥鳅。经济效益较高，据实践每亩稻田可产泥鳅300~400 kg，额外收入1 500多元。

田间工程。在靠近水源沟渠一侧和田块中间挖一环行沟，沟宽60 cm，深50 cm，环沟内全部铺设20目纱窗网布防逃。在稻田进水口处设种鱼集中坑，面积要达到3 m²以上，内设投饵台。

稻田消毒处理。每亩稻田用生石灰50 kg、漂白粉15 kg，彻底消毒和杀灭水生有害生物等。

肥水。于4月中下旬稻田来水后，将稻田全部灌满，亩施豆饼7.5 kg，全田扬撒均匀即可。主要是培植水中大量的浮游生物，解决鱼苗的开口饵料问题。

投放亲鱼。于水稻插秧后7天，稻秧缓秧后按放健康无伤害的成熟泥鳅。种鱼投放量一般为每亩300尾，雌雄比为1：1。雌泥鳅要腹大柔软、有光泽，一般长12~16 cm、体重15~20 g；雄泥鳅一般长10~12 cm、体重12~15 g。一并投放到孵化稻田中，每天投喂饵料培育亲鱼。

孵化管理。将上水渠灌满水形成高水位，以备循环用水。在环沟内用棕榈皮做鱼巢，供亲鱼产卵用。在5月底后自然水温达到23~25℃时，注意观察亲鱼雌雄缠绕时，立即放水刺激，以循环水的方式，促进产卵。为保持较长时间的循环水促亲鱼性腺发育和亲鱼兴奋时防止逃跑，应在上水口处用5根接自来水用的塑料管做进水管道，连放3天水，至孵出小鱼苗为止。排水口用塑料管在坝埂向内前伸出80 cm，并全部间隔2 cm钻眼，然后包上细纱布，防止水生动物和鱼卵随水排出。抓住6—8月是泥鳅的产卵高峰，为提高鱼苗质量，要多批次周期性放水，刺激种鱼周期性多批次产卵。

投喂管理。鱼苗孵出后，主要摄食水生动植物，应加强水质调节，使其肥、活、冷、嫩、爽，培育出更多更好的天然饵料，供鱼苗食用。鱼苗孵出一周后，补充人工饲料，前期精喂需要40%的蛋白饲料，每天早晚2次，后期投喂含蛋白30%的饲料。

及时起捕。当水温降到15℃时及时起捕，以防起捕过晚钻入泥中。起捕时先放水，把泥鳅集中于鱼沟中，再用抄网进行捕捞。

（二）鱼—畜（禽）的综合系统

畜禽粪肥的最大特点是混有大量未消化的饲料碎屑，大约占摄入饲料量的1/3，鸡粪高达35%。另外，畜禽粪肥中混有大量被畜禽泼洒浪费的饲料，这些未消化的饲料和泼洒饲料都是鱼类的良好饲料。同时畜禽粪便中还带有大量微生物，这些微生物在排出体外后大部分为死亡状态，也是鱼类的良好饲料，所以利用畜禽粪便进行水产养殖是可行的，可节约大量的养殖成本，可避免一些养殖风险，同时也净化了环境。

单纯用畜禽粪肥养鱼应以滤食性、杂食性鱼类为主，一般鲢占总放养量的65%左右，鳙占20%，鲤占7%左右，鲫和罗非鱼占3%左右，团头鲂占5%左右。

直接用畜禽粪肥养鱼，除一部分粪肥损失外，还会因在水底进行厌氧发酵产生一些对鱼类有害物质影响到养鱼效果；并且，也可能带入一些鱼类的致病菌和寄生虫，近些年来利用畜禽粪肥先发展沼气，然后利用腐熟的沼渣、沼液养鱼解决了这一问题，不但获得了清洁的能源，还提高了养鱼效益。研究表明，沼肥与未经腐熟的人粪尿养鱼比较，水体含氧量提高52.9%，磷酸盐含量提高11.8%，因而使浮游动植物数量增长12.1%，重量增长41.3%，从而使白鲢增产36.4%，花鲢增产9%，同时还能减轻猫头鳋、中华鳋、赤皮病、烂鳃、肠炎等常见病虫的危害。

用沼肥养鱼应掌握以下关键技术。

基肥：一般在春季清塘，消毒后进行，每亩施沼渣150 kg或沼液300 kg，均匀撒施。

追肥：4—6月，每周每亩施沼渣200 kg；7—8月，每周每亩施沼渣100 kg或沼液150 kg。

施肥时间：追肥在晴天8:00—10:00施用较好，阴雨天气光合作用不好，生物活性差，需肥量小，可不施，有风天气，顺风泼洒；闷热天气，雷雨到来之前不施。

注意事项：沼肥养鱼适用于花白鲢为主要品种的养殖塘，其混养优质鱼（底层鱼）比例不超过40%。养鱼水体的透明度应保持25~30 cm，若水体透明大于30 cm，说明水中浮游动物数量大，浮游植物数量少，可适当增施沼肥，直到透明度回到25~30 cm；若水体透明度小于25 cm，应注意换水和少施沼肥。

（三）鱼—畜—农综合系统

鱼—畜—农综合系统是鱼—农和鱼—畜两个基本系统的结合和发展。有下列两种主要模式。

1. 畜—草（菜）—鱼

即用猪、牛、羊等畜粪种植高产牧草或绿叶蔬菜，用草或菜主养草食性鱼类，以草食性鱼类的粪便和鳃及体表的排泄物肥水，带养滤、杂食性鱼类，养鱼形成的塘泥又用作牧草或菜的肥料。其中猪—草—鱼模式最普遍，最有代表性，已经推广到长江、太湖和黄河流域，取得了显著效益。

2. 菜（草）—畜—鱼

此模式是种植高产蔬菜、牧草用作家畜饲料，用畜粪肥直接下鱼池肥水，主养滤食性、杂食性鱼，塘泥用作菜、草的肥料。

三、池塘综合养鱼的发展方向

（一）在稳定常规的养殖品种的基础上发展"名、特、优"水产品

我国目前大量养殖的常规鱼类，物美价廉，是广大人民群众主要的优质蛋白质食品，不可缺少。同时养殖技术已被广大养殖户所掌握，在老养殖区要稳定；在一些内陆地区，由于人均占有量少，价格也贵，仍还需要发展。无论是稳定还是发展，都必须以提高单位面积产量、降低成本、搞好综合养殖、提高效益为前提。随着人民生活水平的不断提高，在经济发达地区和部分经济条件好的群体，人们已不满足于只吃常规养殖鱼类，同时更欢迎一些"名、特、优"水产品种。近年来，我国科研工作者和生产者驯养、培育、引进了约20多种淡水鱼虾、蟹、贝等品种。其中有多个品种稳定占有市场，并有较高的经济效益，但市场空间有限，养殖企业和养殖户应以销定产发展生产，切不可盲目发展"名、特、优"水产品种。"名、特、优"水产品种也要逐步降低生产成本，面向广大人民群众，才能成为最持久、最有生命力的产品。

（二）走综合养殖和可持续发展之路

人们生活质量的提高也反映了绿色健康食品的强烈需求，随着市场的激烈竞争，将逐步要求所有水产养殖过程中不施肥，不用有碍人类健康的药物，不用含激素类的饲料。大力发展种草养鱼，以草食性鱼为主的模式，以鱼池良性生态平衡为基础，建立鱼池与陆地的良性生态平衡，走综合养鱼和可持续发展的道路，是今后养鱼的发展方向。这种模式不仅经济效益好、物质能量转化效率高，而且在生产时不产生废弃物污染环境，同时还能在生产中尽可能地转化环境中的废弃物来净化环境。

（三）以综合养鱼为核心，发展多种经营

国内外经济的发展证明，农业生产必须与农副产品加工密切结合，才能提高效益、减少损失、保护环境、增加就业、持续发展。以综合养鱼为基础，向渔业、畜禽饲养业和种植业的投入端和产出端发展，在投入端加入饲料工业，在产出端增加畜禽产品加工和销售。逐步把产业做大做活，才能保护和促进核心产业长期发展生存。

（四）用综合养鱼技术综合开发盐碱洼地、沙荒地和建设废弃地

我国沿河、沿海有众多的盐碱洼地、沙荒地，同时，长期以来城镇建设和社会主义新农村建设取土，以及烧窑、挖沙，高速公路建设等建设项目也不可避免地形成了大量的新废弃地，这些盐碱洼地和废弃地最好的开发利用项目就是综合养鱼，投资小、见效快，加入大农业良性循环生物圈，能做到物尽其用。

第五篇

绿色循环农业接口工程与技术

第十二章　畜禽粪便与农作物秸秆沼气处理实用技术

第一节　沼气的概述

随着农村经济的发展和农民生活水平的提高以及沼气生产技术的逐步完善，农民发展沼气的积极性也空前高涨。近年来，由科技人员的技术创新与广大农民丰富实践经验相结合，创造了南方"猪—沼—果（菜、鱼等）"生态模式和北方"四位一体"的生态模式，这些模式将种植业生产、动物养殖转化、微生物还原的生态原理运用到整个农业生产中，促进了经济、社会、环境的协调发展，也推动了农业可持续发展战略的进行。目前，沼气建设也已从单一的能源效益型，发展到以沼气为纽带，集种植业、养殖业以及农副产品加工业为一体的生态农业模式，在更大范围内为农业生产和农业生态环境展示了沼气的魅力。随着近年来粮食生产持续丰收，畜牧养殖业也得到了长足发展，为发展沼气生产奠定了物质基础。

一、沼气的概念和发展

沼气是有机物质如秸秆、杂草、人畜粪便、垃圾、污泥、工业有机废水等在厌氧的环境和一定条件下，经过种类繁多、数量巨大、功能不同的各类厌氧微生物的分解代谢而产生的一种气体，因为人们最早是在沼泽地中发现的，因此称为沼气。

沼气是一种多组分的混合气体，它的主要成分是甲烷，占体积的50%~70%；其次是二氧化碳，占体积的30%~40%；此外还有少量的一氧化碳、氢气、氧气、硫化氢、氮气等气体。沼气中的甲烷、一氧化碳、氢、硫化氢是可燃气体，氧是助燃气体，二氧化碳和氮是惰性气体。未经燃烧的沼气是一种无色、有臭味、有毒、比空气轻、易扩散、难溶于水的可燃性混合气体。沼气经过充分燃烧后即变为一种无毒、无臭味、无烟尘的气体。沼气燃烧时最高温度可达1 400℃，每立方米沼气热度值为2.13万~2.51万J，因此沼气是一种比较理想的优质气体燃料。

沼气中的主要气体甲烷还是大气层中产生"温室效应"的主要气体，其对全球气候变暖的贡献率达20%~25%，仅次于二氧化碳气体。目前大气中甲烷气体的含量已达1.73 μL/L，平均年增长率达到0.9%，其近年来的增长率是所有温室气体中最高的。但是，甲烷气体在空气中存在的时间较短，一般只有12年。所以，其浓度的变化比较敏感且快速，比二氧化碳快7.5倍。

当空气中甲烷气体的含量占空气的5%～15%时，遇火会发生爆炸，而含60%沼气的混合气体中甲烷含量爆炸下限是9%，上限是23%。当空气中甲烷含量达25%～30%时，对人畜会产生一定的麻醉作用。沼气与氧气燃烧的体积比为1∶2，在空气中完全燃烧的体积比为1∶10，沼气不完全燃烧后产生的一氧化碳气体可以使人中毒、昏迷，严重的会危及生命。因此，在使用沼气时，一定要正确地使用沼气，避免发生事故。

沼气最早被发现于一百多年前，我国是世界上最早制取和利用沼气的国家之一，20世纪50年代我国台湾新竹的罗国瑞先生就在上海开办了"中华国瑞天然瓦斯全国总行"，并举办了全国性的技术培训班，就这样，人工制取沼气在我国许多地方发展起来。大规模开发利用沼气是从20世纪50年代开始的，到了70年代又掀起了一个高潮，但由于这两次高潮不重视科学，一哄而上，在建池材料上多采用二合土、三合土夯砸而成，材料密封性和永固性较差；在建池形式上又大又深；在管理和使用技术上也不完善。因此所建沼气池多半不能很好利用，或使用时间不长就漏水漏气，很快就报废不用了。进入20世纪80年代，沼气技术得到了长足发展，沼气工作者在总结过去经验教训的基础上，研究出了以"圆、小、浅"为特点的水压式沼气池，从建池材料上也由过去的以土为主，变成了混凝土现浇或砖砌水泥结构，加上密封胶的应用，使池的密封性和永固性得到根本性改变，由于人们重视科学，重视管理，因此，20世纪80年代以后所建的沼气池大多能较长时间利用。近几年来，随着科技的发展和农业特别是粮食的连年丰收，一方面促进了畜牧业的发展，发展沼气的好原料牲畜粪便增多；另一方面随着生活水平的提高，人们对卫生条件和环保的重视，加上各级政府的大力支持和发展生态农业的需要，沼气事业在全国各地得到了快速发展，目前已迎来了又一个历史发展高潮。

二、农村发展沼气的好处与用途

多年来的实践证明，农村办沼气是一举多得的好事，是我国农村小康社会建设的重要组成部分，也是建设生态家园的关键环节。在农村，沼气不但可用于做饭、照明等生活方面，它还可以用于农业生产中，如温室保温、烧锅炉、加工农产品、防蛀、储备粮食、水果保鲜等。并且沼气也可发电充当农机动力。在农村办沼气的好处，概括起来主要有以下几个方面。

（一）农村办沼气是解决农村燃料问题的重要途径之一

一户3～4口人的家庭，修建一口容积为6～10 m³左右的沼气池，只要发酵原料充足，并管理得好就能解决点灯、煮饭的燃料问题。同时凡是沼气办得好的地方，农户的卫生状况及居住环境大有改观，尤其是广大农妇通过使用沼气，从烟熏火燎的传统炊事方式中解脱了出来。另外，沼气改变了农村传统的烧柴习惯，节约了柴草，有利于保护林草资源，促进植树造林的发展，减少水土流失，改善农业生态环境。

（二）农村办沼气可以改变农业生产条件，促进农业生产发展

1. 增加肥料

办起沼气后，过去被烧掉的大量农作物秸秆和畜禽粪便加入沼气池密闭发酵，既能产气，又沤制成了优质的有机肥料，扩大了有机肥料的来源。同时，人畜粪便、秸秆等经过沼气池密闭发酵，提高了肥效，消灭寄生虫卵等。沼气办得好，有机肥料能成倍增加，带动粮食、蔬菜、瓜果连年增产，同时产品的质量也大大提高，生产成本下降。

2. 增强作物抗旱、防冻能力，生产健康的绿色食品

凡是施用沼肥的作物均增强了抗旱防冻的能力，提高秧苗的成活率。由于人畜粪便及秸秆经过密闭发酵后，在生产沼气的同时，还产生一定量的沼肥，沼肥中因存留丰富的氨基酸、B族维生素、各种水解酶、某些植物激素和对病虫害有明显抑制作用的物质，对各类作物均具有促进生长、增产、抗寒、抗病虫害的功能。使用沼肥不但节省化肥、农药的喷施量，也有利于生产健康的绿色产品。

3. 有利于发展畜禽养殖

办起沼气后，有利于解决"三料"（燃料、饲料和肥料）的矛盾，促进畜牧业的发展。

4. 节省劳动力和资金

办起沼气后，过去农民捡柴、运煤花费的大量劳动力就能节约下来，投入农业生产第一线去。同时节省了购买柴、煤、农药、化肥的资金，使办沼气的农户减少了日常的经济开支，得到了实惠。

（三）农村办沼气有利于保护生态环境，加快实现农业生态化

据统计，全球每年因人为活动导致甲烷气体向大气中排放量多达3.3亿t。农村办沼气后，把部分人、畜、禽和秸秆所产沼气收集起来并有益地利用，不但能减少向大气中的排放量，有效地减轻大气"温室效应"，保护生态环境。而且用沼气做饭、照明或充当动力燃料，开动柴油机（或汽油机）用于抽水、发电、打米、磨面、粉碎饲料等效益也十分显著，深受农民欢迎。柴油机使用沼气的节油率一般为70%~80%。用沼气作动力燃料，清洁无污染，制取方便，成本又低，既能为国家节省石油制品，又能降低作业成本，为实现农业生态化开辟了新的动力资源，是农村一项重要的能源建设，也是实现山川秀美的重要措施。

（四）农村办沼气是卫生工作的一项重大变革

消灭血吸虫病、钩虫病等寄生虫病的一项关键措施，就是搞好人、畜粪便管理。办起沼气后，人、畜粪便都投入沼气池密闭发酵，粪便中寄生虫卵可以减少95%左右，农民居

住的环境卫生大有改观，控制和消灭寄生虫病，为搞好农村除害灭菌工作找到了一条新的途径。

（五）农村办沼气是一项重大科学技术普及活动

农村办沼气，推动了农村科学技术普及工作的发展，生动地显示出科学技术对提高生产力的巨大作用。

第二节　沼气的生产原理与生产方法

一、沼气发酵的原理与产生过程

沼气是有机物在厌氧条件下（隔绝空气），经过多种微生物（统称沼气细菌）的分解而产生的。沼气细菌分解有机物产出沼气的过程，叫作沼气发酵。沼气发酵是一个及其复杂的生理化过程。沼气微生物种类繁多，目前已知的参与沼气发酵的微生物有二十多个属、一百多种，包括细菌、真菌、原生动物等类群，它们都是一些很小，肉眼看不见的微小生物，需要借助显微镜才能看到。生产上一般把沼气细菌分为两大类：一类细菌叫作分解菌，它的作用是将复杂的有机物，如碳水化合物、纤维素、蛋白质、脂肪等，分解成简单的有机物（如乙酸、丙酸、丁酸、脂类、醇类）和二氧化碳等；另一类细菌叫作产甲烷菌，它的作用是把简单的有机物及二氧化碳氧化或还原成甲烷。沼气的产生需要经过液化、产酸、产甲烷3个阶段。

（一）液化阶段

在沼气发酵中首先是发酵性细菌群利用它所分泌的胞外酶，如纤维酶、淀粉酶、蛋白酶和脂肪酶等，对复杂的有机物进行体外酶解，也就是把畜禽粪便、作物秸秆、农副产品废液等大分子有机物分解成溶于水的单糖、氨基酸、甘油和脂肪酸等小分子化合物。这些液化产物可以进入微生物细胞，并参加微生物细胞内的生物化学反应。

（二）产酸阶段

上述液化产物进入微生物细胞后，在胞内酶的作用下，进一步转化成小分子化合物（如低级脂肪酸、醇等），其中主要是挥发酸，包括乙酸、丙酸和丁酸，乙酸最多，约占80%。

液化阶段和产酸阶段是一个连续过程，统称不产甲烷阶段。在这个过程中，不产甲烷的细菌种类繁多，数量巨大，它们的主要作用是为产甲烷菌提供营养物质和创造适宜的厌氧条件，消除部分毒物。

（三）产甲烷阶段

在此阶段中，将第二阶段的产物进一步转化为甲烷和二氧化碳。在这个阶段中，产氨细菌大量活动而使氨态氮浓度增加，氧化还原势降低，为甲烷菌提供了适宜的环境，甲烷菌的数量大大增加，开始大量产生甲烷。

不产甲烷菌类群与产甲烷菌类群相互依赖、互相作用，不产甲烷菌为产甲烷菌提供了物质基础并排除毒素，产甲烷菌为不产甲烷菌消化了酸性物质，有利于更多地产生酸性物质，二者相互平衡，如果产甲烷量太小，则沼气内酸性物质积累造成发酵液酸化和中毒，如果不产甲烷菌量少，则不能为甲烷菌提供足够养料，也不可能产生足量的沼气。人工制取沼气的关键是创造一个适合于沼气微生物进行正常生命活动（包括生长、发育、繁殖、代谢等）所需要的基本条件。

从沼气发酵的全过程看，液化阶段所进行的水解反应大多需要消耗能量，而不能为微生物提供能量，所以进行比较慢，要想加快沼气发酵的进展，首先要设法加快液化阶段。原料进行预处理和增加可溶性有机物含量较多的人畜粪以及嫩绿的水生植物都会加快液化的速度，促进整个发酵的进展。产酸阶段能否控制得住（特别是沼气发酵启动过程）是决定沼气微生物群体能否形成，有机物转化为沼气的进程能否保持平衡，沼气发酵能否顺利进行的关键。沼气池第一次投料时适当控制秸秆用量，保证一定数量的人畜粪便入池，以及人工调节料液的酸碱度，是控制产酸阶段的有效手段。产甲烷阶段是决定沼气产量和质量的主要环节，首先要为甲烷菌创造适宜的生活环境，促进甲烷菌旺盛成长。防止毒害，增加接种物的用量，是促进产甲烷阶段的良好措施。

二、沼气发酵的工艺类型

沼气发酵的工艺有以下几种分类方式。

（一）以发酵原料的类型分

根据农村常见的发酵原料主要分为全秸秆沼气发酵、全秸秆与人畜粪便混合沼气发酵和完全用人畜粪便沼气发酵原料3种。各种不同的发酵工艺，投料时原料的搭配比例和补料量不同。

（1）采用全秸秆进行沼气发酵，在投料时可一次性将原料备齐，并采用浓度较高的发酵方法。

（2）采用秸秆与人畜粪便混合发酵，则秸秆与人畜粪便的比例按重量比宜为1∶1，在发酵进行过程中，多采用人畜粪便的补料方式。

（3）完全采用人畜粪便进行沼气发酵时，在南方农村最初投料的发酵浓度指原料的干物质重量占发酵料液重量的百分比，用公式表示为：浓度（％）＝（干物质重量/发酵液重量）×100，控制在6%左右，在北方可以达到8%，在运行过程中采用间断补料或连续补料的方式进行沼气发酵。

（二）以投料方式分

1. 连续发酵

投料启动后，经过一段时间正常发酵产气后，每天或随时连续定量添加新料，取出旧料，使正常发酵能长期连续进行。这种工艺适于处理来源稳定的城市污水、工业废水和大、中型畜牧场的粪便。

2. 半连续发酵

启动时一次性投入较多的发酵原料，当产气量趋向下降时，开始定期添加新料和取出旧料，以维持较稳定的产气率。目前农村家用沼气池大都采用这种发酵工艺。

3. 批量发酵

一次投料发酵，运转期中不添加新料，当发酵周期结束后，取出旧料，再投入新料发酵，这种发酵工艺的产气不均衡。产气初期产量上升很快，维持一段时间的产气高峰，即逐渐下降，我国农村有的地方也采用这种发酵工艺。

（三）以发酵温度分

1. 高温发酵

发酵温度在50~60℃，特点是微生物特别活跃，有机物分解消化快，产气量高（一般每天每立方米料液产气在2.0 m³以上），原料滞留期短。但沼气中甲烷的含量比中温常温发酵都低，一般只有50%左右，从原料利用的角度来讲并不合算。该方式主要适用于处理温度较高的有机废物和废水，如酒厂的酒糟废液、豆腐厂废水等，这种工艺的自身能耗较多。

2. 中温发酵

发酵温度在30~35℃，特点是微生物较活跃，有机物消化较快，产气率较高（一般每天每立方米料液产气在1.0 m³以上）。与高温发酵相比，液化速度要慢一些，但沼气的总产量和沼气中甲烷的含量都较高，可比常温发酵产气量高5~15倍，从能量回收的经济观点来看，是一种较理想的发酵工艺类型。目前世界各国的大中型沼气池普遍采用这种工艺。

3. 常温（自然温度，也叫变温）发酵

是指在自然温度下进行的沼气发酵。发酵温度基本上随气温变化而不断变化。由于我国的农村沼气池多数为地下式，因此发酵温度直接受到地温变化的影响，而地温又与气温变化密切相关。所以发酵随四季温度变化而变化，在夏天产气率较高，而在冬天产气率

低。优点是沼气池结构简单，操作方便，造价低，但由于发酵温度常较低，不能满足沼气微生物的适宜活动温度，所以原料分解慢，利用率低，产气量少。我国农村采用的大多是这种工艺。

（四）按发酵级差分

1. 单级发酵

在1个沼气池内进行发酵，农村沼气池多属于这种类型。

2. 二级发酵

在2个互相连通的沼气池内发酵。

3. 多级发酵

在多个互相连通的沼气池内发酵。

（五）二步发酵工艺

将产酸和产甲烷分别在不同的装置中进行，产气率高，沼气中的甲烷含量高。

三、影响沼气发酵的因素

沼气发酵与发酵原料、发酵浓度、沼气微生物、酸碱度、严格的厌氧环境和适宜的温度6个因素有关，人工制取沼气必须适时掌握和调节好这6个因素。

（一）发酵原料

发酵原料是产生沼气的物质基础，只有具备充足的发酵原料才能保证沼气发酵的持续运行。目前农村用于沼气发酵的原料十分丰富，数量巨大，主要是各种有机废弃物，如农作物秸秆、畜禽粪便、人粪尿、水浮莲、树叶杂草等。用不同的原料发酵时要注意碳、氮元素的配比，一般碳氮比在（20~30）：1时最合适。高于或低于这个比值，发酵就要受到影响，所以在发酵前应对发酵原料进行配比，使碳氮比在这个范围之中。同时，不是所有的植物都可作为沼气发酵原料。例如，桃叶、百部、马钱子果、皂皮、金光菊、大蒜、植物生物碱、盐类和刚消过毒的畜禽粪便等，都不能进入沼气池。它们对沼气发酵有较大的抑制作用，故不能作为沼气发酵原料。

由于各种原料所含有机物成分不同，它们的产气率也是不相同的。根据原料中所含碳素和氮素的比值（即C/N比）不同，可把沼气发酵原料分为以下类型。

1. 富氮原料

人、畜和家禽粪便为富氮原料，一般碳氮比都小于25：1，这类原料是农村沼气发酵的主要原料，其特点是发酵周期短，分解和产气速度快，但这类原料单位发酵原料的总产气量较低。

2. 富碳原料

在农村主要指农作物秸秆，这类原料一般碳氮比都较高，在30：1以上，其特点是原料分解速度慢，发酵产气周期长，但单位原料总产气量较高。

另外，还有其他类型的发酵原料，如城市有机废物、大中型农副产品加工废水和水生植物等。

根据测试结果显示玉米秸秆的产气潜力最大，稻草、麦草和人粪次之，牛马粪、鸡粪产气潜力较小。各种原料的产气速度和分解有机物的速度也各不相同的。猪粪、马粪、青草20天产气量可达总产气量的80%以上，60天结束；作物秸秆一般要30～40天以上的产气量才能达到总产气量的80%左右，60天达到90%以上。

农村常用原料的含水量碳氮比和产气率见表12-1。

表12-1 常用发酵原料的构成与效能

发酵原料	含水量（%）	碳素比重（%）	氮素比重（%）	碳氮比（C/N）	产气率（m³/kg）
干麦秸	18.0	46.0	0.53	87：1	0.27～0.45
干稻草	17.0	42.0	0.63	67：1	0.24～0.40
玉米秸	20.0	40.0	0.75	53：1	0.3～0.5
落叶		41.0	1.00	41：1	
大豆茎		41.0	1.30	32：1	
野草	76.0	14.0	0.54	27：1	0.26～0.44
鲜羊粪		16.0	0.55	29：1	
鲜牛粪	83.0	7.3	0.29	25：1	0.18～0.30
鲜马粪	78.0	10.0	0.42	24：1	0.20～0.34
鲜猪粪	82.0	7.8	0.60	13：1	0.25～0.42
鲜人粪	80.0	2.5	0.85	2.9：1	0.26～0.43
鲜人尿	99.6	0.4	0.93	0.43：1	
鲜鸡粪	70.0	35.7	3.70	9.7：1	0.3～0.49

在农村以人、畜粪便为发酵原料时，其发酵原料提供量可根据下列参数计算，一般来说，一个成年人一年可排粪尿600 kg左右，畜禽粪便的排泄量如下：猪的粪排泄量为2.0～2.5 kg/（天·头）；牛的粪排泄量为18～20 kg/（天·头）；鸡的粪排泄量为0.1～0.2 kg/（天·只）；羊的粪排泄量为2 kg/（天·只）。

农村最主要的发酵原料是人畜粪便和秸秆，人畜粪便不需要进行预处理。而农作物秸秆由于难以消化，必须预先经过堆沤才有利于沼气发酵。在北方由于气温低，宜采用坑式堆沤：首先将秸秆铡成3 cm左右，踩紧堆成30 cm厚左右，泼2%的石灰澄清液并加10%的粪水（即100 kg秸秆，用2 kg石灰澄清液，10 kg粪水）。照此方法铺3～4层，堆好后用塑料薄膜覆盖，堆沤半月左右，便可作发酵原料。

在南方由于气温较高，用上述方法直接将秸秆堆沤在地上即可。

（二）发酵浓度

除了上述原料种类对沼气发酵的影响外，发酵原料的浓度对沼气发酵也有较大影响。发酵原料的浓度高低在一定程度上表示沼气微生物营养物质丰富与否。浓度越高表示营养越丰富，沼气微生物的生命活动也越旺盛。在生产实际应用中，可以产生沼气的浓度范围很广，2%～30%的浓度都可以进行沼气发酵，但一般农村常温发酵池发酵料浓度以6%～10%为好。人畜粪便为发酵原料时料浓度可以控制在6%左右；以秸秆为发酵原料时料浓度可以控制在10%左右。另外，根据实际经验，夏季以6%的浓度产气量最高，冬季以10%的浓度产气量最高。

（三）沼气微生物

沼气发酵必须有足够的沼气微生物接种，接种物是沼气发酵初期所需要的微生物菌种，接种物来源于阴沟污泥或老沼气池沼渣、沼液等。也可人工制备接种物，方法是将老沼气池的发酵液添加一定数量的人畜粪便。比如，要制备500 kg发酵接种物，一般添加200 kg的沼气发酵液和300 kg的人畜粪便混合，堆沤在不渗水的坑里并用塑料薄膜密闭封口，1周后即可作为接种物。如果没有沼气发酵液，可以用农村较为肥沃的阴沟污泥250 kg，添加250 kg人畜粪便混合堆沤1周左右即可；如果没有污泥，可直接用人畜粪便500 kg进行密闭堆沤，10天后便可作沼气发酵接种物。一般接种物的用量应达到发酵原料的20%～30%。

（四）酸碱度

发酵料的酸碱度也是影响发酵重要因素，沼气池适宜的pH值为6.5～7.5，过高过低都会影响沼气池内微生物的活性。在正常情况下，沼气发酵的酸碱度有一个自然平衡过程，一般不需调节，但在配料不当或其他原因而出现池内挥发酸大量积累，导致pH值下降，俗称酸化，这时便可采用以下措施进行调节。

（1）如果是因为发酵料液浓度过高，可让其自然调节并停止向池内进料。

（2）可以加一些草木灰或适量的氨水，氨水的浓度控制在5%（即100 kg氨水中，有95 kg水、5 kg氨水）左右，并注意发酵液充分搅拌均匀。

（3）用石灰水调节。用此方法，尤其要注意逐渐加石灰水，先用2%的石灰水澄清液与发酵液充分搅拌均匀，测定pH值，如果pH值还偏低，则适当增加石灰水澄清液，充分混匀，直到pH值达到要求为止。发酵料的酸碱度可用pH试纸来测定。

（五）严格的厌氧环境

沼气发酵一定要在密封的容器中进行，避免与空气中的氧气接触，要创造一个严格的厌氧环境。

（六）适宜的温度

发酵温度对产气率的影响较大，农村变温发酵方式沼气池的适宜发酵温度为 15～25℃。为了提高产气率，农村沼气池在冬季应尽可能提高发酵温度。可采用覆盖秸秆保温、塑料大棚增温和增加高温性发酵料增温等措施。

另外，要提高沼气池的产气量，除要掌握和调节好以上6个因素外，还需在沼气发酵过程中对发酵液进行搅拌，使发酵液分布均匀，增加微生物与原料的接触面，加快发酵速度，提高产气量，在农村简易的搅拌方式主要有以下3种。

一是机械搅拌。用适合各种池型的机械搅拌器对料液进行搅拌，对搅拌发酵液有一定效果。

二是液体回流搅拌。从沼气池的出料间将发酵液抽出，然后从进料管注入沼气池内，产生较强的料液回流达到搅拌和菌种回流的目的。

三是简单震动搅拌。用一根前端略带弯曲的竹竿每天从进出料间向池底震荡数十次，以震动的方式进行搅拌。

四、沼气池的类型

懂得了沼气发酵的原理，我们就可以在人工控制下利用沼气微生物来制取沼气，为人类的生产、生活服务。人工制取沼气的首要条件就是要有一个合格的发酵装置。这种装置，目前我国统称为沼气池。沼气池的形状类型很多，形式不一，根据各自的特点，将其分为以下几类。

（一）按贮气方式分类

可分为水压式沼气池、浮罩式沼气池、袋式沼气池。

1. 水压式沼气池

水压式沼气池又分为侧水压式、顶水压式和分离水压式。

水压式沼气池是目前我国推广数量最大、种类最多的沼气池，其工作原理是池内装入发酵原料（约占池容的80%），以料液表面为界限，上部为贮气间，下部为发酵间。当沼气池产气时，沼气集中于贮气间内，随着沼气的增多，容积不断增大，此时沼气压迫发酵间内发酵液进入水压间。当用气时，贮气间的沼气被放出，此时，水压间内的料液进入发酵间。如此"气压水、水压气"反复进行，因此称之为水压式沼气池。

水压式沼气池结构简单、施工方便，各种建筑材料均可使用，取料容易，价格较低，比较适合我国的农村经济水平。但水压式沼气池气压不稳定，对发酵有一定的影响，且水压间较大，冬季不易保温，压力波动较大，对抗渗漏要求严格。

2. 浮罩式沼气池

浮罩式沼气池又分为顶浮罩式和分离浮罩式。

浮罩式沼气池是把水压式沼气池的贮气间单独建造，即沼气池所产生的沼气被一个浮沉式的气罩贮存起来，沼气池本身只起发酵间的作用。

浮罩式沼气池压力稳定，便于沼气发酵及使用，对抗渗漏性要求较低，但其造价较高，在大部分农村有一定的经济局限性。

3. 袋式沼气池

如河南省研制推广的全塑及半塑沼气池等。

袋式沼气池成本低，进出料容易，便于利用阳光增温，提高产气率，但其使用寿命较短，年使用期短，气压低，对燃烧有不利的影响。

（二）按发酵池的几何形状分类

可分为圆筒形池、球形池、椭球形池、长方形池、方形池、纺锤形池、拱形池等。

圆形或近似于圆形的沼气池与长方形池比较，具有以下优点：第一，相同容积的沼气池，圆形比长方形的表面积小，省工、省料；第二，圆形池受力均匀，池体牢固，同一容积的沼气池，在相同荷载作用下，圆形池比长方形池的池墙厚度小；第三，圆形沼气池的内壁没有直角，容易解决密封问题。

球形水压式沼气池具有结构合理、整体性好、表面积小、省工省料等优点，因此，球形水压式沼气池已从沿海地带发展到其他地区，推广面逐步扩大。其中，A型池适用于地下水位较低的地方，其特点是，在不打开活动盖的情况下，可经出料管提取沉渣，方便管理，节省劳力。B型池占地少，整体性好，因此在土质差、水位高的情况下，具有不易断裂、抗浮力强等特点。

椭球形池是近年来发展的新池型，具有埋置深度浅、受力性能好、适应性能广、施工和管理方便等特点。其中，A型池由椭圆曲线绕短轴旋转而形成的旋转椭球壳，亦称扁球形池。埋置深度浅，发酵底面大，一般土质均可选用。B型池由椭圆曲线绕长轴旋转而形成的旋转椭球壳，似蛋，亦称蛋形池。埋置深度浅，便于搅拌和进出料，适宜在狭长地面建池。

（三）按建池材料分类

可分为砖结构池、石结构池、混凝土池、钢筋混凝土池、钢丝网水泥池、钢结构池、塑料或橡胶池、抗碱玻璃纤维水泥池等。

（四）按埋伏的位置分类

可分为地上式沼气池、半埋式沼气池、地下式沼气池。

多年的实践证明，在我国农村建造家用沼气池一般为水压式、圆筒形池、地下式池，平原地区多采用砖水泥结构池或混凝土浇筑池。

五、沼气池的建造

农村家用沼气池是生产和贮存的装置，它的质量好坏，结构和布局是否合理，直接关系到能否产好、用好、管好沼气。因此，修建沼气池要做到设计合理，构造简单，施工方便，坚固耐用，造价低廉。

有些地方由于缺乏经验，对于建池质量注意不够，以致沼气池建成后漏气、漏水，不能正常使用而成为"病态池"；有的沼气池容积过大、过深，有效利用率低，出料也不方便。根据多年来的实践经验，在沼气池的建造布局上，南方多采用"三结合"（厕所、猪圈、沼气池），北方多采用"四位一体"（厕所、猪圈、沼气池、太阳能温棚）方式，有利于提高综合效益。

由于北方冬季寒冷的气候使沼气池运行较困难，并且易造成池体损坏，沼气技术难以推广。广大科技人员通过技术创新和实践，根据北方冬季寒冷的特定环境下创建北方"四位一体"生态模式，将沼气、猪圈、厕所、太阳能温棚四者修在一起，它的主要优点：第一，人畜粪便能自动流入沼气池，有利于粪便管理；第二，猪圈设置在太阳能温棚内，冬季使圈舍温度提高3~5℃，为猪提供了适宜的生长条件，缩短了生猪育肥期；第三，猪圈下的沼气池由于太阳能温棚而增温、保温，解决了北方地区在寒冷冬季产气难、池体易冻裂的技术问题，年总产气量与太阳能温棚的沼气池相比提高20%~30%；第四，高效有机肥（沼肥）增加60%以上，猪呼出的CO_2，使太阳能温棚内CO_2的浓度提高，有助于温棚内农作物的生长，既增产，又优质。

（一）建造沼气池的基本要求

不论建造哪种形式、哪种工艺的沼气池，都要符合以下基本要求。

（1）严格密闭，保证沼气微生物所要求的严格厌氧环境，使发酵能顺利进行，能够有效收集沼气。

（2）结构合理，能够满足发酵工艺的要求，保持良好的发酵条件，管理操作方便。

（3）坚固耐用，造价低廉，建造施工及维修保养方便。

（4）安全、卫生、实用、美观。

（二）沼气池容积大小的确定

沼气池容积的大小（一般指有效容积，即主池的净容积），应该根据发酵原料的数量和用气量等因素来确定，同时要考虑到沼肥的用量及用途。

在农村，按每人每天平均用气量0.3～0.4 m³，一个4口人的家庭，每天煮饭、点灯需用沼气1.5 m³左右。如果使用质量好的沼气灯和沼气灶，耗气量还可以减少。

根据科学试验和各地的实践，一般要求平均按一头猪的粪便量（约5 kg）入池发酵，即规划建造1 m³的有效容积估算。池容积可根据当地的气温、发酵原料来源等情况具体规划。北方地区冬季寒冷，产气量比南方低，一般家用池选择8 m³或10 m³；南方地区，家用池选择6 m³左右。按照这个标准修建的沼气池，管理得好，春、夏、秋三季所产生的沼气，除供煮饭、烧水、照明外还可有余，冬季气温下降，产气减少，仍可保证煮饭的需要。如果有养殖规模，粪便量大或有更多的用气量要求可建造较大的沼气池，池容积可扩大到15～20 m³。如果仍不能满足要求或需要就要考虑建多个池。

有的人认为，"沼气池修得越大，产气越多"，这种看法是片面的。实践证明，有气无气在于"建"（建池），气多气少在于"管"（管理）。大沼气池容积虽大，如果发酵原料不足，科学管理措施跟不上，产气还不如小池子。但是也不能单纯考虑管理方便，把沼气池修得很小，因为容积过小，影响沼气池蓄肥、造肥的功能，这也是不合理的。

（三）水压式、圆筒形沼气池的建造工艺

目前国内农村推广使用最为广泛的为水压式沼气池，这种沼气池主要由发酵间、贮气间、进料管、水压间、活动盖、导气管6个主要部分组成。它们相互连通组成一体。其沼气池结构示意图如图12-1。

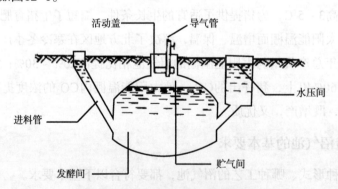

图12-1　农村家用沼气池示意图

发酵间与贮气间为一个整体，下部装发酵原料的部分称为发酵间，上部贮存沼气的部分称为贮气间，这两部分称为主池。进料管插入主池中下部，作为平时进料用。水压间一是起着存放从主池挤压出来的料液的作用；二是用气时起着将沼气压出的作用。活动盖设置在沼气池顶部，是操作人员进出沼气的通道，平时作为大换料的进出孔。

沼气池的工作原理：当池内产生沼气时，贮气间内的沼气不断增多，压力不断提高，迫使主池内液面下降，挤压出一部分料液到水压间内，水压间液面上升与池内液面形成水

位差，使池内沼气产生压力。当人们打开炉灶开关用气时，沼气池内的压力逐渐下降，水压间料液不断流回主池，液面差逐渐减小。压力也随之减小。当沼气池内液面与水压间液面高度相同时，池内压力就等于零。

1. 修建沼气池的步骤

（1）查看地形，确定沼气池修建的位置。

（2）拟订施工方案，绘制施工图纸。

（3）准备施工材料。

（4）放线。

（5）挖土方。

（6）支模（外模和内模）。

（7）混凝土浇捣，或砖砌筑，或预制砼大板组装。

（8）养护。

（9）拆模。

（10）回填土。

（11）密封层施工。

（12）输配气管件、灯、灶具安装。

（13）试压，验收。

2. 建池材料的选择

农村户用小型沼气池，常用的建池材料是水泥、砂、石、砖。现将这些材料的一般性质介绍如下。

（1）水泥。水泥是建池的主要材料，也是池体产生结构强度的主材料。了解水泥的特性，正确使用水泥，是保证建池质量的重要环节。常见的水泥有普通硅酸盐水泥和矿渣硅酸盐水泥两种。普通硅酸盐水泥早期强度高，低温环境中凝结快，稳定性、耐冻性较好，但耐碱性能较差，矿渣水泥耐酸碱性能优于普通水泥，但早期强度低，凝结慢，不宜在低温环境中施工，耐冻性差，所以建池一般应选用普通水泥，而不宜用矿渣水泥。

水泥的标号，是以水泥的强度来定的。水泥强度是指每平方厘米能承受的最大压力。普通水泥常用标号有225号、325号、425号、525号（分别相当于原来的300号、400号、500号、600号），修建沼气池要求325号以上的水泥。

（2）砂、石是混凝土的填充骨料。砂的容重为 $1\,500 \sim 1\,600\,kg/m^3$，按粒径的大小，可以分为粗砂、中砂、细砂。建池需选用中砂和粗砂，一般不采用细砂。碎石一般容重为 $1\,400 \sim 1\,500\,kg/m^3$，按照施工要求，混凝土中的石子粒径不能大于构件厚度的1/3，建池用碎石最大粒径不得超过2 cm为宜。

（3）砖。砖的外形一般为24 cm×11.5 cm×5.3 cm。砖每立方米容重为

1 600～1 800 kg，建池一般选用75号以上的机制砖。目前沼气池的施工完全采用水泥混凝土浇筑，砖只用来搭模用，要求表面平滑即可。

3.施工工艺

沼气池的施工工艺大体可分为3种：一是整体浇筑；二是块体砌筑；三是混合施工。

（1）整体浇筑。整体浇筑是从下往上，在现场用混凝土浇成。这种池子整体性能好，强度高，适合在无地下水的地方建池。混凝土浇筑可采用砖模、木模钢模均可。

（2）块体砌筑。块体砌筑是用砖、水泥预制或料石一块一块拼砌起来。这种施工工艺适应性强，各类基地都可以采用。块体可以实行工厂化生产，易于规格化、标准化、系列化批量生产；实行配套供应，可以节省材料、降低成本。

（3）混合施工。混合施工是块体砌筑与现浇施工相结合的施工方法。如池底、池墙用混凝土浇筑，拱顶用砖砌；或池底浇筑，池墙砖砌，拱顶支模浇筑等。

为便于初学者理解，在此重点介绍一种10 m³水泥混凝土现场浇筑沼气池的施工过程。沼气池的修建应选择背风向阳，土质坚实，沼气池与猪圈厕所相结合的适当位置。

其一，在选好的建池位置，以1.9 m为半径画圆，垂直下挖1.4 m，圆心不变，将半径缩小到1.5 m再画圆，然后再垂直下挖1 m即为池墙高度。池底要求周围高、中间低，做成锅底形。同时将出料口处挖开，出料口的长、宽、高不能小于0.6 m，以便进出。最后沿池底周围挖出下圈梁（高、宽各0.05 m）。池底挖好后即可进行浇筑，建一个10 m³的沼气池约需砂2 m³、石子2 m³、水泥2 120 kg、砖500块（搭模用）。配制150号混凝土，在挖好的池底上铺垫厚度0.05 m的混凝土，充分拍实。表面抹1∶2的水泥砂灰，厚度0.005 m。

其二，池底浇筑好，人可稍事休息，然后在池底表面覆盖一层塑料布，周围留出池墙厚度0.05 m，塑料布上填土，使池底保持平面。池墙的浇筑方法是以墙土壁做外模、砖做内模，砖与土墙之间留0.05 m的空隙，填150号混凝土边填边捣实。出料口以上至圈梁部位池墙高0.4 m，厚0.2 m，浇筑时接口处要加入钢筋。进料管可采用内径20 cm的缸瓦管或水泥管。进料管距池底0.2～0.5 m，可以直插也可以斜插。但与拱顶接口处一定要严格密封。

其三，拱顶的浇筑采用培制土模的方法。先在池墙周围用砖摆成高0.9 m的花砖，池中心用砖摆成直径0.5 m、高1.4 m的圆筒，然后用木椽搭成伞状，木椽上铺玉米秸或麦草，填土培成馒头形状，土模表面要拍平拍实。配制200号混凝土，先在土模表面抹一层湿砂做隔离层，以便于拆模，浇筑厚度0.05 m。拱顶浇筑完后，将导气管一端用纸团塞住并插入拱顶，导气管应选用内径8～10 mm的铜管。

其四，水压间的施工同样采用砖模，水压间长1.4 m、宽0.8 m、深0.9 m，容积约1 m³，水压箱上方约0.1 m处留出溢流孔，用塑料管接通到猪舍外的储粪池内。

至此，沼气池第一期工程进入保养阶段。采用硅酸盐水泥拌制混凝土需连续潮湿养护

7个昼夜。

其五，池内装修。沼气池养护好后，从水压间和出料口处开始拆掉砖模，清理池内杂物，按七层密封方法（三灰四浆）进行池内装修。为达到曲线流动分布料液的目的，池内设置分流板两块，每块长0.7 m、宽0.3 m、厚0.03 m，可事先预制好，也可以用砖砌。分流板距进料口0.4 m，两块分流板之间的距离为0.06 m、夹角120°，用水泥沙灰固定在池底。池内装修完后，养护5～7天，即可进行试水、试气。

4.试水试气检查质量

除了在施工过程，对每道工序和施工的部分要按相关标准中规定的技术要求检查外，池体完工后，应对沼气池各部分的几何尺寸进行复查，池体内表面应无蜂窝、麻面、裂纹、砂眼和空隙，无渗水痕迹等明显缺陷，粉刷层不得有空壳或脱落。在使用前还要对沼气池进行检查，最基本和最主要的检查是看沼气池有没有漏水、漏气现象。检查的方法有两种：一种是水试压法，另一种是气试压法。

（1）水试压法。即向池内注水，水面至进出料管封口线水位时可停止加水，待池体湿透后标记水位线，观察12 h。当水位无明显变化时，表明发酵间进出料管水位线以下不漏水，才可进行试压。

试压前，安装好活动盖，用泥和水密封好，在沼气出气管上接上气压表后继续向池内加水，当气压表水柱差达到10 kPa（约1 000 mm水柱）时，停止加水，记录水位高度，稳压24 h，如果气压表水柱差下降在0.3 kPa（约30 mm水柱）内，符合沼气池抗渗性能。

（2）气试压法。第一步与水试压法相同。在确定池子不漏水之后，将进、出料管口及活动盖严格密封，装上气压表，向池内充气，当气压表压力升至8 kPa时停止充气，并关好开关。稳压观察24 h，若气压表水柱差下降在0.24 kPa以内，沼气池符合抗渗性能要求。

（四）户用沼气池建造与启动管理技术要点

怎样建好、管好和用好沼气池是当前推广和应用沼气的关键环节。现根据多年基层工作实践提出如下建造与启动管理技术要点。

1.沼气池建造技术要点

沼气池的建造方式很多，要根据国家标准结合当地气候条件和生产条件建造，关键技术要注意以下几点。

（1）选址。沼气池的选址与建设质量和使用效果有很大关系，如果池址选择不当，对池体寿命和以后的正常运行、管理以及使用效果造成影响。一般要选择在院内厕所和养殖圈的下方，利于"一池三改"，并且要求土质坚实，底部没有地窖、渗井、虚土等隐患，距厨房要近。

（2）池容积的确定。户用沼气池由于采用常温发酵方式，冬季温度低产气量小，要以冬季保证满足能做三顿饭和照明取暖为基本目标，根据当地气候条件与采取的一般保温措施相结合来确定建池容积大小，通过近年实践，豫北地区以10~15 m³大小为宜。

（3）主体要求。一般要求主体高1.25~1.5 m，拱曲率半径为直径的0.65~0.75倍。另外还要求底部为锅底形。

（4）留天窗口并加盖活动盖。无论何种类型及结构的沼气池均应采用留天窗口并加盖活动盖的建造方式，否则将会给管理应用带来很多不便，甚至影响到池的使用寿命。天窗口一般要留在沼气池顶部中间，直径60~70 cm，活动口盖应在地表30 cm以下，以防冬季受冻结冰。

（5）对进料管与出料口的要求。进料管与出料口要求对称建造，进料管直径不小于30 cm，管径太细容易产生进料堵塞和气压大时喷料现象；出料口一般要求月牙槽式底层出料方式，月牙槽高60~70 cm，宽50 cm左右。

（6）水压间。户用沼气池不能太小，小了池内沼气压力不足，要求水压间应根据池容积而定，其大小容积一般是主体容积×0.3÷2，即建一个10 m³的沼气池，水压间容积应为10×0.3÷2=1.5 m³。

（7）密封剂。沼气池密封涂料是要保证沼气池质量的一项必不可少的重要材料，必须按要求足量使用密封涂料。要求选用正规厂家生产的密封胶，同时要求密封剂要具备密封和防腐蚀两种功能。

（8）持证上岗，规范施工。沼气生产属特殊工程，需要由国家沼气工持证人员按要求建池，才能够保证结构合理，质量可靠，应用效果好。不能够为省钱，图方便，私自乱建，否则容易走弯路，劳民伤财。

2. 沼气池的启动与管理技术

沼气池建好后必须首先试水、试气，检查质量合格后，才能启动使用。

（1）对原料的要求。新建沼气池最好选用牛、马粪作为启动原料，牛、马粪可适当掺些猪粪或人粪便，但不能直接用鸡粪启动。牛、马粪原料要在地上盖塑料膜，高温堆沤5~7天，然后按池容积80%的总量配制启动料液，料液浓度以10%左右为宜，同时还要添加适量的坑塘污泥或老沼气池底部的沉渣作为发酵菌种同时启动。

（2）对温度要求。沼气池启动温度最好在20~60℃，温度低于10℃就无法启动了。所以户用沼气池一般不要在冬季气温低时启动，否则会使料液酸化变质，很难启动成功。

（3）对料液酸碱度的要求。沼气菌适用于在中性或微碱性环境中启动，过酸过碱均不利于启动产气。所以，料液保持在中性，即pH值在7左右。

（4）投料后管理。进料3~5天后，观察如有气泡产生，要密封沼气池，当气压表指针到4时，先放一次气，当指针恢复到4时，可进行试火，试火时先点火柴，再打开开关，在沼气灶上试火。如果点不着，继续放掉杂气，等气压表再达到4个压力时，再点火，当气体中甲烷含量达到30%以上时，就能点着火了，说明沼气池开始正常工作了。

（5）正常管理。沼气池正常运行后，第一个月内，每天从水压间提料液3～5桶，再从进料管处倒进沼气内，使池内料液循环流动，这段时间一般不用添加新料。待沼气产气高峰过后，一般过两个月后，要定期进料出料，原则上出多少进多少，平常不要大进大出。在寒冷季节到来前即每年的11月，可进行大换料一次，要换掉料液的50%～60%，以保证冬季多产气。另外，还要勤搅拌，可扩大原料和细菌的接触面积，打破上层结壳，使池内温度平衡。

（6）采取覆盖保温措施。冬季气温低，要保证正常产气就要注意沼气池上部采取覆盖保温措施，可在上部覆盖秸秆或搭塑料布暖棚。

（7）注意事项。沼气池可以加入猪、牛、鸡、羊等畜禽粪便和人粪尿，要严禁加入洗涤剂、电池、杀菌剂类农药、消毒剂和一些辛辣蔬菜老梗等物质，以免影响发酵产气。

六、输气管道的选择与输气管道的安装

沼气输气管道的基本要求：一是要保证沼气池的沼气能够顺利、安全经济地输出；二是输出的沼气要能够满足燃具的工作要求，要有一定的流量和一定的压力。输气导管内径的大小，要根据池子的容积、用气距离和用途来决定。如沼气池容积大，用气量大，用气距离较远则输气导管的内径应当大一些。一般农户使用的沼气池输气导管的内径以0.8～1 cm为宜。管径小于0.8 cm沿程阻力较大，当压力小于灶具（灯具）的额定压力时燃烧效果就差。目前农村使用的输气管，主要是聚氯乙烯塑料管。输气管道分地下和地上两部分，地下部分可采用直径20 mm的硬质塑料管，埋设深度应在当地冻土层以下，以利于保温和抗老化。室内部分可采用8～10 mm的软质塑料管。沼气池距离使用地点应在30 m以内。由于冬季气温较低，沼气容易冷凝成水，阻塞导气管，因此应在输气管道的最低处接一放水开关，及时排出导管内的积水。

（一）输气管道的布置原则与方法

（1）沼气池至灶前的管道长度一般不应超过30 m。

（2）当用户有两个沼气池时，从每个沼气池可以单独引出沼气管道，平行敷设，也可以用三通将两个沼气池的引出管接到一个总的输气管上再接向室内（总管内径要大于支管内径）。

（3）庭院管道一般应采取地下敷设，当地下敷设有困难时亦可采用沿墙或架空敷设，但高度不得低于2.5 m。

（4）地下管道埋设深度南方应在0.5 m以下，北方应在冻土层以下。所有埋地管道均应外加硬质套管（铁管、竹管等）或砖砌沟槽，以免压毁输气管。

（5）管道敷设应有坡度。布线时使管道的坡度与地形相适应，在管道的最低点应安装气水分离器。如果地形较平坦，则应将庭院管道坡向沼气池。

（6）管道拐弯处不要太急，拐角一般不应小于120°。

（二）检查输气管路是否漏气的方法

输气管道安装后还应检查输气管路是否漏气，方法是将连接灶具的一端输气管拔下，把输气管接灶具的一端用手堵严，沼气池气箱出口一端管子拔开，向输气管内吹气或打气，U型压力表水柱达30 cm以上，迅速关闭沼气池输送到灶具的管路之间的开关，观察压力是否下降，2~3 min后压力不下降，则输气管不漏气，反之则漏气。

（三）注意安装气水分离器和脱硫器

沼气灶具燃烧时输气管里有水泡声，或沼气灯点燃后经常出现一闪一闪的现象，这种情况的原因是沼气中的水蒸气在管内凝结或在出料时因造成负压，将压力表内的水倒吸入输气导管内，严重时，灯、灶具会点不着火。在输气管道的最低处安装一个水气分离器就可解决这个问题。

由于沼气中含有以硫化氢为主的有害物质，在作为燃料燃烧时会危害人体健康，并对管道阀门及应用设备有较强的腐蚀作用。目前，国内大部分用户均未安装脱硫器，已造成严重后果。为减轻硫化氢对灶具及配套用具的腐蚀损害，延长设备使用寿命，保证人身体健康，必须安装脱硫器。

目前脱硫的方法有湿法脱硫和干法脱硫两种。干法脱硫具有工艺简单、成熟可靠、造价低等优点，并能达到较好的净化程度。当前家用沼气脱硫基本上采用这个方法。

干法脱硫上是应用脱硫剂脱硫，脱硫剂有活性炭、氧化锌、氧化锰、分子筛及氧化铁等，从运转时间、使用温度、价格等综合考虑，目前采用最多的脱硫剂是氧化铁（Fe_2O_3）。

简易的脱硫器材料可选玻璃管式、硬塑料管式均可，但不能漏气。

七、沼气灶具、灯具的安装及使用

（一）沼气灶的构造

沼气灶一般由喷射器（喷嘴）、混合器、燃烧器3部分组成。喷射器起喷射沼气的作用。当沼气以最快的速度从喷嘴射出时，引起喷嘴周围的空气形成低压区，在喷射的沼气气流的作用下，周围的空气被沼气气流带入混合器。混合器的作用是使沼气和空气能充分地混合，并有降低高速喷入的混合气体压力的作用。燃烧器由混合器分配燃烧火孔两部分构成。分配室将沼气和空气进一步混合，并起稳压作用。燃烧火孔是沼气燃烧的主要部位，火孔的分布均匀，孔数要多些。

（二）沼气灯的结构

沼气灯是利用沼气燃烧使纱罩发光的一种灯具。正常情况下，它的亮度相当于60～100 W的电灯。

沼气灯由沼气喷管、气体混合室、耐火泥头、纱罩、玻璃灯罩等部分构成。沼气灯的使用方法：沼气灯接上耐火泥头后，先不套纱罩，直接在泥头上点火试烧。如果火苗呈淡蓝色，而且均匀地从耐火泥头喷出来，火焰不离开泥头，表明灯的性能良好。关掉沼气开关，等泥头冷却后绑好纱罩，即可正常使用。新安装的沼气灯第一次点火时，要等沼气池内压力达到784.5 Pa时再点。新纱罩点燃后，通过调节空气配比，或从底部向纱罩微微吹气，使光亮度达到白炽。

在日常使用沼气灯时还应注意以下两点：一是在点灯时切不可打开开关后迟迟不点，这会使大量的沼气跑到纱罩外面，一旦点燃火会烧伤人手，严重的还会烧伤人的面部；二是因损坏而拆换下来的纱罩要小心处理，燃烧后的纱罩含有二氧化钍，是有毒的。手上如果接触到纱罩灰粉要及时洗净，不要弄到眼睛里或落到食物上误食中毒。

八、沼气池的管理与应用

沼气池建好并经过试水试气检查质量合格后，就可正常使用了。

（一）沼气发酵原料的配置

农村沼气发酵种类根据原料和进料方式，常采用以秸秆为主的一次性投料和以畜禽粪便为主的连续进料两种发酵方式。

1.以禽畜粪便为主的连续进料发酵方式

在我国农村一般的家庭宜修建10 m³水压式沼气池，发酵有效容积约8.5 m³。由于不同种类畜禽粪便的干物质含量不同，现以猪粪为例计算如何配置沼气发酵原料。

猪粪的干物质含量为18%左右，南方发酵浓度宜为6%左右，则需要猪粪2 100 kg，制备的接种物900 kg（视接种物干物质含量与猪粪一样），添加清水5 700 kg；北方发酵浓度宜为8%左右，则需猪粪约2 900 kg，制备的接种物900 kg，添加清水4 700 kg，在发酵过程中由于沼气池与猪圈、厕所修在一起，可自行补料。

2.秸秆结合畜禽粪便投料发酵方式

可根据所用原料的碳氮比、干物质含量等通过计算，就可以得出各种原料的使用量（表12-2）。

表12-2　几种干物质含量的秸秆与畜禽粪便原料使用量表

原料比例	干物质（%）	每立方米容积装料量（kg）			
		猪粪	秸秆	水	接种物
鲜猪粪：秸秆：水　1：1：23	4	40	40	620～820	100～300
1：1：15	6	60	60	580～730	100～300
1：1：10	8	75	75	550～750	100～300
1：1：8	10	100	100	500～700	100～300

原料比例	干物质（%）	每立方米容积装料量（kg）				
		人粪	猪粪	秸秆	水	接种物
人粪：猪粪：秸秆：水　1：1：1：27	4	33	33	33	600～800	100～300
1：1：1：17	6	50	50	50	550～750	100～300
1：1：1：12	8	66	66	66	500～700	100～300
1：1：1：8	10	83	83	83	456～650	100～300

3. 配建秸秆酸化池提高产气率

虽然近年来农村养殖业发展迅速，但一些地区受许多因素限制，畜牧业还不发达，只靠牲畜粪便还不能满足沼气发展的需求，而目前的池型又只适宜纯粪便原料，草料入池发酵就会使上层结壳，并且出料难。为了解决这一问题，可在猪舍内建一秸秆水解酸化池，把杂草和作物秸秆填入池内，加水浸泡沤制，发酵变酸后再将酸化池内的水放入正常的沼气池，这样可以大大提高产气率。这种做法的好处有以下几点：一是可扩大原料来源，把野草、菜叶及各种农作物秸秆都可以入池浸泡沤制，变废为宝用来生产沼气；二是由于秸秆原料的碳素含量高，可改善沼气池内料液的碳氮比，使之达到（20～30）：1的最佳状态，有利于提高产气量；三是由于实现了分步发酵，沼气中的甲烷含量有所提高，使沼气灯更亮，灶火更旺。

该工艺是根据沼气发酵过程分为产酸和产甲烷2个阶段的原理而设计的，在使用过程中应注意以下事项。

（1）新鲜的草料、秸秆需要浸泡一周以上，产生的酸液方可加入沼气池。

（2）酸化池的大小可根据猪舍大小而定，一般以不超过长2 m、宽1 m、深0.9 m为宜，可以采用砖砌或水泥混凝土浇筑保证不漏水即可。

（3）产生的酸液每天定量加入沼气池，以便调节当天和第二天的产气量。

（4）酸化池内草料浸泡一个月后，需全部取出并换上新鲜草料重新沤制。

（5）酸化池内冬季尽量少放水，以利于草料堆沤发酵，提高池温。

（二）选择适宜的投料时期进行投料

由于农村沼气池发酵的适宜温度为15～25℃，因而，在投料时宜选取气较高的时候进行，在适宜温度范围内投料，一般北方宜在3月准备原料，4—5月投料，等到7—8月温度升高后，有利于沼气发酵的完全进行，充分利用原料；南方除3—5月可以投料外，下半年宜在9月准备原料，10月投料，超过11月，沼气池的启动缓慢，同时，使沼气发酵的周期延长。在具体某一天什么时间投料，则宜选取中午进行投料。

（三）沼气发酵料投料方法

经检查沼气池的密封性能符合要求即可投料。沼气池投料时，先应按沼气发酵原料的配置要求根据发酵液浓度计算出水量，向池内注入定量的清水，再将准备的原料先倒一半，搅拌均匀，再倒一半接种物与原料混合均匀，照此方法，将原料和菌种在池内充分搅拌均匀，最后将沼气池密封。

（四）正常启动沼气池

要使沼气池正常启动，如前所述的那样，要选择好投料的时间，准备好配比合适的发酵原料，入池后原料搅拌要均匀，水封盖板要密封严密。一般沼气池投料后第二天，便可观察到气压表上升，表明沼气池已有气体产生。最初所产生的气体，主要是各种分解菌、酸化菌活动时产生的二氧化碳和池内残留的空气，甲烷含量较低，一般不容易点燃，要将产生的气体放掉（直至气压表降至零），待气压表再次上升到784.5 Pa时，即可进行点火。点火时一定要在炉灶上点，千万不可在沼气池导气管上点火，以防发生回火爆炸事故，如果能点燃，表明沼气池已正常启动。如果不能点燃，需将池内气体全部放掉，照上述方法再重复一次，还不行，则要检查沼气的料液是否酸化或其他原因。

用猪粪作发酵料，易分解，酸碱度适中，因而最易启动；牛粪只要处理得当，启动也较快。而用人粪、鸡粪作发酵料，氨态氮浓度高，料液易偏碱；用秸秆作发酵料，难以分解，采用常规方法较难启动。如何才能使新沼气池投料后尽快产气并点火使用呢？可采取以下快速启动技术。

（1）掌握好初次进料的品种，全部用猪粪或2/3的猪粪，搭配1/3的牛马粪。

（2）搞好沼气池外预发酵，使其变黑发酸后方可入池。

（3）加大接种物数量，粪便入池后，从正常产气的沼气池水压间内取沼渣或沼液加入新池。

（4）池温在12℃以上时进料。在我国北方地区冬季最好不要启动新池，待春季池温回升到12℃以上再投料启动。

（五）搞好日常管理

1. 及时补充新料

沼气池建好并正常产气后，头一个月内的管理方法：每天从水压间提水（3~5桶），再从进料管处倒进沼气池内，使池内料液自然循环流动，这段时间不用另加新料。随着发酵过程中原料的不断消耗，待沼气产气高峰过后，便要不断补充新鲜原料。一般从第二个月开始，应不断填入新料，每10 m³沼气池平均每天应填入新鲜的人畜粪便15~20 kg，才能满足日常使用。如粪便不足，可每隔一定时间从别处收集一些粪便加入池内。自然温度发酵的沼气池，如池子与猪圈、厕所修在一起的，每天都在自动进料，一般不需考虑补料。

2. 经常搅拌可提高产气量

搅拌的目的在于打破浮渣，防止液面结壳，使新入池的发酵原料与沼气菌种充分接触，使甲烷菌获得充足的营养和良好的生活环境，以利于提高产气量。搅拌器的制作方法是用一根长度1 m的木棒，一端钉上一块耐水木板，每天插入进料管内推拉几次，即可起到搅拌的作用。

3. 注意出料

多数家用的厕所、畜禽圈、沼气池（三结合沼气池）是半连续进出料的，即每天畜禽粪便是自动加入的，可以少量连续出料，最好进多少出多少，不要进少出多。如果压力表指示的压力为零，说明池子里已经没有可供使用的沼气，也可能是出料太多，进出料管口没有被水封住，这时要进一些料，封住池子的气室。

在沼气池活动盖密封的情况下，进料和出料的速度不要太快，应保证池内缓慢升压或降压。

如一次出料比较大，当压力表下降到零时，应打开输气管的开关，以免产生负压过大而损坏沼气池。

4. 及时破壳

沼气池正常产气并使用一段时间后，如果出现产气量下降，可能是池内发酵料液表面出现了结壳，致使沼气无法顺利输出，这时可将破壳器上下提拉并前后左右移动，即可将结壳破掉。结壳的多少与选用的发酵原料有关，如完全采用猪粪发酵出现结壳的现象要少一些；如果发酵原料中混合有牛、马等草食类牲畜粪便则结壳现象要多一些。特别是与厕所相连的沼气池应注意不要把卫生纸冲下去，卫生纸很容易造成结壳。

5. 产气量与产气率的计算

沼气池在运行过程中有机物质产气的总量叫产气量。而有机质单位重量的产气量叫原料产气率，它是衡量原料发酵分解好坏的一个主要指标。在农村，一般常采用池容产气率来衡量沼气发酵的正常与否。比如，一个6 m³的水压式沼气池，通过流量计的计数，每天生产沼气1.2 m³，因此它的池容产气率应为1.2/6=0.2 m³/（m³·天）。通过池容产气率计算，我们可以发现沼气发酵是否正常，从而查找原因，提高沼气的产气量。

九、沼气池使用过程中常见故障和处理方法以及预防措施

目前广泛推广的"三位一体"沼气池，具有自动进料、自动出料、常年运转、中途不需要大换料的特点，因此使用管理都很方便。尽管有了质量好的沼气池，在使用中仍然需要科学管理并及时预防和排除故障。

（一）新建沼气池装料后不产气的主要原因

（1）发酵原料预处理没按要求做好。

（2）原料配比不合适。

（3）接种物不够。

（4）池内温度太低。

（5）池子漏水、漏气等。

（二）沼气池产气后，又停止产气的主要原因

（1）发酵原料营养已耗尽，需要加料。

（2）发酵原料酸化。

（3）池温太低。

（4）池子漏气。

（三）判断和查找沼气池漏水和漏气的方法

在试水、试压时，当水柱压力表上水柱上升到一定位置时，如水柱先快后慢地下降说明是漏水；比较均匀速度下降是漏气。

在平时不用气时，如发现压力表中水柱不但不上升，反而下降，甚至出现负压，这说明沼气池漏水；水柱移动停止或移动到一定高度不再变化，这说明沼气池是漏气或轻微漏气。

发现漏水或漏气后应按以下步骤检查。

应先查输配气管件，后查内部，逐步排除疑点，找准原因，再对症修理。

外部检查方法：把套好开关的胶管圈好，一端用绳子捆紧，放入盛有水的盆中，一端用打气筒（或用嘴）压入空气，观察胶管、开关、接头处有无气泡出现，有气泡之处，就有漏气的小孔。使用时，可用毛笔在导气管、输气管及接头处涂抹肥皂水，看是否有气泡产生。也可用鹅、鸭细绒毛在导气管、输气管及接头、开关处来回移动，如果漏气，绒毛便会被漏气吹动。另外，导气铁管和池盖的接头处，活动盖座缝处也容易出毛病，要注意检查。

内部检查方法：进入池内观察池墙、池底、池盖等部分有无裂缝、小孔。同时，用手指或小木棒敲打池内各处，如有空响则说明粉刷的水泥砂浆翘壳。进料管、出料间与发酵间连接处，也容易产生裂缝，应当仔细检查。

（四）造成沼气池漏水、漏气的常见部位和原因

第一，混凝土配料不合格、拌和不均匀，池墙未夯实筑牢，造成池墙倾斜或砼不密实，有孔洞或有裂缝。

第二，池盖与池墙的交接处灰浆不饱满，黏结不牢而造成漏气。

第三，石料接头处水泥砂浆与石料黏结不牢。出现这种情况，主要是勾缝时砂浆不饱满，抹压不紧。

第四，池子砌好后，池身受到较大震动，使接缝处水泥砂浆裂口或脱落。

第五，池子建好后，养护不好，大出料后未及时进水、进料，经暴晒、霜冻而产生裂缝。

第六，池墙周围回填土未夯紧填实，试压或产气后，池子内、外压力不平衡，引起石料移位。

第七，池墙、池盖粉刷质量差，毛细孔隙封闭不好，或各层间黏结不牢造成翘壳。

第八，混凝土结构的池墙，常因混凝土的配合比和含水量不当，干后强烈收缩，出现裂缝；沼气池建成后，混凝土未达到规定的养护期，就急于加料，由于混凝土强度不够，而造成裂缝。

第九，导气管与池盖交接处水泥砂浆凝固不牢，或受到较大的震动而造成漏气。

第十，沼气池试水、试压或大量进出料时，由于速度太快，造成正、负压过大，使池墙裂缝甚至胀坏池子。

（五）修补沼气池的方法

查出沼气池漏水、漏气的确切部位后，标上记号，根据具体情况加以修补。

第一，裂缝处要先将缝子剔成"V"形，周围打成毛面，再用1:1的水泥砂浆填塞漏处，压实、抹光，然后用纯水泥浆粉刷几遍。

第二，将气箱粉刷层剥落，翘壳部位铲掉，重新仔细粉刷。

第三，如果漏气部位不明确，应将气箱洗刷干净，用纯水泥浆或1:1的水泥砂浆交替粉刷3~4遍。

第四，导气管与池盖衔接处漏气，可重新用水泥砂浆黏接，并加高和加大水泥砂浆护座。

第五，池底全部下沉或池底与池墙四周交接处有裂缝的，先把裂缝剔开一条宽2 cm、深3 cm的围边槽，并在池底和围边槽内，浇筑一层4~5 cm厚的混凝土，使之连接成一个

整体。

第六，由于膨胀土湿胀、干缩引起裂缝的沼气池，应在池盖和进料管、出料间上沿的四周铺上三合土，以保持膨胀土干湿度的稳定。

（六）人进入沼气池维修或出料应采取安全措施

沼气池是严格密封的，里面充满沼气，氧气含量很少。就是盖子打开一段时间后，沼气也不易自然排除干净。这是因为有些池子可能进出料口被粪渣堵塞，空气不能流通；或有的池子建在室内，空气流通不好，又没有向池内鼓风，不能把池内的残留气体完全排除。沼气的主要成分是甲烷，它是一种无色气体，当空气中浓度达到30%左右时，可使人麻醉；浓度达到70%以上时，人会因缺氧而使人窒息死亡。沼气中的另一主要成分为二氧化碳，也是一种易使人窒息性气体，由于二氧化碳比空气重（为空气的1.52倍），在空气流通不良的情况下，它仍能留在池内，造成池内严重缺氧。所以，尽管甲烷、一氧化碳等比空气轻的气体被排出后，人入池仍会造成窒息中毒事故。同时，加入沼气池中的有机物质，在厌氧条件下也能产生一些有毒气体。因此下池检修或清除沉渣时，必须提高警惕，事先采取安全措施，才能防止窒息和中毒事故的发生。

人进入沼气池前应注意采取以下安全措施。

（1）新建沼气池装料后，就会发酵产气，如需继续加料，只能从进料管或活动盖口处加入，严禁进入池内加料。

（2）清除沉渣或查漏、修补沼气池时，先要将输气导管取下，发酵原料至少要出到进出料口挡板以下，有活动盖板的要将盖板揭开，并用风车（南方吹稻谷用的工具）或小型空压机等向池内鼓风，以排出池内残存的气体。当池内有了充足的新鲜空气后，人才能进入池内。入池前，应先进行动物试验，可将鸡、兔等动物用绳拴住，慢慢放入池内。如动物活动正常，说明池内空气充足，可以入池工作，若动物表现异常，或出现昏迷，表明池内严重缺氧或有残存的有毒气体未排除干净，这时要严禁人员进入池内，而且要继续通风排气。

（3）在向池内通风和进行动物试验后，下池的人员要在腰部拴上保险绳，搭梯子下池，池外要有人看护，以便一旦发生意外时，能够迅速将人拉出池外，进行抢救。入池操作的人员如果感到头昏、发闷、不舒服，要马上离开池内，到池外空气流通的地方休息。

（4）为了减少和防止池内产生有毒气体，严禁将菜油枯（榨菜油后的渣）加入沼气池，因油枯在密闭的条件下，能产生剧毒气体磷化三氢，人接触后，极易引起中毒死亡。

（5）由于沼气是易燃气体，遇火就会猛烈燃烧。已装料、产气的沼气池，在入池出料、维修、查漏时，只能用电筒或镜子反光照明，绝对不能持煤油灯、蜡烛等明火照明工具入池；也不能采用向沼气池内先丢火团烧掉沼气再点明火入池的办法，因为向池内丢入火团虽然可以把池内的沼气烧掉，同时也烧掉池内的氧气，使池内的二氧化碳浓度更大，如不注意通风，容易发生窒息事故。另外，人入池后，粪皮下的沼气仍不断释放出来，一遇明火，同样可以发生燃烧，发生烧伤事故。同时，丢火团入池易引起火灾，损坏沼气池。所以，这种办法很不安全。也不能在池内和池口吸烟，以免引燃池内残存沼气，发生烧伤事故。揭开活动盖板进行维修、加料、搅拌时，也不能在盖口吸烟、划火柴或点明火。特别是沼气池修在池内或棚内的，更应特别注意这一点。

（七）入池人员若发生窒息、中毒时应采取的抢救措施

发生入池人员窒息、中毒情况时，要组织力量进行抢救。抢救时，要沉着冷静，动作迅速，切忌慌张，以免连续发生窒息、中毒事故。在抢救的步骤上，首先要用风车等连续不断地向池内输入新鲜空气。同时迅速搭好梯子，组织抢救人员入池。抢救人员要拴上保险绳，入池前要深吸一口气（最好口内含一胶管通气，胶管的一端伸出池外），尽快把昏迷者搬出池外，放在空气流通的地方。如已停止呼吸，要立即进行人工呼吸，做胸外心脏按压，严重者经初步处理后，要送往就近医院抢救。如昏迷者口中含有粪便，应事先用清水冲洗面部，掏出嘴里的粪渣，并抱住昏迷者的腹部，让头部下垂，使粪液吐出，再进行人工呼吸和必要的药物治疗。

（八）防止沼气池发生爆炸

引起沼气池爆炸的原因一般有两种：一是新建的沼气池装料后不正确地在导气管上点火，验证是否开始产气，引起回火，使池内气体猛烈膨胀、爆炸使池体破裂；二是池子出料，池内形成负压，这时点火用气，容易发生内吸现象，引起火焰入池，发生爆炸。

防止方法：第一，检查新建沼气池是否产生沼气时，应用输气管将沼气引到灶具上验证，严禁在导气管上直接点火实验；第二，池内如果出现负压，就要暂时停止点火用气，并及时投加发酵原料，等到出现正压后再使用。

（九）沼气池使用过程中的一般性故障处理

为了便于用户在沼气使用过程中及时发现并解决所遇到的问题，对沼气使用过程中的一般性故障，制作了表12-3，可供用户快速查阅。

表12-3 沼气池使用过程中的一般性故障、原因及处理方法

故障现象	原因	处理方法
压力表水柱上下波动，火焰燃烧不稳定	输气管道内有积水	排除管道内积水
打开开关，压力表急降关上开关，压力表急升	导气管堵塞或拐弯处扭曲，管道通气不畅	疏通导气管，理顺管道

（续表）

故障现象	原因	处理方法
压力表上升缓慢或不上升	沼气池或输气管漏气、发酵料不足、沼气发酵接种物不足	修补漏气部位；添加新鲜发酵原料；增加沼气发酵接种物
压力表上升慢，到一定程度不再上升	贮气室或管道漏气，进料管或水压间漏水	检修沼气池拱顶及管道；修补漏水处
压力表上升快，使用时下降也快	池内发酵料液过多，水压间体积太小	取出一些料液，适当增大水压间
压力表上升快，气多，但较长时间点不燃	发酵原料甲烷菌数量不足	排放池内不可燃气体，增添接种物或换掉大部分料液
开始产气正常，以后逐渐下降或明显下降	逐渐下降是未及时补充新料，明显下降是管道漏气或误将喷过药物的原料加入池内	去除一些旧料，添加新料；检查维修系统漏气问题；如误将含农药的原料加入池内，只有进行大换料，并清洗池内
产气正常，但燃烧火力小或火焰呈红黄色	灶具火孔堵塞；火焰呈红黄色是池内发酵液过量，甲烷含量少	清扫灶具的喷火孔；取出部分旧料，补充新料，调节灶具空气调节环
沼气灯点不亮或时明时暗	沼气中甲烷含量低，压力不足，喷嘴口径不当、纱罩存放过久受潮、喷嘴堵塞或偏斜、输气管内有积水	添加发酵原料和接种物，提高沼气产量和甲烷含量；调节进气阀，选用优质纱罩；及时排除管道中的积水

第三节　沼气的综合利用技术

一、沼气的利用

沼气在农村的用途很广，其常规用途主要是炊事照明，随着科技的进步和沼气技术的完善，沼气的应用范围越来越广，目前已在许多方面发挥了效应。

（一）沼气炊事照明

沼气在炊事照明方面的应用是通过灶具和灯具来实现的。

1. 沼气灶的类型

沼气灶按材料分，有铸铁灶、搪瓷面灶、不锈钢面灶；按燃烧器的个数分，有单眼灶、双眼灶。按燃料的热流量（火力大小）分，有8.4 MJ/h、10.0 MJ/h、11.7 MJ/h，最大的有42 MJ/h。

按使用类别分，有户用灶、食堂用中餐灶、取暖用红外线灶。按使用压力分，有800 Pa和1 600 Pa两种，铸铁单灶一般使用压力为800 Pa，不锈钢单、双眼灶一般使用压力为1 600 Pa。

沼气是一种与天然气较接近的可燃混合气体，但它不是天然气，不能用天然气灶来代替沼气灶，更不能用煤气灶和液化气的灶改装成沼气灶用。因为各种燃烧气体有自己的特性，例如它可燃烧的成分、含量、压力、着火速度、爆炸极限等都不同。而灶具是根据燃烧气体的特性来设计的，所以不能混用。沼气要用沼气灶，才能达到最佳效果，保证使用安全。

2. 沼气灶的选择

根据自己的经济条件和沼气池的大小及使用需要来选择沼气灶。如果沼气池较大、产气量大，可以选择双眼灶。如果池子小，产气量少，只用于一日三餐做饭，可选用单眼灶。目前较好的是自动点火不锈钢灶面灶具。

3. 沼气灶的应用

先开气后点火，调节灶具风门，以火苗蓝里带白，急促有力为佳。

我国农村家用水压式沼气池其特点是压力波动大，早晨压力高，中午或晚上由于用气后压力会下降。在使用灶具时，应注意控制灶前压力。目前沼气灶的设计压力为800 Pa和1 600 Pa两种，当灶前压力与灶具设计压力相近时，燃烧效果最好。而当沼气池压力较高时，灶前压力也同时增高而大于灶具的设计压力时，热负荷虽然增加了（火力大），但热效率却降低了（沼气却浪费了），这对当前产气率还不太大的情况下是不划算的。所以在沼气压力较高时，要调节灶前开关的开启度，将开关关小一点控制灶前压力，从而保证灶具具有较高的热效率，以达到节气的目的。

由于每个沼气池的投料数量、原料种类及池温、设计压力的不同，所产沼气的甲烷含量和沼气压力也不同，因此沼气的热值和压力也在变化。沼气燃烧需要5～6倍空气，所以调风板（在沼气灶面板后下方）的开启度应随沼气中甲烷含量的多少进行调节。当甲烷含量多时（火苗发黄时），可将调风板开大一些，使沼气得到完全燃烧，以获得较高的热效率。当甲烷含量少时，将调风板关小一些。因此要通过正确掌握火焰的颜色、长度来调节风门的大小。但千万不能把调风板关死，这样火焰虽较长而无力，进入的空气等于零，而形成扩散式燃烧，这种火焰温度很低，燃烧极不完全，并产生过量的一氧化碳。根据经验调风板开启度以打开3/4为宜（火焰呈蓝色）。

灶具与锅底的距离，应根据灶具的种类和沼气压力的大小而定，过高过低都不好，合适的距离应是灶火燃烧时"伸得起腰"，有力，火焰紧贴锅底，火力旺，带有响声，在使用时可根据上述要求调节适宜的距离。一般灶具灶面距离锅底以2～4 cm为宜。

沼气灶在使用过程中火苗不旺可从以下几个方面找原因。第一，沼气池产气不好，压力不足。第二，沼气中甲烷含量少，杂气多。第三，灶具设计不合理，灶具质量不好。如灶具在燃烧时，带入空气不够，沼气与空气混合不好不能充分燃烧。第四，输气管道太细、太长或管道阻塞导致沼气流量过小。第五，灶面离锅底太近或太远。第六，沼气灶内没有废气排除孔，二氧化碳和水蒸气排放不畅。

4. 沼气灯的应用

沼气灯是通过灯纱罩燃烧来发光的，只有烧好新纱罩，才能延长其使用寿命。其烧制方法是先将纱罩均匀地捆在沼气灯燃烧头上，把喷嘴插入空气孔的下沿，通沼气将灯点燃，让纱罩全部着火烧红后，慢慢地升高或后移喷嘴，调节空气的进风量，使沼气、空气配合适当，猛烈点燃，在高温下纱罩会自然收缩最后发出声响，发出白光即成。烧新纱罩时，沼气压力要足，烧出的纱罩才饱满发白光。

为了延长纱罩的使用寿命，使用透光率较好的玻璃灯罩来保护纱罩，以防止飞蛾等昆虫撞坏纱罩或风吹破纱罩。另外，燃烧后的纱罩不能用手或其他物体去触击。

5. 使用沼气灯具、灶具时，应注意的安全事项

第一，沼气灯、灶具不能靠近柴草、衣服、蚊帐等易燃物品。特别是草房，灯和房顶结构之间要保持1～1.5 m的距离。第二，沼气灶具要安放在厨房的灶面上使用，不要在床头、桌柜上煮饭烧水。第三，在使用沼气灯、灶具时，应先划燃火柴或点燃引火物，再打开开关点燃沼气。如将开关打开后再点火，容易烧伤人的面部和手，甚至引起火灾。第四，每次用完后，要把开关扭紧，不使沼气在室内扩散。第五，要经常检查输气管和开关有无漏气现象，如输气管被鼠咬破、老化而发生破裂，要及时更新。第六，使用沼气的房屋，要保持空气流通，如进入室内，闻有较浓的臭鸡蛋味（沼气中硫化氢的气味），应立即打开门窗通风。这时，绝不能在室内点火吸烟，以免发生火灾。

（二）沼气取暖

沼气在用于炊事照明的同时产生温度可以取暖外，还可用专用的红外线炉取暖。

（三）沼气增温增光增气肥

沼气在北方"四位一体"的温室内通过灶具、灯具燃烧可转化成二氧化碳，在转化过程的同时，增加了温室内的温度、光照和二氧化碳气肥。

1. 应掌握的技术要点

（1）增温增光，主要通过点燃沼气灶、灯来解决，适宜燃烧时间为5:30—8:30。

（2）增供二氧化碳，主要靠燃烧沼气，适宜时间应安排在6:00—8:00。注意放风前30 min应停止燃烧沼气。

（3）温室内按每50 m²设置一盏沼气灯，每100 m²设置一台沼气灶。

2. 注意事项

（1）点燃沼气灶、灯应在气温较低（低于30℃）时进行。

（2）使用二氧化碳后，水肥管理必须及时跟上。

（3）不能在温棚内堆沤发酵原料。

（4）当1 000 m³的日光温室燃烧1.5 m³的沼气时，沼气须经脱硫处理后再燃烧，以防有害气体对作物产生危害。

（四）沼气作动力燃料

沼气的主要成分是甲烷，它的燃点是814℃，而柴油机压缩行程终了时的温度一般只有700℃，低于甲烷的燃点。由于柴油机本身没有点火装置，因此，在压缩行程上止点前不能点燃沼气。用沼气作动力燃料在目前大部分是采用柴油引燃沼气的方法，使沼气燃烧（即柴油-沼气混合燃烧），简称油气混烧。油气混烧保留了柴油机原有的燃油系统，只在柴油机的进气管上装一个沼气-空气混合器即可。在柴油机进气行程中，沼气和空气在混合器混合后进入气缸，在柴油机压缩行程上止点前喷油系统自动喷入少量柴油（引燃油量）引燃沼气。

柴油机改成油气混烧保留了原机的燃油系统。压缩比喷油提前角和燃烧室均未变动，不改变原机结构，所以不影响原机的工作性能。当没有沼气或沼气压力较低时，只要关闭沼气阀，即可成为全柴油燃烧，保持原机的功率和热效率。

据测定，油气混烧与原机比较，一般可节油70%～80%，每小时0.735 kW（1马力）要耗沼气0.5 m³。如S195型柴油机为8.83 kW（12马力），每小时要耗用6 m³沼气。

（五）沼气灯光诱蛾

沼气灯光的波长在300～1 000 nm，许多害虫对于300～400 nm的紫外光线有较大的趋光性。夏、秋季节，正是沼气池产气和多种害虫成虫发生的高峰期，利用沼气灯光诱蛾养鱼、养鸡、养鸭并捕杀害虫，可以一举多得。

1. 技术要点

（1）沼气灯应吊在距地面或水面80～90 cm处。

（2）沼气灯与沼气池相距30 m以内时，用直径10 mm的塑料管作沼气输气管，超过30 m远时应适当增大输气管道的管径。也可在沼气输气管道中加入少许水，产生气液局部障碍，使沼气灯工作时产生忽闪现象，增强诱蛾效果。

（3）诱虫喂鸡、鸭的办法。在沼气灯下放置一只盛水的大盆，水面上滴入少许食用油，当害虫大量飞来时，落入水中，被水面浮油粘住翅膀死亡，以供鸡、鸭采食。

（4）诱虫喂鱼的办法。离塘岸2 m处，用3根竹竿做成简易三脚架，将沼气灯固定。

2. 注意事项

诱蛾时间应根据害虫前半夜多于后半夜的规律，掌握在天黑至午夜为宜。

（六）沼气储粮

利用沼气储粮，造成一种窒息环境，可有效抑制微生物生长繁殖，杀死粮食中害虫，保持粮食品质，还可避免常规粮食储藏中的药剂污染。据调查，采用此项技术可节约粮食贮藏成本60%，减少粮食损失12%以上。

1. 技术要点及方法步骤

清理储粮器具、布置沼气扩散管、装粮密封、输气、密闭杀虫。

（1）农户储粮。

建仓：可用大缸或商品储仓，也可建 $1 \sim 4 \, m^3$ 小仓，密闭。

布置沼气扩散管：缸用管可采用沼气输气管烧结一端，用烧红的大头针刺小孔若干，置于缸底；仓式储粮需制作"十"字或"丰"字形扩散管，刺孔，置仓底。

装粮密封：包括装粮、装进出气管、塑膜密封等。

输入沼气：每立方米粮食输入沼气 $1.5 \, m^3$，使仓内氧含量由20%下降到5%（检验以沼气输出管接沼气炉能点燃为宜）。

密封后输气：密封4天后，再次输入1次沼气，以后每15天补充1次沼气。

（2）粮库储粮。粮库储粮由粮仓、沼气进出系统、塑料薄膜密封材料组成。

扩散管等的设置：粮仓底部设置"十"字形、中上部设置"丰"字形扩散管，扩散管达到粮仓边沿。扩散管主管用10 mm塑管，支管用6 mm塑管，每隔30 mm钻1孔。扩散管与沼气池相通，其间设阀门，粮仓周围和粮堆表面用0.1 ~ 0.2 mm的塑料薄膜密封，并安装好测温度和湿度的线路。粮堆顶部设一小管作为排气管，并与氧气测定仪相连。

密闭通气：每立方米粮食输入 $1.5 \, m^3$ 沼气至氧气含量下降到5%以下停止输气，每隔15天补充1次气。

2. 注意事项

（1）常检查是否漏气，严禁粮库周围吸烟、用火。

（2）电器开关须安装于库外。

（3）沼气池产气量要与通气量配套。

（4）储粮前应尽量晒干所储粮食，并在储粮结束后及时翻晒。

（5）输气管中安装集水器或生石灰过滤器，及时排出管内积水。

（6）注意人员安全。人员入库前必须充分通风（打开门窗），并有专人把守库外，发现异常及时处理。

（七）沼气水果保鲜

沼气气调储藏就是在密封的条件下，利用沼气中甲烷和二氧化碳含量高、含氧量极少、甲烷无毒的性质和特点，来调节储藏环境中的气体成分，造成一种高二氧化碳和低氧的状态，以控制储果的呼吸强度，减少储藏过程中的基质消耗，并防止虫、霉、病、菌危害，达到延长储藏时间及保持良好品质的目的。

生产中应根据实际需要来确定储果库、沼气池的容积，以确保保鲜所需沼气用量，建储果库时要考虑通风换气和降温工作，并做好预冷散热和果库及用具的杀菌消毒工作，充气时要充足，换气时要彻底。一般储果库应建在距沼气池30 m以内，以地下式或半地下式为好，储库容积30 m³，面积10～15 m³，设储架4层，一次储果3 000～5 000 kg，顶部留有60 cm×60 cm的天窗。

二、沼液的利用

（一）沼液做肥料

腐熟的沼液中含有丰富的氨基酸、生长素和矿质营养元素，其中全氮含量0.03%～0.08%，全磷含量0.02%～0.07%，全钾含量0.05%～1.4%，是很好的优质速效肥料。可单施，也可与化肥、农药、生长剂等混合施用。可作种肥、追肥和叶面喷肥。

1. 作种肥浸种

沼液浸种能提高种子发芽率、成苗率，具有壮苗保苗作用。其原因已知道的有以下3个方面。一是营养丰富。腐熟的沼气发酵液含有动植物所需的多种水溶性氨基酸和微量元素，还含有微生物代谢产物，如多种氨基酸和消化酶等各种活性物质。用于种子处理，具有催芽和刺激生长的作用。同时，在浸种期间，钾离子、铵离子、磷酸根离子等都会因渗透作用不同程度地被种子吸收，而这些养分在秧苗生长过程中，可增加酶的活性，加速养分运转和代谢过程。二是有灭菌杀虫作用。沼液是有机物在沼气池内厌氧发酵的产物。由于缺氧、沉淀和大量铵离子的产生，使沼液不会带有活性菌和虫卵，并可杀死或抑制种子表面的病菌和虫卵。三是可提高作物的抗逆能力，避免低温影响。种子经过浸泡吸水后，既从休眠状态进入萌芽状态。春季气温忽高忽低，按常规浸种育秧法，往往会对种子正常的生理过程产生影响，造成闷芽、烂秧，而采用沼液浸种，沼气池水压间的温度稳定在8～10℃，基本不受外界气温变化的影响，有利于种子的正常萌发。

（1）技术要点。

小麦：在播种前1天进行浸种，将晒过的麦种在沼液中浸泡12 h，去除种子袋，用清水洗净并将袋里的水沥干，然后把种子摊在席子上，待种子表面水分晾干后即可播种。如果要催芽的，即可按常规办法催芽播种。

玉米：将晒过的玉米种装入塑料编织袋内（只装半袋），用绳子吊入出料间料液中部，并拽一下袋子的底部，使种子均匀松散于袋内，浸泡24 h后取出，用清水洗净，沥干水分，即可播种。此法比干种播种增产10% ~ 18%。

甘薯与马铃薯：甘薯浸种是将选好的薯种分层放入清洁的容器内（桶、缸或水泥池），然后倒入沼液，以淹过上层薯种6 cm左右为宜。在浸泡过程中，沼液略有消耗，应及时添加，使之保持原来液面高度。浸泡2 h后，捞出薯种，用清水冲洗后，放在草席上，晾晒半小时左右，待表面水分干后，即可按常规方法排列上床育苗。该法比常规育苗提高产芽量30%左右，沼液浸种的壮苗率达99.3%，平均百株重为0.61 kg；而常规浸种的壮苗率仅为67.7%，平均百株重0.5 kg。马铃薯浸种也是将选好的薯种分层放入清洁的容器内，取正常沼液浸泡4 h，捞出后用清水冲洗净，然后催芽或播种。

早稻：浸种沼液24 h后，再浸清水24 h；对一些抗寒性较强的品种，浸种时间适当延长，可用沼液浸36 h或48 h，然后清水浸24 h；早稻杂交品种由于其呼吸强度大，因此宜采用间歇法浸种，即浸6 h后提起用清水沥干（不滴水为止），然后再浸，连续重复做，直到浸够要求时间为止。

浸棉花种防治枯萎病：沼液中含有较高浓度的氨和铵盐。氨水能使棉花枯萎病得到抑制。沼液中还含有速效磷和水溶性钾。这些物质比一般有机肥含量高，有利于棉株健壮生长，增强抗病能力，沼液防治棉花枯萎病效果明显，而且可以提高产量，同时既节省了农药开支，又避免了环境污染。方法：用沼液原液浸棉种，浸后的棉种用清水漂洗一下，晒干再播，其次用沼液原液分次灌蔸，每亩用沼液5 000 ~ 7 500 kg为宜。棉花现蕾前进行浇灌效果最佳。一般枯萎病治疗效果达到52%以上，死苗率下降22%左右。棉花枯萎病发病高峰正是棉花现蕾盛期，因此，沼液灌蔸主要在棉花现蕾前进行，以利提高防治效果。据报道，一般单株成桃数增加2个左右；棉花产量提高9% ~ 12%左右；亩增皮棉11 ~ 17.5 kg。

花生：一次浸4 ~ 6 h，清水洗净晾干后即可播种。

烟籽：时间3 h，取出后放清水中，轻揉2 ~ 3 min，晾干后播种。

瓜类与豆类种子：一次浸2 ~ 4 h，清水洗净，然后催芽或播种。

（2）使用效果。

沼液比清水浸种水稻和谷种的发芽率能提高10%。

沼液比清水浸种水稻的成秧率能提高24.82%，小麦成苗率提高23.6%。

沼液浸种的秧苗素质好，秧苗增高、茎增粗、分蘖数目多，而且根多、子根粗、芽壮、叶色深绿，移栽后返青快、分蘖早、长势旺。

用沼液浸种的秧苗"三抗"能力强，基本无恶苗病发生，而清水未浸种的恶苗病发病率平均为8%。

（3）注意事项。

用于沼液浸种的沼气池要正常产气3个月以上。

浸种时间以种子吸足水分为宜，浸种时间不宜过长，过长种子易水解过度，影响发芽率。

沼液浸过的种子，都应用清水淘净，然后催芽或播种。

及时给沼气池加盖，注意安全。

由于地区、墒情、温度、农作物品种不同，浸种时间各地可先进行一些简单的对比试验后确定。

在产气压力低（50 mm水柱）或停止产气的沼气池水压间浸种，其效果较差。

浸种前盛种子的袋子一定要清洗干净。

2. 作追肥

用沼液作追肥一般作物每次每亩用量500 kg，需兑清水2倍以上，结合灌溉进行更好；瓜菜类作物可适当增加用量，两次追肥要间隔10天以上。果树追肥可按株进行，幼树一般每株每次可施沼液10 kg，成年挂果树每株每次可施沼液50 kg。

3. 叶面喷肥

（1）选择沼液。选用正常产气3个月以上的沼气池中腐熟液，澄清、纱布过滤并敞半天。

（2）施肥时期。农作物萌动抽梢期（分蘖期），花期（孕穗期、始果期），果实膨大期（灌浆结实期），病虫害暴发期。每隔10天喷施1次。

（3）施肥时间。上午露水干后（10:00左右）进行，夏季傍晚为宜，中午高温及暴雨前不施。

（4）浓度。幼苗、嫩叶期，1份沼液加1~2份清水；夏季高温，1份沼液加1份清水；气温较低，老叶（苗）时，不加水。

（5）用量。视农作物品种和长势而定，一般每亩40~100 kg。

（6）喷洒部位。以喷施叶背面为主，兼顾正面，以利养分吸收。

（7）果树叶面追肥。用沼液作果树的叶面追肥要分3种情况。如果果树长势不好和挂果的果树，可用纯沼液进行叶面喷洒，还可适当加入0.5%的尿素溶液与沼液混合喷洒。气温较高的南方应将沼液稀释，以100 kg沼液对200 kg清水进行喷洒。如果果树的虫害很严重，可按照农药的常规稀释量加入防治不同虫害的不同的农药配合喷洒。

（二）沼液防虫

1. 柑橘螨、蚧和蚜虫

沼液50 kg，双层纱布过滤，直接喷施，10天1次；虫害发生高峰期，连治2~3次。若气温在25℃以下，全天可喷；气温超过25℃，应在17:00以后进行。如果在沼液中加入20%甲氰菊酯乳油1 000~3 000倍液，灭虫卵效果尤为显著，且药效持续时间30天以上。

2. 柑橘黄蜘蛛、红蜘蛛

取沼液50 kg，澄清过滤，直接喷施。一般情况下，红蜘蛛、黄蜘蛛3～4 h失活，5～6 h死亡98.5%。

3. 玉米螟

沼液50 kg，加入2.5%敌杀死乳油10 mL，搅匀，灌玉米新叶。

4. 蔬菜蚜虫

每亩取沼液30 kg，加入洗衣粉10 g，喷雾。也可利用晴天温度较高时，直接泼洒。

5. 麦蚜虫

每亩取沼液50 kg，加入20%菊马乳油25 g，晴天露水干后喷洒；若6 h以内遇雨，则应补治1次。蚜虫28 h失活，40～50 h死亡，杀灭率94.7%。

6. 水稻螟虫

取沼液1份加清水1份混合均匀，泼浇。

（三）沼液养鱼

1. 技术要点

（1）原理。将沼肥施入鱼塘，可为水中浮游动、植物提供营养，增加鱼塘中浮游动、植物产量，是丰富滤食鱼类饵料的一种饲料转换技术。

（2）基肥。春季清塘、消毒后进行。每亩水面用沼渣150 kg或沼液300 kg均匀施肥。沼渣，可在未放水前运至大塘均匀撒开，并及时放水入塘。

（3）追肥。4—6月，每周每亩水面施沼渣100 kg或沼液200 kg；7—8月，每周每亩水面施沼液150 kg；9—10月，每周每亩水面施沼渣100 kg或沼液150 kg。

（4）施肥时间。晴天8:00—10:00施沼液最好；阴天可不施；有风天气，顺风撒施；闷热天气、雷雨来临之前不施。

2. 注意事项

（1）鱼类以花白鲢为主，混养优质鱼（底层鱼）比例不超过40%。

（2）专业养殖户，可从出料间连接管道到鱼池，形成自动溢流。

（3）水体透明度大于30 cm时每2天施1次沼液，每次每亩水面施沼液100～150 kg，直到透明度回到25～30 cm后，转入正常投肥。

3. 配制颗粒饵料养鱼

利用沼液养鱼是一项行之有效的实用技术，但是如果技术使用不当或遇到特殊气候条件时，容易使水质污染，造成鱼因缺氧窒息而死亡，针对这一问题，用沼液、蚕沙、麦麸、米糠、鸡粪配成颗粒饵料喂鱼，则水不会受到污染，从而降低了经济损失。具体技术如下。

（1）原料配方。沼液28%、米糠30%、蚕沙15%、麦麸21%、鸡粪6%。

（2）配制方法。将蚕沙、麦麸、米糠用粉碎机粉碎成细末，加入鸡粪后再加沼液搅拌均匀晾晒，在七成干时用筛子格筛成颗粒，晒干保管。

（3）堰塘养鱼比例。鲢鱼20%、草鱼60%、鲤鱼15%、鲫鱼5%。撒放颗粒饵料要有规律性，早晨、下午撒料为宜，定地点，定饵料。

（4）养鱼需要充足的阳光。颗粒饵料养鱼，务必选择阳光充足的堰塘，据测试，阳光充足，草鱼每天能增长11 g，花鲢增长8 g；阳光不充足，草鱼每天只增长7 g，花鲢增长6 g。

（5）掌握加沼液的时间。配有沼液的饵料，含蛋白质较高，在200 g以下的草鱼不适宜喂，否则会引起鱼吃后腹泻。在200 g重以上的鱼可添加沼液的饵料，但开始不宜过多，以后根据鱼大小和数量适当增加。最好将200 g以下和200 g以上的鱼分开，避免小鱼吃后腹泻。

该技术的关键是饵料配制、日照时间要长及掌握好添加沼液的时间。

（四）沼液养猪

1. 技术要点

（1）沼液采自正常产气3个月以上的沼气池。清除出料间的浮渣和杂物，并从出料间取中层沼液，经过滤后加入饲料中。

（2）添加沼液喂养前，应对猪进行驱虫、健喂和防疫，并把喂熟食改为喂生食。

（3）按生猪体重确定每餐投喂的沼液量，每日喂食3~4餐。

（4）观察生猪饲喂沼液后有无异常现象，以便及时处置。

（5）沼液日喂量的确定。

体重确定法：育肥猪体重从20 kg开始，日喂沼液1.2 kg；体重达40 kg时，日喂沼液2 kg；体重达60 kg时，日喂沼液3 kg；体重达100 kg以上，日喂沼液4 kg。若猪喜食，可适当增加喂量。

精饲料确定法：精饲料指不完全营养成分拌和料；沼液喂食量按每千克；体重达100 kg以上，日喂食量按每千克饲料拌1.5~2.5 kg为宜。

青饲料确定法：以青饲料为主的地区，将青饲料粉碎淘净放在沼液中浸泡，2 h后直接饲喂。

2. 注意事项

（1）饲喂沼液。猪有个适应过程，可采取先盛放沼液让其闻到气味，或者饿1~2餐，从而增加食欲，将少量沼液拌入饲料等，3~5天后，即可正常进行。猪体重20~

50 kg时，饲喂增重效果明显。

（2）严格掌握日饲喂量。如发现猪饲喂沼液后拉稀，可减量或停喂2天。所喂沼液一般须取出后搅拌或放置1~2 h让氨气挥发后再喂。放置时间可根据气温高低灵活掌握，放置时间不宜过长以防光解、氧化及感染细菌。

（3）沼液喂猪期间，猪的防疫驱虫、治病等应在当地兽医的指导下进行。

（4）池盖应及时还原。死畜、死禽、有毒物不得投入沼气池。

（5）病态的、不产气的和投入了有毒物质的沼气池中的沼液，禁止喂猪。

（6）沼液的酸碱度以中性为宜，即pH值为6.5~7.5。

（7）沼液仅是添加剂，不能取代基础粮食，只有在满足猪日粮需求的基础上，才能体现添加剂的效果。

（8）添加沼液的养猪体重在120 kg左右出栏，经济效果最佳。

三、沼渣的利用

（一）沼渣做肥料

1. 作底肥直接使用

由于沼渣含有丰富的有机质、腐殖酸类物质，因而应用沼渣作底肥不仅能使作物增产，长期使用，还能改变土壤的理化性状，使土壤疏松，容重下降，团粒结构改善。

用作旱地作物时，先将土壤挖松一次，将沼渣以每亩2 000 kg，均匀撒播在土壤中，翻耕，耙平，使沼渣埋于土表下10 cm，半个月后便可播种、栽培；用于水田作物时，要在第一次犁田后，将沼渣倒入田中，并犁田3~4遍，使土壤与沼渣混合均匀，10天后便可播种、栽培。

2. 沼渣与碳酸氢铵配合使用

沼渣作底肥与化肥碳酸氢铵配合使用，不仅能减少化肥的用量，还能改善土壤结构，提高肥效。方法：将沼渣从沼气池中取出，让其自然风干1周左右，以每亩使用沼渣500 kg，碳铵10 kg，如果缺磷的土壤，还需补施25 kg过磷酸钙，将土壤或水田再耙一次。旱地还需覆盖10 cm厚泥土，以免化肥快速分解，其余施肥方法按照作物的常规施肥与管理。

3. 制沼腐磷肥

先取出沼气池的沉渣，滤干水分，每50 kg沼渣加2.5~5 kg磷矿粉，拌和均匀，将混合料堆成圆锥形，外面糊一层稀泥，再撒一层细沙泥，以防开裂，堆放50~60天，便制成了沼腐磷肥。再将其挖开，打细，堆成圆锥形，在顶上向不同的方向打孔，每50 kg沼腐磷肥加5 kg碳酸氢铵稀释液，从顶部孔内慢慢灌入堆内，再糊上稀泥密封即可使用。

（二）沼渣种植食用菌（蘑菇）

1. 堆制培养料

蘑菇是依靠培养料中的营养物质来生长发育的，因此，培养料是蘑菇栽培的物质基础。用来堆制的培养料应选择含碳氮物质充分、质地疏松、富有弹性、能含蓄较多空气的材料，以利于好气性微生物的培养和蘑菇菌丝体吸收养分。如麦秸、稻草和沼渣。

以沼渣麦秸为原料，按1∶0.5的配料比堆制培养料。

（1）铡短麦草。把不带泥土的麦草铡成3～4 cm的短草，收贮备用。

（2）晒干。打碎沼渣，选取不带泥土的沼渣晒干后打碎，再用筛孔为豌豆大的竹筛筛选。筛取的沼渣干粒收放屋内，不让雨淋受潮。

（3）堆料。把截短的麦草用水浸透发胀，铺在地上，厚度以半尺为宜。在麦草上均匀铺撒沼渣干粒，厚3～4 cm。照此程序，在铺完第一层堆料后，再继续铺放第二层、第三层。铺完第三层时，开始向料堆均匀泼洒沼气水肥，每层泼350～400 kg，第四层至第七层都分别泼洒相同数量的沼气水肥，使料堆充分吸湿浸透。料堆长3 m、宽2.33 m、高1.5 m，共铺7层麦草、7层沼渣，共用晒干沼渣约800 kg、麦草400 kg、沼气水肥2 000 kg左右，料堆顶部呈瓦背状弧形。

（4）翻草。堆料7天左右，用细竹竿从料堆顶部朝下插一个孔，把温度计从孔中放进料堆内部测温，当温度达到70℃时开始第一次翻草。如果温度低于70℃，应当适当延长堆料时间，待上升到70℃时再翻料，同时要注意控制温度不超过80℃，否则，原料腐熟过度，会导致养分消耗过多。第一次翻料时，加入25 kg碳酸氢铵、20 kg钙镁磷肥、50 kg油枯粉、23 kg石膏粉。加入适量化肥，可补充养分和改变培养料的硬化性状；石膏可改变培养料的黏性和使其松散，并增加硫、钙矿质元素。翻料方法：料堆四周往中间翻，再从中间往外翻，做到拌和均匀。翻完料后，继续进行堆料，堆5～6天，当料堆温度达到70℃时，开始第二次翻料。此时，用40%的甲醛水液（福尔马林）1 kg，加水40 kg，在翻料时喷入料堆消毒，边喷边拌，翻拌均匀。如料堆变干，应适当泼洒沼气水肥，泼水量以手捏滴水为宜；如料堆偏酸，就适当加石灰水，如呈碱性，则适当加沼气水肥，调节料堆的酸碱度从中性到微碱（pH值=7～7.5）为宜。然后继续堆料3～4天，温度达到70℃时，进行第三次翻料。在这之后，一般再堆料2～3天，即可移入菌床使用。整个堆料和三次翻料共18天左右。

2. 沼渣种蘑菇的优点

（1）取材广泛、方便、省工、省时、省料。

（2）成本低、效益高。用沼渣种蘑菇，每平方米菇床成本仅1.22元，比用牛粪种蘑菇每平方米菇床的成本2.25元节省了1.03元，还节省了400 kg秸草，价值18.40元。沼渣栽培蘑菇，一般提前10天左右出菇，蘑菇品质好，产量高。

（3）沼渣比牛粪卫生。牛粪在堆料过程中有粪虫产生，沼渣因经过沼气池厌氧灭菌处理，堆料中没有粪虫。用沼渣作培养料，杂菌污染的可能性小。

四、沼肥的综合利用

有机物质（如猪粪、秸秆等）经厌氧发酵产生沼气后，残留的渣和液统称为沼气发酵残留物，俗称沼肥。沼肥是优质的农作物肥料，在农业生产中发挥着极其重要的作用。

（一）沼肥配营养土盆栽

1. 技术要点

（1）配制培养土。腐熟3个月以上的沼渣与菜园土、粗砂等拌匀。比例为鲜沼渣40%，菜园土40%，粗砂20%，或者干沼渣20%，菜园土60%，粗砂20%。

（2）换盆。盆花栽植1～3年后，需换土、扩钵，一般品种可用上法配制的培养土填充，名贵品种视品种适肥性能增减沼肥量和其他培养料。新植、换盆花卉，不见新叶不追肥。

（3）追肥。盆栽花卉一般土少树大、营养不足，需要人工补充，但补充的数量与时间视品种与长势确定。

茶花类（以山茶为代表）要求追肥次数少、浓度低，3—5月每月一次沼液，浓度为1份沼液加1～2份清水；季节花（以月季花为代表）可1月1次沼液，比例同上，至9—10月停止。

观赏类花卉宜多施，观花观果类花卉宜与磷、钾肥混施，但在花蕾展开观赏期和休眠期停止使用沼肥。

2. 注意事项

（1）沼渣一定要充分腐熟，可将取出的沼渣用桶存放20～30天再用。

（2）沼液作追肥和叶面喷肥前应敞半天以上。

（3）沼液种盆栽花，应计算用量，切忌过量施肥。若施肥后，老叶脱落，则表明浓度偏高，应及时淋水稀释或换土；若嫩叶边缘呈渍状脱落，则表明水肥中毒，应立即脱盆换土，剪枝、遮阴护养。

（二）沼肥旱土育秧

1. 技术要点

沼液沼渣旱土育秧是一项培育农作物优质秧苗的新技术。

（1）苗床制作。整地前，每亩用沼渣1 500 kg撒入苗床，并耕耙2～3次，随即作畦，畦宽140 cm、畦高15 cm、畦长不超过10 m，平整畦面，并做好腰沟和围沟。

（2）播种前准备。每亩备好农膜80～100 kg或地膜10～12 kg，竹片450片，并将种子进行沼液浸种、催芽。

（3）播种。播种前，用木板轻轻压平畦面，畦面缝隙处用细土填平压实，用洒水壶均匀洒水至5 cm土层湿润。按2～3 kg/m²标准喷施沼液。待沼液渗入土壤后，将种子来回撒播均匀，逐次加密。播完种子后，将备用的干细土均匀撒在种子面上，种子不外露即可。然后用木板轻轻压平，用喷雾器喷水，以保持表土湿润。

（4）盖膜。按40 cm间隙在畦面两边拱形插好支撑地膜的竹片，其上盖好薄膜，四边压实即可。

（5）苗床管理。种子进入生根立苗期应保持土壤湿润。天旱时，可掀开薄膜，用喷雾器喷水浇灌。长出二叶一心时，如叶片不卷叶，可停止浇水，以促进扎根，待长出三叶一心后，方可浇淋。秧苗出圃前一星期，可用稀释1倍的沼液浇淋1次送嫁肥。

2. 注意事项

（1）使用的沼液及沼渣必须经过充分腐熟。

（2）畦面管理应注意棚内定时通风。

（三）用沼肥种菜

沼肥经沼气发酵后杀死了寄生虫卵和有害病菌，同时又富集了养分，是一种优质的有机肥料。用来种菜，既可增加肥效，又可减少使用农药和化肥，生产的蔬菜深受消费者喜爱，与未使用沼肥的菜地对比，可增产30%左右，市场销售价格也比普通同类价格要高。

1. 沼渣作基肥

采用移栽秧苗的蔬菜，基肥以穴施方法进行。秧苗移栽时，每亩用腐熟沼渣2 000 kg施入定植穴内，与开穴挖出的菜园土混合后进行定植。对采用点播或大面积种植的蔬菜，基肥一般采用条施条播方法进行。对于瓜菜类，例如南瓜、冬瓜、黄瓜、番茄等，一般采用大穴大肥方法，每亩用沼渣3 000 kg、过磷酸钙35 kg、草木灰100 kg和适量生活垃圾混合后施入穴内，盖上一层厚5～10 cm的菜园土，定植后立即浇透水分，及时盖上稻草或麦秆。

2. 沼液作追肥

一般采用根外淋浇和叶面喷施2种方式。根部淋浇沼液量可视蔬菜品种而定，一般每亩用量为500～3 000 kg。施肥时间以晴天或傍晚为好，雨天或土壤过湿时不宜施肥。叶面喷施的沼液需经纱布过滤后方可使用。在蔬菜嫩叶期，沼液应兑水1倍稀释，用量为40～50 kg，喷施时以叶背面为主，以布满液珠而不滴水为宜。喷施时间，以上午露水干后，夏季以傍晚为好，中午、下雨时不喷施。叶菜类可在蔬菜的任何生长季节施肥，也可结合防病灭虫时喷施沼液。瓜菜类可在现蕾期、花期、果实膨大期进行，并在沼液中加入3%的磷酸二氢钾。

3. 注意事项

（1）沼渣作基肥时，沼渣一定要在沼气池外堆沤腐熟。

（2）沼液叶面追肥时，应观察沼液浓度。如沼液呈深褐色，有一定稠度时，应兑水稀释后使用。

（3）沼液叶面追肥，沼液一般要在沼气池外搁置半天。

（4）蔬菜上市前7天，一般不追施沼肥。

（四）用沼肥种花生

1. 技术要点

（1）备好基肥。每亩用沼渣2 000 kg、过磷酸钙45 kg堆沤1个月后与20 kg氯化钾或50 kg草木灰混合拌匀备用。

（2）整地作畦，挖穴施肥。翻耙平整土地后，按当地规格作畦，一般采用规格为畦宽100 cm、畦高12～15 cm、沟宽35 cm、畦长不超过10 m。视品种不同挖穴规格一般为15 cm×20 cm或15 cm×25 cm，每亩保持1.5万～2.0万株。穴宽8 cm见方，穴深10 cm，每穴施入混合好的沼渣0.1 kg。

（3）浸种播种，覆盖地膜。在播种前，用沼液浸种4～6 h，清洗后用0.1%～0.2%钼酸铵拌种，稍干后即可播种。每穴2粒种子，覆土3 cm，然后用五氯酸钠500 g兑水75 kg喷洒畦面即可盖膜，盖膜后四边用土封严压紧，使膜不起皱，紧贴土面。

（4）管理。幼苗出土后，用小刀在膜上划开6 cm"十"字小洞，以利幼苗出土生长。幼苗4～5片叶至初花期，每亩用750 kg沼液淋浇追肥。盛花期，每亩喷施沼液75 kg，如加入少量尿素和磷酸二氢钾则效果更好。

2. 注意事项

（1）沼渣与过磷酸钙务必堆沤1个月。

（2）追肥用沼液如呈深褐色且稠度大时，应兑水1倍方可施肥。

实践证明，使用沼渣和沼液作花生基肥和追肥可提高出苗率约10%，可增产约20%。

（五）用沼肥种西瓜

1. 浸种

浸8～12 h，中途搅动1次，结束后取出轻搓1 min，洗净，保温催芽1～2天，温度30℃左右，一般20～24 h即可发芽。

2. 配制营养土及播种

取腐熟沼渣1份与10份菜园土，补充磷肥（按1 kg/m^3）拌和，至手捏成团，落地能散，制成营养钵；当种子露白时，即可播入营养钵内，每钵2～3粒种子。

3. 基肥

移栽前一周，将沼渣施入大田瓜穴，每亩施沼渣2 500 kg。

4. 追肥

从花蕾期开始，每10～15天间施1次，每次每亩施沼液500 kg，沼液：清水=1：2。可重施1次壮果肥，用量为每亩100 kg饼肥、50 kg沼肥、10 kg钾肥，开10～20 cm深的环状沟，施肥后在沟内覆土。

5. 叶面喷肥

初蔓开始，7～10天喷1次，沼液：清水=1：2，后期改为1：1，能有效防治枯萎病。

（六）用沼肥种梨

1. 技术要点

（1）原理。用沼液及沼渣种梨，花芽分化好，抽梢一致，叶片厚绿，果实大小一致，光泽度好，甜度高，树势增强；能提高抗轮纹病、黑心病的能力；提高单产3%～10%，节省商品肥投资40%～60%。

（2）幼树。生长季节，可实行1月1次沼肥，每次每株施沼液10 kg，其中春梢肥每株应深施沼渣10 kg。

（3）成年挂果树。以产定肥，以基肥为主，按每生产1 000 kg鲜果需氮4.5 kg、磷2 kg、钾4.5 kg要求计算（利用率40%）。

基肥：占全年用量的80%，一般在初春梨树休眠期进行，方法是在主干周围开挖3～4条放射状沟，沟长30～80 cm、宽30 cm、深40 cm，每株施沼渣25～50 kg，补充复合肥250 g，施后覆土。

花前肥：开花前10～15天，每株施沼液50 kg，加尿素50 g，撒施。

壮果肥：一般有2次。一次在花后1个月，每株施沼渣20 kg或沼液50 kg，加复合肥100 g，抽槽深施。第二次在花后2个月，用法用量同第一次，并根据树势有所增减。

还阳肥：根据树势，一般在采果后进行，每株施沼液20 kg，加入尿素50 kg，根部撒施。还阳肥要从严掌握，控好用肥量，以免引发秋梢秋芽生长。

2. 注意事项

（1）梨属于大水大肥型果树，沼肥虽富含氮、磷、钾，但对于梨树来说还是偏少。因此，沼液沼渣种梨要补充化肥或其他有机肥。如果有条件实行全沼渣、沼液种梨，每株成年挂果树需沼渣、沼液250～300 kg。

（2）沼液沼渣种梨除应用追肥外，还应经常用沼液进行叶面喷肥，才能取得更好的效果。

第四节　沼气在生态农业中的作用

一、沼气在生态农业工程中的重要作用

在生态农业建设中，能量、物质和信息的汇集和交换场所称之为接口；运用系统科学和生态经济学原理，在接口配套建设的现代工业和工程设施及其调控手段，称之为接口工程。

实现生态农业良性循环的接口工程至少由肥料工程、饲料工程、加工工程和贮藏工程4部分组成。肥料工程将畜禽粪便加工成种植业需要的肥料，完成养殖业到种植业的接口；同时，也将作物秸秆加工还田，完成不同作物之间、上下茬作物之间的接口，目前将畜禽粪便和作物秸秆加工成种植业所需肥料的最好方法是利用沼气发酵技术，它不但能为种植业创造所需优质肥料，同时，也制造了能源，并且还改善了环境卫生条件，可谓一举多得。饲料工程将种植业的主副产品加工处理，将加工工程的废弃物加工处理，为养殖业提供饲料，完成种植业和加工业到养殖业的接口；同时，又将畜禽粪便、屠宰下脚料饲料化，完成养殖业内部不同畜种间的接口。加工工程将种植业与养殖业的产品加工后投放市场，完成系统向外环境的接口。贮藏工程，既可存贮生产原料，又可对农产品起保存（鲜）、后熟作用，实现种植业与养殖业之间以及系统与外环境的接口。因此，它们既是系统的组织，又是系统的调节器。

我国传统农业早在12世纪就明确提出了"天无废物"的思想。变废为宝，使农业废弃物得到有效的再利用，即废弃物资源化的问题，就成为当今可持续农业中的突出课题。

我国是个农业大国，每年产生的农业废弃物是相当可观的，弃而不用，或只低效率利用，无疑是一种巨大的资源浪费。例如，长期以来，由于广大农村生活用能没有很好解决，大量秸秆作燃料直接燃烧，每年要烧掉2亿t以上，损失的氮、磷、钾相当于全国化肥产量的60%左右，这是导致土壤肥力下降的一个重要原因。废弃物的不加处理利用还造成环境污染和自然生态恶化。

在生态农业中有机废弃物利用方面，一般是先将有机废弃物加工处理后，配合部分精饲料喂养畜禽；利用畜禽粪便配合新鲜植物体、秸秆等制取沼气；再将沼液和沼渣作农田肥料。这种方式把有机废物中的营养物质转化成甲烷和二氧化碳，将其余的各种营养物质较多地保留在发酵后的残渣中。秸秆经沼气池发酵比直接燃烧的生物质热能利用率提高近2倍。据测定，5 kg秸秆（稻草）经发酵生成的沼气可烧90 kg开水，而秸秆直接燃烧只能烧50 kg开水。同时，作物秸秆、人畜粪便等有机废物经过沼气发酵，还可获得数量多、质量高的肥料。据研究，稻草经沼气池发酵70天，有机质损失20.5%，氮素损失仅2%～3%；而敞口粪坑发酵，相同的原料和时间有机质损失达40%～60%，氮素损失

18%～30%。此外，各种有机质经沼气池厌氧发酵，速效养分增加较多，发酵前的新鲜原料，速效氮一般只占全氮的5%左右，发酵后提高到10%～20%；有机磷、钾元素经沼气发酵后可大量释放出来，约各有50%的磷、钾转化为速效磷和速效钾。所以厌氧发酵生产沼气能充分利用资源，不仅可以处理含水量多的猪、鸡粪，还可处理高浓度有机污水，对于机械清粪和水冲法的饲养工艺均可适用，所产生的沼渣、沼液已不会产生二次污染，而且无蝇无蛆，可用于肥田、养鱼，有利于建立生态农业型生产系统。

二、沼气的开发及综合利用具有广阔的发展前景

我国农村生活用能有70%依靠生物能，按最低需要限度计算，农村生活用能仍短缺20%。沼气开发利用，既简便可行，又有利于生态平衡，是解决农村能源供应、保护环境，实现废弃物资源化，促进农牧业生产发展的战略措施。目前沼气发酵的主要材料是牲畜粪便和作物秸秆。据测算，每千克秸秆从直接燃烧改为沼气燃烧可使有效热值提高94%，还将不能直接燃烧的有机物如粪便中所含的能量加以利用。而且作物秸秆、人畜粪便经厌氧发酵后，还消灭了寄生虫卵和病菌。

江苏省沼气研究所和长江水产研究所多年养鱼经验证明，沼渣养鱼较猪粪处理的增产25.6%，其中白鲢、花鲢增产幅度大致可达44.7%，还改善了鱼的品质，增加了鲜味，降低了养鱼成本。沈阳农业大学在义县试验表明，以20%沼渣配入配合饲料制成糊状喂猪与全喂配合饲料的猪比较，增重与料肉比无明显差别，每育肥一头猪可节省饲料费30元左右，还节省大量粮食。

沼渣有机质含量比目前栽培平菇常用的原料棉籽壳高0.85%～0.95%，而且含有更多的促进食用菌生长发育及可利用的速效养分，能加快平菇菌发育，杂菌污染少，出菇时间早。根据经验，采用60%沼渣，40%棉籽壳，并按棉籽壳用量每50 kg加水80 kg拌匀，再与沼渣充分混匀即可上床接种。栽培后的沼渣残留物还可继续用来养蚯蚓、养鱼或作为肥料还田。据推算，一个10 m³沼气池，每年出2次料，总出渣量不少于3 m³，其中1/4作食用菌栽培料，约750 kg，折干物质300 kg，相当于180 kg棉籽壳，栽培平菇可获得鲜菇120～150 kg。

利用农业废弃物进行沼气发酵，不仅可以解决农村部分生活用能和沼渣、沼液的综合利用，更重要的是，将微生物发酵引入食物链后，它将种植业和养殖业联系起来，成为能量转化过程中的纽带，提高了生物能量的利用率，可称为量的"加速器"和"增效剂"，也是固体废物能源回收的重要方法之一。

沼气发酵技术不论在消化废物方面的作用，还是在制造再生能源方面的作用，以及剩余物可利用方面的作用都是有益于生态农业发展的，生态农业又是今后农业发展的方向，所以说沼气的开发及综合利用具有广阔的发展前景。

三、稳步发展沼气事业

沼气事业是一项一举多得的伟大事业，实践证明，要想把该项事业办好，也不是一件容易的事情，需要做到以下几点。

（一）干好沼气事业需要有工作动力

发展生态农业是人类现阶段对农业生产追求的一个目标，随着农业生产水平与人们生活水平的不断提高和经济全球化步伐的加快，对发展生态农业的要求也越来越迫切，过去一些高投入高产出高效益的生产模式最终也不能持续发展下去，在过去二十多年从事农技推广工作过程中得到启示，要想使农业高产高效持续发展下去，靠化肥、激素和农药的控制是不能实现的，必须寻找一个有效的可持续发展途径。利用人畜粪便和作物秸秆发展沼气，通过生物能转换技术，组成农村能源综合利用体系，用沼气连接养殖业和种植业，不仅能为生产、生活提供大量的清洁能源，还能降低养殖和种植成本，并能提供优质有机肥培肥地力，减轻病虫危害，是一项一举多得的好事情，既是一条较好的致富途径，也是一条人类长期生存、实现可持续发展的重要途径。从事该项事业的人员，就应该对该项事业有较深刻的认识，并积极投身于这项事业，自身有干好沼气事业的动力。

（二）搞好沼气事业需要掌握相应的专业理论知识并能与当地实际情况相结合

干好工作光靠热情是不够的，搞好任何一项事情都需要全面掌握相应的专业理论知识，道路不明就要走弯路，甚至会蛮干，这就需要深入学习和掌握相应的专业理论知识与技术，在此基础上还需要结合当地气候、生产等综合条件，提出适宜当地情况的发展模式。同时根据实践情况及时总结适应当地的建池与管理关键技术及发展模式，不断完善发展模式。

（三）稳固沼气事业需要坚持国家标准

发展沼气建池是基础，管理是关键。农业部门在总结前两次发展高潮受挫的基础上，通过广大沼气科研工作者的共同努力推出了沼气池建设相关国家标准，凝聚了生态学、生物学、理论力学、生物动力学等多种学科技术内容，技术已经十分完善了，不能随便改动，在现实建设中一些建池人员或一些农民，往往为了节省一些资金或凭空想象随意改动或降低建池标准，结果往往是交学费、走弯路，造成浪费，甚至劳民伤财。标准是科技成果转化的一个重要途径，也是我们事业发展的基础，既然有了国家标准，我们从事沼气事业的人就应该自觉坚持它。

（四）发展沼气事业需要务实创新，充分挖掘沼气潜力

发展沼气只停留在做饭、照明的基础作用上是不够的，效益也比较低，长期停留将会

失去发展活力，我们必须看到沼气在发展生态农业中的核心作用，必须结合当地实际，搞好务实创新，积极研究推广一些适宜当地情况的高效生态模式，如"猪—沼—菜（或瓜等）""猪—沼—果""猪—沼—菌""猪—沼—蚕"等，充分挖掘沼气的作用和潜力，最大限度地发挥好沼气带来的经济与社会效益，这样才能把沼气事业做大做强，稳步持续发展。

第十三章　耕地轮作休耕制度与实用技术

中国传统农业注意节约资源，并最大限度保护环境，通过精耕细作提高单位面积产量；通过种植绿肥植物还田、施入粪便和废弃有机物还田保护土壤肥力；利用选择法培育和保存优良品种；利用河流、池塘和井进行灌溉；利用人力和畜力耕作；利用栽培措施、生物、物理的方法和天然物质防治病虫害。因此，中国早期的传统农业既是生态农业，又是有机农业。但是，经过长期发展，我国耕地开发利用强度过大，一些地方地力严重透支，水土流失、地下水严重超采、土壤退化、面源污染加重已成为制约农业可持续发展的突出矛盾。当前，国内粮食库存增加较多，仓储补贴负担较重。同时，国际市场粮食价格走低，国内外市场粮价倒挂明显。利用现阶段国内外市场粮食供给宽裕的时机，在部分地区实行耕地轮作休耕，既有利于耕地休养生息和农业可持续发展，又有利于平衡粮食供求矛盾、稳定农民收入、减轻财政压力。在《中共中央关于制定国民经济和社会发展第十三个五年规划的建议》中提出了"探索实行耕地轮作休耕制度试点"的建议。下面对耕地轮作休耕制度进行分析研究。

第一节　实行轮作休耕制度的意义

实行耕地轮作休耕制度，对保障国家粮食安全，实现"藏粮于地、藏粮于技"，保证农业可持续发展具有重要意义。截至2023年，我国粮食产量"十九连增"，农民收入稳步增长。然而在粮食连年增产的同时，我国也面临着资源环境的多重挑战，我国用全球7%的耕地生产了全球21%的粮食，但同时化肥消耗量占全球35%，粮食生产带来的水土流失、地下水严重超采、土壤退化、面源污染加重已成为制约农业可持续发展的突出矛盾。

中国农业科学院农业经济与发展研究所教授秦富指出，科学推进耕地休耕顺应自然规律，可以实现藏粮于地，也是践行绿色、可持续发展理念的重要举措，对推进农业结构调整具有重要意义。与此同时，国际粮价持续走低，国内粮价居高不下，粮价倒挂使得国内粮食仓储日益吃紧，粮食收储财政压力增大。这种情况也表明，适时提出耕地轮作休耕制度时机已经成熟。

中国社会科学院农村发展研究所研究员李国祥分析指出，耕地休耕不仅可以保护耕地资源，确保潜在农产品生产能力，同时利用现阶段国内外市场粮食供给宽裕的时机，在部分地区实行耕地轮作休耕，也有利于平衡粮食供求矛盾、稳定农民收入、减轻财政压力。轮作休耕将对农业可持续发展，对于促进传统农业向现代农业转变，建设资源节约型、环境友好型社会都具有重要意义。

2015年，农业农村部小麦专家指导组副组长、河南农业大学教授郭天财分析指出，由于我国大部分地区粮食生产一年两熟，南方多地一年三熟，土地长期高负荷运转，土壤得不到休养生息，影响了粮食持续稳产高产。

所以，在国际市场粮食价格走低，国内外市场粮价倒挂明显，国内外市场粮食供给宽裕的有利时机，在部分地区实行耕地轮作休耕，既有利于耕地休养生息和农业可持续发展，又有利于平衡粮食供求矛盾、稳定农民收入、减轻财政压力。

第二节　实行轮作休耕应注意的问题

一、轮作休耕要试点先行，科学统筹审批和监督

耕地轮作休耕是一项系统工程、长期工程，需要制定出一系列严格的配套措施，应创新好模式，试点先行，科学统筹推进，实行审批和监督制度，才能保证其顺利实施。

（一）把好审批关

对哪些耕地实行轮作，哪些耕地实行休耕，要制订科学的轮作休耕计划，明确休耕面积与规模。决定对哪些耕地实行轮作休耕时，要坚持产能为本、保育优先、保障安全的原则。对那些连年种植同一品种粮食的耕地，进行全面统计，用科学的测量方法和评估方法进行分类，需要进行轮作的，则实行轮作。应将长期种植水田作物（或旱田作物）的耕地改种其他作物，尽量实行水旱轮作。而对于那些处于地下水漏斗区、重金属污染区、生态严重退化地区的耕地，则要执行休耕制度，让这些耕地休养生息，实现农业可持续发展。

（二）把好监督关

休耕的目的是让耕地得到滋养，提高耕地的肥力，这就要求对休耕的土地进行有效的管理和监督，在休耕的土地上种植绿肥植物，培肥地力；在地力较差的地区采用秸秆还田办法，让土地形成有机肥，促进土壤有机质的改善，杜绝发生将休耕的耕地大面积抛荒的现象。同时在适合轮作的耕地上实行科学的轮作方式，保证在耕地轮作休耕期间能达到应有的目的。

（三）搞好耕地轮作休耕补偿

对确定轮作休耕的土地，要与农民签订好休耕协议，对休耕农民给予必要的粮食或现金补助，让休耕农民吃上定心丸。同时，要利用科学手段，对确定休耕的耕地实行动态性

管理，防止出现不问地力如何，将一些不具备休耕条件的耕地列入休耕范围，造成耕地的大面积抛荒；另外，也要防止一些农民出于个人利益，不让自己承包的土地实行休耕。总之，要保证那些确定为休耕的耕地在急用之时能够产得出、用得上。

二、轮作休耕要避免"非农化"倾向

当前，耕地轮作休耕应如何试点推进，休耕是否意味着土地可以"非农化"？对于这一问题，在《关于〈中共中央关于制定国民经济和社会发展第十三个五年规划的建议〉的说明》中明确指出："开展这项试点，要以保障国家粮食安全和不影响农民收入为前提，休耕不能减少耕地、搞非农化、削弱农业综合生产能力，确保急用之时粮食能够产得出、供得上。同时，要加快推动农业走出去，增加国内农产品供给。耕地轮作休耕情况复杂，要先探索进行试点。"

休耕一定要避免非农化倾向，这是由我国基本国情和国内国际环境决定的。我国人多地少的国情决定了我国粮食供需将长期处于紧平衡状态。我国也是一个资源禀赋相对不足的国家，随着人口增加、人民生活水平提高、城镇化加快推进，粮食需求将继续刚性增长，紧平衡将是我国粮食安全的长期态势；而从国际上看，受油价上涨、气候变暖、粮食能源化等因素影响，全球粮食供给在较长时间内仍将处于偏紧状态。

休耕不是非农化，更不能让土地荒芜，可以在休耕土地上种植绿色植物，培肥土地，而在东北地区则可以采用秸秆还田办法，利用粉碎、深埋等技术形成有机肥，促进土壤有机质的改善提高。同时，轮作休耕离不开科技支撑。从科技角度讲，采取耕地轮作制度可以减轻单一物种种植带来的土壤污染和资源消耗等问题，对于解决南方部分土壤重金属污染具有重要作用，可以在未来试点中逐步推进。

三、轮作休耕应科学统筹推进

在大力发展现代农业的同时实施轮作休耕制度，在我国仍是一个新生事物，未来如何科学推进成为值得关注的问题。这一制度可以在哪些区域先行推进？对此，在《关于〈中共中央关于制定国民经济和社会发展第十三个五年规划的建议〉的说明》中明确指出："实行耕地轮作休耕制度，国家可以根据财力和粮食供求状况，重点在地下水漏斗区、重金属污染区、生态严重退化地区开展试点，安排一定面积的耕地用于休耕，对休耕农民给予必要的粮食或现金补助。"

轮作休耕制度要与提高农民收入挂钩，这离不开政策支持和补贴制度。科学制定休耕补贴政策，不仅有利于增加农民收入，还可促进我国农业补贴政策从"黄箱"转为"绿箱"，从而更好地符合WTO规定。现阶段实施轮作休耕制度必须考虑中国国情，大面积盲目休耕不可取，而是要选择生态条件较差、地力严重受损的地块和区域先行，统筹规划，有步骤推进，把轮作休耕与农业长远发展布局相结合。也可制订科学休耕计划，明确各地休耕面积和规模，与农民签订休耕协议或形成约定，还可探索把休耕政策与粮食收储政策挂钩，统筹考虑，从而推进休耕制度试点顺利推进。

第三节　轮作休耕实用技术

在我国人均耕地资源相对短缺的现实情况下，实行轮作休耕制度，不可能像我国过去原始农业时期那样大面积闲置休耕轮作，也不可能像现在一些发达国家那样大面积闲置休耕轮作，当前我国实行轮作休耕制度，应积极科学地种植绿肥植物，既能达到休耕的目的，又可有效地减少化肥的施用量、提高地力、保持生态农业环境，一举多得。

种植绿肥植物是重要的养地措施，能够通过自然生长形成大量有机体，达到用比较少的投入获取大量有机肥的目的。绿肥生长期间可以有效覆盖地表，生态效益、景观效益明显。同时，绿肥与主栽作物轮作，在许多地方是缓解连作障碍、减少土传病害的重要措施。

目前全国各地季节性耕地闲置十分普遍，适合绿肥种植发展的空间很大。如南方稻区有大量稻田处于冬季休闲状态；西南地区在大春作物收获后，也有相当一部分处于冬闲状态；西北地区的小麦等作物收获后，有2个多月时间适合作物生长，多为休闲状态，习惯上称这些耕地为"秋闲田"；华北地区近年来由于水资源限制，冬小麦种植面积在减少，也出现了一些冬闲田。此外，还有许多果园等经济林园，其行间大多也为清耕裸露状态。这些冬闲田、秋闲田、果树行间等都是发展绿肥的良好场所，可以在不与主栽作物争地的前提下种植绿肥，达到地表覆盖、改善生态并为耕地积聚有机肥源的目的。

一、种植绿肥的作用与价值

利用栽培或野生的植物体直接或间接作为肥料，这种植物体称为绿肥。长期的实践证明，栽培利用绿肥对维持农业土壤肥力和促进种植业的发展起到了积极作用。

（一）绿肥在建立低碳环境中的作用

当今世界现代农业生产最显著的特点，就是大量使用化学肥料和化肥农药，这种依靠化学产品作为基础技术的农业，虽然大幅度地提高了农作物产量，但对产品质量和自然生态环境及整体经济上的影响，并不都是有益的。大量文献报道中显示，一些地区由于多年实施这种措施，结果导致了土壤退化、水质污染、病虫害增多、产量质量下降、种田成本不断提高、施肥报酬递减等一系列问题，这些现象引起了世人的关注。实践证明，种植绿肥作物的措施虽不能解决农业提出来的全部问题，但作为化学肥料的一项代替措施，保护土壤、提高土壤肥力、防止农业生态环境污染、生产优质农产品等方面是行之有效的。绿肥作为一种减碳、固氮的环境友好型作物品种，特别是在当今世界提倡节能减排、低碳经济的情况下，加强绿肥培肥效果研究具有重要意义。①施用绿肥可以提高土壤中多种酶的活性。翻压绿肥第一年和第二年与休田相比，均提高了土壤蔗糖酶、脲酶、磷酸酶、芳基硫酸酯酶及脱氢酶活性，此外，随着施氮量的增加，土壤酶活性有降低的趋势，这种趋势在第二年的结果中体现得更为明显。②翻压绿肥可以显著提高微生物三大类群的数量，能显著提高土壤中的细菌、真菌、放线菌的数量。③翻压绿肥能显著提高土壤微生物碳、氮的含量。

（二）绿肥在农业生态系统中的作用

1.豆科绿肥作物是农业生态系统中氮素循环的重要环节

氮素循环是农业生态系统中物质循环的一个重要组成部分。生物氮是农业生产的主要氮源，在人工合成氮肥工业技术发明之前的漫长岁月中，农业生产所需的氮素，绝大部分直接或间接来自生物固氮。因此，从整个农业生产的发展历史来看，可以说没有生物固氮就没有农业生产。因此，要提高一个地区的农业生产力，就必须建立起一个合理的、高功效的、相对稳定的固氮生态系统，充分开拓和利用生物固氮资源，把豆科作物特别是豆科绿肥饲料作物纳入作物构成和农田基本建设中，以保证氮素持续、均衡地供应农业生产的需要。

2.绿肥作物对磷、钾等矿物质养分的富集作用

豆科绿肥作物的根系发达，入土深，钙磷比及氮磷比都较高，因此，吸收磷的能力很强，有些绿肥作物对钾及某些微量元素具有较强的富集能力。

3.绿肥在作物种植结构中是一个养地的积极因素

绿肥作物由于其共生固氮菌作用及其本身对矿质养分的富集作用，能够给土壤增加大量的新鲜有机物质和多种有效的矿质养分，又能改善土壤的物理性状，因而绿肥在作物种植结构中是一个养地的积极因素。

根据各种作物在农业生态系统中物质循环的特点，大体可分为耗地作物、自养作物和养地作物三大类型。

第一类耗地作物，指非豆科作物，如水稻、小麦、玉米、高粱、向日葵等。这些作物从土壤中带走的养分除了根系外，几乎全部被人类所消耗，只有很少一部分能通过秸秆还田及副产品养畜积肥等方式归还于农田。

第二类自养作物，指以收获籽粒为目的的各种作物，如大豆、花生、绿豆等，这类作物虽然能通过共生根瘤菌从空气中固定一部分氮素，但是，绝大部分通过籽粒带走，留下的不多，在氮素循环上大体做到收支平衡，自给自足。

第三类养地作物，指各种绿肥作物，特别是豆科绿肥作物，固氮力强，对养分的富集除满足其本身生长需要之外，还能大量留在土壤，而绿肥的本身最终也全部直接或间接归还土壤，所以能起到养地的作用。

4.绿肥是农牧结合的纽带

畜牧业是农业生产的第二个基本环节，是整个农业生产的第二次生产，是养分循环从植物向土壤转移的一个更为经济有效的中间环节。农牧之间相互依存，存在着供求关系、连锁关系和限制关系。绿肥正好是解决这些关系的一个中间纽带。

5.绿肥具有净化环境的作用

由于绿肥作物具有生长快、富集植物营养成分的能力强等特点，它在吸收土壤与水中养分的同时，也吸收有害物质，从而起到净化环境的作用。绿肥作物同其他草坪、树木等绿色植物一样，具有绿化环境、调节空气的作用。此外，种植绿肥对于保持水土、防止侵蚀具有很大的作用。

绿肥作为一种重要的有机肥料，能使土壤获得大量新鲜的碳源，促进土壤微生物的活动，从而改善土壤的理化性质。为了使肥料结构保持有机肥和无机肥的相对平衡，就必须考虑增加绿肥的施用。总之，绿肥在农业生态系统中具有不可替代的多种功能和综合作用，在建设农业现代化中仍将占有相当重要的地位。特别是绿肥农业是以保护人的健康并保护环境为主旨的农业，随着人们对农产品质量的要求越来越高，绿肥农业将会有一定的市场和较高的产值。

（三）绿肥对提高农作物产量和质量的作用

绿肥能改善土壤结构，提高土壤肥力，为农作物提供多种有效养分，并能避免化肥过量施用造成的多种副作用，因此，绿肥在促进农作物增产和提质上有着极其重要的作用。种植和利用绿肥，无论在北方或南方，旱田或水田，间作套种或复种轮作，直接翻压或根茬利用，对各种作物都普遍表现出增产效果。其增产的幅度因气候、土壤、作物种类、绿肥种类、栽培方式、翻压、数量以及耕作管理措施等因素而异。总的看来，低产土壤的增产效果更高，需氮较多的作物增产幅度更大，而且有较长后效。

（四）绿肥的饲用价值

绿肥不仅可以肥田增产，而且是营养价值很高的饲料。豆科绿肥干物质中粗蛋白质的含量占15%～20%，并含有各种必需氨基酸及钙、磷、胡萝卜素，各种维生素如维生素B1、维生素B_2、维生素C、维生素E、维生素K等。按单位面积生产的营养物质产量计算，豆科绿肥是比较高的。适时收割的绿肥，蛋白质含量高，粗纤维含量低，柔嫩多汁，适口性强，易消化，可青饲、打浆饲、制成糖化饲料或青贮，也可调制干草、草粉、压制草砖、制成颗粒饲料、提取叶蛋白，还可用草籽代替粮食作为牲畜的精料，用来饲喂牛、马、羊、猪、兔等家畜及家禽和鱼类，都可取得良好的饲养效果。

（五）绿肥对发展农村副业的作用

许多绿肥作物都是很好的蜜源植物，尤其是紫云英、草木樨、苕子等，流蜜期长、蜜质优良。扩大绿肥种植面积，能够促进农村养蜂业的发展，增加农民经济收入。紫穗槐、胡枝子枝条是编织产品的好原料，生长快，质量好，易于发展。枲麻等的茎秆可作为剥麻、造纸和其他纤维制品的原料。草木樨收籽后的秸秆也可以剥麻制绳。田菁成熟的秸秆富含粗纤维，也可剥麻，种子还可以提取胚乳胶，用于石油工业上压裂剂，也可作为食品加工工业中制作酱油的原料。箭筈豌豆种子则是制食用粉的原料。

综上所述，种植绿肥，不仅能给植物提供多种营养成分，而且能给土壤增加许多有机胶体，扩大土壤吸附表面，并使土粒胶结起来成稳定性的团粒结构，从而增强保水、保肥能力，减少地面径流，防止水土流失，改善农田和生态环境。

二、主要绿肥作物的种植技术

（一）紫云英

紫云英主要用作绿肥，也是一种优质的豆科牧草、蜜源作物、观赏植物，种子及全草又可药用。它的作用在于增加生物有机肥源，改良、增肥土壤，净化环境，保持生态平衡，提高化肥利用率和促进农区牧副业的发展。特别是在低产田改良，改变"石化农业"带来的不良后果，在绿色农业中的功用，是其他绿肥作物不可代替的。

1. 紫云英的利用

（1）作绿肥利用。紫云英作绿肥，适应性广、耐性强，它与根瘤菌共生，能把空气中的氮素转为土壤中的氮肥，又能活化土壤中的磷素，使其从不可供状态转化为植物能吸收利用的状态。紫云英根系可疏松土壤、积累有机质，对于发展绿色食品、无污染食品和以有机肥为主的持续农业，发展紫云英为最佳选择。

（2）作饲料利用。紫云英鲜草柔嫩多汁，含水量90%左右，其营养成分在盛花期以前，草的粗蛋白含量达20%以上，高于紫花苜蓿、草木樨、箭筈豌豆和苕子等豆科牧草，比黑麦草、雀麦草、苏丹草等禾本科牧草和玉米、稻谷、大麦、小麦等谷类籽实高1倍左右。它是一种蛋白质含量丰富的青饲料，可满足家畜任何生理状态下对蛋白质营养的需求。

（3）作蜜源利用。紫云英是主要蜜源植物之一，不仅栽培面积广生产量巨大，而且其蜜和花粉的质量也高。紫云英蜜销售价比一般蜜高25%。其花粉含有丰富的氨基酸和维生素，必需氨基酸含量约占总量的10%；其黄酮类物质含量也较普通花粉高，对降低胆固醇、抗动脉硬化和抗辐射均有良好作用。

（4）作观赏利用。紫云英碧绿的叶，紫红的花，能美化环境，有一定的观赏价值。

昔日的中国江南春天，田野里以麦绿、菜黄、草红为标志。在城市紫云英可以种在保护性的草地中，红花绿叶可保持数月之久。在日本，紫云英已作为一种旅游资源或景观来开发利用。

（5）作药材利用。紫云英作为一种中草药。在明代李时珍所著《本草纲目》中载有："翘摇拾遗……辛、平、无毒，（主治）破血、止血生肌，利五脏，明耳目，去热风，令人轻健，长食不厌，甚益人；止热疟，活血平胃。"在《食疗本草》中也有紫云英药用的记载，说明人们当时对紫云英的认识，是既可食用又有一定医药疗效。

2. 紫云英栽培技术

中国关于紫云英的记载最早，野生紫云英的分布也最宽广，是世界上紫云英的起源地。日本学者认为，日本的紫云英系日本遣隋、遣唐使者从中国引入，到20世纪40年代，分布几乎遍及日本全国。朝鲜栽培的紫云英从日本引入。苏联的紫云英分布于黑海沿岸。东南亚国家如越南和缅甸的北部山区，曾在20世纪50—60年代从中国引种。此外，近年来试种成功的有美国西海岸和尼泊尔等。一般认为，热带海拔在1 700 m以上，昼夜温差在15℃以上的地区也可以种植，故在南美、印度、菲律宾等已有地方试种成功。

南方稻田地区冬绿肥一般以紫云英为主，其次是肥田萝卜、油菜以及毛叶苕子和箭箸豌豆，也可以种植蚕豆、豌豆、金花菜等经济型绿肥。种植方式可以是紫云英单播，也可以与肥田萝卜、油菜或黑麦草多花混合种植。

（1）绿肥田准备。包括晒田、水稻收割、开沟等环节。开沟可以在水稻收割前后进行。晒田在水稻收割前7天进行，尽量保证水稻收割时田间土壤干爽，防止水稻收割机械对紫云英幼苗造成损伤。水稻收割时采用留高茬为好，即将稻茬高度留在30～40 cm，稻草切碎全量还田后，能与绿肥形成良好的相互补充和促进作用。早期，稻秆可以为绿肥提供庇护场所。后期，绿肥可以覆盖稻秆而加速稻秆腐解。稻秆也能为生物固氮提供碳源。同时，稻秆为高碳有机物，绿肥为高氮有机物，两者搭配后的碳氮比更加协调，有助于养分供应和土壤培肥。

紫云英田要开沟排水。烂泥田、质地黏重的田块，在紫云英播种前要开沟。土壤排水条件良好的田块可以在水稻收割以及绿肥播种后开沟。小田块、四周开沟或居中开沟即可。土质黏重或大田块，除四周开沟外，还应每隔5～10 m距离开中沟，沟沟相通。四周沟深20～25 cm，中沟深15～20 cm。

（2）种子准备。对于市售已经进行过种子处理以及包衣的种子，可以直接播种。自留种一般要进行晒种、擦种、盐水选种等过程。晒种是在播种前1～2天将紫云英种子在阳光下暴晒半天到一天，有利于种子发芽。擦种是因为紫云英种皮上有层蜡质，不容易吸水膨胀和发芽，播种前需要擦破种皮。简单方式是将种子和细沙按照2∶1的比例拌匀，装在编织袋中搓揉5～10 min。盐水选种是将紫云英种子倒入比重为1.05～1.09的盐水（100 kg

水加食盐10～13 kg）中搅拌，捞出浮在水面上的菌核、杂草和杂质，然后用清水洗净盐分。具体技术如下。

晒种：选晴好天气，晒种1～2天。胶泥水、盐水等选种：紫云英的种子常混有菌核病病原的菌核，根据菌核与种子的比重不同，采用比重1.09的盐水过磷酸钙溶液或泥水等选种可把菌核基本淘除，同时，除去了杂草籽、秕籽和杂质。用盐水选过的种子要用清水洗净盐分，以免影响发芽。

浸种：种子在播种前用钼酸铵、硼酸、磷酸二氢钾等溶液或腐熟的人尿清液等浸种12～24 h。

拌种：用紫云英根瘤菌、钙镁磷肥或草木灰等拌种，用量少、见效早、肥效高。

（3）接种根瘤菌。多年未种植紫云英的稻田需要接种根瘤菌。选择有正规登记证的市场销售液体或固体根瘤菌剂，根据使用说明进行拌种。注意拌菌种应在室内阴凉处进行，接种后的种子要在12 h以内播种。

（4）播种。每亩用种2 kg左右。播种方式有稻底套播和水稻收割后播种两种。一般来说，紫云英的适宜播种期由北向南从8月底至11月初逐渐过渡，同时要综合考虑单、双季稻的收割及来年栽秧季节。

稻底套播紫云英，在晚稻灌浆或稻穗勾头时为宜，一般在水稻收割前10～25天。水稻留高茬后的绿肥播种期较为灵活，水稻收割后及时开沟、播种紫云英即可，开沟也可以在紫云英播种后进行，但要充分考虑播种期不能过晚，并尽量结合水稻留高茬。

播种可以采用人工便携式播种器、机动喷粉器等方式进行，做到均匀即可。

（5）中间管理。播种前已开沟的田块，要及时清沟。对于播种前没有开沟的田块要及时补开。没有开沟的田块，要在水稻收割后趁土壤比较湿润时开沟，冬季如遇到干旱，出现土表发白，紫云英边叶发红发黄时应灌水抗旱，以地表湿润不积水为宜。雨量较多时，要观察渍水情况，及时清沟排渍。

（6）水分管理。播后2～3天，种子已萌动发芽，自此至幼苗扎根成苗期间，切忌田面积水，否则将导致浮根烂芽，但太干也会影响扎根。对晒田过硬的黄泥田，在播种前5～6天就要灌水，促使土壤变软，以利幼苗扎根。群众经验是"既有发芽水，不让水浸芽""湿田发芽，软田扎根，润田成苗"。子叶开展后，要求通气良好而水分又较充足的土壤条件，以土面湿润又能出现"鸡爪坼"为好。这时水稻仍在需水期间，可间歇地灌"跑马水"，切忌淹水时间超过一天，否则将会造成大量死苗和影响幼苗生长。水稻收获前10天左右，应停止灌水，使土壤干燥，防止烂田割稻，踏坏幼苗。此后至开春前，要求土壤水分保持润而不湿，使肥水协调，根系发育良好，幼苗生长健壮，增强抗逆性。

（7）肥料管理。

磷肥：磷肥的增产效果：紫云英施用磷肥，一般效果都较显著。在酸性土壤上，施用钙镁磷肥等碱性肥料，还可降低土壤总酸度和活性铝含量，而施用酸性的过磷酸钙，则相反。"以磷增氮"的效果：把磷肥重点施在紫云英上，可以更好地发挥磷肥的增产作用。施用期和施用方法：早施磷肥可早促进幼苗根系发育、根瘤菌的繁殖和固氮作用、早发分枝。

播种时施用磷肥的方法：钙镁磷肥因碱性较强，对根瘤菌的发育有一定的抑制作用，故拌种前应在种子上先拌少量泥浆，避免肥和种直接接触，或在钙镁磷肥中混入等量肥土再拌种子。过磷酸钙因含有游离酸，不仅伤害根瘤菌，而且对浸种后的紫云英发芽也有很大影响，故一般不宜作直接拌种肥，可在播种前或播种后施入作基肥。

磷肥的用量：以每公顷施钙镁磷肥或过磷酸钙20 kg为宜，特别缺磷的土壤可增加到30 kg。

钾肥：在第一真叶出现时或割稻时施钾（K_2O）45 kg/hm^2。

氮肥：2月中旬到3月上旬紫云英开始旺长时，施尿素75 kg/hm^2。

微肥：叶面喷施硼砂0.1%～0.15%溶液，钼酸铵0.05%溶液。

（8）病虫害防治。由于紫云英前期生长病虫害发生轻，一般作为绿肥翻压的田块不需要防治病虫害。老种植区或种子田常见的病害有菌核病、白粉病等。菌核病的物理防治方法是用盐水选种去除种子中的菌核，合理轮作换茬。田间发现病害时用多菌灵或硫菌灵喷雾防治。白粉病的物理防治方法是开好排水沟，防止田间积水。化学防治每亩用20%三唑酮乳油50～100 g加水50 kg喷雾。

常见的虫害有蚜虫和潜叶蝇。防治蚜虫时，每亩可用25%的抗蚜威水分散粒剂20 g兑水50 kg喷雾。防治潜叶蝇时，用20%氰戊菊酯乳油1 500倍液+5.7%甲维盐水分散粒剂2 000倍混合液防治，每隔7～10天防治2～3次。防治蚜虫和潜叶蝇应避开花期，以减少对蜜蜂的杀伤和蜂蜜的污染。

（二）毛叶苕子

毛叶苕子也称毛叶紫花苕子、茸毛苕子、毛巢菜、假扁豆等，简称毛苕。20世纪40年代从美国引进，60年代又引种苏联毛叶苕子、罗马尼亚毛叶苕子、土库曼毛叶苕子等。毛叶苕子主要分布在黄河、淮河、海河流域一带，近年来辽宁、内蒙古、新疆等地也有引种。

1. 毛叶苕子植物学特征及生物学特性

毛叶苕子是一年生或越年生豆科草本植物，播种后萌发时子叶留在土中，胚芽出土后长成茎枝与羽状复叶，先端有卷须。根很发达，主根粗壮，入土深1～2 m，侧根支根较多，根部多须状，扇状根瘤。茎上茸毛明显，生长点茸毛密集呈灰色，茎方形中空，粗壮。小叶有茸毛，背面多于正面，叶色深绿，托叶戟形，卷须，5枚。花色蓝紫色，萼斜钟状，有茸毛。荚横断面扁圆。种籽粒大，每荚2～5粒，千粒重25～30 g。分枝力强，地表10 cm左右的一次分枝15～25个，二次分枝10～100余个。

毛叶苕子栽培以秋播为主，我国华北、西北严寒地区也可以春播。草、种产量一般均以秋播高于春播。毛叶苕子一生分为出苗、分枝、现蕾、开花、结荚、成熟等发育阶段。

从出苗至成熟生育期为250~260天。发芽适宜的气温为20℃左右。出苗后有4~5片复叶时，茎部即产生分枝节，每个分枝节可产生15~25个分枝，统称为第一分枝，在一次分枝的上部产生的分枝，统称为二次或三次分枝，单株的二次、三次分枝数可达100多个。秋播毛叶苕子在早春气温2~3℃时返青，气温达15℃左右时现蕾。开花适宜气温15~20℃。结荚盛期为5月下旬，适宜气温为18~25℃。

影响毛叶苕子正常生长发育的主要环境条件有温度、水分、养分、土壤等。毛叶苕子一般品种，能耐短时间-20℃的低温，故适于我国黄河、淮河、海河流域一带种植，在秋播条件下长江南北毛叶苕子幼苗的越冬率都很高。苕子为冬性作物，在春播条件下，种子如经低温春化处理，则生育期可以提早。毛叶苕子耐旱不耐渍，花期水渍，根系受抑制，地上部生长受严重影响，表现植株矮化，枝叶落黄，鲜草产量很低。土壤水分保持在最大持水量的60%~70%时对毛叶苕子生长最为适宜。如达到80%~90%则根系发黑而植株枯黄。毛叶苕子对磷肥反应敏感，不论何种土壤施用磷肥都有明显的增产效果。毛叶苕子对土壤要求不严格，砂土、壤土、黏土都可以种植。适宜的土壤酸碱度在pH值为5~8.5，但可以在pH值为4.5~9的范围内种植，在土壤全盐含量0.15%时生长良好，氯盐含量超过0.2%时难以立苗，耐瘠性也很强，一般在较贫瘠的土壤上种植，也能收到较高的鲜草产量，故适应性较强。

2. 毛叶苕子生产利用情况

毛叶苕子作为越冬绿肥，要适时早播，以利安全越冬。华北、西北地区秋播的播期，宜在8月，苏北、皖北、鲁南、豫东一带播期宜在8—9月，江南、西南地区的播期，宜在9—10月。毛叶苕子春播宜顶凌早播，早播则生育期延长，有利于鲜草增长。鲜草高产的苕子田，一般105万~150万苗/hm²基本苗。适宜播量为52.5~60 kg/hm²，稻田撒播的由于出苗率低，西北地区棉田由于利用期早需增加播种量，播种量宜在75 kg/hm²左右。间作套种苕子占地面积少，播种量宜减少，一般在30~37.5 kg/hm²。另外，肥沃田宜少，瘠薄田宜多。毛叶苕子利用价值较高。毛叶苕子改土培肥，压青比不压青的土壤有机质，全N、P₂O₅等含量都有明显增加，与禾本科黑麦草混播，改良土壤理化性状的效果更好。毛叶苕子压青或割去鲜草的苕子茬，均可显著提高农作物产量。毛叶苕子鲜草有很高的饲料价值。1 hm²毛叶苕子收鲜草37 500 kg，可供240头牲畜喂养21天，每头每天可节约精饲料0.5 kg，1 hm²毛叶苕子的鲜草可节省精饲料2 520 kg。

毛叶苕子的花期长达30~40天，是优良的蜜源作物。1亩毛叶苕子留种田约有6 000株，以每株开子花5 000朵计，每亩有子花约2 000万朵，可提供酿25 kg蜂蜜的蜜源。1亩毛叶苕子种田可放4箱蜂，1季可产蜜40~50 kg。

3. 华北、西北地区毛叶苕子种植技术

毛叶苕子是华北、西北地区主要冬绿肥，常以冬绿肥—春玉米（棉花）方式种植。

毛叶苕子播种量为每亩4～5 kg。在华北偏南地区玉米田可以用毛叶苕子作绿肥，可在墒情较好时将绿肥种子撒入玉米行间，也可在9月中下旬收获玉米后，采用撒播方式播种绿肥，撒播后用旋耕机浅旋，等雨后出苗即可。采用小麦播种机播种毛叶苕子也是非常好的播种方式。棉田播种绿肥时，在9月至10月20日，将毛叶苕子种子撒入棉田即可，此时可以借助后期采摘棉花时人工踩踏将种子与土壤严密接触，保证种子出苗。

毛叶苕子为豆科绿肥，如果地块肥力不差，一般不用使基肥，如果地力较差，也可每亩施用3～5 kg尿素，以提高绿肥产量。

在西北地区也可采用毛叶苕子与箭筈豌豆混播，混播种子比例约1∶4，即毛叶苕子约1.5 kg/亩，箭筈豌豆约6 kg/亩。毛叶苕子匍匐性强，箭筈豌豆直立性强，二者混播可以提高产草量和饲草品质。毛叶苕子和箭筈豌豆在冬（春）小麦、啤酒大麦抽穗至蜡熟期均可套播，最适宜套播期为冬（春）小麦啤酒大麦扬花至灌浆阶段，即6月20日至7月5日。7月底前收获的麦田，可以采用麦后播种方式。在麦类作物收割前灌麦黄水或麦收后立即灌水，适墒期浅耕灭茬，7月25日前抢时播种，免耕板茬播种亦可。全苗后灌第一苗水，整个生长季节灌水3次。

毛叶苕子和箭筈豌豆有刈青养畜、根茬还田和翻压还田等利用形式。其中刈青养畜、根茬还田是目前最常见的利用方式。毛叶苕子和箭筈豌豆在10月中旬为适宜收获期，收后备作饲草。绿肥刈青养畜、根茬还田的地块，可减施化肥氮10%。作绿肥时，毛叶苕子在玉米及棉花播种前进行翻压、整地。先用灭茬机进行灭茬，棉秆、玉米秆等一般可以同时加以打碎，所以收获季节来不及移出的棉秆、玉米秆可以留待第二年加以粉碎还田，然后用大型翻耕机深翻入土。毛叶苕子翻压还田后，玉米、棉花的施氮量应减少20%。

（三）田菁

田菁又名咸青、涝豆，为豆科田菁属植物。原产热带和亚热带地区，为一年生或多年生，多为草本、灌木，少为小乔木。全世界田菁属植物约有50种，其中，主要的种类有20多种，广泛分布在东半球热带和亚热带地区的印度北部、巴基斯坦、中国、斯里兰卡和热带非洲。

1. 田菁品种类型

现有栽培品种中，根据其栽培的地区、生育期和形态特征等，常用栽培田菁大致可以分为3个类型。

早熟型：多为主茎结荚，植株较为矮小，株高1～1.5 m。分枝少或无，株型紧凑，茎叶量较少，主茎上结荚，表现出早熟的抗性。全生育期一般在100天左右，产草量较低，多在中国北方种植。

晚熟型：主要为分枝结荚，植株高大，枝叶繁茂，株高可达2 m以上。分枝多，主要在分枝上开花结荚，全生育期在150天以上，是南方主要栽培种类。

中熟型：多为混合结荚。植株中等大小，枝叶繁茂，株高为1.5～2 m。分枝多，主茎和分枝均开花结荚，全生育期120～140天，主要在华东、华北等地栽培利用。

2. 田菁的利用

田菁是一种优质的绿肥和饲料，含有丰富的养分，而且根系发达，能富集一部分深层土壤中的养分和活化难溶性的物质，因而其饲用价值和改土培肥作用是十分明显的。田菁含有丰富的氮、磷、钾养分和微量元素。翻压田菁可以使土壤团粒明显增加，结构改善，使土壤容重变小，孔隙度加大，田间持水量和排水能力也有明显变化。翻压利用田菁，不仅为后作提供充足的营养，而且为土壤提供较多的有机质和肥分，提高了土壤的肥力。

盐碱地里种植利用田菁，可以明显地降低耕层土壤盐分含量，起到改良土壤的作用。田菁不同种植利用方式都有明显的增产效果。田菁种子还可提取石化工业所需的田菁胶。

3. 田菁种植技术

种子处理。田菁种子皮厚，表面有蜡层，吸水比较困难，其硬籽率达30%，高的可达50%以上。其硬籽率高低与种子收获早晚有很大关系，收获越晚，硬籽率越高。研究表明，当田菁荚果开始变成褐色，种子呈绿褐色时，其发芽率最高，而当植株枯黄，种子呈褐色时，其硬籽率，随之提高，使发芽率降低。田菁种子发芽时温度不同，与破除硬籽的关系十分密切。温度越高，破除硬籽率的效果越好，使发芽率提高。因此，一般春播田菁播种前都应进行种子处理，以提高其出苗率和提早出苗。

在南方和北方夏播时，由于夏季高温高湿条件，对破除硬籽的作用较好，一般情况下，不必进行种子处理。

（1）播种。田菁留种一般宜春播，春播应掌握平均地温在15℃进行。田菁播种覆土不宜过深，以不超过2 cm为好。播得过深，子叶顶土困难，影响全苗。播种可采取条播、撒播或点播。以条播较好，深浅一致，出苗整齐，易于管理。播种量每亩1～1.5 kg，在中等肥力地块每亩留苗45 000～60 000株，瘠薄地每亩75 000～90 000株。

（2）施肥。田菁种子田，施用过磷酸钙每公顷15 kg左右，能够增加成熟荚数量，提高产种量。

（3）打顶和摘边心。田菁属无限花序植物，花序自上而下，自里及外开放，种子成熟时间不一致，往往早成熟荚已经炸裂，而新荚刚刚形成。因此，田菁留种田的适期收割十分重要，否则，即使丰产也不能丰收。一般在中、下部荚黄熟时，应及时采收，以免造成种子大量脱落损失，而且还可减少硬籽的数量。采用打顶和打边心的措施，可以控制植物养分分布，防止植株无限制地生长，保证花期相对集中，使种子成熟比较一致，有利于种子产量的提高。

（4）病虫害防治。蚜虫对田菁的危害较大，一年可发生数代，一般在田菁生长初期危害最重，多发生在干旱的气候条件下，轻到抑制其生长，严重时可使整株萎缩甚至凋萎而死亡。可用杀虫剂进行喷洒防治。

卷叶虫也是田菁一种主要害虫。多在田菁苗后期或花期危害。受害时叶片卷缩成管状，取食叶片组织，严重时有半数以上叶片卷缩，抑制田菁正常生长，可用杀虫剂进行喷洒。田菁易受菟丝子寄生危害。严重时整株被缠绕而影响生长，发现时应及时将被害株连同菟丝子一起除掉，以防止扩大。田菁病虫害主要有疮痂病。病菌以孢子传播，由寄主伤口或表皮侵入，此病对田菁茎、叶、花、荚均能危害，使其扭曲不振，复叶畸形卷缩，花荚萎缩脱落，可用波尔多液进行叶面喷洒防治。

（四）柽麻

柽麻又称太阳麻、印度麻、菽麻，为一年生草本，豆科猪屎豆属植物，原产印度。在马来西亚、菲律宾、缅甸、巴基斯坦、越南以及大洋洲、非洲等地都有种植。我国台湾省引种最早，1940年，福建省同安县从台湾省引种以后，广东省、广西壮族自治区与江苏省等相继引种。

1. 柽麻利用栽培技术

在我国南方4月中旬到8月下旬，华北地区于4月下旬到7月中旬都能播种，一般每亩播量为3~5 kg。

柽麻作为绿肥，与几种夏绿肥相比，腐解比较缓慢，压青后，腐解最快的是含氮量较高的叶和茎秆上端的嫩枝。柽麻也是一种比较好的饲草。很多地方都以柽麻茎叶作猪、羊与大牲畜的饲草，在华北、华中与华东等地，5月中旬播种，在正常年份可刈割两次，产量为鲜草3 000 kg/亩左右。柽麻的茎秆可以剥麻，青秆出麻率为3.5%~5%。

2. 柽麻种植技术

由于柽麻是喜温作物，易受虫害，所以柽麻留种技术严格，地域性强。既要保证它能在充足的阳光下生长，又要避开虫害盛期，这样给栽培上带来很大困难。一般来讲从北到南，柽麻易生长，但是自然产量很低，产量极不稳定。为了稳定柽麻单产，不断地提高产量，满足国家出口任务，我国在1988年以后便开始这方面的研究，通过各种试验，研究出了柽麻的留种高产技术，使每亩产量由原来的25 kg提高到现在75 kg。柽麻留种高产栽培技术归纳起来有以下几点。

（1）种子处理。柽麻的枯萎病一般地来讲发生严重，有的田块发病率达到50%，所以在播种前必须对种子做温水浸种或药剂（甲醛或0.3%多菌灵胶悬剂）处理。用58℃的水浸种30 min，还可以使种子发芽率提高20%左右。

（2）播种期。播种期是影响柽麻单产的主要因素。播种过早，气温低，出苗慢，前期营养生长时间长，开花结荚早，染虫率高，产量不高。播种过迟，生长期缩短，分枝少，蕾花少，开花结荚晚，青荚率高，影响种子产量和质量。因此，最佳的播期应是保证桎麻充分成熟，同时也要错过虫害的发生盛期。一般桎麻留种应在5月上中旬播完，最迟不能超过6月5日。一般来讲，油菜地在5月20日左右播完，麦地6月5日以前播完。

如果超过这段时间，则种子成熟较晚，易受西伯利亚寒潮影响，种子净度差，色泽暗淡，品质差。每亩用种1 kg，产量75 kg/亩。

（3）增施磷肥。桎麻在生长过程中，存在营养生长与生殖生长竞争营养的问题，如果后期营养不足，会导致落花落果。为了确保桎麻在生殖生长过程中营养需要得到满足，在播种前必须施足磷肥，每亩施过磷酸钙50 kg，碳酸氢铵25 kg，作为基肥。

（4）密度。播种过密，通风性不好，导致落花落果，最适合的密度1万株/亩，条播，行距0.5~0.67 m，株距0.067~0.1 m，每隔3~4 m留1 m宽的排水沟兼走道，便于打药治虫，通风透光。

（5）打顶。打顶是为了促使分枝，控制桎麻的营养生长，保证养分、水分有效地向花枝上运送。据观察，主茎花序结荚率最低，而1级、2级、3级分枝最高，因此，打顶非常必要，打顶的具体方法：主茎现蕾以后将其花序摘去，0.73~0.83 m便可以打顶，如果播种过迟，则不必打顶。

（6）防虫。桎麻的主要虫害是豆荚螟，以幼虫危害为主，蛀食桎麻幼嫩果荚，使果荚大量脱落，严重时可减产80%。防治豆荚螟可使用4.5%高效氯氰菊酯乳油1 500倍液喷雾，当桎麻一级分枝处于开花盛期或豆荚螟产卵高峰前3~6天时，开始喷药，以后每隔10天喷1次，共喷药2~3次即可。

（7）收获。桎麻为无限花序，当下面种子成熟时上部还在开花，成熟的桎麻种子为深褐色，有光泽，一般当全株果荚60%~80%成熟时，即能摇响时便可收种。因桎麻吸水能力强，发芽快，要抢晴天脱粒，晒干入库。脱粒时青黑分开，不含石块，水分在15%以下。

（五）箭筈豌豆

箭筈豌豆又名大巢菜、春巢菜、普通巢菜、野豌豆、救荒野豌豆等，为一年生或越年生豆科草本植物，是巢菜属中主要的栽培种。箭筈豌豆原产地中海沿岸和中东地区，在南北纬30°~40°分布较多。由于广泛引种，目前，在世界各地种植比较普遍。

1. 箭筈豌豆特征特性

箭筈豌豆主根明显，长20~40 cm，根幅20~25 cm，有根瘤。茎柔嫩有条棱，半攀缘性，羽状复叶，矩形或倒卵形，子叶前端中央有突尖，叶形似箭筈，因此得名。叶顶端有卷须，易缠于其他物上。托叶半箭形。生花1~2朵；腋生，紫红、粉红或白色，花梗短或无。子房被黄色柔毛，短柄，顶端有茸毛。果荚扁长，成熟为黄色或褐色，扁圆或钝圆形，种皮色泽有粉红、灰、青、褐、暗红或有斑纹等，千粒重40~70 g。箭筈豌豆适应性强，能在pH值为6.5~8.5的砂土、黏土上种植。但在冷浸烂泥田与盐碱地上生长不良。在我国北方的山旱薄地或肥力较高的川水地以至南方水稻土，丘陵地区茶、桑、果园间都可种植。箭筈豌豆耐寒喜凉生长的起点温度较低，春发较早，生长快，成熟期早。箭筈豌豆经过2~5℃的低温历期15天以上，即可通过春化阶段，秋播时翌年4月中旬至5月底成熟，生育期天数180~240天，春播为105天。日平均温度25℃以上时生长受抑制。幼苗期能忍受短暂的霜冻，在-6℃的低温下不受冻害。箭筈豌豆耐旱性较强，遇干旱时虽生长缓慢，但能保持生机。箭筈豌豆也较耐瘠，在新平整的土地上种植也能获得较好的收成。箭筈豌豆耐卤能力较差，在以氯盐为主的盐土上全盐达0.1%即受害死亡；在以硫酸盐为主的盐土上，耐卤极限为0.3%。箭筈豌豆不耐渍，由于渍水使土壤通气不良，影响根系活动，抑制根瘤生长。苗期渍水后苗弱发黄，生长停滞；苗花期渍水造成茎叶发黄枯萎，严重时出现根腐，造成减产或死亡。

箭筈豌豆无论秋播或春播，出苗后生长均较快。在正常情况下，秋播的一次分枝4~7个，二次分枝有3~5个，春播营养生长期短，分枝比秋播的少，鲜草产量也相对较低。箭筈豌豆为无限花序，初花至终花50多天。每朵小花一般都开两次。有一定的落花落荚抗性，但不同品种花荚脱落率不同，一般为33.3%~51.4%。箭筈豌豆结瘤多而早，苗期根瘤就有一定的固氮能力，随着营养生长加速，固氮活性不断提高。

2. 箭筈豌豆栽培利用技术

箭筈豌豆秋播一般情况长江中下游适宜播期在9月底至10月上旬，浙南与闽、赣、湘等地也延至10月中下旬甚至到11月上旬。在南方春播的适期，江淮至沿江地区以2月下旬至3月初为宜。长江以南春季气温回升较快，待立春即可播种。在我国北方春麦区，春、夏均可播种，但箭筈豌豆留种栽培必须春播。春播时限较长，通常从3月初至4月上旬都是适宜的。箭筈豌豆分枝早，分枝性强。在湖北省江汉平原与沿江两岸地区，箭筈豌豆作绿肥用，适宜的播量为每亩3~4 kg。而留种的播量通常是收草播量的一半。苏北滨海地区，留种的适宜播量为每亩1.5 kg，而作绿肥用以3~3.5 kg为宜。西北黄土高原水温条件差，播种量宜增加，如陕西渭北高原，留种的每亩播种量为3~4 kg；随着地理部位的西移，地热增高，生长季节较短的地区，箭筈豌豆播种量相应增加，留种用的每亩播种量宜4~5 kg，作绿肥用每亩播种量应达7.5 kg左右。

箭筈豌豆既可作绿肥、饲料，种子还可做粮食和精料，是很有价值的兼用绿肥作物。在我国南方主要用作冬绿肥，在北方除作绿肥外，刈青作饲草或收种子，以根茬肥地，对培肥地力增加后作产量，均有良好效果。箭筈豌豆压青后，对土壤理化性状的改善也有较明显的效果，土壤含氮量、有机质含量有所增加，pH值、土壤容重有所降低。我国北方一些灌区，由于热量不足，夏收后可种植一茬箭筈豌豆，可收刈大量青饲料。箭筈豌豆每千克干草粉的饲料单位0.43个，基本上接近苜蓿干草，比豌豆秆高36.9%，特别是可消化蛋白质含量丰富，箭筈豌豆青干草粉或收获种子后的糠衣均是喂猪良好饲料。箭筈豌豆出粉率达30%，比豌豆高出6%～7%。甘肃省、青海省以及山西省雁北、河北省承德等地常用箭筈豌豆种子制成粉条、粉丝。此外在陕北农村将箭筈豌豆粉与少量面粉混合制成的面条、馒头、烙饼等食用，风味比其他杂面好，深受当地群众所喜爱。

3. 箭筈豌豆采种技术

箭筈豌豆种子产量变幅很大，要使种子高产必须控制徒长，协调营养生长与生殖生长的矛盾。控制营养体徒长主要措施有以下几种。

（1）降低播种量。主要是扩大箭筈豌豆个体的营养面积，保持田间通风透光，促使单株健壮生长，增强结实率，从而获得高产。一般播种量为作绿肥的50%，较肥沃的土地播种量还要酌减，即每亩播种量宜1.5～2 kg。

（2）适宜晚播。在南方秋季晚播，冬前和返青后植株生长健壮，个体不旺长，推迟田间郁闭，开花结荚多。

（3）旱地留种。在南方高温多雨地区，箭筈豌豆留种应选肥力中等的岗梁、坡地，能有效地控制营养生长，改善通风透光，花荚脱落少，结实率高。

（4）设立支架。箭筈豌豆攀缘在支架上，有利于改善下部通风透光，保护功能叶片，提高种子产量。设立支架，要因地制宜，可以与小麦、油菜隔行间作或利用棉秆作支架。

（5）适时采收种子。箭筈豌豆有一定裂荚习性，当有80%～85%种荚已变黄或黄褐色时，虽顶部有种荚或残花，都应及时收割，以免裂荚损失。箭筈豌豆种皮较薄，后熟期短，遇阴雨温热会发芽，霉损变质，收后要立即摊晒脱粒，扫净入仓。

（六）紫花苜蓿

紫花苜蓿原产于中亚细亚高原原干燥地区。栽培最早的国家是古代的波斯，我国紫花苜蓿是在汉武帝时引入。紫花苜蓿是一种古老的栽培牧草绿肥作物。它的草质优良，营养丰富，产草量高，被誉为"牧草之王"，又因其培肥改土效果好，也是重要的倒茬作物。

1. 植物学特征与生物学特性

紫花苜蓿为多年生草本豆科植物。它根系发达，主根长达3～16 m，根上着生根瘤较多；茎直立或有时斜生，高60～100 cm；叶为羽状三出复叶，小叶倒卵形，上部1/3叶缘具细齿；花为短总状花序腋生，花冠蝶形；荚果螺旋形，种子肾形，黄褐色，千粒重1.5～2 g。紫花苜蓿对土壤要求不严，在土壤pH值6.5～8.0范围内均能良好生长，在富含钙质而且腐殖质多的疏松土壤中，根系发育强大，产草量高。一般经济产草年限为2～6年，以后产量逐年下降。种子发芽要求最低温度为5～6℃，最适温度为20～25℃，超过37℃将停止发芽。茎叶在春季7～9℃时开始生长，但苗期能耐-7.5℃的低温。紫花苜蓿喜水但怕涝，水淹24 h即死亡，适宜年降水量660～990 mm的地区种植。

2. 栽培技术

（1）整地。紫花苜蓿种子小，整地质量的好坏对出苗影响很大，生产上要求种紫花苜蓿的地块平整，无大小土块，表层细碎，上虚下实。在整地时要求施足底肥，以腐熟沼渣或有机肥为主，可亩施3 000 kg以上，同时还可施少量化肥，以氮肥不超过10 kg、复合肥不超过5 kg为宜。播种时适宜的土壤水分要求：黏土含水量在18%~20%，砂壤土含水量在20%~30%，生产上一定要做到足墒足肥播种。

（2）播种。紫花苜蓿一年四季均可播种，一般以春播为宜。以收鲜草为目的的地块行距30 cm为宜，采用条播方式，亩用种量在0.5~0.75 kg。播种深度2~3 cm，冬播时可增加到3~4 cm。

（3）田间管理。在苗期注意清除杂草，尤其在播种的第一年，苜蓿幼苗生长缓慢，易滋生杂草，杂草不仅影响生长发育和产量，严重时可抑制苜蓿幼苗生长造成死亡。在每年春季土壤解冻后，苜蓿尚未萌芽以前进行耙地，使土壤疏松，既可保墒，又可提高地温，消灭杂草，促进返青。在每次收割鲜草后，地面裸露，土壤蒸发量大，应采取浇水和保墒措施，并可结合浇水进行追肥，亩追沼液1 000 kg以上，化肥每亩15 kg左右。紫花苜蓿常见的病虫害有蛴螬、地老虎、凋萎病、霜霉病、褐斑病等，应根据情况适时防治。

（4）收草。紫花苜蓿的收草时间要从两个方面综合考虑：一方面要求获得较高的产量；另一方面还要获得优质的青干草。一般春播的在当年最多收一茬草，第二年以后每年可收草2~3茬。一般以初花期收割为宜。收割时要注意留茬高度，当年留茬以7~10 cm为宜；第二年以后可留茬稍低，一般为3~5 cm。

3. 利用方法

喂青饲料时，要做到随割随喂，不能堆放太久，防止发酵变质。每头每天喂量可掌握在：成年猪5~7.5 kg；体重在55 kg的绵羊一般不超过6.5 kg；马、牛35~50 kg。喂猪、禽时应粉碎或打浆。喂马时应切碎，喂牛、羊时可整株喂给。为了增加苜蓿饲料中糖类物质含量，可加入25%左右的禾本科草料制成混合草料饲喂或青贮。调制干草要选好天气，在晨露干后随割随晒、勤翻，晚上堆好防露连续晒4~5个晴天待水分降至15%~18%时，即可运回堆垛备用，储藏时应防止发霉腐烂。

（七）沙打旺

沙打旺是豆科黄芪属多年生草本植物，因抵御风沙能力强而得名。还有地丁、麻豆秧、薄地瓦、沙大王等俗名。

1. 生物学特性

沙打旺抗逆性强，适应性广，具有抗寒、抗旱、抗风沙、耐瘠薄等特性，且较耐盐碱，但不耐涝。

（1）抗寒。在冬季严寒的黑龙江省北部、内蒙古自治区大部地区，紫花苜蓿、白花草木樨等抗寒力较强的绿肥植物常常发生严重冻害，而沙打旺在那些地区不加任何防护措施都能安全越冬。据观测，沙打旺的越冬芽至少可以忍耐-30℃的地表低温。连续7天日均气温达4.9℃时越冬芽即可萌动。种子发芽的下限温度为10℃左右。茎叶可抵御的最低温度为-6.1～10.6℃，花蕾为5.6～6.6℃，花和幼果为1.1～2.5℃。在-6℃以上时，半成熟的果实可继续发育至完熟。

（2）抗旱。沙打旺根系深，叶片小，全株被毛，具有明显的旱生结构。在年降水量350 mm以上的地方一般均能正常生长，其抗旱能力同耐旱的沙生植物油蒿、籽蒿相当。

（3）抗风沙。据试验，6月6日播种的沙打旺，7月25日和8月7日两次人工埋沙6 cm厚，到10月26日调查，埋沙的较不埋的株高增长16.6%。据观察已萌发的沙打旺苗被风沙埋没3～5 cm，风停后茎叶仍能正常生长。

（4）耐瘠薄。沙打旺的耐瘠薄能力是较强的。在土层很薄的山地粗骨土上，在肥力最低的沙丘、滩地上，在干硬瘠瘦的退耕地上，紫花苜蓿和草木樨往往生长不良，产草量极低，而种植沙打旺却经常获得成功。沙打旺对土壤要求不严，最适宜的是富含钙质、中性至微碱性（pH值=6～8）、渗透性良好的壤质或沙壤质土。

（5）耐盐碱。据调查，在土壤pH值为9.5～10、全盐量0.3%～0.4%的盐碱地上，沙打旺可正常生长。当0～5 cm、5～15 cm土层全盐量分别达到0.68%和0.55%时，沙打旺的出苗率可达85%；当两个土层的全盐量上升到1.18%和0.7%时，沙打旺的死苗率仅为10%。

（6）忌湿嫌涝。在低洼易涝地上沙打旺易烂根死亡。在沙质土壤上，苗期积水3天尚不致死苗，但在黏重土壤上则会出现死苗现象。

2. 沙打旺栽培利用

（1）异地压青作追肥。在高温多湿季节，将沙打旺鲜草割下，作旱田、果园、水田的追肥，施后10多天即可发挥肥效。对旱田作物压青追肥，要把沙打旺鲜草切碎（3～5 cm），条状或穴状施于作物根旁，用土盖严，每亩施肥1 000～1 500 kg；对水田追肥，可以整株顺稻苗行间踩入泥里，每亩施肥500～1 000 kg。果树每株施肥1.7～3.3 kg。

（2）就地压青作基肥。长势明显衰退的沙打旺，可在夏末秋初用拖拉机就地翻压，作下茬作物的基肥。压前不必将鲜草割倒，也不必耙碎，翻压深度20 cm左右。压后要适时耙耱保墒。由于翻压当年和第二年植株和根系不能充分腐烂，如果起垄播种可能被刮出地面，影响播种质量和中耕管理，所以就地压青后，第一茬作物最好采用平播。如必须起垄也应于中耕时进行。为充分发挥压青的增产作用，第一二茬庄稼宜安排需肥较多的密植粮谷作物。

（3）堆沤肥。沙打旺的鲜草和秸秆都可用来制作堆肥。堆制的方法与其他堆肥同。

3. 饲草利用

（1）青饲。

放牧：在沙打旺不占优势的天然草场和人工改良草场上，可以直接放牧。但人工种植的沙打旺草地不宜直接放牧，而应作为割草基地。放牧时应实行分区轮牧制，有计划地繁衍草籽，定期补播，以保护草地长期繁茂高产。

割青喂饲：沙打旺再生力较弱，不适于多次轮割。对二年生以上的草地，一年内可刈割两次，第一次割时要留茬15～20 cm，以利再生。第二次刈割留茬10 cm左右。青草应先置阴处晾蔫后铡碎，拌入其他粗、精饲料喂养。

打浆发酵：沙打旺青草是猪的好饲料，可以打浆生喂、自然发酵喂，也可以生熟对半发酵或煮熟喂。喂时要粗、青、精三料搭配。为扩大冬、春季青绿饲料来源，可将沙打旺青草打浆后窖贮，实行旺季贮存，淡季喂养。打浆窖贮的沙打旺不仅基本保持青草中的营养成分，同时还改进了风味，增强适口性。

制青干饲料砖：夏末秋初将沙打旺青草与其他野菜、野草、树叶、藤蔓等混合，切碎（长3 cm左右），置碾子上碾压，越细碎越好，当碾成糊状时，置砖模内成形，晾晒干透，贮于通风、干燥、隔潮的室内。

（2）青贮。沙打旺青草的粗蛋白含量高，不宜单一青贮，而宜与禾本科牧草饲料混合青贮，一般比例为1∶（2～3）。青贮宜在夏末秋初或稍晚时候进行，以大部分现蕾、个别开花但种子不能成熟的植株青贮为好。

沙打旺青贮饲料可以喂各种牲畜，但用量不能过多，开始喂时则更应少些，最大的喂量不超过日粮干物质的一半。

（3）青干草。作饲料基地种植的沙打旺，除部分用作青饲料、青贮料外，大部分可晒制成干草。大面积单一的沙打旺草地，最好使用割草机刈割，晒干后磨成草粉。沙打旺青干草是各种牧畜冬季良好的粗饲料，还可部分代替精料。

（4）秸秆饲料。采收种子后的茎秆稍经调制仍为较好的粗饲料。将秸秆铡碎后用2%～3%的食盐水或井水（北方冬季需用温水）浸湿或浸泡数小时，如将切碎的秸秆经3～5天的自然发酵，不仅质地进一步软化，并可形成一定量的有机酸，改进风味，适口性提高。

（八）黑麦草

黑麦草为多年生和越年生或一年生禾本科牧草及混播绿肥。此属全世界有20多种，其中，有经济价值的为多年生黑麦草（又称宿根黑麦草）和意大利黑麦草（又称多花黑麦草）。

我国从20世纪40年代中期引进多年生黑麦草和意大利黑麦草，开始在华东、华中及西北等地区试种，50年代初江苏省盐城地区在滨海盐土上试种，结果以意大利黑麦草耐瘠、耐盐、耐湿、适应性强，产草、产种量均比多年生黑麦草好。因此，栽培面积以意大利黑麦草为多。

黑麦草在我国长江和淮河流域的各省市均有种植，以意大利黑麦草为主。利用黑麦草发达的根系团聚沙粒，茎秆的机械支撑作用，以及抗盐，耐寒等特点，与耐盐性弱的豆科绿肥苕子、金花菜、箭筈豌豆等混播，可克服这些豆科绿肥在盐土上种植出苗、全苗困难，以及后期下部通风透光不良等问题。豆科绿肥与黑麦草混播，一般比单播可增产鲜草20%~30%，地下根系增产40%~70%。

1. 植物学特征与生物学特性

（1）根的生长。意大利黑麦草根系发达，根系由胚根和次生根组成发达的根群。从两叶期开始生长次生根。根系从出苗到种子成熟前其生长深度基本呈直线增长，旬增长量一般在3 cm以上，最高的可达20 cm，水平根幅45~75 cm，侧向生长的速度略低于向下生长的速度。并有冬前（11月上旬到12月下旬）和冬后（4月上中旬）两个较明显的生长高峰期，到抽穗时，根系向下伸展与侧向水平伸展基本停止。在茎秆的中下部节上还可以产生不定根，在掩青翻埋不严时，裸露的茎秆节上可产生根系，发育成新的植株。

据孕穗期对单株黑麦草冲洗根观察结果：根系的垂直分布以0~1 cm处最多，11~20 cm次之，21 cm以下根系数较少。其重量分布，亦以0~10 cm最多，占根系总量的72.8%~86.5%，11 cm以下，逐次递减。根系总重量与鲜草产量相比基本相近。但随着生长期不同有一定差异；返青旺长后地下部分较高，约等于地上部分的1.22倍；拔节期，地下部和地上部相近；到抽穗期地下部相对减少，只有地上部的60%左右。

（2）叶的生长。种子发芽以后，幼苗向上伸长，并逐步展平成叶片。叶鞘裹茎，叶片狭长，叶面可见平行叶脉，叶背光滑有光泽，中央有一突起的中脉。叶片长度一般在10~15 cm，最长可达35 cm，宽2~3 mm，少数达11 mm。一生中主茎上可生长9~24片叶子。不同播种期有一定差异，秋播在16~24片，春播较少。一般每一分蘖有2~3张叶片，叶面积在10.6~14.4 cm²，生长旺的可达22.8~23.4 cm²。早播的大于迟播的，稀植的大于密植的，地力肥的大于地力瘦的。黑麦草正常叶片由叶鞘、叶片、叶舌、叶耳组成。幼叶作包旋状，叶舌窄短，叶耳拟爪，不锐利。叶片数的增长和气温有密切关系。

（3）分蘖和茎的伸长。黑麦草分蘖力很强。在单株稀植、肥水较好的条件下，出苗后一个月分蘖明显加快，到抽穗前10天左右达最高峰。旬平均增加13.2~47.0个分蘖。分蘖的有效性和密度、长势及后期倒伏程度有关。大田栽培由于密度较大，有效性只有30%~50%，而单株栽培的有效性一般在60%~90%。各期分蘖的有效性并不一致。冬前和越冬期间产生的分蘖，长势旺，有效性高，一般在65.5%~90.5%，高的可达100%。返青、拔节期间产生的分蘖，生长较差，有效性一般只有38.7%~74.8%。拔节后产生的蘖，由于拔节后植株内部荫蔽条件得到改善，使后期分蘖得以正常生长，有效性又可达80.3%～98.2%，但这些分蘖穗小、粒少、粒轻、产种量较低。成熟时株高一般70～90 cm。

黑麦草茎秆呈圆柱形，中空、有节。秋播一般有4～11节，其中70%以上的植株地面以上只有5～7节。早春播种的有5～8节，其中85%以上的植株为5～6节。同一植株，因分蘖发生的时间不同，地面以上节数也不一致。冬前分蘖成熟时地面以上有5～8节，越冬期间的分蘖为4～7节，返青到拔节期间的分蘖为4～7节，拔节后产生的分蘖，地面以上只有2～6节。

2. 利用价值

黑麦草鲜草产量高，养分丰富，既可作绿肥，又是牲畜的好饲料。在江苏盐城，一般春天刈割两次，亩产鲜草1 250～2 850 kg，晒干率达27%左右。干草含粗蛋白12.3%～13.6%，脂肪2.6%，粗纤维27.8%，灰分4.5%，鲜草可作青饲，制成干草后，其适口性也很好。

黑麦草鲜草含氮素0.248%，磷（P_2O_5）0.076%，钾（K_2O）0.524%。生育期不同，植株与根系的氮素养分有明显差异，其中，以冬前、越冬和返青期的含氮量较高。根系发达，一般亩产鲜根达1 000～1 750 kg。

（1）以黑麦草与豆科绿肥混播，可以提高土地和光能的利用率，生产更多绿色有机物。当采用黑麦草与苕子、金花菜、箭筈豌豆、紫云英等混播，由于生物学特性不同，从而有利于充分利用水、肥、光，发挥种间互利的作用，增强绿肥的抗逆性，达到增加复合群体的密度和高度，提高绿肥总产量。

（2）种植黑麦草可以扩大肥料来源，改良土壤结构与增加土壤肥沃性，将黑麦草压青，能更新积累土壤有机质。江苏省农业科学院土壤肥料研究所在南京试验证明，豆科绿肥中加入黑麦草混播连续3年后，其土壤有机质比种前增加0.21%，而只种紫云英地3年后土壤有机质只增加0.15%。中国科学院南京土壤研究所试验，连种3年苕子与黑麦草混播地比连种3年苕子地，不仅土壤腐殖质含量增加，而且还可以提高土壤中小于21 μm的复合体的数量，使吸收铵量增加74～82 mg，交换量增加1.9 mg。

（3）持续稳定增加粮棉产量，增多收益。黑麦草与豆科绿肥混播后，鲜草耕埋入土，由于碳氮比得到调节，在土壤中的分解速率平稳，养分释放缓长。据试验混播绿肥耕埋25天后分解率为19%，而苕子分解达36%，两个月后，混播绿肥分解率为56%，而苕子达72%。其水解氮的释放同样是黑麦草与苕子混播在作物生长前期比苕子区低，后期高。因此，黑麦草与豆科绿肥混播比豆科绿肥单播的对后作物增产更多。江苏省新洋试验站6年试验，黑麦草与苕子混播比苕子单播的棉花产量增加1.10%～13.35%，比不种绿肥的增产16.11%～21.25%，尤以盐渍化较重的地，混播区比苕子单播增产率更大，增产7.54%～18.35%，比不种绿肥区增产42.68%～97.60%。江苏省农业科学院在南京3年试验，黑麦草与紫云英混播区平均亩产稻谷354 kg，比不种绿肥对照区三年平均亩产稻谷321.65 kg，增产10.2%。

黑麦草与豆科绿肥混播能多产鲜草和根系，其主要原因：豆科绿肥有根瘤菌固氮，根系排出的氮和分泌的酸性物质较多，对钙离子的代换吸收能力强，有助于黑麦草对土壤中氮、磷的吸收利用。加之黑麦草有在表土上产生白色须状根的特性，能增加表土层有机质的含量。因此，能使黑麦草生长良好；植株的含氮量增加。同时，黑麦草茎秆的机械支撑作用，能限制豆科绿肥匍匐，增加绿色层高度，改善通风透光条件，提高复合群体的产量。

（九）二月兰

华北地区主要是冬绿肥—春玉米（棉花）方式。本地区的冬绿肥品种可以采用二月兰、毛叶苕子，其中北京、天津等偏北地区，以二月兰为主。

1. 种植技术

二月兰播种量每亩1.5～2 kg。在华北偏北地区播种二月兰，一般采用最新研发的玉米绿肥全程套播技术，即在春玉米播种后，选择易于操作的任何时间，将二月兰种子撒入玉米行间即可。二月兰出苗后不再进行除草等中耕管理。可在墒情较好时将绿肥种子撒入玉米行间，也可在9月中下旬收获玉米后，采用撒播方式播种绿肥，撒播后用旋耕机浅旋，等雨后出苗即可。采用小麦播种机播种二月兰也是非常好的播种方式。

棉田播种绿肥时，二月兰在8月至9月底，将种子撒入棉田即可，此时可以借助后期采摘棉花时人工踩踏将种子与土壤严密接触，保证种子出苗。

二月兰耐瘠薄，但也喜肥，播种前每亩撒施5 kg尿素，可以大幅提升二月兰鲜草产量，起到以小肥促大肥的目的。

2. 利用技术

作绿肥时，二月兰在玉米及棉花播种前进行翻压、整地。先用灭茬机进行灭茬，棉秆、玉米秆等一般可以同时加以打碎，所以收获季节来不及移出的棉秆、玉米秆可以留待第二年加以粉碎还田，然后用大型翻耕机深翻入土。

二月兰绿肥在华北地区还有更重要的生态环境和景观等综合效应功用。二月兰菜薹可以作为优质露地蔬菜，应充分加以利用。采摘菜薹应在现蕾期进行，此时一般在第二年4月中上旬。二月兰花期50天左右，是观光的良好景观。

另外，粮食作物与豆科作物（或绿肥）轮作或间作条带种植是一种很好的轮作休耕方式，特别是在东北地区，应尽可能采用玉米—大豆轮作技术，即一年玉米、一年大豆的方式，这实际上是典型的绿肥种植技术之一。由于东北黑土地退化较为严重，要创造条件发展绿肥生产。目前，可以采用条带式玉米—豆科作物轮换技术进行。根据当地大型农机具的播种幅宽来安排条带的宽度，相邻一带种植玉米、一带种植大豆或其他豆科作物（包括草木樨等绿肥作物），来年交换条带即可。此种方式，可以实现同一田块两种以上作物共存，其好处在于：一是通过轮换种植达到用地养地、减缓耕地退化的目的；二是通过多种作物共存，可以降低单一作物的生产风险，起到稳产和减灾效果。

三、我国绿肥种植区划及主要种植绿肥种类

（一）分区依据

我国地域辽阔，幅员广大，各种条件千差万别，不同区域有不同的绿肥种植方式和依据，从全国范围内着眼，从全国农业区域差异大势出发，根据以下4个条件分区。①土壤肥力及自然条件（降水、温度、地貌等）相对的一致性。②社会经济条件（人均耕地、单产水平、农林牧业结构、商品肥料等）相对的一致性。③主要作物布局（各种作物比例、熟制、栽培制度和种植方式、耕作措施等）和发展方向相对的一致性。④在区界走向上，除个别地方，基本保持县级行政区划的完整。结合中国综合农业区划的分区界线走向，将全国划分为一级区9个，二级区47个。

（二）区划命名的原则

区划命名是一项科学性很强的工作，名称必须体现该地区的特点，同时要给人以明确的概念。一级区命名原则以地理位置和粮肥配置的种植特点为出发点：如地理位置，有东北、长城沿线、黄淮海等；粮肥配置的种植特点，有粮肥（草）轮作、粮肥（草）复种、粮肥（草）间套种、粮肥（草）复间套种、粮肥（草）间套复种等；地理位置不足以说明问题的，又冠以补助名称如春小麦，一熟制。二级区命名原则，在一级区命名原则的基础上，主要考虑了地貌特点和绿肥种类。对于一个因素以多种方式在一个区内出现的，则以排列前后而区别主次：如粮肥复间套种，说明这个区绿肥的主要栽培方式是以粮肥复种为主，而间套种则是次要地位；如粮草（肥）间套，说明这个区绿肥的利用是以饲草为主，作为绿肥翻压是次要的；如夏冬绿肥区，则以夏绿肥为主，冬绿肥次之，以此类推。

（三）中国绿肥区划分区具体情况

1. 北方粮草（肥）轮作区（Ⅰ）

本区位于东北西部，华北、西北北部的北方旱农地区。包括黑龙江、吉林、辽宁、内蒙古、河北、山西、陕西、宁夏、甘肃、新疆、北京等12个省（区、市）的部分县（市、旗）。

（1）东北西部粮草（肥）轮作夏春多年生绿肥区。本亚区位于嫩江—西辽河一线以西，古老图山以东，古利牙山以南的黑龙江、吉林、辽宁、内蒙古自治区4省（区）交界的农耕地区。适宜的绿肥种类有草木樨、箭筈豌豆、毛叶苕子、油茶等。

（2）内蒙古及长城沿线粮草（肥）轮作春夏多年生绿肥区。本亚区位于白于山以东的长城沿线，行政上包括内蒙古、山西、陕西、河北4省（区）的部分县（市、旗）。适宜的绿肥种类有草木樨、箭筈豌豆、毛叶苕子。

（3）黄土高原粮草（肥）轮作春夏多年生绿肥区。本亚区位于汾河以西，贺兰山—六盘山一线以东，白于山以南，泾河以北的黄土高原地带。行政上包括山西、陕西、甘肃、宁夏4省（区）的部分县（市）。适宜的绿肥种类有草木樨、箭筈豌豆、毛叶苕子、紫花苜蓿等。

（4）青海东部低山粮肥（草）轮作夏春多年生绿肥区。本亚区位于青海省东部，包括民和、乐都、化隆等县浅山地区。适宜的绿肥种类有草木樨、紫花苜蓿等。

（5）柴达木高寒灌区粮肥轮作夏绿肥区。本亚区位于青海省西北部的柴达木盆地。包括天峻、乌兰、都兰、格尔木、大柴旦、冷湖、茫崖等县。适宜的绿肥种类有箭筈豌豆、大豆青。

（6）天山北麓粮草轮作多年生绿肥区。本亚区位于天山北麓沿天山一带，北至准格尔盆地，向西至伊犁河谷，行政上包括新疆的昌吉、塔城、伊犁、博尔塔拉等地（州）的部分县市以及乌鲁木齐和石河子。适宜的绿肥种类有草木樨、紫花苜蓿、箭筈豌豆、油茶、油葵、柽麻等。

2. 北方春麦绿肥复套种区（Ⅱ）

本区为我国春小麦的集中产地，包括三江平原、克拜丘陵、河套土默川平原、河西走廊等地。

（1）三江平原麦肥复套种夏秋绿肥区。本亚区地处黑龙江省东北部，北部和东部分别以黑龙江和乌苏里江与俄罗斯为界，包括合江全部、黑河、牡丹江、伊春等地的部分县（市）。适宜的绿肥种类有草木樨、箭筈豌豆、油菜、秣食豆等。

（2）克拜丘陵麦肥复套种夏秋绿肥区。本亚区为黑龙江省中西部的克山、拜泉一带丘陵春麦区。包括嫩江、黑河、绥化等地区的部分县市。适宜的绿肥种类有草木樨、箭筈豌豆、油菜。

（3）河套土默川麦肥复套种夏秋绿肥区。本亚区位于内蒙古高原中部，是由断层陷落后河流冲积而成的平原，海拔差1 000 m左右，西部称后套，东部称前套也称土默川。包括内蒙古的呼和浩特市全部和包头市、巴盟大部分旗县、伊盟边缘地区以及宁夏的石嘴山市等。适宜的绿肥种类有草木樨、箭筈豌豆、红豆草、苕子等。

（4）河西走廊青东灌区麦草（肥）复套种夏秋绿肥区。本亚区包括甘肃省河西走廊的武威、张掖、酒泉等县市以及青海省东部灌区的民和、乐都、贵德、尖扎、化隆等县市的河谷地区。适宜的绿肥种类有草木樨、箭筈豌豆、苕子等。

3. 一熟地区粮肥间套种区（Ⅲ）

本区系我国北方一年一熟，以杂粮为主的广大地区。包括黑龙江、吉林、辽宁、河北、宁夏、新疆等省区以及北京、山西等部分地区。

（1）东北东部山区粮肥间套种夏绿肥野生绿肥区。本亚区位于张广才岭—龙岗山—千山一线以东的长白山地和丘陵地区。包括黑龙江、吉林、辽宁3省的部分县市。适宜的绿肥种类有草木樨、牧草等。

（2）松辽平原粮肥间套种春夏绿肥区。本亚区位于张广才岭—龙岗山—千山一线以西，小兴安岭—科尔沁沙地一线以东的松辽平原地区，包括黑龙江、吉林、辽宁等省的部分县（市）。适宜的绿肥种类有草木樨、油菜等。

（3）辽宁滨海丘陵粮果肥间套种夏春绿肥区。本亚区位于辽东半岛和辽西走廊滨海地区，包括大连市、锦州市所属部分县以及东港市等。适宜的绿肥种类有草木樨、田菁、沙打旺、油茶、柽麻等。

（4）燕山山地粮果草（肥）间种春夏多年生绿肥区。本亚区位于大马群山以东，努鲁尔虎山以南的燕山山地和丘陵地区，包括河北、辽宁、北京、山西4省（直辖市）的部分县市。适宜的绿肥种类有草木樨、小冠花、沙打旺、箭筈豌豆、柽麻等。

（5）宁夏引黄灌区粮肥间套复种春夏绿肥区。本亚区位于宁夏北部，贺兰山以南的黄河沿岸，包括银川市及中卫等县市。适宜的绿肥种类有草木樨、紫花苜蓿、油葵、油菜等。

（6）南疆粮棉肥间套复种夏绿肥区。本亚区主要是南疆农业区，包括和田、喀什、阿克苏、巴音郭楞、吐鲁番、哈密等地区。适宜的绿肥种类有草木樨、紫花苜蓿、柽麻、油菜等。

4. 黄淮海及汾渭谷地粮棉肥（草）间套复种区（Ⅳ）

本区位于长城以南，淮河以北，太行山及豫西山地以东的大面积黄河、海河、淮河流域，包括河北、河南、山东、天津、北京、苏北、皖北广大平原地区和太行山、伏牛山丘陵山地及属于晋中盆地和关中平原的山西汾河、陕西渭河谷地等。

（1）山东丘陵麦玉米果肥间套种春夏绿肥区。本亚区位于黄河以南，运河以东的山东半岛，包括烟台、威海、青岛、淄博、济南、泰安、济宁、枣庄等地。适宜的绿肥种类有草木樨、田菁、绿豆、苕子、箭筈豌豆、紫穗槐、柽麻等。

（2）华北低洼平原麦玉米棉肥（草）复间套种夏秋绿肥区。本亚区位于华北中部，是冀鲁豫黄河、海河水系冲积的低洼平原。行政上包括河北、河南、山东、天津4省（市）的部分县市，适宜的绿肥种类有草木樨、田菁、绿豆、苕子、紫花苜蓿、紫穗槐、沙打旺、小冠花、柽麻等。

（3）燕太山麓平原麦田玉米棉肥（草）间套种春夏绿肥区。本亚区东起山海关，西南迄于黄河，包括河北、山西、河南、天津、北京5省（直辖市）的部分县（市）。适宜的绿肥种类有草木樨、田菁、绿豆、苕子、紫花苜蓿、箭筈豌豆、紫穗槐、小冠花、柽麻等。

（4）太伏山地丘陵麦果肥（草）复间套种春夏绿肥区。本亚区位于太行山以东，伏牛山以北的豫西山地，山西、河南、河北3省的部分县（市）。适宜的绿肥种类有草木樨、田菁、荆条、紫花苜蓿、沙打旺、小冠花、柽麻等。

（5）汾渭谷地粮棉肥（草）间套复种冬夏绿肥区。本亚区位于晋中盆地和关中平原的山西汾河、陕西渭河谷地等部分县（市）。适宜的绿肥种类有紫花苜蓿、豌豆、苕子、黑豆、绿豆、柽麻等。

（6）黄淮平原粮棉肥（草）复间套种冬夏绿肥区。本亚区位于黄河以南，淮河以北，西至伏牛山，东到黄海之滨的广大平原地区，行政上包括河南、安徽、江苏、山东4省的部分县市。适宜的绿肥种类有草木樨、田菁、绿豆、苕子、紫花苜蓿、紫云英、沙打旺、小冠花、柽麻等。

5. 滨海稻麦肥（草）复种区（Ⅴ）

本区位于我国渤海、黄海、东海之滨，北起辽宁省的营口、大洼，南至福建省的云霄县，地跨8省的部分县（市）。

（1）渤海湾稻肥复种春夏绿肥区。本亚区位于渤海湾沿岸，包括辽宁、天津、河北3个省（市）部分县（市）。适宜的绿肥种类有油菜、田菁、绿豆、箭筈豌豆、紫穗槐等。

（2）鲁东南苏北沿海平原滩涂稻麦棉肥（草）复间套种冬夏绿肥水生绿肥区。本亚区位于江苏省东北部，山东省东南部，长江入海口以北的黄海沿岸，包括山东、江苏两省的部分县（市）。适宜的绿肥种类有草木樨、田菁、苕子、紫花苜蓿、金花菜、黑麦草、高株狐茅等。

（3）江南沿海平原滩涂岛屿稻麦棉果肥（草）复种冬夏绿肥水生绿肥区。本亚区位于长江以南的东海沿岸，包括上海市以及浙江、福建的部分县（市）。适宜的绿肥种类有铺地木蓝、田菁、绿豆、箭筈豌豆、紫云英、沙打旺、金花菜、蚕豆、满江红、柽麻等。

6. 长江流域稻麦棉肥（草）复套间种区（Ⅵ）

本区位于秦岭—桐柏山—淮河一线以南，五岭以北，西至川西平原，东至太湖的长江流域三角洲平原、湖滨平原、沿江冲积平原和丘陵谷地。行政上包括江苏、浙江、安徽、河南、湖北、湖南、陕西、四川8省的部分县（市）。

（1）长江下游平原低丘稻麦棉桑肥（草）复套间种冬绿肥水生绿肥区。本亚区位于淮河—苏北灌溉总渠以南，钱塘江口以北，大别山以东，滨海稻麦肥（草）复种区以西的长江中下游平原，低丘地区。包括江苏、浙江、安徽3省的部分县（市）。适宜的绿肥种类有紫云英、黑麦草、油菜、蚕豆、田菁、光叶苕子、箭筈豌豆、满江红、金花菜、紫穗槐、柽麻等。

（2）豫皖鄂丘陵谷地稻肥（草）复套种冬绿肥区。本亚区位于鄂豫皖3省交界处的桐柏山、大别山南北麓的低山丘陵、谷地、山间走廊，包括鄂豫皖3省的部分县（市）。适宜的绿肥种类有紫云英、三叶草、田菁、苕子、箭筈豌豆、满江红、紫穗槐、柽麻等。

（3）长江中游湖滨平原双季稻棉肥（草）复套间种冬绿肥水生绿肥区。本亚区位于长江中下游的湖北省江汉平原、湖南省洞庭湖平原和环湖丘陵以及江西省鄱阳湖平原。行政上包括鄂、湘、赣3省的部分县（市）。适宜的绿肥种类有紫云英、蚕豆、燕麦、黑麦草、油菜、蚕豆、箭筈豌豆、满江红、金花菜、紫穗槐等。

（4）川西汉中平原稻麦油草（肥）复种冬秋绿肥区。本亚区位于四川盆地西部，介于龙泉山与龙门山之间以及陕西省汉中盆地。行政上包括四川、陕西两省的部分县（市）。适宜的绿肥种类有紫云英、蚕豆、田菁、小葵子、苕子、箭筈豌豆、满江红、金花菜、柽麻等。

7. 南方丘陵谷地稻肥复种及茶果肥（草）间套种区（Ⅶ）

本区位于长江以南，珠江以北，湘江—融江一线以东，滨海稻麦肥（草）复种区以西的一系列低山丘陵和山间盆地。行政上包括安徽、浙江、江西、福建、湖北、湖南、广东、广西8省（自治区）的部分县（市）。

（1）皖浙赣丘陵谷地粮茶果肥（草）间套复种冬绿肥区。本亚区位于长江以南，武夷山以北，鄱阳湖以东，天台山—雁荡山以西的皖浙赣3省交界的地区。行政上包括安徽、浙江、江西3省部分县（市）。适宜的绿肥种类有紫云英、蚕豆、乌豇豆、饭豆、胡枝子、大翼豆、知风草、苕子、箭筈豌豆、紫穗槐、满江红、水葫芦、柽麻等。

（2）福建山地盆谷稻茶果肥（草）复间套种冬绿肥区。本亚区位于武夷山以东，滨海稻麦肥（草）复种区以西，东北与浙江省接壤，西南与广东省为邻的福建省境内部分县（市）。适宜的绿肥种类有紫云英、蚕豆、肥田萝卜、大绿豆、印度豇豆、铺地木蓝、胡枝子、象草、肿柄菊、紫穗槐、满江红等。

（3）湘赣丘陵双季稻果肥（草）复间种冬绿肥水生绿肥区。本亚区位于长江以南，南岭以北，洪湖—雪峰山以东，武夷山以西的湘鄂赣3省交界地区，行政上包括江西、湖南、湖北3省的部分县（市）。适宜的绿肥种类有紫云英、燕麦、肥田萝卜、蚕豆、乌豇豆、豌豆、饭豆、印度豇豆、胡枝子、葛藤、大翼豆、知风草、苕子、箭筈豌豆、紫穗槐、满江红、田菁、柽麻等。

（4）南岭丘陵谷地稻肥（草）复间种冬绿肥水生野生绿肥区。本亚区位于九万大山—柳江以东，韩江以西，南岭以南，珠江以北的桂粤湘赣的部分县（市）。适宜的绿肥种类有紫云英、苕子、肥田萝卜、蚕豆、油菜、乌豇豆、豌豆、饭豆、黑饭豆、印度豇豆、箭筈豌豆、小葵子、满江红、田菁、柽麻等。

8. 西南山地丘陵粮肥（草）复间套种区（Ⅷ）

本区位于洮河—秦岭—伏牛山一线以南，凤凰山—南盘江—哀牢山一线以北，汉江—沮漳河—洞庭湖—雪峰山以西，高黎贡山—邛崃山—岷山以东的广大地区。行政上包括贵州全部、四川、云南大部以及陇南、陕南、豫西南、鄂西、湘西、桂西北等部分县（市）。

（1）秦巴山地粮肥（草）间套复种冬夏绿肥野生绿肥区。本亚区位于陕、川、鄂、赣、豫5省交界的秦巴山区，行政上包括上述5省的部分县（市）。适宜的绿肥种类有草木樨、田菁、苕子、金花菜、黑麦草、蚕豆、箭筈豌豆、紫穗槐、满江红、柽麻等。

（2）川鄂山地旱粮肥（草）复间套种冬绿肥野生绿肥区。本亚区位于长江以南的川鄂两省交界的山区，以及江北的部分县（市）。适宜的绿肥种类有田菁、苕子、金花菜、蚕豆、箭筈豌豆、满江红、紫云英、马桑、柽麻等。

（3）湘黔山地丘陵稻肥（草）复套种冬绿肥水生野生绿肥区。本亚区位于道真—凯里—三都一线以东，洞庭湖—雪峰山以西的湘黔两省交界的地区，行政上包括湖南、贵州两省的部分县（市）。适宜的绿肥种类有田菁、苕子、金花菜、蚕豆、箭筈豌豆、满江红、紫云英、印度豇豆、马桑、胡枝子、黄荆、柽麻等。

（4）川东南丘陵山地粮草（肥）复间套种冬绿肥水生绿肥区。本亚区位于秦巴山地以南的四川盆地东部丘陵地带，行政上包括四川、重庆两省市的部分县（市）。适宜的绿肥种类有田菁、苕子、金花菜、蚕豆、箭筈豌豆、小葵子、满江红、紫云英、马桑、黄荆、紫穗槐、柽麻等。

（5）云贵高原山地稻肥（草）复间套种冬夏绿肥野生绿肥区。本亚区位于道真—凯里—三都一线以西，金沙江以东的云贵高原山地。行政上包括贵州省大部，云南、四川、广西3省（区）的部分县（市）。适宜的绿肥种类有苕子、肥田萝卜、蚕豆、箭筈豌豆、小葵子、满江红、紫云英、柽麻等。

（6）川西南山地粮草（肥）复种冬秋绿肥区。本亚区位于四川省西南部，行政上包括四川省的攀枝花市和凉山州的全部以及雅安、甘孜、乐山等地区、自治州的部分县（市）。适宜的绿肥种类有苕子、金花菜、蚕豆、箭筈豌豆、小葵子、满江红、紫云英、田菁、柽麻等。

（7）滇中高原湖盆稻麦肥（草）复间套种冬夏绿肥水生绿肥区。本亚区位于云南省中部，包括昆明、丽江、大理等市、州全部和楚雄、曲靖、玉溪等大部以及文山、怒江、红河、宝山、思茅等、州的部分县（市）。适宜的绿肥种类有田菁、苕子、金花菜、蚕豆、箭筈豌豆、小葵子、满江红、紫云英、草木樨、柽麻等。

9. 华南双季稻蔗果肥（草）复间套种区（Ⅸ）

本区位于我国南部，包括中国台湾全部，广东、广西大部以及云南、福建的部分县

（市）。

（1）粤东丘陵平原粮肥（草）复间套种兼用冬绿肥区。本亚区位于广东东部的韩江和东江流域，行政上包括广东、福建部分县（市）。适宜的绿肥种类有田菁、蚕豆、豌豆、铺地木蓝、紫云英、毛蔓豆等。

（2）珠江三角洲粮食经作肥（草）复间套种冬夏绿肥水生绿肥区。本亚区位于广东省中部珠江入海口的三角洲地带，包括佛山地区全部，广州市郊及其辖属的增城、花仙、从化、番禺和惠阳地区等以及深圳、珠海、江门3市。适宜的绿肥种类有田菁、苕子、蚕豆、满江红、紫云英、水葫芦、水浮莲、桎麻等。

（3）粤西桂南丘陵盆地稻蔗肥（草）复间套种冬夏绿肥区。本亚区位于广东省境内青云山—潭江一线以西，广西境内的大瑶山—左江一线以东，北至大明山—浔江一线，南至北部湾及南海一线的粤桂两省部分县市。适宜的绿肥种类有苕子、蝴蝶豆、毛蔓豆、大叶相思、蚕豆、豌豆、满江红、紫云英、田菁、印度豇豆、木豆、猪屎豆、草木樨、桎麻等。

（4）桂西丘陵粮蔗肥（草）间套复种冬夏绿肥区。本亚区位于广西境内融江—大明山—左江一线以西的桂西岩溶丘陵山地，包括百色地区全部，河池地区大部以及南宁地区西北部5县和柳州地区的忻城。适宜的绿肥种类有苕子、花生、绿豆、紫云英、田菁、印度豇豆、饭豆、小葵子、草木樨、桎麻等。

（5）滇南宽谷盆地稻蔗肥（草）复间轮种夏秋冬绿肥水生绿肥区。本亚区位于我国西南边疆的云南省中南部山原、宽谷盆地。行政上包括临沧全部，红河、思茅、德宏、文山、宝山五地（州）大部以及西双版纳、玉溪两地小部分。适宜的绿肥种类有苕子、紫云英、满江红、黑料豆、饭豆、猪屎豆、小葵子、草木樨、桎麻等。

（6）琼雷及南海诸岛稻经作肥复间种夏绿肥多年生绿肥区。本亚区位于广东省境内的雷州半岛南部以及南海诸岛。行政上包括海南省全部，广东省湛江地区小部。适宜的绿肥种类有苕子、毛蔓豆、铺地木蓝、爪哇葛藤、热带苜蓿、木豆、猪屎豆、山毛豆、紫云英、田菁、草木樨、桎麻等。

第十四章　农业产业化经营助推农业绿色发展

第一节　农业产业化的概念与内涵

农业产业化，是以市场为导向，以提高经济效益为中心，以家庭承包经营为基础，依靠龙头企业及各种中介组织的带动，将农业的产前、产中和产后诸环节联结为完整的产业链条，实行区域化布局、专业与标准化生产、一体化经营、社会化服务、企业化管理，把产供销、贸工农、经科教有机结合起来，形成一条龙的经营体制。发展类型主要有龙头企业带动型、市场带动型、合作经济组织带动型等。

我国农业虽然有其悠久的历史，但农业作为一个现代意义上的产业，却是不成熟的、不完整的。农业产业化是20世纪90年代中国农村改革与发展中应运而生的伟大创举，是中国农民的伟大创造，它是在市场经济条件下由传统农业向现代农业转型的必然过程，也是农业产业组织和经营管理方式的创新。其实质就是要在发展现代农业过程中，打破部门分割，使它逐步成熟起来、完整起来，变成一个完整的、现代意义上的产业，也就是实现现代化。对农业产业化的基本内涵是什么，在理论界有诸多争论，较集中的认识是这样概括的：在市场经济条件下，通过将农业生产的产前、产中、产后诸环节的整合，使之成为一个完整的产业系统，实现种养加、产供销、贸工农一体化经营，提高农业的增值能力和比较效益，使农民能够分享到农业生产过程中的平均利润，从而形成农业自我积累、自我发展的良性循环的运行机制，使传统农业逐步转变为现代农业。

农业产业化实质上是一次农业的产业革命，它有着农业工业化的含义，但不是把农业变成工业。农业产业化仅是指农业要走工业的社会化、集约化和现代化之路，学习工业的分工协作和科学管理的形式。农业与工业之间毕竟有差别，有不同的发展规律。

在对农业产业化概念的基本内涵理解上，还应把握以下三点：一是产业化的本质是集约化、市场化、社会化的农业，要以经营工业的方式来经营农业；二是产业化的基本经营方式是一体化，即实现农工商或贸工农的一体化经营；三是产业化的目的在于提高农业的增值能力和比较效益，使农民能够分享整个农业生产过程的平均利润。

第二节　农业产业化经营的基本特征与组织形式

一、农业产业化经营的基本特征

真正的农业产业化在实践中应具有以下几个特征。

（一）生产专业化

即农业生产要打破过去那种"家家种粮油""户户小而全"的小生产格局，要实行专业化生产分工。实行专业化生产分工可以扩大生产规模，增加产出，提高劳动生产率，从而也可以提高生产效益。在现实生活中，凡是实行了专业分工的乡村，农民的收入水平都相对比较高。实行专业化分工的本质，在于生产者主要不是为了自己的消费而生产，而是为了向社会提供商品，实现商品增值，这是从自给农业向商品农业转变的关键。生产专业化是农业产业化的基础，产业化的形成体系上连市场、下连实行专业化的农户，没有千万个专业化生产的农户提供农产品，产业化也就无从谈起。目前在一些地区的农村出现了一些种植和养殖专业户，这就是生产专业化的一种表现。

（二）经营一体化

即农业生产的产前、产中、产后必须连为一体。这是农业产业化的核心。传统计划经济体制下，农业的产前、产中、产后部门分割，农户只提供初级产品，农业生产资料部门有农机、化肥、农药、良种的定价权和垄断权，可在提高农用生产资料价格等方面获得高额利润；而农产品的加工、运输、销售等部门则可以低价收购农产品，通过加工增值的方式获得高额利润。在此过程中，农民往往会作出较大的牺牲，他们的利益就会受到较大的侵害。而一体化经营，则能使农民也参与产前、产后的经营活动，农户以一定方式与产前和产后部门结成共同体，从而能够分享整个农业产业链条上的平均利润。因此，能否实行一体化经营，是农业能否真正实现产业化的关键。这也是农业产业化最突出的特征。

（三）布局区域化

即指农业生产的布局实现区域化和规模化。实行家庭联产承包责任制后，大多数地区的农户户均占有土地不仅十分有限，而且条块分割也较为明显。在农户拥有家庭经营自主权的条件下，每个农户种植的作物往往各不相同，从而容易存在布局分散、规模效益差、无法应用先进的技术装备和难以推广先进农业技术等问题，这是不利于农业现代化发展和建设现代农业的。然而通过农业产业化的带动，布局的区域化和规模化就可能成为现实。因为农产品要走向市场，必须做到标准化、系列化、规模化，这就要求农产品的生产要统一良种、统一管理、批量生产、保证质量。因此，必须实行生产布局的区域化和规模化，才能达到产品进入市场的要求。这就克服了农户生产规模偏小的弊端，为农业实现现代化创造了条件。实践证明，在一些农业产业化发展较快的地区，已经实现了农业生产布局的区域化。

（四）服务社会化

即农业生产过程不再单纯靠自我服务，而是依托社会服务，使农业生产过程不再是一个孤立的生产过程。传统农业的一个显著特点就是实行自我服务，从种子选育到肥料供给、田间管理、收割晾晒等都由农户自己完成。而农业产业化则要求实行社会化服务。根据产业化生产过程分工的需要，种粮者从良种供应到化肥、农药等生产资料供给；从施肥浇水到病虫草害防治；从收割贮存到运输销售都能够享受到社会化服务；同样养殖者也能从种苗供应到饲料配给、技术指导、疫病防治、成品加工以及销售都能够享受到社会化服务。但是，这一环节目前大多数地区做得还不够，水平还很低，还跟不上产业化的需要，影响着产业化的发展，需要强化和提高。能否实现社会化服务，也是产业化是否成熟的标志。

（五）管理企业化

即对农业过程实行企业化的管理。传统农业多是一家一户的小生产，生产过程简单明了，只要有一定经验，无须细致严格地科学管理。现代农业是社会化大生产，生产过程分工细密，必须实行细致严格的科学管理。农业实行产业化后，生产过程有明确分工，农户生产实际上也成了分工的一个环节，具有生产车间的意义。在产业化过程中，农户生产的产品往往是原料或半成品，还要经过进一步的加工才能进入市场。这些原料和半成品也必须具有统一的品质、规格标准才能产出合格的成品。因而，农户作为一个生产车间，也必须进行严格细致的科学管理，犹如对一个工业企业那样进行管理。所以，管理企业化也是农业产业化的重要特征。

在农业生产能力进入供过于求的时代，经营的好坏是产业发展的最关键要素，要想在市场竞争中立于不败之地，就必须按市场经济规律去搞企业化经营，不仅要搞好生产，还要重视对产后包装和深加工所能带来的附加值的追求，要完成这些转化，在一个地区一个产业需要有一个龙头企业的带动。前一个时期一些地方把一些加工厂简单地认为是龙头企业，也有一些地方把"公司+农户"一类似是而非的措施认为是产业化经营，严重影响了农业产业化的发展。另外，有些龙头企业在管理上还存在一些问题。一是企业的运作机制有待进一步优化，有些企业要在与农户结成利益共同体上下功夫，要充分让利于农户，才能生存和发展；有些企业要在加工原料的自身生产能力上下功夫，特别是企业发展初期，自身如果对加工原料没有一定生产能力，在资源、加工产品质量、加工规模等多方面就会出现问题。二是一些企业在科技创新上重视不够。"科学技术是第一生产力"，先进科学技术需要先进的科技人才来掌握和创造，农业科技要以培养和利用当地人才为主，不要盲目照搬外地经验，否则可能达不到预期目的。三是企业普遍规模小，资金不足，发展缓慢。四是市场发育滞后，也影响到一些企业发展。五是产业区域布局还不尽合理，区域优势没有得到充分发挥。

二、农业产业化的组织形式创新

农业产业化作为农业产业组织的创新，对于改造传统农业起到了非常重要的作用，其组织创新点有以下几点。

（一）农业产业化不受以家庭为基本经营单位、以个体劳动为主要劳动方式的生产经营体制的限制，形成了生产经营的社会化

在家庭经营条件下，农户家庭承担着生产与经营的双重职能，农民既要生产农产品，又要考虑如何把这些农产品卖出去。而由于信息不灵，大多数农民对于生产什么，怎样才能卖个好价钱往往心中无数。千千万万小农户要进入大市场实际上存在着极大风险，一旦农产品销售不畅，产生积压，由于农产品大都是鲜活产品，不能长期保存，往往使农民遭受重大损失。即使在市场上能卖出去也往往受到中间商的盘剥，得不到较高收益。因此可以说，在商品经济有了一定发展的条件下，如不改变一家一户的小农经营方式，小生产就无法面对大市场。实质上，个体农民是无法真正成为市场主体的，在无情的市场竞争中，他们面临的将是被淘汰的命运。而农业产业化通过产业组织的创新，则改变了这一现象。在农业产业化条件下，农业龙头企业成为经营的主体，农户家庭仅承担产品原料的生产功能，成为企业生产经营的前道工序。农户生产的产品不需要再到市场上出售，而是交给企业，由企业进行加工、包装、销售，由企业承担风险。这样，实际上实现了农户生产功能与经营功能的分离。一方面，农户家庭仍然承包土地，进行生产操作和管理；另一方面，由企业同农户签订生产订单和质量标准，为农户生产提供包括良种供应、动植物防疫检疫等服务，使生产经营活动不再是单个家庭和个体劳动者的活动，而变成了企业活动的一个有机组成部分。

（二）通过实施农业产业化经营实现了产前、产中、产后的一体化经营，促进了农户的专业化生产

一家一户的分散经营，缺少农业生产经营的组织和产业链条间的分工合作，因而无法实现生产经营的专业化和规模化。从农户角度来看，由于生产首先是满足自身生产的需要，必须自给自足，因而往往是"家家种粮油""户户小而全"，也很难实现生产经营的专业化。只有农户实行专业化生产，实现规模化和标准化，才能满足企业需要。这样，产业化就必然能促进农户生产的专业化和规模化，从而扩大农业的内部规模，实现从传统农业向现代化农业的转变。

（三）农业产业化改变了农业生产经营的分散性，使农民新型合作经济组织得到发展，提高了农民的组织化程度，培育了农村新的市场主体

在传统农业条件下，由于农业生产经营的分散性，单个农户作为独立的生产经营单位，缺少组织，不但无法成为真正的市场竞争主体，而且无法保护自身的民主权利和经济利益，完全是一个弱势群体。实行产业化经营以后，由于龙头企业和市场直接面对千万个分散经营的农户，很难实现有效连接；而分散的农户与企业打交道常常处于不利的交易地位，很难直接进入市场，这样，就需要一个中介组织把农户、企业、市场有效串起来。因此，农业产业化的发展，有力地推动了农村新型合作经济组织的发育。在一些地方，近年来农民新型专业合作经济组织发展迅速，既有农民自己创办的，也有龙头企业协助指导下创办的；既有比较松散的专业协会，也有比较紧密的和规范的专业合作社。农村新型合作经济组织的出现，不仅有力地推进了农业产业化经营，为产业化经营提供了承上启下、承前启后的组织载体和中介，而且提高了农民的组织化程度，培育了农村新的市场经济的微观主体，为农民联合起来进入市场提供了前提，创造了条件。

（四）农业产业化推动了先进的科学技术在农业和农村中的应用，提高了农民的素质，为农民转换职业角色创造了条件

在传统农业条件下，由于农业本身的技术十分落后，掌握这些技术仅靠简单的经验传授即可完成，因此，科技和教育在农村得不到重视，先进的科学技术很难在农村得到推广，劳动者的素质也难以提高。农业产业化的出现，首先带来的是先进的科学技术。因为龙头企业一般都拥有比较先进的农产品加工技术装备，同时也拥有符合市场经济要求的先进的经营管理经验，给农民以直接的示范作用。同时，龙头企业批量订购农产品，对农产品的品种、品质等都有严格的标准和要求，这就需要品种优良化、管理科学化、生产标准化，原先的那种简单的生产技术和劳动技能已无法满足新的需要。另外，一部分农民被吸收到龙头企业工作，更需要掌握先进的机器设备的运行，科技文化水平低是无法适应这种先进技术要求的。因此，农业产业化的出现，必然推动先进科学技术在农业和农村中的应用，同时对劳动者的素质提出了新的要求，从而也必然推动科技和教育在农村的发展，使农民的素质得到提高，为农业现代化创造条件。

（五）农业产业化意味着先进生产工具在农业中的应用，通过农产品的加工增值，提高了农业效益和农民收入，推动了农村经济向大规模的商品经济和市场经济转变

在传统农业条件下，产品比较单一，生产工具也比较落后，一般只生产初级产品，无法进行加工增值，因而农业生产效益难以提高，农民也难以致富。农业产业化经营的出现，在解决农业分散经营的同时，也使先进的装备进入农业，使农产品能够由初级产品变为加工制成品，其价值也成倍增加，从而使农业效益大幅度提高，农民收入也因此增加。传统农业社会只是一个谋生社会，农民从事的劳动仅为满足温饱，而农业产业化则使农业成为一个能赚钱、能谋利的行业，使农业的内部规模和外部规模都得以扩大，使农村由传统自给自足的自然经济走向大规模的商品经济和现代化的市场经济，从而完成从传统农业向现代化农业的历史性转变。

第三节　提升农业产业化水平的途径

当前，在经济欠发达的农业区，一般工业比较"苍白"，农业经济的一个最大弱点就是农业产业化程度低，农业资源没有得到最佳配置，抵御市场风险的能力弱。努力提升农业产业化水平，将是解决这一问题的有效途径，也是农业走向工业化、现代化的必由之路。不断提升农业产业化水平，是谋划农业发展，推进社会主义市场经济进程的必然选择；也是促进科技进步，发展现代农业，切实解决"三农"问题的根本途径。如何提升农业产业化水平？下面我们从发展途径，思维、组织、管理和运作方式以及保障措施等方面进行讨论。

一、立足当地优势，科学确立产业化发展道路

要按照市场经济配置资源的原则和效益最大化的目标，在进一步推进农业产业向优势区域集中的同时，把工作重心放在建成一批"一乡一业""一村一品"的专业化、规模化、产业化、标准化的点、片建设上，提高农业产业的效益和整体生产水平。

（一）种植业要调整结构，优化布局

根据农业资源分布特点，按照区域化布局、规模化经营、专业化生产的原则，在稳定粮食种植面积的前提下，进行作物布局调整，改革耕作制度，创新种植方式，发展特色农业。同时，建立健全标准化生产体系，并创立农产品品牌，发展品牌战略。

（二）强化集约经营，发展示范园区

"榜样的力量是无穷无尽的"，先进农业技术的推广一个较好的途径就是搞好示范样板，让大家来学习。同时，通过建示范园区，采取"公司加基地带农户"的模式，企业与农民签订合同，公司、基地、农户形成"风险共担、利益共享"的经济共同体。

（三）发展特色农业

要立足当地自然和文化优势，培育主导产品，优化区域布局，适应人们日益多样化的物质文化需求，因地制宜地发展特而专、新而奇、精而美的各种物质、非物质产品和产

业，特别要重视特色园艺业、食用菌业和水产养殖业与特种养殖业。通过规划引导、政策支持、示范带动等办法，加快培育一批特点明显、类型多样、竞争力强的专业村、专业乡镇。

（四）创新发展畜牧养殖业

要转变养殖观念，积极推行健康养殖方式，加强饲料安全管理，加大动物疫病防控力度，建立和完善动物标识及疫病可追溯体系，从源头上把好养殖产品质量安全关，使养殖业发展更加适应市场需求变化。农区要发展规模养殖和畜禽养殖小区，促进养殖业整体素质和效益逐步提高。

二、转变方式，提升农业产业化水平

要转变思维、组织、管理和运作方式，进而提升农业产业化水平。

（一）以工业化思维为先导，提升农业产业化水平

以工业化思维为先导是现代农业经济发展的客观要求，也是农业发展的新特点和新趋势，要求我们要运用工业化思维和市场经济的办法谋划农业和农村经济发展。

其一，农业也是企业。从目前的发展现实来看，农业企业的大量存在，无论是以农产品加工为主的生产加工型企业，还是以给农户提供产前、产中、产后服务为主的服务型企业，他们共同构筑了现阶段农业市场的主体。从一家一户的农户看，尽管绝大多数农户还未达到相当水平和规模，但依然显现出企业的雏形。其二，农业正在走向市场。既然农业也是企业，那必然要走向市场。一方面，通过流通交易，让农产品转化为商品，通过加工转化，提高其产品价值；另一方面，通过参与市场竞争，促进企业产品优胜劣汰，改进产品结构，提升企业市场竞争力，进而提升产业化。其三，农业需要招商引资。农业产业化经营需要较大资本投入，靠农民自己的资本无法满足农业产业化发展的需要，靠国家扶持和银行贷款有限，解决问题的办法在于积极引导工商资本、民间资本和国外资本开发农业。

因此，运用工业化思维，进一步优化农业和农村内外部环境，着力统筹和调整城乡二元结构，促进传统农业向现代农业的根本转变，这在工业化尚未完成，农业生产力欠发达的现阶段，便是全力推进农业工业化、不断提升农业产业化、全面实现农业现代化发展的客观要求。

（二）以主导产业基地化为依托，提升农业产业化水平

发展产业基地化规模经营可着力化解以下几个矛盾：解决在社会主义初级阶段和社会主义市场经济条件下农业小生产和社会化大生产的矛盾；解决农村联产承包责任制与社会主义市场经济体制相衔接的问题；解决增加农产品有效供给与农业比较利益低之间的矛

盾；解决农户分散经营与提高规模效益的矛盾。农业发展要运用工业化的思维，要走工业化的路子，首要的问题就是要把基地建设作为整个农业产业化的第一生产车间来建，解决农民一家一户生产与规模化的矛盾，从根本上实现和提升农业产业化，推动农村经济全面、协调、可持续发展。

（三）以大力发展农民专业合作经济组织为核心，提升农业产业化水平

农民专业合作经济组织是联结农业与市场的桥梁和纽带。一是要多形式、多渠道发展流通企业。流通企业集聚千家万户的农产品，销往五湖四海，消化了农民的农产品，带回了农业的再生资金，"一出一进"使产品转化成了商品。政府要在优化农业内外部环境方面下大功夫，开辟农产品绿色通道，让农民从流通中获利。二是要多品种、多门类建立专业协会。要积极依托主导产业，建立起与主导产业相应的农民专业协会、专业合作社，不断完善组织体系，制定章程，明确责、权、利，形成"市场一动，效益跟上；市场一调，产品就调"的网络预警机制。三是要全方位、多角度发展农村经纪人和农村运输大户。要抓好宣传，让农民知道当前发展农村经纪人和农村运输大户是解决千家万户小生产与千变万化大市场的矛盾的最终选择，引导激励有这方面特长的农户加入经纪人组织，围绕农资供销、农产品流通，组建以运输大户参加的农村运输联合体，降低运行风险，真正使农民合作经济组织成为农民进入市场的桥梁和纽带。

（四）以现代企业管理为手段，提升农业产业化水平

推进农业产业化经营的根本出路在于把工业企业成功的经营管理理念和经验植入农业经营管理实体，贯穿于农业产业化经营的生产、加工、销售环节的始终。

重点要抓好4个方面的管理。一是资金管理。要科学选择项目，坚持调查研究分析预测资本市场动态，增强对资金投入的可行性研究，防范投资风险。要合理使用和调度资金，使农民的资金发挥最大效益。建立健全财务管理制度，管理好资金，真正向管理要效益，使管理出效益。二是质量管理。要大力加强农业标准化建设，严格执行质量标准，按标准化组织生产。从产前生产资料供应，到产中技术环节，再到产后农产品的分级、包装、储运等都必须按生产标准和技术规程操作，提高从农户到加工企业等多个生产环节的标准化水平。建立健全农产品质量监督体系，确保农产品质量和食品安全。三是用工管理。农业各生产组织要运用国内外工业企业的先进管理方法强化劳动用工管理，严格依法建立健全用工制度和保护措施，使"以人为本"的现代科学管理理念和机制贯穿于农业生产、加工、销售经营的全过程。四是信息管理。必须加强信息管理，充分抓好农业信息服务体系建设，使信息效益体现于农业发展全过程。一方面，要加大信息对农业的引导作用，建立一个从事农产品信息分析、研究、统计和报告的专门机构，及时提供和发布权威性信息；另一方面，要积极统筹整合信息资源，宣传品牌，推介产品，开展农产品网上营销。

（五）以科技自主创新，提升农业产业化水平

搞市场经济就会有激烈的市场竞争，要在激烈的市场竞争中立于不败之地，就必须有自主的科技创新体系。发展农业也不例外，我们要从农业大国向农业强国跨越，搞好自主创新十分重要。

三、提升农业产业化水平的保障措施

（一）组织领导保障

农业产业化是一项系统工程，涉及生产、加工、流通等多环节、多领域和多部门，各级政府要把农业产业化工作列入重要议事日程，充分发挥政府职能作用，通过制定政策、科学规划、组织协调、积极引导、优质服务等，全力推进农业产业化经营。同时，要进一步转变工作思路，解放思想，更新观念，加大工作力度，提高工作效率，实现最优效益，进一步树立求真务实的工作态度，突出工作重点，明确工作职责，改进工作方式，强化服务意识，不断提高工作水平和工作效率，为农业产业化水平的提高提供组织保障。

（二）资金保障

农业产业化经营需要较大资本投入，要千方百计筹措建设资金。一是要进一步争取上级支持，努力争取国家省级项目资金的支持。充分利用国家相关产业政策，多渠道增加投入，确保农业产业化持续健康发展。二是大力吸收民间资本，通过招商引资，鼓励更多的民间资本参与发展农业产业化。

（三）制度与技术保障

各级政府和职能部门要制定一系列的支农优惠政策或奖励措施，大力扶持农业产业化的快速发展。不断加大科技投入力度，把农科教专家有机结合起来，聘请专业技术人员深入一线长期指导，及时解决生产中的问题。

第四节　当前产业化经营中存在的问题与对策

一、农村土地适度规模经营的重要性与原则

党的十一届三中全会后推行了以家庭联产承包责任制为核心的经营方式，极大地解放了农村生产力，有力地推动了农业农村经济的发展。随着社会主义市场经济体制的逐步确立和传统农业向现代农业的过渡，这种分散经营的小农生产与现代农业对规模经济、产业化经营的要求越来越难以适应。党的十七届三中全会及时指出，要加强土地承包经营权流转管理和服务，建立健全土地承包经营权流转市场，按照依法自愿有偿原则，允许农民以

转包、出租、互换、转让、股份合作等形式流转土地承包经营权，发展多种形式的适度规模经营。有条件的地方可以发展专业大户、家庭农场、农民专业合作社等规模经营主体。这一重大决定的出台，将对农村土地适度规模经营起到至关重要的作用；同时，也是实现家庭承包经营责任制与现代农业顺利对接的有效途径。

（一）农村土地适度规模经营的重要性

1. 农村土地经营规模变更的必然性

我国是一个农业大国，特点是人多地少，以家庭联产承包责任制为核心的经营方式，目前已面临4个突出矛盾：一是农户超小规模经营与现代农业集约化的要求相矛盾；二是农民因土地承包而产生的恋土情结与发展土地规模经营的客观需要相矛盾；三是按福利原则平均分包土地与按效益原则由市场机制配置土地资源的要求相矛盾；四是分散经营的小农生产与社会大生产的要求相矛盾。借鉴发达国家的经验，只有实行农村土地流转和适度规模经营才是解决以上矛盾的根本出路。

2. 农村土地适度规模经营是现代农业发展的需要

农业现代化要求要用现代化科学管理办法组织管理农业，在不改变家庭经营的前提下，由贸工农一体化的规模经营方式，取代千家万户分散的小农经营方式，使农业经营逐步实现产业化和规模化。只有发展土地适度规模经营，才能提高农业社会化程度，有利于统一供种、统一防治病虫害、统一采取新的种养方法，有利于产后加工、销售服务。同时，只有发展土地适度规模经营，才能容纳现代农业科学技术和运用的技术装备，有利于机械化作业，促进农业现代化发展。

3. 农村土地适度规模经营是提高农业农民收入的需要

实践证明，仅靠少量的土地生产粮棉油是无法让一个3~5口之家达到小康水平的。目前条件下，多数农民提高收入的主要途径有以下3个：一是种地与外出打工相结合；二是通过转承包或租赁，种更多的土地，形成适度的经营规模，成为种粮专业户；三是放弃土地，在其他行业中谋发展求生存。第二种途径就是所说的土地适度规模经营，显然只有走第二条途径的人才能以农为本，靠专业化土地经营来发家致富，它代表着先进的与未来社会经济发展相适应的经营模式，符合商品化，产业化的发展趋势，有利于逐步消除小农经济思想。同时，在国家发展城市化战略背景下，这些能适度集中到一起的土地主要来自靠第三条途径致富的农户所主动放弃的土地，在更广阔的领域发家致富。

4. 农村土地适度规模经营是实现农业机械化的需要

农业机械化是农业现代化的基础，当前，由于人均耕地少而分散，再加上富余劳动力多，因而造成农业机械化没有实质性的发展。农业的根本出路在于机械化，没有农业的机械化，农业土地规模化经营就无从谈起，就无法提高农业劳动生产率，农民就不能从繁重的体力劳动中解脱出来，也就不会走上致富的道路。可见，农业实现机械化是非常必要的。

5. 农村土地适度规模经营也是我国农业与国际农业接轨的需要

随着市场的开放，我国农业要想参与国际竞争获得更大的发展空间，就必须实行规模化经营，同时实行机械化作业，提高在国际市场上的竞争力。否则，根本无出路可言。当然，我们说的规模化经营不仅是指土地面积的扩大集中，它还包括资金和技术的投入等方面。

总之，随着社会经济的发展，实现土地规模经营是一种必然的发展趋势。同时，要认识到不能孤立地推进这一过程，要结合城市化和机械化的发展，要破除旧观念，因势利导，不能在时间和区域上搞一刀切，也不能拔苗助长，要形成一种有效的实施推进机制。

（二）农村土地适度规模经营应坚持遵循的原则

农村土地适度规模经营是农村经济发展的客观要求，但实行土地适度规模经营必须慎重行事，不可急于求成。实践证明，必须切实解决好以下几个问题才能取得事半功倍的效果。

1. 坚持依法、自愿、有偿的原则

要在家庭联产承包经营的基础上，农民自觉自愿的前提下，推行土地承包经营权有偿流转。具体来说，就是要坚持3条原则。一是依法原则。就是要按照有关法律法规和中央的政策执行。二是自愿原则。就是要充分尊重农民的意愿，任何组织和个人不得强迫或阻碍农户流转土地。三是有偿原则。就是土地流转的条件和补偿完全由农户与受让方自主平等协商，流转的收益归农户所有。土地收益权是农户土地承包经营权的核心，农户的土地收益包括承包土地直接经营的收益，也包括流转土地的收益。土地承包经营权在发生流转时，农户有权获得土地流转的土地转包费或租金。

2. 坚持经营模式要灵活多样的原则

土地适度规模经营必须采取灵活多样的方式和方法。由于各地经济发展水平、农民对土地的依赖程度、劳动力素质以及土地条件和土地利用用途不同，土地适度规模经营的形式也不可能一致，在探索土地适度规模经营的过程中，一定要结合各自实际，坚持以市场为导向，以效益为中心，因地制宜选择土地规模经营形式，促进农村土地适度规模经营。

3. 坚持经营者具备相应实力与能力的原则

土地适度规模经营，承包人要懂得经营，会管理，这是关键的关键。实施适度规模经营是手段，最终获取好的效益才是目的。因此在确立承包面积时，要看承包人是否有一定的经营水平，否则肯定会出现广种薄收，产品质量差，经营效益挂账等不良后果。同时，承包人应有经济实力，自费投入。这是推行好适度规模经营成功与否的核心问题，家庭承包户承包后，能否使经营者与经营效果紧密联系在一起实行"自费"经营。实践证明，坚持自费投入是目前最好的办法，因为自费投入从成本、品种搭配、管理到收获，家庭承包户都要全面考虑，才能本利双收，家庭承包户承包面积越多，成本就越大，其风险和压力也就越大。

4. 坚持政府与社会增强相应服务措施的原则

土地适度规模经营必须增强以政府部门为主全社会参与的服务意识。土地规模经营能不能顺利推进，关键在于社会化服务能否到位。要切实增强政府部门的服务职能和宗旨意识，积极为土地规模经营提供信息、科技、资金等方面的服务，做到农业产前、产中、产后的社会化服务直接到村、到田间地头，确保土地流转工作健康发展。

5. 坚持生态发展的原则

我国人均耕地较少，农业生产基础条件相对较差，许多地区干旱缺水和生态环境脆弱，水土流失、土壤沙化等自然灾害长期存在；但生态资源相对丰富，潜在区域优势产业明显，有待进一步开发。生态农业作为生态环境建设的主要内容理所应当地应为农业的可持续发展作出较大贡献，针对问题与潜力，其农业发展对策应是充分发挥各地丰富的自然资源优势，大力发展生态农业，走绿色环保、无公害农业生产之路，从战略的高度切实加强农业，使农业生产的发展与当地发展的水平相协调，努力克服农业产投比过低和资源、设施浪费现象，要保持人与自然和谐，使农业生态循环发展和可持续发展。

二、当前土地流转过程中存在的问题与对策

所谓农村土地流转即农村承包土地经营权的流转，是指在农村土地所有权归属和农业用地性质不变的情况下，将土地经营权从承包权中分离出来，转移给其他农户或经营者。合理有序地推进农村土地承包经营权流转，是推动农村土地适度规模经营的重要途径，也是发展现代农业之路，但当前在土地流转过程中还存在一些问题，需要尽快加以解决。

（一）当前农村承包土地流转的主要方式

据调查，目前土地流转主要有以下3种方式。一是亲属之间流转。即在土地承包期内，承包方将土地使用权转包给其亲属，不改变原承包方与发包方的合同关系，承包方不愿放弃其承包土地的权利和义务。二是互换流转。即在土地承包期内，承包方之间为了耕作方便，将同等类型，不同田块的承包土地相互置换，按照同类，同面积，自愿的原则，进行流转。三是有偿租赁流转。即在土地承包期内，承包方将其土地租赁给其他人耕种，每年收取租金。目前以第三种方式流转的居多，也是我们探讨的主要流转方式。

（二）当前土地流转过程中存在的问题

1. 思想认识程度低

一是新时期土地流转工作刚刚起步，没有经验可循。二是还存在小农经济思想。部分农民恋土观念强，认为务工经商虽然收入高但有风险，宁可粗放经营，甚至不惜撂荒弃耕，即使外出务工也不愿转出土地，担心失业没地而生活养老没保障。另外，农业税全面取消，优惠政策不断出台，土地收益逐年上升，按承包面积给予的粮补促使部分农民不愿

转出土地。三是对流转政策心存误解。部分农民担心政策不稳，政府收回土地承包权，没有安全感。

2. 很难实现适宜规模流转

土地流转的目的就是实现规模经营，许多业主租赁土地都希望集中连片，有一个适宜的经营规模，但不同农民利益目标不一致，有一部分文化技能低的劳动力仍从事农业生产，依靠承包地收入维持基本生活，不愿失去土地，往往导致规模土地流转难以成功，影响农业项目实施。

3. 土地流转行为不规范

在土地流转过程中，很少签订正规书面合同，大多实行口头协议，未经发包方同意及管理部门备案公证，即使签订书面合同，其内容不完整、不规范，甚至没有明确责权利关系。一方面，造成部分业主借合同不规范，经营不善违约逃债，或未经有关部门审批同意，擅自改变土地农用性质。另一方面，国家各项惠农政策落实后，土地不断增值，部分农民借合同不规范索回土地经营权。

4. 土地流转的动力不足

第一，社会保障体系不健全，特别是在农村地区更加薄弱，无法为转出土地的农民提供充分的社会保障。所以，农民对土地流转态度更加慎重，出于对土地普遍有预期增值和稳定的经济收益保障心理，不愿放弃土地承包经营权。第二，流出方农民利益不能完全得到有效保障。如少数地方将土地流转作为增加乡村集体收入、干部福利的手段，用行政手段干预农民土地流转，承租大量土地进行规模开发，常压低流转价格，使农民获得补偿往往最低；另外，还有业主因投资失败和市场变化等原因，不能及时兑现农民租金，农民流转收益存在风险。第三，流转收益缺乏增长机制。在流转合同约定上，农民土地流转收益一般固定，流转期间不再调整租金，流转收益没有随经济发展得到相应增长。

（三）做好土地流转工作的对策与措施

农村土地流转是农村经济社会发展过程中产生的一种新型经济形式，是推进土地集约化经营、规模化生产、产业化发展的必由之路。依法合理有序规范土地流转行为，有利于保护农民土地权益，有利于推动现代农业发展，有利于促进社会主义新农村建设。

1. 加强宣传工作，积极正确引导流转

在土地流转过程中，要充分利用各种媒体，公开宣传土地流转政策，提高全社会对土地流转工作的认识程度，逐步消除传统思想观念。同时，还要加大对通过土地流转增收致富典型的引导力度，充分发挥外出创业有成人员和种田大户的典型示范作用，促使更多农民转变思想观念，以加快土地规模流转。

2. 加强服务管理工作，规范流转行为

一是加强对土地流转双方的管理，积极引导农民签订规范的流转协议，对双方的责权利作出明确规定。二是严格执行土地承包法律法规，建立流转合同的签订、鉴证、仲裁制度。三是加强对流转合同的审查、监督，及时解决流转过程中出现的新问题。四是规范基层组织参与土地流转的行为，不得阻挠农民自愿合理流转土地和损害农户利益，促进土地的顺利流转。

3. 发展农民新型农业经营体系，促进土地适度规模流转经营

要积极探索通过引导农户以承包土地入股组建土地股份合作社，发展适度规模经营，建立多种形式的农民新型合作组织和经营体系，推进农业适度规模经营。

4. 全社会都要为土地流转积极创造条件

第一，要加快新农村城镇化建设，积极转移剩余劳动力，积极解决人地矛盾问题。只有加快城镇化，才能改变了农村人地资源的数量关系，随着进城的农民收入水平的提高，会自愿割断农地的关系，推动土地的流转。第二，要探索建立农村社保体系，解除失地农民后顾之忧。要积极探索建立以农村最低生活保障、养老保险、医疗保险等为主的农村社会保障体系。第三，创造城乡公平的就业环境，解决好进城农民子女的就学、就业等难题，解除他们的后顾之忧。第四，逐步弱化土地的社会保障功能，让农民放心地流转土地，实现适度规模经营，发展现代农业。

5. 制定优惠政策措施，提高土地流转积极性

一是设立农村土地承包经营权流转专项资金，推动土地适度规模经营。二是加大财政投入力度，提高政府配套社保资金在农民社保基金中比例，通过土地流转筹集部分社保基金发展农村社区保障，通过政策激励吸引农民参保。建立和完善农村就业、养老保险、合作医疗等社会保障体系，降低农民对土地的生存依赖性。加快建立现代农业保险体系，优先将规模经营业主纳入保险范畴，增强农民和现代农业企业抗风险能力。三是鼓励工商企业投资土地流转事业，带动农户发展产业化经营。四是金融机构要在符合信贷政策的前提下，为参与农村土地承包经营权流转的龙头企业、农民专业合作社和经营大户提供积极的信贷支持。

第五节　不断创新土地与农业产业化经营体系

一、深化农村土地制度改革

（一）完善农村土地承包政策

稳定农村土地承包关系并保持长久不变，在坚持和完善最严格的耕地保护制度前提

下，赋予农民对承包地占有、使用、收益、流转及承包经营权抵押、担保权能。在落实农村土地集体所有权的基础上，稳定农户承包权、放活土地经营权，允许承包土地的经营权向金融机构抵押融资。有关部门要抓紧研究提出规范的实施办法，建立配套的抵押资产处置机制，推动修订相关法律法规。切实加强组织领导，抓紧抓实农村土地承包经营权确权登记颁证工作，充分依靠农民群众自主协商解决工作中遇到的矛盾和问题，可以确权确地，也可以确权确股不确地，确权登记颁证工作经费纳入地方财政预算，中央财政给予补助。稳定和完善草原承包经营制度，完成草原确权承包和基本草原划定工作。切实维护妇女的土地承包权益。加强农村经营管理体系建设。深化农村综合改革，完善集体林权制度改革，健全国有林区经营管理体制，继续推进国有农场办社会职能改革。

（二）引导和规范农村集体经营性建设用地入市

在符合规划和用途管制的前提下，允许农村集体经营性建设用地出让、租赁、入股，实行与国有土地同等入市、同权同价，加快建立农村集体经营性建设用地产权流转和增值收益分配制度。有关部门要尽快提出具体指导意见，并推动修订相关法律法规。各地要按照中央统一部署，规范有序推进这项工作。

（三）完善农村宅基地管理制度

改革农村宅基地制度，完善农村宅基地分配政策，在保障农户宅基地用益物权前提下，选择若干试点，慎重稳妥推进农民住房财产权抵押、担保、转让。有关部门要抓紧提出具体试点方案，各地不得自行其是、抢跑越线。完善城乡建设用地增减挂钩试点工作，切实保证耕地数量不减少、质量有提高。加快包括农村宅基地在内的农村地籍调查和农村集体建设用地使用权确权登记颁证工作。

（四）加快推进征地制度改革

缩小征地范围，规范征地程序，完善对被征地农民合理、规范、多元保障机制。抓紧修订有关法律法规，保障农民公平分享土地增值收益，改变对被征地农民的补偿办法，除补偿农民被征收的集体土地外，还必须对农民的住房、社保、就业培训给予合理保障。因地制宜采取留地安置、补偿等多种方式，确保被征地农民长期受益。提高森林植被恢复费征收标准。健全征地争议调处裁决机制，保障被征地农民的知情权、参与权、申诉权、监督权。

二、构建新型农业经营体系

（一）发展多种形式规模经营

鼓励有条件的农户流转承包土地的经营权，加快健全土地经营权流转市场，完善县乡村三级服务和管理网络。探索建立工商企业流转农业用地风险保障金制度，严禁农用地非农化。有条件的地方，可对流转土地给予奖补。土地流转和适度规模经营要尊重农民意愿，不能强制推动。

（二）扶持发展新型农业经营主体

鼓励发展专业合作、股份合作等多种形式的农民合作社，引导规范运行，着力加强能力建设。允许财政项目资金直接投向符合条件的合作社，允许财政补助形成的资产转交合作社持有和管护，有关部门要建立规范透明的管理制度。推进财政支持农民合作社创新试点，引导发展农民专业合作社联合社。按照自愿原则开展家庭农场登记。鼓励发展混合所有制农业产业化龙头企业，推动集群发展，密切与农户、农民合作社的利益联结关系。在国家年度建设用地指标中单列一定比例专门用于新型农业经营主体建设配套辅助设施。鼓励地方政府和民间出资设立融资性担保公司，为新型农业经营主体提供贷款担保服务。加大对新型职业农民和新型农业经营主体领办人的教育培训力度。落实和完善相关税收优惠政策，支持农民合作社发展农产品加工流通。

（三）健全农业社会化服务体系

稳定农业公共服务机构，健全经费保障、绩效考核激励机制。采取财政扶持、税费优惠、信贷支持等措施，大力发展主体多元、形式多样、竞争充分的社会化服务，推行合作式、订单式、托管式等服务模式，扩大农业生产全程社会化服务试点范围。通过政府购买服务等方式，支持具有资质的经营性服务组织从事农业公益性服务。扶持发展农民用水合作组织、防汛抗旱专业队、专业技术协会、农民经纪人队伍。完善农村基层气象防灾减灾组织体系，开展面向新型农业经营主体的直通式气象服务。

（四）加快新农村现代流通网络和农产品批发市场建设

按照服务农民的要求，创新组织体系和服务机制，加强全国"益农信息社"建设，并发挥供销合作社等基层组织长期扎根农村、联系农民、点多面广的优势，在改造自我、创新服务的基础上，积极稳妥开展综合改革试点。努力打造成一个能为农民生产生活服务的综合平台。

主要参考文献

吕书凡，等，2004. 沼气与生态农业综合利用技术[M]. 北京：中国农业出版社.

高丁石，等，2006. 种-养-沼农业良性循环实用技术[M]. 北京：中国农业出版社.

高丁石，等，2008. 现代农业发展中关键技术与问题探讨[M]. 北京：中国农业科学技术出版社.

高丁石，等，2011. 绿色农业理念与建设[M]. 北京：中国农业科学技术出版社.

高丁石，等，2013. 温棚瓜菜集约化模式栽培与实用技术[M]. 北京：中国农业科学技术出版社.

高丁石，等，2014. 28种农作物栽培技术要点及立体种植模式图解[M]. 北京：中国农业出版社.

高丁石，等，2015. 生态农业理念与实用技术[M]. 北京：中国农业科学技术出版社.

何军功，2010. 池塘水产养鱼综合实用技术[M]. 北京：中国农业科学技术出版社.

河南省农业厅科教处，1995. 果树栽培[M]. 北京：中国农业出版社.

游彩霞，高丁石，2010. 新农药与农作物病虫草害综合防治[M]. 北京：中国农业出版社.